系列自主开放式学术交流活动记录

GeoScience Café

我的科研故事

第四卷

许杨 修田雨 李涛 张洁 董佳丹

龚婧 杨婧如 么爽 郑镇奇 编

WUHAN UNIVERSITY PRESS

武汉大学出版社

图书在版编目(CIP)数据

我的科研故事.第四卷/许杨等编.—武汉:武汉大学出版社,2019.10
GeoScience Café 系列自主开放式学术交流活动记录
ISBN 978-7-307-21076-9

Ⅰ.我… Ⅱ.许… Ⅲ.测绘—遥感技术—研究报告 Ⅳ.P237

中国版本图书馆 CIP 数据核字(2019)第 169230 号

责任编辑:杨晓露 鲍 玲 责任校对:汪欣怡 版式设计:马 佳

出版发行:**武汉大学出版社** (430072 武昌 珞珈山)
(电子邮箱:cbs22@ whu.edu.cn 网址:www.wdp.com.cn)
印刷:武汉中科兴业印务有限公司
开本:787×1092 1/16 印张:36 字数:809 千字 插页:1
版次:2019 年 10 月第 1 版 2019 年 10 月第 1 次印刷
ISBN 978-7-307-21076-9 定价:120.00 元

编 委 会

序 一

  测绘遥感信息工程国家重点实验室研究生自主组织和开展的 GeoScience Café 活动，至今已经举办 230 期。这是一件很有价值、很有意义的事情！

  学术交流，是学术研究工作的一个重要环节。我们提倡走出去向国内外同行学习，也要重视和加强内部学术交流。研究生在导师的指导下开展读书、交流、实践和创新活动，会产生无数经验与体会，加以总结，都是宝贵的财富；加以分享，更有巨大的价值。我们高兴地看到，实验室研究生自主搭建了 GeoScience Café 这样一个交流平台，把学术交流活动很好地开展开来，并得到坚持。

  今天，GeoScience Café 编撰了《我的科研故事》文集，将此活动的部分精彩报告录音整理成文字，编辑成册，正式出版。这是一件很有意义的工作，不仅可以让更多的人了解、分享研究生和他们老师的创新成果，也能鼓舞同学们更好地组织和开展 GeoScience Café 活动，让优良学风不断得到发扬。

  任何时代，青年人都是最为活跃、最能创新、最有希望的群体。祝愿同学们珍惜大好青春年华，以苦干加巧干的精神去浇灌人生的理想之花，为实现中华民族伟大的"中国梦"贡献一份力量！

李德仁

序二

　　测绘遥感信息工程国家重点实验室是测绘遥感地理信息科学研究的国家队，也是高层次人才培养的重要基地。

　　学术交流，是科学研究的基本方式，也是人才培养的重要平台。

　　实验室一直积极倡导并支持研究生开展学术交流活动。以前，这种交流主要停留在各研究团队内部，自从 2009 年 GeoScience Café 活动开展以来，情况有了很大改变。实验室层面的研究生学术交流活动得到持续、稳定、有效推进，而且完全是由研究生自主组织和开展起来的，值得点赞！

　　记得 GeoScience Café 活动第一期，有一个简短的开幕式，同学们邀请我参加。当时，作为实验室主任，我讲了一些希望，也表示大力支持。数年过去了，我们欣慰地看到，此项活动得到顺利开展。许多研究生同学作为特邀报告人走上这个最实在的讲坛，介绍各自的研究进展，分享宝贵的经验和心得。无数同学参与其中，既有启发和借鉴，也深受感染和鼓舞。GeoScience Café 活动因此也产生辐射力，形成具有一定影响力的品牌。

　　一件事情，贵在做对，难在坚持。GeoScience Café 活动从一开始就立足于研究生群体，组织者来自研究生同学，报告人来自研究生同学，参与者也来自研究生同学。活动坚持了开放和包容的理念，秉持了服务和分享的精神，赢得了关注，凝聚了力量，取得了成效；在推进过程中，并非没有遇到困难，但在包括实验室领导、组织者、报告人等在内的各方支持和努力下，活动得到顺利推进，相信今后还会做得更好！

　　希望这套系列文集的出版，能让更多同仁和学子分享到实验室研究生及其导师所创造的价值，并让可贵的学术精神得到更好的传播和弘扬！

龚健雅

序 三

　　"谈笑间成就梦想"是 GeoScience Café 这个学生交流平台的真实写照。我曾在欧美高校和研究机构工作 30 余年，像这样一个充满激情、百花齐放、中西合璧的学生交流平台，实属首见。每周五的科研故事丰富多彩，深深吸引着年轻的学子们。我也曾多次参与 GeoScience Café 活动，被很多年轻科学家血性的、激情的科研故事所吸引，感觉自己也成了他们中的一员，充满了活力。

　　自 2009 年以来，GeoScience Café 已举办了 230 期。在这个吸引了上万人次的学术交流平台中，大家高谈前沿探索，激荡争鸣浪潮，碰撞思想火花。在这个平台上，掀起过对很多前沿研究的讨论，发出过很多不同的声音，去伪存真，凝聚思想，推动了测绘遥感领域的学术交流，现在这里已经成了这个领域很多年轻科学家的精神家园。

　　经过了 GeoScience Café 组织人员的多年努力，GeoScience Café 已经发展为一个比较完善的平台，不仅拥有了约 4600 个成员的 QQ 群，还发展了微信公众号和网络直播平台。网络直播平台的推出让交流突破了时空的限制，受到了国内外相关学科年轻学者的欢迎，观众经常达到 200 人。为了让更多人受益，GeoScience Café 组织人员在 2016 年 10 月出版了 GeoScience Café 学术交流的报告文集《我的科研故事（第一卷）》，图书里面饱含质朴的语言、鲜活的例子和激昂的热情，这本书受到了师生们的热烈欢迎。在大家的鼓舞下，GeoScience Café 组织人员以更高的效率分别在 2017 年和 2018 年推出了《我的科研故事（第二卷）》和《我的科研故事（第三卷）》，我看了很是喜欢！

　　GeoScience Café 的特点体现在其日益扩大的影响上，在学术交流和各项社团活动丰富多彩的今天，GeoScience Café 依然能吸引成千上万的忠实"粉丝"，不能不说是大家努力和智慧的结晶。从成立之初，GeoScience Café 就以解决年轻科学家的交流问题为己任，促进科学思想、科学经验、科学方法和科学知识的传播和发展；此外，GeoScience Café 又做到了时时结合新时代信息传播的特点，与年轻科学家对学术交流、思想争鸣的需求相呼应，我想这就是 GeoScience Café

受欢迎的主要原因吧！

　　作为实验室的领导，我想跟 GeoScience Café 的组织人员和报告人说，你们的坚持和努力没有白费，请大家继续坚定目标、求是拓新、汇聚思想，把 GeoScience Café 办好，让她继续陪伴广大年轻科学家一起成长、一起积淀、一路同行！

陈锐志

目 录

1

1 智者箴言：
GeoScience Café 特邀报告

编者按：阿卜·日·法拉兹曾经说过："心之需要智慧，甚于身体之需要饮食。"智者只言片语的点拨有时就能够让我们醍醐灌顶。聆听智者之言，可以启迪智慧。本章收录了 GeoScience Café 邀请的九位智者所作的报告。从李必军教授勾勒智能驾驶的蓝图，陈亮教授分享室内定位前沿技术，再到李斌教授介绍特征向量空间过滤方法，程涛教授畅谈智慧城市与时空智能，还有三位年轻的学术才俊以及三位远道而来的国外学者分享他们的研究成果。阅读这些报告，就是在与智者们进行一场跨越时空的交流，相信我们一定会从中有所收获！

1.1 从导航与位置服务到无人驾驶

（李必军）

摘要： 2018 年 5 月 25 日晚 7:00，武汉大学李必军教授做客 GeoScience Café 第 199 期学术交流活动。李必军老师结合自己的科研经历，围绕测绘与智能交通，介绍了汽车导航技术、地图存储格式、地图测绘与快速更新、网络服务、无人驾驶与车路协同等多方面的研究成果，重点介绍与分享了测绘技术在智能驾驶研究中的地位与作用。现场反响热烈，互动交流积极。此次 GeoScience Café 学术交流活动不仅对于投身智能驾驶领域研究的学生大有裨益，更提升了广大学生对智能驾驶的认知，打开了学科交叉与融合创新的广阔天地。

【报告现场】

主持人： 各位老师，各位同学，大家晚上好！欢迎大家参加 GeoScience Café 第 199 期的学术讲座活动。我是本次活动的主持人于智伟。在本期讲座，我们非常荣幸地邀请到实验室李必军教授作为我们的报告嘉宾。李必军老师目前是实验室博士生导师，中国智能交通协会的理事，中国人工智能学会会员，智能交通专委会会员，（原）国家测绘地理信息局测绘标准化工作委员会会员，先后获得国家科技进步二等奖，国家科技发明二等奖等多种奖项。今天李必军老师将结合自己的科研经历，围绕社会与智能交通，介绍汽车导航技术、地图存储格式、地图测绘与快速更新、网络服务、无人驾驶等多方面的研究成果，重点介绍测绘技术在智能驾驶研究中的地位与作用。下面把时间交给李必军老师，掌声有请。

李必军： 非常感谢 GeoScience Café 的邀请，非常荣幸能够与大家交流这些年的一些研究成果。其实很多都是一些经历，有很多成功的地方，当然也有很多不如意的时候。从开始从事科研工作到现在，一路走来时间也不短了，从 30 年前来到武汉大学上学，我们在国内是最早开始从事利用激光扫描进行三维测量研究的团队。跟大家一样我走到这个科研领域也非常感谢我的老师——李清泉教授。本科毕业后我去了上海工作，是我的导师李清泉教授建议我回到学校继续深造和从事科学研究。我从事的一些科研项目主要包括国家自然科学基金、国家 863 计划，等等。虽然有很多项目，但整体上看主要围绕地图的采集、处理和服务等。

接下来我将从五个方面进行报告：3S 集成与智能交通综述、导航与位置服务、移动测量、智能驾驶、机器人，其中导航与位置服务和智能驾驶是重点介绍内容。这两个是紧密相关的，大家都知道智能驾驶离不开导航，它们是相辅相成的。

我是来自实验室 3S 集成与空间信息通信研究室，这个研究室是 2000 年成立的，到现在快 20 年了，3S 集成是我们研究室重点研究的方向。首先介绍一下我们的科研基本思路(图 1.1.1)。我们说 3S 集成和测绘其实是小学科，而交通是一个大行业。如何将 3S 集成与智能交通结合起来？——我们以导航与位置服务为切入点。导航与位置服务的核心就是地图加应用，就是将我们的 GIS 地图技术与应用结合起来。我们选择的应用场景是汽车导航。

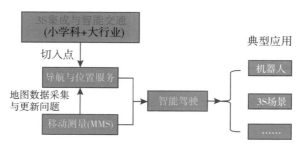

图 1.1.1　科研基本思路

汽车导航是 2003 年从日本进入中国的。我们国家的汽车导航起步很晚，日本汽车导航业务上市之后，我们才将导航与位置服务作为一个切入点，开发地图软件、定义格式、采数据、做验证，并与测绘地理信息局等单位进行相关合作。在研发过程中，我们发现原有的采集方法速度太慢，不能满足快速发展的需要，我们就考虑怎么样才能够快速地采集地图。我们想到了移动测量技术，将激光、全景相机技术放到汽车上做移动测量。随着技术的发展，我们发现数据采集已经不是一个大问题了。我们就将位置与导航服务和移动测量结合起来，使两者发挥更大的作用。这种结合能够让车自动走，自动去测绘，也就是智能驾驶。我们是从 2009 年开始从事智能驾驶的研究。后面会详细介绍智能驾驶的应用场景。

1. 3S 集成与智能交通综述

从"十一五"到"十三五"，我们国家始终都遵循安全、便捷、高效、绿色交通的基本发展方向。所谓的安全，就是要保障行人和车辆安全。那么"绿色"涉及的就比较多了，就拿现在的电动车举例，电池报废之后的污染比现有汽车还要大，而且我们国家还没有这种处理报废电动车的企业。

那么在这样的环境下，我们应该如何应对？国外的研究就提出来了，智能交通是解决这方面问题的一个重要手段。智能交通系统(Intelligent Transportation System，ITS)是将先进的信息技术、计算机技术、数据通信技术、传感器技术、电子控制技术、自动控制理论、运筹学、人工智能等有效地综合运用于交通运输、服务控制和车辆制造，加强车辆、道路、使用者三者之间的联系，从而形成一种保障安全、提高效率、改善环境、节约能源的综合运输系统。我认为 3S 集成技术是智能交通的核心技术。ITS 包括车辆控制系统、交通监控系统、运营车辆调度管理系统和旅游信息系统。我们的 3S 集成技术除了与车辆控制系统关系不大外，和其他三个系统的关系都很紧密。

2. 导航与位置服务

导航与位置服务的核心其实就是地图加 App(地图加应用)，把 GIS 技术与应用结合起来，就形成了位置服务。

首先简单介绍一下我国导航电子地图的发展历程。如图 1.1.2 所示，我们国家导航电子地图起步较晚，真正开始理论技术研究是在 1996 年。到 2009 年才提出增量更新的概念，相对来说发展是比较慢的。现阶段提出了高精度地图的概念，它主要是面向自动驾驶的。高精度地图不仅仅指精度高，还包括了文本信息、渠化信息、物理参数信息等。

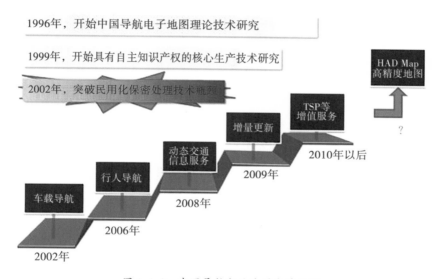

图 1.1.2 我国导航电子地图发展历程

导航电子地图和传统地图有哪些差异呢？如表 1-1-1 所示，差异主要体现在数据内容、数据组织结构和拓扑关系上。我们重点关注一下渠化信息。相较于不需要表达道路之间交通关系的传统地图，车载地图需要包含渠化信息。所谓渠化信息，是指道路网络的连通关系。哪些车道可以走，哪些车道不能走，这是导航要注意的。比如一条小路车辆不能走，但是行人可以走，这个信息导航地图也是需要具备的。所以，这里面有很多类的拓扑关系，导航地图要根据这些限制进行区分。

在测绘领域，传统地图都会用"比例尺"的概念来描述地图对现实世界不同详细程度的表达，但是在智能驾驶领域的地图是没有比例尺的概念的，它更关心的是我们到哪里去，怎么去。传统地图以同样的重要程度全面描述地理空间中的地物特征，而导航数据主要是刻画道路网络信息，以 POI 索引数据与背景数据和地图数据进行关联，这是一种重要的差异。

表 1-1-1　　　　　　　　测绘基础地理数据与交通导航地理数据比较

	测绘基础地理数据	交通导航地理数据
数据内容	■ 以同样重要程度全面描述了地理空间中的地物特征	■ 主要刻画道路网络信息 ■ 以 POI 索引数据和背景数据作为参考信息
数据组织结构	■ 用"比例尺"的概念来描述地图对现实世界不同详细程度的表达，较小比例尺的要素通常需进行"综合" ■ 不同比例尺数据按照相应图幅组织	■ 数据集的描述与无比例尺表达 ■ 在一个数据集中集成地表达不同详细程度、不同抽象程度的道路
拓扑关系	■ 不表达道路之间的交通关系 ■ 通常定义数据中点、线、面的拓扑关系	渠化信息： ■ 表达道路网络的连通关系 ■ 路段以道路中心线或交通流方向为建模目标

下面介绍导航与位置服务的关键技术及应用。

1）多元数据采集与融合技术

首先是交通信息采集方式：

（1）浮动车交通信息采集

以装有自动定位装置的车辆作为浮动车，通过无线电通信网络实现浮动车与数据处理中心的数据交换，产生实时路况信息，通过发布系统以 Internet、无线局域网或公众移动网络等多种方式向管理决策部门和社会公众提供服务。

（2）地感线圈

地感线圈实际上是一个振荡电路，其原则是振荡稳定可靠。当有大的金属物如汽车经过时，由于空间介质发生变化引起振荡频率的变化（有金属物体时振荡频率升高），这个变换就作为汽车经过"地感线圈"的真实信号，同时利用这个信号的开始和结束之间的时间间隔来测量汽车的移动速度。

（3）卡口视频、签到等众源、众包数据

现在交通信息还可以通过手机、签到等众源、众包的形式进行获取。例如，使用手机打电话或发短信，通信公司会对我们的手机进行定位，所以我们的位置是非常清晰的。大家的运行轨迹就变成一种交通信息。例如高德地图，我们在使用它们的产品查看地图信息的同时，高德地图也通过获取大家的出行信息，反馈给用户实时路况信息。这就是典型的众包、众源数据获取，目前很多人都在研究这方面的内容。

信息采集之后就要对信息编码，然后使用面向对象的数据库来管理交通信息，最后将交通信息发布出去。发布交通信息的手段包括调频副载波、DSRC、3G \ 4G \ 5G、平台等。

发布出去的交通信息有三种显示方式（图 1.1.3）：

（1）文字显示

以文字的形式显示 VICS 信息。它用文字提供时刻变化着的道路交通状况信息，帮助驾驶员选择行车路线。

（2）简易图形显示

以简单的图像显示 VICS 信息。其特点是，以道路交通信息模型化的简易图形和文字来显示交通拥堵地点和地段行驶时间。

（3）地图显示

在地图画面上集中显示随时变化的交通堵塞等各种信息。驾驶员直接选择行驶时间最短的路线或是避开堵塞地段的路线。

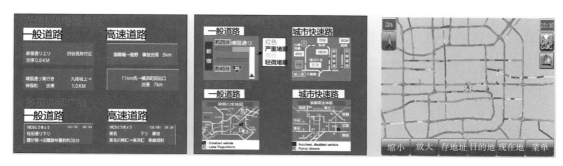

图 1.1.3 三种交通信息显示类型(从左到右：文字显示、简易图形显示、地图显示)

2）组合定位技术

地图导航的难点是定位，无人驾驶也好，导航也好，要知道你在什么地方，要到哪里去，怎么去。组合定位技术的目的就是解决传统单一的定位技术的缺陷，结合多种定位手段来实现高精度定位。目前研究组合定位的人很多，我们实验室就有团队在研究，例如卫星导航中心的牛小骥老师等就是研究组合定位的专家。现在我们手机上使用的消费级惯导，已经能够很准确地测算出你今天走了多少步。

组合定位的方案包括融合 GNSS、DR、MapMatching 和 DMI 等。其中 DR 是指航位推算(Dead-Reckoning)，是一种常用的车辆导航定位技术，它是利用方向传感器(角速度陀螺仪)和速度传感器(里程表)来推算车辆的瞬时位置，即从已知的坐标位置开始，根据船只、飞机、陆地车辆等在该点的航向、航速和航行时间，推算下一时刻坐标位置的导航过程。DR 的优点在于：完全自主，既不发射信号，也不接收信号，不存在电磁波传播问题，只需利用自身的测量元件的观测量，推求位置、速度等导航政策性人为因素的影响；机动灵活，无论是涵洞还是水下，只要载体(车、船、飞机、潜艇)能够到达的地方就能导航定位。

DR 的问题主要在于方向和距离的误差累积，在实际应用中，由于陀螺仪等角速度传感器的敏感度、精度、信号处理电路、A/D 等引入的误差及受到温度等环境条件的影响，方向误差将随着时间而积累，并无法自动消除，最终使得方向完全错误；DR 计算中，距离一般通过车轮编码器来测量，由于车轮有效直径受到气压、载荷、气温、磨损的影响而发生变化，距离误差将随距离延长而积累，也无法自动消除，最终使得定位不准。如何降低误差累积的硬件成本也是未来的一个重要研究方向。

目前我们采用扩展卡尔曼滤波器（EKF）算法或其他类似算法对 GPS 定位数据和传感器输入进行自动加权平均，以精确计算下一点的位置。GPS 与 DR 算法的加权权重由 GPS 信号质量和 DR 信息的置信等级确定。核心思想是将绝对位置和相对位置进行有机结合，事实上这个问题也是现在我们无人驾驶领域最核心的重点和难点。

3）路径规划技术

最短路径问题是图论研究中的一个重要课题，广泛应用于交通、网络寻优等研究领域。

经典的图论与不断完善的计算机数据结构及算法的有效结合使得新的最短路径算法不断涌现。它们在空间复杂度、时间复杂度、易实现性及应用范围等方面各具特色。

按照起点、终点及路径的数目和特征，最短路径问题可分为：单源最短路径、所有节点间最短路径、K 条最短路径、指定必经节点的最短路径。按照技术实现方式分为组合技术和代数方法。按照搜索策略分为：广度优先搜索、深度优先搜索和启发式搜索。

解决最短路径问题的算法有很多，经典的最短路径算法有两种：Floyd 算法和 Dijkstra 算法，分别由 R. W. Floyd 和 E. W. Dijkstra 提出。目前应用的最短路径算法，很多都基于这两种算法，根据实例特征进行优化。Floyd 算法适用于计算所有节点之间的最短路径，Dijkstra 算法则适用于计算一个节点到其他所有节点的最短路径。但 Dijkstra 算法在城市道路网节点数较多的情况下，花费时间长，求解效率低，很难满足实际要求。而且模型并未考虑到实际情况中的实时路况问题，因此距离最短的路线可能花费时间更长。在实际城市路网中，给定起点和终点，求规划路径的时候，不仅需要考虑计算的精度，还需要考虑算法的效率。

搜索技术一般需要某些具体问题的特定信息，这种信息叫做启发信息。利用启发信息的搜索方法叫做启发式搜索方法，如 A＊算法。该类方法的优点有：与盲目搜索相比，可节省大量时间；根据不同的最短路径需求，可以设置不同的启发信息（如长度最短、时间最短、花费最少等）。但其缺点也很明显：并不能保证成功，而且执行效率只能借助试验来评估。

4）导航与位置服务应用

导航与位置服务的应用产品主要是各种各样的地图。地图能提供丰富的内容以及更多的高级属性来满足多样性的用户体验。它的基本功能包括检索、路径规划、引导和显示等。

高精度导航地图（以下简称"高精地图"）功能更加丰富，包括弯道警示、限速警示、频发事故路段警示、危险区域警示、基于坡度的燃料节约、自适应前灯、疲劳驾驶者监测等（图1.1.4）。未来很多车都会装这种高精地图，但主要是在高端车上。它的功能非常强大，能够预判路口的转弯半径是多少，前方交通状况是否良好，是否有限速和红绿灯等，这些内容只能通过地图来显示。

高精地图是无人驾驶的一个必经之路，目前已经把地图放置到一个非常重要的地位。未来的无人驾驶和未来的汽车行业领域，高精地图是一种重要的技术支撑。从这个角度来讲交通行业对我们测绘的要求还是非常具体、非常高的。

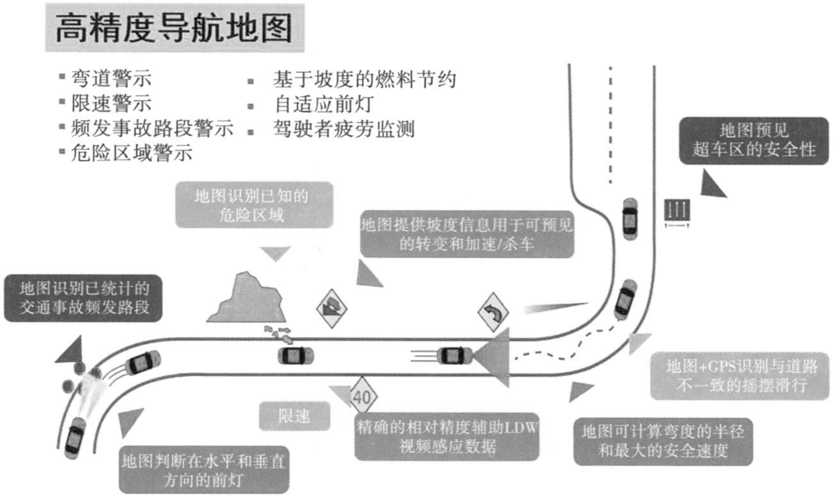

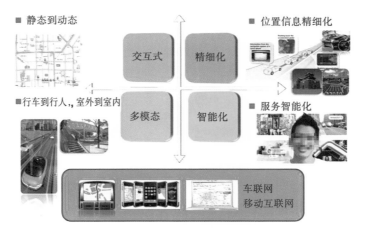

高精度导航地图
弯道警示
限速警示
频发事故路段警示
危险区域警示
基于坡度的燃料节约
自适应前灯
驾驶者疲劳监测
地图预见
超车区的安全性
地图识别已知的
危险区域
地图提供坡度信息用于可预见
的转变和加速/杀车
地图识别已统计的
交通事故频发路段
地图+GPS识别与道路
不一致的摇摆滑行
40
限速
精确的相对精度辅助LDW
视频感应数据
地图可计算弯度的半径
和最大的安全速度
地图判断在水平和垂直
方向的前灯

图 1.1.4 ADAS(Advanced Driver Assistance Systems)

行人导航产品是一个以步行内容为中心的整体方案，能有效地支持步行以及公车换乘的导航应用。行人导航地图包含：行人道路信息，如人行道、天桥等；公共交通信息，如路径、车站出入口、时间表等；兴趣区数据，如餐饮、住宿等。

目前，室内地图是一种全新的行人导航地图——全新的内容、全新的表达、全新的定位方式。我们的生活中90%的时间都在室内，而大部分的室内都没有完全满足需要的地图，这是一块要啃的硬骨头。室内地图是研究热点，其中有很多问题需要进行研究。3D导航地图也是未来发展的趋势。

总的来说，导航与LBS产品的发展趋势是从静态到动态，从行车到行人，从室外到室内，位置信息精细化，服务智能化(图1.1.5)。

静态到动态
位置信息精细化
交互式
精细化
行车到行人,,室外到室内
服务智能化
多模态
智能化
车联网
移动互联网

图 1.1.5 地图的发展趋势

3. 移动测量

在导航与位置服务的过程中，无论是利用航空航天遥感技术，还是无人机、地面移动测绘技术等，高精地图的快速更新都是很困难的。我们早在 2002 年就搭建了一套移动测量系统，包括一个相机，一个 GPS 和一个扫描仪。它主要解决三维地图的快速采集问题，能有效加快三维工程测量的进程。如果采用摄影测量双目立体视觉进行三维测量，工作量太大，几乎没有办法实施。但使用我们这一套扫描系统，那就很快了，扫描速度可以达到 30 千米/小时，相比之前快了几十倍。当然，它的数据处理非常复杂，当初并没有像现在一样有这么多模型和算法，对点云的处理也非常困难，当然我们都一一克服了。我们研究它的目的主要是解决快速采集问题，快速推进地图更新，并为四维图新提供一辆快速测量车（图 1.1.6），也为其他单位提供了很多帮助。

图 1.1.6　武汉大学移动测量车

高精度数据采集车主要采集高精度道路 ADAS 数据（包括坡度、曲率、高程等），全景图像及激光点云数据，交通标志、标线、信号灯等交通数据。从数据采集到成图，其中有一个复杂的地方就是数据处理工作。数据处理过程还有很多问题没有得到很好的解决，这些困难可能就靠大家来解决了。

移动采集车上有激光雷达、毫米波雷达、POS 系统等设备。其优点为精度高、测量效率高、安全、舒适，缺点是成本高、数据现势性差。利用高精度采集车采集的数据，通过模式识别、计算机视觉和深度学习等技术，可以快速地制作地图。地图制作过程如图 1.1.7 所示，利用高精度的定位信息和惯导系统的速度航向信息进行融合处理，得到高精度的位置和姿态数据，融合图像感知和激光雷达获取到的道路要素信息，得出道路各个要素的绝对位置，从而生产出符合无人驾驶需求的高精度地图。

目前各大厂商地图采集的基本情况见表 1-1-2（车辆数量未经证实）。

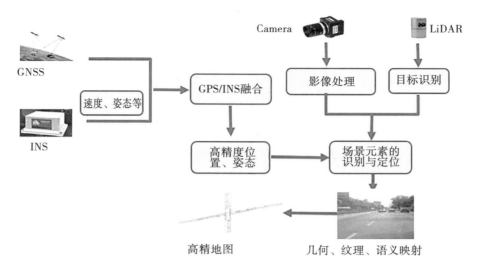

图 1.1.7　地图制作流程

表 1-1-2　　　　　　　　　　　各大厂商地图采集的基本情况

	高德	四维图新	谷歌	Here
采集车	ADAS 级别采集车和 HAD 级别采集车，车辆造价数百万元人民币	近 30 辆采集车，已完成对全国全部高速公路数据的采集	50 余辆自动驾驶汽车，安装激光雷达、毫米波雷达、POS 系统等设备，造价高达 150 万元人民币	200 辆配备了新传感系统的采集车，安装有 GPS、高阶相机、雷达及激光测距仪
数据精度	10cm	10cm	厘米级	厘米级

4. 智能驾驶

（1）研究背景与意义

道路交通中的人工智能"初见曙光，任重而道远"，可谓开启了智能驾驶的新篇章。"智能驾驶"也被混称为"无人驾驶"或"自动驾驶"，它是利用车载传感器感知车辆周围环境，并根据感知所获的道路、车辆姿态和障碍物等信息，控制车辆的方向和速度，从而使车辆能够安全、可靠地在道路上行驶。它涵盖了电子信息、自动控制、计算机、地理信息、人工智能等多门学科，是当今世界的研究热点。2007 年 *Science* 将智能驾驶车辆评为"未来 15 年内 20 个超乎想象的发明之一"。

无人驾驶技术通过传感器准确地感知车辆行驶环境，可以有效地提高行车安全，降低车辆驾驶的复杂度，缓解城市道路拥堵的现状，具有降低交通死亡率和提高安全性与系统效率的重要作用。为什么这样说呢？我们用数据说话，根据欧洲的一项研究：汽车驾驶员只要在有碰撞危险的 0.5s 前得到"预警"，就可以避免至少 60% 的追尾撞车事故、30% 的迎面撞车事故和 50% 的路面相关事故；若有 1s 的"预警"时间，则可避免 90% 的事故发生。

既然说智能驾驶，它一定和人工智能相关。那么何为人工智能 Artificial Intelligence（AI）？刚才也讲了，人工智能是一个与时间、空间有关的概念。可以从以下四个方面进行定义：

①学术方面：研究、开发用于模拟、延伸和扩展人的智能的理论、方法、技术及应用系统的一门新的技术科学。

②技术科学：计算机科学的一种分支，揭示智能的本质与表现形式。

③应用实现：提供一种能以与人类相似的方式做出反应的智能系统。

④技术实质：对人的意识、思维过程的模拟，能像人一样思考，也可超过人的智能。

人工智能研究的三大任务概括起来就是感知、决策、执行，而智能汽车就是具备这三项能力的可部分或全部取代人类行为的车辆。

表 1-1-3 是自动驾驶等级的分类，国外也有分为 6 级甚至 7 级的，但我们主要是以美国汽车工业协会的分类为标准。目前我们处在 L2 到 L3 的阶段，有人也把 L3 称之为人机共驾。L3 级的人机共驾是指既可以人开，也可以机器开，但是现在还做不到自如地切换，主要还是以人为主，机器为辅。

表 1-1-3　　　　　　　　　　　　　　**自动驾驶等级**

自动化等级 NHTSA	自动化等级 SAE	称呼（SAE）	SAE 定义	主体 驾驶操作	主体 周边监控	主体 支援	主体 系统作用域
0	0	无自动化	由人类驾驶者全时操作汽车，在行驶过程中可以得到警告和保护系统的辅助	人类驾驶者	人类驾驶者	人类驾驶者	无
1	1	驾驶支援	通过驾驶环境信息对方向盘和加减速中的一项操作提供驾驶支援。其他的驾驶动作都由人类驾驶者操作	人类驾驶者			
2	2	部分自动化 PA	通过驾驶环境信息对方向盘和加减速中的多项操作提供驾驶支援。其他的驾驶动作都由人类驾驶者操作	系统			部分
3	3	有条件自动化 CA	由无人驾驶系统完成所有的驾驶操作。根据系统请求，人类驾驶者应提供适当的应答和操作		无人驾驶系统		
4	4	高度自动化 HA	由无人驾驶系统完成所有的驾驶操作。根据系统请求，人类驾驶者不一定需要对所有请求做出应答。在限定的道路和环境条件下驾驶			无人驾驶系统	
	5	完全自动化 FA	由无人驾驶系统完成全时驾驶操作，在所有的道路、环境条件下驾驶				全域

在如何实现智能汽车真正上路的问题上，我的个人观点是：目前的交通规则都是由人来制定的，而人具有极大的灵活性和创新性，如果一直是机器来学习人，那么将永远存在着无法解决的问题。不妨在普及时依据机器来制定规则并给予人灵活适应的空间。现在持这种观点的人也是越来越多的。

高精地图是自动驾驶的核心技术，如果无论何时何地，都能有厘米级的高精度定位，那无人驾驶就不成问题。这个观点我在人工智能协会上和中国智能交通协会上都有讲过，现在接受我这个观点的人越来越多。

图 1.1.8 是我们国家无人驾驶行业发展路线图。我们预计 2035 年无人驾驶将达到千万辆规模，当然也有人说要到 2045 年。

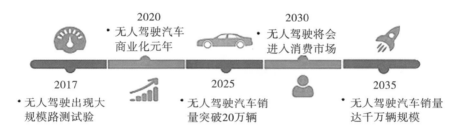

图 1.1.8　中国无人驾驶行业发展趋势分析

（2）国内外研究现状

无人驾驶车辆已有 30 多年的研究历史，这期间涌现了大量有代表性的实验系统。最早研发无人驾驶技术的是美国，他们做无人战车。国外的自动驾驶企业，美国有谷歌、福特、通用(凯迪拉克)、特斯拉，欧洲有沃尔沃、宝马、奔驰、奥迪，日本有日产、本田、丰田(雷克萨斯)，等等。

国内无人驾驶车辆研究起始于 20 世纪 90 年代初期，随着国家自然科学基金视听觉重大计划的开展，越来越多的高校和研究院所加入了这一研究领域，目前已有十多家单位(图 1.1.9)从事这方面的研究工作。研制具有自然环境感知与智能行为决策能力的无人驾驶车辆验证平台是国家自然科学基金委员会重大研究计划"视听觉信息的认知计算"的总体目标之一。为了推动和促进视听觉信息认知计算模型、关键技术与验证平台研究的创新与发展，确保实现该重大研究计划的总体科学目标，国家自然科学基金委员会相关学部与重大研究计划指导专家组从 2009 年开始举办"中国智能车未来挑战赛"，该赛事每年一次。2009 年在西安举行第一届比赛，共有 9 家单位参加，并展示了研究成果。

我们团队代表武汉大学参加了自 2009 年以来的国内所有无人驾驶大赛。我们的智能车是从移动测量平台升级而来的，是将移动测量车升级成智能车，平台的测绘特征是非常明显的，可以胜任 1：1000 比例尺的地图测绘工作。武大的感知平台包括(图 1.1.10)：2009 年至 2016 年的"途智号"、2016 至今的"途 e 号"和"途联号"以及 2017 年至今的"途友号"和小途机器人。通过运用 V2X 技术，由多平台进行感知测图。

国防科技大学　西安交通大学　清华大学　南京理工大学

军事交通学院　湖南大学　中科院物质研究院　北京理工大学

图 1.1.9　国内无人驾驶主要研究单位

图 1.1.10　武汉大学智能车研究发展现状

　　国内最新的发展现状是：随着自动驾驶技术对地图的需求日益凸显，市场竞争激烈。地图厂商有高德软件、四维图新、TomTom 以及 Here 等公司，互联网公司如谷歌、UBER、百度、阿里巴巴等，传感器厂商 Mobileye、禾赛、北科天绘、博世，传统汽车制造商如丰田、奔驰、奥迪、宝马等均大力研发支持自动驾驶的电子地图，加强面向未来预研产品的核心及关键技术的研发，全面提速面向高精度辅助驾驶、自动驾驶地图数据的商用化。尽管如此，高精地图数据产品尚处于试验阶段，高精地图数据真正应用到智能驾驶中尚还有很多研究工作要做。

　　总结一下，国外主流 OEM 厂商、IT 巨头均将无人驾驶作为公司战略性目标进行研发，他们的车联网研究工作开展得较早，已经取得了一定的市场占有率；互联网对传统行业渗透速度加快，OEM 厂商与互联网巨头合作开发智能汽车，如上汽与阿里巴巴合作，启动"互联网"战略，腾讯与富士康以及和谐汽车联盟，开发"互联网+智能电动车"，百度在芜湖建立测试基地等。《中国制造 2025》将机器人、智能装备作为发展重点，汽车行业也将无人驾驶作为未来的一个重要发展方向。从我们测绘领域来讲，"北斗"的快速发展将为无人驾驶提供很好的支撑。

(3)场景地图

无人驾驶技术中的感知、分析，无非就是为了弄清楚自己周边是什么状况。我把这个问题定义为场景地图问题。如果有了地图，当然就知道怎么走了。地图的作用就是突破距离和视角的限制。目前长距雷达的监测范围也只是 1~150 米，还有更远的范围就需要地图。所以，测绘是无人驾驶绕不过去的一道坎。

目前车用电子地图发展到什么阶段了呢？见表 1-1-4，第一阶段（基础导航电子地图）：包含路网、背景、注记、索引等基本地图要素，辅助驾驶员进行道路导航。第二阶段（ADAS 级别的地图）：精度为 1~5 米，内容包括高精度道路级别的数据（道路形状、坡度、曲率、铺设、方向等），车道数量，车道宽度数据，目的是主动安全，功能有 ACC（自适应巡航）、LDW（车道偏离预警）、LKA（车道保持）、FCW（前车碰撞预警）。第三阶段（高精度地图）：精度达厘米级，内容包括高精度的坐标，准确的道路形状，车道属性相关数据（车道线类型、车道宽度、坡度、曲率、航向、高程、侧倾等），目的是自动驾驶，功能包括高精度的定位功能、道路级和车道级的规划、引导能力。

表 1-1-4   车用电子地图发展阶段

阶段	精度	内容	目的	功能
第一阶段 （基础导航电子地图）	10 米	路网、背景、注记、索引等基本地图要素	辅助驾驶员进行导航	提供基础的道路导航功能
第二阶段 （ADAS 级别的地图）	1~5 米	高精度道路级别的数据（道路形状、坡度、曲率、铺设、方向等）、车道数量、车道宽度数据	主动安全	ACC（自适应巡航） LDW（车道偏离预警） LKA（车道保持） FCW（前车碰撞预警）
第三阶段 （HAD 级别的高精度地图）	厘米级	高精度的坐标，准确的道路形状，车道属性相关数据（车道线类型、车道宽度、坡度、曲率、航向、高程、侧倾等）	自动驾驶	高精度的定位功能 道路级和车道级的规划能力 车道级的引导能力

自动驾驶所需要的高精地图，不是相对于普通的导航电子地图精度更高的一种地图。这里的高精地图，主要指面向无人驾驶使用的地图。普通的导航电子地图是面向驾驶员使用，而高精地图是给自动驾驶汽车使用的。高精地图，拥有精确的车辆位置信息和丰富的道路元素数据信息，起到构建类似于人脑对于空间的整体记忆与认知的功能，可以帮助汽车预知路面复杂信息，如坡度、曲率、航向等，以更好地规避潜在的风险。

高级辅助驾驶或自动驾驶需要机器来实现精确智能的控制，就需要有精确的环境基础信息，这是地图表达的主要内容。智能驾驶"场景地图"是以安全出行为基础，动态关联道路上各种信息，全面反映车辆位置本身、车辆所在道路的相关特征、车辆行驶相关事件或事物的数字精细化地图。

场景地图的特点包括：局部视角、内容丰富、目标动态变化、几何关系复杂、连续配准困难。自动驾驶如何利用场景地图（图1.1.11）？车辆可以通过地图调整传感器，确定是否变道，确定红绿灯的范围等。举例来说，目前通过人工智能对红绿灯进行识别，其准确率只能达到60%，但如果我们运用地图确定了红绿灯几何位置就会容易很多。因此我们将场景地图的功能概括为：通过地图降低感知的难度，通过感知降低对地图精度的要求。

图 1.1.11　自动驾驶利用场景地图的过程

（4）研究方向与成果

如图1.1.12所示，无人驾驶车辆行驶环境一般可分为高速公路环境、乡村道路环境和城市道路环境三种。我们从国家自然科学基金资助开始，主要是研究城市道路环境的无人驾驶，高速公路和乡村道路环境研究得比较少。城市道路内部非常复杂，如果我们把城市道路解决了，高速公路就不难解决了。最重要的不是速度问题，而是安全问题。

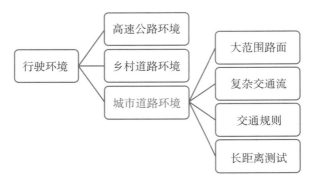

图 1.1.12　无人驾驶车辆行驶环境

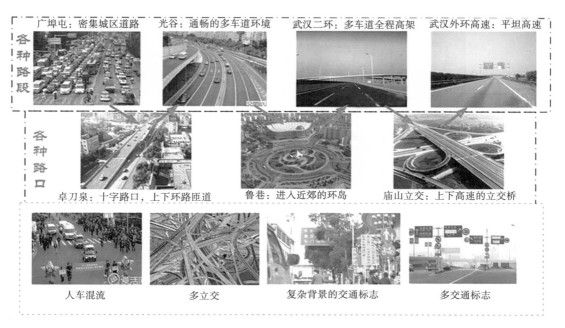

图 1.1.13 目前城市道路环境

图 1.1.13 是一些典型的城市环境交通场景，包括路段和路口两大类，我们对此进行了深入的分析。在复杂的城市道路环境下实现无人驾驶将面临很多困难，其主要问题可归纳为以下三个方面：首先，在复杂的城市环境中，传统的车辆定位方法将遇到可靠性问题。例如，城市环境车道线存在大量的模糊和被遮挡情况，道路边界也常常被其他车辆遮挡。此外，城市环境还存在大量的立交桥，这些都会影响车辆定位的可靠性。其次，城市交通环境中存在复杂的交通流，交通流中不仅有其他车辆，还包括大量的行人和自行车。这些交通要素的行为预测对于无人驾驶车辆的安全驾驶至关重要，但是他们的行为随着场景不同而不同，其行为预测非常复杂和具有挑战性。最后，城市交通环境对于交通规则的遵守提出了更高的要求，车辆要避免逆行、闯红灯、非法变道，因此必须对交通环境和交通规则有较好的认识。

为了改善和缓和城市环境中存在的以上问题，我们提出了以下三个研究方向：

第一个研究方向是基于多源信息的车辆定位可靠性分析。地图在标注之后，实际上是可以做后方交会的，像机器视觉等。它其实是基于视觉标签、已知标定信息，通过车道线检测、路沿检测、自车姿态、路网数据和 SLAM 等技术提高车辆定位的可靠性(图 1.1.14)。

第二个研究方向是运动目标建模与行为预测(图 1.1.15)，考虑其他交通要素行为预测的复杂性，我们需要对这些运动目标进行建模，对其运动行为进行分析，在此基础上预测运动趋势。在不同模型、不同状况下，通过多车道环境行为、车辆行为、路口环境行为和行人行为对运动目标进行建模与行为预测。因为场景不可穷尽，所以目前基于对场景的机器视觉学习的可靠性不可保证，机器学习的算法用于智能交通方面的技术还不是很成熟，还有很长的路要走。

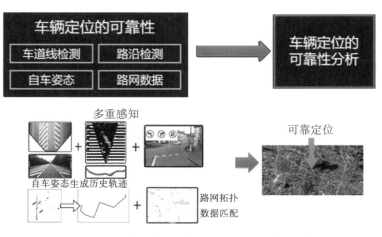

图 1.1.14　基于多源信息的车辆定位可靠性分析

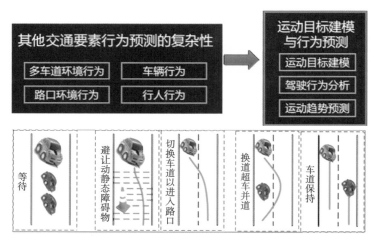

图 1.1.15　运动目标建模与行为预测

第三个研究方向是城市交通环境认知模型(图1.1.16)，通过对交通规则的理解，建立城市交通环境的认知模型，分析和选择可通行车道。

下面结合以上三个研究方向，介绍我们课题组的主要研究内容。核心研究内容如下：

①单目相机：车道偏离警告(Lane Departure Warning，LDW)、前车检测、行人识别警告(Pedestrian Detection Warning，PDW)、交通信号及标志牌识别(Road Sign Recognition，RSR)；

②双目相机：立体视觉；

③多目相机：研究中；

④激光雷达：SLAM、目标识别与分类；

⑤规划与控制：RRT、PID；

⑥定位：组合定位(里程计、DGPS \ CORS \ POS)。

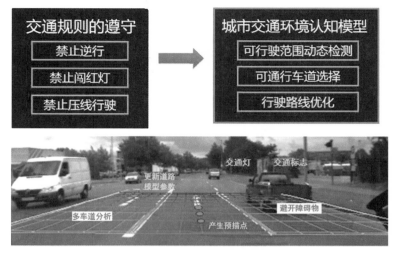

图 1.1.16　城市交通环境认知模型

导航地图是无人驾驶的重要技术基础，我们的目标是实时建立道路场景地图。一旦将道路场景地图建立起来，那么我们就在无人驾驶领域迈进了一大步。如果将这一部分做好了，那么，测绘对无人驾驶、对汽车领域的贡献就足够了。当然，现在还有很多很多问题需要去解决。

实时建立道路场景地图的技术有基于单目视觉的场景感知、定位技术、机器视觉、摄影测量、激光点云，等等。图 1.1.17 是目前单目视觉的常用技术方法。目前的研究方法有很多，大家实际上都可以做，基本上是通过利用机器视觉和深度学习算法（CDD，DNN）等做一些分类模型等。

- **Method (FCW\PDW)**(方法)
  - Haar+adaboost
- **Problems of Haar**(Haar的问题)
  - Sensitive to illumination (对光照变化
  change and small offset　敏感偏移小)
  - No stronger robustness (没有更强的鲁棒性)
- **Problems of adaboost**
  - 训练样本量大
  - 实时计算量大

Depth Neural Network (DNNs)
(深度神经网络)

- **Method (LDW)**(方法)
  - HOG+SVM
- **Resolution** (分辨率)
  - 640X480
- **Training set**(训练集)
  - Positive samples:1000 (正样本)
  - Negative samples:1000 (负样本)
- **Detecting difficulties**(检测的困难)
  - The contradiction between
  the speed and precision of
  detection (检测的速度和精度之间的矛盾)
- **Resolution** (分辨率)
  - Tracking inter frames (跟踪帧间)

图 1.1.17　单目视觉的常用技术方法

无人驾驶需要将定位分解为道路众向方向和横向，两个方向的定位精度要求有比较大的差异。我们的研究尝试在普通导航地图上进行高精度的相对定位。用于自动驾驶的定位技术有基于动态序列影像的道路场景实时建模技术，融合地理与视觉信息的车道级定位技术，GNSS\IMU 组合定位技术以及基于场景标记目标的定位定姿。

另外，我们在普通导航地图上叠加感知场景理解，试图解决现有高精度地图在成本、效率上的约束。把每辆车提供的前方车辆识别信息、车道线、速度等信息收集起来，用基于互联网的群智感知技术计算车道级实时交通信息；基于群智感知和网联平台也可以实现快速专业制图(图 1.1.18)。

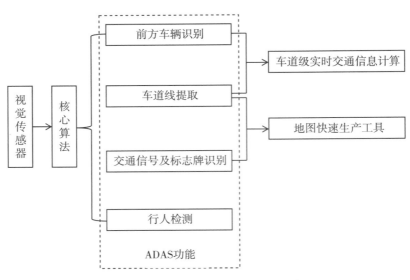

图 1.1.18　机器视觉和摄影测量方案

红绿灯，动、静态障碍物是驾驶地图必须实时探测并识别的，这是与传统地图最大的不同。图 1.1.19 所示为基于深度学习的动态目标提取和识别。

图 1.1.19　基于深度学习的动态目标提取和识别

目前实时点云处理是一个难点，如今处理点云的方法有很多，图 1.1.20 所示为杨必胜老师团队的激光点云处理流程，这是事后处理，目前还做不到实时。能不能实时处理出来？能不能实时做分类？怎么把静态与动态的地物区分出来，并且进行危险性分析，等等，这都需要进一步的研究。把点云提出来之后，需要做语义理解和语义标志，要知道红绿灯在什么位置，标杆在哪里，等等。这一块还有很多内容值得研究。

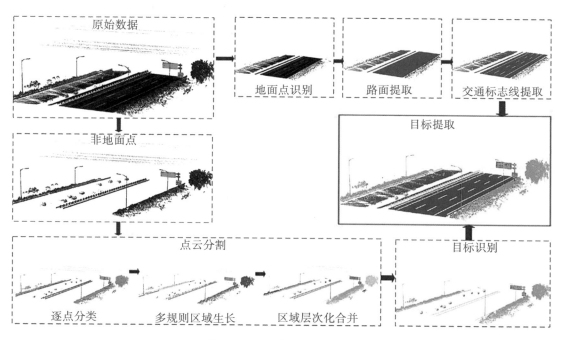

图 1.1.20　激光点云处理流程

（5）未来趋势

未来智能驾驶首先应该在"小、特、慢"场景中落地，比如物流机器人、农用机器人、导盲犬等。目前共享单车最大的问题是到处乱停，但是共享汽车不能乱停，共享汽车是需要停靠到停车场的，无人驾驶汽车可以自己找停车位，自己从停车场出来，这是无人驾驶汽车未来发展的一种设想。此外，另一种设想是车路协同的全息化技术，实现车联网、网联车，凸显交通系统的功能。

智能与无人驾驶作为辅助安全驾驶的最终形态是未来汽车发展的终极产品形态，而为其提供地理模型的高精地图将是当前普通电子地图发展的最终形式。未来，地图一定不是先采后用，用于实时地图服务的高精地图一定是边采边用。同时，利用互联网技术进行实时数据同步与共享，借助大数据分析技术与云计算技术实现快速的地图增量更新。将ADAS辅助驾驶服务与地图道路采集融合到一起，利用互联网技术进行实时数据同步与共享，同时借助大数据分析技术与云计算技术构建了一个集辅助安全与驾驶地图采集一体化的云服务平台（图1.1.21）。实时采集用户端上传的相关信息，实现快速的地图增量更新、车道级交通路况发布以及对驾驶行为进行分析等相关功能。利用视觉计算可以得到实时、相对的道路几何信息，通过导航地图可以得到低精度的绝对位置信息，将两者相结合，就能够快速、高效地获取满足智能驾驶所需的高精度、全要素驾驶地图数据。

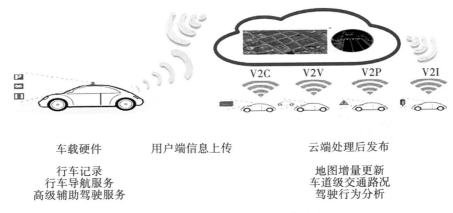

图 1.1.21　场景地图一体化云服务平台

在未来，我们希望可以建立一种"互联网汽车"生态系统——实现人-车-环境数据化、数据互联化、互联网现实化。这样至少在一个园区内我们可以实现汽车全部连网。通过汽车厂商、互联网企业与地图公司跨界合作，快速将无人驾驶在现实中实现。

我们下一步研究的内容有：

①多目视觉及视觉地理标签；

②激光点云的目标实时分类；

③基于视觉标签、点云目标的定位定姿；

④感知+地图的无人驾驶的解决方案是否需要高精度地图？

总的来说，智能驾驶难度还是比较大，方向很热，研究人员也很多，但里面的问题也比较多，对社会的发展也有很大的意义。我们大家都比较关心什么时候能够看到真正的无人驾驶。测绘技术和人工智能技术的快速发展，一定会促进无人驾驶行业的快速进步。什么时候能够达到三级、四级无人驾驶水平，还需要我们大家共同努力。

【互动交流】

主持人：感谢李必军老师的精彩报告。接下来是提问环节，大家对老师的研究方向或者对刚才介绍的内容有什么疑问，想和老师讨论的，可以向老师提问。

提问人一：现在发展的高精地图，可能对无人驾驶领域有一些制定的规则，就像您提到的理念：人类制定的规则对于机器是否适用？有没有思路、想法、创意等去解决这个问题呢？

李必军：您的这个问题非常好！很经典！现在很多人关注无人驾驶的发展路径问题。为什么要人机共驾？目前还处于研究阶段，还不能满足真正的无人驾驶条件。我们目前为了满足自动驾驶的条件，改变了道路的状况，目前北京和武汉等地正在建立实验道路，但是这种实验道路只能用于探究现实道路在自动驾驶中要满足的条件。目前没有比较好的方法去解决这个问题，思路就是改进道路的状况，以满足自动驾驶的条件，真正现实道路中的自动驾驶还有很长的路要走。

提问人二：如果有一个创业项目满足您说的内容，那么创业需要满足的因素有哪些？

李必军：创新创业发展目前处于天时地利人和的状态，国家支持、示范化应用、技术团队、资金资源缺一不可。但一个企业的创业并不完全是通过技术成功的，如联想等企业。但是，技术重要还是市场重要，主要看你侧重于哪一方面，短板是哪一个。

提问人三：制图综合、高精地图等理论，如何为智能驾驶的应用而服务呢？

李必军：地图综合是地图学重要的研究内容，目前还是一个比较热的方向。智能驾驶领域目前没有地图比例尺的概念，对路网精度要求很高，并不存在综合不综合的问题，所以需求不一样，处理原则就不一样。智能驾驶可以在一个比例尺下完成索引工作；智能驾驶重点关心的是道路及渠化信息，而制图综合关心目标、关系的综合。高精地图与传统地图还是有一定的差异的。

（主持人：于智伟；摄影：龚婧；直播：陈必武；录音稿整理：陈博文、李涛；校对：云若岚、于智伟、许殊）

1.2　基于无线机会信号的高精度室内外定位研究

（陈　亮）

摘要：高精度室内定位可应用于智能手机定位、智慧城市、智能停车、精准营销等多个场景，但由于室内 GNSS 信号微弱、室内环境复杂多变等因素，相比一般的室外定位，高精度室内定位的实现会面临更大挑战。本期报告，陈亮老师结合具体的实测实验，为我们介绍了无线机会信号的特征及其在高精度室内外定位中的研究。

【报告现场】

主持人：各位同学，大家好！我是本次活动的主持人史祎琳，欢迎大家来参加 GeoScience Café 第 194 期的报告。本期我们很荣幸地邀请到了国家青年"千人计划"专家陈亮教授来为我们介绍利用无线机会信号在高精度室内外定位方面的研究和工作进展。陈亮老师主要从事室内外无缝定位与导航领域的研究，曾主持和参与了欧盟框架、芬兰科学院、科技部重大研发计划 10 余个科研项目，研究成果获美国导航年会、欧洲导航年会、欧盟工业委员会项目峰会等多个奖项，发表论文 70 余篇，撰写新体制导航定位专著 1 本。陈老师担任了多个 SCI 期刊专刊编委和 10 余个 SCI 期刊审稿人，同时也担任 IEEE 泛在定位室内导航与位置服务大会技术主席，受英国、法国、意大利、西班牙等国多所导航领域知名大学课题组邀请进行客座研究，并保持长期密切合作。下面让我们用掌声有请陈亮老师。

陈亮：今天我要讲的是无线机会信号的导航定位，主要列举数字广播信号，这种信号在欧洲比较普遍，主要应用于传输高清电视节目，那么我们就要评估一下它的导航定位的性能；另外，对蓝牙信号和 Wifi 的信号在室内定位方面的应用也会有所介绍。今天我还要介绍我们小组最近的一些研究进展，不同于传统的指纹（Fingerprinting）定位算法，我们组开发了一些新的方法来提高无线机会信号室内定位的实时性和定位精度。

1. 研究背景与现状

首先是背景介绍。定位是位置服务、万物互联、人工智能和未来超智能（机器人+人类）应用的核心技术之一。而室内定位作为最为重要的部分之一，是应急安全、智能仓储、人群监控、精准营销、移动健康、虚拟现实游戏及人类社交等需求的基础。

图 1.2.1 列举了很多在室内的空间，比如办公空间、科技场馆、交通枢纽，这些都是

大型室内空间。在大型室内空间里，GNSS 信号就会变得很微弱，甚至无法到达室内，这导致通常在室外可以应用的 GNSS 信号在室内就会失效；室内定位还有很多特点，例如环境复杂，拓扑复杂，导致室内定位有难度。通常我们做室内定位的都会讲，人们一天有80% 的时间在室内，然而又有人会讲，通常 1/3 的时间都是在睡觉。但是不管怎么说，把这 1/3 时间去掉之后，我们感觉还是在室内的时间更多一些。

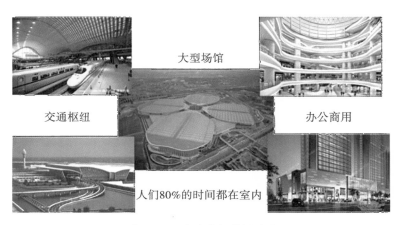

图 1.2.1 室内空间举例说明

随着互联网时代的到来，智能手机已经是人们生活的必需品，智能手机不但可以满足人们基本的生活需求，还可以应用于导航定位。通过例子可以简单了解一下智能手机在导航定位的应用，主要包括智能停车、预订车辆、精准营销等(图 1.2.2)。

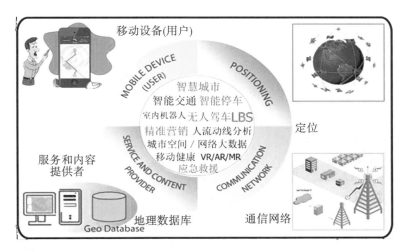

图 1.2.2 基于手机的位置服务

第一个是智能停车，例如我们正开车在路上，想预定一个车位，某个大型商场下面的车位在 A 区的多少号，一看到空缺就提前预订一下，这样的功能暂时还没有普遍实现。

如果室内定位的定位精度足够高，有足够的硬件设施和定位技术，那么我们就可以做到"一出门开车就知道我今天去某个商场，然后提前预约停车位置"，这对于降低交通堵塞也是很有好处的。

第二个是预订车辆。比如我们打的，在路边可以预约"滴滴"打车。但如果是在刮风下雨天气，在路边预约十分不便的情况下，那么我们就会在办公楼里面预约，叫"滴滴"打车到我们地下车库，比如说停车场 A 区多少号等，同时我们还知道怎么通过室内导航找到停车的位置，这样就可以形成室内外无缝定位。如果室内定位技术足够精确，我们是能够做到这一点的。

第三个是精准营销。比如商场有广告推送，今天的某种产品在什么地方打折。如果对这类商品感兴趣的话，我们可以引导你到商品打折的地方，这种就是在室内的精准营销。此外，如果室内定位精度足够高的话，可以对商场内的人流路线进行准确的分析。通过人流路线分析，就可以了解这个商场的人流分布，并在热点区域做一些广告推介，来增加商场的收入。所以，这些跟我们的日常生活、经济活动都是密切相关的。

第四个是应急救援。比如，面对火灾、地震以及建筑坍塌，或者重大安全生产事故的救援工作。精确的室内位置信息是消防人员开展灭火救援行动的重要保障，是未来城市应急救援体系中信息通信的主要组成部分，具有非常重要的社会效益，对于保护人民生命财产安全也具有重要意义。

第五个是虚拟现实（图 1.2.3）。室内定位对于实况转播、虚拟现实也是非常有用的，比如在芬兰的一家室内定位技术开发公司，它不仅能够定位运动员的运动轨迹，而且能定位到冰球的位置信息，并进行分析。这样在进行实况转播的时候，就可以分析到运动员整个的运动变化情况；另外一种情况，我们以后看虚拟 3D 的实况转播，如果能获取到足球、冰球以及运动员的位置，就能够非常准确地构建体育场景，有助于虚拟现实的实现。此外，混合现实游戏等，也都是与室内位置信息密切相关的。

体育实况转播

混合现实游戏

图 1.2.3　室内定位在虚拟现实技术中的应用

这张 PPT(图 1.2.4)大家可能都很熟悉了，它主要是描述现在的智能手机是由众多传感器组成的。实际上，正是由于智能手机嵌入了多种传感器原件，所以，现在不同背景的研究人员都可以应用各自领域的知识来研究室内定位，比如惯性传感器导航，计算机视觉定位、信号处理、大地测量，还有室内 GIS 等。

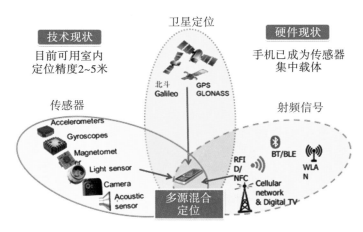

图 1.2.4　智能手机定位源

我们今天主要是讲机会信号的室内定位方案。虽然机会信号设计只考虑了通信、传输数据方面的应用，但由于室内定位一些众所周知的难点，比如，拓扑复杂、信号传输非常复杂，还有 GNSS 信号难以用于室内定位等问题，因此，我们通过信号层面的研究，力图解决高精度室内导航的问题。

下面分析不同定位手段的对比。卫星导航，它可以在室外达到分米级精度或者在有辅助站的情况下达到厘米级的定位精度，那么在室内呢？在室内环境下，比如传感器航迹推算(Pedestrian Dead Reckoning，PDR)可以形成全自主的连续定位，但是会产生累积误差，而且它给出的是相对定位的位置。其他的传感器在导航定位方面，也都存在着各自的优缺点。

目前陈锐志老师申请了"高可用高精度室内智能混合定位与室内 GIS"的"十三五"国家重大研发计划。主要思路是把手机上所有的传感器(一共 12 种)进行优化组合，试图解决高精度室内定位问题，实现高可用、优于 1 米的室内定位精度。这是一个科技部的重大研发计划，里面涉及"声、光、电、场"等多方面的知识，共有 20 多家单位参与，尝试着开发出不同的定位导航方法，然后再进行技术融合，最终实现室内优于 1 米的定位精度。

这个项目的特点：首先就是基于手机。智能手机不改变用户的习惯，不增加用户投资，通过智能融合算法，形成低成本、高精度、高可用定位方案。这里面首先要解决的就是高精度问题，是指定位精度要优于 1 米；然后是高可用特性，就是可用性要高，即基于我们现在广泛使用的智能手机进行室内定位，使用率高；此外，方案还是一种连续定位，能连续给出它的位置。主要的方式是借助手机内置传感器，还有一些音频，以及蓝牙、

Wifi 等机会信号。下面将重点介绍机会信号在无线定位中的应用。

2. 无线机会信号的定位方法

下面我们就要着重讲一下几种无线机会信号的定位方法。今天主要讲三种机会信号，来实现我们所谓的高精度定位方法，第一种是地面数字广播信号，第二种是室内常见的 Wifi 信号，第三种是蓝牙信号。

1）DTV 定位

数字广播信号，最早是由欧洲提出的，我们国内也在使用。它有三种传输方式，第一种是卫星传输，是从卫星往地面发射广播信号；第二种是地面传输，在地面建立一个很高大的基站，然后向地面辐射广播信号；第三种是同轴电缆传输，通过布设有线网络，使信号经过同轴电缆传到每家每户。我们国家最常用的是同轴电缆传输。地面传输的也有，但不如欧洲布设得多。由于欧洲人口分布比较稀疏，布设同轴电缆成本较高。因此，欧洲的广播电视信号地面传输是主要模式。因此，欧洲开展并制定数字广播地面传输标准比较早，目前，欧洲标准现在也成为全世界适用面最广的数字广播地面传输标准。

第一，地面广播信号的发射功率非常强。通常在一个城市，它的发射功率是 10 到 100 千瓦，而 GPS 发射的功率大概在 25 瓦。不同城市，信号的功率也存在差异。在巴黎是 100 千瓦，而小一点的城市的发射站也有 10 千瓦。因此，高功率的信号保证了室内的正常接收。

第二，信号带宽大。GPS 仅 2 兆的带宽，通常情况下，数字广播信号一个频道就是 6 到 10 兆。因此，带宽较大的信号特性提供了更高的定位精度。

第三，绕射性能比较好。地面广播载波频率平均在 400 到 800 兆，频率比较低，绕射性能好。因此，即使在室内环境也可以较好地接收此信号。

第四，采用正交频分复用（Orthogonal Frequency Division Multiplexing，OFDM）技术实现多载波调制。通过多载波并行传输，使抗多径衰落性增强。目前正交频分复用技术已经是 4G、Wifi、未来的 5G 等数字通信的物理层标准。

第五，同频传输。它的传输方式是在一个区域的一座城市内，由多个发射站来同步发射，即每个站之间，在同一时间、同一频率，发射同一种信号。这样同步传输的方式就有利于我们做到达时间（Time of arrival，TOA）估计。

此外，从经济性来说，数字广播信号直接就是一个成熟的通信体制，用它来进行定位，不需要在发射端上做任何修改，只要在接收端开发一些导航定位的算法，就能够进行导航定位的研究。

综上所述，可以看出我们已经具备形成广域高精度覆盖室内外的定位导航方式。

（1）DVB-T 信号特性

我们再简单看一下 DVB-T 数字广播地面标准的几个特性。

第一是信号同步发射。多个基站在同一时刻发出相同的信号，有利于 TOA 估计。

第二是信号连续传输。信号连续特性有利于对其进行跟踪，即使存在结果估计不准确，也可以不断地进行修正，使误差减小，达到高精度的定位。

第三是导频信号已知。通信里面通常用导频信号进行信道估计，接收机接收信号并对信号进行信道估计以此确保接收和发送的信号一致。同样地，导航定位也可以利用信号来进行更高精度的实验估计。

图 1.2.5 是理想 8K 模式下数字广播地面信号的频谱图，可以看到信号中存在毛刺，这些毛刺即导频信号，导频信号的功率比传输数据信号的功率高一些。由于信号功率较大，在接收信号时，更容易捕获和跟踪。另外，与 GPS-L1（C/A）、伽利略 E1 信号相比，它的相关峰更加尖锐，导致多路径的分辨率更高。例如 GPS 第一根径和第二根径相差 200 米，通过 TOA 估计误差会达到 60 米。但是对于地面数字广播信号，即使第一径与第二径相差小于 32 米，误差仅为 10 米左右。由于 8K 模式的 DVB-T 信号与其他信号相比，相关峰更加尖锐，导致多径分辨率更高，定位精度更高，因此，利用 DVB-T 信号可以在多径环境下实现高精度导航定位。

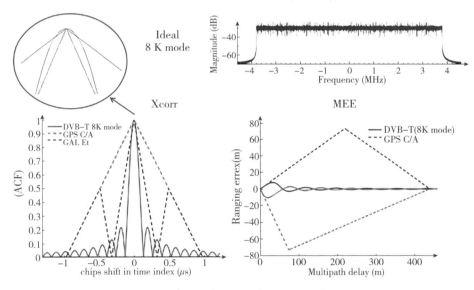

图 1.2.5 理想 8K 模式下信号频谱图

（2）基于 DVB-T 的 TOA 估计

首先，GNSS 接收机只适用于单载波信号，无法将现有方法直接应用到多载波信号的 TOA 估计。其次，现有商用数字地面广播信号同步精度仅精确到 1 个码片，导致一个码片以内的多径信号较难辨别。在实际应用中，一个码片的时延换算成距离为 32 米，而 32 米的测距误差无法做到高精度定位，所以此接收机也无法适用于导航定位。因此，理论上为实现亚米级高精度导航定位，需要将同步误差控制在 1/30 个码片的时延误差。下文将介绍利用自主研发的 DVB-T 接收机进行实地测试实验。

如图 1.2.6 所示是移动测试平台及在法国不同城市进行的实地测试。首先选取高信噪比环境进行测试，发射站是在马赛（法国的第二大城市）的一座山上，发射功率设置为 100 千瓦，接收机设置在对面一座山上，保证视距传输。发射站与接收站之间的实际距离为 11.2 千米。通过信号获取，多径提取，首径判别与提取，并对首径进行连续跟踪，实验结果如图 1.2.7 所示：时延环路为 2Hz 时，产生 0.46 米的误差。

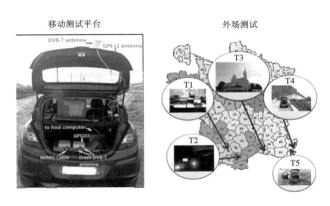

图 1.2.6　测试平台

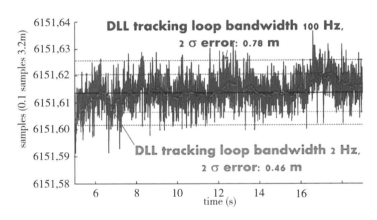

图 1.2.7　高信噪比条件下信号连续跟踪定位结果

下面我们再看一看在低信噪比的条件下进行的实测。这个是在法国图卢兹做的，发射站与接收站的实际距离为 80 千米，图 1.2.8 是接收信号的频谱图。通过对信号进行信道估计，获取首径并进行跟踪。通过统计可知，高信噪比条件下（例如马赛），TOA 精度大概在 0.5 米（1 米之内）；而在弱信噪比条件下，TOA 精度是在 3~4 米。此外，还可以得到定位精度与信号功率大小成正比（图 1.2.9）。综上所述，信噪比和信号功率是决定定位精度的两个重要条件。

（3）多路径干扰问题

接下来，我介绍一下如何使用多载波的载波相位进行定位，这个我们刚刚申请了专利，也是一个创新点。多载波相位是采用多个不同频率的载波来进行测距。我们在赫尔辛

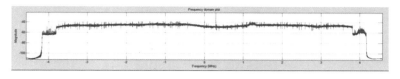

图 1.2.8　信号采样频谱图

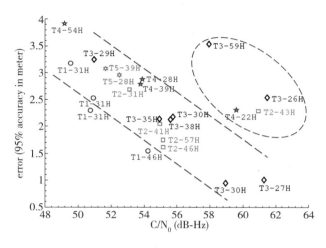

图 1.2.9　实测统计结果图

基做了一个实验，把接收机放在楼顶上，然后通过载波相位进行即时解算，大概得到 5 厘米的定位精度。

　　之前的实验都是静态跟踪，但实际上我们可以发现地面传输的无线信号，多路径效应是非常严重的。我们可以简单看一下信号跟踪效果。信号的多路径效应，在非常严重的情况下，误差甚至可以达到几十米甚至上百米。这是由于一根径被完全遮挡住了，造成误差非常大。这幅图可以给大家一个直观的印象：对于地面传输的无线信号，多路径效应是非常严重的。有的时候直射径会突然消失，这会对我们的测距和定位产生很大的误差。

　　那么如何消除这些误差？我们在过去的研究当中，就利用了贝叶斯的多路径误差消除方法，提出了多种基于卡尔曼和贝叶斯估计的方法，比如扩展卡尔曼滤波、粒子滤波、贝叶斯非参滤波方法。之后我们又研究了无线信号定位和跟踪的理论下限，这一问题目前还在继续研究，也希望感兴趣的同学加入进来。如何消除无线机会信号的多路径效应，是非常值得探究的课题。

　　(4)同频网定位问题

　　接下来，我们还发现一个很有趣的问题——同频网定位。数字广播信号是同频发射的，这是什么意思呢？它是指在同一个时间，不同的发射站同时发射频率相同的信号。但由于在设计广播信号的时候，不像以往的定位系统会说明信号是谁发射的，广播信号并不包括发射站的信息。对于通信而言，接收机并不需要了解发射基站的信息，只要保证能接收到就可以。但是对于导航定位的应用，则不仅是要接收信号，而且还要知道信号来源以及发射基站的位置等信息。国外发射站的位置信息可以在公开的网页上查找到。但当我们接收到多个信号时，如果不做一些先验性的测试，即使知道这几个基站的位置，也无法知晓每个信号分别是由哪个站发射的，这就是 Emitter Confusion Problem（基站模糊问题）。

针对这一问题，我们研究团队也开展了一些工作。我们采用了 EM（Expectation Maximization）方法对信号进行提取，并用数学方法来进行验证，发现只要发射站的个数超过4 个，基本上对定位结果是没有影响，即通过 EM 进行不断地迭代，都会达到定位下限。

以上只涉及简单的静态定位，如果是动态定位，这个问题就更加复杂，也更加有趣了，也就是说人不断在动，同时也在不断地接收周围的信号。当接收到了三个信号，我们并不知道这三个信号是从哪里发送过来的，这也是一个很有意思的科学问题，对此，我们正在做下一步的研究。

2）蓝牙定位

下面我介绍一下我们组在蓝牙定位和 Wifi 定位方面做的一些工作。

首先，蓝牙和 Wifi 这些信号在设计之初更多地是用于信息传输。后来开发了一种方法叫做指纹定位的方法（图 1.2.10），大家也都比较熟悉了。先在地上打不同的点，每个点接收不同发射站的场强值，用于建立数据库。之后我们在进行定位时，就可以把接收的场强跟数据库进行匹配，那么这里面就有很多算法可以用到，包括现在非常热门的深度学习和人工智能方法。其主要目的是为了信息匹配。大概在 6 年前我们也做过这方面的研究，利用传统的指纹定位方法，我们自主开发了一个蓝牙接收机，其中还包括一个 SPAN系统（见图 1.2.10 右侧），用来生成室内参考路径。下面来看一下实验结果（图 1.2.11），实验是 2011 年完成的，精度在 4 米左右。目前由于电子器件集成度更高，信号噪声更小以及接收机更加灵敏，指纹定位的精度也有所提高。再回过头来看一下当时的定位结果，

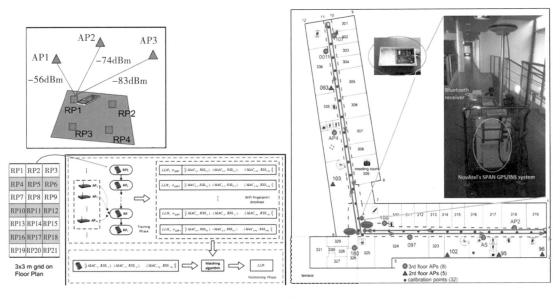

图 1.2.10 传统指纹定位方法

定位结果的跳变多发生在转弯的地方，这就导致整个定位的精度达到 4~5 米。我们也尝试开发了粒子滤波方法来改进传统的指纹定位。此外，也还有很多改进方法的研究成果。

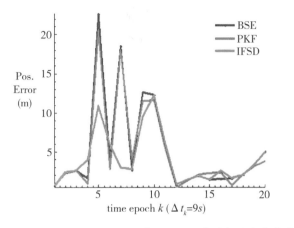

	BSE	PKF	IFSD
Mean [m]:	5.2	5.1	4.0
Std	6.2	6.0	3.3
max	22.6	21.8	12.3
95th	18.5	18.3	10.9
min	0.6	0.6	0.6

图 1.2.11　传统指纹定位方法精度评价结果

最近，我们研究团队主要围绕"蓝牙伪卫星"展开了一些工作。首先把蓝牙芯片做成一个盒子，然后做了一些蓝牙伪卫星发射机。现在手机上都集成了蓝牙的芯片，于是我们开发了整个蓝牙定位 App。大家可以看一下现在的室内环境，天花板上就有我们布设的点（四楼休闲厅的天花板上布设有多个蓝牙伪卫星发射机）。由蓝牙伪卫星发射机发射蓝牙信号，在智能手机端，只要安装 App 就能进行定位。这种定位方式的精度就比较高了，95% 的概率下误差是 1.5 米，而且不需要事先建数据库。大家只要在四楼休闲厅打开手机，下载一个 App 软件就可以直接享受定位服务。

3）基于 Wifi CSI 的定位技术

我们最近也开始研究基于 Wifi 的信道状态信息（Channel State Information，CSI）技术。传统的 Wifi 定位方法，一种就是指纹定位；另外一种是根据场强和路径的关系来反演距离，然后再进行位置求解。这两种是以往比较常见的做法。最近我们利用 CSI 技术，也就是利用商用的 Wifi 网卡来获取 CSI 的数据，以此进行定位分析。实际上，这种技术就等于获取 Wifi 多个子载波的幅度和相位信息。

图 1.2.12 中所示的接收端 Wifi 网卡由三根天线获取三个信道状态信息。根据这个信息，我们一方面可以做测角，另一方面可以做高精度的 Finger Printing。但是我们为了获得实时定位效果，只做了一个测角的实验。首先设计一个三发三收的无线测试场景。如图 1.2.13 所示，图中蓝线表示天线 1 减去天线 2 的相位差，红线表示天线 1 减去天线 3 的相位差，绿线表示天线 2 减去天线 3 的相位差。我们可以观察在测角为 45° 的情况下，天线之间的夹角和天线之间的相位差，这是不同的入射情况，我们可以看到天线相位差是比较稳定的，而且目前我们可以实现优于 10° 的测角精度。那相当于在 5 米距离的情况下，等效定位误差大概是 1 米。

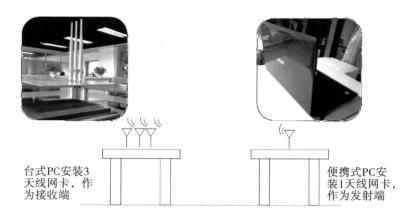

图 1.2.12　CSI 技术设备说明

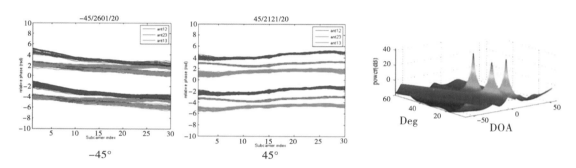

图 1.2.13　基于 Wifi 的 CSI 技术研究部分实验结果

3. 研究展望

最后，我来介绍一下我们小组的研究展望，我们实验室目前购置了软件无线电平台，这套系统可以自己产生信号，自己接收信号，也可以实现信号的多发多收。这个系统还能够模拟 Wifi 信号、数字广播信号，5G 信号等多种信号。我们认为，5G 系统是一种多天线、多发多收的系统，同时这种信号也拥有大带宽，非常有利于定位。我们小组目前已经开展了关于 5G 应用的研究，同时我们认为这个 IOT 信号也会是一种机会信号，以后会成为定位研究的热点，我们小组同样会相继展开对这个课题的研究。最后，以下就是我的联系方式(图 1.2.14)，非常欢迎感兴趣的同学们加入我们组，谢谢。

陈亮
QQ：58713822
EMAIL：l.chen@whu.edu.cn
http://unsc.whu.edu.cn/main/

图 1.2.14　陈亮老师的联系方式

【互动交流】

主持人：非常感谢陈亮老师为我们带来的十分生动精彩的报告，下面是我们的互动时间，有问题的同学可以向陈亮老师提问。我们也会为每位提问的同学送上我们 GeoScience Café 的《我的科研故事（第三卷）》一本，有问题的同学请举手。

提问人一：老师您好！考虑到成本会对技术普及产生影响，请问蓝牙伪卫星接收设备是否是自制的，成本是多少？设备的供电情况有没有考虑；因为如果使用电池，在维护时会相对比较麻烦。

陈亮：这个设备是我们团队自己制作的，基本的蓝牙收发模块比较便宜。供电问题的确是我们在推广时遇到的一个麻烦，一些大型商场，不愿意让蓝牙设备另外接电源，而使用电池，就存在电池电量耗光的问题，我们也在努力寻找一些解决方案，例如从一些已有设备里取电之类的。

提问人一：DTV 在国内的应用情况与国外相比是否不是很理想呢？

陈亮：你这个问题提得很好，当时考虑到规避专利的问题，中国就自主设计了一套数字电视广播信号系统和传输标准，是目前国际上商用的四大数字电视地面广播标准之一。采用的信号依旧是多载波 OFDM 信号，区别在于，国外是采取循环前缀（将后面的信号拷贝到前面）的方式，而国内标准前缀采用 PN 码的方式产生，类似于 GPS 信号。

提问人一：感觉 DTV 的用处不是很广，手机没办法接收 DTV 信号，这个问题是怎么应对的？

陈亮：现在的 DTV 信号的频率主要是 400~800Hz，制作的接收天线稍大，使用起来稍显不便。几年前的手机里是有这个天线的，但是用户觉得不是很方便，目前手机上就不再集成该模块。不过现在欧洲正在推行 DVB-T2，目标是让手机也集成数字广播信号，而且原来是以一个站将信号全部覆盖，现在是设置多个小蜂窝，以不同小蜂窝的形式来覆盖信号。

提问人一：5G 的出现会不会导致其他信号被淘汰。

陈亮：5G 我们的理解更多的像是一个技术池，将以往的很多技术框架都融合进去。到目前为止，5G 具体是什么技术，只有部分定型，但整体技术还在继续推进，很多信号也想加入 5G 里面，所以说不是 5G 把其他的信号淘汰，而是把很多现有的机会包括进来。

提问人二：老师您好！我是从中国地质大学赶来听您的报告，专业与此方向相差比较远，我就从地学视角向您请教下。第一个问题：考虑到地理分异，不同的天气和气候是否会对实验带来影响。第二个问题：不同海拔、海域和内陆是否会对实验精度造成影响？

陈亮：其实这两个问题是同一类型，我认为应该是有影响的，但是我们没有进行过相应的实验，我们实验的距离比较短，在十几千米到几十千米之间，如果存在影响，我认为也不会很大。影响肯定是存在的，因为之前在德国作报告时，我曾经与一位学者讨论过这方面的问题。

提问人三：老师您好！我有两个问题想请教您。第一个问题：室内外一体化定位，如果由室外到室内，坐标系是否采用相同坐标系？第二个问题：您现在是针对消费级的研究，精度大概在米级左右。那您有没有针对工业应用方面，开发一些定位精度到厘米级的方法，或者能否推荐一些相关的研究方向？

陈亮：第一个问题：我们的目标是室内外一体无缝定位，也考虑用设备广播它的星历，目标是在进入室内定位时得到的位置不仅仅是在室内的相对位置，还有绝对位置，整个全球坐标系下的位置。我们也开发了一些规范、协议，通过定位算法得到室内全球坐标，这也是目前在做的事情。

第二个问题：如何得到更高精度位置，首先要讲无线系统，可以看到我之前做过的载波相位精度可以达到厘米级，但我们的研究主要是面向大众用户。而从特定的工业用途来看，采用特定的装置，比如用光来定位则更加现实一些，可以达到更高精度，比如针对在车床加工、远程医疗这些对定位要求更高的情况，采用光或激光等专有定位技术就会更加适合。通过无线信号稳定地达到厘米级定位精度的技术手段主要有超宽带定位等。

提问人四：老师您好！关于数字电视信号我想请教您两个问题。第一个问题：您前面的实验都是在山顶上进行的直射性实验，是否在城市内部，遮挡比较严重的情况下进行过实验呢？

陈亮：前面介绍过，我们已经在城市内部、多路径问题比较严重的情况下进行过实验，实验时在城市中以每小时 20 千米的速度开车，多路径现象非常严重。如果不做任何处理，在无线电完全遮挡的情况下，误差非常大，可以达到一百多米，但是后期可以通过贝叶斯估计等方法来削弱这些误差。再加入开车运动状态，通过连续信号的状态更新和测量距离的更新，平滑或消除误差。

提问人四：看前面介绍的实验，数字广播信号定位只需要一个径向吗？

陈亮：这个只是测距，一个基站可用两根天线，AOA 加测距，而我们评估的是测距的精度。

提问人五：老师您好！据我了解，目前有一种室内定位方式叫 UWB 系统，一方面，它的定位精度是非常高的，可实现米级甚至是厘米级定位精度，它应该与蓝牙定位一样，需要布设基站加硬件，还需要考虑供电问题；另一方面，它与数字广播信号一样无法实现手机用户的使用，但是定位精度十分高，无论是面对工业级还是平时生活定位，能够满足大多数情况需求。从这个角度来看，能说 UWB 系统以后有可能成为一种主流定位方式吗？

陈亮：首先每种室内定位技术都有其优缺点，UWB 的定位精度比较高，但作用范围不是很大，尤其在我们进行的实验中，当隔一堵墙，它的定位误差会立刻增加。它只适用于房屋级，在一个没有遮挡的大房间里是可以的。另外，它还需要布设很多小基站，具有一定的成本，因此目前我对于 UWB 技术成为主流定位方式还是持保留意见的。

（主持人：史祎琳；摄影：邓拓；摄像：王宇蝶；录音稿整理：史祎琳；校对：卢祥晨、修田雨、李涛）

1.3 应用特征向量空间过滤方法降低遥感数据回归模型的不确定性

(李　斌)

摘要：随机过程的空间自相关现象会导致方差膨胀，从而加剧了回归模型的不确定性。特征向量空间过滤方法(ESF)通过空间权重矩阵的本征函数构建综合变量，弥补缺失的空间信息，从而过滤了遗留于回归模型残差中的空间信息，有效地提高了回归模型的效率，降低了模型的不确定性。但 ESF 方法计算量大，难以直接应用于遥感数据的回归建模。初步实验表明，本征函数计算的局部化可以有效克服 ESF 回归建模的计算瓶颈。本期报告，李斌教授介绍了 ESF 的概念，并介绍了以模拟数据和遥感数据进行回归建模的实验过程和结果，探讨其在遥感数据建模中的应用前景。

【报告现场】

主持人：大家晚上好！欢迎大家来到 GeoScience Café 第 202 期学术交流活动现场，本期活动我们邀请到了李斌教授。李斌教授是美国中密歇根大学科学与工程学院教授，地理与环境系主任(2005—2012，2018 年至今)。受教育经历是华南师范大学学士，美国内布拉斯加大学硕士、雪城大学博士。曾任中密歇根大学地理信息科学中心主任、国际华人地理信息科学协会主席、武汉大学讲座教授、地学计算国际联合中心副主任。从事地理信息科学的研究和教学工作。在高性能地学计算、地理信息服务、可视化和空间统计等方面卓有建树。让我们用热烈的掌声欢迎李斌老师为我们做精彩报告！

李斌：大家晚上好！很高兴今天有这么多人来参加讲座。今天现场肯定有不少在上"空间统计"课的同学，今天我会讲两个应用——主要是在遥感数据上的应用，这些年我发现学界出现了很多空间回归的方法，但是真正能得到广泛应用的并不多，这有它的原因。那么我今天要讲的这个算是一个小突破。我们现在讲大数据或者遥感数据的分析，大量的工作是在分类和反演，但是越来越多的就会进入到模型。在解决实际应用问题的过程中，大量的工作需要建立统计模型，特别是回归模型。我今天跟大家介绍的是从根本上解决遥感数据或者栅格数据在进行回归建模时的不确定性问题，还有由于空间自相关引起的误差问题。

1. 方差膨胀效应

我们先做一个大概的方法论上的回顾，一个回归模型不管是线性的还是非线性的，或者是神经元网络的，任何模型我们可以都把它表达成以下形式：

$$y = fX + \varepsilon \qquad (1.3.1)$$

它的准确度或者说误差可以用 Mean Square Error 来表示，我们叫均方误差：

$$\text{MSE} = \frac{1}{n}\sum_{i=1}^{n}\left(y_{oi} - \hat{f}(x_{oi})\right)^2 \qquad (1.3.2)$$

我们所说的预测不是用训练的数据来计算，而是建立模型之后，用 out of sample——样本以外的数据来计算这个模型的误差是多少，这个过程叫做模型预测的不确定性，这是预测的值，是模型计算出来的结果。这个很容易理解，每一个误差都可以计算出这样的一个方差，这是整个模型结果的不确定性。那么每一个参数的不确定性也是可以计算的：

$$\text{MSE}(\hat{\theta}) = E_{\hat{\theta}}\left[(\hat{\theta} - \theta)^2\right] \qquad (1.3.3)$$

凡是做空间分析都会面临一个很大的问题就是空间自相关，这个图（图1.3.1）叫做空间自相关的方差膨胀效应 Variance Inflation。

由于随机变量本身就有自相关现象，造成概率分布的方差会膨胀，高斯变量、泊松变量、二项变量都有同样的问题，对于高斯变量而言，这个线会比原来要 flat，从而影响统计推理和评估的指标，常常导致模型的总体误差和参数估计误差增加，这是空间统计的一个核心问题。大家记得在多元回归里的多重共线性现象也会产生方差膨胀，有个衡量的词叫 VIF（Variance Inflation Factor）。空间自相关的效应与此相似。

在做任何回归分析时，假如是对空间数据进行处理，一定会碰到空间自相关这个问题。现在的情况是我们在做遥感数据的回归分析时很多时候没有把空间自相关考虑在内，也没有办法将其考虑在内，有几个原因，其中一个原因是计算方面，空间自回归模型包括常用的空间滞后模型、空间误差模型等，这些可以排除空间自相关的问题，但是在处理遥感数据时，权重矩阵会变得非常大，所以目前的算法不能用。

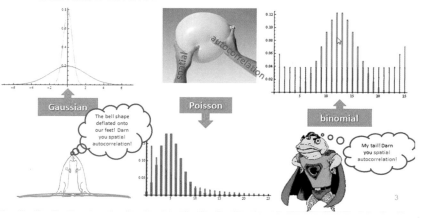

图 1.3.1　方差膨胀（空间统计课件，GRIFFITH）

2. 解决方案

那么，这个问题怎么解决呢？可以通过今天我将要介绍的特征向量的空间过滤方法来实现，我设计了这样一个实验来说明。首先，用以下方程建立没有空间自相关的模拟数据 y 与 X 的模型：

$$y = 0.5 + 2.0X + \epsilon \qquad (1.3.4)$$

残差是独立同分布的，栅格数据的大小是 $60 \times 60(n = 3600)$。随机选取 50% 用最小二乘法（OLS）来构建回归模型，剩下的 50% 用来计算模型误差和参数误差。接着，用具有空间自相关的残差（取自相关系数 $\rho = 0.95$）模拟出 y，如下式：

$$y = 0.5 + 2.0X + (I - \rho W)^{-1}\epsilon \qquad (1.3.5)$$

W 为 3600×3600 的空间权重矩阵。同样用 50% 的随机样本数据建立回归模型，50% 用于计算模型误差和参数误差；然后用局部 ESF+全局 OLS 的方法对以上的空间自相关的模拟数据建模并计算误差值；最后，建立 NDVI 近红外波段 NIR 的 OLS 回归模型和 ESF+OLS 的回归模型，交叉检验计算模型和参数误差。

3. 实验结果

那么我们来看实验结果，首先是完全没有空间自相关的数据用 OLS 方法，效果如图1.3.2 所示。

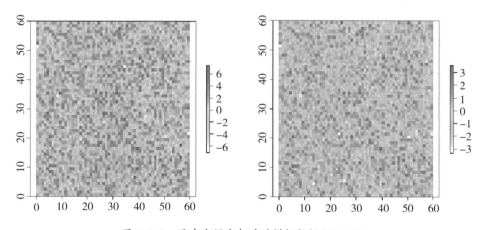

图 1.3.2 没有空间自相关的模拟数据（60×60）

计算出的 MSE 是 0.96，参数的标准差 SE 是 0.02，这个结果要与之后有自相关的数据的实验结果作对比。第二组的模拟数据是自相关的（图 1.3.3）。

y 很明显已经有聚类了，X 还是原来的 X，还是用 OLS 的方法，计算得到 MSE 为7.47，上一个实验的结果是 0.96，误差大了很多，主要原因就是刚才说的方差膨胀，参数的 SE 也增加了，原来是 0.02，现在是 0.04，我们通常在研究的时候要么就不用回归模

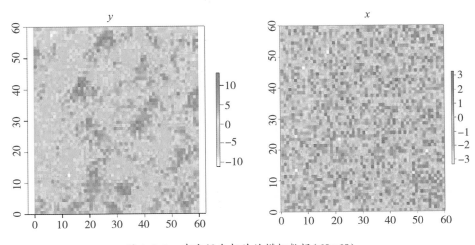

图 1.3.3　有空间自相关的模拟数据(60×60)

型，要么就会用上面这个实验的 OLS 方法，这是不对的，会产生很大的误差，那么目前有什么解决方案呢？

第一种手段是全局的解决方法。全局的解决方案就是 Approximation of the Jacobian，这是 Dan Griffth 教授在 2015 年提出的专门介绍怎么用估计的方法算出来，但是这个方法只限于高斯变量，也就是说我们现在直接用遥感变量或者灰度值、坡度数据是可以做的，但是假如遥感数据已经变成了土地利用，变成了 category 或者是 0、1，或者是其他的非高斯变量，就会受到限制。另一种方法是通过重采样提取"模范"样本(Exemplars)建模，该方法虽然减少了数据和计算量，但是空间结构被改变了，很难分析误差结果与原始数据的改进。第二种手段就是用局部建模，有 GWR(地理加权回归)、SAR(同时自回归模型)、ESF 三种方法，但问题在于这都是局部模型，没办法建立一个全局的模型，大家都知道，GWR 不建立全局模型。

今天介绍的是把局部和全局结合起来，把空间自相关看作缺失变量，那怎么找回这些缺失变量呢？就是先分割，把每个子区域的空间变量计算出来，然后加回到全局的模型里去，这种方法只有用 ESF 才能做，用特征向量的值来替代空间的信息，这样就从根本上解决了这个问题。

对遥感数据的空间信息我们一般是用什么方法表达的？做遥感分类的同学都知道有一种叫 Grey Level Co-occurrence Matrix 的方法，用空间权重矩阵来表达空间关系，空间权重矩阵可以做谱分解，栅格数据可以用这种方式(图 1.3.4)表达。

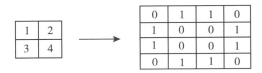

图 1.3.4　Rook's contiguity

相邻的用 1，不相邻的用 0 表示，我们叫做 Rook's contiguity，表示直线上的关系，也可以用 Queen 来做。这个空间权重矩阵可以通过将其特征值和特征向量的乘积分解为若干个矩阵来表示，特征向量可以将这些矩阵的特点表达出来，每一个子项都是一个空间格局，用这个矩阵的特征向量可以表示所有可能的空间格局：

$$C = \sum_i^n \lambda_i E_i E_i^{\mathrm{T}} \qquad (1.3.6)$$

这是这个方法的核心思想，就是指任何用空间权重矩阵表达的空间格局可以通过特征向量来完全表达，而且是与莫兰系数相对应的，莫兰系数是我们衡量空间自相关大小的一个重要指数。我们可以用图谱的概念来帮助理解。例如多棱镜，白光进去，可见光分解出来，如图 1.3.5 所示，空间谱分解就是将空间结构表达为一系列特征向量，每个特征向量对应一个独特的空间格局，并按空间自相关程度作有序排列。

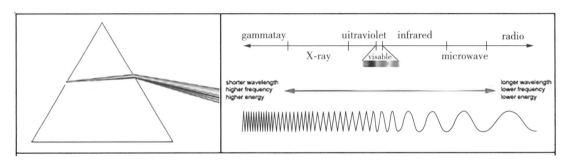

图 1.3.5　光谱分解

为了获得在回归分析里更加有利的特点和性质，把权重矩阵中心化之后，所有的特征向量相互之间正交且不相关，通过迭代回归来挑选与 y 相关的特征向量加回到原来的模型中去，就得到了包含空间自相关信息的 y 与 X 的方程。我们把缺失的空间变量加回去之后的方法叫做 ESF *，将它的结果与 OLS 方法和 SAR 方法相比，局部 ESF 的窗口大小是 20×20，我选取了系数 β，参数标准差 SE，残差标准差 RSE，R^2，残差莫兰自相关系数 MC_resd 等指标，β 的实际值是 2.0（表 1-3-1）。

表 1-3-1　　　　　　　　　　　　　模拟数据误差比较

	$\hat{\beta}$	SE_b	RSE	R^2	MC_resd
ESF *	1.99	0.012	0.76	0.95	−0.05
OLS	1.9	0.037	2.27	0.42	0.75 *
SAR	1.97	0.02	0.99	0.86	0.005

可以看到，ESF* 在 β、SE、RSE 这几个值表现得比较好，尽管 ESF* 方法的 MC_resd

值比 SAR 的稍大，那可能是因为在进行计算时没有考虑负自相关以及局部计算的边缘效应。

接着进行交叉验证实验，随机选择 50%的样本作为训练数据，进行 100 次迭代，分析加入 ESF 后的方法和 OLS 方法的结果(表 1-3-2)，可以看到 ESF 方法能大幅度减少模型误差和不确定性。

表 1-3-2　　　　　　　　　　　模拟数据误差比较(交叉检验)

	$\hat{\beta}$	$\overline{SE_b}$	$\overline{MSE}$	VAR_{MSE}
ESF *	2.0	0.001	2.5	0.02
OLS	2.0	0.002	8.7	0.04

接下来是用 NDVI 和近红外 NIR 数据做的实验(图 1.3.6)，为了节省时间，我们将原本为 200×200 的数据分为 10×10 个块，窗口大小设为 20×20，对每个块计算 ESF，然后再合成。

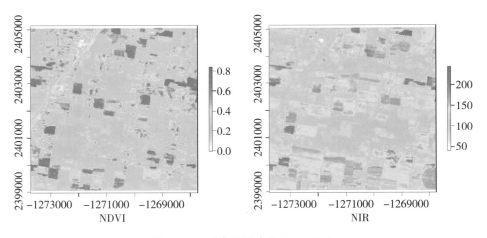

图 1.3.6　遥感数据建模(200×200)

SAR 方法在此没法计算了，只能与 OLS 对比，得到的结果见表 1-3-3。

表 1-3-3　　　　　　　　　　　遥感数据模型误差比较

	$\hat{\alpha}$	$\hat{\beta}$	SE_b	RSE	R^2	MC_resd
ESF	−0.06	0.003	0.000008	0.04	0.91	0.03 *
OLS	−0.079	0.003	0.000026	0.121	0.27	0.8 *

虽然 ESF 模型残差的莫兰经验仍然显性，但已大幅度降低空间自相关程度。

接着进行交叉检验，同是 50%随机样本用于训练，50%数据用于检验，进行 100 次迭代，对 ESF 方法和 OLS 方法进行对比分析(表 1-3-4)。

表 1-3-4　　　　　　　　　　　　　遥感数据交叉检验结果误差

	$\mathrm{avg}(\hat{\beta})$	$\mathrm{avg}(\mathrm{SE}_{\hat{\beta}})$	$\overline{\mathrm{MSE}}$	$\mathrm{avg}(\hat{\sigma})$
ESF	0.003	1×10^{-5}	0.004	0.032
OLS	0.003	3.6×10^{-5}	0.015	0.12

之后，得到了两者的散点图，如图 1.3.7 所示，可以看到前者的点更加紧凑，拟合度更高，而后者就离散得很厉害。

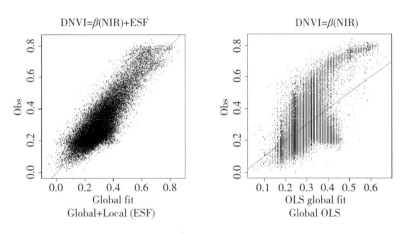

图 1.3.7　遥感数据交叉检验散点图

第二个交叉验证实验随机选用 98%样本进行训练，经过两次迭代，得到两种方法的结果，见表 1-3-5。可以看到 ESF 方法的结果明显优于 OLS 方法。

表 1-3-5　　　　　　　　　　　　　遥感数据交叉检验误差结果

	$\mathrm{avg}(\hat{\beta})$	$\mathrm{avg}(\mathrm{SE}(\hat{\beta}))$	$\overline{\mathrm{MSE}}$	$\mathrm{avg}(\hat{\sigma})$
ESF	0.002	1×10^{-6}	0.002	0.03
OLS	0.002	5×10^{-6}	0.027	0.16

4. 总结

最后，来做一下总结，空间自相关带来的方差膨胀加大了回归模型的误差和不确定性，ESF 方法可以大幅度地提高回归模型的精度，降低其误差，ESF 在理论和技术上比其他方法较为简明。实验中用的是高斯变量，但是同样的方法可以用于非高斯变量，由于 ESF 方法在非高斯变量建模领域有独特优势，将会有很广阔的应用前景，比如做插值，比克里格方法还要方便一些，而且机理上更明确一些。下一步的研究可围绕"智能"数据分块展开，即结合数据的空间分布特点和计算效率进行分块并行处理。

【互动交流】

主持人： 非常感谢李斌老师为我们带来的精彩报告，下面是我们的互动时间，有问题的同学可以向李斌老师提问。

提问人一： 非常感谢李老师的报告，刚才在您讲分割这一块内容时有一个问题，怎样保证每一个分块提取出来的特征向量的数量是一致的？因为最后是要放在一起处理的。

李斌： 因为窗口的大小每一个都是一样的，现在做的是 20×20，而 25×25 大小是最佳的，因为要做迭代，所以不存在是否一致，选出来的特征向量肯定每一个都不一样，但是我们不是把每一个特征向量都保存起来，而是只保存算出来的一个综合的值，比如某一块算出来有 10 个特征向量，把它们与对应的回归系数相乘并求和，就变成一个变量，即 ESF，再放回到模型中。

提问人二： 李老师您好，请问您的这个方法只能用于栅格数据吗？如果我做点数据，就是对于矢量数据的统计，这个方法还可以用吗？

李斌： 完全没有问题。点的数据要是数据量不多的话，可以不用这种方法，直接算就可以了。但是点的数据量比较多的话，比如 LiDAR 数据，你也可以分割，但是分割就没那么容易，想要分割得比较平均的话还是要用一些算法的。因为点的数据不像栅格数据那样均匀分布，所以分割这一部分用四叉树来分，或者其他方法来分就复杂了，你可以继续实验哪种方法比较好。分割本身是一门艺术，方法也很多。

提问人二： 我还有一个问题，您说选特征变量的时候根据莫兰指数从大到小地去选，有一个细节想问一下，用什么样的标准去选择特征变量呢？

李斌： 选特征变量就是用线性回归的方法看和因变量是否相关，比如有一堆特征向量在方程右边，那么我可以用迭代来找那些相应的与因变量有关的特征向量。

提问人二： 那请问您是用 P-Value 去 evaluate 是否相关吗？

李斌： 不仅仅是 P-value，P-value 现在有一些问题，可以用 P-value，可以用 R^2 或者 AIC，现在用 AIC 比较多，可以用 AIC 来作标准，也有用莫兰系数作标准，得出来的结果莫兰系数最小，或者低于某个值，或者不显性，就可以选用该特征向量。

提问人三： 我请教一个应用方面的问题，我们谈到做分割，真正的遥感影像做分割是为了分类，但是在做显样本或者得到回归参数的时候一般用的是线性模型，都说我们的模型分两大类，线性和非线性，场景简单的时候一般用线性的模型，场景复杂或者线性效果不好的时候用非线性模型，但是我们最初对影像进行统计的时候能否有一个判断的依据，在没有做统计分析的时候就能判断做线性模型效果是不太好的，也可以鼓励我们博士生发展非线性的特征向量之间的模型，这样的问题该从什么地方入手？

李斌：本身这些变量之间的关系不一定是线性的，撇开空间上的关系，就看属性之间，不同的波段之间，假如不是线性关系的话强迫它们做线性模型也是不可取的，但现在很多时候非线性关系假如是单调函数的话可以做变换，变换以后可以做线性模型，或者现在有很多分段建模的方法也是可行的。

提问人三：您说的分段是否指在分块之后再去求线性特征？

李斌：分段的意思是两个变量之间的关系不是单调变化的函数的话，那肯定是不能用直线来表示的，就要把函数分不同段，每一段用不同的模型表示。

提问人四：李老师您好，我是学地理学和土地资源管理的。前几天跟经济学的老师交流，他说我们地理学现在还是处于石器时代，我感到很受打击。我的问题就是请教您对于我们这种地理学或者说非经济学背景的怎么能够最快地入门，然后学好，并学以致用？

李斌：这是大家都很关心的问题。我在美国上这个课，每年上一次，每次不超过 12 个学生，所以我回国上课很有成就感，我在国内上一次课等于在美国上五六年。地理学本身有这个问题，或者说在地学这个领域，数理方面的培养很重要，在测绘遥感领域还好，学了很多数学，问题是没有很好地与专业联系起来，但是我知道很多地学院、地理系学科的构成，知识的结构里数理是比较薄弱的，这是一方面，这里面有历史的原因，20 世纪 60 年代的时候曾经发生过计量革命，GIS 界的领头羊们，比如 Goodchild，他们的数理基础都比较好，但是也是由于当时历史的限制，很多想法没有办法实现，Moran 写出莫兰指数这篇文章的时候是一九五几年，空间回归、滞后模型、误差模型是一九七几年就已经写成书了，但那时候没办法做大规模的真正的应用，因为没有 GIS，像那时没办法建立权重矩阵。另外，由于反计量化有相当的一段时间，地理学界在反省科学化、计量化没解决什么问题，但很多问题依旧没有解决，还不如用人文或历史的方法，就把计量的势头给打下去了，所以整个地理学界发展得并不好，但是整个学科又像经济学那样，经济学不学数学是不行的，而且他们的数学知识消化得非常好，但我们地理学或地学里面很多时候就把数学比较机械地搬过来，而他们是将数学融合到经济学的原理和理论里面去，并且已经结合得非常好，经济学人说我们在石器时代不过分，空间计量经济学这个学科也发展得比较快，如果说要看书的话可以看 Lesage 的《空间计量经济学导论》，现在已经翻译成中文，写得很不错，关于学习材料我们也意识到这个问题，我跟 Dan Griffth 在写一本关于 *Eigenvector Spatial Filtering* 的书，要写得科普一点。我的工作就是将其进行科普。

（主持人：史祎琳；摄影：杨舒涵；摄像：郑镇奇；录音稿整理：龚婧；校对：董佳丹）

1.4　智慧城市与时空智能

：伦敦大学学院(UCL)时空数据实验室(SpaceTime Lab)由全球著名 GIS 专家程涛教授创立，专注于时空大数据分析、建模、模拟和可视化方面研究。本期报告，程涛教授从智能服务的角度出发，分享自己在十几年的科研与项目案例中如何使用时空大数据分析，为我们展示了时空大数据的潜力及其未来发展趋势。

【报告现场】

主持人：各位老师、同学，大家晚上好！我是本次活动的主持人杜卓童，欢迎大家来到 GeoScience Café 第 205 期的讲座现场。请允许我向大家介绍今天到场的嘉宾——程涛教授，程涛教授是全球著名的 GIS 专家，伦敦大学学院(UCL)时空数据实验室(SpaceTime Lab)的创立人和主任。她在时空大数据分析、建模、模拟和可视化方面均有很深的造诣，已发表了学术论文 250 余篇，曾多次承担欧盟、英国及中国的"973"和"863"项目。近十年来获取科研经费逾千万英镑，与伦敦大都会警察局(London Metropolitan Police)、伦敦交通管理局(TfL)、英国公众健康局(Public Health England)、Arup 和 Bosch 等政府和企业界有深入的合作。她于 2012 年在 UCL 创建时空实验室，开创了时空一体化分析的理念，将其实践于"时空大数据"的预测、模拟、分类、画像和可视化中，为政府和企事业提供了洞察时空现象的理论基础和计算平台，目前已服务于城市治安、交通出行、公共健康、零售商务及减灾防灾等智慧城市领域。相信在座各位都是慕名而来的，下面我们就赶快把时间交给程涛教授，一起聆听教授为大家带来的时空智能与智慧城市的探索与思考。大家掌声欢迎。

程涛：非常感谢今天能有这个机会来到重点实验室，其实这也是我的母校，我也在这里工作过，所以也可以说是你们的师姐。非常感谢杨旭书记给我这次机会，能跟小师弟小师妹们交流，这也是我在国外这十几年来，在实验室(SpaceTime Lab)工作的一些总结。我想尽量讲得简短一点，然后多留一点时间和大家交流，不论是学术上或是其他方面的，我们都可以讨论。

这次报告的题目叫做《智慧城市与时空智能》，讲这个题目，因为大家都知道现在智慧城市很火，也有很多人在做这方面的研究，所以对于智慧城市来说呢，你可以有很多种定义，这里我选用了三个层次进行介绍。

第一个层次是"Instrumented"，指的是通过传感器，物联网就是来源于此，就是说我们要通过传感器连接。以前我们学测量，通过飞机上的传感器做近景摄影，现在有很多不同的传感器，你们每个人手里的手机实际上都是一个传感器；第二个层次是"Interconnected"，就是把我们收到的传感器信息关联在一起，把现实世界给表现出来；第三个层次是"Intelligent"，就是把信息智能化，这个智能就包括我们可以做分析、建模、预测和可视化，目的是为了服务于决策。这是三个层面，今天我会主要集中在"Intelligent"这个层面上。

从智慧城市来说，可以用于很多方面，比如智慧管理、智慧医疗、智慧公安等的智慧应用，今天我会从几个方面进行讲解。

首先，讲讲我的实验室。我本科是学工程测量的，研究生阶段学的是摄影测量与遥感，是李德仁老师的学生，博士是在荷兰读的，学的是地理信息。所以，我也是跨越了从地上到天上，再到信息融合这样一个过程。实际上从工测转到航测的时候，要从地面控制转变到天上控制，我的思维也要跟着转变；然后到了地理信息，我们当时学习的重点在于信息融合以及信息表达这些方面，当然现在你们学习的东西与那时候已经有了很大的变化。

后来，我到了 UCL（伦敦大学学院）和伦敦的交通局做科研合作，发现做交通的人不研究空间的问题，他们都研究时间序列，用时间序列来建模；然后我们学地理信息的都是空间分析，有很多空间分析的模型，但是没有很多方法来分析时间序列。同样地，学生物和学健康的人，他们也有很多空间分析，但是他们也不懂时间分析。所以，我当时就在想，交通上明明也有很多空间的问题，比如上下游之间的关系，可是就是没有很好的模型来处理。于是，我就在想为什么没有"时空一体化"的模型。基于这个理念，我在 2012 年成立了一个时空一体化的实验室，叫做 SpaceTime Lab，现在的全称是 SpaceTime Lab for Big Data Analytics，时空大数据实验室。

我们实验室专注于研究以下几个方面问题：第一个是交通出行，这个会向大家重点介绍；第二个是智能警务，这是与伦敦大都会警察局合作的；第三个是智能商圈，就是很多商务数据，我们如何处理；第四个是防灾减灾，城市里面防灾减灾也很重要。此外，我们还有一些和公共卫生局及其他消防部门等合作的项目。

1. 交通出行

单纯的手机 GPS 轨迹数据是没有什么可用的信息的，但是如果通过一些算法，将其变成具有运动模式信息的手机 GPS 轨迹，则有非常大的用处。如果知道整座城市里所有人在出行时的运动模式数据，就可以讨论分析在这座城市设计里面，从一个运动模式转换到另一个运动模式时，各衔接点设计得好不好、是否人性化和便利的问题。通过对伦敦一条繁忙的道路上已有的 OD 数据、实际的路况、车速限制、单行道等条件进行模拟，我们团队的预测结果与实际情况十分吻合且计算迅速。比如碰到交通意外或者其他原因，需要封路等交通决策时，通过模拟可以预测出之后的交通情况，有利于提前布置安防等。

拥有 150 多年历史的伦敦地铁，时常需要对老化的地铁线路进行维修，因此需要设置交通替换的巴士。通过对过去的地铁交通时空数据进行分析，可以精确地判断需要替换巴士的地点、班次频度以及巴士容量并进行规划布置。针对早高峰可变通的人群，可以根据其上班打卡时间的弹性程度，推荐合适的地铁出行时间，不仅避免了早高峰的影响，还缓解了不可变通工作时间的人群的早高峰压力。根据公交卡使用的时空数据，还可以建立合适的周末 24 小时地铁运营线，既可以服务到大多依赖公共交通的底层人民，也降低了伦敦交通管理局(TfL)运营地铁的成本压力。

通过对使用自行车的私人用车数据与伦敦交通管理局(TfL)的官方数据这两种时空数据进行融合使用，评估它们对伦敦交通的影响。此外，由于伦敦的地铁是有自行车站的，自行车需要锁在自行车站里面。针对这种特殊性，如何平衡"借车有车取，还车有空放"也成为一个值得研究的问题。结合中国共享单车火爆的情况，在 2017 年上海开放数据创新应用大赛(SODA)中，我们对摩拜单车开放的两周 OD 数据研究了最佳的站点选择与最佳的投放量，获得 SODA"明日之星"奖。原始数据中投放了 30 万辆车，仅有 7 万人骑行，共享单车并没有共享，反而造成了浪费。根据分析提出的解决方案是七八万辆车即可满足 90% 人群的需求，不用走超过 175 米的路，摩拜的工作人员也不需要每天搬运单车，仅需一周搬运一次即可。

2. 智能警务

下面介绍与伦敦大都会警察局合作的犯罪相关和出境与市民(CPC)项目，这个项目的目的是发现警察活动记录的事件和公众的犯罪观念时空模式之间的关系，以提高出警效率和城市安全。项目的关注点包括：①基于网络的犯罪预测；②警察移动时空聚类；③在线优化巡逻路线；④警察活动战略规划模拟；⑤公众对警察信任度时空分析。

相较于政府进行的网格化管理，网格化其实并不是最好的模式，因为人是在道路上行走的，从执行者的角度看，对于犯罪预测出犯罪热点应当告知在哪条路上，而不是在哪块区域有犯罪热点，这无法指导巡逻的路径与方向。通过使用过去犯罪记录的数据进行对比，我们团队发现，基于路网的预测方法在相同巡逻面积下的命中率是传统网格方法的 1.5 倍到 2 倍。在功能方面，通过分析还可以预估罪犯分布、派出所位置和各派出所的警员数量，控制中心可使用智能算法来协调调度多名警员，这使得警员的巡逻方式得到改善，让警员在恰当的时机出现在恰当的街区，如果这个目标真的可以实现，那么这种方法能提前预防犯罪的发生；或者，一旦发生犯罪，附近的警员也能及时地对罪犯实施逮捕。

3. 智能商圈

通过对公交卡数据进行分析，如出行时间点和出行时长等，结合每年对伦敦市民随机抽样做出行问卷调查的结果，就可以进行一些数据分析、绘制人群画像，甚至对人群的社会经济背景进行分类，以便继续分析。根据人群画像的情况，还可以做进一步的地方归类——哪些地点是高资或者高薪人员出现的地方，绘制地方画像。

通过对英国推广的智能电表所提供的用电数据进行分析，可以推测每条曲线对应的家庭情况、工作情况，甚至是生活习惯。

除此之外，时空分析在其他方面也有诸多应用，比如可以分析预测人流与消费的关系、到访英国的人员情况与发布推特消息之间的关系、推特信息与目标广告投放的关系、个人健康问题与社交媒体影响的关系及其预防工作。

4. 防灾减灾

我们的时空数据实验室用机器学习的方法对自然灾害的时空频度进行了分析学习，可以评估特大自然灾害对关键基础设施破坏的可能，并模拟道路网络受损后的交通堵塞状态。时空数据实验室参加了欧盟第 7 框架的 InfraRisk 的课题，课题的目的是评估和测试欧盟的关键基础设施承受特大自然灾害的能力，比如近期登陆深圳地区的"山竹"这类"黑天鹅事件"。

除了"黑天鹅事件"外，自然灾害发生以后，到底对基础设施造成什么影响，会对经济带来何种损失。例如，特大降水之后可能会造成滑坡，随后可能会冲撞桥梁道路，或造成桥梁道路的堵塞，紧接着造成交通等各方面影响，导致经济受损。通过历史的滑坡数据，可以对滑坡风险进行预测、分类以及后续的分析工作。除此之外，做时间序列中平稳序列的问题并不难，而针对较难的洪峰预测，我们通过机器学习等方法，也可以很好地预测三天之内的洪峰流量，这可为防灾减灾等后续工作提前做好准备。

【互动交流】

主持人：非常感谢程涛教授为我们带来的十分生动精彩的报告，下面是我们的提问和讨论环节，欢迎大家踊跃举手。我们也会为每位提问的同学送上我们 GeoScience Café 的《我的科研故事(第三卷)》一本。

提问人一：程老师您好，您的这个报告非常精彩，我读博士期间也是在做这个时序/时空数据方面的研究，我可能更关注从这个车行的轨迹里面去提取路网的集合和一些动态信息，我看您讲到了在交通模式上的判断，其实我在美国的时候，大概花了大半年的时间在做交通模式，就是从轨迹数据里面去识别交通模式这一方面的研究，我有几个问题就是：

①您与您的团队在做交通模式预测方面，是做到实时的吗？

②你们在做这方面研究的时候，拿的数据是手机上的数据还是单纯的 GPS 轨迹数据？

③在做这个过渡点(模式与模式之间的过渡)研究的时候，是更多关注它的准确率的识别，还是关注现有基础模型对模式之间转换的影响？

④您做的交通模式预测是更倾向于我们手机上 App 的应用，还是更倾向于做数据处理方面？

程涛：数据不是实时的，因为当初做的时间比较早，当时手机上 GPS 轨迹还没有那么多，所以我们当时是与一家把 GPS 接收机装在相机上的公司合作，使用他们所提供的数据与赞助进行研究的。

转换点和转换点之间的问题，其实我们当初的目的并不是拿数据来研究交通规划的问题，是为了研究模式的问题，模式转换之间（转换点）是用在了模式判别的算法模型里面。

而当时做这个研究的动机很简单，因为拿着他们的数据，他们就想让我们做这个事情，因为是 PHED 这个公司赞助的，他们就想让我们分析这个模式，由他们提供数据，我们再把这些数据变成有用的信息。

提问人二： 老师您好，前面讲到的一个基于路网的交通流预测，还有基于路网的犯罪路径预测，我想问一下，关于这个基于路网的模型，它是针对整个伦敦所有路网去处理的，还是分区域分别去处理，然后再联合起来？

关于预测精度和时间精度的问题，是以一分钟的精度，还是十分钟的精度或是半个小时这样的精度问题？

放在空间上来看，路网属于比较稀疏的东西，那么这种稀疏的东西是怎么解决的？关于路网，是把整个原始的路网影像给计算机作为预测的学习，还是进行了某种转换？

程涛： 非常好的问题。交通和犯罪的预测都是通过路网分析的，是分区还是不分区，这个都取决于你应用的情况，大都会警察局分为 32 个区，每个区都有高级警官管理，但是对于伦敦的一个大区，当然在处理上可以用于平行处理，这就是另外一件事情，这个就跟你的应用相关。

时间尺度的问题，实际上也是取决于你的数据来源，当初他们（伦敦交通管理局）给我们的数据最新的是五分钟的，所以我们可以做五分钟的，也可以做十五分钟的，或者是半个小时到一个小时的。所以你也知道，预测的时间间隔越长，你的预测精度是越低的。

交通问题和犯罪问题是两个不同的问题，交通问题是个连续性的问题，犯罪问题是一个稀疏的点的问题，实际上是没有很好的模型来处理的。目前，我们有开课来讲这个问题，是用时空和网络的办法来处理这个问题的。

我们没有用任何原始的影像数据，因为我们有交通路网的数据，就用原始的路网来做的预测，没有进行转换。

提问人三： 老师您好，我提一个比较简单的问题，在做时空分析的时候，选择空间单元是一个非常重要的步骤，我看到您用到的很多数据都是一些个体的数据，个体的数据在空间上可能都是一些点的形式，我们在做一些空间分析时，需要将它聚合在单元上。在单元的选择上，我个人的理解是有两种选择，一种是有语义特征，一种是没有语义特征。有语义特征的，可能说就是一些行政区或者是交通、小区，这些考虑路网约束，或者是考虑一些区域的经济属性。还有一种没有语义特征，我觉得是像网格，比如说有些研究会把它分成 500 米×500 米，1000 米×1000 米的格网形式。我想问的是，在您做的这几项研究中，关于空间单元的选择，您是怎么考虑的？

　　程涛：这也是一个很好的问题。The Modifiable Areal Unit Problem（MAUP）知道吗？如果不知道的话，我建议你们去学一学，这是一个非常经典的问题，它问的就是说你空间单元划分的大小，划分得好不好最后是会影响你空间分析的结果的，这是 MAUP，一个没有解的问题，为什么我们要做网格，因为网格就解决了这个问题，就没有这种单元上划分的问题。回到他刚才的问题，到底怎么选，你说得很对，取决于你的应用，到底是服务于什么，但是确实这个 The Modifiable Areal Unit Problem 会影响到你的结果，所以你分析单元的时候要非常小心，为什么要这么选，到底选多大，我也没有一个定值，但是这也是为什么我们选择网格，因为网格可以避免这个问题。

　　第二点，我想说的是，实际上，如果你们有读我的文章，有一篇文章 TMUP（*Time Modifiable Unit Problem*）就是一个时间上的单元划分，时间尺度也很重要，处理的原始数据是一秒的数据，五秒的数据，最后是用什么时间频度处理，同样也很重要，对你的结果也会有影响，所以我有一篇文章发表在 *PLOS One* 上，大家可以去看看那篇文章。

　　提问人四：程老师您好，您提到的时空一体化这种分析的理念，对于这一块我还不是特别理解，因为我们平时做研究的时候，时间和空间往往是分开的，比如我在做健康分析的时候，就取一年或是三五年的数据做一个截面分析。我理解的时间和空间里面，比较经典的可能就是九张图，从哪一年到哪一年，或者说是台风，随时间移动的轨迹。时空分析这种既有时间属性又有空间属性，我对这个理念还有一些疑问。第二个问题是，刚才注意到您的实验室是和非常多政府单位以及商业公司有合作，但是在没有这样合作的情况下，这些数据是不对外开放的，而我在进行方法论的储备的时候，需要大批量的数据进行分析练习。如果我想要找到能够验证我各种分析的大批数据集，我应该用什么样的方法去获得？

　　程涛：用一个简单的例子来说时空，为什么我们要把时间地点放在一起呢？实际上，现在我们是在这个时间这个地点，如果把时间和地点同时定下来，我们才能在这个地方相会，如果差其中一点，我们都不可能在一起。我们通过伦敦一个区里警察二十四小时巡逻，大概两个多月三百多位警员的数据作为例子。一般从我们做空间分析来讲，做空间热点时，都会把它投影到空间，做一个空间的热点。所谓时空扫描，不只在空间上进行聚类，还要在时间上进行聚类，把它变成所谓时空热点，只有时空热点在实实在在定位一个人的行为。每个人都自己独特的时空热点，对于你们来说，重点实验室肯定是你们非常强大的一个空间热点，时间在什么地方，你们来的时间不一样，你们的时空热点就有不同，即使是在同一个地方。

　　然后做完之后有什么用呢？根据时空行为可以做聚类，做完以后我们可以用层次法分析，从而发现异常行为。当然，你刚说到分析空间时，可以做影像分析，九幅影像排序起来，实际上这就是一个时间序列。但是从空间上说，在同一时间，空间是相关的，就拿台风风眼来说，风眼是从这个口移动到那个口的，实际上就看你怎么来理解这个事情，你可以说只在时间上的运动，实际上不可能只在时间上移动，它是在空间上有移动才会产生你时间上的变化的，这就是为什么我们要做的模型都一定是既有时间又有空间。在时空分析上，定义权重就很重要，由时间序列定义的权重主要是考虑时间，但是我们既有时间权重也有空间权重。如果有不明白的同学可以学习一下这个模型，叫做 STAIMA，就是 Space-Time Autoregressive Integrated Moving Average，可以去看看那个模型（时空 ARIMA 模型），看完就明白什么叫做时空一体了。

和政府合作这个问题，实际上我认为现在确实是有这种问题，如果是做大数据的，我们做科研的，政府部门都非常严谨，数据都不在我们手上。我也有建议政府收集相关数据，如果政府都没有数据，学校能从哪里拿数据？你提的问题非常好，这是个非常现实的问题。

提问人五：老师，我的问题很简单，只有两个问题。第一个问题，从小学开始学英语到现在研一，感觉自己英语没有多少长进，您在国外工作和生活了很多年，我想问一下您的团队有什么学习英语的经验。第二个问题，我看到您的 PPT 上的三个博士生都是从国内出去的，您在国外也工作了很多年，我想问一下，国内的学生到国外，和国外的学生相比，有哪些短板，又有哪些优势呢？我们该从哪些方面进行提高？

程涛：第一个问题，学英文的话，是没有 shortcut 的，但是你们有很好的机会，实验室有这么多外国学者，我建议将来你们可以要求我来讲英文，这样是对你们有好处的。其实在这么好的条件下，你们的英文应该会很好，甚至比我好很多才对。没有 shortcut，有很多的英文频道，可以上网听电台，这个我没办法教你。

第二个问题，国内学生到国外去有什么长处或者短处。我的团队里至少有十个学生毕业了，他们都有所长，换句话说他们也各有所短，现在你们都是硕士研究生或者博士研究生，但是这个其实和你们小时候的训练也有重要关系。我收过唯一一个没有读硕士直接读博士的学生，在英国可以这样，本科毕业就可以读博士，但是要求你的本科成绩平均分在90 分以上。他当时的平均成绩是 89.5 分，我还为他写了一封信来认可他能读博，其实很重要的一个原因是他给我写的自荐信都是英文的，他的英文非常好。所以给你的导师写信千万不要用中文，这是我的建议，尽管你觉得这样很容易交流，但这是你表现你英文水平的机会，这是第一点。第二点，给老师写信一定要附上你的简历，一定要写上你想做什么，准备好你的 proposal，而不是等老师告诉你要做什么。你来了之后，我可能会让你换方向，但是我想知道，第一你是有思想的人，如果你没有想法，我建议大家不要去做博士，因为这样你会非常非常累，四年时间是一段非常宝贵的时间，条条大路通罗马，并不是说读博士是唯一的出路，所以你一定要知道自己是否有这样的潜力，否则你读下来会很辛苦。你要知道这个是不是你真正想要做的事情，不要看大家都在做你也一定要去做。所以如果你想在国外学习的话，一定要和导师用英文交流，把你自己想做什么讲清楚。

还有一点非常重要，要分享给各位师弟师妹们。选导师时，一定不要想着这个导师有多出名，像我刚到国外时我只是一个讲师，如果当初没有人选我做导师的话，我可能今天也不会站在这里。其实选的导师，你选的是他有没有课题，他是不是非常的活跃。你要看他最近有没有论文发表，最近有没有课题，他有多大的团队，他团队中的学生是怎么评价他的，这对你们来说非常重要。你们每个人不一样，有的学生喜欢老师管很多，有的学生喜欢老师"放养"。有的学生被"放养"了两年以后要开题，不找自己导师，反而来找我。我说对不起，首先你不是我的学生。尽管你是中国学生，我也会花时间和他们谈，可是两年过去一半时间，这时候就晚了。所以有问题，你要尽早问，在国外你想换导师是可以的，但是你为什么要换导师呢？为什么不在之前慎重一些呢？所以多花些时间了解这个导师，了解他做的是不是你想要学习的，就像在国内也是一样的。因为现在信息非常发达，你可以问他的学生是怎么评价他的，他的学生毕业以后的去处，他们之间的交流好不好，他是不是你喜欢的风格。比如做我的学生很简单，第一你要很刻苦，我的要求就是很严，因为我觉得我对你要求严是对你负责，实际上是一件很残酷的事。如果我不对你说 No，谁会对你说 No。当你出去答辩的时候，所有老师都说你的论文做得很好，不需要改或者只需要稍微修改；还是说你可以去答辩了，然后老师让你改上半年甚至一年。这就是一个选择的问题，需要大家(导师和学生)之间合拍。

那谈到学生的长板和短板，因为我最近也发现国内在搞这个，不是清华大学说他们的英语写作都是必修课吗？中国学生英文写作相对较弱，但是我的几个学生都很能写，所以我不能说中国学生就不好。总的说来，写是非常重要的。

(主持人：杜卓童；摄影：卢祥晨；录音稿整理：卢祥晨；校对：龚婧、邓拓、李涛)

1.5　气候变化背景下中国干旱变化趋势

（佘敦先）

摘要：干旱是影响我国社会经济可持续发展最严重的自然灾害之一。随着全球气候变化和人类活动的不断加剧，干旱灾害愈来愈严重，干旱的变化趋势、综合评估及其对变化环境的响应研究已成为保障我国水资源安全、粮食安全、生态安全迫切需要解决的一个重要科学问题。本报告特别邀请武汉大学水利水电学院佘敦先副教授做客 GeoScience Café 第 193 期讲座，佘教授以气候变化背景下干旱时空演变特征为切入点，系统分析了我国典型干旱地区极端干旱的发生发展规律，通过构建干旱变量与气候因子之间的多元概率统计模型，研究了当前条件及未来气候变化情景下我国典型干旱区极端干旱的变化情况及面临的风险。

【报告现场】

主持人：尊敬的各位老师和同学，大家下午好！欢迎来到 GeoScience Café 第 193 期。今天我们非常荣幸地邀请到了佘敦先老师来作报告。今天的报告将以气候变化背景下干旱时空演变特征为切入点，系统分析我国典型干旱地区极端干旱的发生发展规律，并通过构建干旱变量与气候因子之间的多元概率统计模型，分析未来气候条件改变时，我国典型干旱区极端干旱的可能变化情况及面临的风险。首先请允许我介绍一下佘老师，佘老师是武汉大学水利水电学院副教授，中国自然资源学会水资源专业委员会副秘书长。2013 年毕业于中国科学院地理科学与资源研究所自然地理学专业，获理学博士学位。近期的主要研究方向为：全球气候变化对水文水资源的影响，极端水文事件的诊断、形成机理以及变化规律研究。已在 *Journal of Hydrology*、*Journal of Geophysical Research：Atmosphere* 等杂志上发表 SCI 论文 20 余篇。下面让我们用热烈的掌声欢迎佘老师。

佘敦先：感谢主持人的介绍。谢谢测绘遥感信息工程国家重点实验室的邀请。第一次来到测绘遥感信息工程国家重点实验室，感觉我们这个会议室布置得很高大上，挺有意思的。刚刚主持人简要介绍了一下我的个人经历，我现在做的主要方向就是全球气候变化背景下的各类极端事件的变化规律、成因机理、风险评估和管理决策。今天主要和大家分享一下气候变化背景下中国干旱的变化趋势，这也是我近两年（2016—2017）的一些研究成果，正好借这个机会，向重点实验室的老师和同学们汇报一下这方面的阶段性工作进展。

1. 研究背景

当前，关于变化环境下极端事件的成因、变化和风险的研究越来越多，大家也都听过很多，比如很多论文、报纸和新闻里经常会说，近些年来，极端事件多发、频发，强度越来越大。我们日常也会感受到很多高温的现象，比如武汉市以前是四大火炉之一。高温天气越来越频繁，就是我们平常感触最深的一个极端事件，与其相关的还有高温热浪、城市热岛。还有一个例子是武汉年年"看海"，说的是城市雨洪灾害的一种。我本人做得比较多的研究是洪旱灾害，即洪涝和干旱灾害的相关研究。今天主要跟大家分享我在干旱方面的研究工作。相信大家也都比较清楚，干旱是我国发生较频繁、影响范围较广、持续时间也较长的一种自然灾害，对自然环境、生态系统和社会经济等各方面均有较大的负面影响。

图 1.5.1 是 1949 年到 2006 年，我国粮食因旱减产量的逐年变化图，可以看到总体上呈现增加的趋势，图 1.5.1 右侧年代际的变化也表现出一致的趋势。2009 年、2010 年我国西南地区就发生了特大干旱，这给当地的生产生活造成了很大的影响。我是 2010 年开始做干旱研究的，当时为什么选择这样一个切入点呢？一方面是因为当时参与了导师的一个课题，里面就有关于极端气候事件影响的研究内容。另一方面也是因为当时西南地区发生了这么严重的干旱，自己想探索一下。

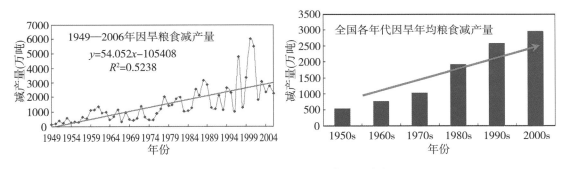

图 1.5.1 我国逐年和逐年代粮食因旱减产量

(数据整理于《中国水旱灾害公报》《中国统计年鉴》)

下面是我上课时经常举的一个例子，是之前别人在微信上分享的一篇小文章，题目是《如果明朝不遇上小冰河期，结局会怎样？》。我们都知道，明朝灭亡的一个主要原因是当时农民起义比较多，比如李自成和张献忠，而这篇文章的观点是明朝当时遇上了一个小冰河期。这篇文章里面谈到"明朝末期的 1580—1644 年是最为寒冷的，在一千年范围里是最冷的，在一万年范围里也是第二位的，在一百万年范围里也能排进前 6~7 位，可以说是人类进入文明时期以来，这是最寒冷的时期"。冰河期的气温骤降，导致降水普遍南移。而李自成和张献忠都是陕西人，陕西连续十几年大旱，导致粮食产量骤减，而古时候也没有现在这么多应对干旱的策略，导致民不聊生，文章里面说"先秦晋，后河洛，继之齐、鲁、吴越、荆楚、三辅，最终出现全国性的大旱灾。同时大灾之后的瘟疫也开始蔓延，波及华北数省的鼠疫起先在山西爆发，一直蔓延到了京畿地区。小冰河期引起的连年灾荒也是造成北方游牧民族自相残杀并拼命南下抢劫的一个重要原因"。当然，连年的旱灾可能并不是导致明朝灭亡的主要原因，但严重的旱灾在一定程度上是加速明朝灭亡的一个因素。而在 20 世纪 30 年代，我国的黄河流域也遇到了连续十几年的干旱，对当时的政府统治造成了巨大的影响。

这就是我研究的背景，在全球变化的背景下，频次和强度愈发增大的干旱已经成为学术界关注的焦点，而在中国的部分区域，干旱也对社会经济产生了较大影响。因此，在最近的六七年里，我也一直在从事这方面的工作。我今天主要汇报三个研究内容：中国地区干旱变化趋势、基于多变量统计模型的旱涝综合评估和气候变化对干旱的影响分析。

2. 中国地区干旱变化趋势

（1）干旱的定义和分类

可能大部分人不是完全了解干旱，所以下面我先简要介绍一下干旱的定义和分类，如图 1.5.2 所示。

气象干旱最直观的感受就是降水相对于多年平均水平偏少。除了降水，还有蒸散发等其他气象因素影响干旱的形成。蒸散发受温度、风速、光照等多方面因素影响。降水是陆表水分的供给来源，而蒸散发就是陆表水分的消耗，因此二者是导致气候干旱的主要因素。气象上的降水亏缺继续影响着土壤和植被，如果土壤水分急剧减少，那么植物从土壤中吸收水分就会变得更困难，导致作物产量减少。这种情况被定义为农业干旱，即主要考虑土壤水分和农作物。现在也有很多采用卫星遥感监测农作物状态，比如计算 NDVI 指数（Normalized Difference Vegetation Index）作为干旱指数的一个重要组成部分。随后，如果地表径流、水库、湖泊的水量减少，则认为发生水文干旱。这些气象、农业和水文干旱如果对社会、经济和环境产生了影响，则称为社会经济干旱。上述这四种干旱的分类方法是目前比较公认的分类方法。可以看到，在前三种干旱中都有各自的关键变量：气象干旱的关键变量是降水量和蒸散发量，农业干旱的关键变量是土壤含水量和植被胁迫状态，而水文干旱的关键变量是地表径流量和地下蓄水量。

干旱指数是研究干旱的一个重要手段。目前已经提出了很多干旱指数，例如，气象干旱指数有降水距平百分率、标准化降水指数 SPI（Standardized Precipitation Index）、PDSI 指数（Palmer Drought Severity Index）、干湿指数、Z 指数、干旱综合指数 CI（Composite Index）等；农业干旱指数有土壤相对湿度、土壤水分亏缺量、作物水分指数 CMI（Crop Moisture Index）、标准化土壤湿度指数 SSI（Standardized Soil Moisture Index）等。下面简要介绍一下后续会用到的干旱指数。首先是降水距平百分率，距平代表与多年平均值之间的大小关系，如果距平为正，则代表降水量高于历史平均水平，如果为负，则代表降水不足。第二个是标准化降水指数 SPI，主要是把降水当作一个变量，常用 Gamma 分布拟合降水量，通过标准正态逆变化后得到一个表征降水多少的标准化指数。SPI 是目前全球应用较为广

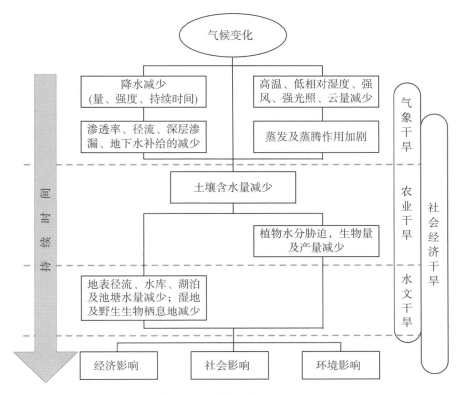

图 1.5.2 干旱的定义和分类

（图片来源：National Drought Mitigation Center，University of Nebraska-Lincoln，USA）

泛的指数之一。如果在考虑降水的同时考虑地面潜在蒸散发，就是标准化降水蒸散发 SPEI(Standardized Precipitation Evapotranspiration Index)指数。标准化土壤湿度指数 SSI 和标准化径流指数 SRI(Standardized Runoff Index)的计算过程与 SPI 类似。

（2）干旱变化趋势

目前关于干旱的变化趋势在全球尺度和区域尺度上都有很多结论。在政府间气候变化专门委员会 IPCC(Intergovernmental Panel on Climate Change)的报告中经常有"干者愈干、湿者愈湿"(Dry gets drier, wet gets wetter，即 DDWW 现象)的说法，即全球干旱的区域会变得越来越干旱，而湿润的区域会变得越来越湿润，这个结论当时也引发了很多讨论。后来在 *Nature Geoscience* 上 Peter Greve 发表了一篇论文，采用干燥指数 AI(Aridity Index)分析了全球干湿变化，认为 DDWW 现象并没有那么多。这就说明在进行干旱研究中，选取的研究区域尺度、采用的数据源和干旱指数可能会导致结果的不确定性。

我国干旱的变化趋势，可以从 SPI、SPEI 和 PDSI 三类干旱指数上进行分析。在全国范围内，三类干旱指数的结果大致相似。然后在区域尺度，从东北到西南，呈现出一条干旱带，而在西北地区（即干旱区域）不符合"干者愈干、湿者愈湿"规律。而在季节尺度上，夏季和秋季的变化与年尺度的变化一致。随后，基于干旱强度-面积-历时分析方法

（Severity-Area-Duration，SAD 方法），统计分析了 1950—2014 年我国干旱变化趋势。研究发现，总体上干旱面积呈现增加趋势，特别是基于 SPEI 的面积增加数据明显大于 SPI 得到的干旱面积。

3. 基于多变量统计模型的旱涝综合评估

（1）多变量干旱指标评估

已有的干旱指标大多仅从干旱的某一方面（例如降雨减少、土壤水分变化或者地表径流）评估干旱状态，一方面无法完整量化干旱的程度，另一方面也无法有效分析干旱的发生发展过程。因此，针对当前广泛使用的大多干旱评价指标难以科学地反映干旱演化进程中不同类型干旱之间的交替出现或递进发展关系问题的不足，这一部分主要介绍基于多变量统计模型进行旱涝综合评估的研究成果。如图 1.5.3 所示，基于气象干旱指数 SPI 和水文干旱指数 SRI，采用 Copula 函数，构建了旱涝综合评价指数 MSDI（Multivariate Standardized Drought Index），并对汉江流域开展了研究。

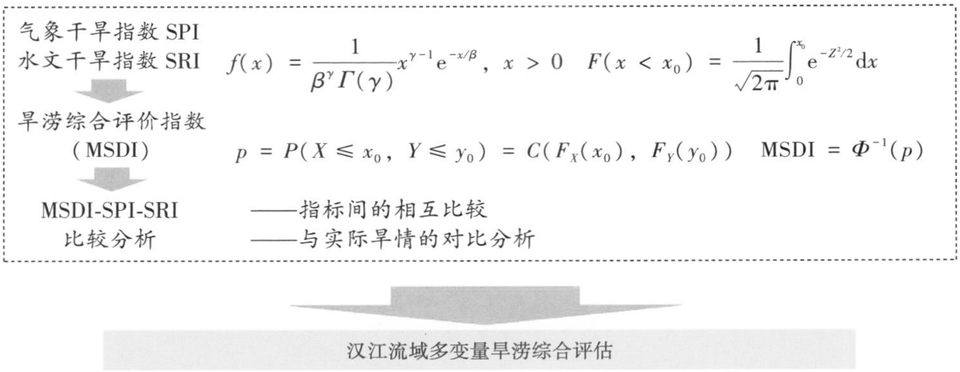

气象干旱指数 SPI
水文干旱指数 SRI
$$f(x) = \frac{1}{\beta^{\gamma} \Gamma(\gamma)} x^{\gamma-1} e^{-x/\beta}, \ x > 0 \quad F(x < x_0) = \frac{1}{\sqrt{2\pi}} \int_0^{x_0} e^{-Z^2/2} dx$$

旱涝综合评价指数
（MSDI）
$$p = P(X \leqslant x_0, Y \leqslant y_0) = C(F_X(x_0), F_Y(y_0)) \quad MSDI = \Phi^{-1}(p)$$

MSDI-SPI-SRI
比较分析
——指标间的相互比较
——与实际旱情的对比分析

汉江流域多变量旱涝综合评估

图 1.5.3　旱涝综合评价指标的研究思路

Copula 函数是定义在 [0，1] 区间上均匀分布的联合分布函数。首先，Copula 函数应用前需要考虑变量间的相依性。衡量变量间的相依性有很多种方法，目前常用的五种是 Pearson 古典相关系数、Spearman 秩相关系数、Kendall 系数、Chi 图和 K 图。其次，Copula 函数的优选方法有多种，包括均方根误差法、AIC 法、BIC 法等。此处我们采用基于 Bayesian 理论的最优 Copula 选取方法。另外，MSDI 的干旱等级阈值选取也与 SPI 和 SRI 保持一致。从理论上分析，如图 1.5.4 所示，MSDI 与一般常用的 SPI 和 SRI 进行对比，MSDI 能以一种科学的方法综合多方面的干旱信息，表征的旱情更加准确合理。

我们基于汉江流域 1960—2013 年 22 个气象站点日降水资料和丹江口水库入库流量资料等，开展了实验分析。第一步用 SWAT 模型（Soil and Water Assessment Tool），将汉江流域划分为 109 个子流域，然后开展率定和验证分析。选取的 4 个水文站验证结果表明，SWAT 模型模拟的水文精度较高，能够用于地表径流指数 SRI 和后续 MSDI 的计算。第二

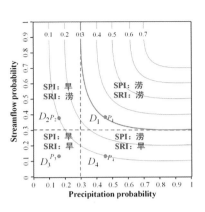

图 1.5.4　旱涝综合评价指标的理论分析

步，在不同时间尺度下，开展 SPI 和 SRI 指数的相关关系分析。此处选择了编号分别为 40 和 82 的两个子流域内的 SPI3、SRI3、SPI6、SRI6、SPI12 和 SRI12。结果表明，SPI 和 SRI 指数具有较好的相关关系，在表征旱涝方面具有一致性。但是，值得注意的是，在一些时间点上，上述两个指标也存在较大的差异，在有些时间点，如 SPI3 和 SRI3 给出的旱涝情况甚至完全相反。例如，1967 年 2 月，SPI3、SRI3 的值分别为 0.89 和 −0.78，分别对应的是湿润和干旱状态，这反映了从不同的角度（分别为气象干旱和水文干旱）评估该地区干旱时，旱涝情况的结果可能是相反的。另外，由 SPI3 指数和 SRI3 指数给出的干旱事件开始时间、结束时间和干旱强度情况也可能存在较大差异，例如，从 1966 年 10 月开始，SPI3 和 SRI3 指数均显示出子流域 40 开始发生干旱事件，1966 年 10 月—1972 年 1 月，SPI3 指数分别为 −1.19、−1.09、−1.67、−1.08，SRI3 指数分别为 −0.70、−1.06、−1.84、−1.96。但是，SPI3 指数在 1972 年 2 月为 0.89，表明在 SPI3 指数下该地区已经从气象干旱中开始恢复，而 SRI3 指数为 −0.78，表明在 SRI3 指数下该地区仍旧处于水文干旱状态。

以 1995 年的干旱事件为例，比较 SPI、SRI 和 MSDI 三个指标。MSDI3 显示的干旱事件开始于 1995 年 3 月，结束于 1996 年 5 月，干旱强度为 21.83。可以看出，MSDI 指数显示的干旱开始与结束时间与 SPI 指数一致，而干旱的开始时间要早于 SRI 指数，结束时间与 SRI 指数也一致。从干旱强度的角度来看，MSDI 指数显示的干旱强度最大，SRI 指数次之，SPI 指数最小。可见，尽管 SRI 指数给出的干旱历时最小，但是其所反映的干旱强度却比 SPI 要大。

总体来说，MSDI 指标评估干旱情况最为严峻，在 1995 年 3 月、5 月和 6 月整个汉江流域都处于干旱状态。流域的北部地区干旱较南部更为严峻，流域的一头一尾发生了极旱。从不同的角度对比来看，由降水表征的 SPI 指数，主要反映的是降水量的多少，降水偏少是干旱的起因，但是旱情的严重程度也受到其他因素的影响。径流反映的 SRI 指数，在某些地方与 SPI 指数给出的旱情一致，在部分地区也存在着一定的差异。MSDI 指数作为一种综合的指标，其可以反映出降水和径流的变化对于旱情的影响，例如在 3 月，流域的西南地区的几个子流域，尽管 SPI 和 SRI 显示上述地区均未发生干旱，但是在 MSDI 指数下却显示为干旱，说明从多变量的角度来看，上述地区已经处于干旱的状态，而如果仅仅单一地从降水或者径流的角度来考虑，很可能忽略了两个要素的综合影响，从而不能够准确地判断干旱的出现时间。

（2）基于多变量 SDF 曲线的旱涝分析

针对旱涝事件尤其极端旱涝事件的变化特征中应该综合考虑旱涝历时、强度、发生频率等多要素共同作用的问题，下面和大家分享基于多变量 SDF（Severity-Duration-Frequency）曲线的旱涝分析主要思路和步骤，如图 1.5.5 所示。我们以 -0.5 作为 SPI 指数区分旱涝的阈值，提取干旱的强度、历时和频次。选取了旱涝灾害频繁的淮河流域作为研究区域。该区域旱涝交替、连旱连涝现象时有发生，尤其进入 21 世纪后，淮河流域旱涝急转现象发生频率和强度都大大增加，严重影响到人民生活和农业生产。研究结果表明，淮河流域的上游和中游的南部地区长历时、高强度的干旱事件发生概率较大。而不同时期旱涝事件发生频次变化研究表明，偏旱频次是春季大于夏季，夏季又大于秋季，而偏涝频次是夏季大于秋季，而秋季大于春季。

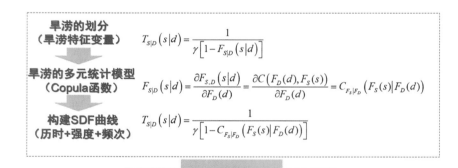

图 1.5.5　基于多变量 SDF 的旱涝综合分析方法思路

4. 气候变化对干旱的影响分析

在气候变化背景下，研究气象要素（降水、温度）改变时，极端干旱发生概率的变化十分重要。前面的研究分析了干旱的历时、强度、烈度等特征，但是没有考虑未来气候变化背景下干旱发生概率的变化。我们通过建立降水量和干旱指数之间的多元概率统计模型，分析了未来气候条件改变对干旱的重现期、频率、发生概率等的影响。

由于干旱的发生不仅仅与当月的降水量有关，很可能与上一个月甚至数月前的降水量也有很大的联系，所以在建立降水量与月 PDSI 指数之间的联合分布时，我们采用前期累加降水量的办法，即在当前月降水量的基础上，叠加前 N 个月的降水总量，来建立前期累加降水量与当月 PDSI 指数之间的联合分布。对于 N 的取值没有严格的限制，一般取为 $1\sim12$。以黄河流域太原气象站为例，仅选取 7 月作说明，分析了 7 月的 PDSI 指数和降水量之间的相关结构。经过比较发现，当 $N=4$ 时，月 PDSI 指数与前期累加降水量之间的相关性最好，因此本文取 $N=4$。

利用 Copula 函数构建多元统计模型，首先需要确定每个变量的边缘分布。分别采用两参数 Gamma 分布、指数分布、广义极值分布(GEV)、广义帕累托分布(GPD)、皮尔逊三型分布以及对数正态分布(LN)拟合前期累加降水量和月 PDSI 序列，各分布函数的参数采用极大似然估计法，利用 Kolmogorov-Smirnov(K-S)检验确定最优分布。结果表明，在 95% 的置信水平下，LN 分布和 GEV 分布分别能够最优地描述前期累加降水量和月 PDSI 指数的统计特征，K-S 检验值分别为 0.089 和 0.073。因此可以分别用 LN 和 GEV 分布来描述太原气象站 7 月前期累加月降水量和月 PDSI 指数序列。Copula 函数的选择方面，最终确定的是采用 Gumbel Copula 函数，它能够较好地模拟太原气象站前期累加月降水量和月 PDSI 指数之间的二元联合概率分布。

研究结果表明，随着前期累加降水量的不断增加，不论前期累加降水量取值如何，PDSI 均呈现出不断减少的趋势，这与实际情况是相符的，即随着降水量的增加，发生干旱的可能性逐渐减小(图 1.5.6 左)。随着前期累加降水量的不断增加，发生极端干旱的概率持续减小，而发生重旱、中旱以及轻旱的概率则呈现出不同的变化趋势，干旱的发生概率先增加，当降水量达到一定的数值后，干旱的发生概率随之减小(图 1.5.6 右)。根据图 1.5.6 所给出的结果，可以估计在一定的降水量条件下发生各等级干旱的概率，预估干旱发生的风险，为有效地应对极端干旱提供一定的决策依据。

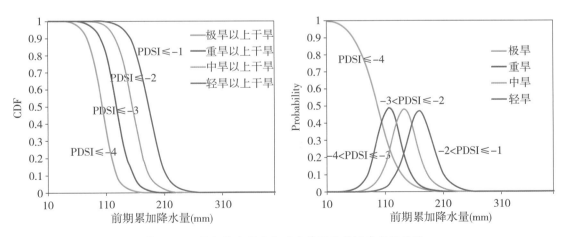

图 1.5.6　累加降水量变化时各等级干旱概率变化结果

最后汇报一下我目前正在开展的工作，包括两个部分：构建中国地区高时空分辨率的干旱监测预警预报管理系统，包括月/日/小时尺度，$1\sim10$km 空间尺度的干旱监测，中国地区的干旱短期预报；气候变化和人类活动对区域干旱的影响机制。欢迎大家多多交流！这是我的联系方式(shedunxian@ whu. edu. cn)，请各位老师和同学批评指正！

【互动交流】

主持人：非常感谢佘老师给大家带来的非常精彩的报告！也很感谢今天下午大家能够抽时间前来聆听！下面是我们的互动环节，对佘老师报告有疑问的同学可以向佘老师提问交流。

提问人一：感谢佘敦先老师的精彩报告。看到您研究的中国区域干旱趋势空间分布结果似乎与胡焕庸线很相似，请问您有没有做过进一步的分析？

佘敦先：您的这个问题非常好！胡焕庸线是我国人文地理里面非常有名的一个分析结果，在此线之东南，全国 36% 的土地，养活全国 96% 的人口。反之，在此线之西北，在全国 64% 的土地上，只有全国 4% 的人口。这条线确实和我的干旱变化趋势线比较相似。因为干旱本身受环境条件影响，而人类分布也有选择性，同时人类的活动也会反向影响气候。所以我还需要综合考虑气象、水文、社会经济等数据，进一步分析二者的深层次相关性。

提问人二：佘老师我想问您在实验中用到的气象和水文数据一般是如何获取的？

佘敦先：我研究里面用到的大多数气象数据都是从中国气象局共享的网站上获取的，即中国气象数据共享服务网。水文数据则相对没有这么开放。因此，一是可以基于以前项目开展数据积累，二是从水文年鉴里面搜集整理。

（主持人：陈必武、龚婧；摄影：马宏亮；录音稿整理：张翔、马宏亮；校对：张翔、邓拓、赵雨慧、许殊）

1.6 海冰遥感的不确定性与局限

（赵 羲）

摘要：武汉大学中国南极中心副教授赵羲老师做客 GeoScience Café 第 191 期，带来题为"海冰遥感的不确定性与局限"的报告。在报告中，赵羲老师针对海冰遥感的不确定性问题，分别从海冰密集度反演精度、海冰边缘线位置精度、海冰范围变化趋势可靠性、冰间湖产变量模型敏感性等几个方面，概述海冰遥感反演相关算法和产品的准确度、局限性和不确定性。

【报告现场】

主持人：各位同学、老师，大家晚上好！欢迎大家参加 GeoScience Café 第 191 期活动。本期我们非常荣幸地邀请到了武汉大学南极中心副教授赵羲老师。赵羲老师主持/参与了多项国家自然科学基金、南北极环境综合考察与评估专项、国家重点研发专项等科研项目。已发表相关论文 43 篇，担任 6 种遥感、极地领域 SCI 期刊的专业评审。下面让我们有请赵羲老师为我们作报告，掌声欢迎。

赵羲：感谢 GeoScience Café 给了我这次作报告的机会。我读博时的研究方向不是海冰遥感，而是湿地，但是工作之后我就把研究方向转为海冰遥感，海冰和湿地在不确定性方面有共通点，所以我把博士研究中所用的不确定性方法应用于海冰方面，获得了较好的效果。今天所讲 PPT 中的内容除了包含我自己的研究之外，还包含我的学生的研究成果。此外还包含庞小平老师、季青老师，以及我们整个团队的贡献。

海冰变化对全球气候变化具有非常大的影响。影响全球气候变化有几个因素，包含温度变化、海平面变化、全球降雨量变化，还有就是海冰变化。海冰变化在影响全球气候变化的多种因素中，占有非常重要的地位。因此，今天的汇报将从 5 个方面介绍海冰是什么，南北极海冰的外形，以及我们在海冰遥感大的方向上可以做的研究工作。

1. 南北极

从海冰的英文单词来看，海冰就是海水结的冰。所以从来源上来看，它和冰山、冰川、冰盖和冰架不同。因为海冰是海水结的冰，其中包含盐分，因为它来源于大海；而冰川、冰山、冰架以及冰盖都属于淡水冰，它们来源于陆地。

南极和北极都有海冰，请问大家知道二者的区别吗？还有，南北极最大的区别是什么呢?

观众：南极应该是大陆，而北极是由海冰形成。

回答得很好，南极是南大洋包围着南极大陆，是海包陆，在冬季则是海冰包围着南极大陆。北极是环北极大陆包围着北冰洋，北极中间是结的冰，就是北极海冰。

另外，由于北极是陆包海，所以纬度特别的高，也就是说，冰被限制在高纬度的北冰洋里面。高纬度太阳辐射少，冰较难融化。所以，北冰洋里的海冰被大陆包围，它就一直在里面年复一年地转，最终形成了多年冰(多年不化的冰)。然而南极是海包陆，南极大陆位于南纬60度，再加上结冰，就位于比南纬60度更靠南的地方，由于它纬度低，太阳的辐射较大，再加上这部分冰没有被大陆包围，它就飘到低纬度地区，此时更容易融化，所以南极只有某一年的冰较多，很少会出现多年冰。

类似于雪有多种状态，海冰也是如此。图 1.6.1 是海冰的多种状态。其中，Nilas 是非常薄的冰，Pancake ice 外形与煎饼相似，又叫莲叶冰、荷叶冰，它是由于风浪的作用碰撞产生，风浪使它的周围一圈高于中间，形成荷叶似的外形。还有灰冰、白冰、灰白冰。介绍两个概念，即一年冰和多年冰。时间不超过一年，在夏季被完全融化的是一年冰。存活过一个夏天，到了冬天在之前的基础上又继续生长的是多年冰。

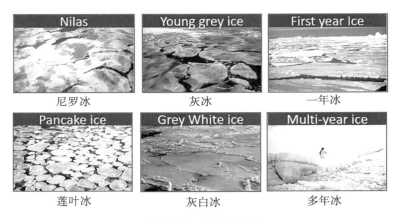

图 1.6.1　海冰的类型

(图片来源：http://aspect.antarctica.gov.au/)

北极经历了一个海冰快速消融的过程，图 1.6.2 是在有卫星观测记录以来的三十多年中，北极海冰的变化趋势，即明显下降。

在北极的夏季，即 9 月时，海冰范围最小。2007 年之后，有 10 次卫星记录的最低值，都在 9 月，这 10 次记录中，2012 年的海冰面积达到了最小值，低于 1981 年至 2010 年平均值的 44%(图 1.6.3)，从该数据也可以看出海冰锐减导致海冰面积的减少。

海冰是三维的，包含面积、范围和厚度，我们能看到的是范围，除了之前所讲海冰面积和范围都有明显减少之外，其厚度减少也特别明显。然而厚度与面积和范围不同，卫星不易观测，因此其数据获取较为困难。从仅有的研究来看，20 世纪 50 年代到 90 年代，

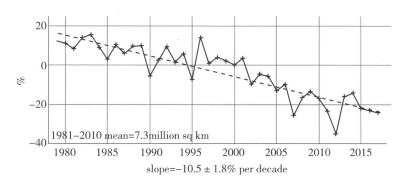

图 1.6.2　北极海冰范围近三十年的变化趋势

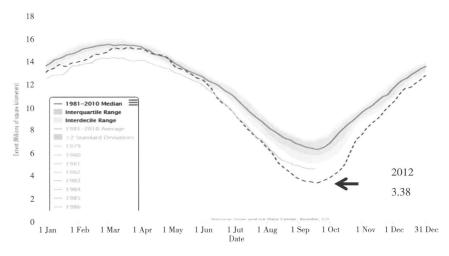

图 1.6.3　海冰面积变化图

（图片来源：https://nsidc.org/arcticseaicenews/sea-ice-tools/）

美国可以通过潜艇观测到海冰厚度。从 2003 年以后，海冰厚度可以由高度计的数据反演得到，通过对比发现，海冰厚度显著下降。从 1979 年开始，不同的颜色代表不同的月，显然，黑色代表 9 月的最小体积，最外围的是 1 月和 2 月的最大体积。可见，从 1979 年到 2016 年，每一个月，海冰都在减少。从图 1.6.4 中可见，海冰体积减少了一半左右。

　　除了面积、体积之外，海冰还有年龄。有些海冰一年就融化了，但是有些海冰能"存活"两三年，甚至五年、十年。图 1.6.5(a) 展示的是 1987 年的海冰情况，颜色越亮表示冰龄越大，从图中可见，5 年及以上冰龄的海冰约占 57%，其中四分之一的海冰至少有 9 年冰龄。图 1.6.5(b) 展示的是 2016 年的海冰情况，可见，5 年及以上冰龄的海冰仅占约 7%，几乎没有 9 年以上冰龄的海冰了。之所以出现这样的情况，是因为这部分海冰都融化了。洋流使海冰一直在北冰洋里打转。然而一旦气温升高，或者洋流温度升高，海冰就会融化，从而变薄。由于变薄了，海冰很容易从狭窄通道里流出去。比如在 Fram 海峡或者加拿大群岛。因此，2016 年较大冰龄的海冰比 1987 年的减少了很多。

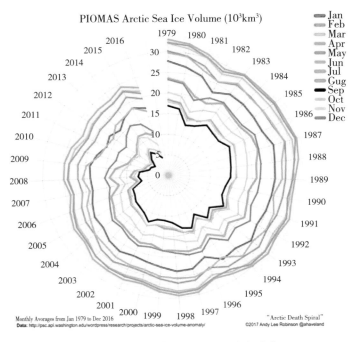

图 1.6.4　不同年、不同月的海冰厚度

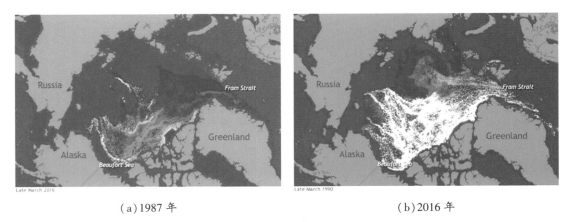

（a）1987 年　　　　　　　　　　　　　　（b）2016 年

图 1.6.5　海冰的冰龄

　　海冰的变化会对通航和气候变化产生一定的影响。北极主要是有两个环流，一个是多波环流，还有一个是穿极流，就是这样从一边到另一边一直穿过来的。所以海冰的出口也主要是两个，一个是加拿大群岛这边，还有一个是 Fram 海峡这边。以前，我们想要穿越北冰洋几乎不可能，尤其是在冬季，然而 2016 年，加拿大群岛出口就出现了很多薄冰，为船只通航带来了可能，如果之后北极海冰继续减少的话，北冰洋上就可以实现自由通行了。船只的自由通行会对经济发展产生影响，除此之外，海冰数量的变化也会对北半球国家（比如我国）的气候产生一定的影响。

　　如图 1.6.6 所示是南北极的海冰情况。图例显示了不同的海域及其海冰类型。南极的海冰是在环南极大陆外面的淡蓝色的部分。对于北极，海冰主要在北冰洋中间。黄色的是冰川，冰川是从大陆上延伸过来，从名字上看，"川"就是水，从大陆上像瀑布一样挂下来的叫做冰川，其实冰川的面积不大。全世界只有两个冰盖，北极的是格陵兰冰盖；南极的是南极大陆冰盖。南极除了冰盖之外，还有三个较大的冰架。我们的南极考察站——中山站，在埃默里冰架这里。海冰和红色的冻土构成了冰冻圈。海冰在整个冰冻圈里占据了较大的面积。

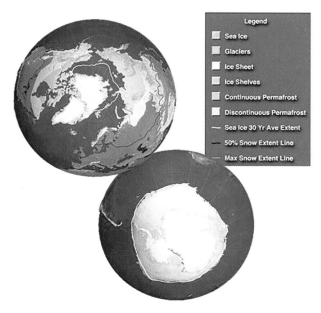

图 1.6.6　南北极的海冰

（图片来源：IPCC 第 5 次报告）

关于南极和北极海冰的区别，南极的海冰中一年冰居多，这意味着南极的海冰更薄一些，如果一年冰能"活"过夏季，那么到下一个冬季它就会增厚。所以，一年冰普遍薄一些，多年冰厚一些。

从南极到北极为什么在这个时间轴上会有差别呢？（图 1.6.7）北极为什么有这么长时间跨度的观测，但是在南极却这么短呢？为什么北极从 1900 年就有观测数据，而南极从 1979 年才有观测数据呢？

观众：或许是发达国家距离北极近一些，所以才出现这样的情况吧。

是的，一个原因是发达国家大多在北半球，所以北极观测数据更多一点。而征服南极大多是近代才发生的事情，所以南极的海冰观测数据出现得就更晚一些。南极的很短的一条观测数据全部来自卫星。但是北极有环北极国家，会有捕鲸，也就是捕杀鲸鱼的活动。那么他们的船在北冰洋上航行的时候，需要绕过冰山、海冰，会有航行记录。所以，早在1900 年之前就已经有关于海冰、冰川这些位置范围的记录。所以我们可以通过这些记录，

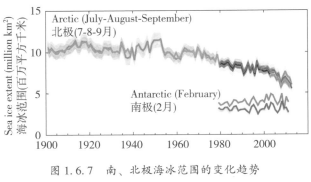

图 1.6.7　南、北极海冰范围的变化趋势

（图片来源：IPCC 第 5 次报告）

推断北极海冰的历史变化过程。但是南极几乎无人涉足。南极的海冰季节变化和北极的完全相反。但是南极也有海冰最大值、最小值，只是与北半球的情况相反。

2. 海冰范围

关于海冰，最简单或者说最容易获得的一个参数是海冰范围。极地的海冰面积特别大，每一天都能获得一个极地海冰的范围图，我们一般采用被动微波遥感传感器获取数据，频率范围在 6 到 90MHz 之间。被动微波的优势在于它能够穿透云层，所以在极地也可以工作。由于极地可能会出现极夜的情况，因此无法利用可见光获取数据。所以在极地，被动微波无论从成本还是覆盖面积来说，都是最合适的。一张影像就能够把一天的海冰范围都表现出来。然而它的缺点是空间分辨率较低，目前空间分辨率最高的数据大约为 3km，一般比较可靠的是在 6km 或 25km 这样的数量级。图 1.6.8 是被动微波遥感传感器获取的南极亮温数据。

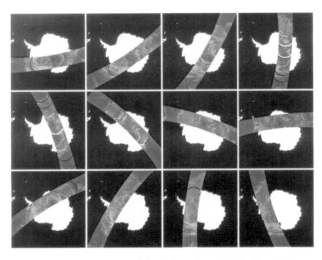

图 1.6.8　被动微波遥感传感器获取的南极亮温数据

被动微波遥感传感器每天获取的是多个轨道的数据，十几个轨道数据拼接在一起就是北极的图，正好是北冰洋的范围(图 1.6.9(a))。外面的是没有覆盖到的地区，一天的数据覆盖不了这些地区，彩色的部分是一天之内被拼接成功的，刚好将北冰洋和南极的海冰范围都包括进去了(图 1.6.9(b))。

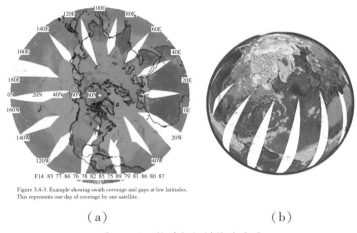

Figure 3.4-3. Example showing swath coverage and gaps at low latitudes.
This represents one day of coverage by one satellite.

(a)   (b)

图 1.6.9 轨道数据拼接结果图

从 1976 年开始，我们所采用的卫星和传感器更新了多次。图 1.6.10 是被动微波遥感传感器的发展历程。目前采用的卫星是 F18，还有 AMSR 系列的 AMSR2。AMSR-E 和 AMSR2 的分辨率较高一些，因为它们有更高频率的波段。

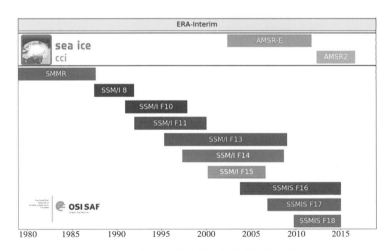

图 1.6.10 被动微波遥感传感器的发展
(图片来源：http://www.osi-saf.org/)

图 1.6.11 是识别不同类型海冰和水的原理图，横坐标是不同频率的通道，纵坐标是

亮温。可以看到，在不同的频率中，FY 是 First-Year ice，即一年冰；MY ice 是 Multi-year ice，即多年冰；OW 是 Open water，即开阔水域。这三种类型的地物，在低频的时候其亮温存在差别，高频的时候，其亮温也存在差别。利用它们在不同频率的差别，进行组合，我们可以定义一些指数，比如极化等，利用这些指数就可以通过不同频率的亮温来区分这些地物。

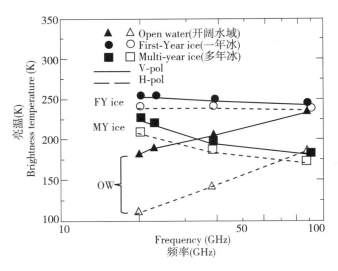

图 1.6.11　识别不同类型海冰和水的原理图

　　将这些地物区分开之后，基于它们在不同频率的亮温差别可以进行反演，由亮温得到海冰的密集度。图 1.6.12 是北极的海冰密集度分布图。通过这个分布图，可以了解海冰的范围和位置。

　　密集度的反演过程中，会有很多干扰因素。我们可以直观地看到它分为三层。最上层来自卫星，不同的卫星之间辐亮度会存在差异，就是我们刚才看到的那个时间表，不同的年份采用的卫星不同。如果不同的卫星获取的数据要组成一个长时间序列的数据进行分析的话，需要对不同卫星的数据之间做系统矫正，也就是交叉定标，这会导致密集度的不确定性。进行数据观测的时候会受到大气干扰，虽然做密集度观测采用的是被动微波遥感，它的高频部分就是 89MHz 也会受到水汽的干扰，所以也会对密集度产生一些影响。由于被动微波遥感的分辨率较低，所以一个像素中可能会出现开阔水域、一年冰和多年冰等多种类型。除此之外，还有融池。也就是夏季的时候，在海冰上面会有融化了的小水滩、小水洼。这些水洼都会和它旁边的冰产生差异，因为被动微波具有穿透性，然而一遇到水，它就会被全部打断无法穿透，所以含水量会影响被动微波遥感获取数据的反演结果的准确度。

　　图 1.6.13（a）是同一天用不同的海冰密集度的算法得到的海冰密集度的分布图，可以看出明显差异，北极也是如此。图 1.6.13（b）是 2017 年 8 月 6 日同一天的影像，可以看

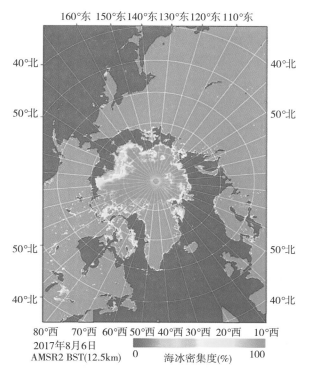

160°东 150°东 140°东 130°东 120°东 110°东

2017年8月6日
AMSR2 BST(12.5km)   0   海冰密集度(%)   100

图 1.6.12   北极的海冰密集度分布图

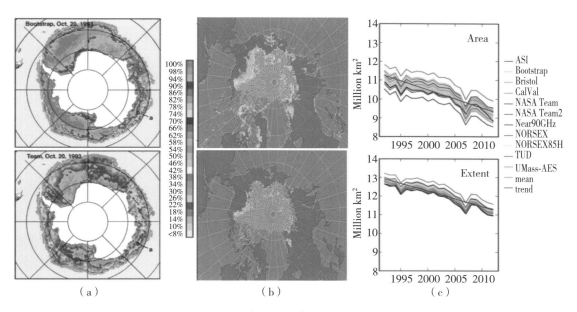

（a）   （b）   （c）

图 1.6.13   不同密集度反算法得到的海冰密集度

((a)引自 A. P. Worbya, J. C. Comiso, 2004; (b)引自 Ivanova, N., et al., 2014)

到 AMSE 系列的海冰密集度反演结果存在差异。图 1.6.13(c)是 2015 年一位学者在自己的论文中所做实验的结果，他比较了目前的 30 多种算法中的 13 种较为经典的算法，他用不同的算法反演海冰密集度之后计算北极的海冰面积和范围，判断它们的趋势是否受到海冰密集度算法的影响。可见，采用不同的算法计算出的面积存在较大的差异，而范围方面的差异稍微小一点。范围和面积是不同的概念。举个例子，用 15% 的密集度确定范围，结果只有 yes or no，也就是说只区分是海冰还是非海冰。但是计算面积的时候，它会乘以一个密集度的系数，所以面积要少一些。

刚才讲的是密集度的不确定性。如果对于密集度采用 15% 的阈值来判断海冰和非海冰区域，并统计其范围，会带来一些问题。图 1.6.14 是 MODIS 影像，图中海冰边界不明显。这样的海冰边界称为 Diffuse ice-edge，海冰可能受到朝向外侧海风的影响，分布较分散。然而有些海冰可能受到朝岸方向的海风影响，使得海冰和海水有较为明显的分界线。

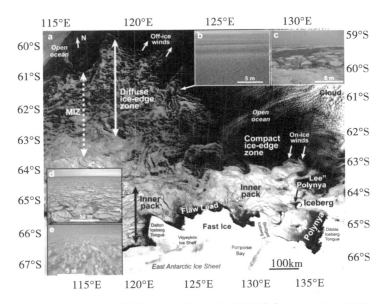

图 1.6.14　MODIS 影像中的不同海冰边缘区(引自 Robert A, 2010)

因此我们思考，是否可以采用 15% 的被动微波遥感密集度来确定海冰的边界。要解决这个问题，需要判断 15% 阈值的线与高分辨率影像相比的准确性。我们当时为了解决这个问题，尝试着采用相对高分辨率的 MODIS 影像来做对比 15% 的密集度的产品，判断边界是否准确。但是又存在一个问题，如何从图 1.6.14 的 MODIS 影像上确定海冰和海水的边界。有一些较为明显的可以手工标注，然而模糊的过渡带如何分辨和定义是一个问题。后来，我们通过船测和大洋考察、海冰考察的国际通用定义得到了南极海冰边界的定义。海冰边界就是观测人站在船上，观测该船 1km 范围之内的海冰密集度，如果海冰密度集超过了 10%，并且这个点又是在最北边出现的，我们就认为它是海冰的边界。在图 1.6.15 中，假如船在行驶的过程中，经过了海冰边界，然后又返程，那么一次路线上就只有两个海冰边界点，这种点就太少了。为了获得更多数据，我们查找了历届国际航行记录，发现符合要求的数据，也就是落在边缘上的点还是太少。为了解决这个问题，我们就把船测的定义和影像相结合。也就是说，假设观测船的位置落在某一个像素中，通过计算这个像素周围的海冰密集度，检索符合船测海冰边界定义的像素作为边界。虽然影像上的像素是连续的，没有海冰边界的定义，但是我们将二者结合起来，用船测的定义来定义影像，就可以标注出影像上的边界点。顺着这个思路，我们先区分 MODIS 影像的海冰和海水区域。然后，在每一个像素中可以看到像素周围 1km 的范围之内的密集度，如果该密集度大于 10%，我们就认为它是海冰边界。我们通过对 MODIS 影像进行遍历，获得了几个满足要求的 MODIS 像素，我们认为它们就是海冰边界。通过验证这些像素是否为 15% 密集度，或者平均值是否为 15% 密集度，就可以看出 15% 的阈值是否准确。

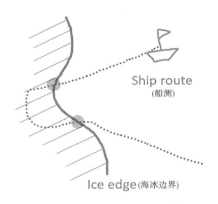

图 1.6.15 船测定义边界示意图

图 1.6.16 的黄色像元形成的边界就是利用 12 张 MODIS 影像提取出来的海冰边界。蓝色和红色部分是两种不同的被动微波的密集度产品所得结果，阈值是 15%，对所得结果进行对比，观察吻合程度。通过实验，我们得出的平均值约为 13%，由此说明了国际上通用的 15% 阈值的有效性。

以上讨论的是海冰范围的不确定性。在长时间序列观测中，不同卫星之间有系统误差。从亮温到密集度它有多种反算法。接下来，我们考虑的一个问题就是，在 IPCC 报告里面，我们用的是多年的趋势，它是用月平均的海冰范围作的一个基础数据，但是从日平均到月平均是有一个人为的抽稀过程，从每日的数据到月平均数据是有一个人为的加工过程在里面的。为什么我会提到这个呢？因为在北极，海冰减少是一个很明显的趋势，但是在南极并非如此，南极的情况刚才讲过，海冰是增长的，是呈略微增长趋势的。但是在第四次 IPCC 报告里面它的这个趋势统计是不显著的，而第五次报告里面则是统计显著的。说不定南极这个增长趋势并不存在，或许只是统计上的差异，由于统计方法的选择引起的，因为它这个趋势特别微弱，所以这个就引起了我的注意。

我就用了图 1.6.17 的随机集算法。随机集是什么呢？如果一天是一个范围，那么我

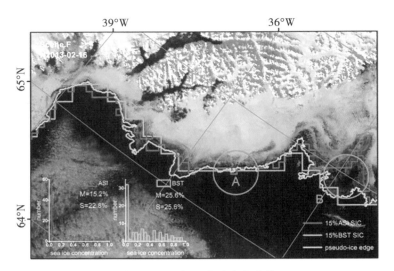

图 1.6.16　提取出的海冰边界

可以用随机集的办法对这个范围求一个平均，得到一个平均范围。我们所说的平均值，日平均到月平均是每天一个数值，然后对应的数值求一个平均，得到的也是一个数值。随机集是一个图形的集合，我可以把每天的图形放到一起得到一个平均图形。利用随机集求平均，有 5 种方法，我想看一下不同求平均的方法是不是能得到不同的趋势。

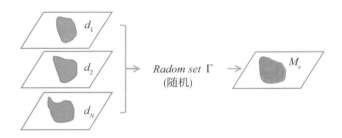

图 1.6.17　随机集算法

最后我得到的结论是，对于海冰范围，5 种平均算法得到的趋势相同，南极的海冰确实在增长。但是，同时我也得到了一个有意思的结论，图 1.6.18 是差异图，就是 5 种平均算法所得范围的相对差。正值差的最大值和负值差的最大值都出现在 12 月。

相反的，不同的平均值得到的周长趋势不同。巧合的是，所有周长的最大值和最小值几乎也都出现在 12 月。然后我就找了一张 12 月的图，寻找原因。图 1.6.19 是 2004 年 12 月的海冰周长图，不同的颜色表示采用不同的平均算法得到的结果。我发现，经过 12 月的 31 天，海冰范围从 $14.1 \times 10^6 \mathrm{km}^2$ 缩小到了 $7.1 \times 10^6 \mathrm{km}^2$，因为 12 月，海冰经历了一个特别快速的消融过程，所以这个月的月平均值就不太有代表性。因为它的面积从月头到月

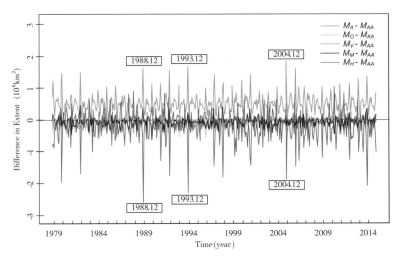

图 1.6.18 5 种平均算法范围的相对差

末能缩小到一半。所以，用不同的平均方法会得到不同的平均范围。

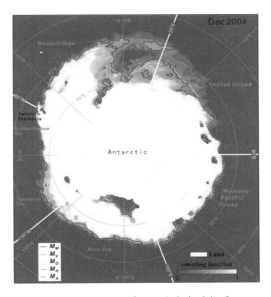

图 1.6.19 2004 年 12 月海冰周长图

假设一个月 30 天中，每天都是一样的范围，那么无论采用何种平均算法得到的范围都相同，但是如果这 30 天每天的差异都特别大，那么采用不同的平均算法肯定会得到不同的值。通过实验，我们得到如图 1.6.20 所示的统计图，表达每个月的海冰的周长情况，可以看到 12 月的变动特别大。以上就是我们研究的一个南极海冰范围的不确定性，根据这些研究我们发表了一篇文章，文中采用了随机集的算法，研究不同的平均方法对海冰范围变化趋势的影响。

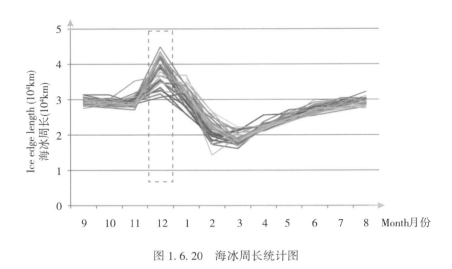

图 1.6.20　海冰周长统计图

3. 海冰厚度

接下来研究海冰厚度，海冰厚度是现在目前比较热门的一个研究方向。自从有了被动微波遥感卫星以来，海冰的范围研究已经比较成熟，而海冰厚度是正在兴起的一个方向。我们主要通过卫星测高的方法获取大面积的海冰厚度，而其他方法大多是在点上测量厚度。用于海冰厚度卫星测高的传感器有两类：一类是以 ICESat 为代表的激光高度计，另一类是以 CryoSat 为代表的雷达高度计。它们都是通过已知卫星的位置、卫星到气雪界面或雪冰界面的距离、卫星到冰间水面的距离，然后通过距离之间的高度差，利用如图1.6.21 所示的方法进行海冰反演，计算得到浮在水面上的冰块出水高度。可以通过浮力定理中的出水高度反推整个体积，如果已知密度的话，就可以计算出厚度。大概原理就是通过回波信号计算距离，进而计算出水高度，最后通过浮力定理计算出海冰厚度。

雷达和激光数据在采用浮力定理的平衡方程时，有一定的区别。二者的共同点是都涉及 4 个非常重要的参数，即积雪厚度、海冰密度、积雪密度和海水密度，这是计算厚度时用到的参数。我们团队的季青老师的博士论文就是研究海冰厚度，当时他的这个博士论文特别具有先进性，因为当时国内还没有学者研究海冰厚度。当时季青老师搜集了国际上所有关于海冰厚度研究算法的参数，将它们进行组合，并对不同的参数组合进行厚度估算的敏感性测试。最终发现在这 4 个参数中，积雪厚度和海冰密度这两个参数对海冰厚度反演结果的影响最大。所以他就利用了一些实测的海冰厚度的数据进行拟合实验，通过实验发现，最终选择的这组参数反演出的海冰厚度结果最好。图 1.6.22 中，纵轴是反演出的结果，横轴是地面的比较结果，可见我们的算法精度最高。

海冰厚度估算问题非常重要，然而积雪厚度模型有些过时了，不符合现实情况。1999年的时候，有一位学者采用了 W99 的模型，当时他采用的是 20 世纪 50 年代的积雪厚度信息，然而经历最近几十年之后，积雪厚度已经有了很大变化。我们正在研究这个问题，

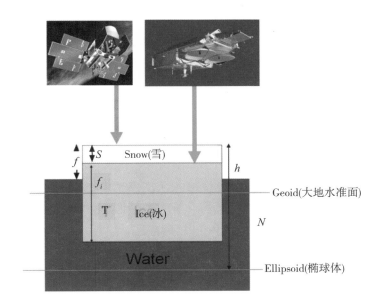

图 1.6.21　海冰厚度反演模型

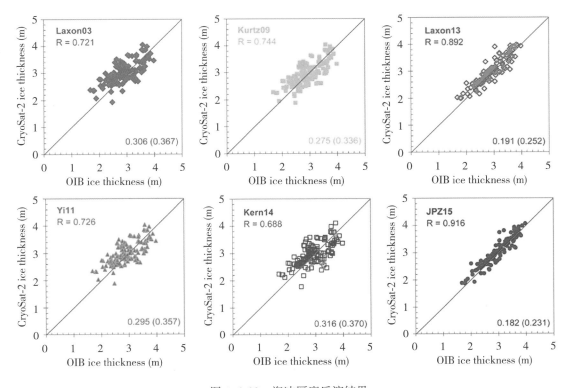

图 1.6.22　海冰厚度反演结果

利用目前最新的冰浮标的数据更新之前的数据，并利用我们的新模型反演最新的海冰厚度。

4. 冰间水道

接下来探讨冰间水道，它与海冰有关。刚才所讲的密度和厚度都是海冰的参数，冰间水道是海冰的一种现象。船只的航行，包括哺乳动物的迁徙路径，都是在冰间水道中进行。冰间水道大家可以想象，冬天的时候整个北冰洋是封冻起来的，海和气之间是没有交换的，因为被冰给隔绝了。但是由于冰间水道的出现，才使得热量可以进行交换，热量通过冰间水道从很温暖的海洋传到了较为寒冷的大气，这个过程中发生了特别剧烈的热量交换。海雾就是由冰间水道的热量交换引起的。所以，在北极这个中心区，冰间水道虽然只占整个海冰面积的 1%，但是它承载了 70% 的热通量。

这个环流会促使海冰运动，海冰运动的过程中会产生碰撞，产生隆起的冰脊和开裂的冰间水道。Fram 海峡是海冰的出口，这个地方冰的流速特别快，所以更容易形成冰间水道。冬天形成冰间水道之后，由于温度较低，它可能会立即结冰，变成重冻结的冰间水道。图 1.6.23(a) 是从 100 米的 Landsat8 上看到的冰间水道，有很细的，也有比较完整的冰间水道。图 1.6.23(b) 是由雷达获取的 HH 和 HV 波段数据，它们两个能表现海冰的不同特点。最后用不同的波段组合(图 1.6.24)来表现不同类型的水道，我们可以通过决策树的分类方法获得不同类型的水道。

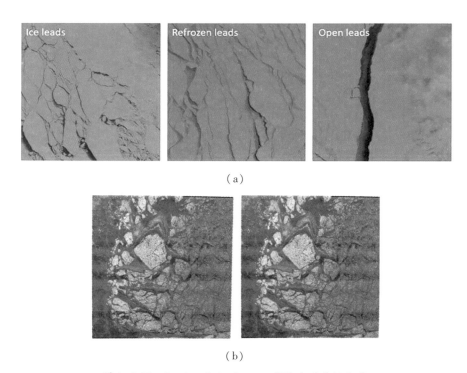

(a)

(b)

图 1.6.23　Landsat 和 Radarsat-2 影像上的冰间水道

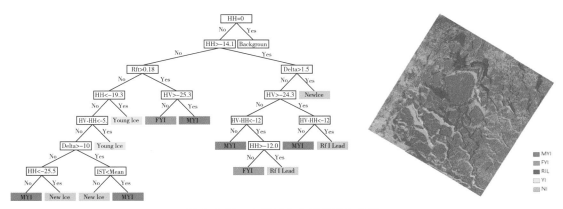

图 1.6.24 决策树与冰间水道分类图

我们现在研究的是从 MODIS 影像上提取冰间水道，通过提取结果，可以看到最近十几年冰间水道的变化情况。我们思考，如果海冰越薄，它会运动得越快，此时很容易开裂或者出现隆起，因此我们假设北极海冰越来越薄，意味着它运动得越来越快，就会出现越来越多的冰间水道。我们目前在研究冰间水道最近十几年间的变化，这个工作由一位博士生在负责。图 1.6.25 是 MODIS 上的冰温图，红色部分表示温度较高，它是水道，绿色部分表示冰块，黑色部分是 Landsat8 的温度图。由此可见，由 MODIS 提取出的细节大多与 Landsat8 的影像相吻合。

（a）   （b）

图 1.6.25 MODIS 上的冰温图

国际上还没有冰间水道的分布结果。图 1.6.26(a) 是利用 6km 的被动微波遥感影像来反演冰间水道，蓝色部分就是 6km 的被动微波遥感反演的水道，白色部分是我们利用 MODIS 影像反演出的冰间水道，有一些细节吻合程度不佳。但是这些像毛细血管一般的水道，承载的热通量特别大，具有一定的研究价值。因此，为了解决这个问题，我们把冰间水道的分布图细化，这样才能进一步细化它们对热通量的贡献，对热量交换的贡献。这个是通过潜热和感热通量进行的计算，图 1.6.26 是 MODIS 的热通量图，它是 AMSR2 的分布图，可以看到细节差异较大，对此我们围绕冰间水道的热通量的贡献问题，撰写了一个自然科学基金项目书。

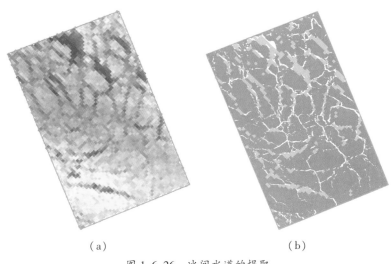

（a）　　　　　　　　　　　　　　（b）

图 1.6.26　冰间水道的提取

5. 冰间湖

第五个问题是冰间湖，这部分内容来自我们团队的一位博士生已经发表的一篇文章。冰间湖分两种，一种是潜热，一种是感热，我们所研究的这个沿岸的冰间湖都是潜热冰间湖。

图 1.6.27 是潜热冰间湖，其中 Ice shelf 是冰架。冰架上有特别强烈的下降风从坡上吹下来。下降风吹来的一个必然结果就是，导致海冰向更远的地方飘移，因此就会露出水面，此时热量会从温暖的海洋来到寒冷的大气中，在这个热量释放的过程中又产生了新冰，这就是新冰产生的物理过程。这是一个循环的过程，所以这个沿岸冰间湖就像一个"冰工厂"，即"造冰的工厂"。所以我们刚才说，南极的海冰在增长，我们想要知道增长最快的区域中是否有冰间湖，是否存在一直造冰的"冰工厂"，它是否有变化，是否会对南极的海冰增长产生影响。为了解决这些问题，我们选择了南极最大的一个沿岸冰间湖，即罗斯海冰架冰间湖，这块区域是我们中国第五个南极考察站的新站选址处，就在罗斯海，所以当时我们选择了在此处进行冰间湖实验。

从不同的文献中，我们看到罗斯海冰架冰间湖每年的产冰量从 170km³ 到 680km³。由于数据差异太大，我们很困惑。对此，我们试图分析不同文献数据差异如此巨大的原因。通过对比，我们发现了几个原因。第一个原因是时间段选择得不一样，因为冰间湖的造冰过程是在冬季发生的，冰间湖是冬季出现的保持无冰或仅被薄冰覆盖的冰间开水域，所以计算产冰量的时候，有时会从四月开始算，有时会从三月开始算，起点不一样。第二个原

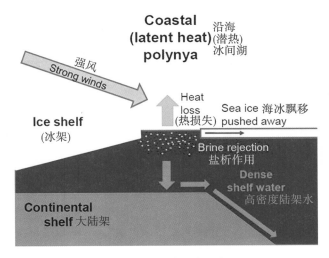

图 1.6.27　潜热冰间湖

因是对同一区域的冰间湖的地理位置定义不同，有的学者采用矩形，有的学者采用多边形，还有的学者采用岸线的等高线、等深线。除此之外，还采用了气候数据。而我们在计算热通量的时候用了风速、气压、湿度这些参数，不同的数据来源也会导致不同的结果。另外，最底层的数据有冰间湖的范围，利用它可以辨别出湖的位置，这与不同的被动微波遥感数据会导致对水和冰的判断有差异的道理一样。

关于不同文献的数据差异巨大的情况，除了上述原因之外，还与产冰量模型中的很多参数不同有关。产冰量包括潜热通量、感热通量，以及向上的长波辐射、向下的长波辐射和向下的短波辐射，所以这个热力学模型涉及很多参数。与刚才计算厚度的思路相同，我们从不同的文献中选出学者们所用的参数，然后进行了 10 个敏感性分析实验，观察这 10 个参数对产冰量的影响。通过实验发现，其中两个参数影响较大，因此我们重点关注这两个参数。

另外，我们还发现了一个规律，2003 年到 2015 年间，2015 年和 2007 年这两年的产冰量异常高。因此我们还进一步研究了产冰量异常高的原因。我们猜测可能是因为风量较大或者太阳辐射的原因。针对这些异常年份，我们又进行了机制和原理上的探索。

到此为止，今天介绍了海冰范围、海冰厚度研究、冰间水道研究，以及冰间湖研究。接下来我想介绍一下武汉大学的南极中心。

图 1.6.28 是我们的同事拍摄的南极风光。类似的照片还有很多，曾在万林艺术博物馆展出过。南极中心的鄂老师，现在近 80 岁了[①]，他是南极中心的创始人，1984 年首次进行南极考察。南极所有的站都是我们参与建成的，因为要做基础测绘，当时第一幅地形图是我们用计算机画的，而第一幅手绘地图是鄂老师手绘的，当时他背着测绘仪器上去，

①　2019 年 2 月 21 日鄂栋臣教授因病去世，享年 80 岁。——编者注

把这个建站的地形测完以后，手绘了第一张图。首次测南极最高点是张胜凯老师，他是第一个站到南极最高点的人。第一本中国南北极地图集也是我们做的。

图 1.6.28　南极风光

从 1984 年开始，南极中心已经累计选派了 100 余人次参加了中国 34 次南极科学考察和 13 次北极科学考察，是国内参加极地考察最早、次数最多、派出科考队员最多的高校科研机构。经过 20 多年的发展，南极中心建立了东西南极测绘基准，测绘出覆盖 20 多万平方千米的地图，命名了 359 条中国南极地名，比如南极的长城湾，等等。我们有固定编制 23 人，其中教授 5 人，具有博士学位教师 17 人，共培养博士、硕士研究生 200 余人，其中在读学生 50 余人。研究方向包括极地遥感应用、极地大地测量与地球动力学、极地地理信息与资源环境评价、固体地球物理与极地海洋、极地战略等，包含较全面的测绘学科研究方向。极地的研究需要多个学科的参与，我们学校参与的学院有生科院、电信院等，大家都对极地的研究作出了重要贡献，我的报告到此结束，欢迎同学们提问。

【互动交流】

主持人：非常感谢赵老师的精彩分享！下面是提问环节，大家有问题的可以向赵老师请教。

提问人一：赵老师，您好，非常感谢您的精彩报告，我有两个问题想向您请教。第一个问题关于实地验证，因为我觉得实地的数据有限，因此平时在做这么大范围研究的时候，如何进行结果验证？

赵羲：是的，特别是在极地，很难做结果验证，你提的这个问题特别好。做遥感反演，无论是算法还是模型，都要用实测数据。极地的实测数据包括以下几类：一个是我们船测数据，我们在船上通过安置传感器，获取冰的温度、冰的厚度等数据。船员还会进行国际规范的训练，进行目视解译。但是由于船只能通过冰较薄的区域，因此行驶范围有限。还有一个途径就是航拍，然而目前国内的航拍数据还较少，不过国际上有"冰桥计划"，获取航空数据。航空的平台上面会搭载激光、雷达传感器，以此获取中间尺度的数据。另外，我们还在大海里面投放浮标，它们会冻在海冰里面，以此测温度、厚度。我们会对一些点做冰站，就是将船行驶到冰较厚的地方，然后在冰面上建立短期冰站，一天的时间就能测得一些光谱、厚度数据，然而这种方法得到的数据具有局限性。

提问人一：谢谢，我的另一个问题是关于 SAR 和被动微波遥感的关系。我发现您采用被动微波遥感数据较多，所以想请教一下，与 SAR 相比，被动微波遥感的覆盖范围相对大一些，除此之外，就是相对于 SAR，在极地地区采用被动微波遥感的数据还有哪些优势呢？

赵羲：在极地，SAR 其实是特别有发展前景的一个方向，如果你的研究方向是 SAR，可以考虑往 SAR 在极地的应用方面发展。除了覆盖范围不同，SAR 较高的分辨率就已经是很大的优势了。虽然被动微波遥感获取数据频率高，但是毕竟分辨率较低，然而 SAR 的分辨率可达 10 米级。但是 SAR 存在一个问题，比如我们做海冰类型判断的时候，较大的风浪会产生干扰。虽然它受云的干扰较小，也不受极夜的干扰，但是它在某些恶劣天气中也会受到影响。还有数据获取成本的问题。但是 SAR 的前景是很好的，因为现在做遥感的一个趋势就是综合利用多源数据的优势，共同解决问题。

提问人二：赵老师，我有两个问题。第一个是采集冰的面积的时候，关于时间尺度的问题，在您的讲解中，看到很多以月为单位的数据，并且变化较大，那么在作图时，如何进行处理呢？比如会取平均值吗？

赵羲：我们采用的是以天为单位获取的影像。有一个地方说到月是因为，在 IPCC 国际报告是以月的数据为基础来算多年的趋势。当我看到这个报告的时候，我就觉得可能有问题。由于数据每天都在变化，结冰的速度很快，或者由于风的原因，海冰很快会被吹散，因此采用不同的平均算法得到的月平均结果不同，有可能会影响到趋势的结果，所以我们当时才做了这个工作。但是就我们的工作来说，至少是每天的。

提问人二：第二个问题是想问您的 PPT 中有很多精美的图是用什么工具绘制的？

赵羲：谢谢你的夸奖，大部分的图都来自我的学生。我们一般采用 ArcGIS 或者 CorelDraw，有可能会利用 CorelDraw 修图。统计的回归是用 R 做的。

（主持人：幺爽；摄影：郑镇奇、龚婧；录音稿整理：幺爽；录音稿校对：王璟琦、赵欣、修田雨）

1.7 复杂地理网络的结构分析与时空演化

（贾　涛）

摘要：近年来随着位置大数据的兴起，不同领域的研究者开始对不同类型的网络结构进行分析建模。大量研究表明，这些网络与传统的规则网络或随机网络有着本质的区别，例如网络结构的小世界特性与无标度特性。本期报告围绕三种地理网络——基于海量航班 GPS 轨迹数据的航空网络、基于航线统计数据的航空网络以及基于志愿者绘图数据的道路网络，利用复杂网络理论对这些网络的拓扑结构进行定量分析，对其时空演化规律进行可视化建模，揭示影响网络结构演化的普遍性规律。通过对地理网络结构和演化规律的研究，深入理解区域经济发展、传染病控制、人类迁移等重要问题。

【报告现场】

主持人：欢迎大家来参加 GeoScience Café 的报告。今晚我们非常荣幸地邀请到贾涛老师为大家作汇报。贾老师 2012 年毕业于瑞典皇家理工学院，2013 年到武汉大学参加工作，主要研究方向为地理科学与技术、时空大数据的挖掘以及建模、地理城市可持续发展以及智慧城市的应用和研究。今天贾老师为大家作题为"复杂地理网络的结构分析与时空演化"的报告，大家欢迎贾老师！

贾涛：谢谢主持人的介绍，也非常感谢老师同学们参加讨论。今天来和大家交流一下我这几年做的工作。

今天和大家讨论的题目是——复杂地理网络的结构分析与时空演化。我们主要考虑的是把复杂网络理论应用在地理学方面来解决一些问题。

今天讨论的第一个主题是复杂网络的分析、建模和应用，还有网络活动规律的研究。活动和移动是两个概念：活动规律偏向于从地理学方面进行研究，移动规律或移动建模更多的是统计物理领域的研究。此外，关于无标度网络的研究有以下应用方向，如 GIS 在公共健康的应用：医疗设施的选址，在环境领域的应用，根据轨迹数据、各种城市经营活动估算二氧化碳等。

首先我们应该对复杂网络有个简单的认识，了解复杂网络的基本属性；其次我们将从三个案例入手，说明复杂网络的结构内涵及其服从的普适性规律。

案例一是根据大规模的航班 GPS 轨迹数据构建航空网络，研究结构和功能之间的关系；案例二是根据航空部门的统计年鉴数据生成 21 个航空网络时间序列；案例三来自 OSM 的道路网，志愿者将绘图数据上传到服务器端，经过编辑处理之后发布，探究这种网络是否具有和现实网络一样的演化规律。

1. 复杂网络的基本属性

复杂网络的本质是一种网络，具有不可忽视的结构化性质，这种性质与最早的随机网和规则网（grid 网）有很大区别。在现实中，我们观测的大多数网络，比如 Internet 或万维网，其中的网页是节点，页面和页面之间有边（边是超链接）。这种网络以及地理网络、航空网络蛋白质分子之间的交互网络等都具有随机网络或者规则的简单网络不具有的拓扑特征。

具体来讲，复杂网络有以下性质：

①复杂网络的平均路径长度：所有点对之间的最短距离之和除以点对的总数。

②复杂网络的度：我们用频率分布或者累积概率分布表示度的分布规律。在网络中，少部分的节点有很高的度，即很高的连接性，绝大多数节点的度很低。在简单网络里面（如随机网），度的分布呈现泊松分布或正态分布。

③网络的聚类系数：网络聚类系数指的是节点及邻居之间连接的程度。我们考虑某一个节点 A，其邻居节点实际观测到的连接数除以这些节点中所能存在的最大连接数，得到聚类系数。这个系数（CC 值，图 1.7.1）可以衡量信息在一个节点邻域传播的能力。如果网络 CC 值很高，说明信息局部流动性很大。

④Assortativity（图 1.7.1）：如果 Disassortativity 是异配性，那么我们称 Assortativity 为同配性。同配性是指如果某个节点的度很高，其邻居节点的度也很高，在地理学方向叫做时空相关性。如果这个节点的度很高，它的邻居节点平均度很低，这种情况叫异配性，因此可以用 Pearson 相关系数反映。

⑤网络的模块度：网络是有结构的，一些节点之间的连接性很高，则聚集在一起，而一些节点是分散的，我们用模块度来量化聚集的程度。这种量化针对某一个距离块、某个子网络，这些子网络被称为社区。在社区里面，实际观测到的连接数（内部的连接数）减去期望连接数（随机网络中的连接数），累计所有社区的差值就得到了整个网络的模块度值。模块度的值越高，网络的结构越好。

Clustering coefficient

$$CC_i = \frac{R_i}{D_i \cdot \dfrac{D_i - 1}{2}}$$

Assortativity

$$\langle k_{nn} \rangle = \sum_{k'} P(k' \mid k) \qquad r = \frac{\sum_{jk} jk(e_{jk} - q_j q_k)}{\sigma_q^2}$$

图 1.7.1 相关指标计算公式

⑥网络的传递性：如果点 A 和点 B 相等，点 A 到点 B 有连接、点 B 到点 C 有连接，那么 A 到 C 的连接性如何评价？我们有一个简单公式说明（图 1.7.2），表示为在一个网络里面三倍的三角形个数除以所有连接的角点个数。举个例子，一个三角形的 C 等于 1，其

中三角形个数为 1，connected triples of vertices 为 3。

$$（一个网络里的三角形个数）$$
$$C = \frac{3 \times \text{number of triangles in the network}}{\text{number of connected triples of vertices}}$$
$$（所有连接的角点个数）$$

1 triangle
8 connected triples
$C = 3/8 = 0.375$

图 1.7.2　网络的传递性

⑦网络的模式（motif）：模式用来描述网络中重复出现的现象，要求这种重复出现的尺度具有统计学的显著性。比如统计 4 个不同的网络，观察每个 motif 的频率数会发现，尽管网络的微观组织不一样，但是这 4 个网络的 motif 是一样的。

⑧小世界网络：小世界网络最早来自六度分割。Kevin Bacon（好莱坞的演员）做了一个实验：他把自己定义为 Bacon number 1，与他直接合作过的演员是 number 2，那么与他合作过的演员合作的演员是 number 3，依次类推。最终得到一个好莱坞演员之间的合作网络。这个网络的平均路径长度是较小的。

在座所有人的社交网其实就是一个小型的网络。Walts Strogatz 在 *Nature* 上发表的文章正式提出了小世界网络。在小世界网络之前的网络研究中，主要研究内容是随机网络和规则网络。图 1.7.3 是一个比较典型的对比图，最左边的图是一个规则网络。

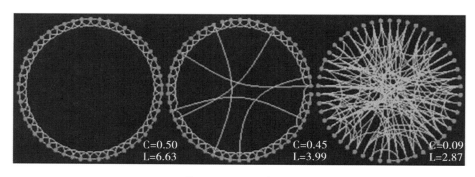

图 1.7.3　小世界网络

如果对网络进行扭曲，每次扭曲的概率为 P，并且假设 P 从 0 开始不断增加到 1，那么这个网络就会发生变形。当扭曲概率为 1 的时候，这个网络就从规则网络退化为随机网络。在每一个扭曲的阶段测量它的平均路径长度值和它的聚类系数值，可以发现下面这样的规律（图 1.7.4）。当概率 P 达到 0.05 的时候，它的平均路径长度大概维持在 5 左右。

当扭曲概率达到 0.05 的时候，网络的 CC 值下降幅度较小，但是平均路径长度会有很大幅度的下降。我们把在这种概率条件下生成的网络定义为小世界网络：如果一个网络

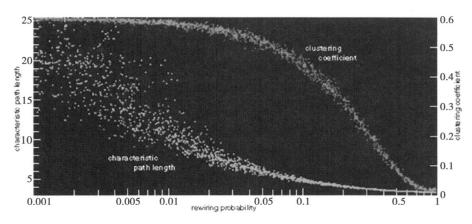

图 1.7.4　网络的平均路径长度和聚类系数(蓝色：平均路径长度，红色：聚类系数)

的平均路径长度比较小且聚类系数比较高的话，那么这个网络就是小世界网络。那么网络到底有什么特性？网络为什么有这些特性？首先，网络具有较高的聚类系数，这说明信息在网络的局部具有较好的传递性；其次，网络具有较小的最短路径长度，因此从更大尺度考虑，信息的传播非常快。当然信息传播快，疾病传播也快，因此疾病的控制、人口的迁移等都是网络很好的应用。

小世界网络其实是全局效率最高的网络。那么为什么现实世界中观察到的网络都具有小世界特性？因为现实网络是一个动态的过程，它在不断演化，其结构和整体功能在不断优化，所以最终表现出小世界网络特性。

接下来我们介绍 Erdos 的实验。Paul Erdos 是随机网络的奠基人，一生发表了 1500 多篇论文。他把自己定义为 Erdos number 1，与他合作的作者就是 number 2，和 Bacon number 一样。他发现数学家所形成的网络也具有小世界的特性，CC 值是 0.14，度大概为 7。

⑨无标度网络：无标度网络和小世界网络可以说是 2000 年左右的两大发现。无标度网络也来自我们对现实世界的观察。在大数据诞生前，我们通常用高斯分布描述事物。高斯分布的均值代表一个整体，大部分值都偏离均值不多，然而现实世界中很多事情都不存在这个规律。比如我们国家有很多县、地级市，但一线城市就只有几个，所以用平均城市大小来代替城市系统是不客观的，这说明均值失效了；个人收入也不能用均值来描述整体的规律。对于这种现实，大数据揭示的现象表明，这些数量的分布偏离了中心分布，一般用长尾分布，或者用更加严格的幂律分布来描述(图 1.7.5)。

幂律分布描述的现象中，大多数现象的值都很小、不突出，个别现象的值很大、非常显著。在 X 轴和 Y 轴上各取导数，得到的直线是对它的数学表征，但是这种统计方法比较粗糙。统计物理中有很多针对幂律分布的精确探讨。

1955 年之后，Simon 发现了很多系统都具有幂律特性，地震、月球的陨石坑大小、太阳耀斑和战争等都服从幂律分布。需要强调的是，生活中大多数的现象都服从幂律分布，但我们的目的不是说明它的现象服从幂律分布，而是说明产生幂律分布的原因和形成机理。

《圣经》里描述的马太效应就是幂律分布。一个人所能分配的资源与现有资源成正比，

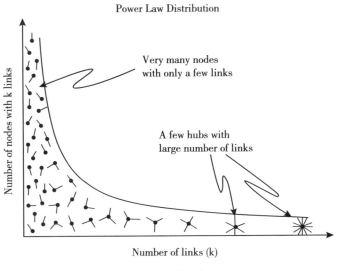

图 1.7.5　幂律分布

如果现有资源量很大，可以分配额度自然很高。富人资产额度很大，那么他的额度增值肯定比穷人快。Barabási 是复杂网络理论方向世界顶尖级的科学家，他基于一种优先分配的思想提出了 Barabási BA 模型，从这个模型里面可以动态地生成无标度网络（图 1.7.6）。

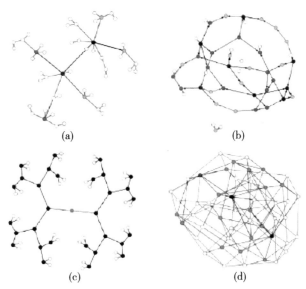

图 1.7.6　Barabási BA 模型生成的无标度网络

　　它的理论内容是：最初网络中只有一个节点，第二个时间段增加的节点一定和第一个点相连，在第三个时间段后再增加的节点和网络中哪一个节点相连，取决于网络中现有节点的度。网络节点度越高，跟新节点连接的可能性越高，这也体现了优先分配原则。按照这种思路所生成的网络是典型的 Scale-free（无标度）网络。小世界网络和无标度网络都是动态形成的，它们最终具有一种区别于随机网络或者是规则网络的机制，表现为不可忽视的拓扑特征。关于动态网络，我们要研究它的结构。第一个网络其实是简化的模型，只考虑了网络有新的节点增加。其实在网络的演化过程中，有节点消失，也有一些边增加和消失，过程比较复杂。所以如果要对网络真正建模，不能只考虑新节点的增加，此外还应该考虑它的 Fitness（合适度）。这个值可以修正 Barabási 的 K 值，使它更逼近我们现实世界中观察的网络。

2. 基于轨迹数据的航空网络结构分析

第一个网络的研究主要来自我们发表在 *Physica A* 上的一项研究成果（Jia T.，Jiang B. 2012. Physica A，391（15），4031-4042）。

首先是由大规模的航班轨迹数据生成的网络，大概有 700 多万个轨迹点，每个点代表 1 个航班记录，记录其 X、Y、H 值。我们需要对点数据做一些处理从而建立网络，处理流程如图 1.7.7 所示。

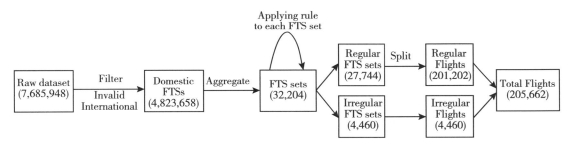

图 1.7.7　航空网络处理流程

我们区分了两类航班：一类是规则航班，比如民用航班的时间曲线（图 1.7.8），两个航机点之间的时间间隔是固定的；另一类是不规则的航班信息，出现这类数据是因为美国有很多私人飞机或军用飞机，这些飞机的运动没有固定规律。我们从大量的航班轨迹数据里提取出了规则航线和不规则航线，这些航线构成了网络的边。

那么这个网络的节点是什么？我们把所有航线的 O 点和 D 点提取出来，用 O 点、D 点做一个 OD 的三角网，然后用聚类算法将 OD 的三角网聚起来，这样就得到了 732 个区块，每个区块代表的是机场（图 1.7.9）。

通过以上操作，我们就构建了一个具有 732 个机场，6000 多条边的航空网络。接下来，我们研究它的结构是否是小世界结构，是否具有无标度的属性。我们发现网络中每个节点的度的分布符合幂律分布，并且具有一种截断。这个现象其实是正常的，在现实世界中它有一个有限效率。我们把每个节点的度和它的 Betweenness 中间值做了相关分析，可以识别一些异常的机场。例如，位于阿拉斯加的 Anchorage 就是一个异常机场，它的度很低，但是中间值却很高。这是因为它在网络中扮演的作用是桥，连接着美国的阿拉斯加和美国本土，所以连接性很高。

我们又研究了网络的拓扑性质和实际网络中交通流量之间的关系。无论是每个节点的

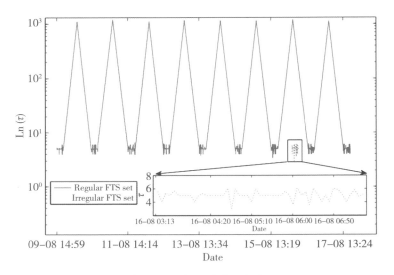

图 1.7.8　航班的时间曲线

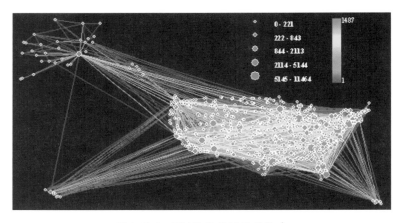

图 1.7.9　USAN 数据网络的构建

度和机场流量之间的关系，还是网络边的结构性和边的数据关系，都可以用幂律分布来很好地拟合。我们还研究了网络的小世界特性，比如图 1.7.10(a)，观察网络 CC 值能发现美国 USAN 网络的平均 CC 值是 0.58，这是很高的 CC 值。与 USAN 网络相比，随机网络 CC 值只有 0.03 左右，这证明 USAN 网络具有较高的聚类系数。同时我们发现这个网络的平均路径长度只有 3 左右。综合以上两个标度，我们可以认为这个网络是小世界网络。

接下来是异配性的研究：如果只考虑网络的度和它邻接节点的关系，它的异配值大概为-0.3；如果考虑网络加权的度和它邻居加权的度的平均值，异配性则会微弱一些，变成-0.2。为什么异配性会变弱？整体而言，通常是节点度高的机场和节点度低的机场连接，度值较高的机场和度值较低的机场连接。但在实际网络中，为了维持美国网络这种骨架性，很多大的机场之间都有连接。在全局异配性条件下，出现了若干个大机场之间的连接，因此导致了异配性的绝对值有所降低。

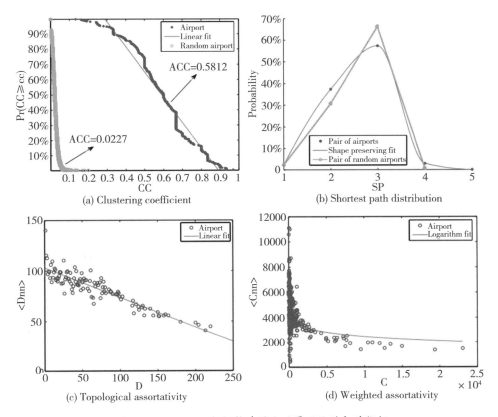

图 1.7.10 USAN 数据构建的小世界网络的相关指标

我们对所有的机场做了聚类，可以得到 4 种类型机场：大机场、中等机场、小机场和其他机场，这是考虑机场结构性质做的分类。考虑机场流量性质，需要用到机场的交通流信息，可以考虑机场的流量信息与它本身具有的社会性功能之间的关系。

那么美国这些机场能不能支持一个稳健的网络？换句话讲，如果美国某一个机场因自然灾害而被摧毁，会不会使美国的航空网络崩溃？我们取了客流量排名最高的前 9 个机场，发现每一个机场的流量基本上占全局流量的 80% 以上。这说明我们至少需要覆盖 9 个机场，否则流量在其他机场仍有体现，网络依旧正常运转。

我们再看看航线的规律：航线的数量是否会随着距离的增加而降低，是否满足地理学第一定律。结果我们发现地理学第一定律对它的作用是比较有限的，见表 1-7-1。

表 1-7-1   航空网络的稳健性

Rank	Name	C	Traffic(%)	Rank	Name	C	Traffic(%)
1	N. Y.	23042	87.7	6	Houston	12017	83.6
2	Chicage	19361	88.9	7	L. A.	11057	80.5
3	Atlanta	14965	85.4	8	S. F.	10477	81.0
4	Washington	13448	84.9	9	Denver	9514	82.8
5	Dallas	12673	87.8				

　　紧接着我们看看每个航站的航线长度的分布。这里我们只考虑 9 个大航站（图 1.7.11）。每个城市都有一个距离分布，根据分布的相似性把 9 大机场聚成一些类。结果发现距离比较近的机场，航班的距离分布比较相似，比如洛杉矶和旧金山。距离分布其实是一个混合高斯分布。其他的 7 个机场又可以分为两类：比如芝加哥、华盛顿和亚特兰大为一类；达拉斯、丹佛、休斯敦为一类，它们都可以用 ln 的分布来进行拟合。

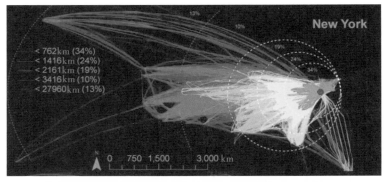

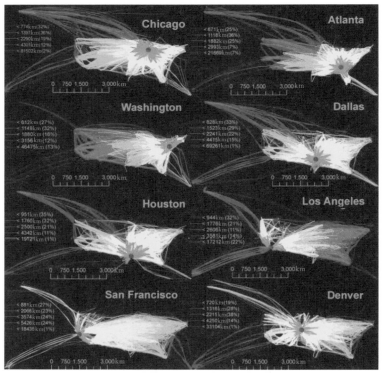

图 1.7.11　美国 9 个城市的航线长度分布

3. 基于交通统计数据的航空网络演化

　　第二个网络的研究主要来自我们发表在 *Physica A* 上的另一项研究成果（Jia T. et al.

2014. Physica A，413，266-279）。

对于第二个网络，我们主要考虑网络演化。研究数据来自官方网站21年的统计数据。一年一个表，每个表里面有36个字段，包括客运量、货运量、邮件数等信息。表里的每一行聚合了一个月的信息。对这些数据进行初步统计后会看到一些简单的规律：比如2001年与2002年之间存在分界线，2001年记录数很少，2002年后记录数增加，这与"9·11事件"可能有关系。此外我们做了一些数据剔除的工作，比如剔除超过经纬度范围的数据。之后对城市做地理编码后再去构建网络。

这里需要注意，USAN与之前的网络不同。之前的网络节点是机场，这里的网络节点是城市，一个城市如果有两个机场，就把它聚合在一起。我们把城市分为两种，一种叫稳定城市，另一种叫新城市。稳定城市的意思是，节点在网络里不消失，在研究的连续时段里永远存在。通过节点性质，我们可以研究网络的骨架性。新城市的意思是，当前时间点里存在的节点在之前的网络里并不存在，这个节点是新生场景。我们主要通过这两种节点来研究网络的演化。

首先我们看看整个网络的演化（图1.7.12），主要关注航班数量、乘客数量、货运量和邮件数量这4个变量的变化。

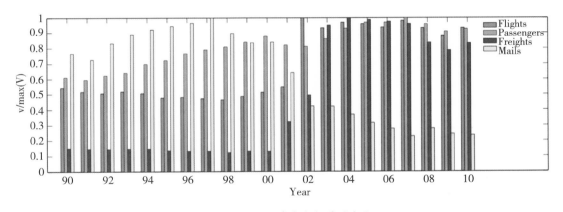

图 1.7.12　网络中各数据量的变化

我们可以从图1.7.12中发现一些有趣的现象，比如，乘客数量从2001年到2002年稍有降低，之后又迅速回涨。虽然不能确定这个变化是否由"9·11事件"引起，但根据数据可知，从2001年开始美国的网络出现了大规模的扩张现象，它的网络结构更加趋于稳定。此外，我们再看邮件数，包裹数量从1997年开始就不断降低。这是因为随着联络方式的信息化，大家减少了物理邮寄。

第二个概念是网络结构异配性的演化（图1.7.13），我们发现整个网络是一个异配的结构，但这个异配结构有截断性。比如1991年的截断在50左右，意为网络中节点的个数大于50才出现异配性。2010年截断值增加到100左右。网络的无标度和小世界规律在这21年的数据中是存在的（图1.7.14(a)），(a)图中Y轴是幂律指数。此外我们也发现，网络里面的入度和出度间有较高的线性相关性（图 1.7.14(b)）。图 1.7.14(c)描述的是聚类系数，红色点代表随机网络，蓝色点是 USAN 网络。可以看到，蓝色点明显地分为两部分，一部分是 2002 年到 2010 年，另外一部分是 1990 年到 2001 年，但都位于一种较高的聚类系数范围之内，所以这个网络在研究范围内具有小世界特性。

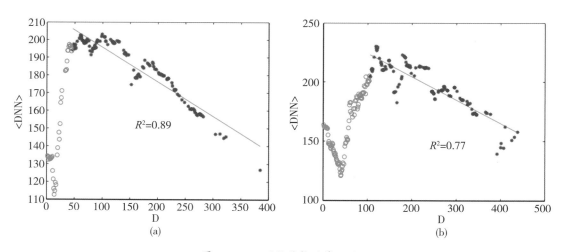

图 1.7.13 网络结构的异配性

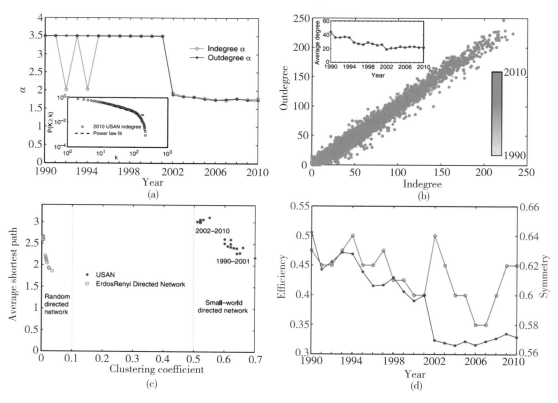

图 1.7.14 无标度网络和小世界网络的性质

接下来我们看看网络的效率和对称性。网络效率是网络的平均距离的倒数，网络的平均最短距离越小，网络效率越高。从图 1.7.14(d)中我们可以看出网络效率在降低，2002年后网络效率趋于平稳。这是因为从 2001 年起，美国的网络经历了大规模扩张，导致很多网络出现缺少边的现象，这使得网络效率降低。2002 年之后，网络效率基本趋于稳定，甚至有回升的趋势，这说明美国已经过了每一年都有网络密度增加的情况，网络结构更加稳定可靠。对称性在网络中表现为：如果飞机从 A 城市飞到 B 城市，那么从 B 到 A 也有返回的航班。图中绿色的线(图 1.7.14(d))表示对称性的演变。

以上是美国网络的演化。下面我们看看上文提到的一个概念：稳定城市和新城市。我们说稳定城市构成美国的骨架，为什么呢？从图 1.7.15 中可以看出，1990 年到 2010 年稳定城市处理的交通流量(除了航线之外)始终居于 90% 左右，大多数交通流都发生在稳定城市里。2002 年稳定城市中的航班数量有较大幅度的下降，这是因为有很多新城市出现。连接新城市的航班出现导致稳定城市的航班数量有一定程度的下降。再从结构的角度考量稳定城市，求解每个稳定城市的 hub(中心集)和 authority(权威)。节点的 hub 值高说明这个节点到其他重要节点的连接度高；节点的 authority 值高，说明这个节点相当于一个目录，很多重要节点都能连接到它。在图 1.7.16 中我们发现，芝加哥、亚特兰大、达拉斯这些稳定城市的结构特性从 1990 年到 2010 年基本保持不变，hub 值和 authority 值也基本是比较稳定的线性关系。此外，结构反映了度、连接性等属性，每个稳定城市在不同年份的结构是不一样的，我们去研究其中的相似性。

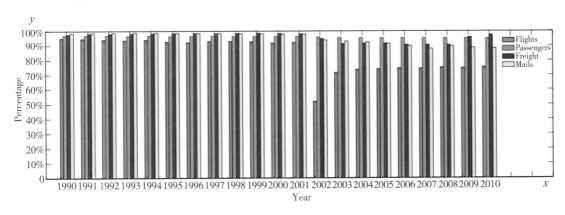

图 1.7.15　稳定城市交通份额的演化

在图 1.7.17(a)中，y 轴是时间，x 轴是所有的稳定城市。首先考虑相似度平均值的大小。每个栅格有一个值，把所有的栅格加起来求平均值，然后用标准差来描述栅格值在每一列的变化。从演化的角度来讲，我们把稳定的城市分成了四类：第一类城市是小城市(红色的点)，它具有较小的 variance(变化性)，说明它的结构比较稳定，且具有较小的平均相似性，说明网络本身的连接度并不高；第二类城市是大城市(绿色的点)，它的结构的变动性比较小，并且找不到连接性；第三类城市是中间城市(蓝色的点)，它的变动性

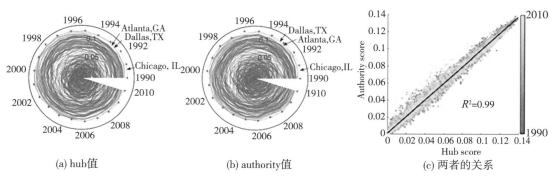

图 1.7.16 稳定城市结构的演化

较高，并且具有较高的连接性，比如亚特兰大的 GA；第四类城市是很小的城市(黄色的点)，它们的变动性有可能消失，自身的连接性很低。以上就是我们从结构演化的角度对稳定城市做的分类。

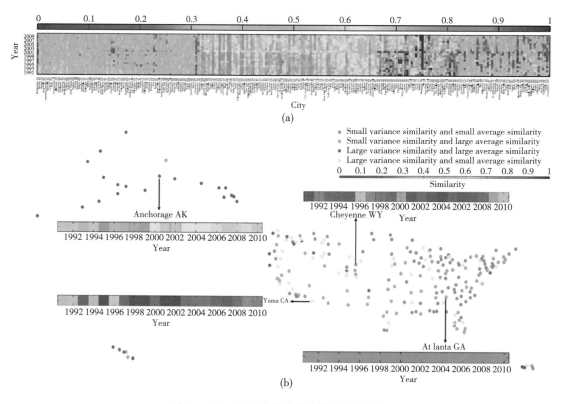

图 1.7.17 稳定城市关于结构演化的分类

新城市是指相对以前情况新产生的节点。我们发现在 1991 年和 2002 年新城市产生的边权重很高，这说明美国在 1991 年和 2002 年的时候经历了非常剧烈的探索过程，在这两个时间段有大量的新城市、新的边产生，网络在扩张，其中旧节点间新航线的产生称为加密。在图 1.7.18 中红色线和绿色线代表扩张的过程，蓝色线代表加密过程。

对新城市的角色做度量。假如把新城市从网络中去除，它是否对网络的结构有影响？我们用 τ 值来衡量对网络连接性的影响。把 i 节点去掉，考察整个网络的 τ 值变化的百分比。结果如图 1.7.19 所示，新城市在 2002 年扮演的角色很重要，如果在 2002 年把新城市去掉，整个网络结构都会受到一定的影响。以上是我们对美国的航空网络做的演化分析，结论说明：美国的航空网络经过连续的加密后，在 2002 年之后剧烈扩张。

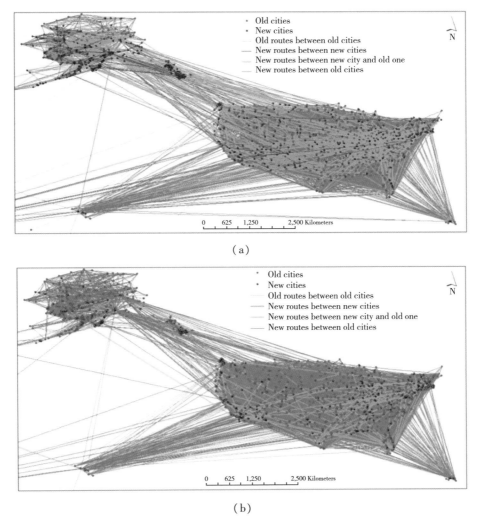

（a）

（b）

图 1.7.18　2002 年和 2010 年的航空网络

4. 基于 OpenStreetMap 数据的道路网络演化

下面要谈一谈第三个网络的研究，主要来自我们发表在 *Physica A* 上的另一项研究成

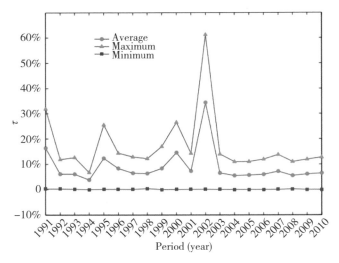

图 1. 7. 19　1991 年到 2010 年网络 τ 值的变化

果（Zhao，et al. 2015. *Physica A*，420，59-72）。在 OSM 数据里，每个路段都有一个时间标签，代表路段最后修改的时间。根据时间，北京的道路被分为 16 个时期。网络在 2009 年比较稀疏，到 2012 年趋于稳定。在平面图里，网络的道路是边，两个道路的交点是点。我们发现北京的志愿者数量和 OSM 道路网从 2009 年到 2012 年不断地成比例增加，这种关系服从幂律分布。幂律分布是一种超线性分布，每增加一个人，作贡献的道路数量远超过人的增加数量。

我们识别了两种志愿者类型：活跃志愿者和不活跃志愿者，一年贡献的道路数超过 500 个定义为活跃志愿者，否则定义为不活跃志愿者。从 2009 年到 2012 年，活跃志愿者的百分比不断降低，到 2012 年 7 月的时候，活跃志愿者的百分比降到 10%，不活跃志愿者的百分比是 90%。尽管活跃志愿者的百分比降到了 10%，他们所贡献的道路数量还是达到了 90%。

在 OSM 中，道路的贡献主要有两种方式：一种是自己携带手机或者 GPS 设备去采集、贡献数据；另一种是必应或者谷歌贡献部分数据，志愿者根据影像去数字化。通过对数据集里面两种贡献方式的百分比的比较，可以识别出哪些道路是数字化得到的，哪些道路是 GPS 数据上传的。从数据的时间分布我们可以看出（X 轴是道路节点的编号，Y 轴是它的时间），GPS 数据每一个点的时间都是连续增加的，而数字化形式在时间上存在阶梯性。根据这种性质，可以把两类制图方式识别出来。其中 GPS 的占比为 60%，另一种占比为 40%。

几何分析考虑道路的长度，其反映了志愿者绘图的强度。贡献的道路越长，志愿者的绘图能力越强。同理，我们发现道路长度在不同时期也服从幂律分布，与道路总长度的增加成比例。道路曲率可以衡量道路的弯曲程度，曲率比较高的路段一般近似于直线。曲率在一定程度上可以反映北京路网的结构。在北京的路网中，中心城区是棋盘状的，在郊区呈现放射状。曲率值随着时间的增加而不断增加，说明人们的制图方向是从郊区不断地向城区进行，欧洲一些国家的 OSM 可能不是从郊区向城区集中。曲率值比较小的线段弯曲度比较大，这种线段的百分比不断降低，说明人们不断地从郊区向中心位置绘制城市中心的那些比较直的线段。

初始状态下，整个道路的方向是均匀分布的。我们发现，2012 年道路方向比较集中，分布在正东、正北、正南、正西 4 个方向(图 1.7.20(a))，这是因为人们在绘制北京城的中心城区。我们用 radial density 密度来衡量(图 1.7.20(b))志愿者所绘制的道路节点离北京城中心节点的距离随时间变化的程度，这个距离是平均距离。一个轨迹有很多点，每个点到中心点都有一个距离，我们把所有的距离平均，这个距离呈现出先增加再平稳最后降低的过程。开始的增加很多是受随机性因素的影响。平稳阶段对应了绘制郊区，降低阶段是绘制城区。

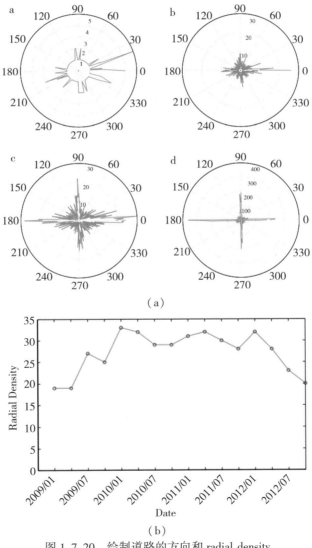

（a）

（b）

图 1.7.20 绘制道路的方向和 radial density

下面看看网络的拓扑特性。这是一个平面网络（图 1.7.21），网络的平均度在 1 左右，网络非常离散，节点之间的连接度很低。到 2012 年网络的平均度达到了 3 左右，规则网络里平均度大概是 4 左右，因此平均度为 3 左右的网络结构比较成熟。观察度为 1 到度为 5 的节点的百分比随时间的变化，确实发现度为 1 的节点在不断减少。度为 1 的节点其实是一些扩张性的节点，而度为 4 或 5 的节点是加密型节点。

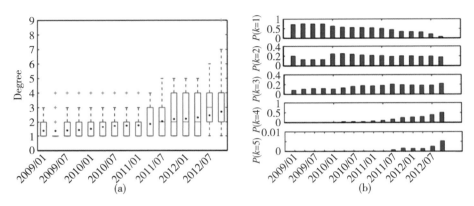

图 1.7.21　节点度分布统计量的演化和节点度值从 1 到 5 的比例演化

为了探索加密和扩张规律，我们利用 PageRank 值进行中心性分析。PageRank 是谷歌用来衡量节点的网络中心性的一种方法。计算每个新节点的 PageRank 值，并绘制分布图。新节点扮演了两个角色：一部分新节点扮演加密的角色，另一部分扮演扩张的角色。

总结一下，我们的研究大概有三个角度：首先，网络演化的规律是普适性规律，可以用扩张和加密来描述。无论什么网络、发生在哪里，无论是现实世界的网络还是志愿者通过自下而上的方式贡献的网络，都具有这种特性和规律。最后得出结论：OSM 道路网络的演化规律跟美国的网络稍有区别，但都是用加密和扩张这两个指标来衡量网络演化，只不过强弱程度不同。OSM 网络的演化规律是持续的较强的扩张，伴随着较弱的加密；美国 USAN 的网络是持续的加密，伴随着 2002 年的扩张。

【互动交流】

主持人：非常感谢贾教授的精彩分享！贾教授向大家介绍了复杂网络的特性，随后介绍了两个比较典型的复杂网络和相关案例，对复杂网络进行了定量的分析，挖掘了网络中的信息。相信大家有许多问题想要交流，下面是提问环节。

提问人一：贾教授您好，我想请教两个问题。第一个问题是您在计算 CC 值的时候，都是与随机网络的 CC 值做对比，那么随机网络是怎么构建的？第二个问题是一个比较开放的问题，在复杂网络这个学科中您觉得有什么创新的方向能够再有所突破？

贾涛：谢谢。我先回答第一个问题：CC 值计算。随机网络计算要与观测的现实网络作对照，首先要保持网络的某些性质不变，比如保持网络节点数量不变或者保持网络的边数不变。在这种情况下，我们生成了 1000 个随机数据，对每个随机网络计算它的 CC 值和平均值。随机肯定有很多干扰因素，所以要做大规模数据生成，然后做平均，使它的结果更稳定，这样使关注的实际网络可靠一些。

第二个是比较开放的问题。我觉得复杂网络到现在仍有很多问题无法解决。举一个例子：网络中的链路推荐问题在商业方面有很多应用，比如一些商品、服务的精准推荐。我们每次上网购物，都是一次网络行为，你与你喜欢的群体建立了一种连接。这种链路推测现在是一个很热门的方向。

另外，从 2000 年突破性的发现——Barabási、Watts 提出的小世界网络和无标度网络，到现在差不多 20 年的时间里，大家基本上还是围绕这两个概念在研究。在 2000 年以前，大概 1950 年、1960 年，Erdos 发现了随机网络，从 1950 年到 2000 年这 50 年大部分都在做随机网络、规则网络的研究。那么能不能再从网络生存期的角度发现一个新的网络？我们现在的网络并不严格满足幂律分布，有很多截断。怎么模拟现实世界中的网络也是我一直在思考的问题。

提问人二：人类的活动规律和移动规律除了您提到的那两个定义外，还有没有其他的一些刻画指标，比如轨迹反映的是人的什么行为特征？

贾涛：我们之前做的研究与统计物理关系大一些。人的活动，包括移动，首先在时空上有异质性，就是无标度性。网络中的无标度网络是可以用幂律描述的，幂律反映了异质性。人的活动也是一样，活动有触发性、爆发性等特征。这种分化也是幂律分布。

如果说模型的话，最早地理学模型有引力模型、辐射模型，还有人口加权模型等，能够研究两个点之间人类移动的流量，可以做预测。还有一种是模拟人的行为——随机行走模型。这个模型中融入了很多因素，比如人的记忆性。人在空间里的移动是从一个地点到另一个地点，A 点下一个点是 B、C 还是 D，这是一个随机的需要模拟的问题。那么这个模型可以融入记忆，记载去过的地方。这个模型可以分为两个过程：一是探索新地方的过程；二是不探索新地方，访问之前访问过的地方。随着访问的新地方的增加，人们可能会更加不喜欢访问新的地方，而喜欢访问旧的地方。这就是从模型角度、从概率角度来模拟一个人下一步去什么地方，是一个随机的过程。那么到底访问哪个地方？我们可以考虑一个地方被访问的频次：如果一个地方被访问的频次越高，这个人更倾向于再次访问这个地方，这是优先访问加上记忆访问的方法。我之前提到一个概念——城际网络，考虑的是人的行为受制于空间。我们的城市系统，有高等级的城市和次等级的城市，比如我来自一个小县城，想要到另外一个地方去。首先要坐车到地级市，再去机场，然后才能到达与那个地方最近的一个城市，然后再坐车去我要访问的地方。所以说人的访问是有层级性的，这种层级的网络结构决定了旅行距离的幂律分布。

提问人三：如果做人的网络分析，比如电话联系网络，现在有比较好的软件吗？

贾涛：应该是有的，比如 PAJEK，它是可以处理各种网络的社交网络软件。

提问人四：贾老师您好，我想问的第一个问题是现在 GIS 在公共健康领域主要有哪些应用？第二个问题是现在有哪些手段可以去获取夜光遥感的数据？

贾涛：第一个问题：第一可以用网络来解决公共健康里的疾病传染的问题。如果研究人的移动模型，可以模拟疾病传播；第二个角度是优化选址问题，也就是医疗资源的配置问题。医疗资源在空间如何实现最优分配，如果医疗大数据能够公开的话，可以促成很多很好的事情。

第二个是关于夜光遥感数据的问题，比如国重实验室发射的"珞珈一号"卫星数据是可以免费下载的。还有美国的 DMSP-OLS 数据，分辨率大概几千米左右，时间是从 1990 年到 2013 年，对外免费的是以年为尺度的全球数据。如果想获得每月的数据就要付费。还有，美国从 2013 年开始使用的 VIIRS 数据，分辨率大概在 600 到 700 米之间，这个数据是免费的，每个月一张全球数据图。

提问人五：老师您刚讲到了访问模式，当时是用手机数据做的，所以我认为这是一种统计上的规律。但是个体出行是不是会受一些社交网络的因素影响，比如除了家和工作地以外，我去探索一个新的地点的时候，可能与我的朋友一起，或者去拜访他的家，访问地点会有社交关系的影响，所以是不是有可能用一些社交网络的关系去探索访问模式？

贾涛：这是个很好的问题。这方面其实已经有了一些研究，在《美国科学院院刊》上面有刊登。这个数据其实很难拿到，比如这个人的轨迹数据以及这个人的社交关系数据，但是确实是把社交网络的结构和移动性结合在一起，有很高的潜在研究价值。

提问人六：贾老师好，我问一个简单的问题：CC 值一般是多少的时候效果比较好？

贾涛：一般来讲，美国的网络大概在 0.5 以上，0.4 也有可能。随机网络的话就只有零点零零几，这取决于网络的情况。主要看对比性：同一个网络实际的 CC 值和基于这个网络所形成的随机网络的 CC 值之间的悬差程度。

（主持人：张彩丽；摄影：许慧琳；录音稿整理：么爽；校对：杨舒涵、陈佑淋、么爽）

1.8 ISO/TC 211 Standardization, WG7 and Initiative on Geographic Information Ontology & ISO TC 211 WG6 Imagery

(Pro. Jean Brodeur&C. Douglas O'Brien)

Abstract: At the 172th GeoScience Café event, two leaders from the ISO/TC 211 Working Group on international standards for geographic information, Pro. Jean Brodeur and C. Douglas O'Brien, introduced the progress and research work of the standards for geographic information to the audiences. Pro. Jean Brodeur mainly introduced geographic information standards and frameworks in geographic information ontology and Semantic Web; C. Douglas O'Brien detailed the concepts, types, data standards and frameworks of Coverage type data.

【About the Speakers】

Jean Brodeur: ISO / TC 211 Working Group Leader, ISO / TC 211-OGC Joint Information Group (JAG) Co-Chair; OGC Construction Committee Member; Professor, School of Surveying and Mapping, Laval University, Canada; Chairman of the Canadian Standards Committee ISO/TC 211 Committee; Canadian Standards Committee Vice-Chairman of the Cartographic Standards Committee; head of the ISO/TC 211 Canadian delegation. He participated in the development and preparation of multiple standards in the field of ISO/TC 211 remote sensing and geographic information. His main research directions are: geographic information, sharing and interoperability, geographic information semantic network and geographic information ontology research.

C. Douglas O'Brien, Chairman of IDON Technologies, an expert in telecommunications and geospatial informatics, the head of the sixth working group of ISO/TC 211. Over the past 40 years, O'Brien has made a very positive contribution to the standardization of spatial data, especially the geographic information standards in the International Organization for Standardization (ISO) and the International Hydrographic Organization (IHO). He is the convener of the SO TC 211 WG6 on Imagery, responsible for managing the standards for Imagery, Gridded and Coverage data. O'Brien is also Chairman of the Canadian National General Standards

Committee and a member of the National Geographic Information Council of Canada.

【Report Content】

Section 1: ISO/TC 211 Standardization, WG7 and initiative on geographic information ontology

Pro. Jean Brodeur: I'm going to introduce you to ISO/TC 211 standardization, specially about the working groups and the initiative of geographic information ontology. My talk today includes the following several parts. First, I will give you a short introduction and some background about ontology and related topics. And I'll talk about ISO/TC 211/WG7 (Working Group 7) which is about information communities and I will then introduce you to some ISO geographic information (GI) standards as a GI framework for the Semantic Web. Finally, I will conclude with some remarks.

1. Introduction: Geographic information standards

If we talk about ISO/TC 211 and standardization, ISO/TC 211 has made significant improvements. Significant progress has been made with respect to syntactic interoperability of geographic information. When I say syntactic interoperability, it is mainly about data exchange, which means the movement of data from one GIS system to another GIS system. If we think about encoding of geographic information, in XML for instance, this is something that has been developed in ISO/TC 211. We have made progress about spatial and temporal primitives, methodology for feature cataloging, rules for application schema and so on. Therefore, there are multiple progresses that have been made.

Geographic information standards provide high level of structure in terms of data, so data in many systems are well structured and we can exchange that information. They largely simplify the sharing and the use of geographic information. If you want to get data from different areas of the world and move it to your system, it is easier now than 25 years ago. There was a significant contribution to supporting the direct access of geographic information from the internet and the Web. Web services are well-established now and it is easier for us to get data on global and local levels.

Basically, ISO/TC 211 has developed a family of international standards on geographic information. This is to support the understanding and usage of geographic information. It also increases the availability, access, integration and sharing of geographic information, to enable the interoperability between geospatial computer systems and data. What's more, this also supports the establishment of geospatial data infrastructure on local regional and global level. So, when we have these standards, we can use them in different organizations and it becomes easier to measure the data afterwards or group the data for specific application.

I am going to give you an overview of the structure of ISO/TC 211. At the top level, we have the chair of the committee which is owned by Sweden now. Formerly it was owned by Norway. On the right side, we have multiple special groups within ISO/TC 211. I'm involved in the joint advisory group between the Open Geospatial Consortium and ISO/TC 211 and also the group of ontology management. And all the other people are responsible for some aspects. At the bottom we have the list of working groups and right now we have Mr. O'Brien responsible for working group 6 and I will let him introduce all these aspects. Working group 7 is about information communities and currently the convenorship of the working group is vacant and a new convenor will be nominated by ISO/TC 211 in December 2017.

So, what's next? The Web has progressed significantly towards the Semantic Web. The Web could be seen as a very big worldwide open database. You can think about the internet as a source of data from different places. If the data is well-structured at some point, then we can get that data from anywhere in the world with a specific encoding. However, the same geographic features may be described differently according to specific context, making it more difficult to benefit from the richness of the various representations. Take a quick example, a part of a road can be described as a street within a city, or in a different way, as transportation network. In this way, it becomes difficult to integrate all the data because of different semantics. This is a challenge for us to bring all that information. Semantics is now addressed more rigorously in ISO suites of geographical information standards to improve the interoperability of geographic information.

2. Background

(1) Ontology

I'd like to give you some background information about interoperability and semantic interoperability. Basically, interoperability follows the communication process and is quite simple (Fig. 1. 8. 1). We have a Source at one end that wants to send a message to a Destination, which could be a person or machine. The Source encodes a message with signals and Destination decodes and interprets that message to understand what it is about. This is the fundamental aspect within interoperability, because essentially interoperability is a communication activity.

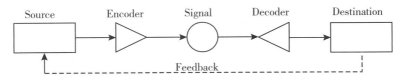

Figure 1. 8. 1   The Communication Process

To do that, it is important to have a sort of commonness between the Source and the Destination on knowledge bases. Commonness is the similar aspect or similar concept between the Source and the Destination. It could be a common understanding of signal that the Source and the Destination have.

Take an example, as I'm talking to you now, my first language is French and yours is Chinese. It's because we have some sort of commonness in English and by using English we can communicate together. In the communication and interoperability of geographic information, as shown in this slide, we have multiple agents, in this case it is reduced to two agents: a user and a provider. A user, maybe a person, a system or a service and the provider can also be the same. Once the user wants to get the information about some aspect of the reality, what he has to do is to look into his own set of concepts based on his knowledge and use this concept to set the query he wants to make. Then he encodes the query into signals, and sends them through the communication channel to reach the provider. The provider needs to understand those signals with its own set of knowledge and concepts.

Once the provider finds the information about those concepts, he encodes them in signals and sends it back through the communication channel again, which will reach the user. The user receives and decodes the message to check whether it answers the original request or not. If it answers the original request, then we can say there is interoperability at that time. It is really important to understand this diagram and the communication process between the two different agents.

Semiotics is based on a triangle. As shown in Figure 1.8.2, there is a phenomenon like a chair, and we use some signs to express it. The real link between a sign and a phenomenon comes into our mind. The concept signified is owned by the mind or knowledge base of a person or a system. Thought gives meaning to signs and phenomena, that is what concept is about; and it links signs with real-world phenomena. So, when I talk about my communication process for interoperability, this is an aspect which provides the links between different messages and the phenomena we are talking about.

This brought me to talk about ontology, which has been defined differently by different researchers as shown below.

①Study or science of being (or existence);

②Type of entities, properties, categories and relationships that compose the reality;

③An explicit specification of a conceptualization (Gruber 1993);

④A logical theory accounting for the intended meaning of a vocabulary;

⑤Meaning of a subject area or an area of knowledge;

⑥…

But basically, an ontology could be different here in taxonomy, XML schema and so on. In

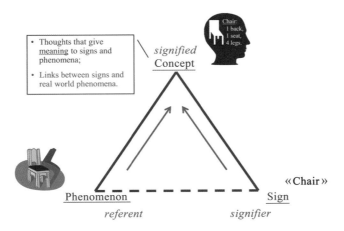

Figure 1. 8. 2   The triangle in Semiotics

the context of ISO/TC 211, we have to think about what could be an ontology for our purposes.

Ontology for us is essentially a "formal representation phenomena of a universe of discourse with an underlying vocabulary including definitions and axioms that makes the intended meaning explicit and describe phenomena and their interrelationships." (ISO 19101-1) There are various ways to formalize ontologies, from weak semantics to strong semantics; and we are using the unified modeling language (UML) in ISO/TC 211 to define ontologies.

Ontologies can be developed at different levels. As shown in Figure 1. 8. 3, global ontology is for very general concepts, used for concepts of a higher level. Then we have domain ontology, which is used specifically for a specific domain, like transportation, water, housing and things like that. We can define our ontologies for domains in that way.

What's more, we can define application ontologies in certain applications. To define what is the best and the smallest path from one point to another, we may need to have an application ontology. These ontologies are all related together, and because of their interrelationship, we can

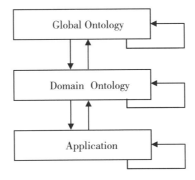

Figure 1. 8. 3   The relationships among three kinds of ontology

eventually group or connect the concepts of different application ontology within a similar domain. This is an important aspect for understanding ontologies.

I have talked about ontology, semantics and interoperability, and if I bring all these together in an interoperability process, there will be a different way to express reality. As shown in Figure 1.8.4. On the left-hand side, a user agent abstracts the reality based on its own set of concepts; on the right-hand of the side, a provider agent also abstracts the reality based on its own set of concepts; on the top, reality is encoded based on the user agent perspective; and at the bottom, the reality is encoded based on the provider agent's perspective.

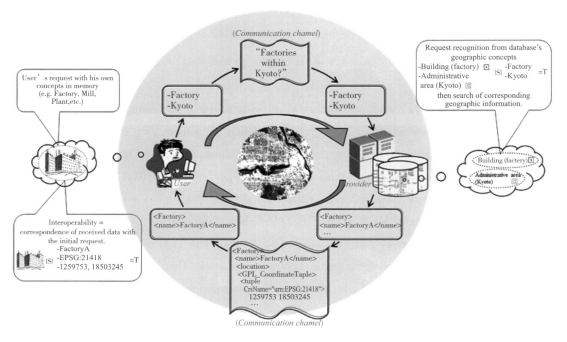

Figure 1.8.4 Interoperability of geographic information through communication

So, we have to think about similar links within this communication model and to deal with all of them to make sure that interoperability becomes possible. Ontologies are at the user and provider level, because they have their own knowledge base and this is what they use for listening and interpreting the request and data.

(2) Semantic Web

Let's talk about Semantics Web. The Semantic Web is a Web of data with meaning, a world-wide open database, and is queryable from user perspective to interpret based on your own concept. It gives more accuracy, more details and appropriate answers. Reasoning capabilities will be based on knowledge, such as ontology, which provides new opportunities for geographical information interoperability.

When we want to do reasoning with the Web(Fig. 1. 8. 5) , at the bottom, we have the data, since data is the base. It is encoded in some way such as XML. To move from data in syntax to some semantics, the next rule will be to get information. Information is as if you have a dataset revised on a certain date. So you have information about your dataset. Moreover, you can have information about multiple datasets. If you want to get knowledge, which is more reasoning, you can revise 100 datasets, you can say at some point, which dataset is more recent than the others are. This is reasoning and this is knowledge. This is a simple example but you can think about very complex examples with it.

Reasoning on the Semantic Web

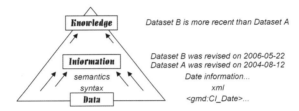

Figure 1. 8. 5   Reasoning on the Semantic Web

- ISO/TC 211/Working group 7 Information communities.

We are with ISO/TC 211 right now, with all the aspects of interoperability, ontologies and so on. Just give you some information on working group 7, the Information Communities. The convener of it from 2002-2017 was Dr. Antony Cooper (South Africa) , and the new one is waiting to be announced. The scopes of information communities include data modeling (feature cataloging, feature classification, feature concept dictionary, etc.) , metadata, ontologies, addressing and content modeling (land cover metalanguage and land administration domain model). Working group 7 addresses ISO/TC 211 works dealing with semantics, ontologies and knowledge. Here are some of the completed projects and current projects (not list here) .

If I go to geographic information standards, ISO/TC 211 provides a consistent structure for the description of geographic information in terms of feature based application schema. It provides geometry, metadata and other services. It also gives some freedom to establish different feature catalogs. However, it is still difficult to both find and integrate geographic data together and therefore new standards are in development to get benefit from the Semantic Web. Now if one defines an application and another one defines another application schema for the same topic, then it may be difficult to connect the similar concepts. This is why we need a new set of standards on ontologies to connect all these different concepts with similar content.

Back to 2006, ISO/TC decided to move forward and made a new framework for these ontologies as a stage project. In this framework, we identified what are the values of ontologies for ISO/TC 211. Firstly, it's about interoperability across domains. If we want to interpret with other domains, we have to think about establishing ontologies to provide facility of our data. And it would be easier if it can be interpretable in other domains. We want to expose the ISO/TC 211 standards to other communities that are not aware of our work (spatial domains), so I am providing a standard framework using Semantic Web, and other members or interested parties will see our conclusion made in this Web and will be able to do so in their specific domains. Secondly, we want to stress automatic machine reasoning and interference, as I mentioned this is a part of the interoperability process. Other values include moving information description to knowledge description, focusing on online access of information and knowledge as opposed to offline access, interrelating similar/different concepts, and associating concepts between these domains. To achieve the values above, we have to develop rules for application ontologies, introduce ontologies as part of product specification applications, and develop content standards in ontologies using OWL, and so on. These are quite challenging to achieve.

- ISO Geographic information standards & a GI framework for the Semantic Web

From all the analysis above, we had five recommendations: review the ISO/TC reference model, cast ISO/TC standards, develop new ontologies like service ontology, semantic ontology and its operations. Recommendation 1 is to review the ISO/TC 211 reference model, to address the issue of interoperability more clearly. The second recommendation is to cast ISO/TC 211 so that they can benefit from and support the Semantic Web that includes. Its specific requirements include the following three parts: OWL as complimentary to UML, OWL ontology rules, and OWL-DL ontology derivation. Now the last part will be to validate these ontologies to make sure that these ontologies are in a good representation and syntax. You can use ISO/TC ontologies repositories online. The third recommendation is to develop content on ontologies which include high-level definition, basic framework and application within a given domain. The forth recommendation is on service ontology which is basically related to initiate revision of ISO 19119 geographic information. The fifth recommendation is about semantic operations, which are required for reasoning, knowledge and developing that will provide facilities for sematic proximity.

3. Conclusion

To conclude, Semantic Web brought a new vision and technologies to enhance interoperability. Ontology is an underpinning in Semantic Web division. It is adhering to the Semantic Web which allows semantic geographic information interoperability between different sources. In working group 7, the future work will be focused on registering machine-readable 19160-1 address reference systems, conducting service ontology registry and looking about metalanguage for land use.

Section 2: ISO TC 211 WG6 Imagery

1. Introduction

Imagery and gridded dataare the dominant form of geographic information. This has led to the development of a number of standards that are well used for the storage, encoding, manipulation and exchange of geographic imagery, gridded and coverage data from satellite imagery to undersea bathymetry to elevation grids. ISO/TC 211 has developed ten standards, technical specifications and technical reports, and has one new standard under development and five revisions in work.

2. What is Imagery?

Most people are familiar with the images they get from their cameras or cell phones. They have a sense that pixels are the little dots that make up an image and the number of megapixels in an image determines how sharp the image is(Fig. 1. 8. 6). This seems simple. Beyond the initial apparent simplicity, imagery gets much more complex.

Figure 1. 8. 6　Imagery

3. Coverages and Metadata

There are two aspects of imagery, gridded and coverage data: metadata and coverage geometry. Extensive metadata is needed to describe remote sensing imagery, because one needs to know how the image is oriented, the parameters of the sensors that collected the data, the quality of the data and the structure of the data stream that encodes the data. This is addressed in several of the ISO/TC 211 standards. In addition, coverage geometry views imagery and other similar types of data as mathematical fields that can be manipulated and transformed. The basic coverage geometry is addressed in ISO 19123, *Schema for coverage geometry and functions*. The framework that links the coverage geometry and metadata is addressed in ISO 19129, *Imagery*, *gridded and*

coverage data framework. The overall structure is defined in ISO 19101-2, *Reference model —*
Part 2: *Imagery*.

4. Coverages Concept

An image is not just a set of picture elements (pixels), but rather a depiction of the
underlying visual surface represented by the set of pixels. An interpolation function can operate on
this underlying surface to generate intermediate values between these pixels. One set of pixels can
be converted to another of a different density or geometry. For example, a satellite image can be
orthorectified to be spatially referenced to the earth(Fig. 1. 8. 7).

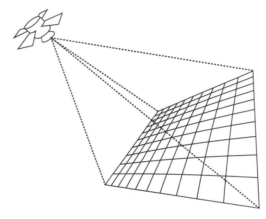

Figure 1. 8. 7

(1) Coverage Function

A coverage is a function that assigns a value to every location within the area covered. The
values of the coverage function represent a mathematical surface.

(2) Value Matrix Drives Function

The values in a value matrix drive the coverage function and generate the mathematical
surface so that there is a value everywhere in the area covered. The value matrix drives the
function and is not necessarily just a set of pixels(Fig. 1. 8. 8).

(3) Coverage Types

ISO Standard 19123, Schema for coverage geometry and functions defines a number of
different types of coverage. A Quadrilateral Grid is the most common type of coverage. The
example is a Linear Scan Quadrilateral Grid in Row then Column order. There are many other
types of grid traversal methods. The example in Figure 1. 8. 9 shows a Morton order traversal.
This order is useful in that it supports non-uniform grid cells such as in a quad-tree. On the right
is an image with non-equal cell sizes that can be traversed by a Morton order traversal.

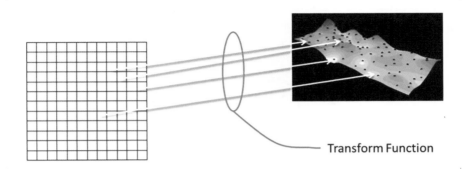

Figure 1. 8. 8   Transform function

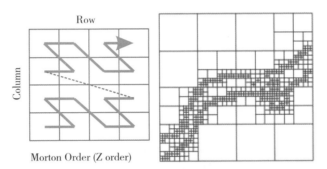

Figure 1. 8. 9   Morton order

There are a number of other coverage types familiar to users. A grid of elevation values supporting a Digital Elevation Model (DEM) is illustrated in Figure 1. 8. 10. A DEM is an ordered array of ground elevations with regular spatial intervals.

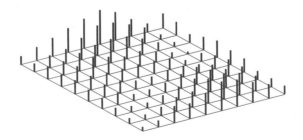

Figure 1. 8. 10   DEM

Another tool to represent an elevation surface is Triangular Irregular Network (TIN). A TIN is a coverage defined by irregularly distributed nodes with three-dimensional coordinates (x, y, and z) that are arranged in a network with non-overlapping triangles, as shown inFigure 1. 8. 11.

What's closely related is the Thiessen polygon coverage which divides an area into a set of polygon areas by forming the set of direct positions that are closer to the point than to any other point in the defining set.

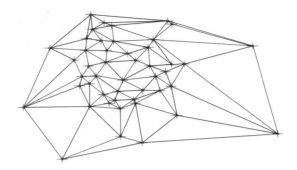

Figure 1. 8. 11　TIN

A point set is well used in ocean hydrography to represent depth soundings. A point set in three dimensions is a point cloud, which is composed values at X, Y, Z (and T, optional) locations. Point clouds are generated by 3D scanners such as LiDAR.

Figure 1. 8. 12　Point Cloud

(4) Coverage Standard

1) Grids

Along with the basic types of coverage, the ISO Coverage and Functions standard also defines grids and the types of traversal methods that may be applied to those grids. A grid is a network composed of two or more sets of curves in which the members of each set intersect the members of other sets in a systematic way. Each axis of a grid may have a different spacing or alignment. For example, the time axis may consist of periodic measurements whereas the X and Y axis may be evenly spaced.

2) Grid Traversal

In linear scanning, values are assigned to consecutive grid points along a single grid line parallel to the first grid axis listed in scan direction, as shown in Figure 1.8.13.

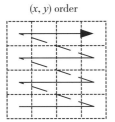
(x, y) order

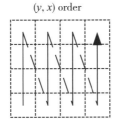
(y, x) order

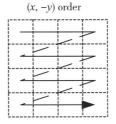
(x, −y) order

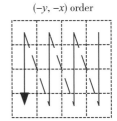
(−y, −x) order

Figure 1.8.13　Linear scanning

In a variant of linear scanning, known as boustrophedonic or byte-offset scanning, the direction of the scan is reversed on alternate grid lines (Figure 1.8.14).

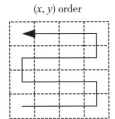
(x, y) order

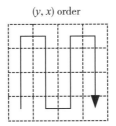
(y, x) order

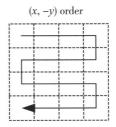
(x, −y) order

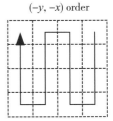
(−y, −x) order

Figure 1.8.14　Byte-offset scanning

Cantor-diagonal scanning, also called zigzag scanning, orders the grid points in alternating directions along parallel diagonals of the grid (Figure 1.8.15).

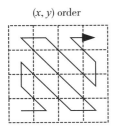
(x, y) order

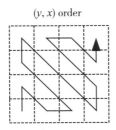
(y, x) order

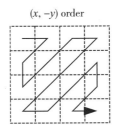
(x, −y) order

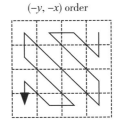
(−y, −x) order

Figure 1.8.15　Cantor-diagonal scanning

Spiral scanning can begin either at the center of the grid (outward spiral), or at a corner (inward spiral) (Figure 1.8.16). A spiral scan may be useful for a search aircraft to find a person that needs to be rescued.

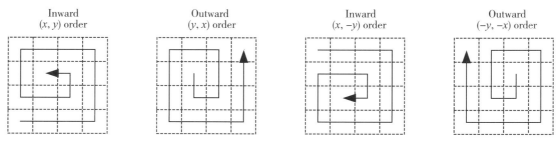

Figure 1.8.16   Spiral scanning

Morton ordering is based on a Peano curve generated by progressively subdividing a space into quadrants and ordering the quadrants in a Z pattern (Figure 1.8.17).

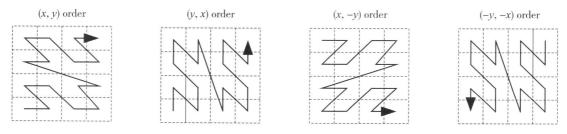

Figure 1.8.17   Morton ordering

The bit interleaving technique for generating an index can be used to order the grid points in any grid, including grids that are irregular in shape or have grid cells of different sizes (Figure 1.8.18).

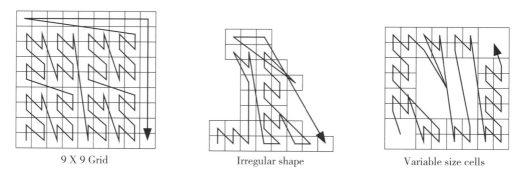

Figure 1.8.18   Interleaving technique for index

Hilbert ordering is based on progressively subdividing a space into quadrants. Further subdivision involves replacement of parts of the curve by different patterns (Figure 1. 8. 19).

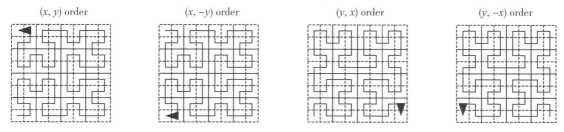

Figure 1. 8. 19 Hilbert ordering

5. ISO 19123-2 Coverage Implementation Schema

This joint standard with the Open Geospatial Consortium provides an implementation schema that binds various encoding schema to coverage types. It is based on the OGC GMLCOV schema and allows different encoding formats to be used. This is a basic structure needed to implement a Web Coverage Service.

6. ISO 19101-2 Reference Model — Part 2 Imagery

This part of the ISO reference model addresses geographic imagery processing. This reference model identifies the scope of the standardization activity being undertaken and the context in which it takes place. It provides several different viewpoints of imagery development and management in alignment with the Reference Model for Open Distributed Processing.

7. ISO 19129 Imagery, gridded and coverage data framework

ISO/TS 19129: 2009 defines the framework for imagery, gridded and coverage data. This framework defines a content model for the content type imagery and for other specific content types that can be represented as coverage data(Fig. 1. 8. 20).

8. ISO 19130 Imagery sensor models for geopositioning

ISO/TS 19130 Imagery sensor models for geopositioning identify the information required to determine the relationship between the position of a remotely sensed pixel in image coordinates and its geoposition. It supports exploitation of remotely sensed images. It defines the metadata to be distributed with the image to enable user determination of geographic position from the observations. ISO 19130-1 defines the basic optical sensors and 19130-2 adds SAR, InSAR, LiDAR and Sonar.

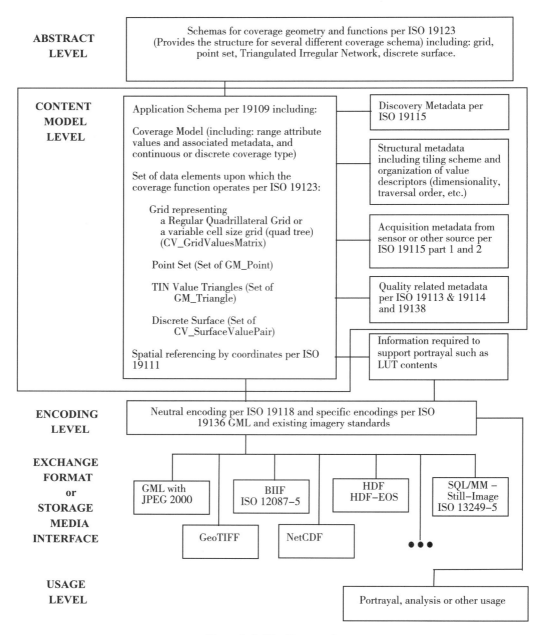

Figure 1. 8. 20   Framework

9. ISO 19163 Content components and encoding rules for imagery and gridded data

The standardization of an approach to handle the multiple encoding formats for imagery and gridded data has been a goal since 2004. The standard 19163-1 classifies imagery and regularly-spaced gridded thematic data into types based on attribute property, sensor type and spatial property, and defines an encoding-neutral content model for the required components for each type of data. It also specifies logical data structures and the rules for encoding the content components in the structures. Additional parts to this standard (19163-2) are planned to provide examples on how to bind the logical data structures to select commonly used physical data formats. It does not define any new physical data formats.

In conclusion, don't think of images only as a set of pixels, rather think of an image as a coverage. Think of a coverage as a function with a set of driving values that establishes a mathematical surface that covers an area.

（主持人：邵远征；摄影摄像：顾芷宁；录音稿整理：顾芷宁；校对：李茹、王璟琦、杨舒涵）

1. 9   Spatiotemporal Analysis of Earth Surface Processes Based on Remote Sensing Techniques

(Professor Christopher Small)

Abstract: Recent advances in remote sensing now provide us with detailed maps of seafloor structure and synoptic views of Earth's land surface. Remotely sensed observations also allow us to quantify the spatial and temporal dynamics of the Earth system. Quantifying these dynamics is the first step toward understanding them. A variety of remote sensing applications will be presented in the context of Earth surface processes — both natural and anthropogenic. These applications serve as an introduction to the wider range of geoscience research being conducted at the Lamont Doherty Earth Observatory of Columbia University.

Host: *Good afternoon, ladies and gentlemen. This is GeoScience Café, session 171. It's a great pleasure for us to introduce our guest this afternoon, who is going to talk about "Spatiotemporal analysis of earth surface processes based on remote sensing techniques". We are honored and delighted to have Prof. Christopher Small with us today. Prof. Small is a research professor at Columbia University and serves as an Associate Editor of Remote Sensing of Environment Journal. In this session, Prof. Small will introduce us some of his team's research projects on earth surface process in different parts of the world. Let's welcome Prof. Christopher Small.*

【Report Content】

Professor Christopher Small: Good afternoon. Thank you all for being here. It's my great pleasure finally to visit Wuhan University. This is my fifth visit to China and the first time in Wuhan. I am very happy to be here. I would like to tell this afternoon about some of the work that my colleagues and I have been doing over the past several years using ground observations and satellite imagery to understand different aspects of earth surface processes. I know many of you already know quite a bit of remote sensing. In the USA, Wuhan University has the reputation of probably the best university in China for remote sensing. For those of you who do not know much about remote sensing, I will introduce some of the basic concepts of remote sensing first, and then I will talk about our ongoing work.

My presentation is divided into two main parts as follows. On the first part, I will introduce the radiometric concept of remote sensing. Then on the latter part, I will show some of the examples from our projects that we are working on, including: ①shifting agriculture and shrinking glaciers in the Peruvian Andes; ② flood dynamics on the Ganges-Brahmaputra Delta in Bangladesh; ③dust storm source mapping in the Gobi Desert of Inner Mongolia, and finally ④the vegetation of New York City, is it increasing or decreasing?

Section 1: Radiometric Concept of Remote Sensing

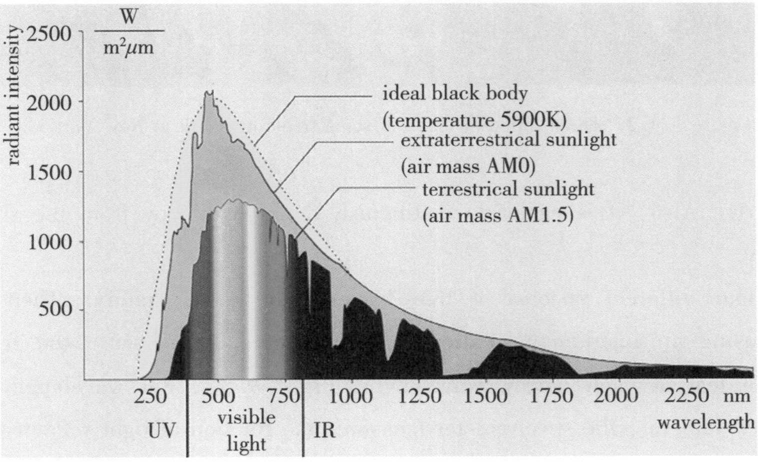

Figure 1. 9. 1　Solar emission spectrum

So, what you see here is a diagram showing the radiant energy emitted by the sun (Fig. 1. 9. 1). The part of electromagnetic spectrum that eyes are sensitive to is the visible spectrum (wavelength 400-800nm). We typically refer to this radiation as light. The sun emits the most energy in this part of the spectrum. Solar emission drops rapidly into the ultraviolet region and goes more slowly into the infrared wavelengths.

The optical characteristics of this infrared radiation are identical to those of visible radiation. The only difference is that our eyes are not sensitive in the infrared radiation. But as you will see in a moment, the infrared wavelength spectrum gives us a lot of information about different materials on the earth surface. So, when we use sensors on satellites to measure the reflected sunlight, we often use the infrared, sometimes more than we use the visible.

As we see here in Figure 1. 9. 2, if our eyes were a little more sensitive to the infrared, trees would appear red to us (Figure 1. 9. 2-2), because trees and vegetation are very bright in the near-infrared. When we look at vegetation with sensors that measure the infrared, we often put the infrared in the visible green color of the image so that vegetation will look more natural (Figure 1. 9. 2-3).

The main advantage of the infrared imagery over the visible is that it shows more details in the vegetation than the visible imagery does. In an infrared imagery, the canopies of the trees are

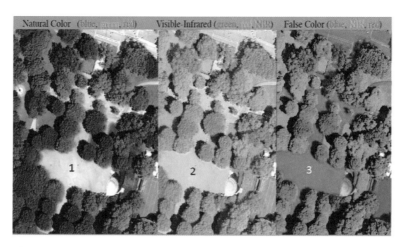

Figure 1.9.2　Three different views of some trees in a park at New York City

seen more clearly. Also, it is easier to distinguish the tree canopy from the shadow with the infrared imagery.

We took four different species of tree leaves into the laboratory. Then we made the measurements using an instrument, called a spectrometer, to measure the fraction of light reflected by the leaf at each narrow wavelength (Fig. 1.9.3). For wavelength between 400-2500nm, at each interval, the spectrometer measures the fraction of light reflected by the leaf.

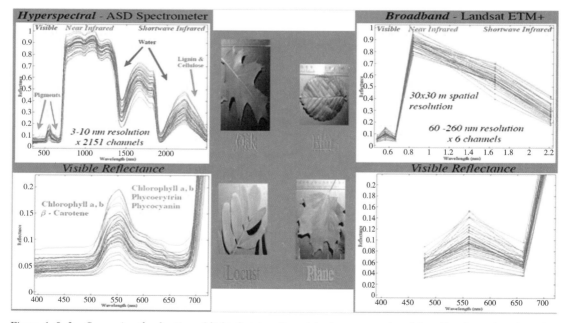

Figure 1.9.3　Comparing the fraction of light that is reflected by hyperspectral and broadband wavelengths using a spectrometer

Section 2: How optical Sensors See trees?

In the visible part of the spectrum, where eyes are sensitive, the leaf absorbs almost all the light that shines on it. However, at slightly longer near-infrared wavelengths, the leaf becomes very bright.

Interestingly, the chlorophyll compounds in leaves absorb the visible red and blue wavelengths of light to provide energy to drive photosynthesis, but the mesophyll in leaves reflects the infrared light to prevent overheating.

In the shortwave infrared wavelengths, 1000 to 2500 nm, the first thing we notice is that the energy was absorbed very strongly. This is due to the liquid water inside the leaf. Hyperspectral sensors resolve these diagnostic narrow absorptions. Small absorbance can help us to distinguish different types of vegetation and even different amounts of water inside the leaf. It can also tell us about water stresses. Sometimes we can use the absorption and reflectance differences to distinguish different types of leaf and different types of vegetation. This is what we would like to have. This is measured in the laboratory. We have some instruments that can make these types of measurements from the aircraft. We hope it will be added to the satellite system very soon. But what we have now and the last 30 years are broadband measurements.

Instead of hundreds of different wavelengths in hyperspectral sensors, we have only six wavelengths in broadband sensors like those carried by the Landsat satellites. Not as much information as hyperspectral but still very useful for distinguishing different types of vegetation, different amount of water in different conditions. Broadband sensors measure shoulders of absorptions but miss the subtle absorption features.

Satellite sensors work similarly to the way a digital camera does. The main difference is that in addition to the visible red, green, and blue, they also image three spectral bands in the infrared. The sensor on the satellite forms the image one scan line at a time, like a flatbed scanner. The satellite sweeps out of the swaths or the paths on the earth surface. For Landsat (Fig. 1. 9. 4), the path is 185 km wide and it takes about 25 seconds to sweep over the area shown in the yellow box. Landsat-5 and Landsat-7 acquire each image at 30-m resolution in three visible and three infrared channels and one thermal infrared channel, revisiting every 16 days since 1984 (L5) and 1999 (L7).

Section 3: Infrared Earth from Space

New York City lies within the side-lap of two adjacent swaths so we can image it twice in a repeating cycle of 16 days. These images have been collected this way since 1982. So, we now have archives of over 30 years of this type of imagery.

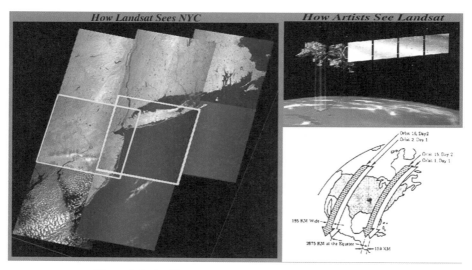

Figure 1.9.4　The acquisition process of a Landsat image

As shown in Figure 1.9.5, each symbol indicates a cloud-free usable image. Different colors correspond to adjacent swaths with New York in the overlap between the swaths. The swath determines whether the satellite was passing the west of New York looking east or east looking west.

Section 4：Infrared Earth from Space through Time

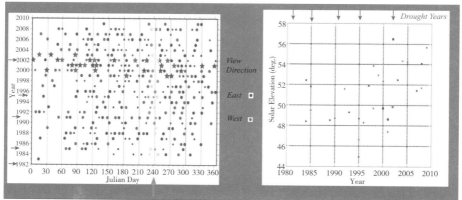

Figure 1.9.5　Temporal coverage of Landsat images on New York City

So, between each Julian day, we can see the coverage. In order to see changes, we usually look at the same images collected at the same time of the year so that the sun position remains the same. That means that the shadows, the elevation, and the annual cycle of the vegetation are similar.

In fact, it's very important to know the actual geometry of the sun position. Just because two images are acquired on the same day of the year doesn't mean that the sun is in the exact same position. So, we need to compare the solar elevation for different images. We need to take this into account because it changes the effect of the shadows.

One more important concept to understand is spectral mixing. Each 30m×30m pixel imaged by Landsat is a spatial average of many illuminated surfaces and shadow. Even though Landsat cannot resolve individual trees, every illuminated tree contributes to the aggregated reflected radiance that is imaged by Landsat. At 30-m resolution, almost all urban pixels imaged by Landsat are spectral mixtures.

Now I will take you all on a brief tour of the world to see some of the areas where my colleagues and I have done field work. Field work is important for remote sensing because it allows us to validate the satellite observations.

The Figure 1. 9. 6 is the elevation map of the earth. In this map, the warm color and the cool color represent higher and lower elevation, respectively. The Tibetan Plateau, Andean Altiplano, Rocky Mountains, Antarctic and Greenland ice sheets are some of the highest elevation areas on the earth. On the other hand, the Asian megadeltas represent the major lower elevation areas of the continents.

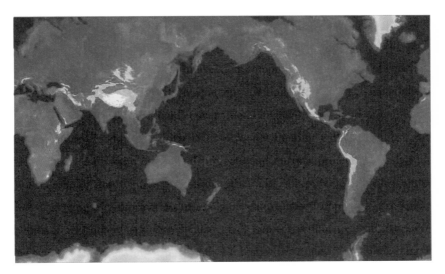

Figure 1. 9. 6   Elevation map of the earth

The first place I would like to show is the top of the Peruvian Andes.

Section 5: Shifting agriculture and shrinking glaciers in the Peruvian Andes

The objective of this study was to determine whether farmers in the Andes are cultivating at higher altitudes which is made possible by warmer weather. Before we went to the field, we used satellite imagery to identify potential high-altitude cultivation areas. Then we went to the field to verify whether these are actually high-altitude cultivation.

The area we were working in is around one of the highest peaks of Peruvian Andes. People who live in this area grow crops that can survive at higher elevation, such as beans, potatoes, quinoa and so on.

Upon this area, there are no roads, so we have to hike on trails. The elevation where we were working is around 5000 m, so we have to go slowly to avoid altitude sickness.

The arrows in Figure 1.9.7 show areas where the glaciers of the mountain are shrinking over the past decades as the air temperature goes up. This is important for the people who live in this area because these glaciers are their sources of water.

Figure 1.9.7   Glacier changes from 1989—2005

Interestingly, Quelccaya Icecap is the only icecap in the world that is not situated in the polar regions (south or north). All other icecaps are in either Greenland or Antarctica. This icecap is very close to the equator, around 20 degrees south to the equator. The icecap of this area is hundreds of meters thick.

According to the pointed area of Figure 1.9.8, we can see that through shrinking of the glacier in this area and after 16 years, this area turned into a lake. We spent two weeks tracking up there, and we found high altitude cultivation after we mapped it.

However, the cultivation we found there is not something we already identified from the satellite imageries. We accidentally found higher altitude cultivation than was expected at the

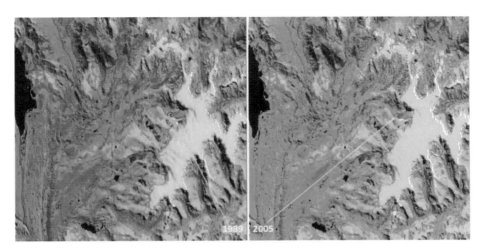

Figure 1. 9. 8   Quelccaya Icecap

beginning of this research. However, the highest altitude cultivation we found was experimental fields. Most of the cultivation is still occurring in the traditional areas at lower elevations.

Now, we will move down to the sea level from high altitude.

Section 6: Flood dynamics on the Ganges-Brahmaputra Delta in Bangladesh

Before I move into the details, it's better to give you all a brief introduction about the origin of Ganges-Brahmaputra delta because the present active delta of the Ganges-Brahmaputra rivers, drawing almost the entire flux of the great river system, is highly dynamic, with the rapid migration of its channels and shoals.

The Brahmaputra river originates in eastern Tibet whereas the Ganges river's source is in the west by the Tibet/India border and flows south-east across India to join the Brahmaputra river in Bangladesh. From here they form the Meghna River, which flows to the Bay of Bengal where it forms the Ganges-Brahmaputra Delta. This delta is one of the largest and most densely populated in the world.

Both Ganges and Brahmaputra rivers are driven by summer snowmelt from the Tibetan plateau and the Himalayan Mountains. All the melted water comes to rush down both of these rivers. Some water comes down through the Brahmaputra and some of them comes through the Ganges and all the water meets together in Bengal Delta at the same time usually in the months of July and August. Also, in July, monsoon rain begins in Bangladesh. So, at this point, water comes from everywhere and this causes extensive flooding every summer. This is not a result of climate change. This flooding has been happening every year since at least the end of the last ice age.

The Figure 1. 9. 9 shows how the river channel has changed during the year of 1999-2003. Every year during the flood, river channels move significantly, sometimes kilometers from one location to another. More significantly, the river water level goes up almost 7 m in some places.

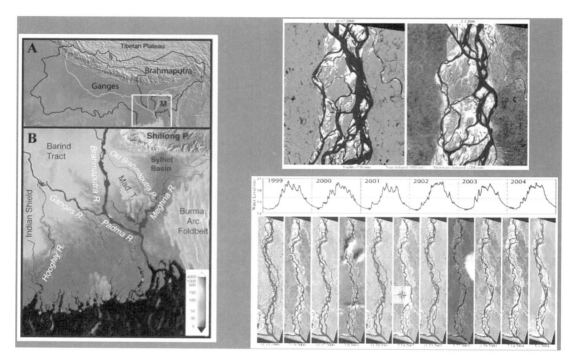

Figure 1. 9. 9　Sand, mud & water on the Ganges-Brahmaputra Delta

Our research group, funded by NASA, tried to understand whether we can predict the movement of these river channels using the satellite imageries from the last 30 years. So, we take the imageries in this case from 1989 and mathematically tried to identify the spatiotemporal patterns in order to see the movements of this river channel. In order to do this, we need to distinguish different types of sediments. So, basically, we map the speed of the flow of the river during the flood by looking at the grain size of sediments that are left behind after the flood. In order to do this, we have to distinguish both the grain size and moisture content of the sediments because moisture content changes the color of the sediments.

We see from the Figure 1. 9. 10 that in the year of 2003 and 2006 images, before the flood, the configuration of the river channel at the same location is not similar. Also, after the flood in the images of 1999 and 2000, the river courses also change significantly.

This is the reason why the Ganges-Brahmaputra delta is considered one of the most dynamic deltas in the world. So, to understand this scientifically, we needed to go to the field, make the measurements with the field spectrometer to understand the reflectance of the sediment. Then we

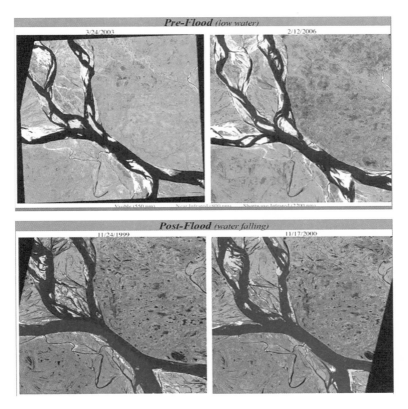

Figure 1. 9. 10   Mapping sediment lithology, grain size & moisture

brought the samples back to the laboratory and finally analyzed them to understand the pattern of the changes.

Figure 1. 9. 11 shows the reflectance spectra of different types of the sediment samples. With the statistical analysis on the shape of the spectra, different colors of symbols in the graph correspond to different types of sediments in the different parts of the river area. Principal component analysis of 109 laboratory reflectance spectra of sediment samples suggests that moisture content accounts for 98% of variance but that additional factors result in systematic variations related to continuum slope & curvature.

What shall we do with these sediments after bringing them back to the laboratory? At first, we completely saturated the sediments with water, then put the sample under the spectrometer. Then we determined the effect of moisture content by measuring their reflectance as the water evaporates as shown inFigure 1. 9. 12.

One benefit of studying moisture effects using sediments is that sediments are compositionally simpler than soils. Before this, some studies have claimed that soil reflectance increases linearly as it dries, while some other studies have claimed that it increases exponentially. But here we can

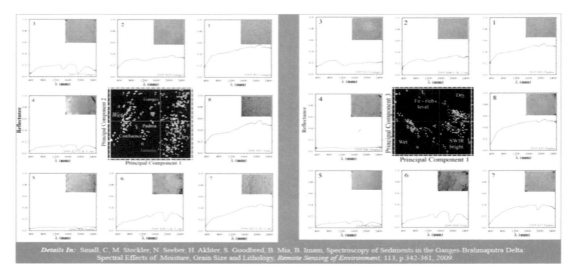

Figure 1. 9. 11 Systematic variations in sediment reflectance

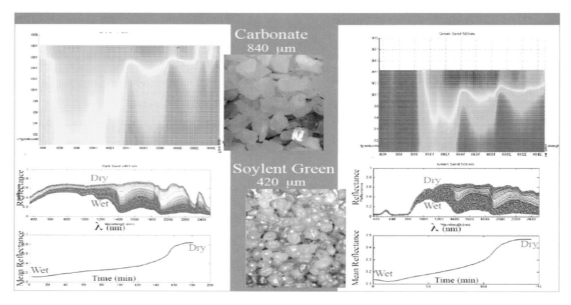

Figure 1. 9. 12 Sand dehydration spectra

see that it is both. It increases linearly in the beginning then increases exponentially at the end. This is one of the keys to understand how to predict moisture content using satellite imageries.

And here is the final result of all of this work. Each color shows the reflectance trajectory of a different type of sediment sample as it goes from wet to dry.

The key point to notice here is that different colored trajectories move across each of the figure but they don't cross. What does it mean? It means, by using principal component analysis,

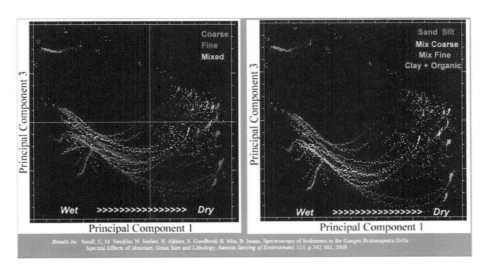

Figure 1. 9. 13   Dehydration in spectral mixing space

we may distinguish both moisture content and grain size based on their reflectance. These are the laboratory results. If the same results can be obtained in the field, then we can map the moisture content and grain size of the sediments in the flood plain using satellite imageries. After that, we may understand the reasons behind this rapid river channel changes over the year.

Now, finally, we move up into the Gobi Desert.

Section 7: Dust storm source mapping in the Gobi Desert

The Gobi Desert is the largest desert region in Asia. It covers part of northern & northwestern China, and of southern Mongolia. The desert basins of the Gobi are bounded by the Altai Mountains and the grasslands and steppes of Mongolia on the north, by the Taklamakan to the west, by the Hexi Corridor and Tibetan Plateau to the southwest, and by the North China Plain to the southeast. In this project, I was working with colleagues from Italy and the Key Laboratory of Desert and Desertification, Chinese Academy of Science, in Lanzhou. The immediate objective was to identify the source regions for dust in the Gobi Desert. The ultimate objective was to determine the contributions of different source regions to the enormous dust storms that sweep out across eastern China, the Korean peninsula and Japan in the springtime, with the intention of mitigating the dust emission.

In order to understand the dust source of Gobi Desert, we used the shortwave infrared image because in a shortwave infrared image we can see much more contrasts between different rock types. All the symbols in the figure 1. 9. 14 indicate the locations where we collected soil and dust samples. After the collection of the samples, we brought them back to the laboratory. Then we measured the reflectance using the spectrometer.

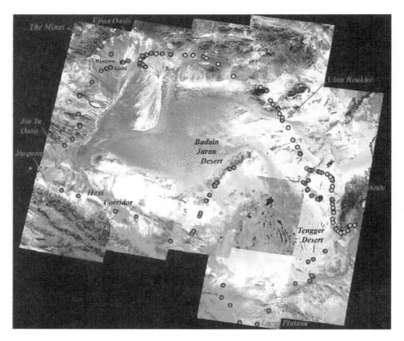

Figure 1. 9. 14　Infrared images of Gobi Desert

As shown in Figure 1. 9. 15, this is the area of western Gobi Desert. This is where the river comes to the surface and forms an inland delta in the middle of the desert. All the green here is forests. We believe this is one of the major areas where the dust comes from. We can see a wide white area from the Figure 1. 9. 15. This is a very light kind of dust. This mudstone was eroded and blown away from here and partially covered by different types of rocks.

As shown in Figure 1. 9. 16, this is one type of mudstone, which we believe is one of the major sources of dust. It is very soft. You can pick it up in your hand and easily crush it to powder with only the pressure between your fingers.

After we identified the potential sources of dust, other colleagues back in Italy used mesoscale weather models to simulate the effect of dust storms sourcing dust from the areas we identified and estimated how much mitigation of the dust source regions would be required to reduce the impact of dust storms in the eastern areas.

Ok, finally, I would like to take you all back to New York City to look at how our urban forest is changing.

Section 8: The vegetation of New York City, is it increasing or decreasing?

Figure 1. 9. 17 is a tri-temporal vegetation change map of New York City that we made by using Landsat imagery, the same type of imagery that I showed you earlier. The resolution of the

Figure 1. 9. 15　Satellite image of western Gobi Desert

Figure 1. 9. 16　Mudstone, one of the sources of dust

image is 30 m so that we can't distinguish individual trees but we can see the effects of the individual trees through each pixel. In this tri-temporal map, the blue, green, and red layer represent the vegetation abundance of each 30 m pixel for 1990, 2002 and 2009 respectively. On this map, the warmer color indicates loss of vegetation, the cooler color indicates the gain of vegetation, and the grey color indicates no changes. At this scale, we can't see much details. I will show you more details now.

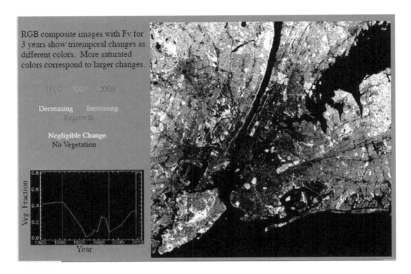

Figure 1. 9. 17　Tri-temporal change mapping

Figure 1. 9. 18 compares vegetation changes mapped by the Landsat tri-temporal map with high-resolution images (4 m) at South Bronx in New York. Again here, the dark green color represents dense vegetation and the light green color represents low vegetation. You can see there is a very dark green baseball field in the left middle corner of the image of 2002. And later in 2009, we found that there is no vegetation at the same baseball field. This is a very famous baseball field — Yankee Stadium. The home of the New York Yankees. What happened to it? They moved the Yankee Stadium across the street. Notice the new baseball field immediately north of the old one that lost the grass.

Even in the middle of New York City using Landsat imageries that have a 30 m resolution, we can see the effect of individual trees and also the contribution of each tree by the aggregated measurement of each pixel.

We can verify our result by using high-resolution images like above but we can't go back to 1990 because the satellite wasn't launched then.

The common question that is frequently asked to scientists is "Is the New York City getting greener or less green?".

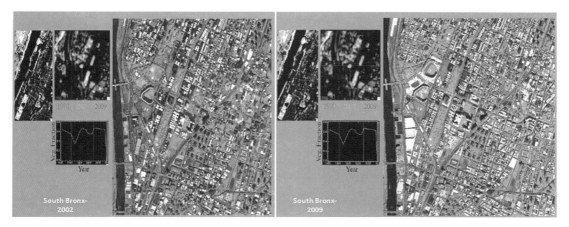

Figure 1. 9. 18 Change validation of 2002 & 2009 at south Bronx

What we see here from Figure 1. 9. 19 is the average greenness of different thresholds. In order to find the result, we used a very low threshold and also a very high threshold. And, finally, when we tried to see the changes from year to year, we didn't see an overall increase or decrease, just inner annual variability. Much of it is related to development of overgrown vacant lots, or tree planting campaigns by our Parks Department and private groups of tree enthusiasts. So, the satellite shows us something that would have been very expensive and time-consuming to measure on the ground. This is one of the primary benefits of satellites. They provide a perspective that we cannot obtain from the ground.

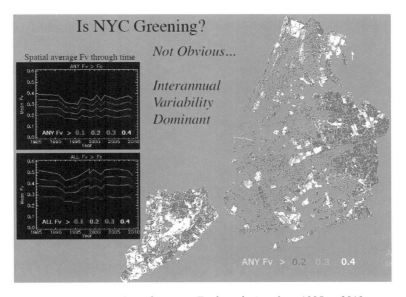

Figure 1. 9. 19 Spatial average Fv through time from 1985 to 2010

I will stop here. Thank you all for your attention. Again, I would like to acknowledge all my collaborators and the agencies for the fund and support.

【Question & Answer】

Audience 1: Thank you, professor, for your excellent lecture. My question is when you do the tri-temporal vegetation change analysis of 3 different years, did you use the same band or different bands?

Professor Small: Excellent question. You may be familiar with vegetation indices that are commonly used for vegetation change detection. Here we used different techniques, something called spectral mixture model. We didn't use the near-infrared band only. Here, instead, we used all the bands together that were available to look for the spectral changes. By using the spectral mixture model we can see changes of all the components within a pixel, not only vegetation.

Audience 2: Thank you, professor, for your informative lecture. I want to know about your final result of the main sources of the dust storm.

Professor Small: We don't know the exact answer yet, because the project ended prematurely. We never came to the final phase of our research because the funding ended unexpectedly before we finished the research. We were expecting a second-year additional funding but unfortunately, it didn't come. If we finish comparing the isotopic analysis result of the dust of western Gobi Desert and the dust samples that we collected from Beijing, we could have come to the conclusion.

（主持人：袁静文；摄影：黄雨斯、王源；录音稿整理：Karim Md Fazlul；校对：邓拓、王璟琦、孙嘉）

2 精英分享：
GeoScience Café 经典报告

编者按：东湖之滨，珞珈山上，走出了一批又一批的学术精英。我们在过去一年里邀请到了 8 位博士后、博士做客 GeoScience Café，不到一年的时间，他们之中已经有好几位已经成了特聘副教授、特聘副研究员。冰心先生说过，"成功的花儿，人们只惊羡她现时的明艳，然而当初她的芽儿，浸透了奋斗的泪泉，洒遍了牺牲的血雨。"这 8 期报告，既是他们丰硕的学术成果的展示，也是他们在科研道路上披荆斩棘的缩影。让我们细细研读他们的故事，从中探寻适合自己的科研之路。

2.1　地基多平台激光点云协同处理与应用

（董　震）

摘要： 三维激光点云数据具有数据量大，数据离散，密度分布不均，噪声多，目标之间存在遮挡和重叠，形态、尺度多样的特征，这给大规模三维激光点云自动化处理带来了巨大挑战。在 GeoScience Café 第 201 期学术交流活动中，武汉大学测绘遥感信息工程国家重点实验室的董震博士针对三维激光点云自动化处理中存在的局部特征精确刻画难、多平台激光点云鲁棒配准难、大规模点云三维目标精准检测难等问题，为大家讲解了地基多平台激光点云局部特征描述、配准和目标提取方法及相关应用。

【报告现场】

主持人： 各位同学大家好，欢迎大家来到第 201 期 GeoScience Café 的报告现场。我是今天的主持人云若岚，今天我们非常荣幸地邀请到了报告嘉宾——董震博士。董震博士是武汉大学测绘遥感信息工程国家重点实验室的博士研究生，同时也是美国卡内基梅隆大学机器人研究所联合培养博士研究生，他的学术成果十分丰硕。今天他将为我们带来《地基多平台激光点云协同处理与应用》的报告，接下来让我们以热烈的掌声欢迎董震博士。

董震： 首先非常感谢工作人员辛勤的工作以及周到的安排，也非常感谢大家冒雨来听我的报告。首先做个自我介绍，我叫董震，导师是杨必胜教授。

今天的报告我将从以下三个方面做介绍：

①研究小组的介绍；

②国外求学经历的分享；

③研究成果的汇报。

1. Dynamic Mapping 研究小组介绍

首先我想借助 GeoScience Café 这个平台为我们小组做一个简单的介绍。我们小组的负责人是非常帅气的杨必胜教授。杨老师大概是从 12 年前（2006 年）开始做点云数据的处理，正所谓十年磨一剑，到了 2016 年的时候就开启了他开挂的人生，他连续被评为"长江学者"和"杰出青年"。杨老师现在也是一些激光数据处理相关的国际国内研究小组的主席或委员（国际摄影测量与遥感学会点云处理工作组联合主席、国际大地测量学会第四委员第五工作组主席、国际数字地球学会中国国家委员会委员等）。

我们研究小组的研究方向主要有以下 4 类：

①数据的获取：我们在研制一种轻小型、低成本机器人三维信息智能获取平台，该平台的主要研究人员是我们小组的李健平博士、陈驰老师。现在我们已经开发了一款非常低成本的无人机测图系统——麒麟云，据说目前非常火，收到了很多订单，因为它把无人机测图系统的成本从几十万元降到了十万元左右。

②多平台数据智能集成方法：现在我们的数据源越来越多，有影像、点云、矢量数据等，既有专业的测绘数据，也有众包数据。我们可以获得这么多的数据，那么怎么把这些数据融合起来，是一个非常难的问题。杨老师提出一个词，叫"广义点云"，也就是将多源、异构数据融合，解决它们在空间基准、数据质量上不一致的问题。

③点云大数据智能处理与分析：解决了多源异构数据融合问题之后，我们要从这些数据里提取我们感兴趣的信息或者知识，比如三维变化检测、目标提取、室内外三维建模等，我们也利用深度学习对点云数据处理进行了一些探索，后面也将做介绍。

④空间安全分析与应用：获取了这些知识之后，可以用这些知识或者信息服务于一些应用，目前主要是对道路、桥梁、铁路、文化遗产等重要基础设施进行安全分析及全景展示。

这 4 个研究方向可以概括我们研究组的主要研究内容，目前研究组里有特聘副研 1 人、博士后 3 人、来自加拿大的访问学者 1 人、博士 8 人以及硕士 12 人。仪器设备包括激光扫描仪、无人机、深度学习工作站以及机器人平台等。21 世纪最需要的是人才，随着研究组的快速发展，如果有想到我们组读硕士或博士的同学，可以重点关注我们课题组。

我认为我们研究组有以下优势：

首先是我们组的同学进组人手 1 台价值 2 万多的外星人电脑，还有毕业生 offer 拿到手软。GeoScience Café 最近半年内做的两次就业交流会中，请的嘉宾都有我们组的同学。袁鹏飞同学拿到了滴滴、百度、腾讯、DeepMotion 等多家互联网公司的 offer，石蒙蒙同学前天刚作的报告，也拿了很多 offer。其次是我们有充足的项目支持，从国家重点研发到国家自然科学基金再到 973 计划项目等；还有通过杨老师多年的经营，建立了广泛的国际合作，包括滑铁卢大学、慕尼黑工业大学、苏黎世大学、海德堡大学、芬兰大地所以及卡内基梅隆大学等。最后是我们有丰富的团建活动，以后会争取每个月举行一次。感兴趣的同学可以和我联系，我的邮箱为 dongzhenwhu@ whu. edu. cn。

2. 国外访学经历分享

第二部分是我在国外的访学经历，本来想把这部分放在最后，但我发现我的第三部分实在太枯燥乏味，所以我把大家感兴趣的部分提到了前面。我访学的地方是卡内基梅隆大学的计算机学院，机器人研究所下属的野外机器人研究中心。我们做测绘的人对这个研究所可能不太熟悉，但实际上它非常出名。该中心的研制成果包括世界上第一辆自动驾驶汽车、野外机器人、美国的火星探测器及探月车等。我的外导 Sebastian Scherer 教授，我们都叫他 Bastian，是一个非常和善的人。机器人研究所除了 Bastian 以外，其他老师都不招中国的访问学者，但 Bastian 非常欢迎中国的学生。有一天我的一个同学说也想来这里访学，让我帮忙推荐一下。我告知 Bastian 后，他告诉我现在在他那里交流的中国学生有 6 个，实在没有办公室了，但可以走一个后再招一个。他真的非常好，有问题找到他，他都会乐意帮助你。

我在国外的经历总结成一个字就是"宅"，也没有四处游览，看别人分享国外经历时都是去哪里开会了，去哪里玩了，放一堆图。我也没有什么图片可以放，我就讲讲我在国外做的这个项目——大桥病害检测。用传统的技术手段，即通过机械力臂检测一座中小规模的桥大约需要六周的时间。卡内基梅隆大学位于匹斯堡，匹斯堡号称"世界上桥梁最多的城市"，其对桥梁的病害检测有很高的需求，所以外导就申请了一个美国的类似于自然科学基金去做这个事情。我们的思路是通过搭载 GPS、激光扫描仪和两台相机的无人机系统(图 2.1.1)做自动化病害检测。过程如下：选好了待测区域之后，将自动生成无人机飞行轨迹，无人机在待检测的桥梁表面近距离地飞行采集数据。我们先在研究室里做了一系列实验，然后 Bastian 帮我们找了一座靠近入海口的大桥，我们就带着飞机在这里做实验。

图 2.1.1　无人机检测系统

后来因为我们做得还挺好，正好赶上在匹斯堡举办的美国第一届高校科技节。外导就把我们的成果给美国前总统 Obama 做了一个展示，受到了 Obama 的高度评价。这就是我在国外的访学经历。

3. 博士期间研究工作分享

（1）研究背景

第三部分是我博士期间研究工作的分享，首先介绍一下研究背景。以地图和影像为代表的二维空间数据的表达走过了漫长历程，也取得了很多成就。但是二维数据难以满足人类对真实三维世界认知的需求，也难以满足"一带一路"倡议、智慧城市以及自动驾驶等国家的重大需求。随着激光扫描、倾斜摄影测量以及深度摄像相机等三维数据采集手段的飞速发展，点云成为继地图和影像后的第三类空间数据，为刻画现实三维世界提供了直接和有效的表达方式。

通过多平台点云数据实现对三维现实世界的准确理解和精细表达是测绘地理信息领域的科学前沿，也是地学应用研究的迫切需求。经过近几十年的发展，点云数据的采集设备发展十分迅速，但数据处理技术的发展相对缓慢。虽然现在我们有多平台、大数据量的点云数据，但是数据与应用之间的桥梁还面临着许多难题，主要包括点云局部特征精确刻画难、多平台点云空间基准一致性整合难以及三维目标精准检测难等。

针对上述三大难题，我们制定了研究目标和研究内容，以车载和地面站激光点云为研究对象，以实现地基多平台激光点云智能化处理为研究目标，突破三维激光点云局部特征精确刻画难、地基多平台激光点云鲁棒融合难、大规模激光点云三维目标精准提取难等技术瓶颈，形成较完备的地基多平台激光点云自动化处理理论体系。研究内容主要包括 3 个，首先是二进制形状上下文特征描述子计算，通过该描述子实现对点云数据的刻画；然后将描述子用于地基多平台激光点云的自动化配准；最后一个研究工作是协同点云分割与目标识别的层次化目标提取。

（2）研究内容

1）二进制形状上下文特征描述子计算

点云数据具有数据量大，数据离散，密度分布不均，噪声多，目标之间存在遮挡和重叠，形态、尺度多样的特征，为数据处理带来了很大的挑战。针对三维点云局部特征精确刻画难点，我们提出了鲁棒性、描述性强，时间、内存效率高的二进制形状上下文（Binary Shape Context，BSC）描述子，实现了对点云局部特征精确、鲁棒、高效的编码，奠定了多平台点云配准和三维目标提取的理论基础。

该研究首先通过密度加权和距离加权构建加权协方差矩阵，进一步建立局部坐标系，之后将局部点云数据转换到局部坐标系下并进行格网化，这种局部坐标转换使描述子具备仿射变换的不变性；然后分别计算格网高斯加权投影点密度、距离和强度特征（如图 2.1.2），高斯加权投影特征的计算提高了描述子对于噪声、边界效应、坐标系扰动的鲁棒性；编码 3 个投影面的密度、距离和回波强度特征，实现特征全要素刻画，提高了特征的描述性；最后，将计算的特征转化成二进制字符串，因为有 3 个投影面，每个投影面上有 3 类特征，所以一共可以得到 9 个二进制字符串。把这 9 个二进制字符串和前面建立的局部坐标系串联起来就得到了我们的描述子。

我们来看一下描述子的性能。利用了 Bologna 数据集、UWA 数据集、Queen 格网数据以及 WHU 差异性测试数据进行实验，前 3 份是公开数据集，后 1 份是我们自己采集的数据，与当前主流的点云特征描述子 Spin image（SI）、Signature of histograms of orientations（SHOT）、Rotational projection statistics（RoPS）和 3D binary signature（3DBS）进行对比。可以发现，BSC 不仅在表达能力上取得了最好的效果，实现了特征全要素刻画（图 2.1.3），而且提高了对高斯噪声、边界效应和坐标系扰动的鲁棒性，消除了局部坐标系的二义性（图 2.1.4）。

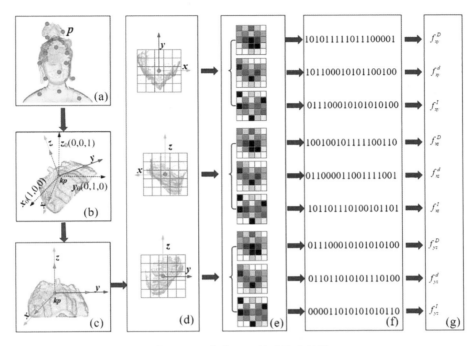

图 2.1.2 生成 BSC 描述子示例图

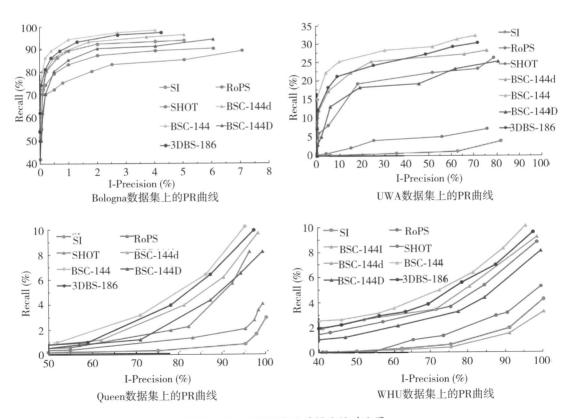

图 2.1.3 不同描述子的描述性对比图

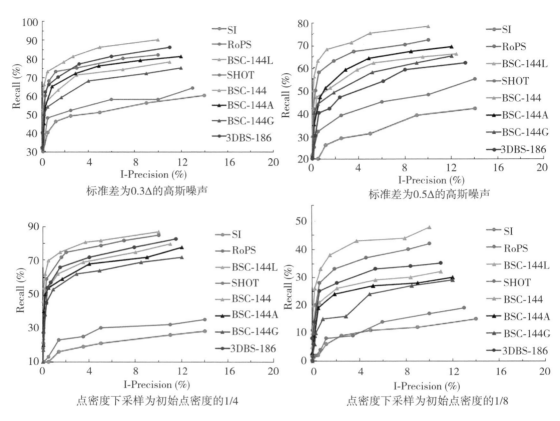

图 2.1.4　不同描述子的鲁棒性对比图

BSC 描述子特征计算效率仅次于 SI 描述子，但显著地提高了匹配速度且极大地减少了内存消耗，见表 2-1-1。

表 2-1-1　　　　　　　　　　　描述子的时间和内存效率对比

描述子	维数	内存占用（byte）	相似性测度	耗时（ms）
BSC-72	567（bit）	72	汉明距离	0.004
BSC-144	1152（bit）	144	汉明距离	0.008
3DBS-186	1488（bit）	186	汉明距离	0.012
RoPS	135（float）	540	l_2 距离	2.68
SI	153（float）	612	l_2 距离	3.02
SHOT	352（float）	1408	l_2 距离	6.48

这部分研究成果已发表在 *ISPRS Journal of Photogrammetry and Remote Sensing* 国际期刊

上，论文题目为 *A novel binary shape context for 3D local surface description* 和 *3D local feature BKD to extract road information from mobile laser scanning point clouds*，第二篇主要是我的师弟刘缘做的。这部分研究的科学价值主要在于提高了点云局部特征的鲁棒性、描述性、时间和内存效率，为地基多平台点云配准和三维目标检测奠定了理论支撑。

2) 地基多平台激光点云自动化配准

有了二进制描述子之后，我们就可以用这个描述子做一些点云配准的工作。目前的点云配准工作有以下问题：高速度、高密度采样的海量点云数据造成了配准算法耗时长，难以适用于大型场景；多平台获取的点云数据的空间基准、观测视角以及场景类型的差异使得现有方法鲁棒性差，只适用于单一数据源或单一场景的点云配准；此外，现有的方法在解决点云间重叠低、高对称结构时存在问题。最重要的是，现有的研究中缺少移动激光扫描（Mobile Laser Scanning，MLS）和多视地面激光扫描（Terrestrial Laser Scanning，TLS）点云配准的理论研究，目前还没有相关的文章。因此我们针对上述 3 个难点及研究现状，提出了快速、鲁棒的点云自动化配准方法，实现了多视 TLS 点云，以及多视 TLS 点云和 MLS 点云空间基准一致性整合。

下面我来介绍一下配准的整体流程：首先对车载点云数据按照行驶轨迹方向分块，块与块之间要保持重叠；然后计算前面提到的 BSC 描述子，再计算整体聚合描述子（GAD）即特征相似性的计算，同时计算两份点云之间的重叠度。通过回归分析发现相似性和重叠度之间有非常强的正相关关系。因此可以用特征的相似性间接反映这两份点云的重叠度，从而构建近邻（重叠）关系图（图 2.1.5），为后续配准工作提供支撑。

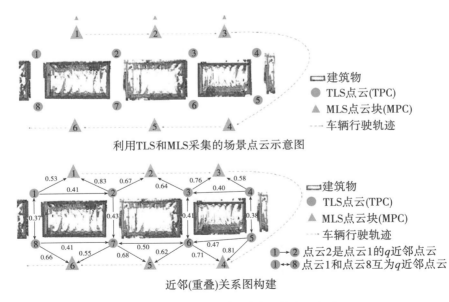

利用TLS和MLS采集的场景点云示意图

近邻(重叠)关系图构建

图 2.1.5　近邻(重叠)关系图构建示意图

接下来的配准优先考虑重叠度大的点云，有助于提高点云配准的精度和时间效率。在利用 BSC 描述子对点云进行两两配准后，需要对其合并与更新合并后的相邻点云之间的相似性，再对最相似的点云进行配准，重复该过程直至所有的点云配准到同一个参考坐标系下。

我们做了很多实验来验证方法的有效性和科学性。实验数据集包括武汉市龙泉山公园数据、德国雅各布大学校园数据、青岛后山村山区数据、烟台万华地下隧道数据、匹斯堡 Oakland 大桥数据、广州萝岗区某河流数据以及武汉大学校园数据。不管从整体上还是细节方面，匹配结果都较好。最后将该方法与 Weber、Guo 等提出的方法在旋转角误差、平移量误差以及运行时间三个方面进行对比，见表 2-1-2，该方法取得了最优的计算效率和匹配精度。

表 2-1-2 算法性能比较

数据类		SRR (%)	旋转角误差 $e_{r,i}^r$ (mdeg)		平移量误差 $e_{r,i}^r$ (mm)		运行时间 (min)
			Ave	RMSE	Ave	RMSE	
武汉龙泉山公园	Weber et al., 2015	100.0	49.1	12.4	43.3	7.2	361.6
	GMPCR*	100.0	48.6	9.8	49.9	8.1	177.8
	Guo et al., 2014	100.0	44.5	13.7	37.2	9.4	186.2
	GMPCR#	100.0	44.7	13.6	36.8	9.8	94.6
	GMPCR	100.0	40.2	9.2	31.1	8.0	39.5
德国雅各市大学校园	Weber et al., 2015	68.7	72.1	23.6	74.8	19.3	9214.6
	GMPCR*	74.8	70.6	20.8	75.6	15.8	3869.5
	Guo et al., 2014	75.6	65.3	19.6	67.7	16.2	3981.5
	GMPCR#	81.7	64.2	18.9	68.9	18.6	1839.6
	GMPCR	96.2	57.3	24.3	64.6	21.2	304.6
青岛后山村山区	Weber et al., 2015	85.7	60.2	16.4	52.8	19.3	322.6
	GMPCR*	90.5	57.8	11.6	47.7	18.6	134.9
	Guo et al., 2014	90.5	51.9	13.2	45.2	19.5	135.2
	GMPCR#	95.2	45.4	10.9	39.3	15.7	71.6
	GMPCR	100.0	36.7	8.7	33.8	11.4	35.1
烟台万华地下隧道	Weber et al., 2015	60.0	67.4	20.8	75.4	29.1	413.6
	GMPCR*	60.0	66.9	22.2	74.9	25.4	199.8
	Guo et al., 2014	76.0	56.7	18.7	69.9	26.8	196.3
	GMPCR#	80.0	50.5	18.2	67.7	22.6	109.6
	GMPCR	92.0	38.5	10.3	61.3	20.9	45.6

这部分相关的研究成果已发表在 *ISPRS Journal of Photogrammetry and Remote Sensing* 国际期刊上，论文题目为 *Automatic registration of large-scale urban scene point clouds based on semantic feature points* 和 *Hierarchical registration of TLS point clouds based on binary shape context descriptor*，第二篇还在修改中。它的科学价值在于实现了统一理论框架下的多视 TLS 点云配准以及多视 TLS 点云和 MLS 点云配准，奠定了地基多平台激光点云集成建模和协同处理的理论基础。

3）协同点云分割与目标识别的层次化目标提取

最后一个研究工作是目标提取。点云数据不仅具有海量和空间离散特征，而且场景中相邻目标之间交错、重叠现象较多，同类目标存在差异性、不同目标存在相似性。现有的点云分割和目标识别算法计算复杂度高、数据处理耗时长，多目标重叠区域分割不足，单一层次特征描述识别率低。针对大规模点云目标精准提取的难点，我们提出了协同点云分割与目标识别的地物目标精准提取方法，提升了点云分割和目标识别的精确度和召回率，奠定了高层次场景理解和语义建模的理论基础。

研究的第一步是数据预处理，对 MLS 点云进行分块；第二步是检测地面特征；第三步是检测非地面点，借助图像处理中超像元的思想，提出了点云的超体素概念，并将点云划分为面状、线状和球状三类超体素；第四步是分别合并具有相似主方向的"线状"超体素、相似法向量的"面状"超体素和相似反射强度的"球状"超体素，即实现了地物目标组成结构的检测；第五步是计算目标结构显著性，研究中选择了 5 个显著性指标，用来构建地物目标多分割图；第六步是计算地物目标多层次特征，包括结构特征、整体特征和上下文特征，多层次特征计算实现了三维目标的多维度刻画，提高了目标识别的精确度和召回率；第七步是将多层次特征放入随机森林分类器中进行训练和预测，计算分类概率和分类信息熵，信息熵最小的分割结果为最优。地物目标识别与最佳分割选择实现了点云分割与目标识别的协同。

实验数据包括 3 份高速场景数据、2 份城区场景数据和 3 份校园场景数据。三种场景的点云分割和目标识别结果都较好（图 2.1.6）。定量评价表明，该研究精确度、召回率高，建筑物提取效果最好，汽车、电线杆、交通标牌、路灯等目标次之，树木提取质量最差；目标提取计算效率高；高速场景目标提取优于城区和校园场景。最后通过不同的对比实验验证了本研究的方法在精确度、召回率和速度上都有所提升。

这部分研究成果已发表在 *ISPRS Journal of Photogrammetry and Remote Sensing* 国际期刊上，论文题目为 *A shape- based segmentation method for mobile laser scanning point clouds*，*Hierarchical extraction of urban objects from MLS data* 和 *Computing multiple aggregation levels features for road facilities recognition using mobile laser scanning data*。科学价值在于实现了点云分割与目标识别协同的地物目标精准提取，奠定了高层场景理解和语义模型重建的理论基础。

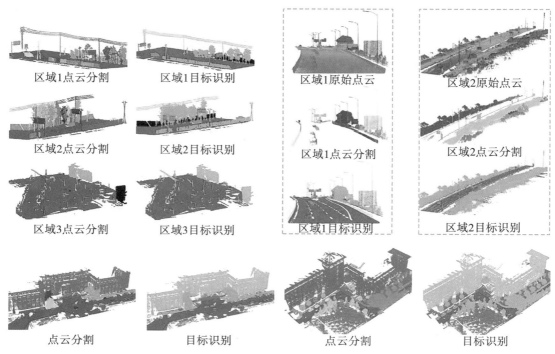

图 2.1.6 城区场景(上左)、高速场景(上右)、学校场景(下)三维目标提取结果图

3. 点云智能化处理软件 Point2Model

我们把前面介绍的这些理论知识以及取得的研究成果集成了一个点云智能化处理软件——Point2Model(图 2.1.7)。当然这个软件的开发经历了组里好几代人积累的研究成果。该软件已经被很多公司开始使用，收到了广泛的用户好评，同时获得了 6 项国家发明专利、湖北省科技进步奖一等奖以及测绘遥感信息工程国家重点实验室研究生科技创新奖(团队成员包括董震、赵刚、刘缘、李建平、袁鹏飞、周桐、邹响红、刘洋、熊伟成和米晓新)。目前该软件已经有以下应用：与百度公司合作实现面向无人驾驶的高精度地图自动化生产；与广东省国土资源测绘院合作实现大比例尺数字线划图自动化生产；与四川省公路勘察设计院和中交第二公路勘察设计院合作实现高速公路改扩建，等等。但是我必须诚实地讲，目前的点云数据运用到上述的应用中还有非常长的路要走，所以也非常欢迎大家一起来做一些有意思的工作。

4. 总结展望

最后，对我的研究工作进行总结展望。对于点云研究处理的展望：

第一，点云刻画的研究还应该继续，可以从以下研究入手：多尺度的、全要素的特征融合，比如加入回波信息、纹理信息；在二值化的过程中信息损失非常大，在这个过程中如何减少信息损失也是很值得研究的方向。

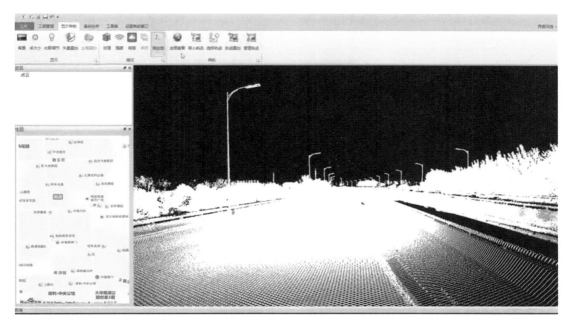

图 2.1.7　Point2Model 软件界面

第二，点云配准可以借鉴计算机视觉中 SLAM 闭合环自动检测以及误差重分配策略；扩展地基多平台，本研究中只有固定站和车载平台，没有加入机载平台，可以扩展方法以实现空天地一体化多平台点云配准。

第三，目标提取方面，本研究的方法还有很多问题，就比如 RANSAC 提取屋子的平面，先拿走一个平面，再第二个、第三个，如果第一个错了，后面也会出错。后面可以考虑用一个全局的能量函数把这个过程模型化，怎么实现全局函数的最优化，同时还能实现多个目标的最优检测。

基于深度学习的点云分割也是一个热门的方向。另外，点云数据这一块还缺少点云数据的样本库，可以构建点云数据样本库。

对于测绘测图大方向的展望：一方面是实现空、天、地、地下多平台传感器协同测图；另一方面是融合移动测量与众包大数据的高精度地图生产与更新，移动测量数据用于高精度地图的生成，众包大数据用于更新。谢谢大家，我今天的报告就到这里了。

【互动交流】

主持人：非常感谢嘉宾为我们带来了非常精彩的报告。现在进入我们的互动环节，有问题的同学可以向嘉宾提问。

提问人一：请问在找点云特征子时邻域是怎么取的，是否和点密度相关？

董震：邻域选取是利用几份数据总结出的规律。局部描述子的邻域如果特别小的话，包含的点很少，则信息量就很少；如果邻域很大的话，不局部，不鲁棒。所以在实验中，对半径从 4Δ（Δ 为平均点间距）到 14Δ 分别进行测试，结果发现 10Δ 时效果最好。选取与点密度相关。

提问人一：您用您的描述子进行特征匹配时找到的特征点一般是哪些点，在什么位置？

董震：我在实验中首先进行关键点检测，只对关键点进行了描述子计算。关键点是局部曲率最大的点，对应实际地物就是一些拐点、棱角点。

提问人二：董震您好，你刚才提到的匹配法向量，有没有什么新的方法能加快匹配法向量的速度？

董震：您好，逐点计算的话工作量将非常大，所以我将点生成体素，只需要计算体素的法向量。之前我们做过一个统计，如果有 100 万个点，生成的体素只有几千个，数量将减少很多倍。

提问人二：那请问超体素是怎么计算得到的？

董震：超体素实际上像局部的 K 均值一样，点离哪个中心点的距离最小就属于哪个超体素。这个距离是一个加权距离，一个是强度，一个是欧氏距离。加入强度约束的好处就是混合地物，例如不会把离得很近的交通标志牌和树冠放在一个体素里。

提问人三：师兄您好，您的研究主要是三维点云的描述、配准和识别。在描述的时候我看到您在国外的时候也用无人机，无人机在飞的时候由于姿态不平稳，可能会出现同一个点在无人机不同位置获取时特征是不一样的现象，想问一下这个问题您是怎么解决的？对姿态要有什么要求？

董震：您好，无人机在飞的时候确实会出现姿态不平稳的现象，但是在飞行时不需要特意要求无人机的姿态问题。特征描述子在设计的时候，就需要描述在不同位置、姿态、时相下采集的目标数据的抽象特征，此时允许传感器在采集数据时的位姿差异，也正是因为位姿差异才可能获取对象的全方位三维信息。

提问人三：如果我长时间观测一个地方，每次无人机飞行的姿态都不一样，那么对后期实验会不会有什么影响？有没有阈值？

董震：不同的姿态造成描述子肯定不一样，但这样也能实现配准。特征匹配时，没有阈值约束，只是找特征差异最小的作为同名点。

主持人：再次非常感谢嘉宾为我们带来了这场精彩的报告，也非常感谢各位同学的积极参与，欢迎大家继续关注 Geoscience Café 的后续活动，谢谢大家！

（主持人：云若岚；摄影：黄宏智、龚婧；录音稿整理：邓拓；校对：陈必武、米晓新、修田雨）

2.2 跨入低轨卫星导航增强时代
——"珞珈一号"卫星导航增强系统研究进展

（王　磊）

摘要：2018 年 6 月 2 日，武汉大学成功发射了科学实验卫星"珞珈一号"，该卫星主要有两项科学任务：夜光遥感和导航增强。其中，"珞珈一号"导航增强系统首次在国际上开展低轨卫星导航信号增强实验并取得成功，受到了业界广泛的关注。本期报告特邀"珞珈一号"卫星 01 星、02 星导航增强分系统副总师王磊，为我们解读"珞珈一号"背后的故事。

【报告现场】

主持人：各位老师同学，大家晚上好！欢迎大家参加 Geoscience Café 第 219 期的讲座，我是本次活动的主持人卢祥晨。各位武大的学子都知道，刚过去的 2018 年，武大发射了科学试验卫星"珞珈一号"。该卫星有两项科学任务：夜光遥感和导航增强，而"珞珈一号"的卫星导航信号增强实验获得成功，得到业界广泛的关注。本期我们有幸请到了"珞珈一号"卫星信号导航增强分系统副总师——王磊博士。王博士发表论文 30 余篇，申请专利 9 项，曾获中国卫星导航年会优秀青年论文奖、卫星导航定位科技进步奖，担任 *JITS*、*Measurements*、*Sensors*、*Journal of Navigation* 等杂志审稿人。下面我们有请王磊博士为我们分享"珞珈一号"背后的故事。

王磊：大家晚上好，我叫王磊。今天给大家带来的题目是"跨入低轨卫星导航增强的时代——'珞珈一号'卫星导航增强系统研究进展"。这次报告是咱们导航增强的相关内容第一次公开，在本次报告之前有一些内部的交流，但今天是第一次公开地讲相关内容。今天的报告内容分成四个部分。首先大概讲一下 overview，因为现场的同学可能不一定都是做卫星导航这一块的，我会讲一点相关的背景知识；其次介绍"珞珈一号"的低轨卫星导航增强系统：这个系统是怎么设计的，它有一些什么样的特点；再次，我会讲一些"珞珈一号"现在取得的阶段性的成果，从 2018 年 6 月发射升空到现在大概有 7 个月的时间，我们中间做了一些实验，拿到了一些数据，我会展示一些初步的成果。最后，讲一讲"珞珈一号"可能的应用，以后"珞珈一号"除了做定位之外，还可能会衍生出来哪些用途。因为现在卫星已经发射上去，我们肯定要考虑今后可能会在哪些方面应用，可能会有哪些潜在的成果。

1. 导航增强系统概述

首先介绍一下卫星导航定位系统的原理。可能大部分学测量的同学都已经上过卫星导航这门课，卫星导航定位原理是一个后方交会的原理，当天上有 4 颗卫星并且卫星的位置已经明确知道的话，如果我们能测量用户到卫星之间的距离，那么就会形成这样的 4 个球（图 2.2.1）。

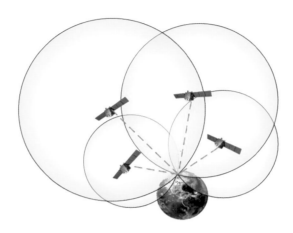

图 2.2.1　卫星导航定位原理图

原理上讲，3 颗卫星就可以确定一个位置，但是因为我们接收机的钟的质量比较差，我们还需要估计一个钟差，这样我们定位的时候就需要至少估计 4 个参数，因此至少需要 4 颗卫星，有 4 颗已知坐标的卫星，然后加 4 个距离测量值，就可以做一个后方交会，然后确定出用户的三维坐标。用户可以是静态的，也可以是动态的，都可以实时地确定出用户的坐标。GPS 卫星在天上，有 6 个轨道面，每个轨道面上有一些卫星。地面的用户，他每一个时刻只能看到一部分卫星。现在 GPS 是有 31 颗在轨运行的，也就是健康的卫星，每个时刻地面的用户在跟着地球一起转，天上的卫星在它的轨道面上转，这样的话每个时刻用户看到的卫星可能都不太一样。根据收到的 4 颗或者 4 颗以上的可见卫星的距离测量值，就可以确定用户的坐标。GPS 这个技术已经不是什么新技术了。从 1995 年 GPS 系统建成到现在，已经有 20 几年的历史了。现在 GPS 的应用非常广泛，不仅是美国的 GPS，包括俄罗斯的 GLONASS 系统，它也是 1995 年建成的，还有咱们中国的北斗。北斗 2 号、北斗 3 号作为咱们国家的一个重大专项，正在全力地推进。去年（2018）年底，也就是前两天才召开了发布会，说北斗 3 号已经具备提供全球服务的能力了。现在北斗 3 号是有 18 颗 MEO 卫星在轨。全球卫星导航系统还包括欧洲建立的伽利略系统。当然现在还有一些其他的系统，比如说区域的导航系统，像印度的 NavIC，主要是 GEO 和 IGSO 构成了一个区域的导航定位系统。还有日本的 QZSS，现在是有 3 颗星在 IGSO 的轨道上，具备区域导航定位的能力。

考虑到现在所有的全球和区域的卫星导航系统，在天上的卫星已经超过 100 颗了，就定位性能而言，在现在这个 multi-GNSS 的时代，定位的性能跟单 GPS 比已经有了显著的提高。不管是从精度也好，从可靠性、完好性，从各个角度来讲，现在通过卫星定位能够获取的位置的精度已经不是 20 年前能比的了。那么大家可能就会有一个问题，既然 GNSS 都已经做得很好了，那么我们为什么还需要增强它？

表 2-2-1 列出了目前四大全球导航卫星系统卫星的轨道高度和卫星周期。轨道高度现在主要是两类，我们叫中轨卫星和高轨卫星，中轨是 MEO，高轨是 GEO 或者 IGSO。中轨道卫星基本是 2 万千米左右，高轨就是 36000 千米左右。咱们知道地球的半径大概是 6400 千米，那么 GPS 的轨道大概是 2 万千米，是地球半径的好几倍。轨道的周期就是绕着地球转一圈的时间，对于中轨道卫星大概是 12 个小时左右，对于地球同步轨道卫星大概是 24 小时，就是说和咱们地球自转一天的时间是差不多的。

表 2-2-1　　　　　　　　　　　四大 GNSS 系统的轨道高度和周期

System	GPS	GLONASS	BeiDou	Galileo
Owner	🇺🇸		🇨🇳	
Altitude	20,180km	19,130km	21,150km/36000km	23,222km
Period	11 h 58 min	11 h 16 min	12 h 38 min	14.08h(14 h 5 min)

现在的 GNSS 有什么好处？有什么缺点？我们就要来分析一下，和低轨卫星相比，低轨卫星的轨道高度一般是在 300 千米到 1500 千米这个区间，和 2 万千米差了一个量级。那么，中高轨卫星和低轨卫星有什么区别？它们各有什么优势和缺点？我们来分析一下。

MEO 和 GEO 它们离地球比较远，远有什么好处？它的信号的波束覆盖范围很大，那么它只需要很少的卫星就可以覆盖全球。GPS 星座设计的是 24 颗，就是说只要天上有 24 颗卫星，就可以保证，基本上在全球范围，每个点都有 4 颗可见星。换句话说，就是我们要建成一个全球定位系统，按照这种设计只需要很少量卫星。对于不管是 GPS 也好，还是其他的 GLONASS、北斗，到目前大概都是二十几颗到 30 颗的样子，它用很少的卫星就可以提供全球的服务，这是它的好处。另外就是它的周期比较长，大概是 12 个小时。周期比较长这个问题对于只需米级定位精度的导航定位用户可能没有什么感觉。大家都知道，如果可见卫星超过 4 颗的话，那么一个历元可以定位，基本上是瞬时就可以定位。但是对于需要精密定位的用户，想要使用载波相位做厘米级或者分米级水平的精密定位，那么一个历元就不够了，它就需要很多历元才能收敛。为什么需要收敛？因为精密定位的时候，是位置参数和一些其他的参数放在一起，这两类参数之间的相关性比较强，那么就需要其中有一类参数的变化比较大，这两个参数才好区分。那么这样就需要我们的卫星跨过一个弧段，我们才能把与几何量相关的参数和其他的和几何无关的参数区分开来，这样它才能收敛。长周期卫星几何变化比较慢，最后导致的结果就是精密定位的收敛比较慢。

　　如图 2.2.2 所示，这是某天某个位置的一颗星，左边是天空图，就是我站在地面往天上看，中间就是天顶 90 度的方向，然后这一圈是方位角，最中间那个点是 90 度，往下看一直到零度，这样的一个图就是在站心地平坐标系下，看卫星相对于观测者是怎么变化的。右边是对应的卫星高度角信息。如图 2.2.2 所示，对仰角比较高的卫星弧段，它一次过境的时间大概是 6 个小时，如果想要让它收敛的话，我们的卫星的几何位置必须变化得足够明显，因此我们就需要等待相对比较长的时间。目前，利用 GPS 或者是利用其他的导航系统，如北斗，做精密单点定位，它需要的收敛时间大概是 30 到 40 分钟，其中很大一部分的原因就是因为一次过境用的时间比较长。

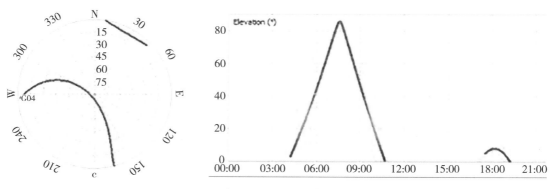

图 2.2.2　卫星天空图

　　对于中高轨的卫星，它还有一个问题，就是信号能量损失比较大。那么原因是什么呢？电磁波是以某一个方向或者是一个球状，在三维空间往外传播，它的能量是以三次方的量级在衰减。当卫星离地球有 2 万千米，那么它的能量到地面就衰减得比较多。如果我们卫星离用户比较近，它的能量衰减就相对比较小。在相同的发射功率的情况下，空间衰减的能量比较大的话，那么你收到的信号就相对比较弱。当然 GNSS 信号弱，也有设计层面的考虑。信号比较弱的话，它有一个问题就是容易被干扰。被干扰这个原理很简单，就好比你和另外一个人在说悄悄话，结果有个人在旁边放喇叭，放很大的声音，你当然就听不到了，这就是一种干扰。你的信号能量低，相当于你们俩说话的声音非常小，但是一旦旁边有一个很强的干扰，就可以把你欺骗。这两年 GNSS 欺骗和干扰这个问题变得特别突出。记不清是 2018 年还是 2017 年，360 团队他们用一个很简单的设备，就像一个录音机一样的设备，现场演示，就可以把手机给骗了，就是在其他地方录一段信号，然后放到这儿来播，就能把你们的接收机给欺骗了，使得你们定错位置。对于信号的干扰和欺骗，我们低轨卫星并不说一定会在这方面有优势，但是我们低轨卫星的空间损耗的量级比较小，因为我们离地面比较近。基于以上的考虑，不管中轨和高轨卫星发多少颗，它都有它固有的问题。为了解决这些问题，我们需要一定的低轨卫星，即不同轨道类型的卫星来补充，来进一步弥补它的不足，进一步提升它的性能。

　　下面介绍导航增强。导航增强其实不是什么新概念，有天基的，也有地基的。从

1995 年建成以后，美国就有 SBAS，叫星基增强系统。虽然大家的(导航增强)都叫星基增强系统，但是事实上各自的工作原理包括效果都不一样。我们大体上将导航增强分为两类。

一类我们叫做信息增强，信息增强就是说信号从卫星传播到地面上的话，它会受到很多误差的干扰，比如卫星的轨道误差，卫星的钟差，还有各种大气的误差。如果想要提高用户定位精度和导航性能，怎么办？我通过布设很多地面的参考站，然后把这些误差算出来，再把这些误差改正数注到卫星上去，然后卫星再播发给用户，用户同时收到 GNSS 信号和这些改正数，再用改正数改正他收到的信号，把误差给改正，这样就可以提高定位的精度，这种方式我们叫信息增强。过去的大部分的星基增强都是指这种系统。这种系统再细分也有两类，一类是提升完好性，就是民航系统，包括美国的 WAAS，欧洲的 EGNOS，还有日本的 MSAS 系统。另外还有近几年才有的精度增强，为了支持全球 PPP，他们主要是播发轨道和钟差的改正数，像天宝的 RTX，像 Veripos 有很多这种通过 GEO 把地面算好的改正数，上注到 GEO 卫星上，然后 GEO 再播发下来，这种形式的一个增强系统。我们把通过转发改正数这种形式的增强称为信息增强。信息增强最后的结果就是用户的定位还是用 GNSS 的信号定位，只不过它的误差可以通过这些改正数来修正，修正以后的定位精度更高。我们叫 make it better，就是提升现有 GNSS 定位的性能。

那么还有一类我们叫做信号增强，当然这个概念可能也有人不太赞同，有的人叫功率增强。我们这儿讲信号增强，就是说这个信号源也能产生测距信号。刚才的 GNSS 信号，它收敛慢也好，它的信号弱也好，都是它的测距信号的特性。如果我们在低轨卫星平台上也发射这种测距信号，低轨卫星运动很快，它和中高轨卫星一起参与定位的话，就能弥补中高轨卫星信号的固有的一些不足。那么这种形式的增强，我们叫做信号增强。咱们"珞珈一号"主要验证的工作是信号增强，信息增强后面也会做，当然信息增强这块现在已经有很多比较成熟的系统，不管是商用的系统，还是政府的系统。

图 2.2.3 是我们第一次做"珞珈一号"导航增强实验的图。咱们的地面接收机是能够同时接收 GPS 和北斗的双频信号，还能接收"珞珈一号"的导航增强信号。在我们这一次实验的时间范围内，卫星一次过境大概只需 7~10 分钟时间。图 2.2.3 中那些比较短的线是 GPS 和北斗卫星，它们的高度角和方位角的变化在几度范围。咱们的"珞珈一号"在七分钟之内，它的相对变化是 107 度，这个提升就非常明显，就是说这几分钟之内卫星就过境了，它的几何变化非常明显，事实上要让定位收敛，其实根本不需要一轨，可能只需要它的 1/2 或者 1/3。换句话说，如果使用低轨卫星定位的话，它的收敛时间是有希望提高到一两分钟这个量级。这个是我们信号增强的一个最主要的优势。当然还有其他的一些优势，比如说功率增强。

低轨卫星导航增强的概念，这些年已经非常火了，大家可能时不时地就会听到很多，那么为什么会很火呢？我觉得有以下几方面的原因，一个是现在的低轨通信星座的兴起，现在有这个平台，咱们导航的系统和通信系统相比，还是一个相对比较简单的一个功能，所以他们这些通信星座更愿意把我们的导航功能集成进来。咱们国家的通信星座，包括航

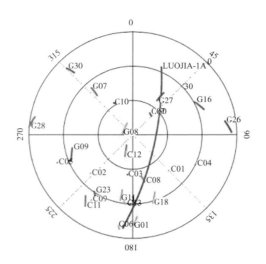

图 2.2.3 "珞珈一号"实验

天科技的鸿雁星座，还有航天科工的虹云星座，在上个月底也就是 2018 年的 12 月最后几天，分别发射了一颗实验卫星。航天科工号称也有导航增强的，而航天科技根据我的了解，他们的实验星上应该是已经搭载了具有导航增强功能的载荷。另外还有 CentiSpace，就是未来导航，它是一个商业星座，2018 年的 9 月 26 日也发射了一颗实验卫星，它也号称是导航增强的星座。另外还有一些像中科院做的亦庄全图通卫星，当然它是一颗小卫星，它也是 2018 年发射的，他们也号称是通导遥一体化，可惜的是最后没有看到相关的结果。国外有通信星座——铱星，铱星是第一个低轨通信的星座，正在运营的，在 20 世纪就建成了，到现在还一直在运行。那么铱星的下一代计划就是第二代铱星计划，它里面也提供了一种叫 STL 的服务，叫做 Satellites Location and Timing，就是定位和授时的服务，它是在通信信号上附加了定位功能。当然目前的通信星座定位也存在一定的问题，后面会提到。它目前的精度还是没有办法跟 GNSS 相比，但是它有它的特色。另外还有斯坦福大学，他们是比较早的，大概是 1995 年，他们就发现了，可以使用低轨卫星来增强，他们有相关的专利和相关的研究，但是他们没有自己制作卫星。

2. "珞珈一号"导航增强系统

第一部分讲完了，然后我们讲一下"珞珈一号"。"珞珈一号"是武汉大学牵头研制的，武汉大学说发卫星是在我读本科的时候，大概从 2005 年我进校的时候，院士们就说我们武汉大学要发一颗卫星，到 2018 年终于实现了。这个任务大概是从 2015 年开始启动的，因为学校做这个事情还有很多的手续、很多的限制，所以从 2015 年开始启动，最后到 2018 年 6 月 2 日发射成功，我们大概花了两三年的时间。其中主要的卫星研制和技术攻关都是在 2017 年和 2018 年完成的，我们是在酒泉卫星发射中心发射的。当时我是去了发射现场的。如图 2.2.4 所示，咱们的卫星是搭载在长征 2 号-丁，就是 CZ-2D 这颗金牌火箭发射的，前两天刚又发射了一颗星，发射记录全部是成功。

图 2.2.4 "珞珈一号"发射现场

"珞珈一号"的轨道采用太阳同步轨道，因为它主要还是一颗遥感卫星，采用太阳同步轨道主要是为了最大程度地接受太阳光，"珞珈一号"是一颗小卫星，太阳板也很小，它的能量很受限，因此我们使用的是太阳同步轨道(图 2.2.5)。卫星轨道高度是 645 千米。我们整个的姿控系统还是比较完善的，是一个三轴稳定的姿控系统。包括星箭分离装置的总重量是 23 千克，整星的重量大概是 19.8 千克。控制测控的频率采用 UHF 频段，上面的卫星影像下传采用 X 波段。卫星设计寿命是 6 个月，到 2018 年的 12 月 2 日就已经达到设计寿命，但是卫星现在运营状况还是良好，我前两天做了实验，工作状态还是良好，在天上已经连续工作了 7 个月左右。

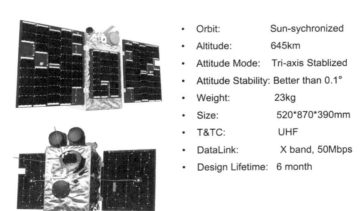

- Orbit: Sun-sychronized
- Altitude: 645km
- Attitude Mode: Tri-axis Stablized
- Attitude Stability: Better than 0.1°
- Weight: 23kg
- Size: 520*870*390mm
- T&TC: UHF
- DataLink: X band, 50Mbps
- Design Lifetime: 6 month

图 2.2.5 "珞珈一号"设计参数

下面介绍一下"珞珈一号"导航增强系统的原理。"珞珈一号"卫星只有二十几千克，属于业余星的量级，但是我们是严格按照航天流程走，包括各种环境实验，电路板的生产工艺等，所以到现在卫星还在正常工作。

因为卫星的体积重量各方面的限制，所以我们的载荷也很小，但是它要完成的功能可不少。那么我们的载荷是怎么工作的呢？我们的载荷里面配备了一个双模四频接收机，可以同时接收 GPS 和北斗的双频数据，这是"对天接收"（图 2.2.6）；我们的星上装了一个高稳定度的晶振，卫星能维持自己的时间系统，进行自主的定轨和授时，这个叫"在轨数据处理"；同时能够生成双频的测距信号向地面播发。在地面上，我们研制了自己的接收机，可以同时接收 GPS、北斗的双频信号，还可以接收"珞珈一号"的双频信号。我们就是想做一个科学实验，想看看通过低轨卫星信号增强，定位精度到底能提高多少。

What has been developed by our team?(我们的团队开发了什么？)

Satellite Payload(卫星载荷)

Receiver Payload
(接收机)

Major Function(主要功能):
1.Provide onboard Precise orbit and timing(提供精确的轨道和时间).
2.Store onboard GNSS observation and download to ground(存储星上观测数据并下传到地面)
3.LEO Navigation Augmentation Experiment(LEO导航增强实验)

Specification(技术参数):
Size(大小):100mm × 100mm × 50mm;
Weight(重量):≤500g;
Power(功率):
Low Power Mode(低功率模式):≤1.5W
Observing Mode(观测模式):≤5W
Augmentation Mode:(增强模式)≤18W

Specification(技术参数):
A.Sensitivity(捕获灵敏度):
−163dBw;
T.Sensitivity(跟踪灵敏度):
−167dBw;
TTFF: 45秒
Channels(通道数):
72(Hard Channel)

图 2.2.6 "珞珈一号"导航增强系统

低轨卫星针对以下几个问题有所改进：第一个是卫星的可用性问题，虽然在开阔环境没有问题，但是我们城市有很多遮挡，包括高楼大厦、立体交通，在这种遮挡严重的情况下，我们还是希望可见卫星越多越好。第二个是低轨卫星作为一个移动的监测站，可以提高 GEO 卫星的定轨精度，北斗卫星系统是一个混合星座，它的 GEO 卫星因为离地面很远，定轨的几何条件不好，现在 GEO 卫星定轨的精度远远不如 MEO。通过 LEO 这种运动监测站来辅助 GEO 定轨，目前已经有相关的研究成果证明性能提升还是很明显的。第三个是脆弱性的问题，我们刚才讲的信号干扰和信号压制的问题，如果低轨卫星的落地信号的电频能更高，就是信号能更强的话，那么我们相信信号的抗干扰能力会有一定的提升。最后就是提升 PPP 的收敛速度问题。

"珞珈一号"导航增强分系统有两部分：除了天上发射的，还有地面接收的。天上发射的载荷就是一个长宽均为 10 厘米、高 5 厘米的小方盒，重量只有 300 多克。就这么一个很小很轻的载荷，它不仅能收能算，而且能发，还是发双频。

再说说功耗，因为我们整星的功耗很受限，我们设计了几个模式：第一个工作模式是单频，卫星大部分时间处在这种工作模式，单频的情况下是 1.5W 功耗，就是低功耗模式。为了保证稳定的时间系统，保证卫星的轨道姿轨控，需要提供位置，这种模式就是1.58W，是一个非常低的功耗。第二个是双频观测的模式，这个模式大概是 5W 左右的功耗。第三个是接收双频信号的同时再往下发射信号，因为发射的信号有一定的能量转化效率，而且同时发射的是双频信号，所以最后发射增强信号的时候功耗大概是 15W 到 18W这个量级。

除了跟着"珞珈一号"一起上天的导航增强载荷，咱们还有一个地面接收机，能接收GPS 和北斗信号，还能接收"珞珈一号"的双频信号。设计是 72 个通道，就是能同时捕获12 颗 GPS、12 颗北斗，还能捕获 12 颗低轨卫星的信号。

导航增强载荷有以下几个功能：一是在轨的实时定轨，给整星提供实时的位置；二是要给卫星上的其他设备授时，包括相机、星敏感器这些定姿相关的设备都需要我们的时间系统来统一。它要给整星提供 PPS，来用于整星的授时，整星的各个元器件要工作在同一个时间系统下，那么我们的载荷可以提供时间标准；三是在开双频观测的时候，载荷可以把数据存下来，然后再在合适的时间把数据下发到地面；最后载荷可以向下发射导航增强信号。

刚才是把设备研制出来，然后讲讲我们在诗琳通布设的地面站。我们在楼顶安装天线，地面站现在有两台接收机，两台接收机器接到同一根天线上，用于做发射信号的评估。我们地面站装备了芯片级原子钟，因为目前是一颗星，从原理上讲，一颗星是不能定位的。那么我们想做信号评估，就需要一个参考，所以我们装备了芯片级的原子钟。

3. "珞珈一号"初步研究结果

下面是第三部分，讲讲我们"珞珈一号"导航增强系统取得了哪些成果。

(1) 双频接收机观测质量评估

首先是星上的双频接收机观测质量评估。第一个是信号强度，图 2.2.7(a) 是载噪比与高度角的关系图。所谓载噪比，就是单位带宽上的信噪比，载噪比越高，信号越强，信号质量就越好。地面接收机的 GNSS 载噪比正常情况下应该是 30 到 55 之间，在没有遮挡的情况下，应该是 40 到 55 之间。当然很难碰到这种很完美的环境，很多时候比如说有遮挡或者是低仰角的情况，载噪比也会到 30 多，但是一般 30 以下的信号我们就不用了。从图中可以看到，B1 信号大部分是在 40 到 50 之间，是相对比较正常的。B2 载噪比稍微低一点。这个问题我们怀疑是星上的天线问题，天线对 B2 信号的灵敏度可能不是特别的理想。图 2.2.7(b) 是多路径与高度角的关系图。总体来讲，我们认为北斗的多路径还是比较正常的，一般情况下是 0.3 米左右，实时评估下来，B1 的信号大约是 0.31 米，B2 要稍微差一点，大概是 0.4 米左右。

另外一个值得我们注意的地方，地面天线是对天接收的，只能收到高度角为正的信号，而我们接收机能够收到高度角低至-20 度的信号，更低的信号就被地球挡住接收不到

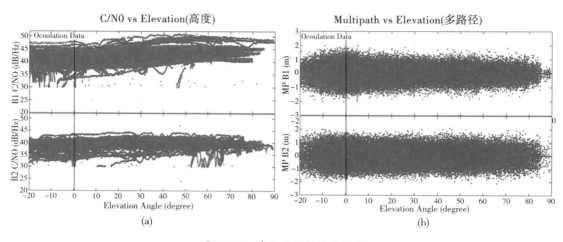

图 2.2.7 在轨接收机质量评估

了。为什么能收到负角度的信号呢？从前面图 2.2.5 中可以看到，我们的卫星上装了三根天线，带相机的这面叫正 Z 面，不带相机的那面叫负 Z 面。"珞珈一号"上面有两个像眼睛一样的设备，那是 GNSS 天线，背面也有一根天线，所以我们整星是装了三根 GNSS 天线。其中两根背靠背的天线是接收信号用的，这就能解释为什么能收到–20 度的信号，因为不管卫星怎么转，通过姿态控制，两根背靠背的天线总有一根能收到信号，这就保证了卫星的定位。正 Z 面上的两根天线，一根是用来接收的，另外一根是用于发射双频导航增强信号的。那么负角度有什么意义呢？低轨卫星有一个应用叫掩星，我们希望它能用在掩星上，当然我们现在还没有开展相关的研究。从工作原理上来讲，掩星就是接收从地球的另外一面穿过大气层来的信号，通过测量信号弯曲，来反演包括对流层、电离层及相关的参数。我们认为"珞珈一号"收到低仰角的信号是很有可能可以用来做掩星的，但是我们现在还没有验证。

（2）星载晶振稳定性评估

对于导航增强系统来讲，最重要的就是星载晶振的稳定性。"珞珈一号"能做的事情基本上和一颗 GNSS 卫星差不多了，我们也能够发射信号。那么区别在哪里呢？区别就在于我们用的是几万块钱的晶振，像北斗这类的导航卫星，它的钟大概是几百万一个，而且一颗卫星要装 4 个钟，所以我们的成本大概只有一颗北斗卫星成本的 1%。相应地，它的性能也比北斗要差好几个量级。北斗大概是 10^{-13} 到 10^{-14} 量级。因为"珞珈一号"信号播发时间的有限，我们无法评估天稳定度，评估的短期稳定度大概是 3×10^{-10} 量级。评估用的是哈德玛方差，而没有用阿伦方差，因为这个信号有一个频率的漂移，频率漂移会影响阿伦方差的评估结果，所以我们就用哈德玛方差。

图 2.2.8 中右边这个图是我们计算的频率漂移，发现在轨的频率不是一个常量。发射前我们在地面上有测试，没有发现相关的问题。我们怀疑这跟相对论的影响有关系，我们算出来的平均频率漂移为 2.68×10^{-10}，根据理论值推算出来的相对论影响大概是 $2.56 \times$

10^{-10}量级，跟前面那个量级是相当的。当然这还需要我们再进一步做更严格的分析。

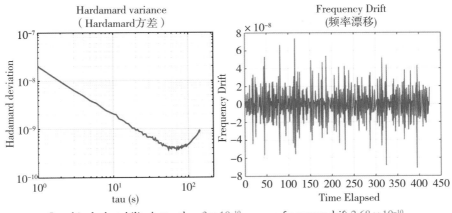

图 2.2.8　钟差稳定性评估

（3）导航增强信号星历

另外一个比较重要的点就是导航增强信号的星历。GPS 定位需要获取 GPS 卫星位置，卫星的坐标是通过卫星播发的广播星历计算得到的。"珞珈一号"卫星的导航电文跟 GPS 是有区别的，我们是每 6 秒钟发一帧，每 30 秒一个循环。为什么要这样处理？因为咱们的卫星运动得很快，万一中间信号有遮挡，在这 6 秒钟之内，如果有一个比特解不对，那么这一帧都用不了。所以我们在设计上要有一定的冗余，即使接收机中间有一两个出错，也可以从前一帧或者从后一帧把一些信息恢复出来。图 2.2.9 是根据广播星历算得的卫星轨道的误差图，参考值是星上数据算得的动力学平滑轨道，这实际评估的是内符合精度。我们用的广播星历算法外推 30 秒，误差大概是 0.3 米左右。当然这个算法相对比较简单，我觉得通过改进地面的用户算法，精度是可以提升的。轨道每 30 秒会有一次跳变，因此轨道是每 30 秒更新一次。因为现在只有一颗卫星，不牵涉到和其他卫星的坐标框架的统一，所以如果它的轨道和真实轨道之间有系统性的偏移，那么在定位的时候，它会自动吸收到钟差里，因此轨道的系统性偏差对定位不会有影响，所以我们只评估相对轨道精度。

（4）信号质量评估

另外一个问题就是在天上只有一颗卫星的情况下如何评估信号质量。GNSS 的信号是怎么评估的呢？有两种方法，一种是短基线评估，另一种是零基线评估。地面上有两个站，同时接到两颗卫星的信号，形成一个双差，这样把各种误差都消掉。短基线评估的是多路径加上接收机噪声，零基线只评估接收机的噪声。但是到我们这就有个问题，天上只有一颗星，无论地面上布设多少站，也形成不了双差，最多形成一个单差。而且我们做卫星评估的前期，甚至都没有两台接收机。我们只有一台接收机加一颗卫星，怎么评估信号的质量。我们采用了好几种近似的办法，从不同的侧面来评估信号质量。我们用伪距减去

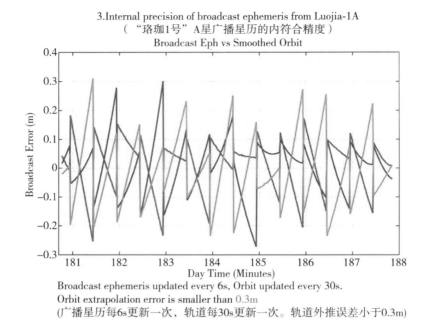

3.Internal precision of broadcast ephemeris from Luojia-1A
（"珞珈1号" A星广播星历的内符合精度）

Broadcast ephemeris updated every 6s, Orbit updated every 30s.
Orbit extrapolation error is smaller than 0.3m
（广播星历每6s更新一次，轨道每30s更新一次。轨道外推误差小于0.3m）

图 2.2.9　"珞珈一号"广播星历内符合精度

载波相位，这样就可以把所有与几何距离相关的项消掉，剩下的就是电离层。然后我们在电离层再用一个历元间的差分，残留的是二倍的电离层的变率。从这个角度来讲，我们是评估伪距跟载波的一致性。如图 2.2.10 所示，伪距跟载波的一致性评估下来，大家看到它并不是一个零均值，从理论上讲，剩下的电离层的变率应该是在厘米级这个量级。但是事实上它有一个比较大的偏差。它的噪声水平跟卫星的高度角变化关系比较密切，P1 信号高于 40 度的时候，大概是两米的水平，比现在的 GNSS 信号的质量要稍微差一点，这不仅和我们的卫星设计有关系，还和它的轨道类型有关系。

（5）双频测距码噪声评估

导航增强系统可以发两个频点的信号，对这两个频点的信号，我们做了一个"Geometry-free"的组合，就是把和几何距离相关的误差都消掉。这种方法评估的是 P1 和 P2 两个频率的一致性。当然这也是一个主流的办法，对于伪距，直接就是 P1 减 P2，但是残留有一个电离层的影响，还有一个 DCB 的影响，是卫星端和接收机端的 DCB，但是仅一颗星、一个接收机是分离不了这些误差的。

我把一次过境时间整个电离层误差，作为一个常量并删掉。如图 2.2.11 所示，伪距的变化与高度角非常相关，低仰角时噪声非常大，高仰角时噪声小一些。载波相位评估的时候，因为电离层的变化已经到了厘米级，其误差就不能忽略不计了，那么我们采用无电离层组合再做一个历元间差分，然后用它来评估载波相位的精度，我们把它化成和高度角有关的函数，然后用 MINQUE 方差分量估计的方法，把它和高度角相关的一个方差分量算出来。

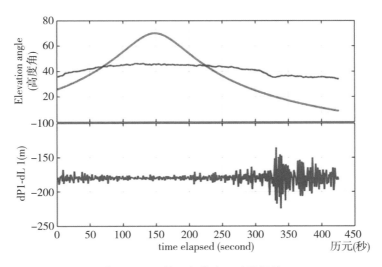

图 2.2.10 伪距与载波一致性评估

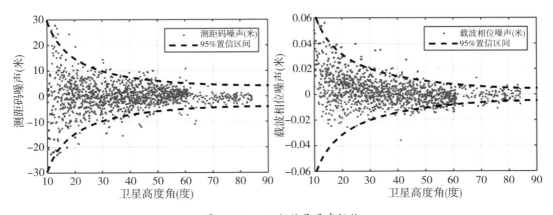

图 2.2.11 双频信号噪声评估

如图 2.2.11 所示,在 95% 的置信区间,对应图中的黑色曲线,可以看到噪声是跟高度角相关的:在高仰角的时候,伪距的噪声是 1.5 米,低仰角的时候,大概就是 3 米到 5 米的水平;载波相位高仰角的时候大概是 1.7 毫米,中低仰角的时候,大概到了 1 厘米左右的量级。所以,我们认为这两个频率,不管是伪距的一致性,还是载波相位的一致性,基本上是符合预期的。但是有一点就是它的电离层和硬件延迟,每次实验求出来的常量都不稳定,这个问题我们还需要再进一步研究。

(6)信号强度评估

信号强度牵涉到微波链路的问题,就是说我们的信号从产生,然后通过发射天线发射出来,在大气中传播,不仅有空间的自由衰减,还有大气的衰减,以及地面接收机天线的增益。虽然我们两个频率的信号发射的功率是一模一样的,但是接收到的功率不完全一样。如图 2.2.12 所示，在低仰角的时候 H1 比较好，高仰角时 H2 比较好，我们认为这主要是跟接收机的天线的方向有关系。"珞珈一号"的导航增强信号既不同于 GPS，也不同于北斗，它是独立的频率，导致射频相关的元器件和天线相关的元器件都要单独设计，用现成的就不行。在 H2 频点低仰角的地方，它的天线方向图很差，这个地方我们已经做了一些验证。当然我们后续还要做更多的实验，比如说布一个网来研究这个问题。我们做了很多实验，从第一次做实验到现在，基本上每次实验都能成功。每次开机的话，我们都能收到信号，所以这个系统的工作应该还是比较稳定的。

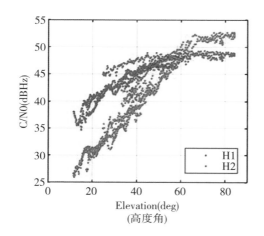
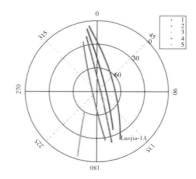

Skyplot of Luojia-1A for five experiments
（5次实验中"珞珈一号"A星的天空图）

图 2.2.12　"珞珈一号"信号强度评估

（7）信号正确性评估

最后要验证一下伪距和载波相位的正确性。可以用模型来验证伪距和载波相位的准确性。在地面的坐标和卫星的坐标都知道的情况下，我们把几何距离算出来，然后进行修正：卫星端的钟差和接收机端的钟差分别用不同的办法算出来，再进行修正。电离层、对流层延迟用模型进行修正，修正完了以后，剩下的量就如图 2.2.13 所示。

从原理上讲，它应该是平稳的一条直线，但是事实上它还是跟高度角有一点点相关。我们怀疑可能是电离层或者其他什么误差没有被处理干净，因为我们现在在用的这个模型也是一个相对比较简单的模型。另外它有一个常偏，就是说它不是零均值，我们认为可能的原因是我们没有考虑卫星端的发射硬件延迟和接收机端的发射硬件延迟。但是硬件延迟是一个常量，我们在定位的时候，它会自动吸收到接收机钟差中，这样就不考虑了，只需考虑变化的部分。变化的部分，评估下来大概是 3 米的量级，确切地说是 3.62 米。

伪距和我们刚才评估的其实差不多。对于载波相位，这个是我们早期的实验，它使用的是普通的晶振，就是地面的普通的温度型的晶振，它的稳定度只有 10^{-6} 量级，它会影响我们的载波相位的精度。我们后续有新的结果，就包括用零基线的结果和用双频的结果评估，现在的精度是可以做到厘米级甚至毫米级的。我们早期修正的结果是 2 分米左右量级。这个中间肯定还有一些误差源没有被修正干净。

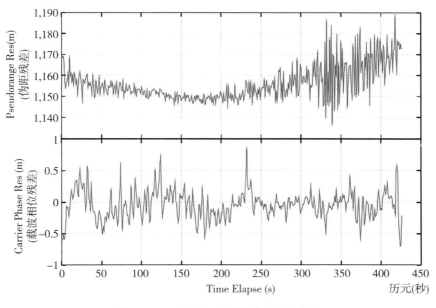

图 2.2.13 "珞珈一号"信号正确性评估

另外，还有一点值得注意的就是载波相位受到多路径的影响比伪距要小得多，伪距在低仰角的时候，噪声变化非常剧烈，但是载波相位受多路径的影响可以说非常小。

4. 低轨导航增强系统的应用展望

下面介绍一下我们导航增强有哪些用途。我们现在只有一颗卫星，那么我们就要考虑能不能用一颗星来定位。单星定位有几个方面的问题，首先用低轨卫星来定位，跟中高轨卫星不一样，为什么？GPS 卫星离地面的距离大概是 2 万千米，地球的半径只有 6400 千米，在通过高斯牛顿法迭代的定位过程中，如果不知道它的近似坐标，可以把它设为（0，0，0），然后迭代 3 到 5 次，就可以收敛到真实的位置上。但是低轨卫星离地面只有 650千米，地球半径是 6400 千米，这时候你给它一个（0，0，0）的近似坐标，是不能收敛的。这个问题是需要我们来解决的。另外一个问题就是用户相对于卫星在 ΔX、ΔY、ΔZ 三个方向都要有增量，定位才能收敛，相当于从 X、Y、Z 三个面来看，卫星都要有一定的弧度，才能收敛，如果在某个方向是一条直线的话，那么在这个方向就没办法算了。所以，我们用了"珞珈一号"的一个弧段的数据来仿真，弧段大概四五千千米，大约七八分钟的样子，通过仿真研究中国及周边区域的定位性能。

我们这个算法，还有一个好处，就是我们可以用载波相位来定位，在相当长的一段时间内，我们认为接收机的钟差是线性变化的或者是一个常数。做了这个假设之后，我们就可以算出位置。

如果载波相位按毫米级的精度来算，有很多位置的定位精度可以达到米级，甚至可以做到分米级。实际还需要考虑一些误差，但我们认为做到比如说几米或者几十米的精度还是很有希望的。当然单星定位这个方法不是我们提出来的，在早期像 GPS 的先驱——子午卫星系统，包括俄罗斯的一个低轨卫星系统，它们都是用多普勒来定位。他们的定位精度只是百米甚至千米量级。我们采用这种测距的方式来定位的话，可以做到米级或者是几十米的量级，而且覆盖范围还比较大。单星定位的东西向和南北向精度不同，因为卫星是南北方向飞的，东西方向的精度相对较差，南北方向精度相对要好，高程方向的精度也跟东西方向差不多。授时在 10 到 20ns 的精度。

单星定位能应用于搜救服务。最近北斗 3 号加了搜救的服务，引起了广泛关注。事实上搜救就是用的单星定位的方式，地面用信号发射器发出信号，低轨卫星收到信号后把你的位置解算出来，然后发到地面站，地面派个无人机过来，把那些登山探险的被困人员营救回来。单星定位还能应用于物联网领域，比如集装箱、大货车等，不需要很高的精度，也不需要很高的频率，我们觉得单星定位有可能作为一个备用系统，在今后发挥一定的用途。

低轨导航增强的另一大应用是加快 PPP 的收敛速度。由于导航增强信号的某些误差特性还有待进一步研究，目前对于加快 PPP 收敛我们做了一些仿真。利用全球的卫星星座，能够计算出收敛时间。我们算了武汉这个地方，图 2.2.14 中有三条曲线，上面蓝色曲线是单 GPS 的定位收敛时间，下面红色是 GPS+北斗的，最下面黄色的线是 GPS+北斗+192 颗低轨卫星。当然这个仿真我们认为也不完全正确，为什么呢？因为真正数据处理的话是比较困难的，有些偏差，我们仿真时没有考虑。所以我们仿真下来 GPS 的收敛时间大概是 10 分钟，但是真正的收敛时间大概要 30 分钟。我们加入低轨卫星以后，它的收敛时间确实是有了明显的提高，而且收敛时间在不停地跳动，因为低轨卫星过境很快，会对收敛时间有一定的影响。

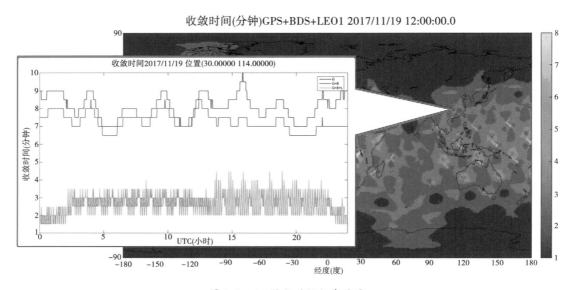

图 2.2.14 收敛时间仿真结果

低轨卫星信号作为一个新的信号，除了定位以外，是不是在其他的领域也有一些潜在的用处呢？

（1）掩星

其中一个可能的应用就是掩星（图2.2.15）。我们的"珞珈一号"有正 Z 和负 Z 两个方向的天线，负 Z 方向的天线可以收到来自地球另外一面的 GPS 卫星的信号，这个信号穿过了大气层，它就会被大气层折射，然后产生信号弯曲，通过量测信号产生的附加的路径延迟，来反演大气垂直剖面的大气密度和水汽等，这就是掩星。我们认为"珞珈一号"可以用于掩星研究。

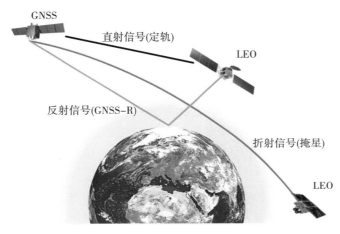

图 2.2.15　掩星示意图

（2）GNSS-R

GNSS-R 不用天上收到的信号，而是用地面反射过来的信号。GNSS-R 的平台有星载和机载的。现在 GNSS 信号有许多应用，比如做海面高度的测量，雪的深度反演，土壤的湿度反演等。低轨卫星运动比较快，在几分钟之内就可以获得整个弧段，我们认为低轨卫星的信号用于遥感反演可能会有一些比较好的结果。

（3）探测大气

我们可以用低轨卫星的信号来探测大气。GPS 卫星飞过一个弧段，大概需要 6 个小时，6 个小时之内可能都下了好几场雨。然而我们低轨卫星一次过境只要十多分钟，就可以快速地做一个像 CT 一样的扫描，而且我们一次过境就可以覆盖很大一块范围，所以我们觉得这是一种有希望快速获取电离层、对流层剖面的观测手段（图2.2.16）。

（4）GNSS-SAR

SAR 卫星有个特点，就是自发自收。星载雷达是在卫星上安装发射和接收天线，两种天线用同一个晶振。双基地雷达就是 Bistatic SAR，一端发射，另一端接收。既然用雷达信号可以做，那么用其他的无线电波信号是不是也可以做？就有人用 GNSS 信号来做。通过机载平台发射 GNSS 信号，打到地面上然后再反射过来，通过一些特殊的天线，比如

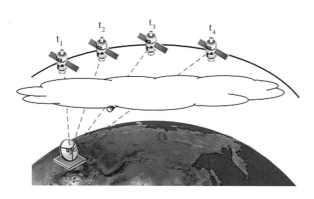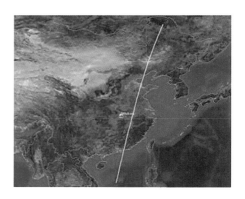

图 2.2.16 "珞珈一号"过境示意图

雷达天线，把它接收了，然后采用成像技术将信号可视化。

雷达技术包括 L 波段的 SAR，还有 C 波段和 X 波段。频率越高，相应分辨率就越高。GNSS 信号是 L 波段的，它的波长大概是 20 厘米，所以它的分辨率相对不是很高，比起 TerraSAR 这些专业的雷达卫星，分辨率还是有一定的限制，但是 GNSS 信号是免费的，信号可以随便接收，所以我觉得用 GNSS 信号和低轨卫星的导航增强信号，在这方面也是有一定的研究前景和研究价值的。

最后我们讲一下后续的计划。我们"珞珈一号"01 星今年（2018 年）6 月已经上天了，现在我们正在做 02 星。02 星就是我刚才讲的雷达卫星，我们 01 星是夜光遥感加导航增强，02 星是多角度雷达成像加导航增强。这颗星我们已经设计了有将近差不多一年了，现在还处在研发阶段。02 星由五院设计，有 300 多千克重。02 星的导航增强除了改进设计，我们还会加入一些新的功能，预计 2019 年年底完成初样的设计。

最后，低轨卫星导航增强的应用只限于大家的想象力，我们很希望大家能结合自己的专业知识，说不定能提出更有商业价值的应用。希望对这个感兴趣的同学能加入我们，欢迎大地测量、控制、电子等相关专业的同学参与进来，让我们一起把低轨卫星导航增强往前推进。我的联系方式是 lei. wang@ whu. edu. cn。我的汇报结束，感谢大家！

【互动交流】

主持人：非常感谢王磊博士精彩的分享。接下来是观众提问环节，欢迎在场的同学和老师踊跃提问，我们将送出《我的科研故事（第三卷）》。

提问人一：你在报告中主要提到能缩短收敛时间，在定位精度方面有没有提高呢？

王磊：精度方面的话，取决于低轨卫星的轨道精度和它的信号测量精度。但是我们认为即使你做得很好，精度提升也不会太大，为什么？因为天上有很多 GPS 卫星，一颗低轨卫星不能提高多少，比如说我定位可能用了 7 颗 GPS 卫星加一颗低轨卫星，除非低轨卫星能做到厘米级，最后才能提升定位精度。但这个可能性不太大，所以我们认为它主要的贡献还是在加快收敛。

提问人二：咱们 01 星主要是做信号增强，那 02 星是简单重复，还是说有什么新招？

王磊：我们 02 星会继续完善 01 星没有实现的相关功能，另外我们会加入信息增强的功能，我们使用的信息增强方法跟我刚才讲的那种算好轨道和钟差，然后再注上去不太一样。有些关键技术我们还在研究。

提问人三：谢谢王磊博士给我们作了精彩的报告，系统地介绍了"珞珈一号"的低轨导航增强系统。我的第一个问题是"珞珈一号"的信号在有遮挡的情况下，比如在森林中，是否会比 GNSS 信号强？

王磊：这个就牵涉到我们刚才讲的一个问题，就是信号强弱或者抗干扰能力。低轨卫星的信号有一个特点，就是我们的卫星在天顶方向大概是 650 千米，但是在 0 度仰角的时候，它离我们用户的距离是 2500 千米左右，所以动态范围变化特别大，那么相应的后果就是信号强度的变化也很大。噪声跟高度角的相关依赖性特别强。这种依赖性跟 GNSS 是不一样，为什么？GNSS 卫星离用户很远，仰角不同时虽然距离也有一定的变化，但是这个变化和它本身的变化相比是比较小的。那么 GNSS 信号高仰角和低仰角的时候，地面接收机收到信号的功率变化不大，但是我们低轨卫星的变化比较大。不考虑其他的，单纯从低轨卫星离用户的远近这个角度来讲，它的信号损失的变化就比较快。我们"珞珈一号"的信号设计，天顶方向是比 GNSS 要强的，但是低仰角就比 GNSS 要弱。从原理上讲，我们的信号的穿墙能力会比较强，但是要想达到这个效果，对发射天线、接收天线的增益，以及接收机的环路设计，都有比较高的要求。我们实际收到的信号相比 GNSS 信号有一定的优势，但是优势不明显。另外我想讲一下，低轨卫星发射高功率信号本身不是一个技术问题，我们希望它强 6dB 或者强 10dB，从技术上讲是可以做到的，但是无线电信号频率的使用要遵循一定的规矩，要服从国际电联的频率划分要求。如果你的信号比其他信号强10dB，那其他信号就会收不到。所以"珞珈一号"的信号基本上与 GNSS 信号一样，在高仰角的时候会比 GNSS 信号强一些，但不会干扰 GNSS 信号，这也是我们在设计上的一个考虑。

提问人四：我想知道轨道的稳定性能保证吗？低轨卫星相较于 GNSS 卫星的轨道是否能保持稳定，变化不会很大。

王磊：你刚才问这个问题牵涉到卫星的姿轨控的问题。首先低轨卫星在大气层里运行，受到的大气阻力就要比中高轨卫星大，它的轨道运行本身就比中高轨要复杂。而且大气的阻力是一种非保守力，预报也比较困难。我们轨道精度是两分米，这里面肯定就包含了刚才说的大气阻力，但是没有那么致命。这个跟你预报的时间长短有关系，短的话影响就小。这牵扯到我们星历设计的时候，你要多长的周期才能保证精度。我们没有设计成像 GLONASS 的 15 分钟，北斗的 1 个小时，GPS 的 2 个小时，咱们设计的星历的更新间隔非常短，就是为了保证轨道精度。

"珞珈一号"因为卫星比较小，没有轨控系统。雷达卫星要想做 InSAR，两次成像要形成干涉的话，那么要求两次成像的波位相同，也就是它的信号的入射角和反射角都要跟上一次完全一样。像 TerraSAR 这种卫星，为了保证轨道的重复性。它要定期做机动。因为"珞珈一号"比较小，会自由地下降，它的轨道会越来越低，预计是 13 年以后就会坠落到大气层烧掉。

提问人五：我听说鸿雁星座计划发射 300 颗卫星，如果全部发射上去了的话，增强效果应该比单星要好。如果低轨卫星的信号被干扰或者发生故障，还有就是信号中含有欺骗信息的话，有没有应对措施？

王磊：你这个问题不限于低轨卫星的信号，现在 GPS 和北斗的信号也有可能被干扰。如果万一有一个系统受到干扰，怎么样才能得到稳定的结果？这主要涉及用户端的抗差算法和稳健估计。现在单点定位里面用得比较多的像 FDE，这个算法分为三部分，先检测，然后发现粗差再逐个剔除，最后得到定位结果。这个算法适用在 GNSS 卫星有少部分出现故障的情况下剔除粗差。现在天上有 4 个系统，万一有一个坏了，我相信绝大多数情况不会影响定位。但是如果 4 个系统中，有 3 个系统都坏了，这就取决于用户接收机的稳定度。

抗欺骗的话，其实也不完全是靠信号。有时它是可以靠钟来解决的。例如，我地面接收机的钟非常好，能够发现导航信号中的时间存在问题，这个时候选择相信地面接收机的时间可以达到抗欺骗的目的。当然时钟不能解决所有的欺骗的问题，但是可以解决一部分。

提问人六：第一个问题是目前"珞珈一号"只有一颗卫星，信号的频率和 GPS、北斗基本是一样的，因为现在我们北斗好像申请频率也很紧张。你们在设计卫星的时候，频率是怎么申请到的？如果以后鸿雁和虹云发射 300 颗卫星，频率会不会和你们的一样？第二个问题，因为我们知道卫星上面的原子钟非常重要，低轨卫星搭载的晶振是否满足高精度定位要求？我看到有论文声称在低轨卫星星座建成后，收敛时间能达到两分钟甚至一分钟以内，但真实的系统是非常复杂的，想请问一下你对低轨卫星星座预期和评价。

王磊：因为"珞珈一号"的频率相关的工作也是我负责的。所以我就多说两句。"珞珈一号"的频率跟目前四大导航系统的频率都不一样，主要是为了不干扰现有导航系统。我们也是费了很大工夫拿到两个频点，目前没有公开，但是我们的频率是合法的，是拿到了频率许可证的。至于虹云、鸿雁，他们肯定不能用我们的频率，至于会用哪个频率我也不知道，因为目前用哪个频率都有一定的风险。现在 10G 以下的低频段的频率都非常紧张，因为低频的接收机相对容易制作，而且使用的时间比较长，慢慢地用户就越来越多。

频率是全球共有的资源，所有的人都在用，而且尤其是卫星，一个波束的覆盖范围很大，咱们的"珞珈一号"的一个波束下来，能覆盖方圆 5000 千米。这个影响范围很大，不是你地面随便设一个信号桩，覆盖几千米范围。这个协调起来就相对复杂很多，所有可能受到你信号影响的，都要去联系。建立全球星座未必能在每个国家都能用，这取决于当地的政策和法律，像 OneWeb 他们号称全球的星座都已经建好，但是能不能在我们国家使用现在还在讨论。在哪能用取决于当地的政策和法律。频率是影响全球星座使用范围的最关键因素，频率不能兼容，即使星座建好了也不一定可以在全球范围使用。

第二个问题，能不能达到一分钟以内收敛，一要看信号的精度，二要看轨道的精度。从轨道精度来看，目前低轨卫星的近实时定轨已经可以达到较高精度，如果能够加入星间链路，在全球任何地方都能上注的话，轨道和钟的问题肯定能处理得比 GNSS 要好。但是目前的低轨导航增强系统有很多系统性偏差，对低轨导航信号的特性还需要进一步研究，把各种误差消除干净，才能得到更好的结果。

第三个问题，其实 300 颗卫星并不算多，有仿真研究表明，如果低轨卫星要像 GNSS 一样全球任意地点任意时刻都至少有 4 颗卫星，那么至少要发射 800 颗卫星。300 颗卫星还是很难成为单独的导航定位星座，还是要和 GNSS 联合起来使用，达到缩短收敛时间的目的。

（主持人：卢祥辰；摄影：陈菲菲；摄像：董佳丹、杨婧如；录音稿整理：李涛；校对：李敏、李涛）

2.3 面向高分辨率遥感影像场景语义理解的概率主题模型研究

（朱祺琪）

摘要：高分辨率遥感影像场景理解日益成为遥感影像信息处理领域的研究热点。然而，场景影像中多样的地物目标以及复杂多变的空间分布为场景解译带来了新的挑战。在GeoScience Café 第 208 期活动中，朱祺琪博士面向高分辨率遥感影像场景分类问题，基于概率主题模型灵活挖掘影像关键主题信息并实现特征降维的能力，围绕概率主题模型的"底层-中层-高层"三个层次进行了系统的分析和讲解。最后分享了自己的科研感悟与高校求职经历。

【报告现场】

主持人：各位老师，同学，大家晚上好！欢迎大家来到 GeoScience Café 第 208 期活动现场，我是今天的主持人云若岚。今天我们很荣幸地邀请到来自测绘遥感信息工程国家重点实验室的朱祺琪博士。朱祺琪博士是武汉大学优秀博士毕业生，也是中国地质大学（武汉）信息工程学院特任副教授。今天她将为我们带来题为"面向高分辨率遥感影像场景语义理解的概率主题模型研究"的精彩报告，并且朱祺琪师姐还将分享在读博士期间的科研感悟与高校求职的经历。接下来我们有请朱祺琪师姐为大家作报告，掌声欢迎。

朱祺琪：大家好！我是今年实验室的毕业生朱祺琪。目前就职于中国地质大学（武汉）信工学院。这次我非常荣幸来 GeoScience Café 分享一些我在读博士期间所做的科研工作、经验和感想。

今天我报告的题目是"面向高分辨率遥感影像场景语义理解的概率主题模型研究"，我博士期间的导师是李德仁院士，钟燕飞教授和张良培教授，在他们的指导下我才有了这些成果。报告主要分为 6 个内容：

①研究背景；

②多元特征语义融合的主题模型场景分类方法；

③同异质主题联合的稀疏主题模型场景分类方法；

④自适应深度稀疏语义建模场景分类方法；

⑤总结与展望；

⑥科研感悟与高校求职经历。

1. 研究背景

地图覆盖制图一直以来都是遥感测绘领域的一项重要任务。自从中低分辨率遥感卫星发射以来，如何利用遥感影像进行自动地物分类就成为遥感信息提取领域经久不衰的话题。

例如：Landsat 7 号卫星获取 ETM+影像包含可见光和近红外的 6 个波段。空间分辨率在 15~30m。MODIS 由美国航天航空局研制，包含 36 个光谱波段，波长范围为 0.4~14.4μm，分辨率在 0.25~1km。ETM+的分辨率为 30m。基于像素的地物分类方法就能够得到一个好的分类结果（图 2.3.1 右）。由于 ETM+的分辨率比较低，所以我们提取一小块影像（图 2.3.1 左），可能由十几个或者几十个像素组成。因此我们无法根据这样一个结果获得它的场景语义信息。MODIS 影像的分辨率更低，虽然也可通过像素进行分类得到图 2.3.2 右边的结果，但如果从中提取小场景的话，像素更少（图 2.3.2 左），同样也无法获取它的场景语义信息。

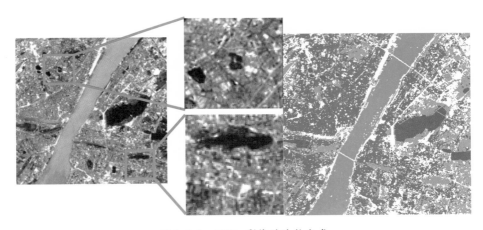

图 2.3.1　ETM+影像的地物分类

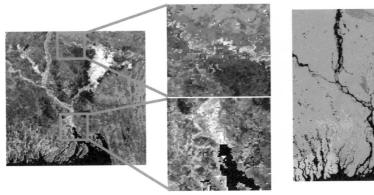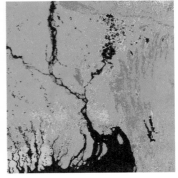

图 2.3.2　MODIS 影像的地物识别

随着遥感技术的发展，高分辨率遥感影像已成为对地精细观测的主要数据来源。我们可以通过航空、卫星等传感器获取大量的高分辨率影像，这些影像是研究土地利用的重要数据来源。与 ETM+这样的中低分辨率遥感影像相比，2.4m 高分辨率快鸟（QuickBird）影像中的建筑物、道路、植被等地物目标的空间几何特征更为显著，纹理结构信息更加精细。

这些细节信息也给高分辨率影像带来一些挑战，例如：高分辨率遥感影像成像波谱信息变少，"同物异谱""异物同谱"现象大量发生，这样就会造成地物类内方差变大，类间方差变小。针对这些挑战，研究人员开始研究通过使用面向对象的地物目标识别方法来解决这些问题(图 2.3.3)。

图 2.3.3　基于像素地物目标识别和面向对象的地物目标识别

问题：经过近十年的研究，基本完成了从面向像素的分类到面向对象分类的过渡；但高分辨率遥感影像的语义挖掘是否就此终结？是否还可挖掘出更高层次的语义信息？

这样就引出我们祖国的"十一五"规划需求，从高分辨率遥感影像中提取有用信息是了解人类活动对国土空间资源影响的一个重要手段，对于地球的可持续发展具有重大的战略意义，因此我国 960 多万平方千米的国土被划分为四类主体功能区：优化开发区、重点开发区、限制开发区和禁止开发区。例如耕地、湿地、湖泊和森林等区域在我们国家属于限制开发区域或者禁止开发区域，要防止这些区域的城镇化。而工业区和居民住宅区则属于重点开发区和优化开发区，我们就要让它进行合理规划。识别出来这些区域是"十一五"规划的一个基本需求。那么我们如何识别这些场景区域呢？

由于高分辨率遥感影像包含的信息非常多，比如下面三幅影像，我们可以通过肉眼区分出来从上到下分别是商业区、居民区和工业区(图 2.3.4)。但是在遥感影像上，如果使用传统的分类方法，这三幅影像都是建筑物、道路、植被按照不同的分布方式构建而成的，也就是说传统的目标识别过程只能识别不同的目标，无法获取高层语义信息。

几种简单地物混合而成的高层场景语义信息在高分辨率遥感影像上有清晰的展现，但由于底层特征到场景高程语义信息之间存在的语义鸿沟，使得地物目标识别还是无法有效地理解重要开发区域的场景语义。那么我们应该如何去跨越这个语义鸿沟呢？

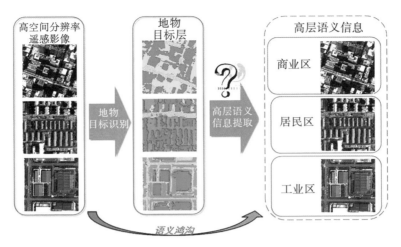

图 2.3.4 地物目标识别技术的局限

先看一下，场景语义鸿沟是从何而来的呢？

①场景地物类别的多样性。

在传统影像中，不同地物类别整合在一起形成的场景表现出地物的多样性，使得传统的分类方法难以建立影像底层特征到其高层语义信息的直接映射，如图 2.3.5 中飞机场的场景地物类别。

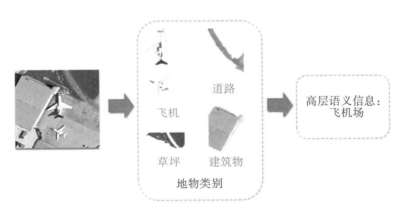

图 2.3.5 飞机场的场景地物类别

②场景中地物类别种类可变性大。

这里有个居民区场景和两个图块，左边是游泳池，右边是建筑物，从底层特征上看它们不属于同一个视觉单词，但无论是用哪一个图块去替换下图 2.3.6(b) 中的区域，形成图 2.3.6(c) 和图 2.3.6(d) 的场景，其影像场景信息不会改变，也不会影响场景的语义类别。

即：场景中地物的种类可变性大，使得地物目标分类方法难以获取场景语义信息。

（a）建筑物和游泳池图块　　　　　　　　　　（b）原图像

（c）替换游泳池图块的影像　　　　（d）替换建筑物图块的影像

图 2.3.6　不同地物语义类别相同案例

③场景中同一地物类别中的多样性。

不同区域的居民楼由于绿化设计等原因，建筑物的分布差别还是比较大的，但场景信息依旧属于居民区的范畴。也就是说，同一地物类别在同一语义场景中底层特征变化大。

④场景中地物的分布属性。

对于居民区和商业区，虽然都是由植被、道路、建筑物构成，但其分布方式却有所不同。因此，地物分类特征是区别场景的重要属性，但传统地物识别方法无法充分利用这一属性。

总结以上四点可知，高分辨率遥感影像提供的空间细节特征中蕴含了地物间的高层空间语义关系信息，相同的地物类别通过不同的空间语义关系可以组成不同的高层场景类别（图 2.3.7）。因此，亟须发展高分辨率遥感影像场景理解的理论与方法。

目前主流高分辨率遥感影像场景理解方法主要有以下几种：基于底层、中层和高层特征的方法。基于底层特征的方法主要是直接从遥感影像中提取颜色、纹理等特征直接对影像进行描述。但由于之前所提到的问题，基于底层特征的方法往往不能有效描述高分影像的复杂特性。基于中层特征的方法主要有词袋模型、特征编码和概率主题模型，词袋模型和特征编码直接从影像提取特征再进行视觉词袋表达和一些编码，它们的中层特征的维数比较高。基于高层的深度学习方法主要可以分为监督特征学习方法和非监督特征学习方法。它的主要特点是需要大量的训练样本，计算和时间资源消耗较大。因此，我选择了概

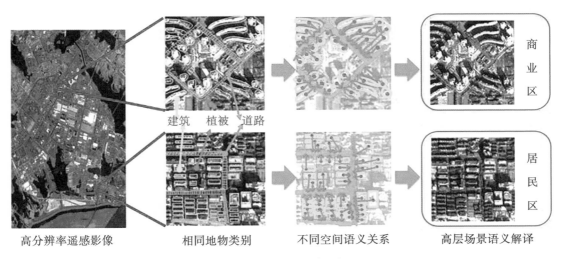

建筑　植被　道路

高分辨率遥感影像　　相同地物类别　　不同空间语义关系　　高层场景语义解译

图 2.3.7　高层场景理解

率主题模型作为我博士生涯研究的主要模型，后面我还对不同的模型进行了结合和对比。

（1）词袋模型

词袋模型来自文本分析领域，它是将一篇文档的虚词等剔除，留下实词并统计这些词语出现的频数，最后用各个词语出现的频数组成频数向量来表示原始文档。可通过统计语料库（Corpus）中的所有单词，并组成单词表，对于每一篇文档统计其中的单词出现的频次，用由这些单词频率组成的直方图来表示这篇文档。

对应到在遥感影像领域中如何建立词袋模型呢？首先对遥感影像进行均值格网的划分，将影像划分成一块块的影像块，这些影像块就对应文档中的单词。所以，基于视觉词袋模型中的基本方法（图 2.3.8）是：首先对影像进行均匀格网的分块处理，从这些影像块中提取它的光谱纹理等一些特征，然后进行特征描述，如通过 K 均值聚类，统计这些词语在影像中出现的频数，最后用各个词语出现的频数组成频数向量来表示原始影像。最终得到了"一袋"相互之间没有空间位置关系的单词频数，这就是视觉词袋模型表示。

（2）概率主题模型

基于视觉词袋模型，概率主题模型也发展起来。概率主题模型是在视觉词袋模型表达的基础上，引入联合概率公式，对单词频数进行了建模，从而组成文档中的若干个主题。即①假设文档是少数主题的混合分布；②每个主题又是一个关于单词的概率分布。

对应到遥感影像中，如何利用概率主题模型进行场景理解呢？图 2.3.9 是个比较经典的 PLSA 的概率主题模型。D 代表场景影像（相当于文本中的文档），W 代表从影像中提取特征量化后得到的视觉单词（相当于文本中的一个单词），Z 就是利用视觉单词的频数进行概率建模之后得到的视觉单词的概率分布。这个主题是隐含的，但从数学角度上讲，就是对视觉单词的频数，利用概率公式进行概率化后，得到的若干个概率数值。最终，场景影像就可以用主题的概率值来表示。

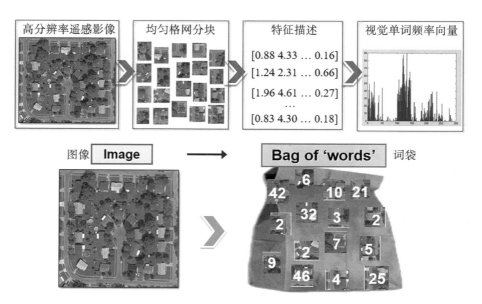

图 2.3.8　影像的视觉词袋模型

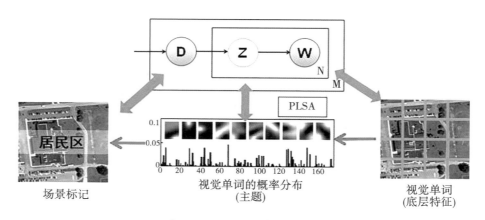

图 2.3.9　PLSA 概率主题模型

$$p(d, w_n) = p(d) \sum_z p(w_n \mid z) p(z \mid d) \tag{2.3.1}$$

我们为何利用概率主题模型进行场景理解？一是在保证场景理解效果的前提下，能对中层特征有较好的降维作用，保留重要主题特征，增强特征的鲁棒性；二是无需大量训练样本，参数少，计算量少。

（3）经典概率主题模型——潜在狄利克雷分布模型（LDA）

2013 年，普林斯顿大学的 David M. Blei 在 PLSA 的基础上提出了 LDA 模型（图 2.3.10），其目的是为了解决 PLSA 存在的问题，即如果用主题来表示影像时，主题是没经过概率构建的混合概率值，如果影像数量增加的话，其参数就会成线性增长。Blei 引入

了 θ(隐含的主题概率值)对 PLSA 中已有的主题进行建模。也就是说，PLSA 对单词 W 进行建模，而 LDA 在此基础上对主题又进行了概率建模，此外 θ 符合狄利克雷概率分布。这个模型已经从自然语言处理过渡到自然影像处理以及遥感影像处理中，比如高分影像聚类、场景分类、变化检测等。

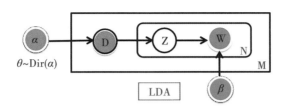

图 2.3.10　LDA 概率主题模型

下面来看一下基于概率主题模型的场景理解方法。在视觉词袋模型的基础上，首先对影像块进行特征提取，并且通过 K 均值进行量化，这个过程就是它的底层描述过程。在中层主题建模时，将视觉词袋表达的特征输入到我们所选择的概率主题模型中，挖掘出少量的具有代表性的主题特征，并且将这些主题特征输入到分类器中，以此来获取我们所想要的高层语义信息，这就是高层语义挖掘的一个过程。所以，基于概率主题模型的场景理解方法可以理解为底层特征描述、中层主题建模和高层语义理解三个过程。

然后，我的工作就是针对这三个过程中存在的一些问题和难点，开展一些研究工作（图 2.3.11）。

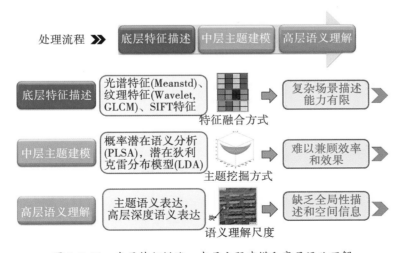

图 2.3.11　底层特征描述、中层主题建模和高层语义理解

首先，看一下底层特征描述存在的一些问题和难点。复杂的影像应该采用多特征进行描述，提取到多特征之后，怎么将它们结合呢？传统的方法就是直接将三个特征直接进行连

接，输入到 K 均值聚类，得到它的视觉词袋表达。但是三个特征值可能出现很大的差异性，然后 K 均值具有硬分类的特性，这可能导致特征无法提取。对于中层主题建模，传统的 LDA 模型采用的概率主题 θ，它是服从关于 α 的狄利克雷参数分布，因此，不管这个参数怎么变化，这个模型挖掘出来的主题永远都大于 0，这就说明我们获取的主题是非常密集的，导致了存储容量和特征数据冗余的结果，所以它难以兼顾效率和效果。在高层语义理解方面，对于高分辨率遥感影像，我们都是从局部的影像块来提取它的影像信息，也就是说它的语义信息理解尺度是局部性的，因此它忽略了单词之间的空间位置信息，同时也缺乏对影像全局性的描述。因此，根据这些问题，我开展了以下三个方面的研究内容。

2. 多元特征语义融合的主题模型场景分类方法

针对底层特征描述的问题——提出了多元特征语义融合的主题模型场景分类方法，这个方法是针对以下几点问题提出的：

问题 1：单一特征不能有效识别场景。如图 2.3.12 所示，对于移动房车和港口场景，主要在光谱层面上有比较大的差异，对于工业区和居民区则在结构上有差异，而森林和农田主要在纹理上有所差异，也就是说我们对一大组的场景数据集做分类时，一定要选取一组不同的特征进行描述，特征选择要有多样性。

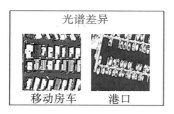 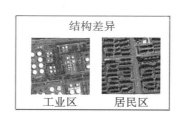 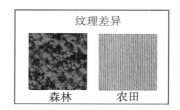

图 2.3.12　不同场景的有效区分手段

问题 2：未考虑特征间的差异性，K 均值聚类能力有限。以草地和港口为例，当进行特征提取的时候，我们选取了光谱、纹理和 SIFT 特征。从图 2.3.13 可以看出，光谱特征对两幅影像的影响是比较大的。但当其比例比较小或者数级差别较大，那么这个值就有可能被忽略，如果直接将这几个特征进行连接，并输入到 K 均值聚类中，就没有考虑到特征间的差异性，而 K 均值的硬分类特性使得分类能力有限，会导致错分。

问题 3：特征间相互干扰，主题模型融合特征不足。当我们将这样一个词袋表达输入到概率主题模型中，特征之间也会相互干扰，导致分类结果错误。

因此，我们就提出来 SAL-PTM 算法（图 2.3.14、图 2.3.15），其算法流程与创新点为：

创新点 1：分别聚类多元底层特征，避免基于硬分配的 K 均值聚类能力不足的缺陷。

在进行词袋表达之后，从中提取了三种不同特征，我们分别将这三种特征输入到 K 均值聚类中，那么这三种特征就不会相互干扰，也就避免了 K 均值聚类的硬分类能力比较差的缺点。

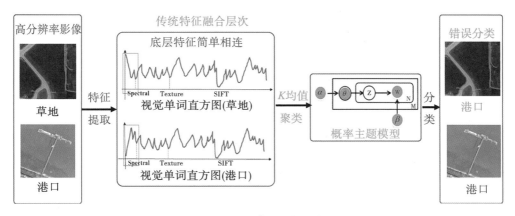

图 2.3.13 传统特征融合分类问题

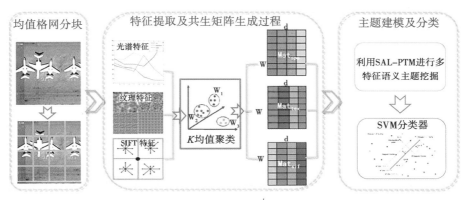

$$K\text{均值聚类：}D(X,\ C)\ =\ \sum_{j=1}^{k}\ \sum_{x_i \in S_j}\ \|\ x_i\ -\ C_j\ \|$$

图 2.3.14 SAL-PTM 算法流程 1

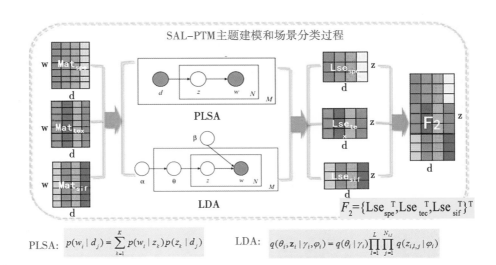

PLSA: $p(w_i \mid d_j) = \sum_{k=1}^{K} p(w_i \mid z_k) p(z_k \mid d_j)$ LDA: $q(\theta_i, \mathbf{z}_i \mid \gamma_i, \varphi_i) = q(\theta_i \mid \gamma_i) \prod_{l=1}^{L} \prod_{j=1}^{N_{i,l}} q(z_{i,l,j} \mid \varphi_i)$

图 2.3.15 SAL-PTM(SAL-PLSA 和 SAL-LDA)算法流程 2

创新点 2：不同特征分别进行主题建模，避免概率主题模型融合能力不足的缺陷。

在得到这个视觉词袋表达之后，分别将它们输入到概率主题模型中，避免概率主题模型融合能力不足的缺陷。我们将最后得到的特征进行融合，输入到分类器中，得到分类结果。

我们采用了 USGS 的正射影像集，它包含居民区、农场、森林、停车场 4 个类别，分类结果精度见表 2-3-1，可以从中看出，我们的方法相比其他的方法有了一定的提升。

表 2-3-1　　　　　　　　　　　**USGS 数据场景集中分类精度对比**

方法 ＼ 特征	光谱特征	纹理特征	结构特征	多元特征	
	SPECTRAL	TEXTURE	SIFT	CAT	SAL
PLSA	94.60	80.32	83.81	94.60	96.19
LDA	95.24	83.81	85.71	94.89	97.46

另外，还采用了一幅 9000×10000 的影像，使用的训练影像的大小是 150×150，分别用不同的算法进行分类，从大幅影像上查看分类后标注的结果。定量上，我们算法结果依旧比之前的要好（表 2-3-2）；并且在可视化过程中，区域划分更为准确（图 2.3.16）。

表 2-3-2　　　　　　　　　　　**USGS 大幅数据中分类精度对比**

方法 ＼ 特征	光谱特征	多元特征	
	SPECTRAL	CAT	SAL
PLSA	88.07	88.80	91.54
LDA	89.04	89.84	91.69

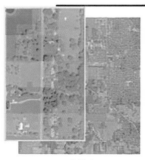 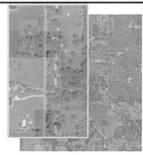 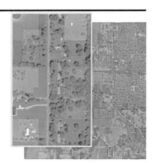

s-LDA　　　　　　　　　　CAT-LDA　　　　　　　　　　SAL-LDA

图 2.3.16　场景分类结果对比图

说明：一是采用传统多特征融合 CAT 的方式，相比单个光谱特征的方式，并无明显提升效果；二是相比 s-LDA 和 CAT-LDA，提出的 SAL-LDA 提高了居民区分布的标注结果，表现最优。

3. 同异质主题联合的稀疏主题模型场景分类方法

同异质主题联合的稀疏主题模型场景分类方法可以用于解决中层主题建模的难题。

传统的 LDA 建模，随着狄利克雷参数 α 的不断变换，θ 是一直大于零的（图 2.3.17），也就是建模得到的主题概率值永远大于零。所以，从影像中我们定义几百个主题，最终就会得到几百个主题，那么它的特征冗余性就会存在。代表性特征可能就会被隐蔽。

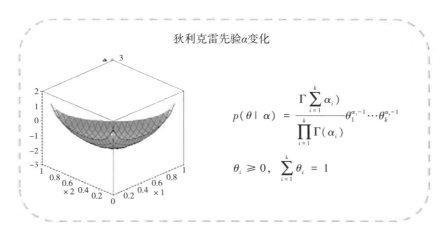

图 2.3.17　狄利克雷先验 α 变化

问题 1：主题特征冗余度高，代表性低。很多学者提出通过正则化技术来解决这样的问题。在主题上施加稀疏约束来改变模型的目标函数，但是这种方法它的代价比较高，因为它需要求解更多的正则化参数。此外，经过试验证明，它在遥感影像上的效果并不是很好。

（1）稀疏主题模型（FSTM）

我们利用了稀疏主题模型（FSTM）来解决上述问题。稀疏主题的图模型（图 2.3.18）看似和 LDA 模型的图模型很相似，但其主题概率分布遵循的不是狄利克雷先验，而是一个隐含的稀疏先验分布。

这个稀疏先验主要是由我们采用的快速收敛的 Frank-wolf 推理算法决定的，这使得经过 L 次迭代后，其主题分布 δ 遵循一个 0 范的隐含稀疏先验，δ 最多不超过 $L+1$ 个，这使得我们可以快速得到主题分布并且是稀疏的，这就解决了 LDA 密集主题的问题。

问题 2：若将 FSTM 直接应用于高分辨遥感影像场景分类，稀疏性使其表达能力有限。

（2）FSSTM 算法

因此经过研究，我们采用了基于多特征的 FSSTM 算法（图 2.3.19）。

创新点：利用稀疏先验代替传统先验建模高分辨率遥感影像主题语义，设计充分的稀疏语义描述，兼顾时间效率和分类效果。

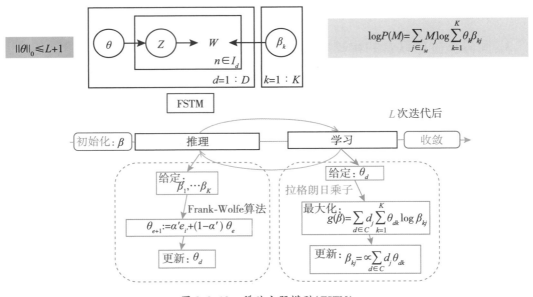

图 2.3.18 稀疏主题模型（FSTM）

但是在进行实验时，对这样的混淆矩阵，FSSTM 在 UCM 数据集上，棒球场、高尔夫球场、储油罐等包含关键地物目标的场景中有严重的混淆现象，而我们通过分析发现，这三种场景都包含关键的地物目标，为什么会造成这种情况，我们应该怎么改善这种方法？

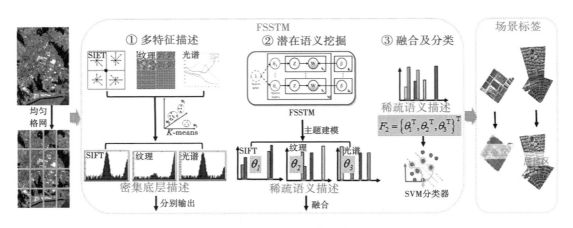

图 2.3.19 FSSTM 算法流程

我们使用了棒球场和高尔夫球场的影像场景进行对比分析。可以发现，棒球场的话，关键区域是由红土组成的，而高尔夫球场主要是由白沙组成的，因此在使用传统的均值格网方式的时候，由于影像被均匀切割，因此像这种关键区域，在切割的时候会被混入一些非关键背景信息，导致关键信息比例下降或丢失。由于得到的主题建模的区分性比较低，从而造成错分。因此，对于这样的信息，利用传统的分割方法就能提取到关键目标的同质信息，然后再考虑怎么融入这些同质信息来描述这些具有代表性地物目标的场景。

（3）SHHTFM 算法

接下来，我们采用的方法就是将传统的均匀格网划分和超像素的 SLIC 分割同时联合，对影像进行分割，用来提取一些异质性局部信息（图 2.3.20）。这样就可以将这种代表性、异质性信息融入，按照之前的流程再进行多特征的提取，从而获得区分性较高的语义。

创新点 1：联合均匀格网划分和 SLIC 超像素分割同时采样异质性和同质性主题（HHT）并有效融合，从而获得区分性更高的语义来识别复杂场景。

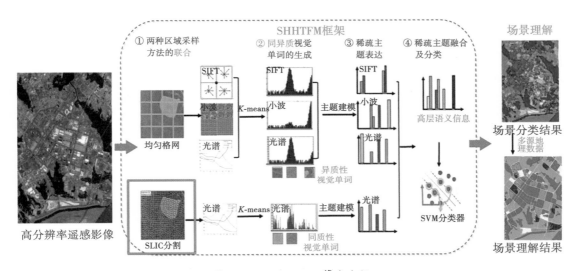

图 2.3.20　SHHTFM 算法流程

在此基础上，我们结合这种场景标注结果（图 2.3.21 所示）。首先对遥感场景进行切割，对每个小场景进行提取、标注，这样就会导致影像块与影像块之间的边缘区域存在一些混淆，结果可能存在马赛克现象。因此，我们考虑融入 GIS 的矢量信息来约束边界信息。例如，通过道路网、植被、水体等边界来约束它原本破碎的边界信息，得到一个更符合实际应用的场景标注结果，来研究城市化的一个进程。

创新点 2：将场景标注结果与多源地理数据结合，辅助研究城市化进程，合理利用建设用地。

这里我们采用了三个数据集，第一个是 UCM 数据集：包含 21 个场景类别，每类含100 幅航空正摄影像，每幅影像的大小为 256×256，分辨率为 1 英尺；第二个是 Google 数据集；共包含 12 个类别，每类影像包含 200 幅影像，分辨率为 2 米，大小为 200×200。武汉 IKONOS 场景标注数据集由两部分组成：标注数据的大小为 8250×6150；训练数据包括 8 类，每类场景有 30 幅大小均为 150×150 的影像。从定量的结果来看，我们提出的方法与传统的方法有了比较大的提升（图 2.3.22）。其中，有一个深度学习的方法，其精度比我们的方法高，这是因为 VGG-VD16+AlexNet 方法集成了多种功能，包括分别从AlexNet 和 VGG-VD16 五个卷积层和三个全连接层中提取的基于三个尺度的影像特征，而SHHTFM 仅融合简单的光谱、纹理和 SIFT 特征。因此，深度学习方法融合了非常多的信

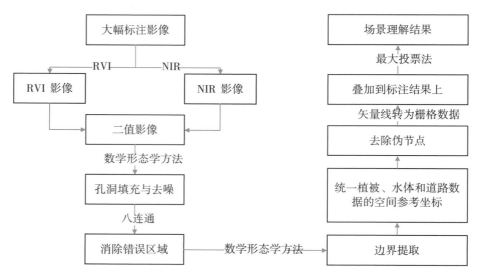

图 2.3.21　结合多源地理数据的场景理解

息，其精度偏高也是合乎常理的。

块的采样大小与间隔: 8 and 4
超像素大小与正则化子:
UCM 10和0.05、Google 10和0.01、武汉
IKONOS 15和0.05

随机选择训练样本个数:
　Google 100幅 、UCM 80幅、武汉IKONOS 24幅
实验的重复次数: 20
评价指标: 总体精度（OA）

	UCM数据集	Google数据集	武汉IKONOS数据
PLSA(Bosch 等, 2008)	89.51 ± 1.31	89.60 ± 0.89	77.34 ± 6.23
LDA(Lienou 等, 2010)	81.92 ± 1.12	60.32 ± 1.20	84.38 ± 7.24
SAL-LDA (Zhong 等, 2015b)	88.33	90.65 ± 1.05	
Zhao et al. (Zhao 等, 2016a)	92.92 ± 1.23	91.52 ± 0.64	88.96 ± 3.95
Fine-tuned GoogLeNet (Nogueira 等, 2017)	97.78 ± 0.97		
VGG-VD16+AlexNet (Li 等, 2017a)	98.81 ± 0.38		
Scenario (II) (Hu 等, 2015)	96.90 ± 0.77		
TEX-FSTM	75.00 ± 1.63	80.92 ± 0.95	
SFSTM-HET	78.33 ± 1.42	78.33 ± 1.42	
SFSTM-HOM	80.00 ± 1.52	80.00 ± 1.52	
MFFSTM-HET	95.71 ± 1.01	97.83 ± 0.93	95.83 ± 1.74
SHHTFM	98.33 ± 0.98	99.25 ± 0.74	97.92 ± 1.89

图 2.3.22　场景分类实验结果精度对比

　　另外，我们看一下对武汉 IKONOS 的大影像进行标注的结果（图 2.3.23），其中图 2.3.23（a）是没有采用融入同质性信息的结果，图 2.3.23（b）是使用我们的方法生成的影像。经过小块的对比，如图 2.3.23（c）所示，我们的方法能更好地进行区域划分。

　　当我们进行融合时，由于道路网规划是比较大的，场景块里面包含了大量复杂场景类别。因此，我们结合多源地理数据，包括植被和水体的边界，最终得到武汉汉阳区的场景理解结果（图 2.3.24（b））。首先，对居民区、工业区、植被和水体都有比较好的识别过程，其结果有助于政府研究武汉的城市化进程，并且合理利用闲置地。另外，我们发现汉阳区工业和居民地场景占据面积是比较大的，商业场景占据的面积最小，这是 2009 年的

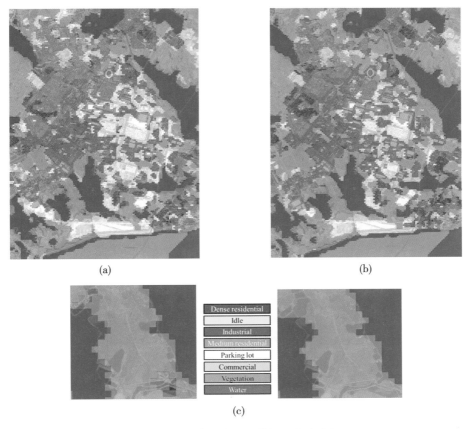

图 2.3.23　武汉地区场景标注实验结果

一幅影像，这表明当时汉阳是武汉的工业中心，正在经历城市扩张的过程。

4. 自适应深度稀疏语义建模场景分类方法

自适应深度稀疏语义建模场景分类方法可以解决高层语义理解难点。考虑概率主题模型和深度学习的方法，那么深度学习与概率主题模型有什么联系呢？

通过分析发现，概率主题模型，它的高层语义理解都是基于局部的影像块来提取的，虽然提取的主题特征比较稀疏，但是提取的是具有代表性和显著性的信息。它也忽略了影像块之间的空间位置信息。FSTM 的问题在于：一是忽略单词间的空间位置信息；二是缺乏场景全局性描述。而卷积神经网络是一个从局部到全局的场景层次化表达，它可以弥补概率主题模型的不足，可以保持空间位置信息，但是它提取的高层体征往往是比较全局性的。但是，CNN 也存在着问题。预训练 CNN 特征是从自然影像中迁移而来的，描述缺乏遥感场景特性；同时，它也缺乏特定场景显著性的局部特征描述。

问题：对于这两种方式是否可以互补？

我们利用中层稀疏特征和深度特征的矩阵数值进行了比较，可以发现对于中层稀疏特征，它的特征非常稀疏并且具有代表性。而深度特征非常密集，而且相对于中层主题特

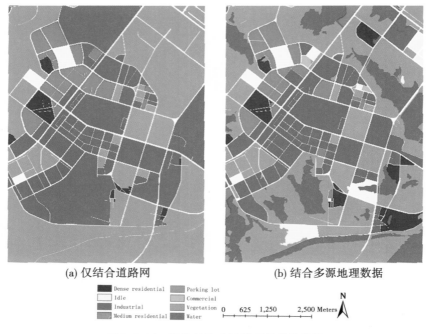

(a) 仅结合道路网　　　　　　　　(b) 结合多源地理数据

Dense residential　　Parking lot
Idle　　　　　　　　Commercial
Industrial　　　　　Vegetation　　0　625　1,250　　2,500 Meters
Medium residential　Water

图 2.3.24　场景标注及场景理解实验结果

征，它的数值要大得多，中层特征的一些值甚至非常小。因此在这个基础上，我们应该怎么将它们的信息更好地融入到影像之中呢？

首先，基于这样的特征值差异，对深度特征进行了 0-1 归一化，其次对于这样的稀疏性的因素，对中层特征，使用深度特征的最大值做了标准化。最后我们对比了这三种方法：

①DST：原始深度特征 & 原始稀疏主题结合的方式。

②NDST：0-1 归一化后深度特征 & 原始稀疏主题。

③ND255ST：0-1 归一化后深度特征 &255 拉伸后的稀疏主题。

此处为了证明我们使用深度特征的最大值对中层稀疏主题进行标准化是否是最有效的。

图 2.3.25 所示的 ADSSM 算法流程主要分为两部分，高层深度特征学习采用了预训练的 CNN 提取出它的全连接层特征。对于中层稀疏主题建模采用了前面提到的方法，将这两种特征(K 均值聚类和视觉词典)提取出来之后，对深度特征进行了归一化，对主题特征进行自适应拉伸，最后进行了融合，得到中高层语义联合表达的结果。

创新点：基于稀疏主题及高层深度特征，设计自适应深度稀疏语义建模策略，有效结合稀疏主题模型和深度学习的高层语义，实现场景多层次表达。

我们采用了上面提到的 21 类 UCM 和 12 类 Google 数据集，同时，增加了 NWPU-RESISC45 数据集，它包含 45 个场景类别，每类 700 幅影像，每幅影像的大小为 256×256，分辨率为 30 到 0.2 米。其特点为场景类别多，数量大，类内可变性大，分辨率变化大。从图 2.3.26 中可以看出，我们的方法较之其他方法都要好。这说明，我们对深度特征进行归一化处理、对稀疏主题特征进行自适应拉伸也是有效的。另外，对于 45 类数据集，选取了 10% 和 20% 的样本进行了验证，也证明了我们的猜想，结果如图 2.3.26 所示。

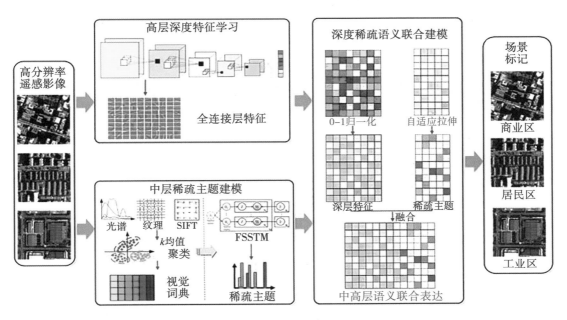

图 2.3.25　ADSSM 算法流程

块的采样大小与间隔:
8 和 4（光谱，Google 数据的 SIFT）;
16和8（UCM 数据的 SIFT）
视觉单词个数: 1000（光谱和 SIFT），800（纹理）

随机选择训练样本个数:
Google 100 幅、UCM 80 幅
实验的重复次数: 20
评价指标: 总体精度（OA）

方法	分类精度	
	UCM 数据集	Google 数据集
pLSA	89.51±1.31	89.60±0.89
LDA	81.92±1.12	60.32±1.20
Yao et al. (2016)	93.57±1.02	
Othman et al. (2016)	95.05	
Castelluccio et al. (2015)	97.10	
Zhang et al. (2016)	94.53	
Penatti et al. (2015)	99.43±0.27	
Zhao et al. (2016)	92.92±1.23	91.52±0.64
GCS10-DSDM (Liu and Huang, 2017)		97.14±0.51
SPE-FSTM	78.33±1.42	83.33±1.06
FSSTM	95.71±1.01	97.83±0.93
CAFFE-FC6	95.89±0.74	91.79±0.75
DST	95.95±1.03	91.92±0.79
NDST	97.38±0.67	95.91±0.48
ND255ST	98.81±0.45	99.25±0.19
ADSSM	99.76±0.24	99.75±0.15

块的采样大小与间隔: 8 和 4（光谱）
16和8（SIFT）
视觉单词个数: 1000（光谱和 SIFT），800（纹理）

随机选择训练样本个数:10%及20%
实验的重复次数: 20
评价指标: 总体精度（OA）

方法	训练样本比例	
	10%	20%
VGGNet-16 (Cheng 等, 2017a)	76.47±0.18	79.79±0.15
BoCF with VGGNet-16 (Li 等, 2017a)	82.65±0.31	84.32±0.17
Fine-tuned VGGNet-16 (Cheng 等, 2017a)	87.15±0.45	90.36±0.18
Triplet networks (Liu and Huang, 2017)	76.90 ± 0.22	92.33 ± 0.20
SPE-FSTM	50.13±0.78	55.20±0.72
FSSTM	66.74±0.49	73.14±0.56
CAFFE-FC6	78.65±0.36	81.27±0.39
DST	78.79±0.92	81.57±0.78
NDST	82.10±0.88	86.07±0.69
ND255ST	84.34±0.75	88.69±0.65
ADSSM	91.69±0.22	94.29±0.14

图 2.3.26　UCM、Google 数据集和 NWPU-RESIST45 场景分类实验结果

我们还对 ADSSM 不同参数进行了敏感度分析（图 2.3.27），第一组是 FSSTM 和 ADSSM 两种方法随视觉单词个数 V 变化时的分类精度曲线。我们对深度网络不同卷积层和全连接层进行了分析，对这 5 个层来说，Fc6 全连接层提取得到的特征值精度是最高的。

第二组是基于光谱和 SIFT 两种特征的场景分类方法随影像块大小 P 变化时的分类精

度曲线。对于 UCM 数据集来说，当光谱特征为 8 时取得最好的效果，而对 SIFT 而言，值为 16 时取得最好的效果。

第三组是 FSSTM 和 ADSSM 两种方法随训练样本个数变化时的分类精度曲线。可以看出，不论训练样本个数是增加还是减少，我们的方法始终优于传统方法。

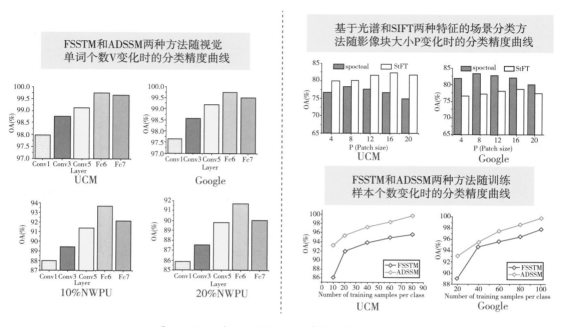

图 2.3.27 关于 ADSSM 不同参数的敏感度分析

5. 总结和展望

（1）研究工作总结

我们针对主题模型处理过程中的底层、中层和高层之间存在的一些问题，提出了这样的框架，如图 2.3.28 所示。

首先对影像进行底层特征提取，然后根据实际情况选择三个不同的方法。当没有存储资源限制的时候，我们使用底层的多元特征语义融合主题模型进行场景分类。当有存储资源和 GPU 并行运算的限制时，使用中层的同异质主题联合稀疏建模。若有存储资源限制但是没有 GPU 并行计算限制，就使用高层的自适应深度稀疏语义建模，最后输入到分类器中，得到一个场景标注的结果，并且与多元信息地理数据进行结合，得到场景理解的结果。

对这三种方法在不同数据集上的结果进行比较，并且分析了它们的特点，以及它们的适用情况，见表 2-3-3。

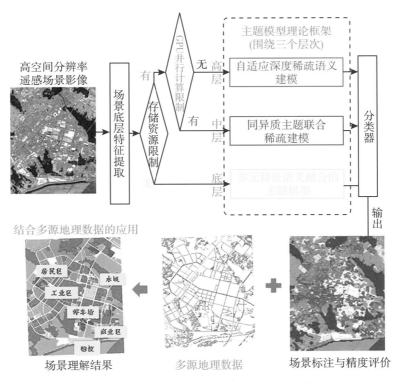

图 2.3.28　针对主题模型处理所提出的框架

表 2-3-3　多特征语义融合主题模型、稀疏主题模型和多层次深度语义建模之间的结果比较

概率主题模型场景理解方法		多特征语义融合主题模型	稀疏主题模型	多层次深度语义建模
		多特征 LDA 模型（SAL-LDA）	同异质稀疏主题模型（SHHTFM）	自适应深度稀疏建模（ADSSM）
精度（%）	Google	89.12	99.25	99.75
	UCM	88.33	98.33	99.76
	NWPU-RESISC45	70.58	88.62	94.29
	武汉 IKONOS	93.48	97.92	99.25
特点		①可有效融合多种特征；②中层特征降维；③简单有效	①主题稀疏性；②同异质主题联合表达；③兼顾时间效率和分类精度	①集成了主题模型和深度模型的优势；②构建了复杂场景的自适应多层次描述；③获得最佳分类效果
适用情况	稀疏主题先验	不需要	需要	需要
	存储空间	中	小	大
	计算速度	慢	快	较快

ADSSM 结合深度学习和主题模型的方法，构建了场景的自适应多层次描述，相对其他两种方法，获得最佳分类效果。当我们对精度要求比较高的时候，就可以采用这个方法。

SHHTFM 可以兼顾时间效率和分类精度，存储空间小，计算速度也比较快。

SAL-LDA 的主要特点就是简单，当我们能够接受其速度和精度的时候就可以采用这种简单传统的方法。

（2）研究工作展望

①大规模数据的场景理解。

我们实验所用的场景数据集较少，没有进行大规模的场景理解。我认为这种方法只有在大规模的场景数据集上应用才有实际意义。

②结合多源社交媒体数据的场景类别定义与场景理解。

我们现在使用的类别与社会生活中政府所需要的类别并不相符，因此在未来制作数据集的时候，我们应根据需要对这些类别进行重定义。另外，现在单幅遥感影像虽然可以提取很多信息，但这些信息大多来源于光谱、空间位置信息。但在人类社会是有政治和经济一体的特点，城市场景里面的类别也有很多的社会属性和经济意义的，所以，我们还要融入一些社交数据、媒体数据、地理数据，来辅助场景理解。

③多尺度多时相高分辨率遥感影像场景变化分析。

我们现在能进行地物目标的变化分析，而场景变化分析却是比较缺乏的，而地物目标的变化分析并不能推测出场景变化信息，因此，我们想利用多尺度多时相高分辨率遥感影像来进行场景变化分析的工作。

6. 科研感悟与高校求职经历

（1）科研感悟

①主动交流，珍惜机会，认真记录总结。

②科研氛围、团队组织、纪律（定期周报、讨论、汇报）。

我要感谢我的三位导师和我所在的团队（RSIDEA 团队）。首先，你若想做好科研，你就要定好自己的方向，方向是非常重要的。如果可以，主动找这些学术大家，特别是自己的导师，他会更关心你，与他们多进行一些交流的话，他们有时候可能并不是多么了解你方法的细节，但是他们毕竟经验丰富，所以会从国家宏观政策长远利益出发，给我们提出很多建议，保证我们的方向不会出错。

之前我跟李院士进行交流的时候，他就给我提了很多平时科研中不会想到的问题。你看，我的科研工作其实是非常偏学术的，没有在应用方面展开。李院士就从国家经济发展的角度给我提出了建议，我这个方法应该用来做哪些东西，我以后应该往哪个方向发展，这对我以后的高效工作和方向规划也有非常重要的意义。所以大家要珍惜机会，要主动去找这些大咖或者自己的师兄师姐、前辈们交流，往往可以有意外的收获。

好记性不如烂笔头，大家在跟大咖进行交流之后，一定要认真记录总结，像当时我跟李院士讨论交流的时候，我就把他的话录了下来，因为他会有很多高见，但是可能以我的层次一下子不能领会过来，而我把它录下来之后，回去做一个记录，然后再进行消化总结，变成我自己的东西。另外，他们还会针对你目前的方向，然后对你未来的发展提出建议，比如说你要去一个新的环境，新的科研点做一个学科交叉，他们对这方面也是非常有经验的。

此外，团队的科研氛围也是非常重要的，因为科研团队的主导人，他会为团队制定一定的组织纪律，比如我所在的这个团队对于我的科研就有了很大的一个推动作用。

我们的老师钟燕飞，他为我们团队制定了非常多的规则，比如说我们每周都要做一个周报，对自己的科研进展进行总结，交了周报之后要和他进行一个讨论，这样的话大家就不会懈怠。因此我们每周都会进行汇报，每个人每学期可能都会有 2 到 3 次的汇报，这个汇报名义上是对你们未来当老师的培养，其实对你夯实自己的研究基础是非常有用的。另外，我们定期还会有学术汇报，就是老师和同学之间的交流，大家都不想丢脸，因此会非常努力，收获也会比较大。

（2）学习方法

①研究兴趣；

②一气呵成（对科研尤为重要）；

③提高效率（番茄时间工作法）；

④鸡汤：自律方能自有，学好方能玩好；

⑤自我奖励。

然后学习方法的话，我认为研究兴趣就是最好的学习方法，如何培养研究兴趣，我觉得以下几点是非常重要的，首先你在做一个研究点，比如说老师给你布置了一项任务，指定了一个方向，或者说你最近要写一篇论文，作一个报告，你最重要的就是要一气呵成，不能拖拖拉拉。科研有一个连贯性，这个是非常重要的，因为你的思路会延续，然后火花就会不断迸发，一气呵成完成任务。所以大家千万不要学了一会，感觉有点小进展，就去玩几天，这样的话你会发现有些东西都已经忘记了，再拾起来就会需要很大的精力。

然后还有一点就是要提高效率，现在大家多多少少都有些手机依赖症，经常是正事还没干一会儿就看看朋友圈、刷会儿微博，更有甚者就是一边用手机看视频，一边在电脑上看文章。之前有一个意大利人提出了番茄工作法，我觉得很有用，你也可以在手机 App 里面下载。你可以设置学习 25 分钟，休息 5 分钟。学习的时候必须学习，不能玩手机，25 分钟之后它就会提醒你可以休息了，这就相当于有一个人在监视着你，让你必须以这样的过程来进行科研，这是提高效率的方法，大家可以尝试一下，可能不一定对每个人都有效。

大家可以经常给自己灌输一些鸡汤，进行一些传销式的洗脑，比如说自律方能自由，学好方能玩好，经常这样想，相信大家也会很有科研动力。另外，当自己有了一定的成果之后，也要对自己进行一个自我奖励，不要太抠门。

①初步层学习：

a. 先看中文硕博士论文、中英文综述——全面的认识、打好基础；

b. 后看具体相关文献（博客文章、知乎回答只能做辅助，不可依赖）——热点、难点问题，引用、展望；

　　c. 及时跟进最新研究——Google Scholar 关键字推送、ResearchGate follow、主页收藏、公众号日推；

　　d. 好记性不如烂笔头，及时记录总结（回顾知识、论文写作）——有道云、印象笔记；

　　e. 脑子是个好东西之零碎时间：上厕所、洗澡，一个人走路时思考难点；

　　f. 论文写作"套路"——往期 Café 大佬。

　　如果你是刚步入科研阶段，你首先要先看一些中文的硕博士论文，因为这些文章有中英文综述，他们会对你这个研究领域方法有非常全面的概括，也会打好你在这个领域的基础。等你有了基础之后，你就要看一些具体的相关的文献，最好是英文文献，你可以从中看到当下的大家想要解决的一些热点难点问题。另外对于一些期刊中质量比较好的文章，它引用的文章其实也是非常经典的高质量文章，值得一看，看下展望，看看大家想要解决什么问题，对我们的创新点的闪现也是非常有帮助的。

　　现在大家就很流行看博客文章、知乎回答，它虽然看起来很神秘，总结得很好，但其实也会存在很多错误的地方，并且也不是很全面，我觉得只能作为辅助，不能依赖。

　　我们要及时跟进一些最新的研究，比如说，可以在谷歌学术上设置一些关键字推送。我是做场景分类的，我就设置场景分类主题模型这样一个推送，如果它有一些最新的文献都会及时推送到我的邮箱；我们也可以在 ResearchGate 里多 follow 一些大咖或者你感兴趣的学者，如果他有发表一些新文章，一些新动态项目，你都会收到消息；还有就是我们要关注我们方向的一些大咖，把他的主页进行收藏，经常进行浏览，看看他们有什么最新的工作动态；有很多微信公众号每天都会更新一些最新的学术八卦或者学术最新进展，大家都可以看一下。

　　好记性不如烂笔头，无论是看论文还是看最新的研究，最好把它及时进行记录总结，比如说可以用有道云、印象笔记。总结之后，过了很久你再回顾，直接打开文档就能及时上手，因为这个你已经消化过一遍，所以会很快上手。另外，在论文写作时也非常有用，因为这些东西已经被归纳总结，可以直接摘抄到你的论文中。

　　我觉得脑子是个好东西，我们要很好地利用一些零碎时间，比如说你上厕所洗澡，一个人走路的时候，你都可以思考你在科研中有些没有解决的问题，因为这个时候你只有一个人，没有人来打搅你，你就会陷入这个里面，可能就会有一些不一样的火花闪现，这对于你的科研有了非常大的帮助，我有时候就是晚上回去走在回宿舍路上，对今天的问题想想，归纳总结一下，有几次我都会想出一些新的问题，我觉得大家可以尝试一下。

　　还有论文写作方法，GeoScience Café 往期有很多大咖分享了写作技巧，大家都可以看一下。

　　②进阶层学习：

　　a. 善于抓住各种机遇（新的问题、理论）——带头者；

　　b. 动手实践——发现细节，拓展思路；

　　c. "厚脸皮搭讪"，礼貌交流求助，多从对方角度考虑问题；

　　d. 论文投稿：自信，挑战权威期刊，收获颇丰；

e. 论文修改：心态平和，礼貌回复；

f. 研究定位、系统构建、站在高处深度挖掘、可持续发展——若干技术难点、数据-模型-应用、像素-目标-场景、方法流程(底层-中层-高层)。

我说一下个人总结的一些进阶学习方法，第一个就是如何奠定你在这个领域的领导性地位，山头为王，你要善于抓住各种新的问题和理论，然后去做研究，这样的话你就可能成为这个领域的带头者，后面所有研究这个东西的人，全都要关注或引用你的文章；第二个就是大家看文章的时候，可以动手实践一下它里面的方法，只有动手实践，我们才能发现里面有很多操作细节，也可以拓展我们的思路；第三个就是大家在学术上要脸皮厚一点，主动与人交流、探讨，比如无论是你在平时科研过程中遇到瓶颈，还是在论文修改时碰到一些问题，你都可以主动发邮件和国外一些学者进行交流。我之前发第一篇文章的时候，当时审稿人提了很多意见，里面有一个意见，就是让我用一个国外学者的方法对我的数据做实验，然后我的实验有很多，又不知道他的方法，于是当时就联系了那名学者。你联系的时候要注意，首先要非常有礼貌地自我介绍，你要多从对方的角度考虑问题，不能像是下命令一样，要客气一点，然后话讲得要好听一点，比如说从以后我们会引用你的文章，从他非常关注的方向，从对方的需求出发，牢牢抓住他们的心理活动，与他进行交流，这样他会很愿意帮助你。

然后在论文投稿的时候，大家一定要有自信，从最好的期刊开始投，挑战一些权威期刊，不管它是不是直接拒，如果它一审把你拒了，但是那些好的期刊有很多权威的专家会把你的文章仔细阅读，提出非常有建设性的意见。你按照他的意见去改，你的文章可能就一下子提升了好几个层次，这个时候你再投稍微差不多的期刊，被接受的可能性也就大了。另外，你在下一次写作时也会注意到这些问题，所以其实这是非常宝贵的机会和经历。在论文修改过程中，也会有许多审稿人提出让你非常抓狂的意见，这个时候大家一定要保持平和的心态，礼貌地回复，要站在对方的角度考虑，不管他说得对不对，要用比较好的态度和语气跟对方说，让对方不会觉得自己丢脸。

不管大家是读硕士还是读博士，最后肯定有毕业论文，你的研究方法对自己研究的定位和整个系统论文的构建都是非常重要的。所以，你作科研的时候一定要先和大咖沟通，确定好自己的研究方向。我们站在山顶上，往深处去挖掘，把这个研究点给做好做实。这样的话，做硕士、博士论文也会很有意思。比如我研究这个模型方法有哪些技术难点，针对这些难点我们有什么问题；然后针对这样的任务，它的数据模型和应用有哪些；然后研究影像在像素、目标、场景级的应用；最后是方法流程的底层、中层、高层。这样大家在进行博士论文系统构建的时候，就不会觉得很难，最后一气呵成。

(3)读博心态

①明确自己最想要的，对自己负责(健康、未来)，有自己的科研生活节奏；

②累，说明你正在走上坡路！(我越来越厉害了！)

③阶段性任务后学会放松，奖励自己，会觉得人生更加充实有意义(买买买？出去走走？K歌蹦迪？约会？看艺术表演？)

④对每个人来说，科研都不一样(理想、工作、基石)，但幸福快乐需要贯穿一生。

最后，我想讲一下读博的心态。首先我觉得你不管读不读博，都要明确自己想要什么，不管你读了还是没读，你要对自己的健康和未来负责。你要是根据自己以后的目标来合理安排你的科研或者花在别的事情上的时间。

第二个，做科研大家经常会觉得很累，但这其实就说明你正在走上坡路，比如这个报告可能我在博士期间也作过好几次了，但是我每一次在重新作的时候，我不可能拿之前的报告直接来作，我还是会针对目前的情况再进行思考总结，就算是这种重复性的工作，我都能从里面找到很多新的闪光点，争取比上一次作得好。所以大家在做项目或者是做科研工作的时候，累，大家应该是觉得更棒，你吸收了更多的知识，正在走上坡路，越来越厉害了。

第三个，就是大家在做了一些阶段性的任务之后，一定要学会好好放松，有张有弛，这样你就会觉得人生非常充实而有意义。因为你科研做好了，也玩好了，你就觉得你的每一天都过得非常的快乐和有意义。

我觉得对每个人来说，可能科研对你的意义都不一样，有些人读研对他来说是一个理想；就对我个人来说，这就是工作的一个办法，或者这是一个工作；对另外一些人来说，它可能就是你的一个基石，因为读研过程中你不仅学到科研知识，老师还会教你许多做人做事的道理。所以，我觉得读研、读博是非常有必要的，不管大家以后要不要从事学术工作，最重要我们都要幸福快乐，并且找到自己想要的。

（4）高校求职

①选定求职城市与方向；

②做好前期调研，多问前辈；

③学校人事处查看招聘信息；

④http：//rsc. cug. edu. cn/info/1019/1601. htm；

⑤圈子较小，条件满足，意向较大，确定目标：导师介绍，积极准备；

⑥面试过程：20 分钟科研工作介绍（突出创新点、解决办法、工作量），20 分钟试讲（给定几个题目，板书，5 分钟英文，结合最新进展、互动）；

⑦思考：未来为学院做的贡献，结合点、拓展点。

最后我分享一下我的高校求职经历，大家在找工作的时候，首先要确定自己想要去哪个城市，因为城市决定了你以后的发展。我选择工作学校的时候，看了武汉、南京、宁波、长沙、山东、北京等地的高校。武汉的话，比如说除了武汉大学，像是中国地质大学、武汉理工、华中师范、华农这些学校，大家都可以去尝试。据我了解，武汉理工和华中师范需要有国外交流经验，或者国外的博后或者留学的经历，地大和华农目前是不需要的，大家可以去人事处网上查看招聘信息，只要满足条件大家都可以尝试着投简历。其他的省份也有非常多的高校可以去尝试一下。

除了城市，方向也很重要。虽然有很多优秀的高校，但是我们这个领域，像遥感测绘，在很多学校并不一定是主流学科，甚至没有，所以大家在投简历之前一定要调研好，最好你的这个方向在这个学校里是比较受关注的，像华中师范大学也是很不错的，但是我的专业在里面并不是那么受关注，所以大家就要根据自己的需求来做决定。

　　另外就是我不是很赞同广撒网什么的，大家还是要做好准备工作，比如这个学校有哪些要求，进去之后大家都是怎样的生活和科研的状态。你关心哪些问题，最好找相关学校，找我们这边的前辈，厚脸皮多多咨询。在得知这些信息之后，可以在相关学校的人事处查看招聘信息，比如说 http：//rsc. cug. edu. cn/info/1019/1601. htm，这是地大人事处的招聘网站。

　　如果导师比较热心的话，你的条件也满足学校要求，最好让你的导师帮你推荐一下。大家确定好目标后，就不要再投其他学校了。武汉圈子比较小，很多老师之间都是互相认识的，其实有些老师之间是会互相交流的，你投了那么多学校，肯定是想去好一点的学校，他可能就会连面试的机会都不给你了。

　　还有大家会关注高校的面试过程。你投完简历之后，学校会发邮件通知你什么时候去面试，你面试时要准备 20 分钟左右的 PPT 对你的科研工作进行介绍，不同学校可能会不一样。前面就是放一些简历，后面就对你的科研工作作介绍，要突出你在这期间的创新点，解决办法，还有你做的一些工作量。

　　另外就是 20 分钟的课程试讲，一般学校可能会规定几个题目，比如我就是遥感原理与应用的一些题目，让你自己选。你做课程试讲的时候，也要注意怎样提高好感度，因为除了学院的一些领导和老师，教务处也会有人过来听课，给你打分并且拍照。有的学校还要求你用 5 分钟的英文来讲，学校都对英文很重视，所以除了练好英文，你在讲的时候可以把自己当成老师，把领导视作学生，进行互动，好感度就会增加。同时，你也要结合一些最新的科研进展，融入讲课中去。比如我当时讲课的时候，实验室的"珞珈一号"正计划发射，当时就提到了一下，下面的学院领导就假装自己是学生，问我说："老师，'珞珈一号'是什么？"这其实说明他们对你是有关注的，觉得你把最新的东西都融进来，所以大家要提前想一下思路。

　　同时，面试的人非常关注的一点，就是你将来在进入工作岗位之后，可以为学院作什么贡献，可以跟学院做什么结合？因为一些招聘学院可能跟你的研究方向并不是十分符合，这个时候如果你能说出来，你进入他们的学院以后想要做一些什么研究方向，有什么样的贡献，他们就会非常认可你，想让你过来，对学院的一些方案进行结合和拓展。

　　(5)其他工作

　　①出国作博士后(平时留意、提前准备、导师推荐、奖学金关注)；

　　②在国内作博士后(实验室、北京、深圳等)；

　　③公司(腾讯、华为、小米等)；

　　④面试内容：简历上的科研内容、项目经历，注意操作细节，回答问题的气场和心态；相关专业知识(机器学习)、编程水平。

　　最后我再说一下其他工作，因为我主要是找了高校工作，所以别的工作我可能了解得比较有限。出国作博后的话，大家要提前进行准备和留意，比如你明年毕业，你现在就要开始准备简历，向国外老师介绍你的工作，但要注意内容不能太空，要把自己的工作内容脚踏实地写出来，做了哪些东西，有什么想法，并且自己的东西跟他的工作有什么结合点，可以怎么结合。这样他就会对你感兴趣，你可以对他已发表的论文提出一些质疑点，一般国外老师会很喜欢这种大胆提出疑问和他进行交流的学生。

如果明年你还没到毕业的时候，你们平时一定要多留意，因为现在国外作博士后也比较难申请，很多老师都没有科研经费的支持，所以大家在看一些大咖的主页时，也要多关注他们有没有招聘一些博士后。另外，你可以参与一些国际会议的交流，也会遇到非常多的大咖，这个时候你要厚脸皮主动跟他们交流，多向他们介绍自己的工作，让他们对你有印象，之后的工作也会方便很多。

另外导师推荐也很重要。像实验室里面，很多师兄师姐都是由导师直接推荐给他们认识的一些国外学术大咖，去那边作博士后，所以大家也可以关注一下。刚才提到现在国外项目很难申请，如果导师没有这样的资助的话，也可以关注一下那边的国家奖学金。其实如果大家在国外没有找到非常好的老师，留在实验室作博士后也是非常不错的选择，大家多发成果，作一些好的贡献，之后也可以竞聘我们武汉大学的编制。还有北大、清华、深圳大学、香港大学那边作博士后的待遇也是非常好的，好像每年到手有 30 多万，比华为在武汉的工资还要高。

公司我之前没有尝试过，根据身边的经验，比如腾讯、华为、小米这些公司，他们的面试内容一般都是根据你简历上的科研内容来提问，比如你的文章做什么，在项目里担任什么角色，做了哪些工作，大家要注意，他们可能会问你一些操作的细节，所以大家一定要对自己的工作有很好的掌握。另外你回答问题的时候，其实回答不出来是常有的事，但一定不能半天说不上一句话，整个人没底气或者支支吾吾的，这样就会很影响你在他们心中的形象。就算你回答不上，你要扯一些相关内容，表明你在这个领域是非常有能力的，对这个领域也是非常了解的。另外，公司面试还要问一下相关的专业知识，比如说机器学习的一些算法，等等，他还会对你的一些编程水平做考查，所以我觉得公司面试还是非常难的。

大家一定要合理安排好自己毕业的时间和学习的时间，祝大家都能达到自己企盼的学术高峰，最终找到满意的工作，谢谢大家！

【互动交流】

主持人：非常感谢朱师姐精彩的分享。接下来是观众提问环节，欢迎在场的同学和老师踊跃提问，我们将送出《我的科研故事(第三卷)》。

提问人一：你好，多元语义融合那部分，直接将光谱、纹理等特征串联起来的话，因为它们数值大小的原因，可能会出现一些问题。所以为什么不再做归一化呢？你在后面自适应深度稀疏语义那一块，做了深度特征与传统特征的归一化后，再进行了联合。为什么不能在前面那一块做归一化呢？

朱祺琪：其实我之前在这个地方做过归一化，但是效果很不好。光谱纹理特征归一化之后，值是比较大的，而 SIFT 的值是非常小的。做 0-1 归一化之后，其实并不能解决问题。比如光谱特征只有 9 维，但是例如 RGB 的 SIFT 特征有 128×3 维，就算做了归一化之后，光谱特征占比依然非常小，所以对于一些需要通过光谱特征来区分影像，如果光谱特征占比较小，其光谱特征还是没有办法发挥，所以归一化效果并不好。

提问人一：你在同异质主题联合那一块，分割用的超像素分割，为什么没用多尺度分割？

朱祺琪：我当时也尝试了许多分割方法，但是我的重点不在于分割，重点是能够提取出关键目标的信息。而且 SLC 是一种比较简单快速的方法。多尺度分割虽然增加了信息量，但是特征维度也增加了很多，对于提取同异质主题信息用 SLC 分割效果就可以了，如果加了多尺度，可能效果也会有提升。

提问人一：你讲的是场景理解，但是我看 PPT 中多是像素级别的语义分割，同时你所用的数据集都是场景分类的数据集，但你的工作大多是像素级别的标注，这是怎么回事呢？

朱祺琪：你对场景理解和场景分类的区别不了解吗？场景理解和场景分类到目前为止还没有一个非常明确的规定，我现在做的工作就是场景分类，场景理解就是在场景分类的基础之上，需要对这些目标的空间语义关系有一个理解之后，利用空间语义关系直接建模来描述这个场景；其次，在场景分类过程之中，场景标注结果与多源社交媒体数据结合，因为场景有时候会有一些社会属性，并不是只有空间与光谱属性。所以在融入这些社会经济属性之后，它才是一个真正的场景理解。

提问人一：我想问一下你对学术与实际应用关系的理解，比如你的博士论文做了这个工作，但在实际应用可能并不实用。

朱祺琪：目前所做的研究是比较偏学术的，并不能很好地应用到实际生活当中。想要应用到实际生活中，必须是需求很大并且与生活息息相关的数据集。我们目前已有的数据集可能并不符合政府需求，所以，想要应用到实际生活的第一步：制作一些实际应用非常相关的类别；第二步：将多源的社会经济属性数据融合进去才能应用到实际生活中。有些场景标注结果可能并没有意义，所以需要和其他数据结合起来应用，这也是我接下来要做的工作。

提问人二：你好！师姐，我想问一下场景分类中的场景分割问题您是怎么解决的？

朱祺琪：我目前没有做场景分割的工作，我是用 SLIC 方法对场景进行分割的，但没有用到分割后的影像块，主要是为了提取其中的同异质信息，我们知道场景分割之后可以做场景分类的工作，但是我没有去做。

提问人二：我想问一下，你训练的时候是怎么训练的，CNN 是直接固定就不再训练了吗？

朱祺琪：我是直接采用的预训练，没有再训练。

提问人二：但如果我还是想进行 CNN 训练的话，您觉得这样两个都训练的情况下，应该怎么样去训练？

朱祺琪：CNN 在遥感影像上的应用，第一类就是直接用遥感影像进行全训练，这样的方法就跟主题模型一样，直接对所有遥感影像及其特征进行训练。但是因为现在遥感数据的规模还比较小，全训练的方法对时间以及内存的需求比较高，所以这种方法目前并没有非常普及；第二类就是 finetune 的方法，你可能说的是这种方法。它一部分是从自然影像大数据集上迁移过来的，然后另一部分针对迁移过来的数据和遥感影像进行微调，使它提取出一些更适合遥感影像的特征，然后再进行分类。这种方法的结果肯定比预训练的结果要好，因为它已经包含了遥感影像的特征，但是相对来说可能需要的时间，进行训练也会比较大。但是现在也有很多服务器，我个人觉得并不是问题。所以，我觉得如果你把 finetune 的方法跟我的方法结合，应该还会有提升，虽然我的方法也解决了它缺乏遥感特性的问题，但是应该可以尝试一下。

提问人二：最后想问一下，最近有个说法：在有数据的情况下，机器学习无脑套用比通过专业知识建立模型效果要好，精确度要高，我们现在用这种传统方法来做事，是不是因为遥感的数据其实还没有足够大，当这个数据足够大的时候，比如谷歌某天心血来潮说，我组织很大一批人来给你们做非常大的数据集，这样的情况下可能有些模型无脑地搬过来。我不懂遥感，但是我懂这些机器学习的模型，我就用它来训练；以及我们专业的遥感人士，有遥感的知识，但是我不太懂这些模型，我可能掌握到最新的机器学习模型，这样的两拨人，然后我们应该做什么，遥感人以后的发展，您的看法是什么。

朱祺琪：首先，我个人认为不一定机器学习无脑套用比专业人士做的精度要高。例如使用我的方法比使用深度学习方法的精度还要高一点。可能有数据量的限制，但我用的是预训练而不是 finetune 的训练，如果是 finetune 的结果可能会更好。

其次，遥感影像和自然影像还是有很大差别的，如果直接套用的话，虽然深度学习能够省时省力，并得到较好的效果，如果想要得到更好的结果，需要根据遥感地物特点等来改进它，从而达到更好的效果。所以遥感专业知识的学习还是很有必要的。

提问人三：师姐你好，我想问一下你的场景变化检测是用传统方法还是结合深度学习做的？

朱祺琪：目前我还没有做出一个场景变化检测的结果，但是我知道一个大概思路。实验室的武辰老师已经做了这样的工作，也发表了相关的文章，他的工作主要是在最开始的时候使用了最简单的词袋模型，基于场景分类过程，通过词袋模型得到大场景影像的 lable，然后直接进行分类后的变化检测。它并不是整个流程的变化检测，而是先分类然后再进行变化检测。后来他提取了每个影像块特征，利用贝叶斯概率对概率做了改进之后，提高了精度。我认为通过深度学习是端对端的方法，用深度学习方法做场景变化检测还是非常有潜力的。

（主持人：云若岚；摄影/摄像：陈博文、崔松；整理：陈博文；校对：修田雨、董佳丹）

2.4　基于众源时空轨迹数据的车道级精细道路信息获取与变化检测

（杨　雪）

摘要：城市车道级高精度道路地图是自动驾驶应用的基础，如何从海量空间数据中快速、低成本地获取与更新车道级精细道路信息成为推广自动驾驶应用的关键。众源车载轨迹大数据是现代社会人类与交通空间交互所产生的一种位置时间大数据，具有负载信息丰富、覆盖范围广、实时性强、成本低等特点。杨雪博士从车道级道路网络信息的重要组成部分——交叉口与路段出发，介绍了利用众源车载轨迹大数据实现城市车道级道路几何、拓扑信息提取和变化检测。

【报告现场】

主持人：各位老师同学，大家晚上好，我是本次活动的主持人邓拓。非常感谢大家参加 GeoScience Café 第 188 期活动，本期活动我们非常荣幸地邀请了杨雪师姐。杨雪是国家重点实验室 2014 级博士研究生，指导老师为唐炉亮教授，研究方向为时空轨迹数据挖掘与变化检测，以第一或通讯作者发表论文共 11 篇，其中 SCI 论文 5 篇、EI 论文 3 篇、中文核心 1 篇、会议论文 2 篇，已授权国家发明专利 4 项，荣获 2017 年测绘科技进步一等奖。同时，她也是 GIS 领域顶级期刊 IJGIS，以及智能交通领域顶级期刊 IEEE ITS 的审稿人。今天杨雪师姐为我们大家带来题为《基于众源时空轨迹数据的车道级精细道路信息获取与变化检测》的报告，下面让我们用热烈的掌声欢迎杨雪。

杨雪：谢谢主持人的介绍，很荣幸今天有机会和大家分享我在博士期间的一点研究还有出国留学一年的经历，今天报告的题目是《基于众源时空轨迹数据的车道级精细道路信息获取与变化检测》。下面我先简单地介绍一下自己：我本科毕业于武汉大学资源与环境科学学院，硕士在实验室就读，后来出去工作了一年，又回来读博士，2016 年去美国马里兰大学帕克分校交流了一年。我的研究方向主要是时空轨迹数据处理、信息获取与应用和城市高精度路网获取与变化检测。我今天汇报的内容主要包括以下 4 个部分：研究背景与意义、研究现状与趋势、研究内容以及总结展望和留学经历分享，先介绍一下研究背景与意义。

1. 研究背景与意义

众所周知，目前无人驾驶技术是一个非常热门的项目。从 2015 年开始，连续几年都有很多不同类型的无人车上路测试，有很多大型的汽车工业公司也都相继地拿到了无人车驾驶资质。根据统计，无人车的自动化也逐渐从半自动化向高自动化以及全自动化不断地发展。高精度车道级道路地图作为无人车发展的技术支撑，获得了各大无人车公司的关注。如何快速、低成本地获取车道级精细导航地图成为目前国际学术界和工业界竞相争夺的战略制高点。

随着"空、天、地"专业测绘技术的不断发展，航空、航天、低空、地面等采集系统为我们提供了高分辨率图像数据、LiDAR 点云数据以及高精度差分 GPS 数据。然而，面向车道级道路信息获取依然存在成本高、周期长、易受环境影响等缺陷。得益于互联网发展、定位技术的广泛普及以及车辆数量的快速增长，来自众源模式的车载轨迹数据因为采集成本低、覆盖范围广、实时性强、道路信息丰富等特点，逐渐成为研究人员获取城市空间动静态信息的一种新的技术手段。针对目前道路信息获取方法存在的缺陷，在表 2-4-1 里我们可以比较清晰地看到目前常用于获取道路信息的三种系统，其中视觉手段主要被用来获取短距离的车道线、车道边界线以及一些车道信息，但是存在信息获取范围小的问题。对于小区域的全自动驾驶和跨省市全自动驾驶目前是用多传感器融合的技术来获取信息，然而依然处于有待研究的状态。

表 2-4-1　　　　　　　　　　智能辅助驾驶系统对车道信息的感知需求

应用	道路车道信息需求	实现方式	缺陷
车道偏离预警系统	车辆行驶过程中及当前路段 40~50 米道路精细信息	CCD 相机 图像解译	短距离可视区域内车道几何边界信息 易受环境影响
自适应巡航控制系统（ACC）	主车道 短距离	雷达技术	
车道变化辅助	多车道 前后视 长距离	CCD 相机 图像解译 雷达技术	
小区域全自动驾驶	区域内所有道路车道级路网信息（几何结构、拓扑、附属信息等）	高分辨率图像数据 LiDAR 点云数据 多传感器融合	有待研究
跨省市全自动驾驶	所有道路车道级路网信息（几何结构、拓扑、附属信息等）	高分辨率图像数据 LiDAR 点云数据 多传感器融合	

如何快速低成本地获取车道级道路信息，成为亟需解决的一个科学问题。我在博士期间的研究就是针对目前车道级道路信息获取方法存在的成本高、周期长问题，以众源车载轨迹大数据为研究对象，实现车道级精细道路网几何、拓扑信息获取和变化检测。主要的

研究内容包括众源车载数据清洗、车道级道路信息获取、路网变化检测等方面，研究意义是降低和缩短车道级路网生产、更新成本和周期。下面我给大家介绍一下目前以上几个研究内容的研究现状和趋势。

2. 研究现状与趋势

（1）众源车载轨迹数据清洗

目前，车载轨迹数据清洗有两种方式：一种是修正原始的 GPS 坐标位置；另一种是不改变原始坐标的位置，只是去除一些异常值。第一种方式比较典型的例子是采用滤波的方式，第二种是采用密度聚类的方式，认为聚集密度高的轨迹数据是处于道路路面上质量较好的轨迹数据。这两种方式都存在一定的缺陷：第一种方式可以修复异常噪音点，但是对数据的采样密度要求较高。因为滤波方式是采用运动方程，从前一个点的运动状态推算后一个点的空间位置，从而对其进行位置判断和修复；认为高密度的轨迹点类簇可证明其轨迹点采集于正常路面，而密度较低的轨迹点类簇则属于漂移到道路两侧的漂移点。但是，这种聚类方式无法去除夹杂在高密度区域内的异常值，同时对原始数据覆盖率要求高。

（2）城市道路平面交叉口快速识别与拓扑信息获取

目前的道路交叉口识别方式主要包括两种：①根据交叉口类型和转向特征构建交叉口分类器进行识别，包括图形分类器；②根据空间统计方法识别交叉口，如基于局部 G 统计方法识别道路交叉口。第一类方法属于有监督分类，对训练样本数量及质量要求比较高，整个操作过程比较繁琐，交叉口识别的准确率也比较低；第二类方法通过空间统计分析对交叉口进行识别，交叉口识别正确率取决于轨迹数据覆盖率及质量。总体来讲，两类方法均只对城市平面交叉口进行识别，提取车行道级别交叉口几何、拓扑信息，而并没有深入至车道级路网水平。

（3）城市车道级道路信息获取

对于城市车道级道路信息获取的研究，目前主要有三种方式：基于高分辨率图像数据、基于 LiDAR 数据和基于高精度差分 GPS 轨迹数据。采用高分辨率图像数据获取车道级道路信息存在拓扑结构提取难，数据易受植被、光线、行人等因素遮挡的问题。利用车载雷达数据来识别的话，一般是识别路坎、道路路面，以及道路标线。LiDAR 数据的一个问题就是成本高，如果我们获取大区域的数据的话，需要的周期会很长，同时它也容易受到植被和行人的遮挡。利用差分的高精度轨迹数据来获取车道级道路信息，目前的方法主要采用概率模型从轨迹数据中提取车道的数量信息，而获取覆盖率高、密度高的差分 GPS 轨迹数据也存在采集成本高、周期长的问题。

（4）车道级的道路网信息变化检测

对于车道级的道路网信息变化检测的研究，数据源还是刚刚介绍的那几种。变化检测的模式包括采用旧影像叠加新影像、旧路网叠加新影像、新路网和旧路网叠加，以及旧路网和实时的 GPS 轨迹叠加来检测路网的变化。目前，这方面的研究还停留在道路中心线级以及车行道级路网变化检测上。

3. 研究内容

现在，我给大家介绍一下博士期间我的主要研究内容，主要分为 4 个部分，实际上是按照数据准备、路网生成以及路网更新这样的顺序来展开的。

（1）众源车载轨迹数据清洗

首先是众源车载轨迹数据的清洗方法研究。这一过程主要包括三个步骤：一是众源数据的质量分析，还有提出基于运动一致性模型的轨迹清洗方法，最后通过实验例证和分析来验证方法。大家都知道，正常的车辆是沿着道路的每条车道中心线行驶的。高精度轨迹数据实际上是车辆行驶过程在数据里的一个直观反映。高精度数据可以很明显地反映出车辆行驶的平滑状态。但是实际上，现在很多车辆所安装的 GPS 定位装置都是通过单点定位技术来获取位置数据的，所以对精度会有一些影响。实际上采集的轨迹数据，如果把这个范围算作是真值的话，会有比较大的出入。通过对比这种同步数据之间的差异，如果我们想从 GPS 数据里面找出定位质量比较好的数据，就需要建立一个平滑度评价方法和参考指标，再从数据里面选出质量好的轨迹数据。

根据这样的分析，我们提出了基于运动一致性模型的车载轨迹数据清洗方法。这种方法实际上是要保证运动的一致性，首先采用运动惯性约束来对整体轨迹进行分割。这样是确保同一段轨迹持有相同的运动模式，然后再根据每一段轨迹数据上的高精度轨迹数据在空间上的高度一致性来构建平滑评价方法及参考，对数据进行清洗。轨迹分割实际上就是要定义一个分割阈值，包括距离和方向。阈值是通过分析轨迹数据在图形上的复杂度，自适应地去定义分割阈值。如果大家对具体的方法感兴趣的话，可以看看论文中是怎么定义分割阈值的。通过分割我们可以保证轨迹段保持相同的运动模式。

完成轨迹分割后，我们需要构建运动一致性模型。运动一致性模型构建的基本理论基础是高精度轨迹数据在空间位置上存在高度一致性。我们采用 RANSAC 算法来构建一致性模型，在构建完模型之后，需要评价轨迹点和这个模型之间的空间相似度。评价完相似度之后，我们通过阈值来调整轨迹的平滑度，最后完成轨迹清洗。平滑度阈值的控制是通过后面的一些先验知识来获取的。

在实验验证这一块，实际上我们用了两份实验数据：一份是在武汉周边采集的一些数据，是测量车装的 Trimble R9 的 GPS 定位仪，辅助 CORS 基站获取同步高精度差分数据；另外一份数据我们也是用测量车采集的，车上绑了手持 GPS 定位仪以及智能手机，包括华为、魅族、苹果手机。然后采集了一部分数据，这个就是同步的高精度数据和 GPS 数据，采集高精度数据是为了验证我们最后清洗的数据的质量。我们通过这种相关度的方式来确定相似度模型中距离和位置的权重值。在这个相关度的算法里，如何确定权重值有点复杂，感兴趣的同学可以看我已经发表的文章。通过相关度来确定位置、距离的权值的这种评价模型中，相似阈值决定了最后轨迹平滑后的平滑度，实际上我们也是通过用一部分的先验数据去拟合，然后得到它的相似度阈值和数据之间定位精度的一个关系，拟合得到关系式，再通过相似度阈值去清洗轨迹，这是我们的部分实验结果（表 2-4-2）。通过对数据做一些轨迹分割，做一致性模型的构建，对数据进行清洗。

表 2-4-2　　　　　　　　　不同期望精度条件下众源轨迹数据清洗结果

GPS 接收器	期望精度：t（m）	滤选数据占总体数据比例	滤选数据测量误差的平均值（m）	滤选数据测量误差的标准差（m）
Trimble R9	1	31.58%	2.0	0.92
	2	47.62%	2.1	0.95
	3	58.67%	2.8	1.02
	4	67.30%	3.4	1.73
	5	74.48%	3.9	1.79
手持 GPS 接收器	1	25.7%	2.0	0.8
	2	37.86%	2.0	0.8
	3	42.38%	2.4	1.0
	4	45.32%	2.9	1.3
	5	49.76%	3.7	2.3
智能手机	1	23.52%	3.6	2.2
	2	28.23%	3.6	2.2
	3	32.67%	4.6	2.7
	4	40.23%	5.0	3.0
	5	48.11%	5.1	3.2

表 2-4-2 是我们拿了不同的实验数据，按照不同的期望进度获取不同的相似度阈值，然后进行清洗。清洗之后，我们对这个数据占总体的数据比例做了一个统计，同时也估计了这个数据定位精度的平均值以及标准差。从平均值可以看出，我们的方法确实对数据做了清洗，也有效地改善了这个数据的质量。在大数据时代，数据量不是问题，但问题是怎样从大量的数据里找到好数据。做完平均值上的确定，我们认为这个方法实际上是有效的。我对这个数据进行清洗之后，对它内部的精度分布做了一下统计。从这个统计结果也能看到，即使当期望精度是 1m 时，数据里面实际上也夹杂了 2m、3m、4m 这样定位精度的数据，这其实也是正常的情况。因为有时候我们认为的高精度轨迹，实际上并不是高精度轨迹。我们是在没有空间参考的情况下去做清洗的，所以会存在这样一些问题，这是需要完善的地方。我们与现在的一些清洗方法做对比，也可以证明我们这个方法具有一定的有效性。此项研究成果已经发表在 *Sensor* 期刊上面①，大家有兴趣可以去看看。

---

① Xue Yang, Luliang Tang, Xia Zhang, Qingquan Li. A cleaning method for spatial big data based on movement consistency[J]. Sensors, 2018. (SCI IF 2.677)

（2）城市道路平面交叉口快速识别与拓扑信息获取

第二个研究内容是城市道路平面交叉口的快速识别和拓扑信息获取，这块研究主要是综合从现实的空间状态映射到数据挖掘的过程。通过对平面交叉口的功能分析，看看车辆在交叉口怎样运作。然后再去轨迹数据中找出这些特征点，通过数据聚类来识别交叉口。大家都知道交叉口实际上是由引导车辆转弯等多种功能区构成的，车辆在这里会发生左转、右转、直行、调头等不同方位的行为。与交叉口非常类似的道路，比如道路弯道，实际上也会存在转换的情况。但是这种直行道路、弯道、转弯的情况与交叉口有明显的不同。交叉口是由多个简单类型组成的，但是道路弯道一般有方向约束，所以只可能有左转或右转这两种情况。我们根据分析得出车辆在交叉口的转弯特征，然后提取转弯点对，从而识别交叉口。

平面交叉口的快速识别，就是我们从轨迹数据里提取车辆发生转弯的一个特征点对。特征点对主要是根据车辆航向角发生变化来进行提取的，在获取的时候获取左转弯点对和右转弯点对。那么根据左转弯点对和右转弯点对在交叉口的具体状态，我们采用聚类的方式对点对进行空间聚类。在具体的聚类过程中是根据方向和距离的相似度进行聚类的。具体的聚类方法，我在此不做赘述，大家都做过相关研究，应该有很多人都知道聚类方法的原理。我们根据局部连通性对这些聚类类簇，转弯点对这些转弯点的聚类类簇的内部中心也再做一次聚类。因为交叉口有多个转弯类簇聚集在一起，所以我们对转弯点的类簇做一个局部连通性的再次聚类。再次聚类之后，我们通过类里面包含的类簇中心点个数来识别是不是交叉口。一般我们认为类簇个数点只要超过两个，基本上都属于交叉口。然后通过这种类似点的判断，识别之后，我们通过选取最大的空间位置来获取交叉口的空间范围，来完成交叉口的识别和范围确定。

进一步的话，我们需要对交叉口的空间结构进行提取。大家知道，对于不同细节程度的路网里面的交叉口，抽象表达的状态是不一样的。道路中心线级别路网交叉口一般抽象表达成一个点。对于车行道路网，交叉口又被赋予了更多的意义，包括车流的出口点，还有车流的入口点。对于车道级路网，交叉口的功能更加细节。在车行道级别的路网层次上，出口点和入口点分别又被赋予了转向的特征，比如是直行出口点还是左转出口点，抑或右转出口点，所以在描述细节上更加丰富。在提取空间结构时，我们通过追踪轨迹再一次追踪轨迹与交叉口范围圆相交的相交点。然后，通过角度的变化来提取出入口点，再通过角度变化确定是转弯、直行还是右转，进一步地获取交叉口细节的空间结构。

我们采用武汉市和北京市的出租车数据来做实验。在实验过程中，我们用一些数据先做参数讨论，比如在做转弯点对的聚类时要确定相似度阈值。然后，我们拿北京市和武汉市的数据做了一些研究，选取最佳的相似度阈值。之所以选择不同的城市，是因为中国各大城市目前的道路建设实际上有一个统一标准。所以如果拿武汉市和北京市的数据做实验，给出一个阈值后，在获取其他城市时可以通过推荐的阈值去识别，只需要微调一下阈值就可以了。

在做局部连通性聚类的时候，需要对半径做一个确定。同样，我是拿武汉市和北京市的数据做了一部分实验来确定最佳阈值的。图 2.4.1 是一部分的实验结果，左边这张图里面红色的星是我们人工解译出来的交叉口。黄色圆点是我们通过算法自动识别的交叉口。

通过统计，交叉口识别的准确率是 95%，召回率是 92%。右边这张图展示了数据在识别和获取交叉口范围的结果。同时，对应交叉口的空间结构，在不同层次路网里面的交叉口空间结构，比如这是车道级别的空间结构。同时，我们对拓扑关系提取的准确率做了统计。不过我们没有考虑道路交叉口的动态转向功能控制，比如有交通管制时，左转右转根据不同的时段会有不同的规定。我们是直接用路网里面的展示来统计的，拓扑关系提取的准确率是 94.1%。当然也存在一些问题，有一部分可能识别错误，比如说两个交叉口离得比较近，就当成一个交叉口来识别了。

图 2.4.1　以武汉市出租车数据为对象获取的交叉口识别及空间结构提取结果

另外，如图 2.4.2(b)内有 3 个交叉口，却识别出了两个交叉口，有一个交叉口没有识别出来。另外，还有地面停车场的干扰，车辆在停车场也会发生左转右转，会影响最后的结果识别。如图 2.4.2(a)内其实没有交叉口，却识别出了交叉口，这也是一个问题。然后，我们将对这些问题做一些改善，争取提高准确率。同时，我们对交叉口范围与真实范围做了一个比较。这个真实值是在 Google Earth 上手动量的，实际拿着尺子量也不太现实，向别人要数据也不会给。量的时候，是从一个斑马线的一端到另外一个斑马线的一端，我们把中间这一块区域作为交叉口的范围，因为车辆在中间这一块才会发生转弯的运动过程。通过对比发现，我们测到的这个交叉口的范围在大部分情况下比实际要大一点，有的时候可能要小一些，主要考虑到数据采样的问题。有的车辆可能跨过斑马线才发生转向，这跟车辆驾驶员的驾驶行为有关。我们也跟现在的一些方法做对比，我们的方法还是比较好的。关于这部分研究，已发表在 *Transportation Research Part C* 上，大家感兴趣的话，可以去看看这篇文章。

(3)城市车道级道路信息获取

车道级的路网生成，主要包括以下 4 点：

1)特征分析

通过分析轨迹数据在路面上的平面特征是怎样的，在路面的横剖面又是怎样的，我们

(a)   (b)

图 2.4.2　道路交叉口识别错误结果

可以获取路段的几何信息和语义信息，然后生成路网，最后做实验验证。路段的语义，实际上是指这个路段的转向特征。对于车载轨迹，因为我们知道车辆在路面上行驶，所以从平面上看，轨迹是平铺在路面上的。通过轨迹数据的覆盖宽度，可以获取道路路面宽度信息。因为车辆是沿着车道中心线行驶的，再加上 GPS 定位仪的影响，所以轨迹是沿着车道中心线，向两边呈高斯分布。根据这个特征，我们采用约束高斯混合模型来获取车道数量以及车道中心线等几何信息，然后利用优化约束高斯混合模型获取车道级几何信息原理。首先构建高斯混合模型，高斯混合模型是由多个高斯分布组合在一起的。每个高斯分布实际上对应一个车道，具体参数是用 EM 算法获取的。计算出优度后，我们需要对拟合优度进行评价。评价时我们不仅要考虑函数结构的风险，同时可以利用轨迹数据测得的路面宽度，反推每个车道宽度模型，推算宽度之间的差异，得到了最终结果。

　　2）宽度信息

　　确定车道数量之后，我们根据高斯中心线可以反映出车道的中间位置，获得车道的几何信息、数量信息。同时，宽度信息也可以获取，这属于属性信息。在具体的获取过程中，我们考虑到城市道路车道增设和削减的状态。大家知道，有时在临近交叉口位置会增设车道，有时车道可能会变少。我们采用移动窗口的模式来获得车道数量。在确定车道数量时，会用到轨迹分布宽度，也是采用移动窗口获取的路面宽度。因为两个交叉口路面之间的宽度是一个定值，不会有太大的突变。根据这种特征，我们对路面宽度做了优化。车道数量探测结束之后，也是根据这种方式进行优化。具体的优化算法在文章里面也有，感兴趣的话，大家可以去看一下。

　　3）语义信息

　　车道的语义信息包括转弯信息，也是通过轨迹追踪算法来获取的。我们在具体获取时，考虑到了驾驶员违规的问题。每个城市的违规率都不一样，当某种转向的比率超过了阈值时，我们认为他就有这种转向，对这个车道的转向特征做确认。这个路段的车道几何以及拓扑信息完成之后，为了完成完整的车道级路网生产，我们根据上一部分研究获取的交叉口空间结构，需要对这两者进行结合。在结合的过程中，首先需要做粗匹配，我们先寻找一个路段与哪个交叉口匹配。然后再完成细的匹配，根据车道的端点，它记录了车道转向以及端点空间位置和交叉口端点，利用入口点的空间位置和转向特征来做一个匹配，完成整个路段和交叉口的融合，从而生成一张完整的车道级路网。实验数据是武汉市的出租车数据，后面用了一部分滴滴提供的轨迹数据。

4）覆盖率

当然，我们也做了覆盖率分析。获取车道数量，可以用高斯混合模型来拟合车辆数量，同时也要考虑覆盖率的问题。因为我们要保证每辆车都要覆盖在这个路面的车道上，这样才可以正确获取车辆的数量。我们用了武汉市的一部分数据，选取一些道路做覆盖率分析。发现 7 天内的数据基本上都可以覆盖武汉市的路面，一些主要的道路肯定能覆盖的，一些小巷等现在不考虑。所以，一个星期以上的数据就足够了，至少对武汉市是可以的。然后，我们通过高斯混合模型来获取车道数量，是进行优化策略之后获取的结果。对于临近交叉口的位置，还是有一些问题，即使做了优化，可能还是会判断错误。这也可以理解，车辆多的时候，两个车占一个道的情况也存在，所以会出现这种问题。这是根据滴滴提供的轨迹数据做了车道级路网生成结果，黑色是我们通过高斯混合模型获得的路段几何信息(图 2.4.3)，然后根据交叉口做一个匹配，最后完成的路网数据。

我们对这个结果也做了一些评价，一个是车道数量探测结果的评价，以及对目前一些现有方法做的评价。目前对现在的这两种方式有一些的更新和改善，除了宽度，我们也对真值做了一些评价。根据这个结果，平均值没有超过 0.5~1m，标准差也维持在零点几米的状态。这也是对最后合成的路网和真值做对比，统计几个交叉口与真值之间的差异。这是用的武汉市出租车数据，GPS 定位精度还有点问题，导致真值可能会有一些偏差。后面我基本上用北斗系统，定位精度应该会更高。以上这些内容已发表到了 ITITS①② 期刊上面，大家如果感兴趣可以去看一下。

(4) 车道级路网信息自动变化检测

最后一个研究内容，是车道级路网信息自动变化检测方法。这一块分为四个步骤：首先是路网变化检测的概述，通过误差椭圆理论来做轨迹匹配；其次是做粗匹配获取待匹配的路段；再次是用模糊逻辑理论方法来做轨迹匹配；最后从匹配结果来检测变化类型。

车道级路网的变化可能包含更多细节，它不局限于多一条路、少一条路、多了一个交叉口或少了一个交叉口。它更多地体现在车道细节的变化，这是一个几何变化。比如这个地方增设调头的机制，车道与车道之间的变道规则就会发生变化。我们做的时候要先做一

① Luliang Tang, Xue Yang, Qingquan Li. CLRIC：collecting lane-based road information via crowdsourcing[J]. IEEE Transactions on Intelligent Transportation Systems, 2016, 17(9)：2552-2562. (SCI IF 3.724)

② Luliang Tang, Xue Yang, Qingquan Li. Lane-level road information mining from vehicle GPS trajectories based on Naïve Bayesian classification[J]. ISPRS International Journal of Geo-Information, 2015, 4(4)：2660-2680. (SCI IF 1.502)

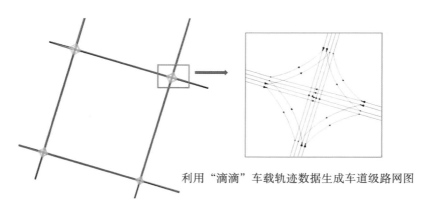

利用"滴滴"车载轨迹数据生成车道级路网图

图 2.4.3　利用"滴滴"车载轨迹数据获取的车道级路网数据

个粗匹配，因为车道级路网的路网密度实际上要比道路中心线级还有车行道级路网高很多，所以做一个粗匹配是为了优化计算效率。粗处理的理论很简单，当前轨迹点的椭圆误差落到误差椭圆里的路段都作为待匹配的路段。再进行匹配时，采用模糊逻辑的轨迹匹配方法。这个方法也比较简单，可以人为地定义隶属度函数，所以机制比较简单。确定模糊因子，是从位置和方向两个方面考虑。位置是考虑当前轨迹点和待匹配车道路段的空间距离和垂直距离，方向是看当前轨迹点与待匹配路段的行车方向和航向的角度差异，然后根据这两点来构建隶属度函数。隶属度值为 1 时，是不能匹配的；0 到 1 之间是模糊区域；0 的话，可能就不匹配。具体这两个参数是按照车辆，比如说轨迹点和车道中心线。待匹配路段的宽度在 0.5 个车道宽以内的话，认为是匹配的，超过 0.5 个宽度，再附加一定的轨迹 GPS 的误差范围，这时，我们认为它可能是一个模糊区域，超过这个模糊区域就认为它是不匹配的。角度也是一样，在航向角误差以内的话，则认为可能是匹配的。在转弯和航向角度之内的话，我们认为它可能匹配，它是一个模糊区域，超过这个转弯角度，我们认为它就是不能匹配的。然后根据轨迹数据在距离和方向上的隶属度值，获取当前轨迹点的综合隶属度值。

下一步就是去模糊化。根据隶属度的计算，我们可以得到三种匹配结果。一个是成功匹配，它的综合隶属度值为 1，我们认为它是确切可配的，为 0 的话就是不能匹配，0 到 1 之间是模糊匹配。我们用高斯算法来进行去模糊化，然后对整个数据做模糊化，之后可以明确得到两个结果：可以匹配和不能匹配。道路的车道结构变化也是通过这种匹配结果来检测的，这种几何变化检测包括增设和关闭车道。增设车道从不能匹配的轨迹点里探测，探测过程通过聚类算法计算类簇中心线和道路建设标准的符合度。如果它符合这些规则的话，我们认为就是增设了车道。不符合的话，可能是因为它不是一个车道，也有可能是那个地方路面增宽了，或者是商场前的一个大区域，车都往那里跑。关闭车道的话，我们从路网里看哪条路段没有匹配上，这就意味着这个路段车道上面没有车走过，所以它是关闭的。拓扑变化检测的话，主要是通过对比匹配的轨迹数据的连通关系，还有匹配的车道路段之间连通关系的对比。

比如调头机制(图2.4.4)，从g_i点到g_i+5点属于同一条轨迹，是一辆车走的轨迹。g_i到g_i+2，是匹配到l_i这个车道路段的。这个部分是匹配到这条路的，这两条车道在拓扑描述里面是不相连的，但是这条轨迹在车辆行驶过程中是相连的，所以道路在这个地方发生了变化，我们就可以把它的变化过程做一个更新。包括变道规则检测与转向检测，实际上跟这个原理是一样的，都是通过对比轨迹的连通关系和匹配路段的连通关系来进行检测。

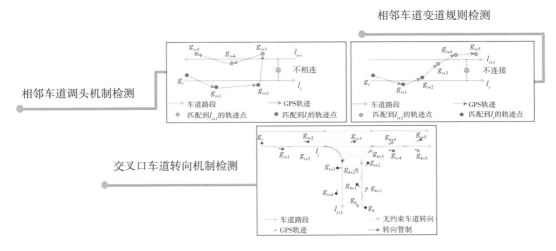

图 2.4.4　变化检测示意图

表2-4-3是一部分实验结果，是用车道级路网数据和GPS的数据做了一个匹配，这个数据精度很高，在0.5m左右。图2.4.5是误差椭圆的确定，根据这个轨迹数据的精度，做误差椭圆尺寸的确定，然后去确定待匹配的路段。图2.4.6是一部分匹配结果，是去模糊化之前的结果和去模糊化后的结果。图2.4.7是一个细节的放大，我们通过匹配结果来检测路网变化。图2.4.8(a)图是新增车道的检测结果，而(b)图是车道关闭的检测结果。

表 2-4-3　　　　　　　　　　　　　　　　　　**部分实验结果**

GPS 数据采集场景	GPS 轨迹点个数	$\sigma_x(m)$		$\sigma_y(m)$		$\sigma_{xy}(m)$	
		平均值	标准差	平均值	标准差	平均值	标准差
开阔空间	10.021	0.787	0.242	0.648	0.021	0.184	0.045
半遮挡路段	25,239	1.021	0.142	0.698	0.014	0.358	0.278
遮挡路段	8,342	1.675	0.532	0.993	0.125	0.687	0.542

同样，我们也对这个类型做了精度的比较(表2-4-4)。这里我想强调一下，因为我们拿到的数据不是这个星期获取路网和下个星期采集的GPS轨迹点。这是2012年的路网，数据可能是2016年的数据。所以在做这个实验的时候，人为地做了一些变化，对原始路网做了一些变化后再进一步检测。

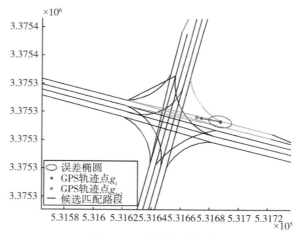

图 2.4.5 误差椭圆确定

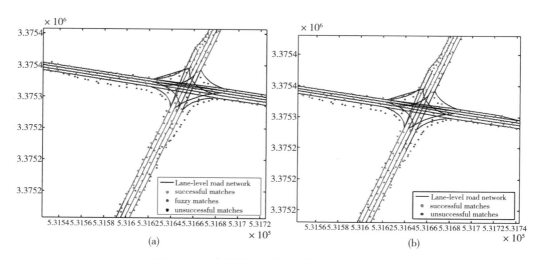

图 2.4.6 基于模糊逻辑匹配算法的匹配结果

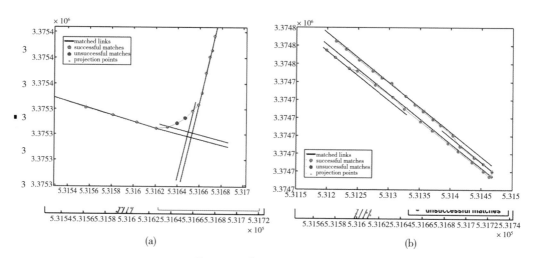

图 2.4.7 部分匹配结果细节

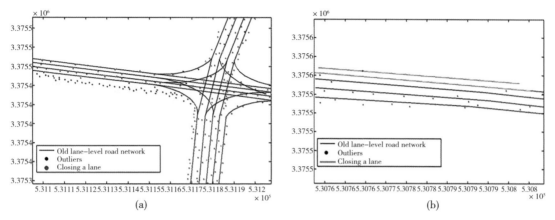

图 2.4.8　车道级道路变化检测结果

表 2-4-4　　　　　　　　　　　　**车道级路网变化检测精度分析**

车道级路网变化	True_positive	False_positive	Precision
增设车道	31	7	81.6%
关闭车道	89	15	85.6%
变道规则	18	4	81.8%
转向规则	38	8	82.6%

　　然后我们做了精度分析(图 2.4.9)。有的地方可能分析错了，比如这是地上停车场，车辆在这里可能来回地穿梭，我们将其检测成新增的车道，但它不是，这就是一个问题。这部分研究内容①已经发表在 IJGIS 期刊上，大家如果感兴趣可以去看一下。

4. 总结展望与留学经历分享

　　在读博士期间，我主要做了这三点研究：一是研究数据质量清洗，提出基于运动一致性模型的数据清洗方法；二是研究城市细节道路网信息低成本、快速获取的方式，提出基于轨迹数据的获取方式；三是研究城市细节道路网的更新，提出利用轨迹数据做车道级路网的更新，目前还没有人做这块，我是初步尝试，还存在很多问题。后续随着车道级路网热度不断地增长，还是会有研究学者关注这一方面。另外，以多源数据为研究对象探索城市空间动态行为活动。与其他数据相比，轨迹数据具有非常大的优势，我们可以监测出移动目标的活动和行为。现在很多数据都不太容易做到这一块的，所以未来的研究可能会继续做这方面。

---

　　① Xue Yang, Luliang Tang, Kathleen Stewart, et al. Automatic change detection in lane-level road networks using GPS trajectories. International Journal of Geographical Information Science, 2018, 3(32). (SCI IF 2.502)

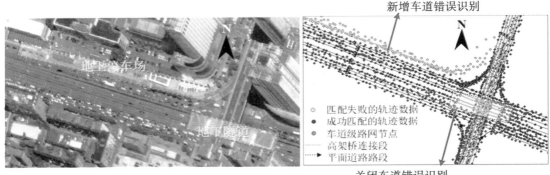

图 2.4.9 车道级路网变化检测错误识别结果

最后是留学经历分享。我是在 2016 年出去交流的，去的是马里兰大学的 College Park 分校，在地理系 GIS Center 交流访问。我的外导 Kathleen Stewart 是这个 Center 的 Director，她主要关注时空 GIS 和时空地理移动的研究，包括对疟疾的研究等，还有对于毒品的研究。她关注得更多的是健康地理学这块的研究，研究合作的范围也挺广的。她和马里兰大学的医学院有合作，和非洲那边的学校也有一些合作。我去美国后，有一个比较大的感触，美国很多学者做的研究是跨国的，可能是跟非洲或者其他国家合作。但是目前，我们中心还是与国内的合作多一些，国际化还有一段路要走。图 2.4.10(a)是我所在地理系 Center 的一个大楼，我在马里兰大学访学期间认识了一些好朋友，他们在马里兰大学 Computer Science 系里读博士，有的是作博后，有的是在 Electronic information and electrical engineering 读博士。我还认识了一些国外的小伙伴，有美国、意大利、西班牙以及印度的。这是临走时我和老师拍的一张照片(图 2.4.10(b))。

(a)地理系中心大楼

(b)杨雪(左一)与外导

图 2.4.10

我在美国留学期间参加了三个会议。一个是 AAG 的会议，是在波士顿举办的。另外一个会议是 UCGIS，是在 DC 举办的。这有点像美国大学的一个科学普及会，当时听了一个教授讲栅格数据和矢量数据的差异，都是比较基础的一些知识。最后，我还参加了 CPGIS 会议，很幸运。因为我当时参加的那一次正好是 CPGIS 的 25 周年大会，所以当时去了很多有名的国内外学者。图 2.4.11(a)是我们武大校友的一个合影，看到武大校友在国际会议上占了很大比例，很自豪。还有一些青年老师们，他们都是未来 GIS 界的翘楚，是我们学习的榜样。在美国这一年，我的主要活动范围是美国东北部这一块。因为我不会开车，出门就靠公共交通或者是蹭别人的车，所以去的地方就这一块。主要是去波士顿开会，就顺道去了趟纽约，然后去 CPGIS 开会，还顺道去 Buffalo 看了一下。另外就是去 DC 这一块看了一下，然后又去了匹兹堡的卡内基梅隆大学。

(a)CPGIS 25 周年大会武大校友合影　(b)马里兰大学帕克分校校园风光　(c)尼亚加拉大瀑布

图 2.4.11

图 2.4.11(b)是马里兰大学幅克分校图书馆门前的草坪，每年在开学前会有各个社团的摆摊，介绍这个校园的文化，还有一些有趣的事情。美国很多学生在申请学校时，家长会带自己的孩子去校园里看一下。可能还会去各个学院里面，会有专人讲解这个课程大概是做什么的、这个专业是干什么的。

美国大学跟国内大学相比，最明显的区别就是空旷，草坪覆盖率比较高。在美国，植被覆盖率还是很高的。美国人比较爱冒险，在这种水流比较湍急的地方会滑滑板之类的。去 Buffalo 开会的时候，主办方带我们去看了尼亚加拉大瀑布。这个瀑布特别美，所以大家有机会的话，可以去看看这个大瀑布，顺道可以去多伦多玩一玩。同学说他们一般吃饭会去多伦多，那边的华人比较多，这也是在大瀑布拍的(图 2.4.11(c))。这就是我的留学经历，谢谢大家！

【互动交流】

主持人：非常感谢杨雪师姐给我们带来的精彩报告，杨雪师姐从数据清洗出发，讲述了利用众源轨迹大数据实现城市车道级道路几何与拓扑信息的获取以及变化检测，还分享了她在马里兰大学访学一年的经历与心得，相信大家都有所收获。听完这个报告之后，大家可能还有很多问题想要了解一下，现在我们进入提问环节。大家可以针对自己感兴趣的方向进行提问。

　　提问人一：杨雪师姐你好，谢谢你精彩的报告。我有两个问题要请教一下。第一，交叉口道路空间结构探测中，你对语义的定义主要是转向和直行。我想问这定义是不是只是在二维空间上的？因为很多大城市是有高架桥的，这种高架桥的转向口是不是有更多的语义信息呢？第二，在你的研究中，有用到出租车的数据，也采用了高精度的 GPS 数据，这些不同精度的数据是用于不同的研究中吗？我想问，这个精度对应的几项研究是不是有什么特殊的要求？为什么有的需要用到高精度数据，有的是用出租车的数据？因为出租车数据的精度可能比较低。所以我想问一下这两个问题你是怎么考虑的？

　　杨雪：第一个问题，针对交叉口语义这块，我主要关注平面交叉口。立体交叉口是比较复杂的，因为它有空间立体上的区分。但是我不太同意再加一个上层或下层，它可能还是左转或右转。但只是针对在上层的这个车道上怎么转的，到下一层它又是怎么转的。可能只是需要你对空间做分层，但是语义还是落回到直行、左转和右转的。第二个问题，在质量清洗的研究中，采用高精度的 GPS 数据是作为实验的真值来验证实验方法的有效性。在车道信息获取与交叉口识别方面，我都是采用出租车的轨迹数据。先不考虑出租车轨迹数据的定位精度，信息识别准确率是没有任何影响的。在变化检测这一方面，确实是一定要采用高精度的轨迹数据。在做车道级变化检测的时候，采用低精度的轨迹数据是没有意义的。比如车辆是在 A 车道的，但是低精度的数据可能会让点打到 B 车道上面。这个时候，我们的判断都是没有任何意义的。这个变化是错误的，有没有检测是没有多大区别的。

　　提问人二：杨雪博士，您好！我现在在做校园路网的提取，相对于您的研究，尺度会小很多。关于时空轨迹采集，采集的标准有没有什么参考？在采集的过程中，针对有些区域数据覆盖率较低的问题，您是如何处理的？针对校园路网数据的精度检验，您有什么好的想法？

　　杨雪：针对你所要做的数据精度，采集的标准是不同的。如果你只是想做道路行车线的提取，那么这条道路上哪怕只有一条轨迹也是可以提取出来的。如果是想要做校园路网的话，采样间隔在 10 秒以内都是可以的。在采样数据量上，你可以发动周边的同学帮你一起采集数据。之前我在国外访问 Google Earth，能够看到很清晰的遥感影像。在国内的话，可能需要用仪器去实地采集一些数据了。

　　提问人三：杨雪博士，您好！我想了解如何在美国获取一些科研资源？在美国学习和国内有什么区别？

　　杨雪：美国校园网站上提供了学校各个院系的资源链接，也包括一些数据链接。另外，有的研究团队内部会有服务器，一些不涉密的数据都可以放在服务器上。还有一种方法，就是从周边同学那里获取。在国外可以利用 Google，也可以利用很多政府网站，来获取一些你想要的数据。在中国学习科研，一般都会给一个限期，在这个限期内必须要做多少事情。而在美国，研究比较单一，科研的环境也比较单一，自由度会高一些。当你需要向导师请教问题时，你需要主动预约联系，国外老师比较喜欢主动一点的学生。国内老师都比较负责，定期开会看看大家都在做些什么。而在补助这方面，国内是学校直接发放，而国外则需要你去做助教等工作来获取。

提问人四：杨雪博士，您好！我想问一下，关于路网结构，组织 GPS 数据时是根据全部的数据组织，还是根据单个车辆来组织的？有的主干道上数据较多，有的偏僻路上数据较少，这对路网信息提取有影响吗？

杨雪：我们存储的时候确实是根据车辆 ID 来存储的，这样就能够看出这辆车一天走了多远的路。在实际做的过程中，我们是根据研究的需求（来组织的）。比如说我们需要提取这个位置的数据，只需要在数据库中制定一定的经纬度来约束，提取出我们需要的数据就可以了。数据量的多少确实对路网信息的提取有一定的影响，我在做实验时主要还是选择车多的路，比较偏僻的路，出租车走得少，数据也会少很多。

（主持人：邓拓；摄影：于智伟、郑镇奇；录音稿整理：于智伟；校对：李韫辉、邓拓、董佳丹）

2.5 基于深度卷积网络的遥感影像语义分割层次认知方法

（张　觅）

摘要：受人类视觉系统层次认知方式的启发，本期嘉宾主要介绍遥感影像语义分割的层次认知模型。借鉴自然影像处理中 DCNN 的工作方式，设计适用于高分辨率遥感影像语义分割任务的深度神经网络结构，构建"数据—像素—目标—场景"层次认知模型。嘉宾分别介绍了多源数据增广，像素级、目标辅助级以及场景约束级语义分割原理及方法，并以实际项目为例，分享了 DCNN 方法在遥感影像处理方面的应用。

【报告现场】

主持人：各位同学、各位老师，大家晚上好！我是本次活动的主持人黄雨斯，欢迎大家参加 GeoScience Café 第 197 期学术前沿分享报告。本次报告嘉宾是来自遥感信息工程学院的张觅师兄，报告题目为"基于深度卷积网络的遥感影像语义分割层次认知方法"。张觅师兄目前是博士三年级，以第一作者发表了学术论文 4 篇，其中顶级会议 CVPR1 篇、SCI 论文 2 篇，获发明专利一项，在审专利一项，获博士国家奖学金、地理协同创新中心奖学金等多项奖项。在今天的报告中，张觅师兄将主要介绍遥感影像语义分割的层次认知模型，借鉴自然影像处理中的 DCNN 的工作方式设计适用于高分辨率遥感影像语义分割任务的深度神经网络结构，构建数据、像素、目标、场景的层次认知模型。下面让我们用热烈的掌声欢迎张觅师兄！

张觅：谢谢大家，谢谢主持人介绍！今天我主要介绍一下我在博士期间的主要工作，这个也是我博士论文的主要研究方向。今天主要介绍的是，怎样设计一种适用于高分辨率遥感影像语义分割任务的模型，它主要包含了从数据增广，然后到像素级、目标辅助级，以及场景级的语义分割，它们构成了一个层次认知模型。这个主要是受神经网络相关的研究内容启发，进而进行进一步的研究。

我今天的报告包括 4 个方面：

①研究背景和研究意义；

②国内外研究现状；

③主要研究内容与实验分析；

④总结与展望。

1. 研究背景和研究意义

目前在高分辨率遥感影像解译方面，我所做的项目主要是两个，一个是卫星图像的点云要素提取，这个现在仍然在进行中；另一个是我们小组正在研究的国家自然科学基金面上项目。目前我们的遥感影像虽然已经实现了全天候、全方位的对地精细化观测，但是与强大的数据获取能力相对比，智能化的认知和感知能力仍有待提升。一个核心的问题就是如何对影像进行语义分割，所谓语义分割就是对影像上的每个像素赋以一定的标签值。我们的目的是给每一张图像中的每个像素赋一个值，这个任务在遥感影像中又被称为遥感影像分类，但是遥感影像分类这个术语其实不是非常准确，因为它容易和场景分类混淆，所以我们采用语义分割——计算机视觉中的概念来进行描述，可能会更加精确一些。在遥感影像中，语义分割的目的是给定一张遥感影像，为每一个像素值赋予相应的标签。

如图 2.5.1 所示，这是 ISPRS Vaihingen 数据集中的一张影像，它的大小是 20250×21300 像素，一共是 1.23GB。运用我们的算法，从影像到矢量生成大概需要三个小时就可以完成。

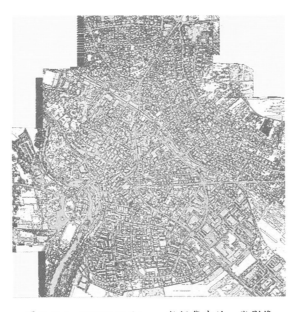

图 2.5.1　ISPRS Vaihingen 数据集中的一张影像

那么这个任务是怎么完成的呢？我们首先看一下机器学习它是怎么做的。比如我们在做文字识别，或者人脸识别，或者三维重建，或者场景分析中，面临的一个主要问题就是怎么学习到一个函数，让它能够真正地接近真实世界。我们所需要做的就是怎样找到这样一个函数。这是机器学习的一个最根本的方法，那如何来实现呢？在 CNN 网络中主要是通过线性和非线性组合来实现的。它们通过层层迭代、层层叠加这样的方式来得到一个与真实世界相应的函数。本质上来说，我们就是要找这样一个函数让它来逼近真实值。这里面包含两个部分，第一个是线性部分，所谓的卷积神经网络主要就是实现这一部分；另外一部分是非线性的激活函数，比如早期的 Sigmoid 激活函数以及现在用得比较多的 ReLU 激活函数。

语义分割任务主要包含两个阶段，第一个是训练阶段，训练阶段我们需要给定训练的影像以及它对应的标注数据。我们通过一个线性和非线性组合的函数，然后再进行预测。通过这样一个预测，得到它和真实值之间的误差。在让误差最小的基础上，得到一个较为合理的拟合函数，并训练得到相应的权重以及偏置项。这是深度学习所完成的任务，当然这主要针对的是监督分类，也有非监督分类及其他方式。今天主要讲的是监督分类下的一些语义分割任务。

第二个是测试阶段，前面一个阶段我们得到了它的权重系数、偏置项以及非线性激活函数中的一些参数，我们把训练得到的参数代入到网络中，给定一个测试影像，就可以预测出每一个像素对应的标签值。

语义分割方法有两个阶段，但是这个过程并不局限于语义分割，比如在目标检测中也是采用类似的方式。我现场演示一个程序，是用已经训练好的 MTCNN 模型来执行这样一个阶段，它的目的是进行人脸检测。大家待会儿可以朝摄像头看一下。（嘉宾进行人脸识别的演示）这个就是使用一个已经训练好的模型进行预测的过程。后面我还会演示如何进行语义分割任务，刚刚演示的是如何做人脸的检测，这个也是目前比较火的一个研究方向。

在自然影像处理中，语义分割任务的成功主要归结于两个部分：第一部分是基础网络结构的改进，见表 2-5-1，比如说我们熟悉的，早期的 LeNet、后面的 AlexNet、VGBGNet、GoogleNet 以及现在的 Residual Net；另外，可能在实际项目中并不会用到的 SegNet，这也是比较值得一提的一个网络结构，是一个挺不错的设计，但是它对 GPU 的消耗比较大，我们在工程项目中运用得比较多的是 Residual Net 和 VGG Net，通常情况下是在这两个上面进行修改的。

前面这两种网络大概有两种趋势，第一种趋势是网络层数不停地加深；另一种趋势是网络朝宽的方向增加。当然还有一种，比如 ResNeXt 这种多个组合的形式，就是跨层组合的形式。另外一方面主要是归结于语义分割的一些策略的融合，表 2-5-2 是我自己归纳的主要的三个方面：第一个方面就是直接将前面提到的那些网络，将其中的全链接层改成全卷积层，然后实现 Context-free 的这种 CNN 网络。第二个方面是在前面提取特征的基础上采用 CRF 条件随机场进行后处理优化，或者说以条件随机场作为一个 End to End——端对端的处理形式，比如 CRF-RNN；还有一种是训练一些预训练的模型，比如采用高斯 CRF 这样的方式，将数据项和平滑项分别进行训练，然后进行预测。第三个方面是为了避免 Context-free 在上采样过程中的损失，采用 Encoder-Decoder（自编码解码）这样的结构来进行，比如 Deconvolutional Networks 和 SegNet。

表 2-5-1　　　　　　　　　　　　　　网络结构单元对比

网络结构单元				
网络名称	LeNet、AlexNet、VGGNet	GoogleNet、Inception-v2/v3	ResNet、HighWay	ResNeXt、Inception-v4、Multi-Residual Net
提出时间	1989，1994，2012，2014	2014，2015	2015	2016
特点	DropOut，Max Pooling，3×3 卷积，CUDA 加速	多分支结构，宽度增加，使用 1×1 卷积核，多组卷积核叠加	层数增加，信息跨越整合	多分支结构，信息跨越整合

表 2-5-2　　　　　　　　　　　　　　语义分割策略融合

Method	Approach	Superlority	Drewback
Context-free CNN	FCNs Dilated Conv	Taking multi-scale strategy；broader receptive filed（使用多尺度策略，更大的感受野）	Do not have contextual constrains；may over estimate the receptive field（缺少上下文语义约束，可能过度估计感受野）
CNN-CRF	CRF Post-processing CRF-RNN G-CRF	Help improve accuracy；training in an end-to-end manner；considering contextual information（提高精度，端对端训练，考虑上下文语义信息）	Do not guarantee global optimum in discrete domain；need multi-stage training（不能保证离散域全局最优，需要多阶段训练）
Auto En-Decoder	Deconvolutional Networks SegNet	Elegant training architecture（精简的训练架构）	Need considerable GPU memory（需要相当大的 GPU 内存）

　　如果将这些方法直接运用在遥感影像中会存在 4 个问题：第一个问题是遥感影像的训练样本缺乏，我们在遥感影像中并没有像 PASCAL VOC 和 MS-COCO 这样超大的、有标注

的数据训练集供我们训练使用，特别是用作语义分割任务，这样的训练集就更加缺少了；第二个问题是影像的尺度变化比较大，我们通常在遥感影像处理中并不是处理某个平台的遥感影像，而是多种平台，多种平台下得到的数据源尺度是不一致的，不同分辨率数据特征难以挖掘出来；第三个问题是遥感影像中有许多目标是具有方向性的，在自然影像中，比如上面的行人在大多数情况下是朝上的(其方向是固定的)，然而在遥感影像中的道路、房屋则是具有不同的方向的。如果采用自然影像中的目标检测办法，目标能检测出来，但是没有办法运用到实际项目中；最后一个问题就是场景空间上下文信息，遥感影像通常是自然影像三倍到四倍的大小或者更大，单幅影像中目标可能包含无限多的空间上下文，比如说一条道路可能横穿了整张影像，这种空间上下文信息可能是无限多的。

针对上面提到的 4 个问题，我们受到人类视觉认知系统中层次认知方式的启发，借鉴了 DCNN 中端对端的处理方式，希望构建一个从数据，到像素处理，再到目标，最后到场景这样一个层次化的遥感影像语义分割的处理模型。最终要达到在解译过程中减少人工干预，甚至做到直接端对端处理这样一个效果。

2. 国内外研究现状

第二部分讲一下目前的研究现状。主要从 4 个方面展开：第一个是数据级，第二个是像素级，第三个是目标级，第四个是场景级。第一个是数据级的语义分割，主要针对遥感影像数据量比较小，我们怎样对有限的数据集进行增广。这里说的增广主要区别于扩充，扩充主要是对影像进行旋转、平移、缩放，而增广是从已有的影像中生成一些向特定目标发展的，或者说我们所需要的一些影像。比如我们现在有训练数据，主要是基于 WorldView 这种类型来进行训练的，我们想把它进一步运用到 ZY-3 等类型的卫星影像上，现有的模型肯定没法直接使用，如何通过数据增广使已有模型应用于我们所期望的目标，这是进行数据增广研究的目的。第二个方面是像素级，所谓像素级语义分割是从自然影像中借鉴一些已有的网络，通过融入多种策略来提升语义分割的精度。在遥感影像中，主要考虑尺度、局部感应度视野以及先验知识融合等因素。第三个针对遥感影像中的一些目标，它是具有方向性的，我们怎么来对这些方向性进行处理。最后一个是要进行一些场景的约束，比如在高分辨影像中，不同季节观测到的同一个目标的光谱特征不同，怎样针对这种情况来进行场景约束，使语义分割模型得到更加可靠的结果，这是第四个方面需要研究的内容。

对于第一个数据增广方面，在计算机视觉中，以生成式对抗网络(GAN)为代表的方式在室内、室外影像方面都得到了很好的应用。但是在高分辨遥感影像数据处理上仍然处于起步阶段。目前有一些代表性的方法，比如没有条件约束的 WGAN、DCGAN、EBGAN、CoGAN，包括最近的 CycleGAN 和 DiscoGAN。该操作要完成的任务就是从一个域到另一个域的相互转化。

第二个方面是像素级的语义分割，是指影像分类的网络，这里主要指的是自然影像分类方法，比如对整张影像给一个标签，这种分类网络转化过来的是深度卷积网络。代表方法有 FCN，后来发展的方法有 SegNet、DeepLab，还有扩张卷积网络 CRF-RNN、G-CRF，以及 RefineNet。

第三个是目标辅助级语义分割，包括两个方面，第一个是我们怎样从影像中抽取一些旋转不变的特征。遥感影像中很多目标是有方向性的，我们要从中抽取一些不变的特征，当然有一些特征，比如尺度，经过神经网络的多层叠加，已经具有一定的尺度不变性。平移的话通过一些，比如 MaxPooling 的操作也可以实现一定的不变性。但是旋转不变性目前仍然处于研究阶段，还没有得到很好的处理。这里我列举出几个有代表性的方法，第一是 TI-Pooling，第二是 STN，最近的有 G-CNN，还有 ORN、H-Net 等。在目标级辅助语义分割中第二任务就是对目标的主方向进行估计。对于目标主方向的估计，在自然语言中处理，常见的就是文字检测、人体的行为识别方面。对于遥感影像来说，目前还没有看到特别好的一些端对端的解决方案。目标的方向性特征并没有直接与目标的语义分割任务相融合。这是我们都知道的 Faster R-CNN、SSD、YOLO 以及 Mask R-CNN。

第四个就是场景约束级的语义分割。比如我们在没有做场景约束的情况下直接处理一张遥感影像，里面会有一些干扰性信息融入其中。如果使用了场景级约束，就能抑制无关场景干扰信息，从而能够使场景信息得到最佳的整合。对于语义分割的场景信息，主要有两个方面：第一个是从原始影像中抽取一些场景对比信息，遥感影像中其实有很多场景类别的数据集，等会儿会介绍到；第二个是对 DCNN 这种网络进行不同层次特征的组合。对于不同层次特征组合主要是通过网络结构的合理设计，来实现不同层次下特征的组合，这可能会导致网络结构设计越来越复杂。在实际项目中，很多生产单位并没有昂贵的 GPU 资源，会限制语义分割的性能。这是一些有代表性的网络结构，比如 SharpMask、U-Net 以及 Ladder 这种网络结构。

3. 主要研究内容与实验分析

接下来介绍一下我自己在读博期间针对前面的 4 个内容所做的工作以及相关的实验分析。主要是 4 个方面：第一个是多源数据的增广，第二个是像素级的语义分割，第三个是目标辅助级的语义分割，第四个是场景约束级的语义分割。

多源数据增广方面，对于地面室内/室外影像，已有大量的开放数据可作为训练样本；遥感领域虽然一直提倡"遥感大数据"的概念，但目前并没有大量公开的已标注的像素级专业数据库供分析研究，而且出于政策限制的原因，通常无法获取到庞大数量的专业标注数据，DCNN 可谓巧妇难为无米之炊。图 2.5.2 所示主要是针对遥感影像场景分类的数据集，其开放的数据量并不是很大，包括我们学校的夏桂松提出的 WHU-AID 数据集以及国际上的 UCM 数据集。值得一提的是，在去年(2018)的 ICCV 会议上，多伦多大学的学者提出了 TorontoCity 数据，当然目前还没有正式发布。我跟作者在会场交流，他说可能会在今年(2018)下半年发布。这个数据集叫 TorontoCity：Seeing the World with a Million Eyes。它主要是实现了"空-天-地"数据一体化，包括航空影像、地面街景影像、航空 LiDAR、车载 LiDAR、公共的地图数据。如果这个数据发布，对我们整个领域可能会有非常大的推进作用。

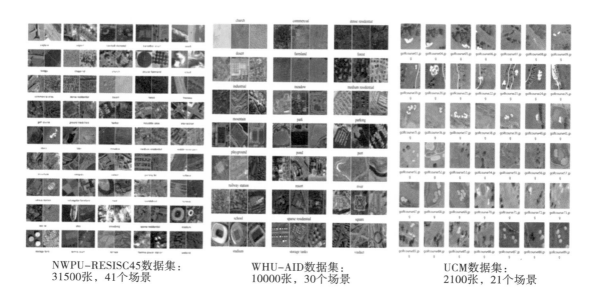

NWPU-RESISC45数据集：　　　　WHU-AID数据集：　　　　　UCM数据集：
31500张，41个场景　　　　　　10000张，30个场景　　　　　2100张，21个场景

图 2.5.2　遥感影像数据集

前面说到的这些数据大部分是以场景分类为主的，而且语义分割的数据集是非常少的，那怎样在只有有限的标注数据的情况下，利用深度学习来进行语义分割呢？一个很好的方式是使用一些已有的公用的数据，比如 OSM、OAM、谷歌地图和天地图，图 2.5.3 就是我在实验过程中用的一个"天地图"的影像。虽然影像中有一些不太准确的地方，但是里面的道路、建筑物都有一一对应的关系。我们可以利用这样一些众源数据来进行数据的扩充和分析。

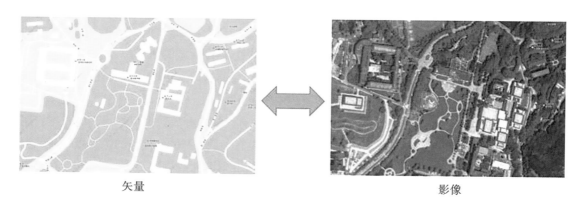

矢量　　　　　　　　　　　　　　　影像

图 2.5.3　"天地图"影像

有了数据之后，如何对数据进一步扩充呢？在计算机视觉中，生成式对抗网络为我们提供了转化的思路。生成式对抗网络主要包含两个部分：第一部分是生成模型，生成模型主要是生成数据，让它和真实数据尽量接近；另外一部分是判别模型，或者说判别器，它的目的是区分生成影像和真实数据，让它们的差异越来越大。生成器和判别器形成一种博

弈关系，从而能够得到一个扩充的生成影像。对于遥感影像处理来说，直接使用 GAN 并不是一种很好的方式。因为使用这种方式，生成的影像可能是任意的。我们能够使用的本来就很少，这种任意生成的能使用的就更少了。所以说这种模型并不是一个很好的方式。取而代之的是 CGAN 模型——条件生成式对抗网络。所谓条件生成式对抗网络是指我们对生成器和判别器模型中增加一定的约束，让生成模型朝着我们给定的条件进行生成，这样的生成方式能够符合我们的实际需求。条件生成式对抗网络的核心在于损失函数的设计，即生成器和判别器的损失函数设计。

公式 (2.5.1) 是一个常规的 C-GAN 损失函数设计，理论上可以证明这个函数的上限是两倍的 lg2，训练到一个定值后，会出现梯度消失，那么梯度则没有办法进行反向传播，到最后生成的影像质量就会非常差。

$$L_{C-GAN}(G,\ D) = E_{x,\ y \sim Pd(x,\ y)}\big[\log D(x\mid y)\big] +$$
$$E_{z \sim pz(z,\ y)}\big[\log(1 - D(G(z\mid y)))\big] \qquad (2.5.1)$$

如图 2.5.4 所示，我们是在 LS-GAN（最小二乘生成式对抗网络）的基础上进行了扩充，其实最小二乘生成式对抗网络就是 GAN 模型的一种扩充。这是 ICCV2017 年香港科技大学毛旭东研究小组做的一个模型，它原来是没有条件限制的。我们对其进行了扩充，加入了一次项的平滑项，让它能够适用于语义分割任务，并且同时加入了一个条件限制，使得 C-GAN 的损失函数设计更加合理。具体的细节在此就不做讲解了。

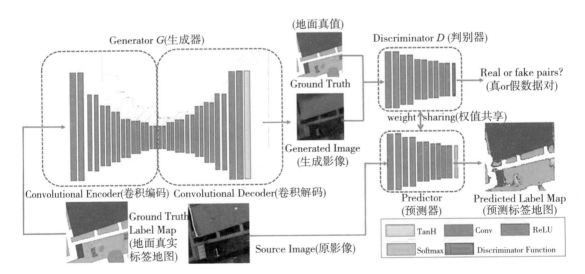

图 2.5.4 CLS-GAN 损失函数设计

有了损失函数之后，为了检测我们训练的模型对语义分割究竟有没有帮助，我们在它的判别器中使用了一个权值共享的机制。也就是说，我们可以预测一下影像中的 label 到底是不是我们想要的，从而用来监控整个网络的运行状态。这个网络也包含两部分：第一部分是生成器，主要采用 Encoder-Encoder 的方式；第二部分是判别器，主要使用的是和全卷积网络（FCN）比较接近的一个 5 层的网络，主要采用的是权值共享的方式，在测试阶段我们不需要这个，而在训练阶段我们是需要这个的。图 2.5.5 是我们在 Cam Vid 数据集上的测试，图 2.5.6 是在 ISPRS Potsdam 数据集上做的测试。因为现在 GAN 的方法在影像质量评价方面并没有一个特别好的标准，所以我们就做了一个和我们网络结构比较相近的 FCN 结构来进行比较。从结果可以看到，mIoU 值达到了和 FCN 的值相接近的一个水平，这说明我们生成的影像基本达到了要求。从这个影像中可以看到，比较特殊的就是 CGAN 的影像，预测之后非常混乱。导致这样一个结果的原因就是 CGAN 的损失函数在设计时有一个两倍的 lg2 上限，所以它生成的影像用于语义分割并不是非常好。

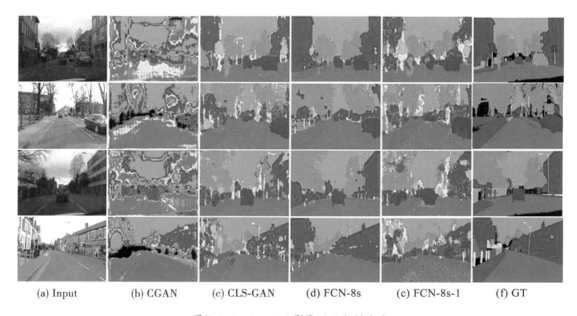

(a) Input (b) CGAN (c) CLS-GAN (d) FCN-8s (c) FCN-8s-1 (f) GT

图 2.5.5 Cam Vid 影像语义分割结果

　　下面我们进一步把这个算法应用到实际生产中的遥感影像。图 2.5.7 是我们实验室自己的数据集，叫 EVLab-SS 数据集。这个数据集是我们把来源于地理国情普查项目的数据，在政策允许的范围内做了处理，从而得到的公开数据集，它非常接近于真实数据。我们原来的 EVLab-SS 数据集一共是 67 张，但是那个是非常大的影像，一共有 48622 个训练样本，在扩充了 17 种不同卫星或航片类型影像后，得到了共 826574 个训练样本。82 万多个训练样本对于训练常规的语义分割网络来说，数据已经是非常充足了。

　　如图 2.5.8 所示，左边是实际项目中重庆的一幅影像，右边是没有扩充数据之前做语义分割得到的结果，当然这里为了能看得清楚，只显示了两种地物类别，一种是房屋，另外一种是道路。下面这个是使用扩充数据之后得到的一个结果（如图 2.5.8 右侧），能够看到，经过数据扩充之后，地物，比如房屋，变得聚集了，更加接近真实情况。很多道路原来是没有预测出来的，现在都能够预测出来。

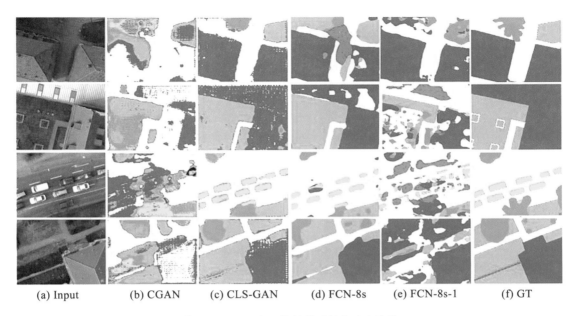

| (a) Input | (b) CGAN | (c) CLS-GAN | (d) FCN-8s | (e) FCN-8s-1 | (f) GT |

图 2.5.6 Potsdam 数据集可视化对比结果

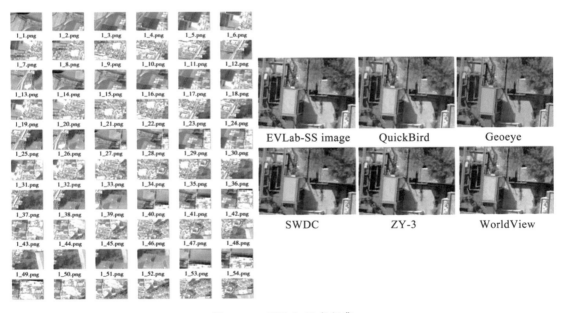

图 2.5.7 EVLab-SS 数据集

那么，怎样来设计一个遥感影像语义分割的引擎呢？我们主要考虑 4 个因素：尺度、感受视野、先验知识融合以及网络大小是否满足实际生产单位成本要求。第一个方面是尺度，所谓尺度是指网络结构能应对来自不同尺度的信息，对影像特征进行多尺度编码。第二个方面是感受视野，计算局部卷积特征时，感受视野不能太大，也不能太小。第三个方面是需要一些先验知识融合，对于几何特征和纹理特征等比较明显的，需要作为先验知识

227

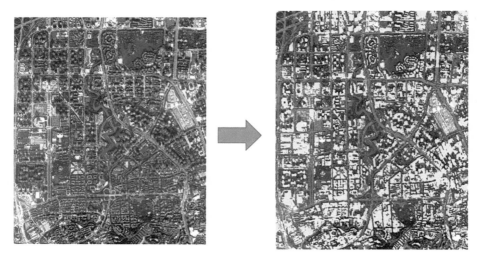

图 2.5.8　实际应用情况

融入端到端的框架中。第四个方面是网络大小，很多生产单位，并没有高配置的 GPU 集群或者单机 GPU，如泰坦 X 显卡等硬件设施，所以我们在设计时要让网络结构大小合适，不能一味地追求网络加深或加宽。

第一个方面是尺度空间方面的问题。尺度空间主要有两种表达方式：①原始影像尺度空间显式表达。对原始影像降采样处理，在不同尺度参数下采用相应的网络结构设计，最后对多尺度特征加以融合；这种方式挺容易想到，但是实际生产中不会使用这种方式，因为它会导致网络结构越来越大，训练过程中调参也不是特别容易，所以我们通常不采用这种方式。②DCNN 网络自身空间尺度隐式表达。利用卷积网络自身层池化后的特征来描述多尺度机制，通过对每个池化后的特征上采样优化融合，得到各尺度融合的最优表达。利用 DCNN 自身的结构特性，每一次池化之后，特征就会进行一次降采样，降采样过程中，实际上就是对特征进行多尺度表达。我们可以用这样一个方式，在每个尺度下得到一个特征，最后把这些结合起来得到一个多尺度融合的结果。

第二个方面是感受视野。在 DCNN 框架中，所谓感受视野指的是对特定区域的响应，是指输出的特征图中某个点对应于输入图像上的区域。图 2.5.9 是我们 EVLab-SS 训练集的一个 Patch，从左到右是选取不同的感受视野进行处理的结果，分别选用的是 3×3，7×7，15×15。从图 2.5.9 的特征图可以看到，当感受视野太大时，很多底层的一些特征就会消失。而当感受视野太小时，可以看到始终是一个局部的，没有 context 信息，结果不是很好。

所以，我们需要考虑怎样设计一个适合遥感影像的感受视野。为什么这样说呢？因为在遥感影像中做训练样本的切片数据的时候，我们不会把自然影像一整张放进来，而是会把很大的影像切割成很小的块。而切成很小的块，则会出现一种情况，比如这里有一栋房屋，房屋完整的情况下能获取较好特征，但是房屋只有局部的话不会得到很好的特征。所以，我们需要考虑感受视野的问题。那么，如何在 DCNN 的框架中设计合适的感受视野

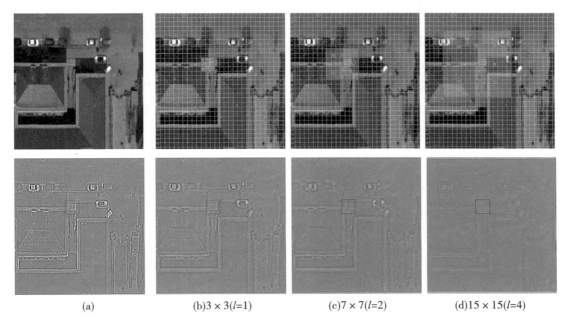

(a)　　　　(b)3×3(l=1)　　　　(c)7×7(l=2)　　　　(d)15×15(l=4)

图 2.5.9　不同感受视野处理结果对比

呢？这需要两个部分：一部分采用扩张卷积网络来增大感受视野，另一部分为了防止感受视野太大，需要增加一个非扩张卷积层，也就是不使用扩张卷积来增大感受视野，反而是相应地在一定程度上抑制感受视野的增大，这两部分结合起来，就可以得到适合的感受视野。

　　第三个方面，怎样在深度学习中融入一些先验知识。在融入先验知识方面，有非常多的方法，比如采用离散域内条件随机场，就是 CRF 做后处理，就是 DeepLab 那种框架，第二种是 CRF 不做后处理。为什么不做后处理呢？因为后处理过程需要调非常多的参数，而这些参数能在训练过程中训练出来，这样就有了一个 CRF-RNN 构架，这是 Zheng 等人提出来的，这个过程需要多阶段迭代近似求解，包括两个阶段，第一个阶段在语义分割中不加入 CRF-RNN 构架训练出来，第二阶段加入 CRF-RNN 构架，并用前一阶段得到的结果作一个初始化，以端对端的形式来进行模型的训练。

　　这样的训练，对于遥感影像来说并不是很合适。因为在实际生产过程中，我们会得到非常多的训练数据集。另外一个是前面提到的 G-CRF 那种方式，它往往需要一些额外的数据，G-CRF 最早是把 DeepLab 的预测结果当作数据项，然后再训练出一个平滑项，两者结合。它需要使用额外的一个 MS-COCO 数据集，训练完之后再用到 PASCAL-VOC 数据上。这个过程也是非常复杂的。前面这些方法主要是在离散域内进行的，我们有没有办法不使用离散域呢？我们能不能在连续域内进行处理呢？后来我们查了一些资料，在连续域内能够求解且速度比较快的就是流行排序的方法。流行排序其实也是一种优化方式，它最早用于网络搜索方面的，就是如何找到离所查询东西最优的一个方法。那我们就想到，能不能把这个东西引入进来。所以我们做了以下工作：如图 2.5.10 所示，在原来 CNN 网络的基础上，做了一个 softmax 之后，得到了一个硬标签（如 0，1 这样的硬标签），然后再做一个学习，在这个之前它得到的是一个概率值，那我们能不能把这些连续域的概率值当作初始值来优化概率值呢？我们进行了尝试，它的形式和通用的能量优化式比较接近，也包括两项，一项是数据项，另外一项是平滑项。我们把这两个能量式构建出来后把特征向量形式转化为矩阵形式，其实就是前向传播优化求解。进一步，为了最大限度地发挥 DCNN 网络的优势，我们对其中涉及的一些参数采用反向传播求梯度的方式得到一个"端对端"的最优结果。

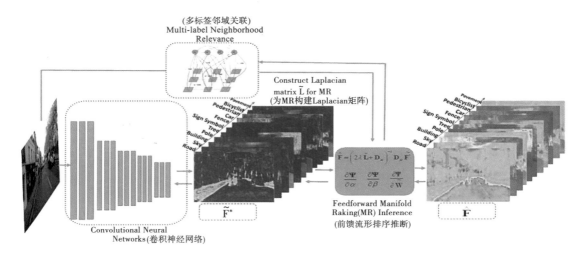

图 2.5.10　流形排序优化

最后，我们把前面提到的这几种方法综合起来，得到叫做对偶多尺度流行排序的算法。如图 2.5.11 所示，该算法包括三个方面：第一个是扩张卷积层和非扩张卷积层，第二个是每个尺度下的流行排序优化，最后是使用池化之后的多尺度组合。这是我们整个网络的构架。采用这个网络，在 EVLab-SS 数据集上对 12 个 batch 作训练，训练阶段还不到 5G 的显存消耗，这基本上是够用了。

我们在实验对比中主要采用了现在比较流行的 mIoU 平均交并做了一个评价准则。这里我们主要测了两组数据，第一组是在室内室外的自然影像上的数据集进行测试，第二组是遥感影像，主要包括 ISPRS 数据集以及我们自己的 EVLab-SS 数据集。其中 PASCAL VOC 数据集和 ISPRS 数据集需要将结果提交到他们的服务器上，才可以得到最终的结果。在实验分析对比过程中，主要是在 CamVid 数据集，也就是我们自己的数据集上对比了 4 种不同的网络。比如我们要测一下前面的策略对于自然影像或者遥感影像有什么样的影响，那我们就对比了 4 种网络。第一种是没有使用任何策略，直接调用 GPU 进行预测；第二种是使用多尺度的策略；第三种是采用扩张卷积策略；第四种是使用流行排序优化的策略。

如图 2.5.12 所示，这是我们在 PASCAL VOC 数据集上的一个结果，一般论文中大家都会作这样的对比，但是看这个图其实看不出来太多的信息，主要还是要看表 2-5-3 所示的平均 mIoU 指标。

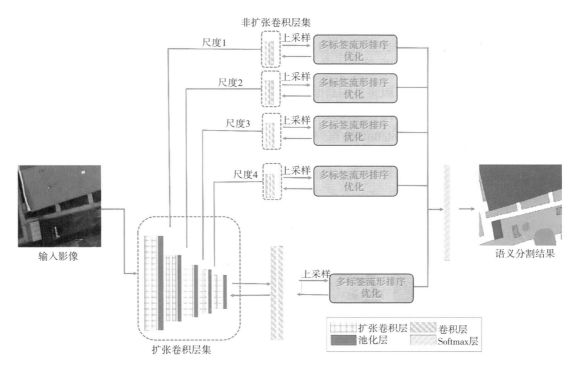

图 2.5.11　对偶多尺度流行排序算法框架

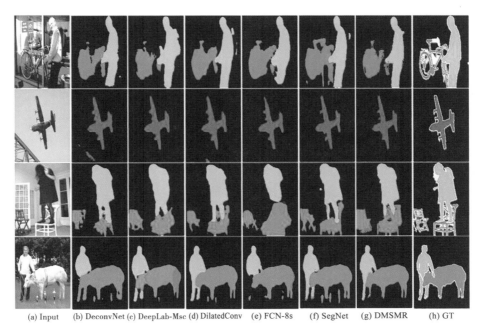

图 2.5.12　PASCAL VOC 数据集测试结果

表 2-5-3　　　　　　　　　　　　　PASCAL VOC 数据集测试得到的 mIoU 值

	aeroplane	bicycle	bird	boat	bottle	bus	car	cat	chair	cow	diningtable	dog	horse	motorbike	person	pottedplant	sheep	sofa	train	tvmonitor	mean IoU
FCN-8s [22](Multi-stage training)	76.8	34.2	68.9	49.4	60.3	75.3	74.7	77.6	21.4	62.5	46.8	71.8	63.9	76.5	73.9	45.2	72.4	37.4	70.9	55.1	62.2
DeepLab-Msc [24]	74.9	34.1	72.6	52.9	61.0	77.9	73.0	73.7	26.4	62.2	49.3	68.4	64.1	74.0	75.0	51.7	72.7	42.5	67.2	55.7	62.9
DeconvNet + CRF [28](Region Proposals)	87.8	41.9	80.6	63.9	67.3	88.1	78.4	81.3	25.9	73.7	61.2	72.0	77.0	79.9	78.7	59.5	78.3	55.0	75.2	61.5	70.5
CRF-RNN [25](Multi-stage training)	87.5	39.0	79.7	64.2	68.3	87.6	80.8	84.4	30.4	78.2	60.4	80.5	77.8	83.1	80.6	59.5	82.8	47.8	78.3	67.1	72.0
SegNet [27]	73.6	37.6	62.0	46.8	58.6	79.1	70.1	65.4	23.6	60.4	45.6	61.8	63.5	75.3	74.9	42.6	63.7	42.5	67.8	52.7	59.9
DilatedConv Front end [28]	82.2	37.4	72.7	57.1	62.7	82.8	77.8	78.9	28	70	51.6	73.1	72.8	81.5	79.1	56.6	77.1	49.9	75.3	60.9	67.6
G-CRF [35](Unary Initialized with DeepLab CNN)	85.2	43.9	83.3	65.2	68.3	89.0	82.7	85.3	31.1	79.5	63.3	80.5	79.3	85.5	81.0	60.5	85.5	52.0	77.3	65.1	73.2
DMSMR	87.6	40.3	80.6	62.9	71.3	88.1	84.4	84.7	29.6	77.8	58.5	79.9	80.9	85.4	82.1	54.9	83.8	48.2	80.2	65.3	72.4

从这个结果可以看出，我们的结果和采用 CRF 后处理、CRF-RNN 训练得到的结果比较接近，也就是说我们在连续域内能够得到基本上和离散域接近的结果。但是我们的结果不需要多阶的训练或者使用额外数据扩充的方法。当然我们也对比了不需要进行额外数据扩充、不需要特殊初始化的 SegNet 方法，但是我们的方法比他们要高出很多。这个是我前两年做的工作，当然现在 PASCAL VOC 数据集的最好方法是 DeepLab v4 的方法，那个方法使用了很多策略，我认为主要使用了两个方面的策略，第一个是在基础网络架构方面，它把 Encoder-Decoder，也就是类似于 SegNet 的方式融入进去，并且采用 ASTP 这样一个上采样的多层次金字塔，这两个方式进行结合，这是第一个方面，比较占优势；第二个方面它的训练集使用了 MS-COCO 数据集，做了额外的扩充，得到了一个非常好的结果。

图 2.5.13 是我们在 CamVid 数据集上做的一个测试，主要是为了验证各种方式究竟

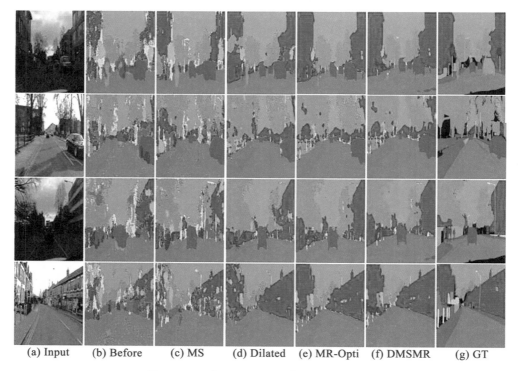

(a) Input　　(b) Before　　(c) MS　　(d) Dilated　　(e) MR-Opti　　(f) DMSMR　　(g) GT

图 2.5.13　在 CamVid 数据集上的测试结果

会有怎么样的结果。图 2.5.14 是对比曲线：分别是不采用策略、采用多尺度策略、采用
扩张卷积、采用排序优化，以及将各种方式结合起来的变化曲线图。我们发现将各种方式
结合起来之后，整个精度比较平稳地上升。如果采用单策略，也是会有上升的，但是到了
一定程度之后就不会再提升了。当然自然影像是比较均一化的，所以我们看到的曲线都是
往上提升的。

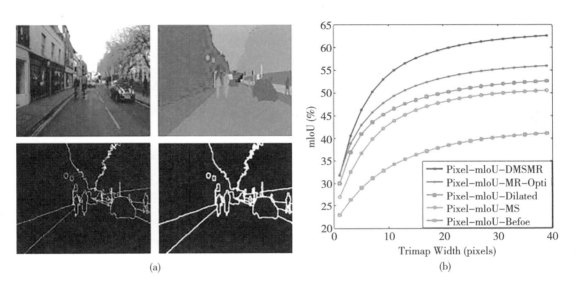

图 2.5.14　不同方法的 mIoU 变化曲线图

　　图 2.5.15 是在遥感影像中进行的测试。这主要是在 ISPRS 的 Vaihingen 数据集上做的
一个测试。Vaihingen 是由国际摄影测量与遥感组织（ISPRS）制作的遥感影像数据集，该数
据集由 33 张影像构成，平均影像大小为 2000×2500 像素，共包含 6 个类别信息（不透水
面，建筑物，低矮植被，树木、车辆以及背景），其中 16 张影像是全幅标注影像，影像
的 GSD 为 9cm。该数据集不提供测试影像真值标注数据，需要将测试结果发送至官方邮
箱 m. gerke@ tu-bs. de 进行测试。

　　表 2-5-4 是我们定量分析的一个结果：第一种方法 SVL 是传统的特征方式；第二种是
采用了 CRF 做后处理；第三种是采用 VGG-16 这种预训练模型来处理；第四种方式是我们
遥感影像特有的，采用 DSM 做一个辅助数据加入进去，然后处理。我们的结果表明，使
用 DSM 和不使用 DSM 的区别并不是很大，根本原因可能是它们的网络结构设计不是很合
理；采用 CRF 做后处理时，会发现 CRF 这种方式并不是很平稳，比如这个地方是 87.8，
然后到这个地方是 59.5，它的幅度就比较大了（见表 2-5-4 第 3 行）。总体来说，使用多种
方式结合，能够保证稳定性。使用 VGG-16 预训练模型初始化的这三种方式主要采用
DeepLab 的预训练模型，具体的内容可以参考对应的文献。下面的链接可以找到相应论
文：http：//ftp. ipi. unihannover. de/ISPRS_WGIII_website/ISPRSIII_4_Test_results/2D_
labeling_vaih/2D_labeling_Vaih_details_Ano2/index. html。

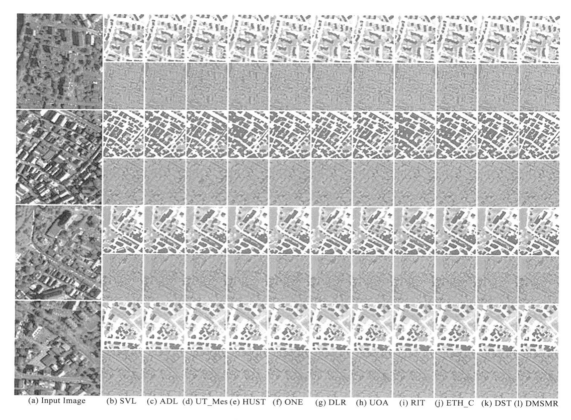

(a) Input Image (b) SVL (c) ADL (d) UT_Mes (e) HUST (f) ONE (g) DLR (h) UOA (i) RIT (j) ETH_C (k) DST (l) DMSMR

图 2.5.15　在 Vaihingen 数据集上的实验结果

表 2-5-4　　　　　　　　　　　　　定量分析结果

	Imp.surf.	Building	Low veg.	Tree	Car	Overall F1	Overall Acc.
SVL [76] (Feature based)	86.1	90.9	77.6	84.9	59.9	79.88	84.7
ADL [71] (CRF post-processing)	89.0	93.0	81.0	87.8	59.5	82.06	87.3
UT_Mev [74] (DSM supported)	84.3	88.7	74.5	82.0	9.9	67.88	81.8
HUST [72] (CRF post-processing)	86.9	92.0	78.3	86.9	29.0	74.62	85.9
ONE [73] (VGG-16 pre-trained model)	87.8	92.0	77.8	86.2	50.7	78.90	85.9
DLR [64] (VGG-16 pre-trained model)	90.3	92.3	82.5	89.5	76.3	86.18	88.5
UOA [29] (VGG-16 pre-trained model)	89.8	92.1	80.4	88.2	82.0	86.50	87.6
RIT [65] (DSM supported, VGG-16 pre-trained model)	88.1	93.0	80.5	87.2	41.9	78.14	86.3
ETH_C [75] (DSM supported)	87.2	92.0	77.5	87.1	54.5	79.66	85.9
DST [66] (DSM supported)	90.3	93.5	82.5	88.8	73.9	85.80	88.7
DMSMR	90.4	93.0	81.4	88.6	74.5	85.58	88.4

　　同样地，我们在 EVLab-SS 数据集上进行了一些处理。EVLab-SS 数据集是由武汉大学遥感信息工程学院地球视觉实验室（Earth Vision Laboratory）制作的，用于评价语义分割网络在遥感影像真实工程场景下的性能，其目的是寻找到适用于遥感领域像素级分类（语义分割）任务的深度学习结构和方法。数据集来源于国家地理国情普查项目（2014），严格按照地理国情普查第一大类标准制作，在政策允许的范围内，去掉地理坐标后发布的一套语义分割数据集，包括 11 种主要类别，即背景、耕地、园地、林地、草地、建筑物、挖掘地、道路、构筑物、裸地、水域。这个数据集一共是 67 张，我们主要是针对第一大类，

因为现在就我们的项目经验来说，一旦涉及细类别的地物处理，现在深度学习的方法并不是特别适用，所以我们只进行到第一大类，就是对地理国情的第一大类进行处理。图2.5.16 是一个相应的对比图，我们可以看到，在遥感图像中，它的曲线上升过程并不像自然影像那样平稳地过渡，而是会出现一些变化。当采用单策略时，还会出现一个局部的精度降低的过程。但是如果你采用的是多种策略结合，它就会平稳上升。我们的数据集可以在地址下载：http：//earthvisionlab. whu. edu. cn/zm/SemanticSegmentation/index. html。

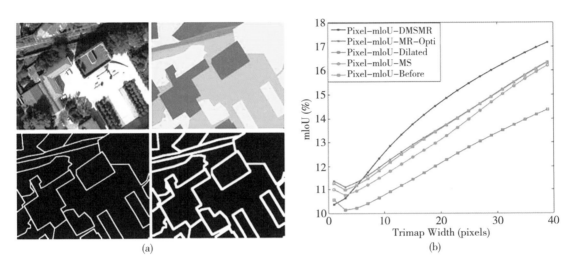

图 2.5.16　在 EVLab-SS 数据集上的实验结果

　　第三个方面是目标辅助级语义分割。我们主要采用 GaborConv 的方式来进行处理。这一部分成果目前还没发表，但是我愿意来和大家分享一下我是如何来考虑这个问题的。在卷积过程中一些具有方向性的卷积在里面，那么既然有这么多方向性，我们能不能找到一种方法直接来刻画目标的方向性特征呢？我们想到了一个传统特征里非常常见的 Gabor 核，Gabor 核就具有尺度和方向变化的特征。我们可以将原来卷积网络中的一个卷积层进行分解，比如变成多种方向性的组合，来减少原来的卷积不具有方向性造成的冗余。这是我们的出发点，就是在我们观察到它的网络特征时，不管影像发生什么变化，都是具有一定的方向性的时候，我们就开始尝试着把这个东西应用到遥感影像的处理中。

　　我们设计采用目标辅助语义分割做前期目标检测的框架，需检测目标的方向性。主要包含了三个方面，第一个方面是特征的方向扩张，对于一个输入的影像，得到一个输入的特征，将输入特征扩张到不同层次、不同角度的特征图上。得到各种角度下的特征图后，我们采用 GaborConv 来进行增强。最后对于增强后的特征，在每一个方向都增强之后，我们把它归化到旋转之前的特征图上，进而再进行一个最大值化的操作，选择特征图上各个方向上的最大响应值，然后得到最终归化后的一个特征。这种模式就能刻画出输入目标的对旋转的抵抗性，比如我们这有一个卷积特征，如果将它直接输出，在有方向性的情况下会受到影响，如果你是具有一个方向不变性的话，那么对于一个输入特征，通过这样的方式之后，和你刚开始把它扩充到各个方向，最后再把它旋转回去，这两个应该是比较等价的变换。最后，因为我们使用目标辅助级语义分割，在估计目标方向上有一个主方向性的问题。我们在原来的目标分类的基础上，再加上 bounding box 的回归，增加一个方向性的损失。此处的方向性损失，主要就是方向性回归。我们主要是采用预测的两个角度的差做了一个损失，加入其中。

第一步是有了方向性目标之后，我们怎样应用这些方向性目标来辅助我们的语义分割任务呢？有两种辅助策略，第一种是级联式辅助策略，首先需要获取目标的外接旋转矩形，然后构成相应的掩膜，通过掩膜限制语义分割方法，进行优化处理，得到融合结果；第二种是加权融合辅助方式，使用外接旋转矩形与语义分割结果共同构成辅助掩膜，采用 CRF 加权融合的方式得到目标最优语义分割结果。目前我们还没把这个做成端对端，我还在尝试这个算法，只是对第二种辅助策略做了研究。

在得到掩膜之后，我们开始进行融合处理。公式（2.5.2）就是能量表达式，包含了三项：第一项是数据项，第二项是平滑项，第三项是标签的权重项。我们主要应用前两项，数据项（式（2.5.3））和平滑项（式（2.5.4））。平滑项主要用了两种类型：第一种是针对空间位置，第二种是针对纹理信息，这里主要使用的是灰度变化，这两种信息结合，得到最终的优化结果。

能量表达式 $\quad E(f) = \sum_{p \in P} D_p(f_p) + \sum_{(p,\,q) \in N} V_{p,\,q}(f_p,\,f_q) + \sum_{l \in L} h_l \cdot \delta_l(f)$ （2.5.2）

数据项 $\qquad\qquad D(f) = \begin{cases} -\log\left(\dfrac{1 - \mathrm{pri}}{K - 1}\right) & f > 0 \\ -\log\left(\dfrac{1}{K}\right) & \text{otherwise} \end{cases}$ （2.5.3）

平滑项 $\psi(f_p,\,f_q) = \exp\left(-\dfrac{\mid p_i - p_j \mid^2}{2\sigma^2}\right) + \exp\left(-\dfrac{\mid p_i - p_j \mid^2}{2\sigma_\alpha^2} - \dfrac{\mid I_i - I_j \mid^2}{2\sigma_\beta^2}\right)$ （2.5.4）

我们的实验对比过程包括两部分：第一部分是旋转不变目标检测实验，第二部分是旋转目标辅助语义分割对比实验。我们对比了在旋转目标上 Faster R-CNN（FRCNN）、SSD、Regular、ORN 以及本文的 GaborConv 方法。在目标辅助语义分割上，我们对比了针对特定类别的 U-Net、HF-FCN、SegNet，以及 Mask R-CNN 这些方法。图 2.5.17 就是我们在对比过程中做的网络设计，要保证它们的基础网络大体相同，这样才比较合理，也是比较有意义的一个对比。

图 2.5.17 是我们在含有飞机的影像上做的测试。训练集来源于两部分，第一部分是 CCCV 提供的 1000 张影像，另一部分是从谷歌地图上截取的。为了测试它的泛化能力，我们把 CCCV 里比较难的一些东西也加入了进去，作为一个测试集。

图 2.5.17 是精度上的一个对比，右边是飞机影像的 P-R 曲线，P-R 曲线的意义是面积越大，说明性能越好。可以看到，采用 3×3 的 GaborConv 效果最好，如果采用 5×5 的 GaborConv 性能就会差一点。我们对测试集影像进行了不同角度的旋转，每隔 30 度旋转一次，最后作为测试集，求取了角度旋转之后的方差。从对比图 2.5.18 中的表格可以看出，

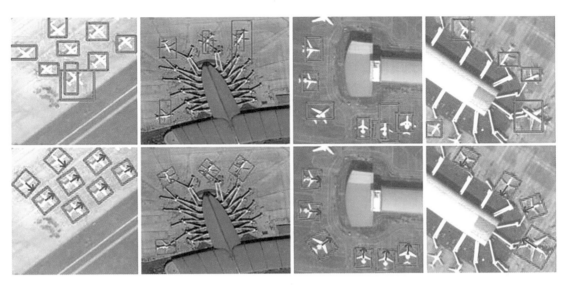

图 2.5.17   本研究检测方法与常规方法在飞机影像上的比较

采用这种带方向性的，比如这种 ORN，以及常规的加主方向估计，可能浮动程度会稍微好一点。这有一个特殊情况，Faster R-CNN 对于角度变化其实已经比较低了，但是它的精度非常差，虽然说浮动非常小，但是它的精度却比较低。

方法	AP@0.5(%)	AP_Soft(%)	AP_STD(%)
FRCNN	73.46	74.52	3.27
SSD	90.81	91.13	4.24
Regular	97.69	97.48	4.43
ORN	96.35	96.87	4.38
GaborConv(5×5)	96.70	96.83	3.75
GaborConv(3×3)	98.81	99.02	4.13

图 2.5.18   精度对比情况

进一步验证，我们刚开始的时候计算这个 AP 值，重叠度大于 0.5 的就留下来，小于 0.5 的就舍弃。为了排除这个因素的影响，我们采用了一个最近刚出来的叫做 Soft NMS 的方式，Improving Object Detection With One Line of Code，也就是加入了一个软的约束，而不是采用 0.5 的硬约束。我们测了一下，其实看起来它的精度变化并不是非常大。当然我们在航空影像中测，甚至有一些会发生降低。但是总体来说，这就证明了采用 Faster R-

237

CNN 的时候，虽然角度浮动比较低，但是整体精度并没有太大的提升。这主要是基础网络结构决定的，没有融入方向性信息。

另一个是在航空影像上做的测试（图 2.5.19），这主要是采用 INRIA 航空影像，它的数据集可以在网上下载。我们研究的时候，它的测试集并没有提供真值，所以我们把训练集做了划分，就是用其中的 120 张作为训练集，另外 60 张作为测试。这个主要是做语义分割的，但是原始数据并没有提供标注，我们自己进行了一些标注。

图 2.5.19　航空影像测试结果

图 2.5.19 是采用我们的方法得到的结果，可以看到很多有方向性的建筑物，打出来的 bounding box 比较接近于我们对整个房屋的认知程度。它的朝向是什么，应该是怎样的位置，基本上显示出来了。

图 2.5.20 是在房屋目标上定量的分析，其实和前面得到的结果基本上接近，但是我们可以看到在房屋影像中，FRCNN 的劣势就显现出来了，第一个是它的旋转方差特别大，第二个它的精度虽然还行，但是方差比较大，说明 Faster R-CNN 不是非常稳。根源还是在于它的基础网络没有融入方向性。如果融入了方向性，你就会发现，精度能保持适当，检测对目标方向变化不是特别敏感。

图 2.5.21 是我们使用方向性辅助语义分割方法作用到飞机影像上。这有一个比较有意思的情况，在比较分散的情况下，SegNet 的精度还是比较高的。如表 2-5-5 所示，本研究的方法在没有加入目标辅助的时候 mIoU 为 76.79，加入之后 mIoU 提升了约 3%，我觉得这是非常大的一个改进。

方法	AP@0.5 （%）	AP_Soft （%）	AP_STD （%）
FRCNN	45.62	45.55	12.92
SSD	27.45	28.44	7.78
Regular	27.08	28.97	7.62
ORN	38.72	39.53	0.65
GaborConv（5×5）	39.26	39.65	0.55
GaborConv（3×3）	40.22	41.01	0.62

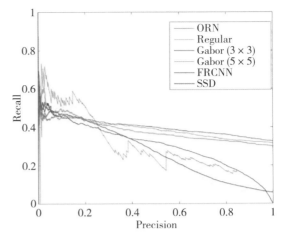

图 2.5.20　房屋目标检测结果

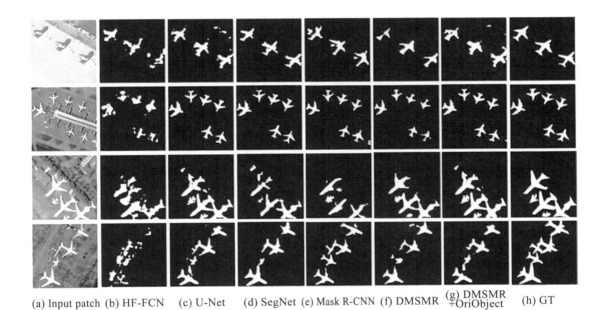

(a) Input patch　(b) HF-FCN　(c) U-Net　(d) SegNet　(e) Mask R-CNN　(f) DMSMR　(g) DMSMR+OriObject　(h) GT

图 2.5.21　飞机目标检测结果

表 2-5-5　　　　　　　　　　　　　语义分割 mIoU 结果

方法	HF-FCN	U-Net	SegNet	Mask R-CNN	DMSMR	DMSMR+OriObject
mIoU	70.48	79.62	80.25	79.83	76.79	79.53

图 2.5.22 也是在 INRIA 数据集上的房屋影像进行的测试。这里可以看到很有意思的一点，现在比较厉害的 Mask R-CNN 在房屋影像上却得不到一个非常好的结果，导致这个现象的第一个原因可能是 Mask R-CNN 检测的影像必须是 instance，而房屋不会是离散的，

小一点的房屋可以作为 instance，但是一旦到了包围类型房屋的情况，instance 的特性并不是非常明显。所以说，在处理遥感影像时不能把所有视觉上的方法移过来，而是要找到一些适合我们领域的，Mask R-CNN 在特定的影像上并不是很适合。但是对于像飞机那种分散式的，能够构成 instance，Mask R-CNN 的结果其实已经非常好了。当然 SegNet 在这个数据上的结果也没有达到最佳。主要原因是 SegNet 采用的是 Encoder-Decoder 结构，它没有考虑多个因素进行综合，所以相对来说在这方面表现得要差一点。当我们加入了方向性之后，基本上 mIoU 值还能再往上提升。

图 2.5.22　INRIA 数据集上的房屋目标检测结果

　　最后一方面，我要讲一下场景约束级的语义分割。比如给定一张遥感影像，我们就会很想知道这一块区域是什么，有了这块区域，我们就会进一步想要知道这块区域的像素是什么。这是我们在很理想的情况下采用场景分析来处理遥感影像时采用的策略。但在实际处理过程中，我们会进行分块处理。这就会带来一个问题，我们需要知道第一块场景是什么，第二块场景是什么，混合区域上是什么。特别是在混合区域上，会带来非常大的不确定性，所以我们并不能采用这样的方式，拿一块区域出来进行分析，在实际操作中很难实现。

　　场景类别信息，指的是在影像中某个区域占主导地位的类别信息。在实现的过程中，存在两方面的问题：其一，GPU 容量有限，大幅遥感影像只能采用分块处理的方式，而自然影像非常小，没办法使用分块处理的方式，同时，使用自然影像分类的方法对遥感影像场景划分，存在很强的不确定性，即使采用重叠度较高的"密集窗口"采样方式来确定场景类别信息，在重叠区仍然是有很大不确定性的，也不能保证当前窗口的预测一定是正确的。当使用分块处理方法，混合区域场景通常无法确定其类别信息。其二，场景的粒度选取问题。常见的遥感影像场景分类数据集，如 NWPS-RESISC45 场景数据集、WHU-AID 场景数据集、UCM 数据集等，使用的是更为主观的细粒度划分方法，包含了 20～40 个场景影像集，这在实际项目中，与地理国情普查实际生产所需的类别信息差别巨大，无法直接用于大幅遥感影像的语义分割任务中，也无法直接应用于实际项目。

对于前面提到的两种方式，包含两种策略。第一种是"场景—语义"语义分割网络，其特点是首先对遥感影像进行场景分类，划分成若干个子场景，然后每个场景分别使用相同的语义分割方法，对每种子场景下的地物类别进行语义分割。这种方法的好处是可以进行细粒度的场景分类，但其缺点是，每一种子场景都需要再次进行语义分割，造成语义分割网络融入场景信息时规模过大，参数不能共享。此外，还能出现无意义场景信息用于语义分割任务，比如图 2.5.22 中的农田类别与水域，小块区域从颜色和纹理分布上没有明显的差异性，易出现类别混淆情况。第二种是本研究提出的场景信息隐含的语义分割网络，其特点是在语义分割网络中，从影像的训练样本标签数据所占比例能推估出场景信息，进而代表了当前影像所隐藏的场景类别。通过权重参数共享机制，场景类别与语义分割类别信息一起提升了语义分割的性能，达到在语义分割任务中抑制无关场景信息干扰的目的。

我们在地理国情普查第一大类的基础上，制定了 5 种粗粒度的场景。每一种场景其实是多种类别混合起来的。有了这样的想法之后，我们怎么样来利用这些场景信息呢？我们想到了最大似然估计，比如给定一张影像，按这个式子算出概率，在影像上推出标签值，然后在标签的基础上推出场景值，这只是理想的情况而实际处理是一个迭代交替优化的过程。首先得到它的语义标签，然后在语义标签的基础上再来更新场景标签，场景和语义不停地迭代更新，得到最优的场景信息。如果场景信息达到最优，那么标签信息也会达到与其相当的一个程度。

前面提到场景信息，还有一个语义类别信息，那这两类信息我们如何来进行均衡呢？我们受到目标检测领域 Focal loss 思想的启发，提出了针对场景类别与语义分割类别均衡化的方法——归一化模态类别损失，这个主要是针对语义分割任务而言的。它包含了两个，第一个是场景类别的，第二个是语义标签类别的。这个损失函数的含义就是如果你的场景信息太大，那么就会抑制一下，提升你的语义信息，反之，如果你的语义信息过于丰富，那可以提升场景信息，让场景信息最优。这两个相互交替迭代，通过调整系数 γ 来控制整体损失的状态。

我采用我们团队制作的 EVLab-SS 公开数据集进行了测试，对比的时候对于一张输入影像使用语义分割网络进行分割，另外一个是加入场景信息后进行语义分割，对比了一下这两个究竟有什么样的影响。最后，也对比了 γ 系数对整体损失的影响。

图 2.5.23 是在我们的数据集上测的一个结果，第一列用的是 SegNet，可以看到，一旦影像出现了较大的浮动，它的效果就不是非常好。其他的方法当你加入了场景约束后结果就会变得稍微好一些，即便是在初始和预测不是非常好的情况下，都能够在一定程度上抑制一些无关场景的信息。

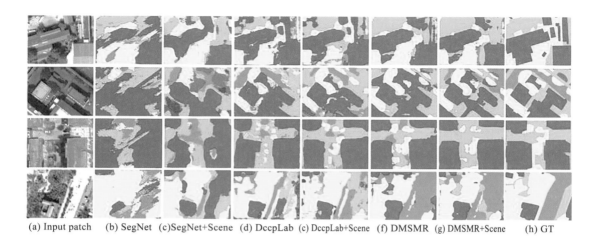

(a) Input patch (b) SegNet (c)SegNet+Scene (d) DccpLab (c) DccpLab+Scene (f) DMSMR (g) DMSMR+Scene (h) GT

图 2.5.23 对比实验结果

表 2-5-6 是我们最终精度评定的结果，主要是对比了一下 SegNet、DeepLab，还有我们的方法以及我们的方法加入场景信息之后的实验效果。可以看到，在背景方面，当你没有加入场景，精度不是特别高，当然你加入场景信息之后它的精度就会得到比较大的提升。SegNet 例外，它不太稳，初始的精度，即没有加入场景之前的精度不是非常好，加入场景之后整体精度也没有得到提升。这是因为 SegNet 网络结构本身并不是一个非常稳定的结构。

表 2-5-6　　　　　　　　　　　　　　最终评定结果

	SegNet	SegNet +Scene	Deeplab	DeepLab +Scene	DMSMR	DMSMR +Scene
Background	21.73	75.73	70.97	80.28	90.95	91.00
Farmland	10.11	25.76	48.32	46.45	54.18	56.60
Garden	0.0	0.0	0.0	0.0	0.0	0.0
Woodland	76.69	63.84	64.62	71.87	73.41	67.62
Grassland	10.04	19.57	25.90	24.66	12.92	16.56
Building	76.61	62.33	82.62	80.90	85.75	75.96
Road	35.02	34.09	57.83	58.91	65.79	55.56
Structures	30.13	33.84	59.48	58.91	51.25	67.96
DiggingPile	10.53	1.23	38.52	41.24	34.69	34.85
Desert	1.53	0.10	2.30	3.75	5.50	7.12
Waters	22.92	52.58	72.89	70.92	70.56	72.05
Overall Accuracy	43.05	41.60	53.14	54.95	54.46	55.36
Mean IoU	29.39	27.95	41.58	42.85	52.29	43.00

这是另一方面，分析一下均衡化。指数 γ 的调整会有利于控制整体损失的状态，因此两者间的整体均衡化，实际上决定于指数 γ 的选取。场景类别与语义分割类别均衡化的聚焦参数 γ 选取，不仅要以平均 mIoU 指标作为依据，而且需要在 mIoU 值上有一定的浮动，才能保证语义分割类别中场景信息得以最佳融合。这里分析了在 γ 取不同值的情况下，对同样的模型进行训练。我们用盒图可以比较直观地看出来。如图 2.5.24 所示，γ 取 1 的精度和 γ 取 7 的精度是比较接近的，γ 等于 7 的时候 mIoU 值还是有一定的浮动的。通过直观图和统计结果综合，我们得到初步结论，γ 等于 7 是最优选择。

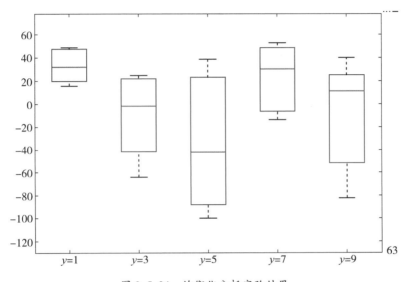

图 2.5.24　均衡化分析实验结果

4. 总结与展望

最后，对今天的内容做一个总结，我主要介绍了 4 个方面内容，第一方面是遥感影像语义分割的数据增广方法，第二方面是我们所提出的 DMSMR 网络的介绍，第三方面是怎样使用旋转不变目标来提升语义分割的性能，第四方面是怎样运用场景信息约束语义分割的方法。

本研究对高分辨率遥感影像语义分割技术做了系统研究，但仍有一些问题需要进一步解决：

①CLS-GAN 增广影像规模评定。CLS-GAN 已经可以有效地对有限的样本进行增广，但增广得到的数据是模拟数据，与真实数据间仍存在一定差异，这种差异性，主要是两个方面因素导致的：首先是生成样本的分布与真实数据分布的偏差。其次是生成样本与真实样本混合训练的权重均衡。

②DMSMR 结构优化。本研究提出的 DMSMR 方法，仍有两方面的改进空间：其一，基础网络结构的压缩。本研究中选取 VGG-16 前 5 层作为网络结构进一步设计的基础，但

近期的研究表明，使用 ResNet 等深度"跨越连接"（skip-connection）结构可以进一步提升性能，这些网络的特点是显存消耗量大，因此，需要进行网络结构"剪枝"压缩，优化基础网络。其二，多尺度融合方法改进。本研究采用了常见的均值融合方法来融合各个尺度下的语义分割结果，实际上各个尺度下可能出现结果不均衡的情况，所以，研究多尺度输出条件下，各尺度权重自动均衡的方式，对语义分割方法有着重要的意义。

③旋转不变目标与语义分割任务一体化训练方式。基于影像的实例分割（Instance Segmentation）方法，如 Mask R-CNN 等，已经能很好地结合语义分割与目标检测，并且形成了"端对端"的训练体系。本研究关注的是旋转不变目标辅助的语义分割方法，未来还需要研究将旋转不变目标检测与语义分割任务结合，形成"端对端"的训练方式，构成更加通用的旋转不变目标实例分割方法。

④"空-天-地"场景结合的语义分割方法。目前，"空-天-地"数据获取方式已有了很大进展，从地理信息更新的角度出发，室内/室外与中高分辨率航空卫星影像、中高分辨率卫星影像和低分辨率遥感影像之间存在相互补充，相互促进的作用。因此"空-天-地"一体化的场景集成训练模型，能进一步提升影像解译的准确性，甚至达到实时更新地理信息数据的要求。

⑤无监督条件下众源数据支撑的影像语义分割。针对基于 DCNN 的高分辨率影像语义分割层次认知方法仍停留在监督训练模型上，但日常生活中存在各种各样与影像相关联的众源数据信息，如文本、语音等的现状，以这些未标注的数据为基础，用于辅助无监督或者弱监督信号的影像语义分割，是另外一个可能的发展方向。

⑥以强化学习为支撑的语义分割技术。强化学习的特点是规则性引导训练过程，无需大量监督信号，是真正意义上的机器"自主学习"。对于遥感影像语义分割任务而言，如果能针对某些特定目标，如房屋、道路、飞机等建立一定的高层规则，用这些知识和规则来引导语义分割过程，将有可能实现真正的无需人工干预的遥感影像智能化解译。

⑦语义分割层次认知模型的智能化硬件平台研发。本研究提出的方法，在语义分割任务上的效果，主要是依赖于 GPU 硬件集群环境的支撑。对于遥感测绘行业，很多生产部门并不具备 GPU 集群设施；此外，虽然很多 DCNN 算法已被集成至硬件环境中，但这些芯片和硬件，主要是针对自然影像处理而言的，对于遥感影像很多特性并未考虑在内，因此，未来有必要进一步将语义分割的层次认知方法扩展至硬件水平，推动本领域在智能化方向的发展。

（主持人：黄雨斯；摄影：赵欣；录音稿整理：李涛；校对：修田雨、张觅、李涛）

2.6 基于关联基元特征的高分辨率遥感影像土地利用场景分类

(祁昆仑)

摘要：中国地质大学博士后祁昆仑老师做客 GeoScience Café 第 177 期，以"基于关联基元特征的高分辨率遥感影像土地利用场景分类"为主题，与大家探讨了高分辨率遥感场景的特征表达中存在的问题，详细介绍了一种能够融合外观信息和空间信息的紧凑表达，并从像素一致性和多尺度的角度对其进行优化，提升特征对高分辨率遥感场景的表达能力。

【报告现场】

主持人：各位老师、同学，大家晚上好！欢迎来到 GeoScience Café 第 177 期的报告现场。我是今晚的主持人李韫辉。今天我们非常荣幸地邀请到了祁昆仑老师，他曾是测绘遥感信息工程国家重点实验室 2011 级的博士研究生，目前在中国地质大学作博士后。祁昆仑老师现共发表了 4 篇 SCI 和 SSCI 文章以及 2 篇 EI 文章。今天他将带来题为"基于关联基元特征的高分辨率遥感影像土地利用场景分类"的报告，下面让我们掌声欢迎。

祁昆仑：我的研究内容是一种基于关联基元特征的高分辨率遥感影像的分类。我对关联基元特征做了两个方面的改进。一个是对于像素一致性的改进，另一个是对于多尺度的改进。

1. 研究背景

首先，我来介绍一下为什么要采用关联基元特征。我们都知道，对于遥感影像场景分类来说，最主要的就是解决底层特征和高层语义之间的差别。随着遥感影像分辨率越来越高，它提供的外观信息和空间结构信息会非常多，这些都可以帮助我们做遥感影像场景的分类。但是，同时它又带来很多细节信息和复杂的背景信息，而这些会干扰分类的精度。对于高空间分辨率的影像，我们可以借鉴计算机视觉里的图像特征来帮助我们解决遥感影像的分类问题。

早期计算机视觉中的特征描述一般分为全局特征和局部特征。全局特征就是颜色、形状、纹理等特征，而局部特征中有最经典的 SIFT 特征（现在还有很多人在用）和 HOG（以前做行人识别用的最经典的特征）。全局特征是一种非常简单的特征，但是由于比较简单，全局特征的判别力不足（特别是复杂背景的情况）。对于局部特征，它描述的是有限的局部空间信息，而且因为每张影像的局部特征数量可能不一样，那么它提取出来的特征向量维度就不能直接做相似度比对。

对于以上问题，Google 提出了一种经典解决方案，是用局部特征量化全局表达——视觉词袋模型（Bag-of-Visual-Words，BOVW）。我简单介绍一下视觉词袋模型（图 2.6.1），它首先提取一些具有尺度不变性的影像块，然后对这些影像块进行聚类（如图 2.6.1(a)，聚成了四类），统计每一个类别的影像块数量，生成一个向量表达，然后用这个向量表达去做分类或者检索。图 2.6.1(b) 是字典训练的一个简单的示意图。

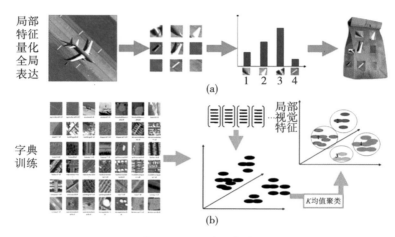

图 2.6.1　视觉词袋模型

但是显然视觉词袋模型只是简单的统计，并没有考虑图像中局部特征之间的空间关系。很多学者对 BOVW 做空间信息的改进，其中最经典的就是空间金字塔（Spatial Pyramid Matching，SPM）。空间金字塔的空间信息描述如图 2.6.2 所示：首先对整幅影像进行 BOVW 直方图统计，然后对影像进行 2×2 和 4×4 的划分，统计每一个影像块中的直方图，然后把这些直方图进行拼接，从而达到量化空间信息的效果。但是这样的空间信息其实比较适合做具有方向性的场景，所以它在自然场景中运用得比较多（比如图 2.6.2 中右上角的图），一般的自然场景就是天空在上面，地面在下面。但是对于遥感影像，因为它一般都是正射投影，所以它是不具有这种方向性的。那么，如果我们采用这种空间金字塔去做空间信息描述的话，性能上就会有限制。

对于空间信息的改进，还可以通过视觉短语的方式，就是相当于把一些局部特征进行组合。但是这两种空间信息改进方法都是非常复杂的，后来的应用并不是特别多。另一种空间信息的改进就是在 SPM 的基础上做共现核。这种共现核只考虑了局部的相关性，比如说二元的这种相关，并没有考虑长距离的局部特征之间的相关性。

2. 基于多重分割关联基元的高分辨率遥感场景分类

本研究采用的是空间关联特征（Correlaton），它其实来源于 TEXTON（纹理基元）。这

扩展模型
- Spatial Pyramid Matching (空间金字塔匹配)
- Sparse coding-based SPM (基于稀疏编码的空间金字塔匹配)
- Locality-constrained Linear Coding (局部约束线性编码)
- Visual Phrase (视觉短语)
- Spatial Bag-of-features (空间特征包/袋)
- Spatial Co-occurrence Kernel (空间共现核)
- Spatial Pyramid Co-occurrence Kernel(空间金字塔共现核)

存在问题 空间金字塔模型适合于描述具有方向性的自然场景。

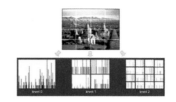

图 2.6.2 空间金字塔的空间信息描述

(图片来源：S. Lazebnik，C. Schmid，J. Ponce，Beyond Bags of Features：Spatial Pyramid Matching for Recognizing Natural Scene Categories，2006)

里先介绍一下关联基元特征。它的思想很简单，在图 2.6.3 中，黑色的点代表局部特征，环代表距离核。它的空间信息的量度就是描述两个特征在不同的距离核之间的共现次数，比如假设这里有 3 个空间核，它就会统计这 3 个空间核里面不同类型的局部特征共现的次数。最后得到一个三维的向量，对这个向量进行处理。最终还会有一些其他的操作。这个特征的优势在于它可以融合外观和空间布局的信息，而且它不仅考虑到了局部的空间信息，并且也考虑到了较远距离的空间信息。它最终会做一个聚类表达，这个聚类表达的特征维度比较低。低维度的特征有什么优点呢？它可以减少分类模型的过拟合风险。

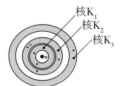

核K_1
核K_2
核K_3

关联基元特征的空间信息描述示意图。

特征优点：
- 融合外观和空间布局信息；
- 局部和全局的空间信息；
- 紧凑表达特征维度低；

存在问题：
- 核的划分忽略了像素一致性信息。

图 2.6.3 关联基元特征

当我们想把它应用到遥感影像时，考虑到了一个问题，就是它的空间特征的量度只考虑了距离，并没有考虑到相似的像素共现的可能性会更大。比如图 2.6.4(b)，出现在飞机里面的局部特征共现的可能性会更大，而像飞机和地面共现的可能性会更小一些。所以就想到采用不同尺度图像分割产生的分割域替代传统关联基元特征中的距离核，从而同时考虑空间信息和像素一致性信息。比如图 2.6.4(b)将影像分成了 8 个，图 2.6.4(c)分成了 16 个。然后，用不同尺度的分割来找到它在不同的分割块里面的共现，最后统计出它共现的次数。

采用不同尺度图像分割产生的分割域替代传统关联基元特征中距离核，从而同时考虑空间信息和像素一致性信息。

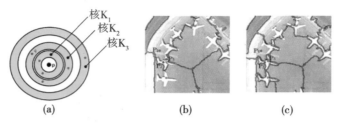

图 2.6.4　多尺度分割距离核

　　图 2.6.5 是根据不同的尺度得到的分割结果，会得到 1×5 的向量，就类似于做空间关联的特征。从图 2.6.5 中也可以看出来，像飞机这样的目标，它的局部特征虽然也做了不同的分割，但是其实它都会倾向于共现。所以，这里的像素一致性就是利用了图像分割里面的像素一致性。

不同尺度的图像分割示例如图所示，分别采用 2^2, 2^3, 2^4, 2^5, 2^6 大小的分割尺度。

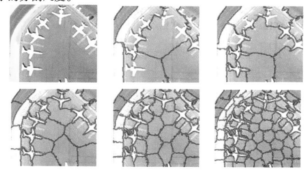

图 2.6.5　不同尺度的图像分割

　　接下来，图 2.6.6 中的公式是本研究在实验过程中的一些数学表达。其中，阈值局部相关二值函数是指，如果在同一个分割块，值就是 1；若不在，值就是 0。实验过程中发现，如果只考虑在一个分割块和不在一个分割块的情况，它的效果会非常差。后来我想，很大的原因在于，进行分割的时候，会有很多非常狭长或非常大的分割块。比如在选择分割尺度比较小的时候，它的分割块会非常大。在度量它的空间信息的时候，就可能会有很多不相关的空间信息。只要给它设定一个阈值就可以了，限制它的相关性在多少以内，这种空间信息的效果就会好很多。我为什么会强调这一点呢？是因为之前在将自己的想法实现的时候，我觉得这个想法本身应该是可行的。但是它的结果非常差，当时我就一直不明白为什么，等到快放弃的时候想到了这样的原因。所以大家在做研究的时候，其实有时候并不是因为你的想法不行，而是因为某些细节影响了最后的结果。

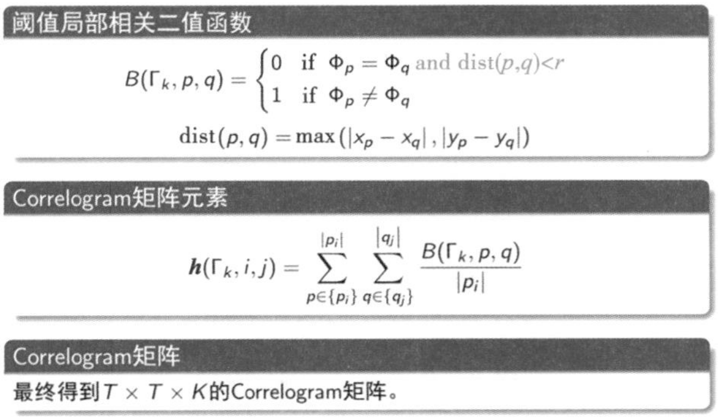

阈值局部相关二值函数

$$B(\Gamma_k, p, q) = \begin{cases} 0 & \text{if } \Phi_p = \Phi_q \text{ and } \text{dist}(p,q) < r \\ 1 & \text{if } \Phi_p \neq \Phi_q \end{cases}$$

$$\text{dist}(p,q) = \max(|x_p - x_q|, |y_p - y_q|)$$

Correlogram矩阵元素

$$h(\Gamma_k, i, j) = \sum_{p \in \{p_i\}}^{|p_i|} \sum_{q \in \{q_j\}}^{|q_j|} \frac{B(\Gamma_k, p, q)}{|p_i|}$$

Correlogram矩阵

最终得到 $T \times T \times K$ 的Correlogram矩阵。

图 2.6.6　多尺度分割 Correlogram 矩阵

接下来大概讲述一下空间关联特征的流程。首先对每幅影像的 Correlogram 矩阵进行变换，获取 $T \times T$ 个 $1 \times K$ 维向量 V，即 Correlogram 元素。T 是视觉词汇表的大小，K 是选择的分割尺度。然后收集所有训练样本的向量 V，进行 K 均值聚类得到多尺度分割关联基元词汇表。接下来，将每幅影像的向量 V 和多尺度关联基元词汇表进行映射，统计生成关联基元直方图。最后，合并 BOVW 直方图和关联基元直方图，即得最终的多尺度分割关联基元特征表达。得到特征表达之后，就可以用 SVM 或者决策树来做分类，我们这里选择用 SVM。

接下来是实验部分（图 2.6.7）。我们当时之所以做这个场景的分类，是因为它有开源的数据。UCM 是一个非常经典的场景分类的数据集。它一共有 21 个类别，每个类别大概有 100 张，每个影像块的大小是 256×256。

农田　　　　　　　　飞机场　　　　　　　　棒球场

海滩　　　　　　　　高楼　　　　　　　　丛林

图 2.6.7　实验数据

表 2-6-1 是我们的实验配置。SPM 模型选择的是三层金字塔，传统的关联基元模型

（Correlaton）选择的核的大小是 80，核的数量是 10。多尺度分割关联基元特征模型（MS-based Correlaton）的分割尺度之所以选择指数，是因为如果我们选择普通的数字，它们分割的判别性就会太小，所以我们选择了指数的分割尺度。表 2-6-2 为 SVM-RBF 核函数相关参数和数据划分，我们用了 50% 的训练数据和 50% 的测试数据。惩罚系数 C 和核参数 γ 是 SVM 的两个参数，采用格网搜索的方法对参数进行选择。

表 2-6-1　　　　　　　　　　　　　　**模型参数配置**

模 型	参数配置
SPM	金字塔层数：3 层
Correlaton	核的大小：80；核的数量：10
MS-based Correlaton	分割尺度：$\{2^2,\ 2^3,\ 2^4,\ 2^5,\ 2^6,\ 2^7\}$

注：空间金字塔（SPM），传统关联基元特征（Correlaton），多尺度分割关联基元特征（MS-bused Correlaton）。

表 2-6-2　　　　　　　　　**SVM-RBF 核函数相关参数和数据划分**

参数名称	参数设置
惩罚系数 C	$\log_2 C \in \{-8,\ -6,\ -4,\ \cdots,\ 4,\ 6,\ 8\}$
核参数 γ	$\log_2 \gamma \in \{\gamma_0 - 8,\ \gamma_0 - 6,\ \cdots,\ \gamma_0 + 6,\ \gamma_0 + 8\}\ \gamma_0 = \log_2 \dfrac{1}{D}$
数据划分	50% 训练数据，50% 测试数据
交叉验证	5-折交叉验证

图 2.6.8 是我们的实验结果。我们对不同的参数进行了一些实验。首先对视觉词汇表大小对不同的遥感场景特征表达性能的影响进行了实验，从这里可以看出来，对于几种不

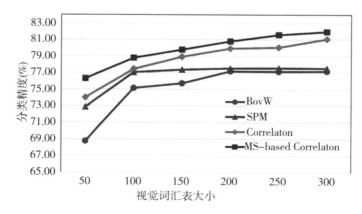

图 2.6.8　视觉词汇表大小不同对分类精度的影响

同的方法，随着视觉词汇表数量的增加，所有方法的分类精度均逐渐提升，SPM 和
BOVW 模型之间的性能差异越来越小。而且这里可以看出来，Correlaton 和 MS-based
Correlaton 模型在不同视觉词汇表大小下性能均优于 BOVW 和 SPM 模型，特别是在视觉词
汇表比较大的情况下。而且对于不同的视觉词汇大小表，本研究的 MS-based Correlaton 模
型性能均优于传统的 Correlaton 模型。

　　图 2.6.9 是我们在实现自己的方法时选择关联基元词汇表大小的时候，做的一些对比
图，以发现关联基元词汇表大小对多重分割关联基元模型性能的影响，从而找到最优的
值。对于不同的词汇表大小，选择不同的关联基元大小去做实验，总结成图。可以看出，
随着 Correlaton 词汇表大小的增加，不同大小的模型分类精度先提升，逐渐趋于最大值，
再开始慢慢降低，最终我们会取得一个最优值。

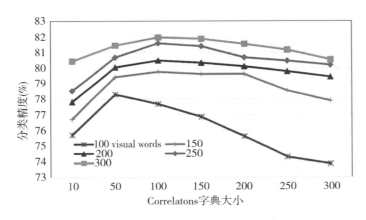

图 2.6.9　Correlatons 字典大小不同对分类精度的影响

　　图 2.6.10 是对于不同的最大半径对多重分割关联基元模型性能影响的分析。MS-
based Correlaton 模型的最优最大半径随着视觉词汇表的大小逐渐增大。这也比较符合我们
预计的。因为视觉词汇表越大的话，视觉词汇之间的差别就相对会比较小一些。所以，这
里可以看到它的趋势基本上也是先增加后减小。

　　因为这是我读博士时做的研究成果，比较粗糙。其中还存在很多问题，只是当时的审
稿人可能比较客气，没有提出来。主要存在以下几个问题：一个是分割尺度的选择，MS-
based Correlaton 模型是用固定尺度去做，忽略了不同分割尺度的选择对于空间信息和像素
一致性信息表达的影响。还有一个是模型性能限制，MS-based Correlaton 模型最大的性能
限制在于，表达性能受限于外观特征的表达能力。再一个就是计算复杂度，采用多尺度的
图像分割会增加模型的计算复杂度，从而影响模型的效率。最后一个是分类结果分析，我
们只针对模型的参数选择和性能进行了分析，缺少对模型错误分类结果的分析。

3. 基于多尺度关联基元的高分辨率遥感场景分类

　　后来我就想找比较好的外观特征，结合关联基元特征来做。刚好在做完这个之后，深

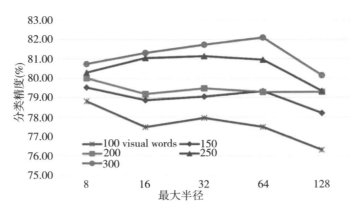

图 2.6.10　最大半径不同对分类精度的影响

度学习就火起来了，就想和深度学习进行一些结合。这里稍微介绍一下深度学习，个人理解它就是一种特征表达。像以往的特征，比如说 SIFT、HOG 都是人工设计出来的，它非常依赖于专家的领域知识，而且需要对数据进行深入的分析和思考。并且，这种特征一般不具有可扩展性，只能用于做 RGB 图像。而深度学习可以从海量的数据中学习特征表达，而且大量的研究也证明深度学习学习出来的特征表达是非常具有判别力的。

深度学习之所以有效，在于它独特的逐层学习和变换效果。深度学习特别强调它的模型结构的深度，它一般具有很多隐藏层。图 2.6.11 是深度学习在图像领域中为什么有效的可视化解释。它的最底层是图像的像素，中间层是提取一些图像的边缘，再往上可能会提取一些图像的部件，比如人脸里面的鼻子、眼睛等。这是它分层表达的一种可视化的解释。

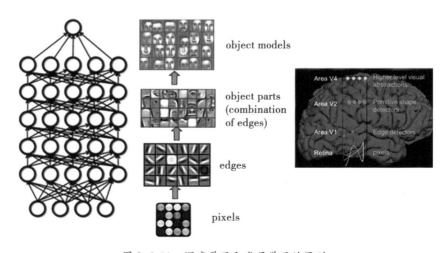

图 2.6.11　深度学习和浅层学习的区别

深度学习有一些限制，它需要大量的训练样本，而且需要具备海量的计算能力。但是遥感领域往往不像计算机视觉里面有 ImageNet 这样的上百万的图像数据集。现在遥感领域也有很多人，比如夏桂松老师团队，在做数据样本集。好在深度学习具有非常好的可扩展性，它的可迁移性非常好。

当前的深度学习的迁移方式可以分为两种，一种是采用预训练模型中某些可复用特征的层。以它的输出作为特征，然后输入到一个比较小的神经网络模型里面，就可以用小数据量去训练比较小的神经网络。这种方法一般适用于目标数据集比原数据集要更小的情况。另一种就是采用目标数据集对预训练模型（所有层或者部分层）进行微调。我觉得这种方法是适合于目标数据集和原数据集比较像或者说目标数据集和原数据集数据量相当，甚至比它更大的情况。这种训练模型的可迁移性的优点在于，我们不需要很大的数据集，可以有效避免过拟合的问题。

显然，这种迁移学习更适合于遥感影像。但是这种方式也存在一些问题。第一，CNN 的卷积层相当于非线性特征提取层，它后面接的是全连接层，全连接层则捕获特征之间的空间布局信息。自然图像中的空间信息和遥感影像的空间信息可能差别比较大。这在自然图像迁移到自然图像时是优点，但是对于从自然图像迁移到遥感影像时，则是缺点。第二，CNN 的全连接层限制固定的输入图像尺寸，对于不同尺寸的图像需要额外变换操作，会增加工作量。特别是对于遥感影像，做多尺度的时候，我们可能每一次都要缩小再放大才能用到这样的 CNN 网络。第三，模型中越深的层提取特征越具有领域性（Domain-specific），迁移性不如模型中较浅的层。所以我们在迁移学习的时候，可能只能用前面的层来做。对于我们处理遥感影像的话，只用前面的层就没有利用到深度学习深层的优势。

后来看到一篇文章（Cimpoi M（2016）*International Journal of Computer Vision* 118(1)，65-94.）中有提到用 CNN 中的卷积层输出作为局部特征，这些特征也有位置信息，也可以展成一个一维的向量。这就和 SIFT 的局部特征非常像。我们就可以采用经典模型中的池化方法（如 BOVW 模型中的 K 均值）。

看到这个之后就想到这种方法可以和之前做的关联基元模型结合，然后再加一些改进，说不定可以改善模型的效果。它的优点在于，因为用 CNN 的卷积层做局部特征提取，后面接的不是全连接层，这样就可以处理任意大小的输入图像，这便于我们去做多尺度的扩展。而且这种迁移相比上面的迁移来说就会非常方便。模型不需要做微调，直接用它做特征提取，最后接上以前的方法中的模型就可以了。

图 2.6.12 是基于多尺度关联基元（Multi-scale Deeply Described Correlaton，MDDC）的遥感场景分类模型的流程图。相较之前的方法，我们这里加了一个多尺度的概念，输入不同尺度的影像，得到不同尺度的特征。然后把所有的特征放到一起，得到一个类似于 BOVW 的直方图表达。这里我们会把不同尺度的特征做不同尺度的关联基元特征的提取，然后把它们融合起来做分类。MDDC 模型最主要的创新点就在于不同尺度下的关联基元特征的提取。我们会把不同尺度下的视觉特征重新映射到原始图像中的像素坐标。这样不同尺度下的关联基元特征的提取就可以采取相同的参数。然后，我们把这些矩阵向量进行拼接做聚类，分别提取不同尺度的关联基元特征，接下来把它们拼接起来。

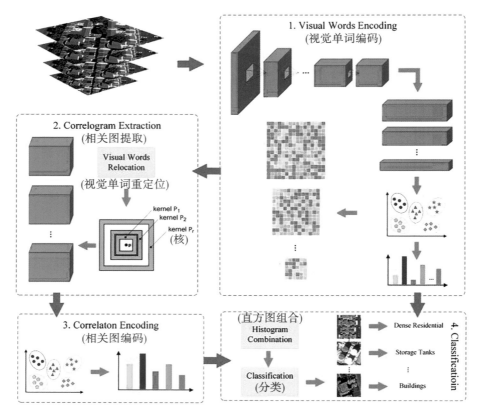

图 2.6.12　模型的流程图

接下来讲一下我们的实验。MS-based Correlaton 模型的实验做得比较粗糙，我们只选择了一个数据集。这次选择了两个数据集。第一个数据集每个类别 80 幅影像做训练样本，20 幅做测试样本。第二个数据集每个类别 30 幅影像做训练样本，20 幅做测试样本。我们之所以这么选，是为了方便和他们以前做的成果直接做精度比对。

表 2-6-3 是我们的软硬件配置，表 2-6-4 是算法配置。因为深度学习提取出来的特征非常具有判别力，所以实验中的分类器直接用线性的 SVM 就可以做。因为 SVM 只可以做二元分类，所以多元分类的划分策略这里选择了一对多。然后预训练 CNN 模型用了 VGG-M 网络，数据预处理是做了 L_2 标准化。

表 2-6-3　　　　　　　　　　　　　　软硬件配置

配置项	详细调置
分类器	LIBLINEAR
CNN 模型	MatConvNet
系统平台	Matlab 8. 0/Windows 10
硬件平台	4 Intel quadcore 3. 3 GHz CPU

表 2-6-4 算 法 配 置

配置项	详细设置
SVM 分类器	linear SVM
多类划分策略	one-vs-rest
预训练 CNN 模型	VGG-M
数据预处理	L_2 标准化

实验中，首先最重要的是对于多尺度策略的选择，对不同的多尺度策略进行了实验，见表 2-6-5。从 Scale 1~Scale 7 只有降采样。Scale 8、9、10 在降采样的基础上还增加了超采样，就是把小的变成大的，然后做提取。

表 2-6-5 不同的多尺度策略

名称	取值	名称	取值
Scale 1	1	Scale 6	$1,2^{-0.5},\cdots,2^{-2.0},2^{-2.5}$
Scale 2	$1,2^{-0.5}$	Scale 7	$1,2^{-0.5},\cdots,2^{-2.5},2^{-3.0}$
Scale 3	$1,2^{-0.5},2^{-1}$	Scale 8	$2^{0.5},1,\cdots,2^{-2.5},2^{-3.0}$
Scale 4	$1,2^{-0.5},2^{-1},2^{-1.5}$	Scale 9	$2,2^{0.5},\cdots,2^{-2.5},2^{-3.0}$
Scale 5	$1,2^{-0.5},2^{-1},2^{-1.5},2^{-2.0}$	Scale 10	$2^{1.5},2,\cdots,2^{-2.5},2^{-3.0}$

图 2.6.13 是两个数据集在不同多尺度策略下对于模型性能的影响的结果。如图 2.6.13 可知，超采样可能会限制模型的性能，图 2.6.13(a)中的红线最明显，当采用超采样时还不如用单个尺度的性能好。降采样一般都有助于模型精度的提升。综合来看，本实验针对 UCM 和 WHU-RS 两个数据集分别选择 Scale 4 和 Scale 5。有了多尺度的策略之后，

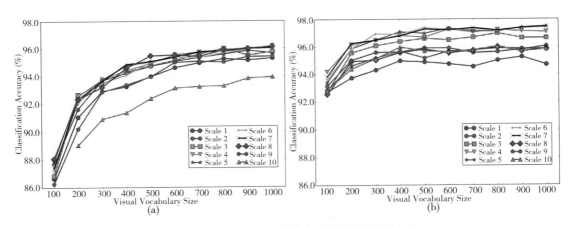

图 2.6.13 不同的多尺度策略对于模型性能的影响

就要选择词汇表大小。

接着，基于不同的视觉词汇表和关联基元的词汇表对于模型性能的影响做了一个实验。如图 2.6.14 所示，首先，视觉词汇表越大，模型的分类精度越高。但是不同的关联基元词汇表对于模型的分类精度影响不明显。所以综合考虑模型计算量问题，UCM 和 WHU-RS 的视觉词汇表和关联基元词汇大小均设置为 1000 和 50。

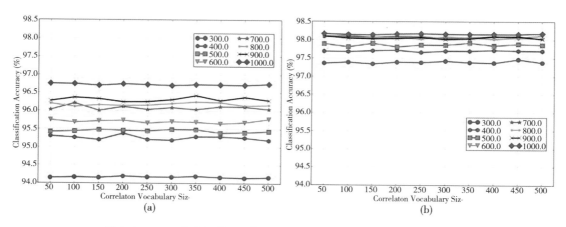

图 2.6.14   不同的视觉词汇表和关联基元词汇表对于模型性能的影响

接下来是研究不同的核大小和核数目对模型性能的影响，结果如图 2.6.15 所示。这里我们直接采用原始的关联基元模型。原始的关联基元模型有两个参数——核大小和核数目。由图 2.6.15 可知，核数目较少时，模型分类精度较高。对于 UCM 数据集，模型分类精度整体上随着核大小逐渐提升，达到最高点之后逐渐下降。对于 WHU-RS 数据集，模型分类精度整体上随着核大小逐渐下降。走向不一样的原因可能是因为数据的大小不一样。最终对于 UCM 和 WHU-RS 数据集，核数目均设置为 4，核大小则分别设置为 16 和 8。

参数选择完之后，我们首先对于这种多尺度策略的分类结果做了分析。图 2.6.16（a）

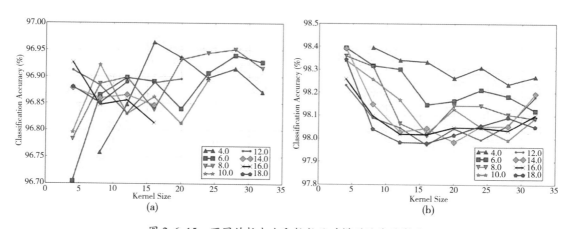

图 2.6.15   不同的核大小和核数目对模型性能的影响

表示多尺度分类是正确的，但单尺度分类是错误的；图2.6.16(b)表示多尺度分类是错误的，但单尺度分类是正确的。

可以看到，多尺度策略对于大尺度目标的遥感场景判别力较好，而且对于复杂背景具有一定的鲁棒性。对于依赖密度特性的场景类别，多尺度策略则相对容易混淆。因为这里的类别有中密度、稀疏密度和密集居民区，而我们用的是多尺度策略。比如像图2.6.16中这种稀疏的居民区，换个小的尺度就可能变成密集的居民区。但是综合来看，多尺度策略对于 UCM 和 WHU-RS 数据集下的分类性能有所提升。

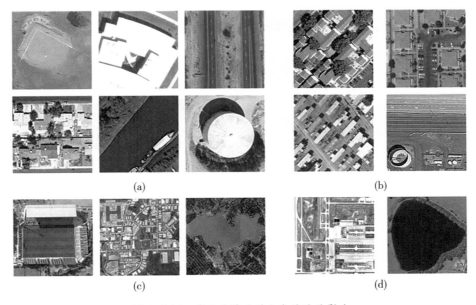

图 2.6.16　多尺度策略对分类结果的影响

第二个是将此方法与之前的关联基元特征做了一个比对。在图2.6.17中，左边是采用多尺度关联基元特征分类正确的，没有采用关联基元特征分类错误的结果。由图2.6.17可知，多尺度关联基元特征能够捕获场景中目标的形状信息，对于形状上比较相似的场景则容易混淆。综合来看，还是有所提升的。

4. 科研感想

最后，分享一下我的科研感想。我总结了一下，首先，最简单的创新就是用新方法去解决老问题；其次就是新方法加老方法，我自己就是这么做的；再次是老方法解决新问题；最厉害就是新方法解决新问题。这里我还有一些个人建议，我觉得基础很重要，尤其是数学和英语，基础决定了你做科研的高度。数学和英语好的话，可以接触到很多新东西而且会找到解决方法。比如做一个模型，如果数学不好的话，你可能不知道如何解答。我觉得写代码的能力对于科研来说不是很重要。而且我觉得写(笔记、代码、文章)比读更重要，我们在做科研的过程中都会读很多很多文章，你要多去做笔记，多去做实现。写相

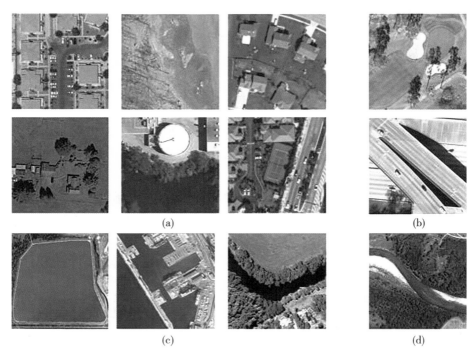

图 2.6.17 空间信息对分类结果的影响

当于是一种总结，在这个过程中，你会发现很多读的时候所发现不了的问题或者想法。交流也很重要，这和 GeoScience Café 的思想是一致的。因为如果你是自己去做的话，除非你是做数学，可以自己做。但是我觉得大部分的学科都需要交流，可以和导师、同学还有同行交流。我觉得和导师交流是非常重要的，因为能做到导师层次的，都是非常厉害的，和他们交流能受益匪浅。同时身体健康也很重要，身体是革命的本钱。这就是我今天的报告，谢谢大家！

【互动交流】

主持人： 非常感谢祁昆仑老师的报告，现在有同学要提问吗？

提问人一： 祁博士，你好！我想请教一个问题。你刚才提到的 SIFT 特征和 BOVW 视觉词袋，这个方法是否也可以用来做视觉定位？因为我看 BOVW 很多是通过识别场景来做识别定位工作的。

祁昆仑： 这个我不是很了解。因为我主要做目标检测和分割。这些对做目标检测和分割比较有效。不过我不知道你们做 SLAM 的流程是什么样的，如果你是先做特征然后再做识别或分类，这个流程应该都是一样的。

提问人一： 还有一个问题。我看你那个关联是画了一个圆，后面的图是画的方块，是不是你统计的方式有区别？

祁昆仑：因为对于图像都是矩形的，那个圆相当于是一个解释。最终我用的是方形，更利于计算机做计算。它们的原理是一样的。

提问人二：祁博士，你好！我想请教一个问题。你刚才说先用卷积神经网络提取特征，然后你采用的是 VGG 网络。VGG 网络是用别的图像集训练的吗？模型是做场景分类的吗？那关于数据，是用自然图像还是遥感影像。假如用自然图像，提取的特征应用于自然图像的效果会更好一些。假如用来处理遥感图像，你有没有想过先用遥感图像进行一个微调，再做分类？

祁昆仑：对，是用训练好的 VGG-M 网络模型，它也是做场景分类的。预训练模型肯定是用自然图像做的。数据集可以直接从网站上下载，这些参数都已经直接做成了 map 文件，下载后就可以直接用。你提出的是一个很好的建议，我当时也有考虑，但是我觉得这可能不是我研究中要做的创新点，所以我就没有把它做进去。当然你可以尝试这样去做。因为我做的是 RGB 图像，所以不管是自然影像还是遥感影像，它的局部特征应该都是相关的。可能都是类似于 SIFT 这样的普遍特征。

提问人三：选择网络模型的时候，你为什么要选择 VGG-Net？目前已经有 GoogleNet 还有 AlexNet、微软还有 ResNet 等很多网络。

祁昆仑：因为我当时在做的时候 VGG-Net 还是很经典的，我当时用的 MATLAB 语言，VGG 网络有预训练好的文件。我拿来就可以用。因为我当时想的就是我的创新不在于选择哪个网络，而在于在这个基础上去做改进和增加空间关系，或者是去做迁移。所以我对于模型选择并没考虑太多。

提问人三：因为如果你用 CAFÉ 的话，它有一个叫 CAFÉ-Zoo 的东西，里面有所有的别人训练好的免费模型。我觉得这个挺好的。

祁昆仑：因为我之前的代码是用 MATLAB 写的，所以后来用最简单直接的方法来做。我有看到他们用 GoogleNet 做微调，效果很好。我写文章时也写了，不过就提了一下。

提问人四：我想问一下算法的计算复杂度的效率是怎么样的？有没有和以往进行对比？有没有一个好的想法降低复杂度？因为我觉得这个数据量应该是相当大的。

祁昆仑：这个我在之前的文章中有提到，因为审稿人没提我就没写，大概是 N 的三次方吧。我用 MATLAB 做比较慢，但我后来用 Python 实现了一下，非常快。但是因为这两个语言之间交互比较麻烦，就还用 MATLAB。然后我的每一个实验数据都是跑了 50 次循环，我用了很多台机器一起去跑，确实比较耗时。我没有进行对比。我觉得应该用 GPU 会更快吧，或者并行计算也会快一些吧。

提问人五：我想问一下，你把全连接层去掉之后，剩下的是特征层，第五层卷积是计算器的一个特征图像，它是二维的。你把它变成一维的向量，你有没有对它展开还是做了其他处理？

祁昆仑：我直接展成一维了。我把它当成局部特征。

提问人六：我想问一下这个模型对同谱异物和同物异谱的高光谱分类效果明显吗？

祁昆仑：因为我做的是 RGB 图像，所以没有分析同谱异物和同物异谱的问题。你应该指的是高光谱、多光谱这类图像的吧？我没有在做这个。我接下来也想去做一些高光谱、多光谱图像处理的工作，因为我觉得对于 RGB 图像，可能它的点没有高光谱、多光谱图像更有说服力。毕竟遥感领域的特色就是高光谱、多光谱，或者是 LiDAR 这些。

（主持人：李韫辉；录音稿整理：李韫辉；录音稿校对：卿雅娴、纪艳华、修田雨）

2.7 华中地区大气边界层与污染传输的研究

（刘博铭）

摘要：武汉大学测绘遥感信息工程国家重点实验室 2016 级博士研究生刘博铭做客 GeoScience Café 第 210 期，带来题为《华中地区大气边界层与污染传输的研究》的报告。在本期报告中，刘博铭博士基于长期的地基和星载观测数据，揭示了武汉地区边界层垂直结构日变化、季节变化和空间变化等特征，并提出了新的边界层高度反演算法，解决了极端天气条件下，传统算法边界层高度反演不准确的问题。同时，通过长期的激光雷达观测数据，发现武汉地区大气气溶胶的垂直分布信息，以及不同形状粒子的高度分布。最后，结合微波辐射计、黑碳仪等仪器测量得到的地基观测数据，分析了边界层内温、湿、风、压等气象要素与污染物传输的关系，揭示了武汉地区区域污染的形成过程。

【报告现场】

主持人：欢迎大家来到 GeoScience Café 第 210 期活动！本次活动我们非常荣幸地邀请到了实验室 2016 级博士生刘博铭师兄。刘师兄的研究兴趣主要是大气边界层演化大气污染传输与 Mie 散射激光雷达应用。他先后获得硕士研究生国家奖学金，博士研究生国家奖学金和协同创新中心奖学金，以第一或通讯作者在 AE、AMT 等期刊上发表论文数十篇，今天他为我们带来的报告题目是《华中地区大气边界层与污染传输的研究》，下面把时间交给刘博铭师兄。

刘博铭：首先谢谢大家今天晚上抽空来听我的报告，然后也谢谢 Café 的工作人员给我这个机会。今天我给大家做的报告题目是《华中地区大气边界层与污染传输的研究》，我的报告大概分为六个部分：①研究背景；②边界层观测手段；③边界层反演算法研究；④华中地区边界层内污染物研究；⑤总结与展望；⑥科研感悟。

1. 研究背景

近几年来空气质量是大家比较关注的一个问题，随着我国工业以及经济的大力发展，大气气溶胶比如大家熟知的 PM2.5 或者是灰霾的这些污染，对我们的生态环境以及人类健康和经济发展都会造成很大的影响。图 2.7.1 展示了工业排放的气溶胶对人类产生的危害。已经有国外的研究表明，长期暴露于或者接触到气溶胶，可能引起人们的肺炎、哮喘、支气管炎等疾病。2014 年举办 APEC 会议的时候，北京出政策要求减排，还北京一个蓝天，大概停了 1 万多家工业企业，4 万多个工地。根据相关报告显示，为了确保蓝天，造成的经济损失超过 1 万亿。

随着工业发展，大气颗粒物成为目前主要的环境污染物。

国内外研究表明：长期或短期接触气溶胶，都可能引起肺炎、哮喘、支气管炎等疾病。

为保证2014"APEC天空蓝"，全国17个城市1万多家工业企业停工，4万多个工地停工，7个省份减排了约一半污染物。

图 2.7.1 研究背景

（图片来源：image. baidu. com.）

空气污染主要是颗粒物污染（图 2.7.2(a)）。气溶胶是指悬浮在空气中的那些颗粒或者是固体，它的大小为 0.001~100 微米。我们天空中常见的云、雾或者是尘埃颗粒，比如说沙尘，还有工业上的那种大型机器，各种汽车发动机所排放的烟尘颗粒，以及采矿场、采石场、粮食加工厂，在做成品的时候，制造出来的一些固体颗粒，还有人为制造的一些烟雾以及毒气，这些都是气溶胶的实例，就是大家可以看得到的东西。沙尘暴来的时候，飘浮在空中的沙尘颗粒，还有一些黑碳颗粒，工业生产中的氮氧化物和硫氧化物颗粒等，都属于气溶胶。

气溶胶是怎么形成的？图 2.7.2(b)直观地展示了气溶胶到底是怎么形成的。比如说我们平时在路上看到的那些汽车，它们排放出来的尾气，就会产生气溶胶；柴油机燃烧炭或者一些没有燃尽的燃料，它们排放到空中的那些小颗粒，也是气溶胶；还有工业生产经常会用到的一些化工物质，也就是硫酸或者是硝酸物质，这些物质在生产过程中会产生二氧化硫和二氧化氮，如果排放到大气中，碰到强光或者湿润天气的话，会发生一个明显的光化学反应，当光化学反应发生之后，空气中的物质相互作用，会产生硫酸盐或者硝酸盐颗粒，这些颗粒一旦吸入肺里，对身体有很大的危害，然后就是沙尘暴，危害特别明显，在西北地区遇上沙尘暴是致命的，因为沙尘暴一旦出现并增强，固体颗粒会把空气填满，人处于空气中无法呼吸，空气里全部是沙子，甚至会直接导致死亡。

污染物既然会产生，那么它往哪里排放呢？我们首先看一下大气分层结构（图 2.7.3）。大气的结构从广义上来讲一般分为大气对流层、平流层、中间层和热层。我们按照污染气体排放单位的思维来理解：他觉得排放没什么，因为大气这么多，他排放的污染物进入对流层往上飘，飘到平流层甚至外太空，他觉得无所谓，因为他并不觉得会对环境带来污染。但实际上真实的大气运动过程是这样的吗？

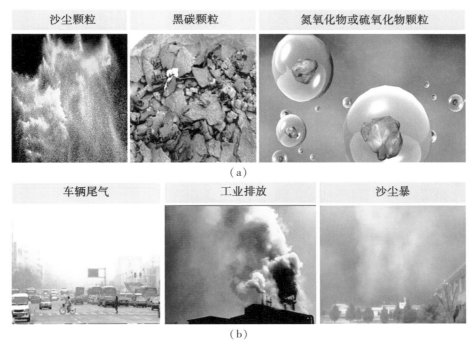

图 2.7.2 污染物颗粒和污染物来源

（图片来源：image. baidu. com.）

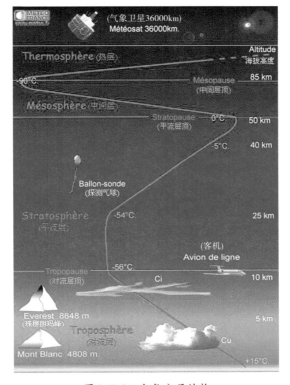

图 2.7.3 大气分层结构

（图片来源：image. baidu. com.）

　　我们看一下，真实的大气是这个样子的，如图 2.7.4 所示。真正与我们人类活动息息相关的是对流层的底部。在大气最下面，我们人类的污染物排放以及我们的人为活动，轮船的烟雾、工业排放、人为的扬尘沙尘，其实都只是在边界层以内完成的。边界层的大概厚度是多少？从地面 100 米到 2000 米这个高度。它是直接跟人类活动相关的，并不是像前述比喻污染气体排放单位想的那样，因为排放的污染物只会在这个范围内活动，它没有跑到自由大气，也没有跑到平流层。所以我们排放的污染物的去向，没有排到外太空去，它反过来直接影响我们的人为活动。

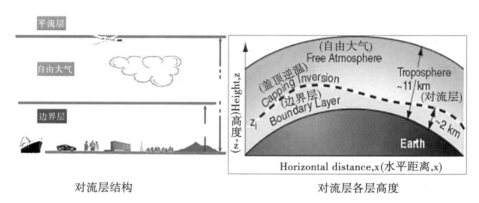

对流层结构　　　　　　　　　　　　　　对流层各层高度

图 2.7.4　大气对流层结构

（图片来源：image. baidu. com.）

　　给大家看两幅图，从这两幅图中大家可以直观地感受到，为什么说污染物不能随便排放。大家可以看一下，图 2.7.5(a) 是日间的一个现象，显示的是一个明显的工业排放的场景，可以看到上面是自由大气，下面是污染物以及污染物边界层高度，可以明显看到，在日间的时候排放的污染物出不去了，即使那些污染气体排放单位自私自利地想：可能"我"的污染物没什么影响，但是从实际的角度来讲，它确实对人类活动有明显的影响，因为污染物扩散不到边界层高度。

　　凌晨的边界层高度大概在几十米左右的样子，如图 2.7.5(b) 所示，气溶胶上不去，还是在近地表，我们呼吸到体内的就是这些污染物。为什么会出现这种情况？大家可以看一下，首先大气边界层是人为活动排放的直接受体，它之所以会让污染物压制在我们这个层面，是因为边界层顶部有个逆温层，它有一个逆温结构，这个结构就跟盖子一样，它会把所有排放的污染物以及人类活动排放的大气颗粒全部压在地表，然后这些污染物排放得越多，压力就越大，它进而就会影响大气环境，以及我们的健康。

　　为什么会产生逆温层（图 2.7.6）？因为边界层高度顶部充满了气溶胶，气溶胶有一些光学特性和物理特性。白天太阳对大气的照射会产生辐射能量，辐射能量之后接触到的就是边界层最顶部的这层气溶胶，它是最先接触到太阳辐射的，顶部气溶胶吸收太阳辐射，就会给这个地方造成局部的升温效果。底部的气溶胶也会吸热加热，但是由于底部的气溶

(a) 日间现象   (b) 凌晨现象

图 2.7.5　污染物困在大气边界层

（图片来源：image. baidu. com.）

胶受到顶部气溶胶的干扰，它接触到的太阳能没有前面的多，所以它的加热没有上面的快，就会形成逆温效果，逆温效果可以像个盖子一样，把污染物盖在上面。

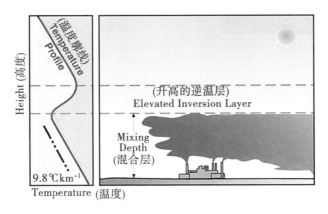

图 2.7.6　逆温层

（图片来源：image. baidu. com.）

　　虽然边界层很薄，相对整个大气高度六十千米来讲，它可能只有两三千米的样子。但是它是我们人为活动和其他生物活动的主要区域，所以一直是大气科学领域的研究重点。从科学角度来讲，我们可以把边界层污染物的传输和累积联系在一起做一些研究，也可以从气溶胶变成云这之间的相互作用来做一些研究，因为气溶胶从近地表越过边界层，如果有强风的话可以越过边界层进来，气溶胶会成为云的凝结核，它会影响成云致雨，进而影响一些降雨行为。

　　这是从大的角度、从科学问题来讲。从小的角度来讲的话，我们可以把它带进工程问题来做工程研究。天气预报模式可以用来做化学物质污染与天气预报，这些天气预报也需要初始参数，边界层高度也是一个很重要的数据参数，然后同时还可以做卫星 PM2. 5 反演的垂直订正。我们用卫星数据做 PM2. 5 反演的时候，一般都需要找到一个边界层高度来做它的 AOD 垂直订正，这样才能够准确地去反演 PM2. 5。

这就是边界层可以做的一些大致工作。然后我们来看一下边界层的定义到底是什么。图 2.7.7 是它的一个大概的结构图，它的概念指的是直接受地表影响的，对流层底部的大气。边界层变化的运动时间尺度为一个小时或者更短，几十分钟或者几分钟都有可能。地面作用力主要包括摩擦、蒸发、蒸腾，还有热量传输、污染物排放，以及那些影响气流变化的地形，如果这个位置有一个楼房，或者是一座高山，它也会影响边界层高度。边界层高度，它随时间和空间的变化而变化，幅度从几百米到几千千米。同时，边界层高度，也是研究污染物传输和雾霾的一个重要的参数。

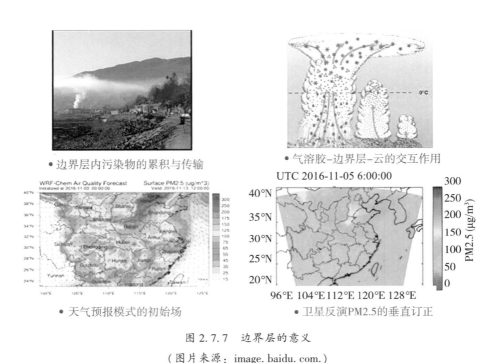

- 边界层内污染物的累积与传输
- 气溶胶–边界层–云的交互作用
- 天气预报模式的初始场
- 卫星反演PM2.5的垂直订正

图 2.7.7　边界层的意义

（图片来源：image. baidu. com.）

我们再看一下边界层的结构，边界层的演化是有太阳辐射的影响，太阳照到大气之后，气溶胶吸收引起一些大气运动，影响边界层高度。白天，边界层主要以混合层为主，就是图 2.7.8 红色的部分。

因为太阳的照射，湍流作用增强，导致出现了一个混合层。然后夜间的时候，由于日落之后，边界层气溶胶吸收不了能量了，大气运动开始变弱，变弱之后的气溶胶颗粒开始往下沉降，沉降的同时就形成一个残余层和一个稳定层。稳定层就是图 2.7.8 下面这块结构，残余层就是图 2.7.8 上面这块结构。到了午夜，完全冷却下来之后，就形成一个稳定的边界层。午夜之后，就有图 2.7.8 中深红色的部分以及一个残余层。到第二天日出之后，它又开始形成一个周期式的发展。

然后我们看一下边界层动力，就是污染物在边界层内是怎么传输的。一般情况下，传输的主要动力来源是大气湍流。湍流是指叠加在平均风速上的振性流现象，可以认为是做

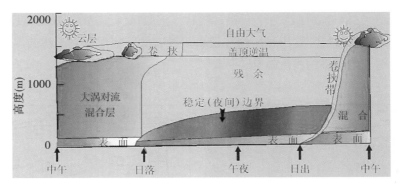

图 2.7.8　边界层周期性结构演化

（引自：盛裴轩，《大气物理学（第二版）》，2013 年。）

不规则旋转的一些气流。

　　大家坐飞机可能遇到过这种情况：就是飞机突然在飞的过程中抖一下。这种现象一般是由大气湍流导致的（图 2.7.9(a)）。飞机穿过湍流的时候，不规则气流影响到飞机机翼的平衡，所以飞机就抖一下。图 2.7.9(b) 就是一个湍流谱，通常情况下，湍流是由许多种小涡流和大涡流组合在一起的，这些不同尺度的涡流组合在一起就是湍流。边界层内的湍流一般都来自地面的强迫力，晴天的时候受到太阳辐射，底层大气由于受到辐射加热，产生了一个热气泡，气泡往上浮，因为有浮力，热东西都是往上飘。大家应该都烧过开水，开水的白气就是热气，它往上飘。如果那团大气被太阳加热了之后，它要往上飘，往上飘到大气的话，由于温度原因，它飘得比较快，就会形成一个涡流在局部范围内，所以它就会带着这团大气往前走，或者飘往不同的方向，这就是大家看到的。

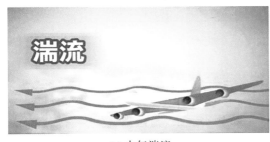

(a) 大气湍流

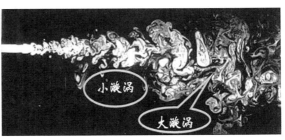

(b) 湍流谱

图 2.7.9　大气湍流和湍流谱

（图片来源：image. baidu. com.）

　　然后我们来看一下湍流的结构，白天的边界层结构一般是不稳定的，图 2.7.10(a) 是它的湍流场。不稳定边界层结构一般包含上部混合层中的波动以及下部的大对流。比如白色部分是我们的逆温层顶，就是逆温层，然后逆温层下部的大气，由于太阳加热升温了之后，产生了一些大的涡流。这些大的涡流不停地运动。晚上的湍流层就比较浅，如图

2.7.10(b)所示，它的边界层就会往下降，然后气溶胶沉降，边界层的高度大概是 200 米左右，是一个稳定边界层。这个稳定边界层由于没有太阳辐射，它内部的涡流池也开始变小，所以就出现了相对小的涡流运动。

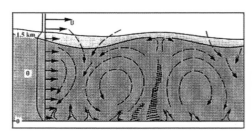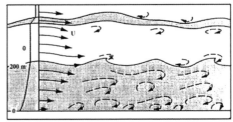

（a）不稳定边界层结构及其流场图像　　　　（b）稳定边界层结构及其流场图像

图 2.7.10　边界层动力

（引自：盛裴轩，《大气物理学（第二版）》，2013 年。）

那么边界层内的污染物跟涡流是怎么相互作用的？污染物跟涡流的相互作用就是大气涡流带领的污染物的传输，这与大气稳定度相关，大概分为五类。

第一类是环链形。环链形指的是涡流的不稳定，这种情况是一种强湍流现象。当烟囱排放出污染物之后，一个强湍流把它卷到气团里面，它会往下或往上跑，然后迅速扩展，这种情况一般出现在白天晴朗的小风地区，如图 2.7.11 所示。

不稳定（环链形）

图 2.7.11　环链形

（引自：盛裴轩，《大气物理学（第二版）》，2013 年。）

第二类是圆锥形。这种情况就是烟囱排放了污染物之后，湍流没那么强，它就只带着污染物往前飘。这种情况一般只出现在平坦的城郊和有大风的地区，如图 2.7.12 所示。

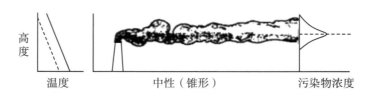

图 2.7.12　圆锥形

（引自：盛裴轩，《大气物理学（第二版）》，2013 年。）

第三类是扇形，它比较稳定，主要是因为湍流受到抑制，垂直扩散很小。污染物排放出来之后，因为湍流受到抑制，它并不上下跑，还是很平稳地随着一个平均的风速，沿着一定的方向扩散。一般出现在夜间或者凌晨强逆温的情况下，如图 2.7.13 所示。

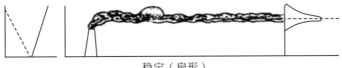

稳定（扇形）

图 2.7.13　扇形

（引自：盛裴轩，《大气物理学（第二版）》，2013 年。）

第四类是漫烟形。漫烟形对人的危害是比较大的，因为它上部很稳，下部不稳。上部逆温形成一个很好的稳定盖子之后，上面的污染物是跑不出去的，但是下面的污染物会因为湍流的影响被卷到地面，然后影响人们的生活。

下部中性或不稳定，上部稳定（漫烟形）

图 2.7.14　漫烟形

（引自：盛裴轩，《大气物理学（第二版）》，2013 年。）

第五类是屋脊形，是人类可以接受的，底部是一个稳定的情况，污染物进不来，就往天上跑，影响不了人类的生活。

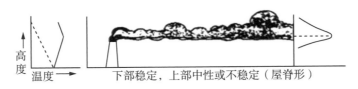

下部稳定，上部中性或不稳定（屋脊形）

图 2.7.15　屋脊形

（引自：盛裴轩，《大气物理学（第二版）》，2013 年。）

2. 边界层观测手段

上面介绍了大气边界层内的污染物的大概传播。给大家介绍了这些概念之后，就开始介绍我的研究。首先讲一下边界层观测手段。边界层的垂直结构观测一般有两种，一种是被动方式，一种是主动方式，如图 2.7.16 所示。

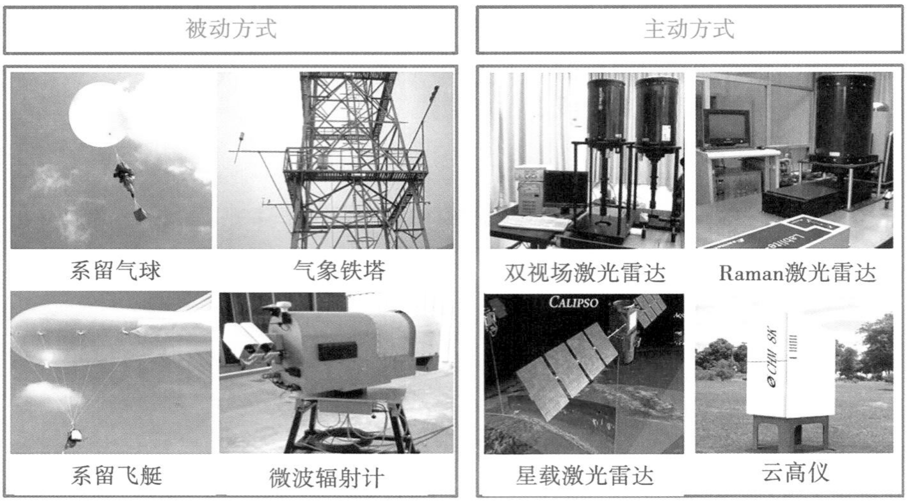

图 2.7.16　边界层的垂直结构观测

（图片来源：image. baidu. com.）

被动方式有系留气球、气象铁塔、系留飞艇和微波辐射计。主动方式包括双视场激光雷达、Raman 激光雷达、星载激光雷达和云高仪，它们都可以用来观测边界层。被动方式通过传感器测量。比如我把一个传感器系到那个气球或者飞艇下面，然后把它往上放，它每隔一分钟会采集一个点，把当时的温湿风压采集出来，实时地传回给你，你就会得到一个大气的垂直廓线。气象铁塔也是一样的原理，但是它不能往天上飞，大概有几十米。每隔 10 米或者 20 米放一个探测器实时监测。

微波辐射计是通过一些气象参数反演，通过算法来反演我们的廓线，最后通过确定逆温层的地方，来确定边界层的结构。它的缺点也很明显，气球到了 100 米至 300 米的高度，因为风湍流变强了，气球就吹得很快。所以说到一两千米的高度，空间分辨率就不够用了，可能就查找不到边界层高度了。

被动手段很常用，但是它的垂直分辨率不够。激光雷达的好处就在于它是通过气溶胶的垂直廓线来反演边界层高度的。它通过发射一束光波，打到大气中，大气中充满了气溶胶粒子，或者充满了一些其他云的参数，然后这些参数会对光有一个散射作用，最后散射回来，这个光进入接收器之后，就会得到一个廓线，然后我们通过廓线来反演边界层高度。优点在于它的廓线分辨率高，可以获得的大气参数多，所以我们就选择用激光雷达来研究边界层高度以及边界层污染物。

激光雷达气溶胶探测的工作原理（图 2.7.17）如下：激光器发射出一束光，边界层以内是有气溶胶的，边界层以上是有云的。光打出去之后，会产生一种现象，也就是在边界层以内的气溶胶会反射出一个强信号，接触到探测器；然后云也会反射出一个强信号，反馈到探测器，接收到一个初始的廓线。

初始廓线通过激光雷达校正算法可以得到大气的整层柱状结构，也就是消光廓线（图

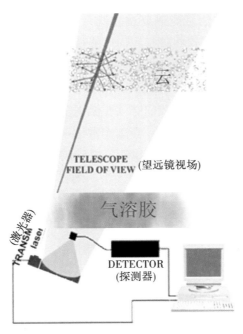

图 2.7.17 激光雷达工作原理

（图片来源：image. baidu. com.）

2.7.18）。这个廓线有一个弯曲的部分，显示的就是气溶胶的影响。我们通过把这段廓线的信息提取出来，对这段廓线的数据进行分析，就可以得到边界层气溶胶光学特性和物理特性。

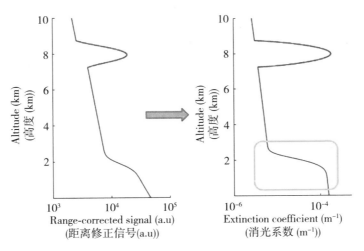

图 2.7.18 消光廓线

我们项目组之前做了一些单视场激光雷达。激光雷达可以测量气溶胶和云的一些基本物理特性，但是它只能发出一束光，这一束光跟气溶胶或云作用了之后，就只能得到一个参数，比如说回波信号。回波信号能够反演的就只有消光系数以及消光系数积分之后的 AOD、边界层高度，还有云高。这些就是我们所能得到的所有信息了，虽然可以得到一些基本的物理信息，但是这些信息是无法带到我们的模式和模型里面去研究一些污染物传输以及污染物的尺度的。

如果我们想做更深的大气研究，我们必须要做更多的测量，比如得到气溶胶的一些物理特性的参数，我们项目组就重新做了一套激光雷达——双波长偏振激光雷达。我们代入多个波长形成一个偏振信息，这样不但可以测量气溶胶云或者光学参数，同时还可以测量一些气溶胶的物理特性，比如说粒子形状和大小。图 2.7.19 是双波长偏振激光雷达的结构框架图。大致原理是，激光器打出发射光束，然后通过反射镜和扩束镜，打到天空中去，和粒子相互作用了之后，由镜头接收散射光，接着由分光系统分成 355nm 和 532nm 波段的垂直偏振，以及一个 532nm 波段的平行偏振。

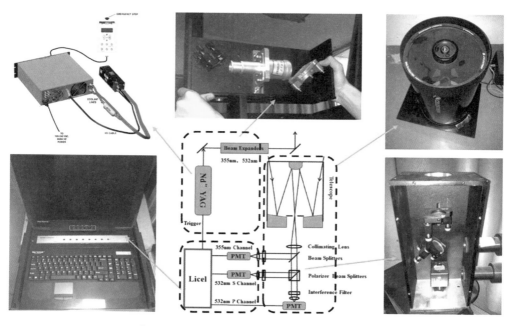

图 2.7.19 双波长偏振激光雷达的结构框架图

这些信号被采集之后，传给工控机进行数据处理。系统主要分为三个部分：发射系统、数据接收系统和数据采集系统。发射系统是采购的。发射系统包含一个比较稳定的军工级的激光器，它可以发射一个 36.4mJ 的 355nm 波段的和一个 72.3mJ 的 532nm 波段的激光，重复频率都是 20Hz，如图 2.7.20 所示。

高反镜用来改变光路，因为我们的激光能力比较高，所以高反镜要镀膜。高反镜的一块镜片可能要七八千块钱。另外，我们加扩束镜是为了让激光增大光束直径，减小激光的发射角，激光可以很垂直地往上打，垂直地往下反射，就可以很好地接收信号。

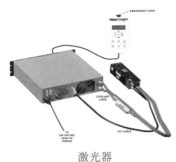

激光器　　　　　　　　　　　　　　出射光路

图 2.7.20　发射系统

接收系统用的是一个八寸的卡塞格林接收镜筒和一个准直镜(图 2.7.21)。准直镜把光准直,准直之后强度就变大了,然后光信号进入二向色镜。二向色镜阻挡一部分光和透射一部分光。二向色镜可以设置一个阈值,小于 532nm 的光,就被反射了,大于 532nm 的光,就透过了,阈值是根据光学镀膜决定的。所以 355nm 波段的信号,通过反射镜进入 355nm 波段,反射进入探测器。然后 532nm 的光,就通过这个镜片直接透过来了,进入我们的偏振起偏器,把光变成两个偏振态,因为一般激光雷达发出去的光属于线偏振,太阳光属于圆偏振。激光出来之后一般只有一个角度偏振。所以这个角度偏振打到天上去了之后,跟物质作用之后,如果涡流的形状不是圆形,而是一个带菱角的,我们的偏振光打上去了之后,涡流会改变光的偏振方向,比如说它会把一个零角度的偏振改变成 0 到 90 度的偏振,然后这些光回来了之后,就会通过这个偏振起偏器,把这些光分成两个方向,第一个是 0 角度,一个平行片子,第二个就是一个 90 度角的垂直偏振,通过这两个偏振的比值我们就能确定一个退偏比,可以用来推测我们粒子的形状。如果它是圆的,退偏比就很小,或者就没有。如果它不是圆的,很凹,或者很有棱角的话,它的退偏比就很大。这样我们就可以确定粒子的形状。

接收镜筒　　　　　　　　　　　　　接收光路

图 2.7.21　接收系统

最后我们看一下采集系统,我们的采集系统是德国购买的一个 Licel 系统(图 2.7.22(a))。它的采集速率是 20 兆赫兹,高频率采集数据是为了提高空间分辨率。光速是 3×

10^8m/s，20 兆赫兹就可以得到 7.5 米的高空间分辨率的气溶胶垂直廓线。

最后我们用工控机来处理数据。图 2.7.22(b) 是我们做好的成品，一个黑箱子差不多有 1.5 米高，长×宽差不多为 50cm×30cm。然后它的缺点是比较重，这是唯一一个缺点，一般精密仪器都很重。

图 2.7.22 是实时采集系统，我们用 MATLAB 画了一些数据处理的图。图 2.7.23 是边界层我们三个通道的信号：355、532 垂直、532 偏振，还有一个距离矫正的信号，和廓线的形状没多大差别，唯一的差别在强度上。激光雷达做好了之后可以为我们做一些什么呢？

(a) Licel

(b) 工控机

图 2.7.22　采集系统

数据展示

实时数据处理软件显示
MATLAB数据处理显示

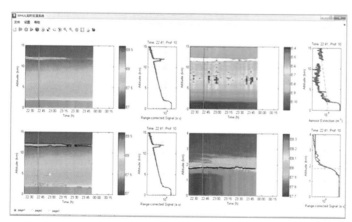
采集信号

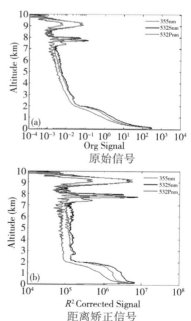
原始信号

距离矫正信号

图 2.7.23　数据展示

首先它可以反演气溶胶的光学特性，包括消光系数、AOD、一些气溶胶物理特性。采集一晚上之后得到一个消光廓线，即每15分钟平均之后的一个廓线，以及一些粒子形状或者粒子尺度。另外还有色比，色比就是通过532波段的一个信号与上一个355通道的信号的比，它可以用来表示粒子尺度的大小。还有退偏比，用来描述形状的大小。

图2.7.24是同一天大气气溶胶参数廓线伪彩色图，分别是气溶胶的三个特性。通过这些图片我们就可以看到当天晚上武汉上空的大气情况，4000米这个高度边界层上，气溶胶到底是什么样子？消光特性是多少？气溶胶的大小，哪些地方大，哪些地方小？气溶胶的形状，哪些地方是圆形的？哪些地方不是圆形的？

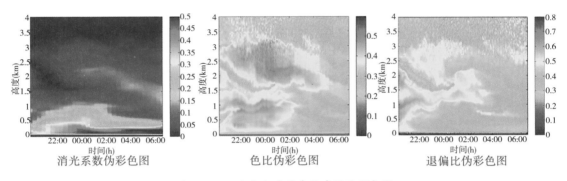

消光系数伪彩色图　　　　　色比伪彩色图　　　　　退偏比伪彩色图

图2.7.24　大气气溶胶参数廓线伪彩色图

3. 边界层反演算法研究

采集到这些信息之后，我们开始做反演，确定边界层高度，因为我的研究主要集中在探讨边界层以内的污染对人的活动到底有什么影响。

要确定边界层高度，传统上就是一些老的通过使用消光廓线的算法。基于激光雷达测的廓线，通过查找它的梯度变化来确定边界层高度（图2.7.25）。因为底部的气溶胶是很稳定的，上面的是自由大气分子，所以廓线会有很明显的梯度，可以用来查找边界层的顶部。但是存在一些问题，就是由于大气运动不规律，它总会有一些风，或者湍流导致气溶胶并不完全在边界层以内，它会往上飘一点。也就是一共有两个问题，第一个是多层次的气溶胶的问题，第二个是残余层的问题。

多层气溶胶是图2.7.26中红的发黑的这块，就是气溶胶的一个强浓度的地方。上面这块黄色的也是气溶胶层。但是由于这两个层次存在明显的差别，一个浓度强一个浓度不强，所以梯度求解的时候，就会把这一块跟这块位置搞混，会把下面这一块当成它的边界层高度，而上面这块的气溶胶层就不找了。这是第一个问题。第二个问题就是残余层的问题。如果说上下浓度差不多，但是如果有气溶胶飘到天空，它会出现残余层的现象，在这种情况下，我们查找的时候也找不到，因为它会把残余层的顶当作边界层，把这个顶部当作边界层高度，然后把下面所有的高度，不管是不是自由大气，都视为边界层高度。这样就会对我们做后面的科学统计或者一些科学问题的分析，产生一些影响。所以我们就提出一些算法解决这个问题。

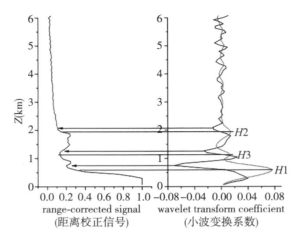

图 2.7.25　边界层查找结果

（引自：Wang Z，Gao X，Zhang L，Notholt J，Zhou B，Liu R. Lidar measurement of planetary boundary layer height and comparison with microwave profiling radiometer observation，2012.）

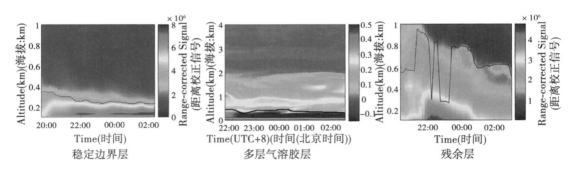

图 2.7.26　多层气溶胶和残余层对边界层反演结果的影响

提出的第一个算法就是基于粒子特性的差异，来计算边界层高度。后向散射系数代表一个消光系数。比如说代表粒子的尺度，我们把这两个相特征值放在一个二维平面里面来理解的话，可以看到不同的气溶胶，卷云、烟尘、沙尘、湿度 90% 的一个海盐气溶胶，以及普通的海盐气溶胶和大陆性沙尘。大家可以看这几个圈（图 2.7.27），就是不同的气溶胶的消光能力，粒子大小是完全不相似的，是可以区分的。

不同的气溶胶都有明显区别，那么气溶胶跟自由大气的洁净分子的区别应该是更大的。所以我们就做了这样一个实验，把所有当天晚上的廓线都采集到二维平面里面——后向散射信号和色比的二维平面（图 2.7.28）。我们发现底部的气溶胶，即 500 米到 1000 米的点，与这些上层气溶胶 1500 米到 3000 米的分子气溶胶确实是有差异的。

基于这种想法，我们就想通过差异来确定边界层高度。然后我们把传统的通过廓线查

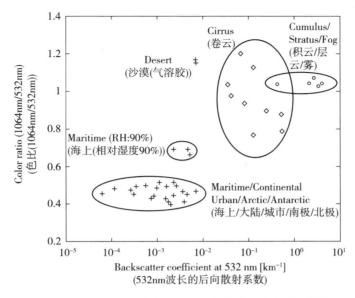

图 2.7.27　不同粒子的色比和后向散射系数具有明显差异

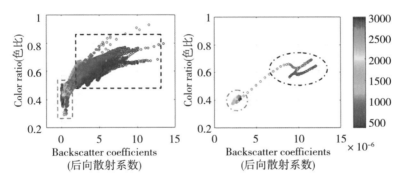

图 2.7.28　蓝色点表示 500 米左右的近地面气溶胶，红色点表示 2500 米处超出边界层的自由大气

到这条廓线的梯度转移一下，把这两个象限结合到这上面之后（图 2.7.29），通过平面查找，把这一部分气溶胶和这一部分不是气溶胶的部分的交界线找到，就是边界层高度了。

为了达到这个目的，我们定义了一个差异度，比如历史差异度。差异度的定义，是因为这些点是我们激光雷达每 7.5 米采集的一个点，通过这些点之间的差异，来计算每个粒子的差异。差异度有两个部分，第一个部分就是 A，也就是粒子尺度上的差异。第二个部分就是 B，也就是它们在消光能力上的差异（图 2.7.30）。

最后把这两个差异进行叠加，得到差异度 Z。通过把前一个点与后一个点之间的差异度全部算出来，得到一个差异序列，通过这个差异序列，确定它的边界层高度。然后我们就根据设备信号求差异度，得到一个差异序列。

大家可以看到边界层顶部有很多层顶和层底。自由分子基本上没有什么差异，边界层的气溶胶反而有很多差异。不同的气溶胶有不同的差异，但是边界层顶部的气溶胶以及自

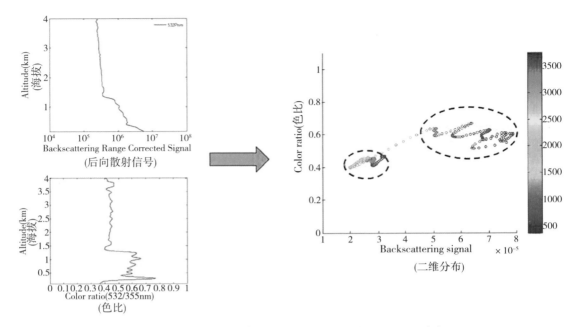

图 2.7.29 将传统的廓线求解的方式转换到二维平面上求解

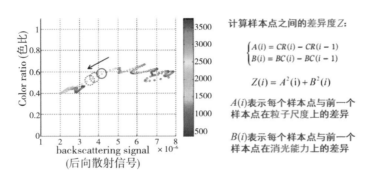

图 2.7.30 样本点间差异度的计算

由大气分子之间的差异是最大的，回波信号也是这样。虽然气溶胶不同，但是分子比气溶胶的差异更大。所以我们把这两个差异叠加了之后，得到差异序列，就发现了它最大的差异地方就是边界层高度（图 2.7.31）。通过这个方法，我们把梯度的求解问题转化到平面上，转为求差异度的问题。然后我们看一下这个案例，分析一下它到底能不能查到边界层高度。

首先看第一个案例（图 2.7.32(a)），下面有一层很浓的气溶胶，中间也有一层，上面也有一层，然后通过我们提出的办法来查找。可以看到，第一个层次跟第二个层次之间有明显的差异，然后其中的小层次也有差异。但是最大的差异还是在这个地方，也就是气溶胶顶部的气溶胶与自由大气底层的分子之间的差异还是最大的，所以可以得到边界层高度；第二个案例也是这样（图 2.7.32(b)）。

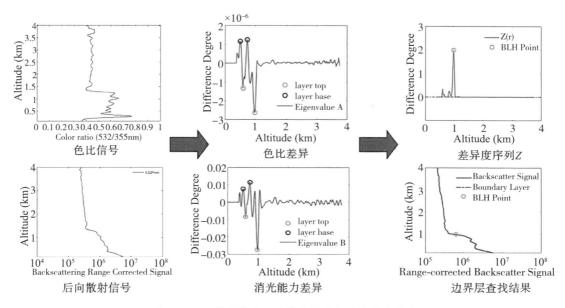

图 2.7.31 将差异度 Z 的最大值处视为边界层高度

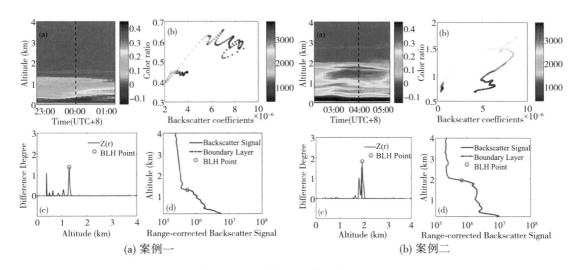

(a) 案例一　　　　　　　　　　　(b) 案例二

图 2.7.32 多层次气溶胶案例分析

　　虽然找到边界层高度了,但是不能说自己的方法就很好,还是要跟其他的方法做一下对比。我选了三种方法来对比,有三种不同的情况,即弱对流、中等对流和强对流(图2.7.33),选择的方法有理想廓线法和小波法,这两种方法都是之前大气研究中广泛用到的求边界层的高度的方法。弱对流情况下,下面和上面都有一层气溶胶,理想的边界层高度是绿色的,我们的算法查找的结果是接近理想高度的,但是理想廓线法查不到这儿,然后小波法也查不到,它会偏低一点。中等对流条件下,我们的方法与小波法、理想廓线法的效果是一致的。因为它是中等的对流,气溶胶层次没那么明显了。强对流的情况下,因为有强对流的影响，导致气溶胶混合层成为很厚的一层。三种算法的效果差不多都是 980 米。所以结果表示我们的算法具有稳定的反演边界层高度的能力。

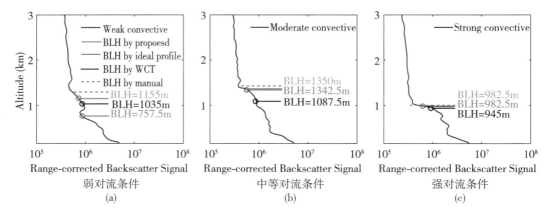

图 2.7.33　三种对流条件下对反演算法的验证

这是我们提供的一个算法。然后我们把它放在残余层存在的情况下，探讨这个算法效果好不好，结果很失望，这个算法放在这种情况下很受影响。它把残余层底视为边界层高度了（图 2.7.34）。

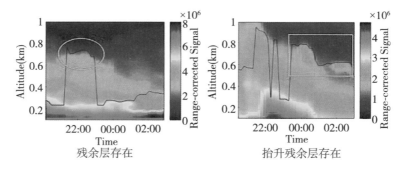

图 2.7.34　针对残余层的情况，算法性能依然不佳

到底是什么原因导致算法性能不好？我们基于粒子的区别查找，只要是有气溶胶的地方，与有自由大气之间的地方的差异总是最大的。我们查来查去，最后算法的结果总是错的，因为它把气溶胶存在的地方当作边界层高度了，所以残余层的效果就消失不了。然后我们就想怎么能够把残余层的效果给消除掉，去掉残余层的影响。之前我们根据顶层粒子与自由分子之间的差异来识别边界层。现在换个角度来讲，我们把相同的气溶胶聚集到一起，然后将大气分子聚集到一起。或者把残余层的气溶胶再聚集到一起，看这样能不能把残余层识别出来。

首先我们把之前的差异计算替换为粒子聚类。然后为了增强相同体之间的相似性，我们把消光后向散射信号，就是退偏比信号替换成最相似的两个参数，因为同一种粒子的尺度跟它的形状应该是相似的，替换成两个参数之后，我们再来看图 2.7.35，不同高度的粒子由于不同的特性确实是聚集在不同区域的，下沉的聚集在这儿，上升的聚集在那儿，而且它们中间隐隐约约有一条分界线。基于这个，我们把层次区分开来，然后去找它们的交接处，把交接处定义为边界层高度。

图 2.7.35　色比和退偏比二维分布

我们做两种对流条件下的情况。首先看在弱对流的情况下，是最容易出现残余层的（图 2.7.36(a)、(b)）。样本分成两类，一类是红色的，是气溶胶类底层的气溶胶，上面是分子类以及残余层类。因为有残余层的存在，导致分子的分布比较零散。大概 500 米到 1000 米的这块位置应该是残余层高度，蓝色到浅蓝色的部分，就是自由大气了。

然后在强对流的条件下，是不存在残余层的，所以上层气溶胶都会聚在一起，然后下层气溶胶聚在一起，上层分子聚在一起，所以粒子间距离很紧密（图 2.7.36(c)、(d)）。通过这两个实验，我们就发现残余层转换到这两幅图上了之后，之前残余层引起梯度变化的效果好像就变了，变成了粒子的聚集度了。也就是说如果在弱对流条件下存在残余层，它就只会导致粒子的分散（图 2.7.36(a)、(b)）。因为残余层里面有气溶胶分子，所以说它会导致这块位置的气溶胶的样本点分散，它既不在气溶胶里面，也不在大气分子里面。所以说通过这个图，发现我们最关心的残余层的问题被转化成另一种方式，就是粒子聚集度的问题。

用案例分析来看一下，我们是不是确实解决了这个问题。首先我们看第一个双层气溶胶的案例（图 2.7.37(a)），它的气溶胶并不明显，因为通过扩线聚类查找了之后，可以看到这个是上面的大气分子类，但是这块橙色圈圈的气溶胶，被识别为分子。最后我们就给了一个校正算法，就是我们查找每一个类的时候，同时给它规定了一个质心，就是图 2.7.37(a)中打叉的地方。

我们把气溶胶类别和分子类别的交点，拿来跟这两个质心点进行比较。如果这个点距

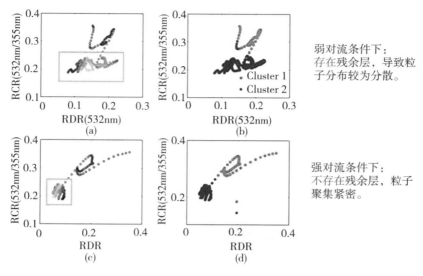

图 2.7.36 两种对流条件下粒子的聚集度

离两个直线的平均值最近，也就是这个点在这两个平均值中间，就把它定义为边界层高度。多层气溶胶案例中下面就是气溶胶，气溶胶上面就是自由大气，这样就算出边界层高度了。

第二个案例是高空云的情况（图 2.7.37(b)）。有云的情况下，大气粒子也很零散，我们发现这块高空居然有一些分子也被分到气溶胶了。后来把廓线画出来就很好理解了。薄云对于激光有强反射，反射回来了就会形成一个小尖峰。比如说有个小的云层，我们发现用这个算法的话也可以把云层识别出来，然后我们通过这两个方法反复做案例研究，还是很有效的。然后我们就开始做多个数据，把所有天气的数据带进去进行案例分析。

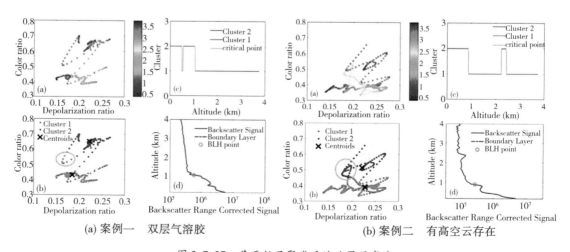

图 2.7.37 基于粒子聚类反演边界层高度

第一个案例就是强对流的条件下，它就没有残余层，也没有多层次。这种情况下，提高之前跟之后的算法是一样的。但是看残余层影响的话，提升之后得到的是红色的点，提升之前是黑色的点，基于此可以看到改进的算法可以很好地把残余层识别出来。算法不再把残余层当作边界层高度了。通过二维分布，把残余层的梯度影响转化为粒子聚类的影响，可以把影响分离开来。

最后总结一下，之前做边界层高度查找，会有残余层或者多层次气溶胶的影响，导致查得不准。然后我们提了一个算法，可以有效地反演边界层高度。同时这个算法也克服了弱对流的影响，克服了残余层对气溶胶垂直分布不均匀的影响，克服了这些影响，我们就可以准确知道边界层高度了（图 2.7.38）。

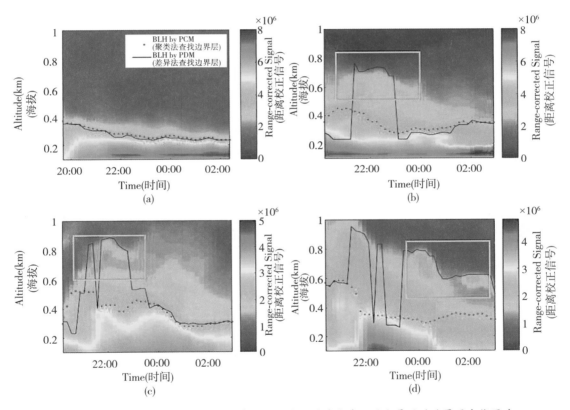

图 2.7.38　改进算法克服了弱对流条件下气溶胶垂直分布不均匀导致的边界层查找困难

4. 华中地区边界层内污染物研究

查到边界层高度之后，我们就可以开始结合一些其他的数据做边界层以内的污染物分析。

图 2.7.39 所示的这些仪器，都是我们组的，龚老师做了一个大型的监测仪器的站点，包括激光雷达、太阳辐射测量仪、太阳光度计、气象站、微波辐射计、MODIS 接收站、

浊度计及黑碳仪等。做研究，只要我们想过的一些仪器，龚老师都买了，我觉得龚老师在这方面还是很有远见的。我来之前他就把这些站点建好了，我来了之后，我每次想做研究，缺什么数据的时候，我一问，有这个仪器，就把数据拷回来用。再想做一点新的研究，我发现关于这个研究的仪器龚老师也买了，又有新发现，而且最关键的是还有好多的数据，可以把数据拿来用。

图 2.7.39　武汉大学大气辐射超级监测站

　　建立一个很好的监测站是龚老师很超前的想法。有了监测站之后，我们就开始做一些大气工作。最简单的方法就是做一个统计，我们把观测多年的数据做一个统计，做边界层高度的统计，因为边界层以内污染物和边界层高度的分析，需要边界层高度的数据。首先我们做一个边界层高度的分析，以及温湿风压和大气气象要素关系的分析。

　　图 2.7.40 中蓝色的线是激光雷达测的边界层高度，一般是夏季比较高，其他季节相对偏低。高是因为夏天的时候，太阳辐射增强，导致大气活动剧烈，边界层变高。首先，边界层与气象要素的温度关系是一个正相关，相关系数是 0.49。转化为物理的角度来理解的话，就是温度增强，气团吸热了之后分子运动剧烈，大气湍流剧烈，演化边界层就变高，所以是一个正相关。

　　其次，看相对湿度，它是负相关，系数为 -0.58，从个人角度理解的话，我觉得大气湿度增加，相当于大气变闷了，大气黏性增强了，大气不运动了，所以呈现负相关。

　　然后是风，风变强了，边界层内的湍流剧烈了，然后边界层变高。

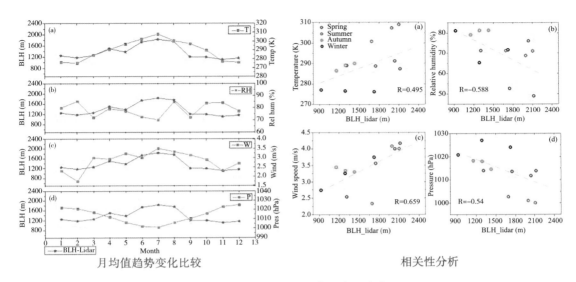

月均值趋势变化比较　　　　　　　　　　相关性分析

图 2.7.40　边界层与气象要素的关系

最后是气压，也是负相关，压力大的时候把污染物往下压，所以边界层高度大不起来，压力小了，边界层污染就上来了。

我们分析了高度之后，再来分析边界层内部的污染物的变化（图 2.7.41）。通过把每天对应边界层高度的所有污染物做一个统计，气溶胶光学厚度（AOD）、色比（CR）、退偏比（DR），就是粒子尺度以及 AOD 的反演特性。

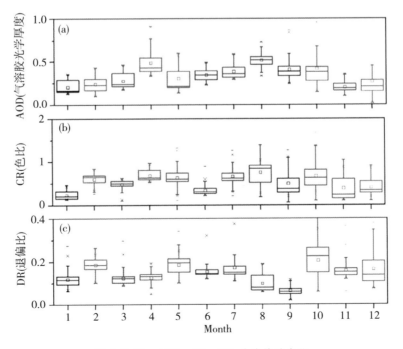

图 2.7.41　AOD、CR、DR 月均值的变化

春夏季消光系数比较高，冬天色比比较高。沙尘传输到我们这块位置之后，因为沙尘是一个不规则的物质，我们测的退偏比偏大，所以冬季的污染导致退偏比偏大。然后再看一下污染粒子在垂直方向上是怎么分布的。

粒子大小是按重力来分布的。分布于边界层内部 0～3000m，甚至大于 3000m。我觉得粒子形状在垂直方向上，好像没有特别明显的趋势（图 2.7.42）。

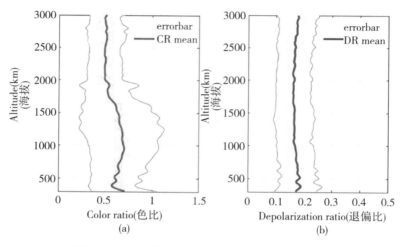

图 2.7.42 垂直方向上粒子色比和退偏比的分布

然后来看一下粒子出现的频率。一般正常情况下，如果按照自然界分布的话，所有事物出现的频率应该是从低到高，呈正态分布。

我们看这个图（图 2.7.43），它很奇怪，是先有一块值，然后突然没了，随后又有一块值。这个就很奇怪，我们很想知道是为什么。

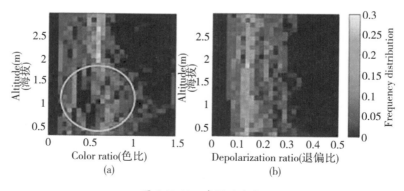

图 2.7.43 奇怪的空值

我们就做了几个案例分析来看是不是因为不同污染时期粒子大小不一样。图 2.7.44（a）、（b）是洁净时期的二维分布，以及它的高度。洁净时期的上层气溶胶，它的粒子色比及退偏比都很小，粒子尺度很小，粒子也是球形的，也都是很小的。污染时期的分布就完全不一样。1000米到2000米这个高度的红色的黄色的点，它是往上飘的，色比大，而且退偏比较大。武汉地区污染时期，它的粒子特性是完全不一致的。

洁净时期(a)、(b)：
1500~2500m气溶胶的粒子尺度较小，均为球形粒子。

污染期间(c)、(d)：
1500~2500m气溶胶的粒子尺度较大，部分粒子为非球形。

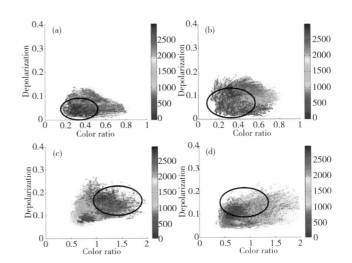

图2.7.44　洁净和污染条件下，色比和退偏比的二维分布

最后做了统计分析，我们就发现了这个现象(图2.7.45)。比如说在把色比的所有值拿出来分析的时候，我们就发现在洁净条件下，色比呈现出正态分布，就是它的色比变化是从0到1，是一个正态分布。污染天气下大概也是从0.2到2，是个正态分布，中间是一个明显的界限，是0.75这个值。这个值导致了刚才频率中间它有一个空。所以这个"空"就是因为不同时期污染不一样，而导致了"空"的产生。

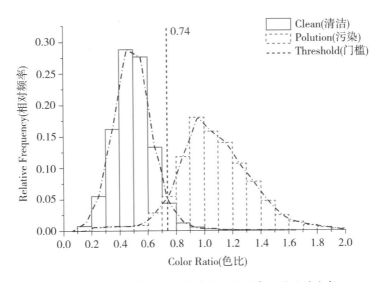

图2.7.45　洁净条件和污染条件下粒子色比的统计分析

统计完了之后，我们做第二项工作，就是分析一下，不同时期的污染物有什么区别？因为不同时期的污染物，粒子的色比都不一样，那我们就来分析一下到底有什么不一样。首先不同时期的污染物的分布（图 2.7.46），这个黑色的是污染时期，然后红色的是洁净时期，这四个分别是它的吸收系数、散射系数、单次散射反照率还有 PM2.5 这个浓度，然后我们看到这个在数值上有很大的一个变化，就是污染时期，吸收散射系数是 624，吸收系数是 60，然后洁净时期是 214，吸收就是 26。单从数值的角度来看的话，污染时期居然是普通时期的 2.5 到 3 倍，也就是说一到污染时期气溶胶带来的影响，差不多可以对大气环境的影响翻 2.5 到 3 倍的样子。然后我们就想探究一下到底是什么原因造成的。

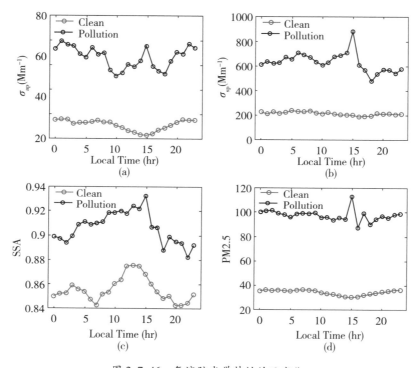

图 2.7.46　气溶胶光学特性的日变化

首先看一下不同的气象条件，也就是洁净时期和污染时期，气象条件有什么不一样。我们看风速的影响。图 2.7.47 上面的 3 个图是洁净时期的一个风玫瑰图，然后风玫瑰图中的圈圈表示的风速就是 2m/s、4m/s、6m/s、8m/s、10m/s，颜色表示参数的数值。洁净时期，风速一般都是 2m/s，大于 2m/s 的，有时候是 3m/s，有时候甚至超过 8m/s 到 10m/s。但是污染时期，风速就完全很小了，差不多都是小于 2m/s 的。而且通过 color bar 看这个数值，同样是吸收系数，污染时期的吸收系数从 20 到 70 变化，但是洁净时期，是从 5 到 30 变化。散射系数也是的，污染时期从 400，100 到 1200，然后洁净时期的时候是从 5 到 40，污染时期和被污染时期的差距就会有这么大。

另外气象条件也很不一样。然后看湿度的影响，我们将污染时期和被污染时期的湿度做了一个统计（图 2.7.48）。蓝色表示洁净时期，红色表示污染时期，可以看到洁净时期的湿度相对较低，污染时期的湿度相对较高，差 50%，大多大于 80% 这样的相对湿度。

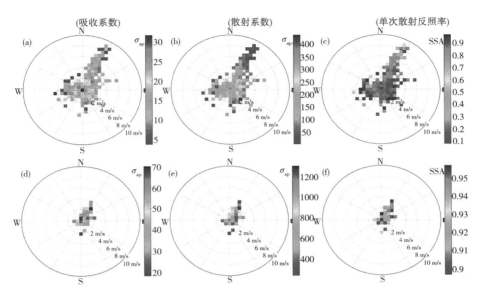

图 2.7.47 气溶胶吸收系数、散射系数和单次散射反照率与风速的关系

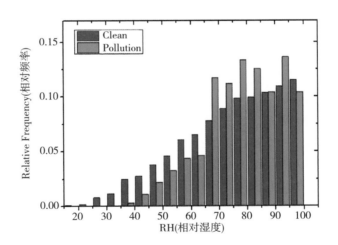

图 2.7.48 湿度对污染物的影响

我们再来总结一下污染和非污染时期的一个气象要素。洁净情况下，往往伴随着风和较低的湿度，大气系统处在一个很好的沟通状况，风在吹，湿度也很低，然后污染物排放就没了。

在污染条件下，风速很低，而且大气湿度很高，整个大气基本上处于一种静止的状态。不管排放什么就停滞在这了，它就不走了。这项工作导致我们又会思考一个问题，大气条件是否受到污染物影响？大气是否因为我们人类活动排放导致了静止状态，出现了污染事件？到底是什么原因导致的污染？是天气条件导致的污染，还是我们导致的污染？

然后我们就开始做第三个工作，研究黑碳气溶胶对大气的影响，黑碳气溶胶是华中区的主要排放物。图 2.7.49 反映了黑碳浓度与相对湿度和 PM2.5 含量之间的关系。低黑碳时期是一个这样的分布，湿度小于 60 的黑碳大概占 50%，或大于 50%。但是高黑碳时期它是这样一个分布，大于 60%，基本上占到 70%。黑碳浓度高的时候，湿度是肯定高的，看污染时期。如果我们只考虑用低黑碳浓度，黑碳浓度低的时候 PM2.5 的污染小，平时不污染的时候，湿度变化差不多，然后我就发现黑碳可能是导致污染的一个重要的因素，因为黑碳在大气中的时候，湿度会明显变化。

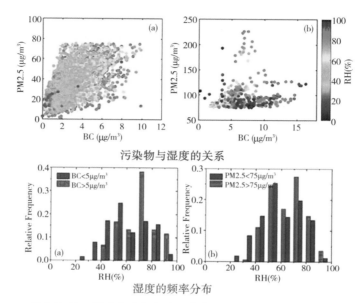

污染物与湿度的关系

湿度的频率分布

图 2.7.49　黑碳浓度与相对湿度和 PM2.5 含量之间的关系

　　然后我们考虑黑碳的影响。首先我们分析大气的层结（图 2.7.50），我们发现高浓度时期，大气的逆温扩线是一个很稳定的逆温，然后低浓度的时候它反而不那么稳定，也就是说我们的黑碳会影响大气层结。有黑碳的时候，大气有一个很强的逆温现象，没有黑碳的时候大气逆温还好。然后我们同时比较了一下边界层的变化趋势，我们发现当重度污染的时候，黑碳的不断增大会导致边界层明显的下降。

　　这样我们就可以得到一个结论，黑碳具有强烈的吸收特性，可以影响大气的辐射及其收支平衡。

　　首先看没有黑碳的情况（图 2.7.51(a)），污染排放时大气通风循环良好，污染物就排放出去了，但是有黑碳产生的时候会怎么样？有黑碳产生的时候有湍流（图 2.7.51(b)），黑碳往上飘，飘到最后就到了大气层顶，这个位置的黑碳会直接吸收到太阳辐射，也就是太阳吸收，这个位置吸收太阳辐射之后，会产生一个很强的加热效应，之后下面的东西接触到太阳辐射就变小了，产生一个降温现象，最终结果就是逆温层变大，大气层结便变强了，变稳定了，就会出现这样一个效应，就是你越排放，越有黑碳，排放得越多，污染物浓度就越高。然后这些黑碳在大气中会吸收大气湍流，然后大气湍流降低，大气边界层也会降低，它又回来影响污染物浓度，所以形成一个循环效应。比如说我们越排放，边界层越低，污染越严重。

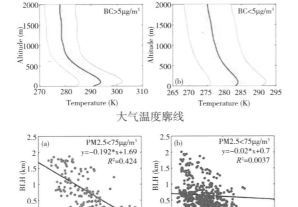

黑碳气溶胶会影响大气的层结：高浓度的黑碳会促进大气层结，形成稳定的大气分层现象。

大气温度廓线

黑碳气溶胶抑制了大气湍流输送，使边界层发展减缓。

黑碳浓度与边界层的关系

图 2.7.50　黑碳气溶胶对大气层结的影响

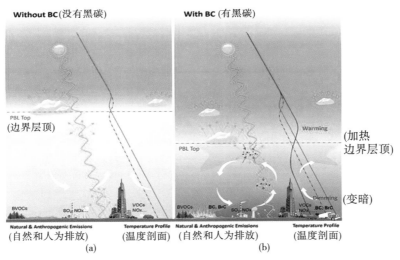

图 2.7.51　黑碳气溶胶对边界层的作用机制

（引自：Ding, A.J., Huang, X., Nie, W., Sun, J.N., Kerminen, V.M., Petäjä, T., Chi, X.G., Enhanced haze pollution by black carbon in megacities in China, 2016.）

　　最后我们看一下武汉地区的一次典型的污染事件，这个是 2015 年 1 月 15 号到 22 号的 MODIS 影像（图 2.7.52）。

　　我们分析了它的污染物的间隙时期的一些变化参数，然后可以看到差不多有 4 个污染物上升时期，以及 4 个污染物下降时期（图 2.7.53）。

　　然后看一下它的大气层结（图 2.7.54），污染物上升是它的层结，有明显的逆温效果。逆温层大概都在 500 米，但是最后两天，也就是 22 号、23 号，就没有逆温层了，或者是逆温层在 1000 米，大气边界层高度提高，所以污染物就扩散了。

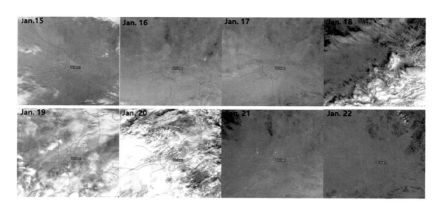

图 2.7.52　MODIS 真彩色影像

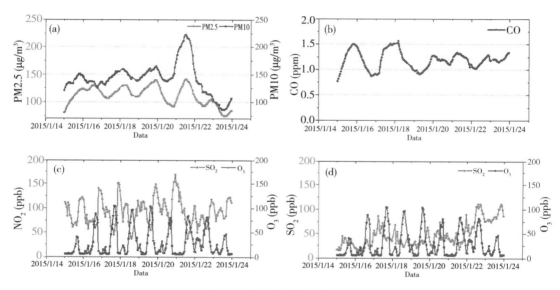

图 2.7.53　污染物浓度变化

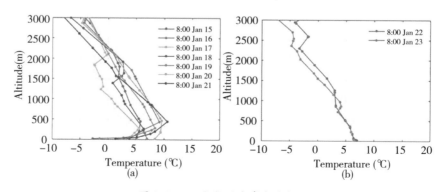

图 2.7.54　大气温度廓线的变化

　　然后我们分析了冬季污染外来污染物的一个影响。这个是 CALIPSO 的廓线图（图 2.7.55），也是一幅黑色的影像。这个曲线就表示气团运动的轨迹。

这些轨迹上有一些沙尘粒子，这个是武汉冬季污染物中的沙尘(图 2.7.56)。

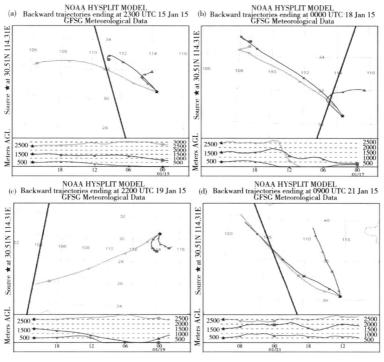

图 2.7.55 气团运动的轨迹

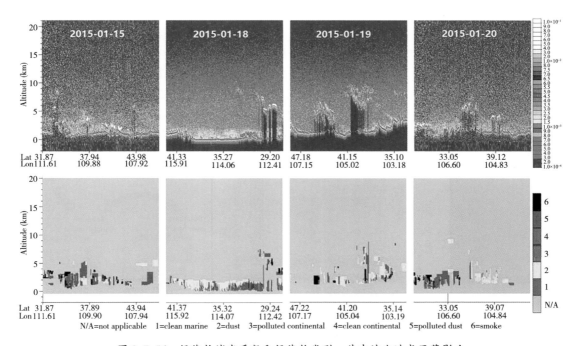

图 2.7.56 污染物消光系数和污染物类型，其中沙尘造成显著影响

最后我们地面观测站点也观测到那个时期的一些污染物的变化(图 2.5.57)。污染物累积让 15，18，21 号激光雷达观测到边界层高度与消光系数的增强，以及细粒子的增强。污染物降低的廓线也变小了，浓度也变小了。

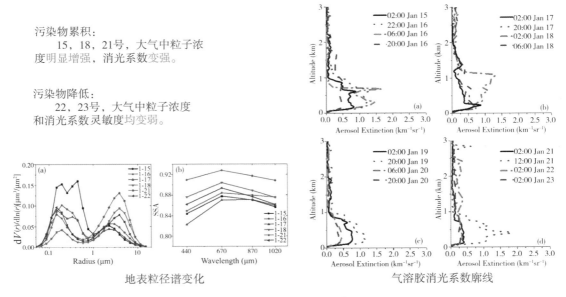

污染物累积：
　　15，18，21号，大气中粒子浓度明显增强，消光系数变强。

污染物降低：
　　22，23号，大气中粒子浓度和消光系数灵敏度均变弱。

地表粒径谱变化　　　　　　　气溶胶消光系数廓线

图 2.7.57　污染物累积和扩散过程

5. 总结与展望

最后给大家总结一下(图 2.7.58)。我的工作主要分为三个部分，第一个部分就是为了做边界层的气溶胶污染的研究，我们研制了一台偏振激光雷达；第二个部分是为了准确获取边界层高度提出一个算法，去满足一些自然复杂条件下边界层高度的求解；第三个部分是利用一些地基和星载观测数据，介绍武汉地区的一些污染物形成情况。

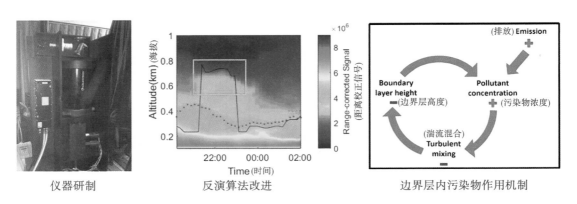

仪器研制　　　　　　反演算法改进　　　　　　边界层内污染物作用机制

图 2.7.58　工作总结

最后就是我之后想做的一些工作：第一个是把我们做的算法发展到卫星上，CALIPSO卫星，做一个卫星数据的产品，这样我就能做大尺度大区域，甚至全球的一个边界层高度的产品；第二个是想把系统做一个升级，因为双波长偏振都已经满足不了我们现在的要求了，我们要做多波长多偏振，以及高光谱。这些系统用来作为我们更多气溶胶信息的反演，包括粒径谱，然后做粒径谱参数，最后我们输入模式中就可以准确地做大型预测、大型模式预测。

6. 科研感悟

最后给大家聊一下我的一些科研感悟。

首先给大家讲一下我的研究方向。大家研究生入学的时候，要选导师、选方向。我的导师龚威老师做了很多方向的研究，他有三个小组，包括大气探测、数据处理、多光谱小组，然后有三个负责人，他们都是学校优秀青年学者。给大家第一个建议，就是选择很重要，读研究生一定要找到适合自己的兴趣点，研究什么东西，你想做什么观测，或者说你想做算法还是做硬件，一定要找对人，那么跟对人之后，你就会一路很顺。我跟对龚老师了之后，我感兴趣的东西我都有数据，我就都可以来做，所以我写文章很顺。第二个建议就是融入小组，马盈盈老师是我们的辅导老师，她主要做气溶胶粒子反演以及高光谱激光雷达研制；融入团队之后跟老师多讨论，确定自己的研究任务，定期做周报，去跟老师做工作总结，就是这样把工作推动了，累积了之后，就可以写文章了。

然后讲一下感悟，第一个感悟就是保持生活规律，我之前也很懒，哪天突然看到毒鸡汤，就想发奋学习，有时候就没有计划，天天在寝室玩游戏睡觉。我有一个师兄真的很厉害，很勤奋，现在在地大当副教授，他会把自己的工作安排到我每天应该干什么，给自己打卡签到。向他学习了这个之后，我开始做这种计划，我每天要干什么，想好自己每天干什么了，之后才会做得更好，完成任务，自然而然地工作经验就来了。

第二个感悟就是保持行动去解决麻烦，我在科研中遇到了一些麻烦，做硬件系统是很磨人的一件事情。本来我们的这些板型，是按照激光器仪的尺寸定制的，但是最后买回来发现还是不能用，要么螺丝太长，要么尺寸不对。这时候就要想办法去解决，因为不解决就修不了，没有数据就发不了文章，最后这种元器件会招回来，还要自己修，这是很磨人的事情，反正去解决就好。

第三个感悟就是坚持，这算是我之前的一次科研事故，真的是把我都快折磨"死"了。差不多晚上 6 点去调仪器，我想得到这个信号，结果调了 3 个小时调不出来信号。然后把仪器拆了装，装了拆，3 个小时还是调不出来信号。我都怀疑是不是出什么问题了。后来我不想做，就说算了我不做了。结果后来我关仪器的时候，发现了一件很奇怪的事情，我发现电源全是关着的，一个仪器的电源都没打开。所以说我花了 3 个小时时间白做，我把所有的系统调了半天，感觉这是一件很锻炼心性的事情。最后我们花了差不多大半年时间，第一次得到了一个伪彩色图。所以我最大的一个感悟就是，科研的幸福感来自哪？就来自于你的系统硬件运行成功，或者说你实验想法得到验证的那一刻，所以我这一刻得到的快感远比文章被接收的快感还要大。在座的各位以后可能成果都很多，文章发表了之后，接收的文章多了，你们麻木了，没有感觉了，回忆的时候唯一带给你的感觉，可能就是这个：你们的想法得到验证了，或是你的仪器正常运行了，这就是今天的报告，谢谢大家！

【互动交流】

主持人：非常感谢刘博铭师兄有趣且前沿的报告。下面是我们的互动环节，有问题的同学可以向刘博士提问。

提问人一：嘉宾您好，您刚刚讲得非常精彩，请问您之前本科的专业是大气科学或者是电子信息工程做硬件之类的吗？

刘博铭：我本科是光电专业，也做过一些硬件设备。

提问人一：刚刚听您讲大气科学很厉害，想问您是怎么从光电转到大气研究的？另外这套仪器大概花了多少钱？它的观测范围有多大，比如它能观测到江夏区吗？

刘博铭：我先看文献，明白自己想要做什么，然后再去解决自己遇到的问题。硕士博士这期间有 5 年时间，这 5 年我们可以做很多事情。我们这套仪器大概花了 20 多万。这套激光雷达仪器只能做站点测量，不能观测到江夏区。我们研究组还有一套仪器是车载激光雷达系统，它就可以做到哪里有污染就去哪里实时测量。

提问人二：嘉宾您好，我想问一下你的研究中气溶胶的吸收散射系数是怎么计算得到的？

刘博铭：这个是通过黑碳仪和浊度计把污染物直接吸入测量得到的，这就是我觉得龚威老师很厉害的地方，我在文献里看到的别人做的所有研究数据，在我们这里都能找到仪器以及多年采集的数据。

提问人三：我对这个方向也不是很懂，但是还挺想做这个方向，以前听过一些报告是关于边界层和城市热岛的，我看你一直做的是大气研究，你有没有想法将你做的研究和地面的热岛效应联系起来，你觉得这个方向怎么样？

刘博铭：确实我也想做这个。我的初步想法是结合 CALIPSO 数据和 MODIS 数据进行分析。CALIPSO 数据可以提供气溶胶垂直分布，得到有效的边界层高度；MODIS 数据可以提供城市热岛相关数据。因此，我觉得应该可以联系起来做一些事情。

（主持人：邓拓；摄影：许慧琳；录音稿整理：关宇廷；校对：董佳丹、陈必武）

2.8　OpenStreetMap 参与体验及利用

（任　畅）

摘要： OpenStreetMap（OSM，开放街道地图）是志愿者地理信息（VGI）的典型成功案例，其提供的大量、详细地图数据不仅丰富了地图制作的数据源，更支持和促进了数据驱动和数据密集型空间分析，其开放的社区形式提供了良好的参与性。本次报告，任畅从近年来参与 OSM 地图编辑与数据贡献的过程出发，介绍了数据共享的过程和参与活动的经历，分享了 OSM 地图数据的获取途径与处理技巧，以及利用这些数据进行的相关研究。

【报告现场】

主持人： 大家晚上好，欢迎来到 GeoScience Café 第 218 期，今天很荣幸地邀请到了任畅博士为大家带来关于 OpenStreetMap 参与体验及利用的报告。任畅博士是国家重点实验室 2016 级硕博连读研究生，师从唐炉亮教授。主要研究方向为轨迹数据分析与处理，以通讯作者身份在 GIS 国际期刊 *International Journal of Geographical Information Science* 以及 *Transactions in GIS* 上各发表论文一篇，曾获 2015 年 CPGIS 会议学生优秀论文第二名。下面我们欢迎任畅师兄为大家带来精彩报告。

图 2.8.1　带有 OSM logo 的咖啡

（图片来源：https：//wiki. openstreetmap. org/wiki/File：Osm-coffee. jpg.）

任畅：大家好，我是任畅，非常荣幸能跟大家分享我的 OpenStreetMap 编辑体验，以及我对数据的利用情况。我觉得图 2.8.1 非常切合今天的活动，这是泰国清迈的 OpenStreetMap 贡献者拍摄的，因为他们经常聚在咖啡馆里绘制开放街道地图，所以咖啡馆也为他们提供了一些很独特的服务，比如这杯有 OSM logo 的咖啡。

1. OSM 数据概况

为什么要用 OpenStreetMap 数据来做研究，为什么要编辑 OpenStreetMap 数据？

首先，现有的网络地图服务，如百度地图 API、高德地图 API 或者谷歌地图等，作为商用服务来讲，功能全面，非常有价值。但研究者需要大量的数据进行分析，因此这些平台并不能满足研究者。比如图 2.8.2 是我在高德等地图 API 上截下来的地图服务，它们能够在手机端和网页端显示地图控件，但我们拿不到数据，这对研究者而言并不是个好消息。因为研究需要数据做分析，而这些地图服务显然不能满足这个需求。

图 2.8.2　商用地图服务

（图片来源：https：//map. baidu. com；www. google. cn/maps；lbsyun. baidu. com.）

我举几个例子，这些问题现有的网络地图平台都无法回答。比如武汉市有几家餐馆？这在空间分析中就是计数问题，但是由于我们没有数据，所以无法回答。另外就是地图上空间要素的表示，现有的网络地图平台比较侧重道路网及其相关部分，对于其他类型的要素表示相对欠缺。比如面状的步行区域，以武汉大学的宋卿体育馆周边及鲲鹏广场为例，图 2.8.3(a)、(b)、(c)分别是高德、百度和 OpenStreetMap 的表达。前两个都是用线划来表示鲲鹏广场附近的道路，这显然不符合实际情况。但 OpenStreetMap 用面状区域来表示广场，又用线状要素绘制出广场的边缘，我觉得较前两个表达更为准确。OpenStreetMap 与我们已有的商业地图服务相比，一方面它的数据更为开放，任何人都能拿到；另一方面它表达要素的程度更为详细，有助于我们了解到更全面的地图信息。

以上就是 OpenStreetMap 的概况，接下来我将介绍细节部分。OpenStreetMap 的数据主要分为两部分。一部分是地图数据，这是它最主要的部分；另一部分是轨迹数据，但所占比例较少。

（a）　　　　　　　　　　（b）　　　　　　　　　　（c）

图 2.8.3　宋卿体育馆分别在高德、百度和 OpenStreetMap 中的表达

（图片来源：（a）https：//www.amap.com　（b）https：//map.baidu.com　（c）https：//www.openstreetmap.org.）

OpenStreetMap 是开放编辑的数据，任何人都可以参与编辑。就像维基百科、百度百科等，网友可以参与贡献。因为它是开放编辑的，所以它也是开放获取的，每个感兴趣的用户都可以下载到 OpenStreetMap 全球数据库中任何一个区域的数据，这是它的一个优点。

OpenStreetMap 的数据组织形式比较特殊。它不像我们熟悉的 shp 文件，包括点图层、线图层、面图层等。OpenStreetMap 的数据主要由点、路径、关系这三种类型来表示它们的几何，标签数据作为它们的属性。

对于研究者来说，OpenStreetMap 数据最重要的意义在于提供了良好的数据源。它的数据量较大，全球的数据库压缩后可能还有几百个 G，所以我们可以拿它做数据密集型的相关分析。

我今天的报告主要分为三个部分：首先，介绍我自己参与 OpenStreetMap——也就是我作为数据贡献者编辑地图的一些经历。然后，简单介绍我用这些数据做过的研究，有正式的学术研究，也有个人感兴趣的不严格的实验。今天的报告主要讲我的个人体验，希望大家能够对 OpenStreetMap 本身感兴趣，而不是过分在意它的学术价值。最后是具体的使用操作层面，向大家分享这些数据的获取方式和使用方法。

2. OSM 数据贡献经历

（1）路网及建筑矢量化

我在本科二年级的时候开始了解 OpenStreetMap 数据库。当时 VGI（志愿地理信息）非常流行，并且我本身学的就是地图制图学专业，平时的很多实习作业都要用到制图软件和数据。但是我们都苦于没有数据，而只能用老师提供的数据，这些数据内容不新颖。我自己对地图内容都不感兴趣，为什么要做地图呢？以上是我开始参与 OpenStreetMap 数据贡献的原因。

我主要编辑数据的地区分别是我的家乡洛阳市和我们的学校武汉大学，因为我比较熟悉这两个地方的情况。图 2.8.4 是我编辑的第一个节点，它是我中学的一个教学楼，图 2.8.5 的两块区域是我编辑比较多的地区——洛阳市区和武汉大学。

图 2.8.4　编辑的第一个节点

（图片来源：http：//hdyc. neis-one. org/？SimpleLuke.）

图 2.8.5　洛阳市区和武汉大学

（图片来源：https：//www. openstreetmap. org.）

我主要介绍以下三种具体工作。

一是为城市的道路添加名称。为什么要添加名称？因为平台上有很多海外贡献者，他们可能可以按照卫星图描绘道路，但是却不知道名称。大家对道路信息的编辑也是异步合作的过程。其他人先绘制几何形状，我再来添加名称、等级的信息。

二是勾绘建筑物的轮廓。我发现武汉大学的建筑在 OpenStreetMap 中并没有全部绘制出来，我们的测绘学科这么发达，在 VGI 这么好的平台上大家应该多多参与。因为工学部和医学部的建筑欠缺得较多，所以我就做了医学部建筑物的勾绘。

三是附属设施的添加。建筑周围可能会有很多设施，所以描绘建筑时顺带做了一些添加。一些停车场、公交站等小的设施表现为点要素。

这就是我最早参与 OpenStreetMap 数据贡献的一部分工作。

大家贡献数据前应该先了解编辑器，接下来我将介绍自己用到的 iD 编辑器。登录 OpenStreetMap 的主页，上面第一个按钮就是编辑，编辑里的第一个选项就是用 iD 编辑器在浏览器内进行编辑。其界面如图 2.8.6 所示，编辑面板中顶部是要素的类型，随后是相关的属性信息。

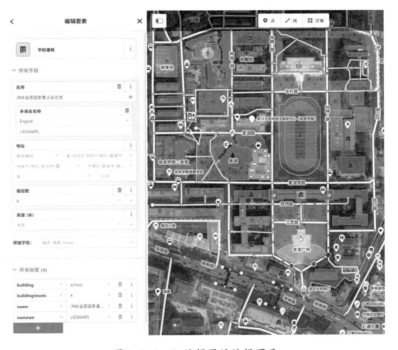

图 2.8.6　iD 编辑器的编辑页面

（图片来源：https：//wiki. openstreetmap. org/wiki/ID.）

我前面提到的数据类型有三种：点、路径和关系。国家重点实验室对应的面要素显然是一个路径，它的属性信息是用标签来显示的，下面的部分是附着在这个建筑物上的 4 个标签。这些标签非常灵活。比如这个楼(红色区域显示)(图 2.8.6)，它的四个标签分别是建筑、建筑的类型(学校)、建筑的层数(四层)、英文名称。因为我们不能要求每一个建筑都附上这四个属性，有的志愿者不知道建筑物的名称或者层数，所以用标签的形式来组织数据就很灵活。以上是以 iD 编辑器为例，有关 OpenStreetMap 最基础的编辑和数据组织方式。

在第一阶段参与的过程中，我主要编辑了以下标签。

首先主要是道路，道路有很多种类型：主要道路、次要道路，还有居民区道路、服务道路、步行道路等。它的类型分得非常详细，这是商用地图服务里相对欠缺的部分，详细的分类能给我们提供很多有用的信息。

其次是建筑物，通过直接标注"是"或"否"定义它是不是建筑物。除此之外，还可以指定它的类型，例如住宅、厂房等。所以它的数据不仅灵活，还很全面。

然后是 landuse 标签，它与影像分类中得到的土地利用内涵不同。它对应的几何要素是矢量区域，可以用名称，如小区的名称或者工厂的名称标记。已有的地图可能都把它作为兴趣点来表示，但是显然它们是一个区域并不是一个点，作为用地类型面要素创建几何对象就可以将它的名称贡献给数据库。

第四种标签是 amenity，指服务设施、便民设施，主要对应一些常见的商业地图中的兴趣点，数据的详细程度非常高。举一个例子（图 2.8.7），这是洛阳市中心的王城广场，路的北侧是草地（浅绿色），广场的南侧是树林（深绿色）。因为贡献者提供的数据很全面，所以它的土地利用类型非常详细。此外 POI 的信息也有一些，比如银行、车站、博物馆等。

图 2.8.7　洛阳王城广场的 OpenStreetMap 截图

（图片来源：http://www.openstreetmap.org.）

OpenStreetMap 数据还有一个比较特殊的地方，就是它能标记到"停车场通道"这么详细的级别。比如图 2.8.7 中几个商场门口的停车场区域被勾绘出来后，再标记停车场上车辆行驶的通道，这些能支持非常精细的导航。这就是我最早在 OpenStreetMap 上编辑的内容以及它和大家熟知的地图之间存在的差异。

　　最后的成果之一是一张打印出来的纸质地图，它是通过下载自己编辑过的洛阳市两个城区的数据编制的。我自己认为这算是一个小的阶段成果，也比较有意义，这张图的制作过程才是真正地在制作自己喜爱的地图。

　　这是我利用 OpenStreetMap 制作的武大区域的一组地图(图 2.8.8)。本科时我还在校广播台工作过，但现在大家已经听不到校园广播了。那么是什么时候出现的问题？就是这组图表现的时间点。我们对广播设备做调研后绘制了这样一组地图，反映校园喇叭分布的位置和它的现状：有的喇叭已经不见了，有的喇叭没有声音。

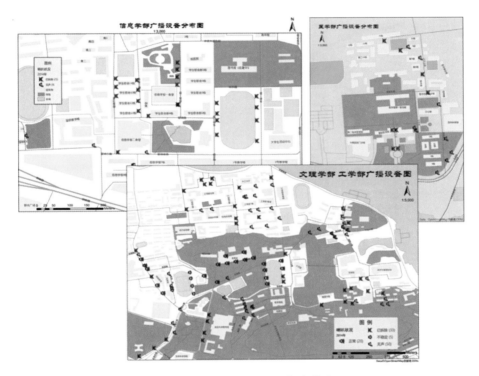

图 2.8.8　部分 OSM 数据成果制图

　　这个例子说明我们贡献数据并不是毫无目的、毫无意义的。我们可以把这些数据利用起来，这才是开放地理数据的意义所在。这里我写了一句"Make maps that matter"，很多地图学专业的同学认为许多课程实习很无聊，那么我们是不是应该携起手来共同思考，做一些真正有意义、有价值的地图？ OpenStreetMap 就是一个很好的数据源，你可以贡献的，也可以利用。这是我自己数据贡献的第一部分。

　　(2)公路、铁路与公交网络关系编辑

　　第二部分是对公路、铁路以及交通网络的贡献。

　　因为节点和路径分别对应了点、线、面三种要素，而"关系"表达的是集合要素的一种数据类型，所以我以铁路网和公路网作为例子，进行了编辑和了解。这是我当时编辑的干线铁路的关系(图 2.8.9)，这里面的线并不是我画的，是由不同地区的编辑者贡献的，我的工作是把不同线路用关系组织起来，利用好这个数据类型，方便大家的查询。有了这样一种关系，就能快速找到很多有实际意义的线要素的集合。

图 2.8.9 干线铁路网的关系编辑

（图片来源：https：//josm. openstreetmap. de.）

我对关系数据的编辑主要是把各段铁路加到关系里去，当然关系里不一定全是铁路，也有铁路周围的车站，都是可以加进去的。比如在京广线的一个关系中有很多线，编辑器能检查线与线之间的方向和拓扑，线与线之间也存在个别车站的点要素。因此关系这个数据类型有助于大家获取数据的子集，使大家能够快速地把有意义的数据筛选出来，作为一个集合。

其次是对低等级公路网的编辑。在编辑过程中，最有意思的是能了解很多自己没有去过的地方的地名，地名研究也是地理研究的一个重要部分。国家公路的命名规则是由起讫点各取一个字组成。比如京珠高速，就是北京到珠海的高速。村庄附近的公路虽然等级非常低，但也是这么命名的，我当时就编辑了我家附近的一些公路（图 2.8.10）。

最后是公交线路，可以视为一个关系。在编辑过程中最大的感受是商业地图数据也不完全可信。我当时对照街景来确定公交站点的位置，毕竟仅凭自己实际出行过程中记忆的位置不可能足够准确。我发现商业地图里一些车站的位置是不准确的，可能差了几十米。大家可能觉得几十米并不是特别重要，但有些时候不是的，如果恰好和重要地标的相对方位发生了错位，几十米的偏差影响也会非常大，因为沿着错误方向走无论如何都无法找到正确位置。比如这个车站的位置按照商业地图（图 2.8.11(a)）在标记①处，下了天桥需要回头往路口方向走，而实际上它的位置却在天桥出口继续前行的方向（图 2.8.11(b)）。

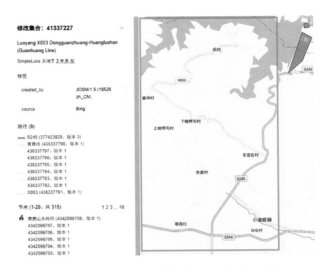

图 2.8.10　洛阳的 003 县道官黄线（东官庄—黄鹿山）

（图片来源：https：//www. openstreetmap. org.）

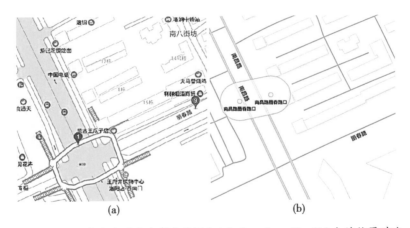

图 2.8.11　一个公交站点在商业地图（a）和 OpenStreetMap（b）上的位置对比

（图片来源：https：//map. baidu. com；https：//www. openstreetmap. org.）

　　在编辑公交网的过程中，我还了解到两个非常好的数据平台。一个是 8684，它是国内公交的信息平台，志愿者编辑较多，信息也特别全，但它的数据不是开放的，大家可以贡献数据却无法获取数据。另一个是实时公交出行软件 Moovit，尽管它由一家以色列公司开发，但也为国内很多城市提供了实时公交的信息服务。

　　以上是我主要编辑的三种关系——公路网、铁路网和公交网。我在编辑关系的过程中，没有采用前面介绍过的 iD 网页编辑器，这是因为一些关系的数据非常复杂，涉及很多条线和转向限制等，需要更高级的编辑器。Java OpenStreetMap（JOSM）编辑器功能更加丰富，可以很好地编辑关系数据。当然它也可以编辑普通的数据，用起来也特别方便，一些常用的编辑操作也很齐全。

关系也可以被加上标签。除了给每条线加上铁路、公路的标签，整个关系也可以被添加若干标签。比如公路网和铁路网可以附上 type＝route，表明这是一个线路网；此外，线路网的类型可以是 route＝train 或 road，可以用这样的标签来标记路网体系。network 标签也很有特色，它定义了一种编码路网的范式，比如中国的铁路网就用 CN-railway 的标签来标识。按照这个范式，我也自定义了国内地区公路网的命名方式，扩展了这个标签体系。比如我用 cn：county：4103 来表示洛阳市县道网络，这里的 4103 是洛阳市的地区代码，也就是大家身份证的前四位。这就是我在 OpenStreetMap 数据贡献的第二个部分——交通网络数据。

在编辑铁路网的过程中，我在网上结识了一些朋友，他们提供了全国铁路网的数据，由我做了一个瓦片地图提供给爱好者使用。另外这是我刚才提到的我家乡某个地区的低等级公路网的一幅图（图 2.8.12）。因为我本人是制图专业的，对制图特别有执念，所以我每做好一份数据便自己绘制相应地区的一幅地图，十分有趣。

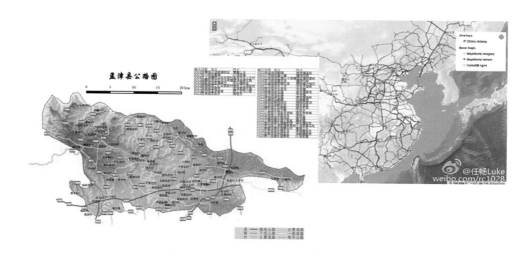

图 2.8.12　部分 OSM 数据成果制图

（3）公园设施细节线下绘图活动

第三部分讲讲我参与过的一次 OpenStreetMap 线下活动。大家可能觉得这个平台应该是在线共享数据，怎么还会有线下的活动呢？2015 年，我通过在微博上搜索 OpenStreetMap 相关话题讨论，找到了一个叫 Maptime 的组织，这是一个全球性的、很松散的组织，任何感兴趣的人都可以发起和成立本地组织，大家也完全可以成立一个"Maptime 武汉"组织。组织总部可以给地区组织提供少量的经费用于举办制图活动。

我当时找到了北京 10 月的一次活动，刚好我在北京出差，就顺带参加了他们的线下制图活动，这个经历非常独特。活动地点是在北京奥林匹克森林公园。当时到了现场后，活动的组织者联系到我们，给我们每人发了一张纸质的 Field Paper（图 2.8.13），这是由网站生成的地图，需要到实地去查看这个地方哪些要素还没有被表现在地图中。现场还发放了笔，供人在现场根据实际情况补充一些细节要素。

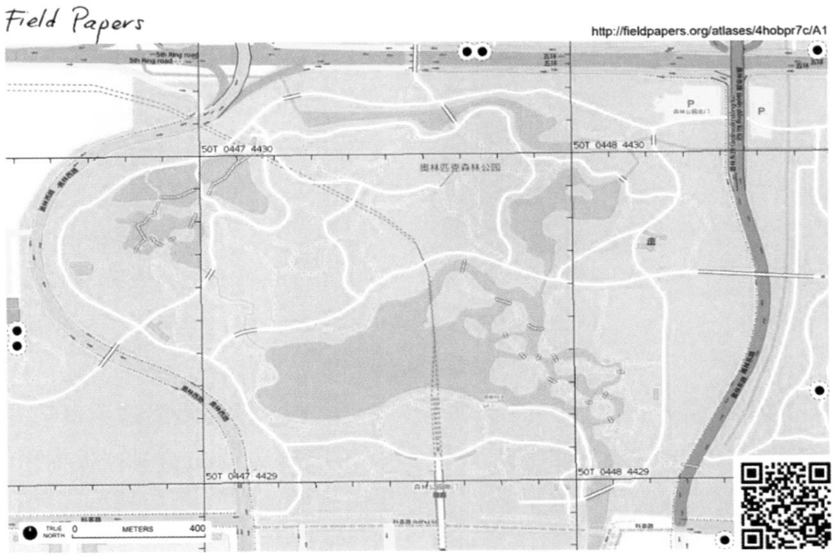

图 2.8.13 Field Papers 提供的具有自动配准和瓦片发布功能的纸图

（图片来源：http：//fieldpapers.org/atlases/4hopr7c/A/.）

它怎么跟 OpenStreetMap 联系起来呢？大家可以看到图上有一个二维码，还有几个用于定位的黑点，我们只要把带有现场笔记的图再传回到网站上去，它就会利用我们扫描或拍照上传的这张实地踏勘情况图自动生成一个相应的瓦片地图服务，作为你在 OpenStreetMap 上进行编辑的一个自定义地图，方便你为 OpenStreetMap 补充数据，而不是像往常那样用一个卫星影像作为底图。

因为实地踏勘的范围不如卫星影像广，所以此类活动贡献的数据大多是一些点，比如我标记了一些长凳、垃圾箱、亭子、公用电话等非常小的点。尽管现场目测标记的位置不如卫星影像准确，但是从影像中也无法标记这些细节要素，而公园里的长凳、卫生间、垃圾箱等设施对我们的生活是有帮助的，所以 OSM 平台提供了细节标记的机会和有趣的线下活动。

图 2.8.14 是我为 OpenStreetMap 作的一点小贡献，而我现在做的轨迹分析的缘起就是在这里。当时我看到 OpenStreetMap 网页的右上角有一个轨迹按钮，便对自己采集轨迹产生了浓厚兴趣。我当时用的手机是 windows phone，运行微软的操作系统，上面没有轨迹采集的软件，而当时我刚好在学 C#，就用 Windows Presentation Foundation（WPF）写了一个 windows phone 平台上的轨迹采集小软件。现在当然已经没有用了，因为 windows phone 已经基本退出市场。

我在写软件的过程中也交到了一些朋友。因为作为开发者要为用户服务，我在里面留了自己的联系方式。有一个法国的朋友，他想加入到这个项目的开发中，所以我就把我这

图 2.8.14　轨迹采集小软件

个项目的代码共享到 GitHub 上，并简单地写了一个文档。但是最终这个事情并没有实现，因为移动端的开发对环境的要求非常高，当时我用的 Visual Studio(VS)版本和他的不太一样，所以事情最终就被搁置了。这个软件当时在微软的商店里是免费的，2016 年时有一两千的下载量。由于调用的 Bing 地图控件版本在当时已经宣布停止服务，所以我就把它下架了。

3. OSM 数据研究应用

这一个部分，我想谈谈利用这些数据进行研究的经历。因为咱们 Café 的口号是"谈笑间成就梦想"，所以我今天以"谈笑"为主，学术为辅。

（1）全球城市路网空间分析

我们通过空间分析研究城市的道路网，有这样一个问题：道路网之间，例如武汉的道路网和北京、上海的道路网，有什么区别？有哪些相似之处？这是一个容易想到，但不容易回答的问题。

2014 年我读本科的时候，从 OpenStreetMap 上获取到了 100 个城市的道路网数据，有纽约、伦敦、柏林、上海、曼谷、大阪等大城市，也有非洲的一些小城市。我想根据数据分析路网的形态和结构。当时有两个分析思路，一个是进行拓扑分析，分析道路之间的拓扑关系，拓扑关系是结构的表现；另一个就是元胞，元胞是路网围成的街区，一类面要素，它的形状、大小、分布等能体现出路网形态的变化。这些研究工作的第一步是数据的预处理，步骤主要分为去重化简、连通性、自相交三部分。因为要做道路与道路之间关系的分析，不需要复杂交叉点；生成街区时，立交桥上那些扩展出来的面要素并不是街区，所以要去除掉这些复杂的部分。还有双线表示的路，两条线之间也不是一个街区，所以在分析的时候，应该把它们当作道路。

拓扑分析的第一步是生成 stroke，解决多长道路定义为一条的问题，线划到底是逢路口打断，还是按照同样的名称打断？比如珞喻路和武珞路算作两条不同的道路，其实是不太合理的。我们利用 stroke(即道路链)的概念，把能够一笔画出的道路段串联而成的道路作为基本单元进行分析，分析它们之间的相交关系，也就是路网结构。图 2.8.15 是一个图结构的可视化，这里的图是指节点和边构成的图（graph）。我们分析这个图，对它做复杂网络的一些指标计算，就等于对道路网做了一个结构的拓扑分析。除了拓扑分析，刚才提到了元胞的景观分析，即分析街区的大小、形状和分布。这是数据生成为街区的面要素的结果（图 2.8.16）。对这些面要素，我们可以计算一系列的景观指数。景观指数是景观生态学的一个概念，它通常对土地利用分类中的斑块等计算形态和结构指标，当然它也可以拓展到矢量数据。对这些指标作简单的降维、相关分析、聚类，就可以发现道路网之间的差异性。

　　下面详细介绍拓扑分析。首先是图结构的建立。把道路的每一小段连接起来，如果逢路口打断，交叉点作为图结构的节点，路段就表示图结构的边，这称为原图，是一种很自然的表达。之前提到，stroke 是把比较顺的道路连接起来，例如图中每种颜色对应一条stroke，那么分析 stroke 之间的相交关系就是在分析道路之间的连接关系和路网的结构，这里把 stroke 当成一个单元，例如图 2.8.17 右下子图中蓝色节点 b 对应右上子图中蓝色的线。如果它们相交，那么它们就直接有一条边来连接。做这样的变换构成的图称为对偶图。我们可以根据复杂网络中的很多概念，利用已有的方式对它进行分析。

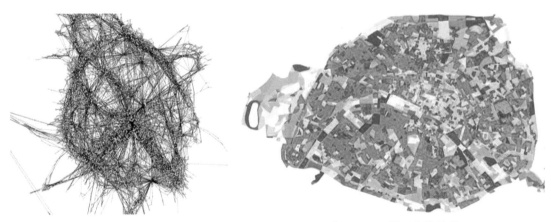

图 2.8.15　stroke 对偶图结构可视化　　　　图 2.8.16　景观分析结果

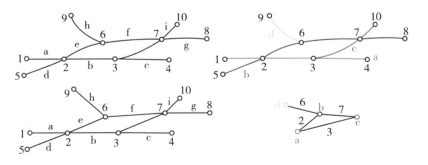

图 2.8.17　原图（primal）、对偶（dual）图

　　复杂网络中通常关心的拓扑有四种(图 2.8.18)。第一种是无标度网络，它的识别需要统计道路网中节点的度。度是指一个节点连接边的数量，如果度的分布满足幂函数的关系，那么这个网络就是无标度网络。第二种是小世界网络，大家可能有所耳闻，经典的"六度人脉"，也就是世界上任何两个人之间通过六个人就能相互认识，就是在讲小世界网络。那么在道路网中，道路和道路之间是不是也存在这样一个小世界的关系？这个关系主要通过团簇系数和平均最短路径长度这两个指标来分析。把路网的对偶图与同等规模的随机图做对比，就可以知道这个路网是不是小世界网络。第三种是同配性。识别无标度网络分析了网络节点的度的分布情况，那么节点与节点之间，是高度的节点和高度的节点连接，还是比较重要的道路网和细小的道路网相互连接，这样的趋势就是同配性分析的对象。第四种是层次组织，很容易能想象到在网络中可能存在一些层级的关系，如果度和具有该度数的节点的团簇系数符合幂函数的关系，那这就是一个层次结构的网络。这种层次关系通过一个幂函数的指数 β 刻画。

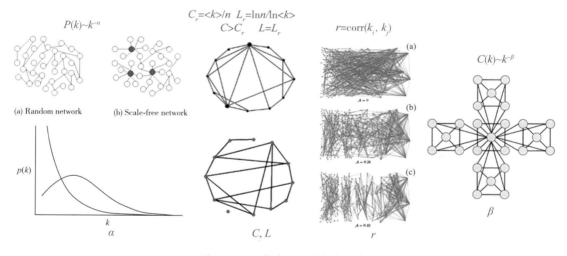

图 2.8.18　复杂网络的拓扑分析

(图片来源：https：//en.wikipedia.org/wiki.)

　　对于所研究的 100 个道路网，符合无标度特性的占 3/4，它们的度分布就是幂律分布，也就是二八定律；对于同配性，计算的结果发现大部分的道路网是异配的，即主干道路上连接了大量分支道路，而非常重要的主干道路之间的交叉是非常少的；小世界和层次性这两个特性在所研究的道路网中普遍存在。

　　下面详细介绍元胞的景观分析(图 2.8.19)。这个研究中除了用到 OSM 数据的几何信息，还用到了属性信息。在传统的景观分析中，每一个斑块可能代表的是湿地、林地、草地等土地类型，但是在城市道路网中，一个街区的类型如何定义？在没有土地利用数据情况下，可以通过道路网的类型来对围成街区的类型进行定义。根据围成一个街区的道路是否包含某种类型(包含记为 1，不包含记为 0)，假如一共有 6 种类型的道路的话，那么一共就有

2^6，就是有 64 种街区的类型。根据该类型定义，可以分析不同类型的面之间的密度、形状、纹理、多样性等方面的多个景观生态学指标，从而解释各个道路网在形态上的差别。

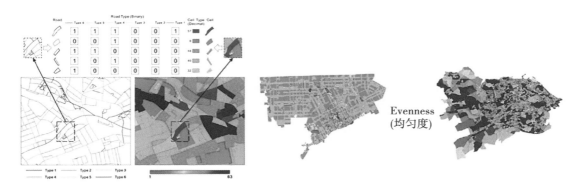

图 2.8.19　城市路网元胞景观分析

（图片来源：https://www.tandfonline.com/doi/full/10.1080/13658816.2018.1545234.）

通过对景观指数主要因子的提取，我们就能够比较道路网的差异性。比如提取到的最主要的景观指数因子（类似于主成分）称为 evenness（均衡性）。图 2.8.19 左边是底特律的路网，它是一个很规则的网格结构，这里街区的类型集中在少数几种之内；而图 2.8.19 右边爱丁堡的道路网中各种类型的街区数量均匀，而且空间分布混杂。

通过元胞景观分析和主要因子提取，可以发现区分道路网的主要的指标如下：第一个因素是均衡性，它描述元胞的类型分布和空间分布是否均匀，同一元胞是否集中在同一区域，或者说路网中的元胞是否都集中于某一类，其他类型特别少，这是最主要的一个因素。第二个因素是丰富度和密度，丰富度是指一个路网中元胞的种类的总数，有的路网可能有全部的 64 种，有的路网可能就只有一二十种；密度反映元胞的周长和大小的关系，也就是路网的密度是高还是低。第三个因素是形状的不规则度，它反映了街区的形状更接近方正还是弯曲。第四个因素是尺寸和形状的差异，尺寸的差异是指元胞大小所体现出的城区与郊区之间的对比，因为城区的道路网密集，郊区的道路网稀疏，元胞的尺寸大小根据道路网密集程度而变化；形状的差异主要受到地形的影响，比如海边、河边或者山区的元胞形状相对复杂，而在平原上的道路网通常是规则的形状。

（2）数据贡献因素分析

我在一次课程作业中利用 OpenStreetMap 数据研究了国内 VGI 贡献量的影响因素。因为在这门课程上学习了地理加权回归模型，这项作业可以根据自己的兴趣来选题，我当时比较好奇为什么有的地区 OSM 数据量较多，有的地区就特别少，这是受哪些因素影响？经济和教育对 OSM 数据量有影响吗？我便做了这个简单的地理加权回归分析。由于当时时间紧迫，我仅仅采用了两个易于获取的自变量：GDP 和高校。分析的空间单元是县级行政区，这是能获取到全国统计数据的最小单元。相关研究结果表明，经济和教育与 OSM 数据量的关联性较强。在中南地区，GDP 对数据量的影响力较强，这可能是因为这些地区的人比较关心 OSM，会去参与编辑。而在东北、华北和华东，高校数量对数据量的影响较大，说明这些地区高校的学生可能是数据的主要贡献者，在国内占有相当大的比例，因为相关专业的学生很可能去做一些贡献，它的数据量就会比较大。采用地理加权回归模型的优势在结果中得到了验证：一是提高了普通的最小二乘线性回归的 R^2，二是残差的空间分布中的聚集(自相关)现象减弱，可以看到高值和低值的分布较为均匀。这项分析只是课程作业水平的地理加权回归模型的一个简单应用。

对 OSM 的关注也使我能够更有选择地参与相关的学术交流活动。2017 年 11 月在长沙参加 GIS 学术年会的时候，我在海报展区见到了一些从事 VGI 研究的武大同学，跟他们做了一些比较深入的交流。他们也很惊讶，在国内能见到一个真实存在的 OSM 贡献者。我们聊到建立一个国内的 OSM 组织或者网站的可能性，因为 OSM 开放编辑导致的国家政区边界非常糟糕，这给 OSM 相关地图在国内使用带来了诸多障碍。如果我们能自己建立起这样一个站点，采用合格的政区境界，同时把 OSM 上其他的丰富数据提供给大家使用，这对 OSM 在国内的推广将有较大帮助。遗憾的是这个事情后来并未继续落实。

国家重点实验室 2018 年 11 月有一个学术报告，内容是海德堡大学的 Zipf 教授介绍他们小组利用 OSM 数据开展研究的情况。他们组利用 OSM 数据研究行人路径选择的影响因素，针对环境因素(植被、水体、空气、噪音)、土地利用(POI、服务类型)、安全性(低交通流量、宽人行道、斑马线)、审美(设计、密度、多样性)和社交(开放空间、广场、公园)等方面进行了提取和分析，是一项很好的研究。所以说 OSM 既可以作为业余爱好，其实也能指导我们参与这种学术交流活动，在选择这些报告或者会议的时候就会有自己的一个兴趣点。因此也不必非要拿这些数据做论文，将其作为一个业余爱好来培养也挺好的。

4. OSM 数据使用建议

这一部分就是一些具体的使用建议。我之前在知乎上看到大家比较关心如何获取 OpenStreetMap 数据，相关的问答和专栏文章的反响也比较热烈。所以我猜大家可能不太了解 OSM 数据的获取，因此在这里分享给大家，希望能够有所帮助。

(1)数据下载、资料来源及相关工具

去哪里下载地图数据？我个人其实不推荐到官方网站下载，因为官方网站只提供用于编辑的小部分数据或者全球的所有数据。而我们平时下载数据的目的不是为了编辑；一般情况下又不需要全球范围那么多的数据。因此这里给大家介绍几个其他可以下载合适大小数据的网站。

第一个叫 Geofabrik(http：//download. geofabrik. de/，图 2.8.20(a))，数据来源于德国的一家公司，它主要经营与 OSM 相关的数据编辑和处理的业务。在它的网站上可以下载大至各个大洲、小至每个国家的地图数据。也就是说，网站帮用户切出一小部分区域的数据来，省去了用户自己配置专门环境和工具来切分大量数据的麻烦。比如我前面做地理加权回归的数据就采用了这个网站提供的中国区域的数据。它提供的格式比较全面，一共三种：有我们常见的 shp 格式，也有 osm. pbf 和 bz2 两种压缩后的 OSM 格式。

第二个叫 Overpass，有两个站点，分别是 Application Programming Interface（API）地址（列表在 https：//wiki. openstreetmap. org/wiki/Overpass_API#Public_Overpass_API_instances）和类似于调用生成向导类的网站（http：//overpass-turbo. eu/），后者帮助我们更加简单地利用 API 下载自己想要的数据。Overpass 是一个遍布欧洲的 OSM 公益组织，能够在不影响 OSM 主数据库的情况下提供其定期拷贝，供用户查询自己想要的数据。该组织定义了一套查询语言 Overpass QL，后面会举一个例子给大家看。Geofabrik 网站上提供的都是经过剪裁的国家或大洲的数据，如果只需要城市或者特定类型的数据（如水体），可以用 Overpass QL 查询语言来灵活选择需要的部分。这是 Overpass turbo 的界面（图2. 8. 20（b）），左边是一个文本编辑器，大家可以输入它的查询语言，右边就是它对应的区域和数据的显示，点击"导出"会弹出中间这样的一个对话框。

（a）　　　　　　　　　　　　　　　　（b）

图 2. 8. 20　OSM 数据下载网站的界面 Geofabrik（a）、Overpass turbo（b）

（图片来源：（a）http：//download. geofabrik. de/asia. html；（b）http：//overpass-turbo. eu/.）

第三个叫 Metro Extracts（https：//www. nextzen. org/metro-extracts/index. html），大城市摘录，它是由美国的 Mapzen 公司提供的，但这个公司很不幸在 2018 年 1 月已经停止营业了，所以现在托管在一个叫 nextzen 的网站上。它主要提供城市大小区域的下载。格式特别齐全，有 shp、geojson 等通用格式，无须专门下载和解析 OSM 格式的数据。因为 OSM 相关格式的数据还需要处理才能与常用 GIS 软件衔接，因此直接选用 shp 和 geojson 更为方便。不过既然这个公司停业了，这个网站还能坚持多久，或者它上面的数据是否能及时更新，这些都没有保证。图 2. 8. 21（a）是目前网站的截图，因为公司已经倒闭，靠公益支持来维护，所以只有基本的文本和链接。

第四个是 OSM 官网的导出功能（https：//www. openstreetmap. org/export）。刚才讲编辑器的时候提到的第一个按钮是编辑，它旁边的第三个按钮就是导出，可以导出我们正在查看的这部分区域的数据（图 2. 8. 21（b））。但不推荐给大家用，因为首先它下载下来也是 OSM 格式，此外也不能下载较大的区域，这些特点是由于这个接口主要用于编辑数据。如果你要编辑数据，首先要把这小部分数据下载下来，API 主要是提供这个用途的。如果做分析或其他处理的话，不是迫不得已还是不要用，前面三个就已经很好了。

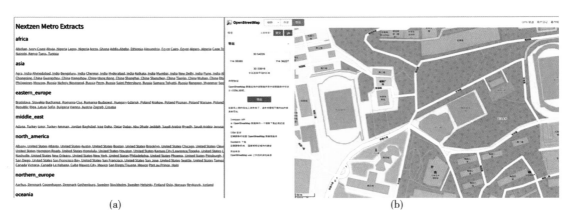

(a)　　　　　　　　　　　　　　　　　(b)

图 2.8.21　OSM 数据下载网站的界面 metro extracts（a）、OSM 官网导出工具（b）

（图片来源：（a）https：//www. nextzen. org/metro-extracts/index. html；（b）https：//www. openstreetmap. org/export.）

　　分享几个提供文档和帮助的网站，都是官方的分站。第一个网站是 wiki. openstreetmap. org，也就是官方的维基，我主要依靠这个网站学习和了解 OpenStreetMap，上面有很详细的文档，介绍的问题诸如每个标签代表什么含义、各类要素应该使用什么标签，都可以在这个网站上学到。如果有对开发感兴趣的同学也可以看一看，上面有很多 OSM 网站的后台实现和架构，还有一些 API 的文档、数据库的模式等。这个网站上还有一些专题类的项目，比如中国铁路专题、中国河流专题等。专题包括了各种类型的路网水系，也有按地区划分的专题。还有一些专题是关于救灾的，比如在海地地震前，这个区域的 OSM 数据几乎是空的，地震之后各国网友纷纷上去共享数据，把海地画得非常详细，数据变得非常丰富。这类活动也依靠 wiki 平台上的专题页面进行组织和协调。

　　第二个网站是 help. openstreetmap. org。这个网站我自己没有用过，是问答的形式，我觉得如果大家对 OSM 比较陌生，又想快速得到答案的话，可以到这个网站试一试，上面的帖子更新比较频繁，大多是一两天内更新的。

　　第三个网站是 lists. openstreetmap. org。这是一个叫邮件列表的系统，它好像在国内用得不多，界面非常不友好，全是文本和链接，依靠发邮件的方式提供了类似于论坛发帖的交流形式，国内用户的活跃度也非常差。我参与的这几年里，每年可能也就几篇帖子。比如国道的等级标签用法，起因是西藏地区的国道路况很差，但等级又是国道，我们就讨论如何给这些要素添加标签的问题。但是在国外区域，我认为这种方式的活跃度还是可以的，包括一些开发者也在这个邮件列表里。这个系统分为很多个列表，我刚才提到的是国内讨论的列表（talk-cn），还有开发列表（dev）等。它的传播效果非常好，大家如果想调查用户的话，这是一个好方式。因为只要一个用户订阅了某个列表，在这个列表里有人发帖子，所有订阅者都会收到一封邮件提醒。通信内容都是公开的，不订阅也可以在这些列表里查到，但是界面真的不太友好。这也是我们获得关于 OSM 信息的一些站点。

最后谈谈处理 OSM 数据会用到的软件工具。第一个工具是 QGIS，为什么推荐它而不推荐 ArcGIS 呢？因为 QGIS 是开源的 GIS 平台，它对于开源的数据平台 OSM 的支持是比较好的，直接拖进 OSM 数据就能方便地用起来。如果用 ArcGIS 的话，自己解析 OSM 的 XML 格式也不是十分便捷。QGIS 里相关功能比较好用，主要是 Vector 菜单的 OSM 菜单下有三个非常实用的功能，帮助用户快速导入数据。一旦导进了 GIS，大家做分析或者转换格式就非常方便。

第二个工具是 JOSM，就是我刚才在讲关系编辑的时候谈到的那个相对复杂的编辑器，它其实也可以用来做数据处理。除了可以下载指定区域的数据，它还可以下载指定 ID 的数据。如果我只关心珞喻路，我就可以查到它的 ID，直接输入到 JOSM 里也是可以指向这条路的。这样就不必总是下载一个矩形区域，带来很多不必要的冗余。JOSM 中怎么转换数据格式？软件本身不提供转换功能，因为它主要是一个编辑器。但是它支持很多插件，有一个 OpenData 插件可以在 JOSM 里实现很多格式的转换，不仅仅是 shp 与 osm 之间，其他包括 gml 在内的不太常用的格式都可以转换。

第三个工具就是我们大家比较熟悉的 ArcGIS 平台上的一个插件，以工具箱的形式提供，但是现在只支持 10.3 以上的 ArcGIS 版本，对还在用 10.1、10.2 版本的用户可能就不太方便。根据自己的使用经历，我感觉这个工具不是特别好用，没有前面两个处理数据方便。当然如果大家很熟悉 ArcGIS 又不想换平台的话，也可以试一试。

下面介绍两个更少用的工具，它们本质上是命令行工具或者是用于开发的库，分别是 Osmosis（Java）和 osmium（C++）。它们能处理特别大规模的数据，全球的存档数据比较适用。一般情况下用不到这些工具，因为有了前面裁剪区域或者筛选数据的那些网站之后，分析研究个别地区的用户就没有必要下载全球的数据。但如果对编辑历史（即哪个用户修改某个节点等问题）感兴趣，这两个工具就值得一看。

（2）常用数据获取流程

这里举例介绍道路网的数据如何获取。前面提到可以直接从 Metro Extracts 上面下载，但也可以先下一个大区域的数据，比如整个中国，然后再截出武汉市。

以 Overpass turbo 平台为例，左边是它可以搜索的地区，如果它能搜索到这个地区的话，便可以直接指定下载这个地区的数据，不需要我们再去用包围盒定义范围。第一步就是在搜索里搜地名，看有没有收录。第二步是构建查询，他们有自己的语言，在 wiki 里有很多示例，可以从示例里面找到类似需求的语句，然后再根据自己的需求进行修改。这个语言学起来比较陌生，但是如果只是一些简单的查询其实不需要深入了解。把查询语句粘到左侧的编辑框里，然后执行查询就可以下载相应的数据。数据的格式有 XML 以及 JSON 可以选择。

再举个例子：行政区划数据的下载。行政区划数据其实也很有意思，我看到在武汉大学附近，甚至有详细到街道办事处等级的区划，非常精细。这个数据怎么下载？可以按照前面 Overpass turbo 的例子，这里为了不重复，就以 JOSM 为例来给大家介绍。

假如要下载武汉市的数据，我们先到 OSM 的主站上搜索武汉市，找到它的 ID。它的数据类型是关系，因为包含了很多线和很多子关系（每个区域就是这个关系的子关系）。查找到 ID 之后，利用刚才提到的 JOSM 的 ID 下载功能，可以直接下载指定对象。下载时要特别注意的是一定要勾上"下载关系成员"复选框，否则这个数据是无法显示的，因为默认只下载了第一层关系数据。也就是说，武汉市的关系只包含了多个子关系，并没有真正的数据点，勾选"下载关系成员"才能把所有的点、线、面全部下载并且显示。这个根据 ID 下载对象的功能在文件菜单下的"下载对象"选项里。下载下来的武汉市行政区划的数据在 JOSM 里显示为线要素，后续可能还要利用其他工具把它转成面要素等分析所需的形式（图 2.8.22）。

图 2.8.22　指定关系 ID 下载区划数据

（图片来源：（a）https：//www.openstreetmap.org；　（b）https：//josm.openstreetmap.de.）

（3）注意事项

最后讲讲利用这个平台时的注意事项。开源平台这么好，我们不能只顾利用，不维护它的正常运转。如果我们要使用它的瓦片地图，网站给出了一些使用建议：不要重度使用。因为这些服务是给大家编辑地图使用的，如果你想要大量使用瓦片完全可以自己去下载数据搭建私有服务，不要直接请求公共资源影响贡献者编辑数据。还有一点是 OSM 数据的授权是开放数据库协议（open database licenses，ODBL），主要约束与 CC-BY-SA 协议类似，要求为作者署名（BY），OSM 数据的作者是 OpenStreetMap 贡献者，以相同方式分享（SA）则是指不能自己下载数据后采用其他不开放的协议阻碍别人的使用。这意味着如果我们拿 OSM 做商用或者做研究，对数据做一些处理，这些处理的结果可能也要提供给别人，保持数据开放。

我今天要分享给大家的内容就是这些，谢谢大家！

【互动交流】

主持人：我们再次感谢任畅博士带来的报告，详细地给我们介绍了他参与编辑 OSM 数据的过程和方法，并基于 OSM 开展的相关研究，给我们提供了很有价值的建议。那么接下来是提问环节。

提问人一：您好，我有一些问题向您请教一下，第一个问题就是现在有很多留学生，他们做研究都是做自己国家的研究，比如叙利亚或者非洲的一些国家，然后要获取相关数据基本上也是通过这个渠道，所以想请教一下，OSM 的数据是否是详细的。如果某些国家某些地区没有上传者，可能就没有数据。这样的话对科研者来说就有一些限制。还有在世界范围内，比如像叙利亚这些战乱国家，他们的情况是怎样的。

任畅：谢谢老师的提问。从全球范围来看，欧洲，尤其是德国和英国，数据质量最高，因为有很多活跃的编辑者。其次应该是美国，因为美国导入了一些政府机构提供的开放数据，所以这是比较有保证的。其他地区的数据质量异质性非常强，地区跟地区间差异非常大，比如我画了我的家乡，它也不是什么大城市，但数据质量不低。OSM 数据确实存在着一个异质性的问题。那么您提到的比较落后地区的数据完整度怎么样，首先我刚才也举了海地的例子，它也是一个落后地区，可能仅仅通过一次人道主义活动，就能把它的数据补上很多，这是一种情况。第二种情况，我前段时间调查了非洲国家首都数据的完整情况，有 50 多个国家，至少每个国家的首都都是有数据的，从完整程度上看，也能得出这个城市的大致轮廓。我认为如果想做一个简单的道路网分析的话，数据还是基本可以保障的。

提问人二：您好，我想问一下，您定义了一个关系的范式，这是一种查询方式，那么我通过范式可不可以搜索，比如铁路周围的一些地物，因为我看它只是一个文本。

任畅：OSM 标签由大家自己定义，都是文本类型。你接触过的一些数据都是标签的形式。我是仿照已有数据标签的定义方式来定义的，它只是给铁路网这样一个关系加了一个属性。关系的标签是为了让数据的使用者快速了解它是哪个地区的什么类型的网络，我只是对这个标签的值做了一个扩展，社区已经有了 cn-railway 表示中国铁路网，我就可以类似地用 cn：county：4201 表示武汉的县道网。这个标签并不能像你想的那样，用于查询到它周围的一些要素，除非编辑者通过编辑将邻近的相关要素加入到关系中，比如武汉县道上的红绿灯完全可以加入这个关系。因为目前对交通网络感兴趣的国内贡献者不是特别多，我自己定义的标签范式还不能用于查询路网周围的要素，这还有待编辑者共同商议、共同编辑才能实现。

提问人二：我看到有几个 OSM 数据下载的地址，但是我现在下载的话，只能下载到最近更新过的数据，我想看一下历年上传的数据，它们的变化情况，这个怎么做呢？

任畅：我最近刚好也关注过这个问题，可以在 Geofabrik 下载。历史数据是比较深层次的问题，可能不是一般用户普遍关心的，因此之前没有多作介绍。首先你要有一个 OSM 的账号，因为欧洲最近在实行一项名为 GDPR（一般数据保护规范）的隐私保护法规，谁编辑的这个地图属于用户个人隐私，目前 Geofabrik 采取的方式是需要用户必须有一个账号，知道你也是参与这个项目的人，才会给你提供历史数据。也就是说 Geofabrik 是提供历史数据的，但是你需要做一个登录。目前在 Geofabrik 下载页面上标志还是挺明显的，它会先列出全球所有历史数据的下载项，但是有一个横杠线把它划掉，提示你暂时没有登录故不能下载。这时可以根据页面的提示登录 OSM 账号，就可以下载到包含历史上每个要素每个版本以及编辑者信息的数据集了。

提问人三：您好，我有两个问题，第一个是我发现其实大家使用 OSM 数据比较多，但是提交数据、上传数据的比较少，有没有什么方法可以促进更多的人去上传数据？第二个问题就是其实大部分上传数据的人也都是初学者，所以用得不是很多，那么这个数据的质量是怎么样的，有没有一些数据验证的方式？

任畅：第一个问题是说如何让更多的人参与到 OSM 数据贡献的过程中来。我觉得在国内，目前最大的问题其实是法律问题。这个报告里也没有提到，但我自己最开始决定要参与这个项目的时候，我了解了相关的测绘法律法规。根据自己对所查测绘法规的理解，我认为志愿地理信息的法律状态确实不太明朗。测绘法所指的测绘是所有对地表地物的形状、属性等的记录、传播、存储等，这些行为全都归为测绘法管辖的范围，但是里面具体的一些法律条文似乎都是针对诸如测绘院等单位或法人的规定，并没有针对个人用户来做一些考量，所以在法律问题不明朗的前提下，我觉得想吸引更多人进来，这是最大的一个障碍。但是如果抛开这个问题不谈，其实我觉得可以向周围的朋友推荐采用 OSM 的一些软件或者地图，比如我自己就在用安卓平台上的一个叫 OSMAnd 的地图软件，它充分利用 OSM 数据，显示各种 POI、各种草地、林地等很多丰富的信息，从而做出很好看、很好用的地图。推荐这些应用给朋友使用，他们才会了解到这些东西。很大的一个问题是很多人并不了解 OSM，这就有赖于广大相关人员进行推广传播。我今天分享了很多我自己编辑的经历，其实也是在做这样的努力，传播这样的思想和平台。

第二个问题是讲数据质量的保证。你刚才提到你自己也参与了一些数据的编辑，不知道你用的是刚才讲到的哪个编辑器。如果你用到了 JOSM 编辑器的话，你会注意到这个编辑器是自带一些数据检查功能的，在上传前它会帮你做一些最基本的检查。检查的背后有很多规则，这些规则可以自定义，也可以使用各地社区在网上共享的规则，比如这个关系是不是错的，或者不该相连、相交的对象存在相交现象，或者是没有连接到边等诸如此类的数据质量问题，JOSM 编辑器都会做检查。这方面功能可能在网页端的 iD 编辑器里相对少一些，所以它的数据质量保证会差一些。

上面是从贡献者的角度来说，那么作为数据使用者如何判断这个数据的质量呢？如果你很关心数据质量的话，可以关注修改集合的标签信息。因为在 OSM 上每提交一组编辑都会形成一个存在数据库里的修改集合（changeset）对象，它也会有很多标签，这些标签就会记录这个用户是用什么编辑器编辑的数据，所以完全可以通过这种方式来做一个筛选。如果你不想用不太有保障的数据，你可以不用 iD 上传的数据。这相当于通过元数据做一些筛选。另外就是我提到的、自己研究中用到的一些后续的处理，比如去重等。如果想达到很高的水平，还是要用一些传统的质检方式来进行人工处理。

提问人四：谢谢老师，我想结合自己的研究方向与今天所讲内容提一下自己的一些思路，然后想请您帮忙斧正一下。我是研究区块链的，我的想法是去探索数据共享方面的区块链应用价值。如果说你来做这个数据共享，我贡献出来了，然后它会给你一些反馈，这就是关联的一个激励机制，会不断地让大家把自己手中的一些数据贡献出来，或者说自己来激励大家去贡献数据。我今天想的是用区块链技术去搭建这样的一个数据共享平台。所以想问一下您，您在数据共享方面的一些理解，就是说在共享平台中，是否会存在一些篡改的风险。还有就是，它在大的数据共享平台中是否有溯源的需求？溯源可能包含了一些数据质量评价方面。第三个是如果我想要用区块链来做这个数据共享平台，不看区块链技术，如果单看数据共享业务，或者说这个流程的话，应该有哪些关键点需要我们去探索，或者说有哪些关键的技术需要我们去研究。

任畅：第一个问题是关于破坏现象的。维基百科上面也有这样一些破坏行为，有些人是有意的，有些人是无意的。在 OSM 上我也观察到一些，由于 Web 端的 iD 编辑器确实不太好用，有人会不小心拖动数据点，比如我有次看到珞珈山的环山路突然凹进去特别大一块，我就自己立即把它改了过来。所以说破坏的现象它是真实存在并且是广泛存在的，连中国用户这么少的地方都会有这些破坏现象，但是有意无意的这就不太好判断，反正现象是有的。

第二个问题有关溯源。我认为质量评价是需要溯源的。首先你可以先了解一下相关的数据质量的一些评价模型。有一些模型就是根据用户（贡献者）的经验是否丰富来判断他的数据是否可信。既然有这样一些模型，我觉得就从侧面印证了我们有必要溯源，这个数据是谁编辑的，用户除了编辑这个数据，还编辑了哪些其他数据，他编辑的好不好，与跟别人的一致性如何等，所以我认为既然已经有了学术模型，通过贡献者的经验这个角度来评价数据质量，那么做你这个项目的应用，我觉得也是有必要溯源的。溯源的方式我之前也提到了，历史数据是可以拿到的，每个点由谁编辑，这都是有据可查的，而且这个点的位置每个版本分别在哪里都是在数据库里已经保存了的。

第三个问题提到用区块链来激励大家贡献数据，有哪些非区块链的问题需要考虑。我觉得您可能需要了解一下如何评价一个 OSM 贡献者的工作量。因为你要给激励肯定要按劳分配，你做得多肯定要多给激励。比如一个修改集合，是只在北京奥林匹克森林公园里随便画几个板凳、垃圾箱这种不太重要的点，还是改正珞珈山环山路的一个错误，这两次编辑哪个贡献更大？也就是说，有必要考虑如何评价一次编辑的贡献量。我也可以给你推荐一个网站，叫 how do you contribute。作者 Neis 是一位相关的学者，也是一位地图编辑的参与者。他做的这个网站对每个用户的编辑历史进行了分析和统计，今天很遗憾没有放这个网站的截图。我在这个网站上被评价为 casual mapper 等级，大概是说我是一个还能随意画上两笔的用户，水平还算可以。其他的等级还有新手(newbies)等。已经有这么一个平台在做工作量的评价，可以推荐给你参考一下。

（主持人：李俊杰；摄影：李涛；摄像：张彩丽；录音稿整理：么爽；校对：么爽、修田雨、陈佑淋）

3　他山之石：
GeoScience Café 人文报告

编者按： 北大校长郝平曾说："科学技术要与人文精神相融合，独特的人文精神，是人类区别于人工智能的宝贵价值。"过去的一年里，GeoScience Café 邀请到了创作 *Science* 武大校庆特刊封面图的三位师生讲述"AI 艺术珈"背后的故事，新闻传播学院李小曼老师从传播学的角度解释信息革命，心理健康教育中心的聂晗颖老师揭秘亲密关系中的心理真相，就业指导与服务中心的朱炜老师分析当前的就业形势。三场交流会，涉及科研、竞赛、留学、求职等诸多方面。"他山之石，可以攻玉"，让我们从这些报告中吸取人文养分，更好地看待和理解这个五彩斑斓的世界吧！

3.1 融人文情怀于科技工作

（李霄鹍 彭 敏 姚佳鑫 赵望宇）

摘要：近日，一幅名为"AI 艺术珈"的武大深秋图荣登 *Science* 武大校庆特刊封面，这幅图片用色大胆、笔触浓烈，令人惊讶，而合作完成这幅作品的实际上是三位来自不同学科背景的老师和学生。他们用艺术点亮 AI，使人文与科技融合迸发出新的生命力。在 GeoScience Café 第 216 期学术交流活动中，彭敏老师、姚佳鑫、赵望宇三位创作者讲述了这幅作品在创作过程中不同寻常的经历，以及结合他们学科背景所带来的思考。同时，本期报告特邀武汉大学党委宣传部副部长李霄鹍老师一起讲述了"AI 艺术珈"背后的故事。

【报告现场】

主持人：各位同学、各位老师，大家晚上好！我是本次活动的主持人龚婧，欢迎大家参加 GeoScience Café 第 216 期的活动。本期我们非常荣幸地邀请到了武汉大学计算机学院彭敏教授、经济管理学院的硕士研究生姚佳鑫，以及测绘遥感信息工程国家重点实验室的研究生赵望宇，我们还非常荣幸地邀请到了校党委宣传部副部长李霄鹍老师来到我们的活动现场。今晚我们的三位嘉宾分别来自三个不同的学科背景，那么是什么样的机缘让三位今天在 Café 这里相聚了？这源自一幅名为"AI 艺术珈"的图画，这幅画入选了 *Science* 武大校庆特刊的封面。这幅画使用的照片由彭敏老师拍摄，设计者为姚佳鑫和赵望宇，而在背后策划、组织并让它登上特刊的就是来自校党委宣传部的李霄鹍老师。关于这幅画的创作灵感以及一些细节，嘉宾在稍后的报告中会做更详细的介绍。除此之外，今天三位嘉宾还会分享他们是如何在工作与学习生活中将人文融于科技工作之中。在开始今天的主题分享之前，让我们先有请李霄鹍老师，听李老师讲一讲"AI 艺术珈"这幅图背后的故事，大家掌声有请。

李霄鹍：尊敬的杨书记，各位老师，各位同学，大家晚上好！非常荣幸来到重点实验室参加今天晚上这一期的"咖啡分享"。第一，对于重点实验室，我因宣传工作多次来到这里学习、采访和参加会议，今天第一次以分享嘉宾的身份站在这里和大家分享我们的工作。第二，这一次我们在校庆的时候推出了一期 *Science* 的特刊，用上了我们多名老师、同学合作的成果，这个让我们非常高兴。所以借此机会与大家分享一下。

1. 宣传武汉大学科学与人文结合的情怀

我们今天到这里不是向大家吹嘘，而是切切实实地把我们学校实实在在的工作和你们的科研，通过分享让大家找到一个契合的角度，聊一聊什么样的科研成果可以和学校的宣传工作结合。可能大家觉得宣传工作与你们离得很远，实际上不是这样的。我们目前需要"GeoScience Café"这种形式，我们也觉得这是非常好的一个素材。我们现在的宣传工作已经非常紧密地、悄无声息地在大家身边发生。其实这个封面的设计前后经历了三年，我今天就通过几张照片让大家感受一下这一期刊物的封面到底是如何产生的。

第一组照片（图 3.1.1）大家可以看得很清楚。这是 2016 年学校 123 周年的时候，我们在 QS 一个特刊上做的一期广告，左手边那一张，当时是由我们宣传部来设计的。这一期广告就非常的直接。当时我们的思路和今天我们做 *Science* 特刊封面的思路仍然是一样的，就是科学与人文的结合，这是武汉大学的一个根本特征。因为这些年当我们学校的出国访问团出国访问，特别是跟着窦校长访问法国巴黎七大，还有 2015 年我们到斯坦福经济大学访问的时候，我们发现，你只有走出去了，你才知道你自身具备的那种特别的文化特色，这种文化特色才是我们所说的真正的国际元素。

图 3.1.1　李霄鹍老师展示的第一组照片

（图片来源：2016 年 QS 特刊）

有时候盲目地去追求与国际接轨的过程中，你会发现，当你走上国际的时候，你和别人是一样的。所以从这一点来讲，"越是民族的，它越是国际的。"这些话大家一定要有深刻的体会。当时我们觉得在宣传武汉大学的时候，一定要站稳一个最基本的点，那就是科学和人文。所以，当时我们选择的是武汉大学最有代表性的科学家和哲学家，一位是李德仁先生，一位是刘纲纪先生。

应该说当时我们这个广告做完发布出去的时候，还是比较兴奋的，但是后面才是重点。右手边这幅图是什么（图 3.1.1 右）？这个只是一个示意图，是同期刊登的东京大学的广告。在同一个刊物，我们是刊物的 Page1，他们是 Page2，那个广告我现在没有找到原版，但是这张图无限接近那张广告的意义，当时给我剧烈的冲击。它的广告就是一名宇航员漂浮在放满书籍的图书馆里面，就是这么一个状态。

当时这相当于是东京大学对它国际宣传的一个策划，它也是把科技和人文结合来表达的。那个广告比我们同期封面的广告表现得更加明确，就是一个硕大的宇航员的正面照，在他黑色的目镜上反射出来的是他们的图书馆和图书馆里浩瀚的书籍。这个广告给我非常大的冲击，我们在表达同一个主题的时候，东京大学它的表达手段我认为比我们更加高明一些。如果说我们这个是一张比较直白的 poster（海报），那么他们的广告就给了我们一个悬疑，为什么？一个宇航员漂浮在图书馆里，这代表什么？宣传片的主题就叫"探索"，就是把它的科技和它的学校这种探索精神紧密地结合在一起。从那之后这个冲击就一直隐隐地挥之不去，也一直在我脑海里，如果下一次再遇到国际宣传的这种机会，我们应该怎么去表达我们的大学？以上是第一组的两张图片，这是在 2016 年的时候。

接着看第二组图片（图 3.1.2），左边是 2017 年 11 月 7 日的《中国教育报》，将近校庆的时候。那时候的《中国教育报》向全国高校征集一张好看的图片，要放在头版。这张照片是由彭敏教授拍摄的，也就是这次封面的原型图。可以看到，Science 特刊的封面对原相片做了截取。当时《中国教育报》的编辑还给它配了一段非常优美的、像散文诗一样的文字，命名"秋光"。这张照片的魅力就在于对光明做了处理，如果仅仅有建筑，这张照片是没有灵魂的，但是因为有了光，它让我们感觉到一种生命，这就是我们特刊封面的原型。

图 3.1.2　李霄鹍老师展示的第二组照片

（图片来源：左：《中国教育报》2017 年 11 月 7 日刊；右：2018 年 Science 特刊封面）

2018 年我们策划借着校庆之机，在 Science 上推出一个特刊，封面就成了这一次特刊的"眼睛"。如何让我们武汉大学在这次国际舞台亮相的时候给大家一个特别鲜明的第一印象？如何在大家还没有翻开书籍之前就有一种强烈的冲击感？就像当年一翻到东京大学的那张广告，我就特别想去追问一下这是一所什么样的大学。

我们一直在琢磨这个事情，其实中间还有一段是蛮有趣味的。那就是当初我们的微信团队的小编们收到了一期投稿，就是赵望宇同学等他们二位合作的那一期"AI 艺术珈"，通过 AI 学习模仿著名油画的风格，把武汉大学照片做了变形处理。其实清华大学也推出了一期，当时我看到清华大学那一期的时候，我就在琢磨武汉大学有没有？非常幸运地很快发现里面就有这一张。当然今天封面上的这张照片和当时"AI 艺术珈"团队做的原始图片略有区别。我们主要就想表现光线，因为当时"艺术珈"团队对照片进行处理的时候，让它模仿的是著名的油画《呐喊》，《呐喊》表达的是一种急迫，一种恐慌，一种焦虑，所以色调稍微阴郁一点。但是这次作为武汉大学的一个封面，我们希望在这个基础上表达我们的一种信心，所以最终我们还是对 AI 学习的结果进行了一定的人工干预，让它朝着更靠近我们思想的方向走了一步，就是让它脱离完全对于文化的这种学习，通过人工干预，让它增加了人工智能，最终我就把这幅画的原稿先推荐给 Science 北京办事处的编辑。他当时拿到这个画，第一感觉就是这是一张油画，然后他就问我这张画是谁画的？当时我正好在北京，我就跟他说，这是机器人画的。他当时听到很吃惊，说有这样的机器人吗？我说这是一个 AI，而且是我们学生团队做的 AI 机器人，他把一张照片处理成为油画的效果。他当时听了以后就非常吃惊，就说这个出自武汉大学学生团队之手的作品，对他来讲是一种思想，也是一种创新。

当时我们就决定不仅要把这张画用在封面上，并且要专门有一个 cover story（封面故事），写一段小小的封面故事。而且更关键的是，为什么我们当时最终锁定这一张？其实我们设计稿上有好几张。最终我们锁定这一张，一是因为原图是彭敏老师拍的，特别能够通过建筑表达武汉大学的人文特色，这种宫殿式的蓝色琉璃瓦在我们走过的世界大学里面很少见。从建筑角度，我觉得斯坦福大学的建筑给我留下的印象比较深刻，而且后来我回国以后也看到有一个国际上的大学建筑评比，其中对斯坦福大学的评价是建筑风格统一。在斯坦福大学，不管是学校的任何一个角落，它的建筑都保持统一的风格。我们这个建筑的的确确也是表达了武汉大学独特的中西结合的人文特色。在这种情况下，我们最终选了这幅画。这幅画推出以后，包括有了这个思想以后，这次大家可能没有注意，就是窦校长这个刊首的致辞（图 3.1.3）。

其中最后的结束段我稍微标注了一下。实际上我们是有一个中文稿的。那么中文稿的原稿是什么？就是"用人文思索与科学创新加盟未来世界，这就是我们当前的使命与追求"。也就是说整个刊物，我们从策划到执行，到封面图的选择，再到致辞，它贯穿的是同样一个思想。这个思想在两年前我们就有，只是说我们在不断地追求更好的表达方式，我们希望它能够把科学、人文和艺术更加自然地、完美地融合在一起。

我们现在可以回头再去看一看，如果再把第一张 PPT 左边的广告（图 3.1.1）和我们今天这张广告（图 3.1.2）对比一下的话，显然从视觉上，从广告本身的丰富性以及它背后更加丰富的解读性方面，我们无疑是在进步的。这种进步只有武汉大学的土壤，这种学科综合的优势才能滋生出来。如果没有我们既精通科学又爱好摄影的彭敏老师，没有这种利

Before you begin reading this supplement, as the President, I would like to pay homage to you on behalf of Wuhan University, a Chinese higher education institute with a 125 year history of schooling, supported by an exceptional team of 7,600 staff members responsible for educating our 56,000 students.

Since its origin as the Ziqiang Institute in 1893, around the time of the late Qing Dynasty, Wuhan University has been pondering the future of China. The primary focus at that time was on learning from the advanced scientific technologies of the West. This thinking has continued, despite the earth-shaking changes that have marked China's recent history. Wuhan University is now revisiting this task with an even broader view and a more open mind.

The diversity of thought and endeavor present at Wuhan is evident in the university's prodigious achievements during the last few decades. For example, the man-made satellite Luojia 1A, researched and developed under Wuhan University's leadership, is currently orbiting the earth, monitoring the entire planet via nighttime light remote sensing. In addition, Sienho Yee, a law professor at the university, has put forward the idea of an international law of co-progressiveness, and published many rigorous analyses on important international legal issues, some of which have been cited by judges and governments in proceedings before the International Court of Justice, the International Tribunal for the Law of the Sea, and the Law of the Sea arbitration tribunals. Moreover, Lei Jun, an outstanding alumnus of Wuhan University, founded Xiaomi Corporation, which has just become the fourth-largest internet focused technology company in the world. Jun is collaborating with the university on efforts to develop artificial intelligence systems.

As China becomes an increasingly active player in the international arena, Wuhan University is also broadening its horizons by endeavoring to join with other countries in solving global issues through rigorous scientific approaches supported by its uniquely Chinese philosophical perspective.

Wuhan University is honored to publish this supplement with Science magazine. However, the primary aim of this booklet is by no means to simply highlight the university's achievements. Rather, its purpose is more of an invitation—with 125 years of experience in education, we hope to attract more future-oriented scholars and increase the visibility and reputation of our university through this broad platform. We aim to encourage the building of deep bonds of cooperation between Wuhan University and other institutions around the globe, bringing the university more squarely onto the world stage. Our current mission is to move forward with a focus on scientific innovation, while remaining compassionate and looking to the needs of society and our fellow humans.

Thank you!

Xiankang Dou
President, Wuhan University

In the President's words: Welcoming a future of compassionate innovation
The diversity of thought and endeavor present at Wuhan is evident in the university's prodigious achievements over the decades.

The cover is taken from a collection of computer-generated pictures called "AI Artist," designed by Zhao Wangyu and Yao Jiaxin, Master's students at Wuhan University. The original photo was taken by Peng Min, a professor at the school.

This work uses the most advanced artificial intelligence technology and deep-learning algorithms to integrate the artistic elements of world-famous paintings into the beautiful scenery of the Luojia campus, interpreting the unique charm of Wuhan University through the combination of technology and art. This work also shows the deep love of Wuhan University students for their alma mater and their sincere wishes for her 125th birthday, while perfectly conveying the university's motto, which inspires students to "Improve Yourself, Go Forward with Perseverance, Seek Truth, and Develop Innovations."

用人文思索与科学创新加盟未来世界，这就是我们当前的使命与追求。

图 3.1.3 李霄鹍老师展示的第三组照片

用 AI 技术进行应用的学生团队，或者说没有我们这种善于和学校氛围相结合的策划团队，都不可能有今天的这个 *Science* 封面，它可能就流失过去了。我们的幸运在于多方面的因素集合在一起，促成了这么一个封面。只能说和两年前相比我们有了进步，并且这个进步是多方努力共同促成的。这并不代表我们就达到了我们自己所希望的非常好的一个状态，我们远远没有。因为和国际上这些大学相比，我们其实在很多方面还比较落后，但是无论如何我们已经意识到这方面了，今后我们的宣传工作，尤其是我们面向国际的宣传工作，会更加努力地从科学当中寻求艺术，这一点也是我本人对窦校长的理解。我陪同他到中国科技大学参加校庆，通过他的一些讲述，包括陪同他到法国去访问的时候，他个人也是既对科学着迷，也对艺术着迷，所以说这个基调我觉得是非常好的。尤其在我们重点实验室，其实以前我们的"3D 敦煌"研究就是朝这个方面发展的。我们希望以后大家在艰苦的科研之余，更多地感受到一种严谨的科学之中蕴含的艺术元素和艺术魅力。这种艺术的魅力，就像光谱一样，光谱的这种自然排列本身就是一种人工无法去模仿的艺术，你们也应该在各自的科技工作中更多地去体会。

那么我们宣传部的老师们会和你们更加紧密地站在一起，争取再去捕捉类似这样的创作，用我们的平台把它推荐出去，谢谢大家！

主持人：感谢李老师带来的精彩分享，让我们了解到了学校宣传部为了用这幅作品为武大亮相所做的努力，这幅画除了展现武大作为中国最美校园这张名片的同时，也表现了武大科技与人文兼容并包的底蕴和情怀。再次感谢李老师还有三位作者为之所做的工作和努力。李老师最后说，让我们在平时自己的科研中多去体会在严谨的科学之中所蕴含的人文艺术与魅力，让我们也谨记李老师的这句话。下面将要为大家做分享的这位老师，也是这幅作品的摄影师。在有请彭老师做分享之前，我先为大家介绍一下彭敏老师。彭老师是武汉大学计算机学院教授博导，人工智能研究所副所长，武汉大学语言与智能信息处理研究中心主任，中国中文信息学会计算语言学专委会委员。同时彭老师还是中国摄影著作权协会会员，湖北省摄影协会会员，湖北省高校摄影协会理事，武汉大学摄影协会副会长，国家一级摄影师。彭老师的主要研究方向为人工智能自然语言处理社会计算等，发表学术论文一百余篇，主编和参编 Springer 英文学术著作两部，中文学术著作一部，专利八项，获得湖北省科技进步一等奖和湖北省自然科学奖二等奖各一项。下面就让我们以热烈的掌声邀请彭敏老师为我们带来她的分享。

彭敏： 好，谢谢大家。我知道做科研，晚上的时间特别珍贵，来听我们做一些分享，我觉得就特别给我们鼓励。今天在这儿我们都是工科生，包括我自己都是，我们跑到这儿来聊艺术，这就充分体现了我们武大作为综合性院校的最重要的一个长项和特点。今天就简单地讲两个部分：一个就是在我们工作中是怎么样和一些人文元素结合，另外一个是在我们工作之余，又是怎么样去做一些事情。

2. 寓人文情怀于科技工作

（1）Science 封面图的原型图片拍摄过程

我们上 Science 是上面一个图（图 3.1.4 左），其实当时拍了一堆。我拍武大的风景，一般是两种情况，一种就是邀约，宣传部对我是呵护有加，只要有一些机会都会给我。比如校长去给总统授权威仪式的时候，业余摄影的人就我一个进去了，除了我和宣传部自己记者和官方的记者以外，别人都进不去。包括武大西迁乐山的八十周年纪念，也是让我过去了。从那儿回来的时候，我跟窦校长在一辆车上坐着，他说："恭喜你，听说你们大团队最近拿了一个重点研发计划。"我就心里一惊，"我们拿这个您都知道！"他说，知道啊，2600 万。然后他就向别人介绍，这是我们学校搞计算机的专家，但是她的摄影特别好，我们特意强调人文结合科研，不是书呆子。

其实选这幅图我觉得李部长是非常有慧眼的，因为 2017 年我们万林（万林艺术博物馆）正式迎来了第一个秋天。当时宣传部在我们开始拍照的时候，张部长在这个地方专门找了个梯子帮我架着，结果后来发现还是不理想，其实我们的初衷是要拍这样一个地标性的建筑，而且因为有了万林，拍摄更方便，后来航拍我也去拍了，但航拍像素又不够，再后来我们就上了图书馆的楼顶拍，当时我们最正常的角度是这个（图 3.1.4 右）。

我当时思考着如果去掉这个东西可以吗？其实万林在当时是一个稍微有点争议的建筑，我想把它表现出来，但我又不希望它喧宾夺主，所以就又趴在靠边缘的地方把手伸出去，用相机在楼顶外面拍了一张。当时的一个想法就是，第一是一个斜对角，第二它既没有用这样的一个很霸气的形状来喧宾夺主，同时因为它底下还有一定的纵深，有一定纵深以后，截取地非常好，给人的感觉就像是飘起来的一个宇宙航母，总之它其实让人觉得很好奇。在我们这种传统建筑和这么美的秋天里，它并不突兀。我们在拍这种静态的东西的

图 3.1.4　彭敏老师拍摄的"AI 艺术珈"原型照片

时候，如果在这个上面有生命的东西，比如说有动物，或者有人，整个画面就很灵动，就会减轻一些棱角，所以说人在里面是很重要的，正好看到有几个游客在里面，就有了这样的这个角度，各种各样的机缘巧合。

因为 Science 上面需要表现武大的整个气氛，然后又要有这样的一个灵动感，所以我觉得当时李部长他们对图片切割，包括在选这张图都是对艺术的这方面有非常多的理解。刚才说《中国教育报》要求几个漂亮的学校各自拿出一些典型地标的、有秋天氛围的建筑，所以我们就在那附近尝试了很多，之后选了几张。

（2）拍照经历和体会

我大概说一下我在武大拍照的细节和自己的体会。比如这个图（图 3.1.5）获得我们每两年一次全国艺术展评比里面最高等级的奖。全国艺术展每两年举行一次，在 2017 年就有一次展览，后来这幅武大的建筑也进入了展览。它们总共有将近 10 万组，22 万张图片，然后从里面选出来的艺术类的总共只有 160 组，一组里面有多幅照片。当时这个全国艺术展非常讲究，每年都会引导方向，就像我们的 Nature 或 Science 发了什么东西，它是代表了科学最前沿的。那么中国的摄影展，特别是艺术摄影展，它选了什么照片，就代表国家对哪些宣传方向的一种看重，而且每年的展览里面是不重复的，比如今年这样一个题材多了，明年这个题材可能就没了，而建筑是我们最老的题材之一，所以说建筑的图是很不容易进国展的。在去年国展里面，总共是只有三组建筑的，拿建筑去比赛，一般基本上相当于拿鸡蛋碰石头。

这组图总共三组，一组就是非常现代的哈尔滨大剧院，它以非常漂亮的曲线进了艺术展。然后另外一组建筑就是故宫，因为是在晚上拍的，我们平常是看不到晚上的故宫的，在故宫的廊柱之间又嵌入了别的建筑，让这个结构非常多层，然后光影非常好。我这组其实是比较单薄的，我们都只拍的是建筑的一个边角，我唯一在这里面占了优势的是我们体现了武大的建筑风格。因为故宫是古建筑，哈尔滨大剧院是现代建筑，我们武大是近代建筑。如果从建筑的收录作品来讲，它希望都能覆盖到。同时，也体现了武大的建筑不是一个风景区的建筑，它是一个百年老校的建筑；其次，在这个建筑里面体现了一定的摄影结构元素，比如说三角形斜对角对称或者说是韵律，等等，应用了所有的几种能找到的结

图 3.1.5 彭敏老师拍摄的武大建筑照片

构。当然我也不知道评比的过程，但是应该是相当惨烈的，因为第一轮那个是从 9 万组里面取 5000 组，当时我入围了 3 组，其实就在 5000 左右。这么多年，我们学校去参加比赛的，好像没有得什么奖，这次觉得也是体现了主办方对武大建筑的肯定。其他的比如说万林，这个（图 3.1.6）是拿了两年一届的省艺术展，也是 2017 年的奖。所以，2017 年对我来讲很幸运，拿了两个省展一个国展，还有一个武汉展一等奖，这些都是武大的东西，因为我也比较忙，基本上没别的时间，就是下班了，或者早上起来散步的时候，拎着一个相机到处走一下，其实拍得也很冲动，还是因为武大的题材特别多，很多爱摄影的人在我们这里可以得到更多的题材。

在时间有限的情况下，我尽量地去拍一些这种能静下来思考，然后对它能有更多认识的影像。这个图（图 3.1.6）也是万林刚刚开始启用的时候，我就觉得很好奇，它怎么有这么多的斜角，然后我就把这个斜角拍出了一种结构。也是比较凑巧，比方说下面这个（图 3.1.7），当时李部长把我叫去，说雷军只有半个小时，希望拍一组照片，作为他在武大的一些记忆。当时很不好拍，他也比较严肃，突然坐下去一下没坐稳，然后跟他的同事笑起来了，人就放松下来，我就赶紧抓拍了一张。

其实我去拍照的时候经常抱着这样一个想法，比如，因为我们经常会看到武大的宣传照片，也有很多记者拍他们要拍的东西，当然他们有记者的身份，就是说他会把这些照片拍得很"新闻"。什么叫很"新闻"？就是要横平竖直，比方说你要拍我正在这儿讲东西，你就得站在这儿拍，拍一个非常正的照片，新闻的照片就要很正，而新闻照片里的人一般按我的想法其实都不是他自己真正的状态，因为他在讲东西的时候你不能看到他的性格。我又不是一个正规的记者，我去跟宣传部搭班子的时候，我就喜欢捕捉一些这种小的细节。比如，就像窦校长在给总统拨穗的时候，如果拍正规的照片是站在这个后面拍，但你站在后面拍，就只能拍到窦校长的背后。从新闻角度来说这个一点问题都没有，你把整个

图 3.1.6 彭敏老师拍摄的万林博物馆内部斜角结构照片

图 3.1.7 彭敏老师拍摄的雷军校友

场景包括上面的标题都拍出来。可是作为我们武大的人来讲，给总统拨穗的时候，我们的校长只能看到背后？所以我就一个人跑到了这个楼，他们都有黑人保镖的，我们在禁区边角的地方尽可能地拍到了他们两个人的侧面，这就是一张活生生的照片，你能看到他的表情。他当时其实也是有点忐忑的，那样子你会觉得他是一个非常生动的形象。把图片拍出里面有人的这种信息，是我一直想追求的一点。我们平常走在学校里面像这样特别生动的细节非常多。

　　我也会去拍一些应景的照片（图 3.1.8），类似于"糖水片"，糖水片是什么？就是你今年拍、明年拍、后年拍，十年后拍它还是那个片子，但是这种片子有时候它就要应景。比如在 2017 年校庆的时候，正好是中秋节，当时拍了张照片（图 3.1.8 上左），我只是无意地把它发给了一两个群里的好朋友，然后过了一两个小时，这个照片基本上就通过校友会传遍了全世界。之后美国、巴黎这些地方的朋友说，我在我们校友会，我们在哪里哪里都看到你这张照片。为什么？因为当时正好是校庆期间，校友们回来的期间，它需要有这样一个明月寄相思的情绪，就会有一种正好是此情此景的感觉，月亮虽然每年都这么圆，但是今年这个圆的时候是我们坐在这个底下，所以说那个情境可能就正好寄托了他们当时的一种心情。

再比方说下雪的时候（图 3.1.8 上右）也是我们武汉人特别兴奋的时候，我也会去捕捉一下，我只是要表示今年下雪了。有的时候拍一些图，可能就是陈述一下当时的一种情境和心情。它不一定有什么保存的价值，我们在摄影的时候一般什么样的图是有价值的？就像刚才的一些图就是有价值的。因为你再把这样的一些东西放在这，它不可复制，你知道雷军再有这样一个情景，他不会再有这样一个表情。不可复制的东西，才会是摄影里面有保存价值的。但是我们也会在此时此景去拍一些东西，然后有的时候是为了一些新闻，有的时候是为了纪念一些活动，我还是非常乐此不疲，我觉得就在拍照时融入了当时那个心情，然后把我的心情用我的摄影作品表现出来，烘托的气氛也增加了大家在流传过程中的一种心灵体验。

图 3.1.8 彭敏老师拍摄的糖水片

这些图其实很多时候都是帮宣传部去拍的，这个图（图 3.1.9）应该也是。当时徐院士、窦院士他们两个人刚评上院士，宣传部让我去给他们拍照，作为他们马上就要宣布自己评为院士时候的新闻图。之后徐院士又同意我到他实验室里面去拍了几张工作照，当然这个也是我之前自告奋勇跟他预约的，我说你什么时候有空，一定让我到你实验室。我为什么想拍他？因为他现在手里面用的这种光谱仪有各种各样的很多套，叫拉曼光谱仪。这个拉曼光谱仪我们做计算机的也会用，它其实可以很小，就像一个行李箱那么大的也有，但他那个就非常庞大，因为周围都用幕布遮起来了，黑的把它切掉了。实际上他的拉曼光谱仪非常长，差不多跟我们两个桌子加起来的长相比，稍微短一点。他那个设备是他非常自豪的一个东西，所以我看到他那么喜欢他的光谱仪，对着他的光谱仪，我就拍了一些他的工作照片。实际上我也在积累很多这样的我们学校的教授或者是科学家他们正在工作的场景照片。

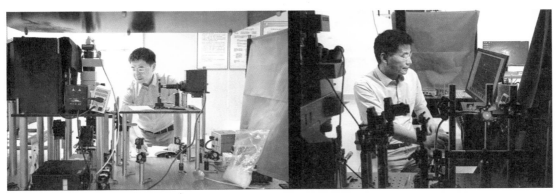

图 3.1.9　彭敏老师拍摄的徐院士工作照

　　实际上如果这张图想要让它未来有保存的意义和价值的话，就不是这样的一种拍法，这个拍法太动态了，这个只能叫新闻。真正的人物传记的图，你们会发现他并没有在忙什么事儿，他并没有在讲话，他也并没有在操作什么，这就让照片会有历史价值，或者说有这种科学价值。在这样一个工作背景下，安安静静地正面拍的这样一些图，才是真正代表人物传记。所以说这些图都不是人物传记的图，它只是新闻的图。因为这样一些图从摄影的角度过于动态，它不能表达人物全部的东西，我们要从一个非常静态的人的眼神、嘴角、眉毛等这样细微的表情里去观察它的信息，如果能观察到，那才是一个有价值的传记。

　　当然我们也可以去捕捉武大里面的一些题材。比如说我在教务楼下课走过一个教室，我们中间这个教室就经常会有人在，因为这个背景是教四楼，就特别好看，终于有一天，我扛着相机去上课，下课如愿以偿地拍到了一个女孩子中午在自习的情景（图 3.1.10 左上）。

　　再比方说像卓尔体育馆，因为卓尔体育馆在我们计算机学院前面，所以我是从它的四面八方包括空中，我们学院从六楼到五楼，一直到一楼的各个角度琢磨，还有老师办公室的窗户。我从很多不同的角度、很多不同时期观察拍照，这个就有保存的价值，因为这个过程不会再有。它在建设过程中的 2017 年初，正好碰到了下雪，于是我拍了图（图 3.1.10 左下）。包括有些我觉得很感人、有意思的一些场景，我都会进行拍摄。像我们每年都会去看樱花，我们都知道去看樱花的人多，我也不拍看樱花人多的场景，但是去观察一下，有很多这种细节的东西（见图 3.1.10 右），其实是挺有意思的。

　　包括我们武大的一年四季各种花卉，我会用微距去拍花的细节（图 3.1.11 左上），大家都知道樱园上面有一大片樱花（图 3.1.11 左下），我们是不是都觉得很神奇？我也会去拍一

图 3.1.10　彭敏老师课余时间用相机捕捉武大各处风景

图 3.1.11　彭敏老师用相机记录生活、表达心情的照片

大片，但每年你应该给自己一些挑战，去观察一些与众不同的东西。我觉得在武大拍东西就这一点，让我觉得既有挑战，又特别有乐趣，你要在相同的题材里去找到不同的东西，因为我从来不会拍一样的东西。比方说我们 *Science* 的封面图，上一次拍有两个原因，一个是宣传部有这个想法，另外一个就是我们万林上面的这样一个角度，其实在正规的官方图中，我

们武大是没有这样的角度的。今年我去拍是因为今年是武大 125 周年校庆，地板重新刷成了橘黄色，刚刚换了地板，我就又去拍了，实际上拍出来后我就和图书馆的馆长说我觉得这刷的颜色拍得不太好，太亮了，非常的抢眼，但是我拍一下它换了地板，你说这东西有价值吗？也不一定有，但是我们记录了 125 周年校庆的那一天刚刚刷了个地板，第一天开放，也是一种记录。包括一些我每天去上班的电梯间里面的窗户（图 3.1.11 右），窗户外面有一次狂风大作，每天都看得到的这样一些小竹子，我就把摇晃的竹子给拍了下来，拍出一个风的影子，有什么意义？没有。纯粹下了班，回家之前自娱自乐一下。

我觉得今天我们在这讲的这些东西特别有意义的是，虽然我和赵望宇都是属于工科生，但我们不是枯燥的书呆子工科生，我们做了很多事，不仅可以当成一个兴趣，甚至可以让这个兴趣达到一定的高度，把它做精做尖，其实就是摄影，这样一个技术能不能很快掌握一点都不重要，包括我现在去拍一个东西，我基本上手的情况下，你问我用什么拍，或者说用什么参数我都没有意识，就是我拿起一个东西，我就自动地会调，我都没有意识到我为什么要调成这样或者我调到了多少，我扫一眼就知道它应该怎么用。但是无价的就是你对它的理解，当你拿起手机也好，相机也好，或者说我们未来可能有更尖端的、甚至我们有人在做电子显微镜的拍摄，等等。其实在拍的过程中，如果这个东西你拿出来就咔嚓的时候，说明这个东西一点价值都没有，但是你一定是在这个过程中都有思考，你拍的是你的想法，而不是拍的电子显微镜。

所以，如果我们看到一个很好的风景，我觉得这个图我既能拿相机拍出来，又能拿手机拍出来的时候，就不会拍了，因为我能拿手机拍，别人也会拿手机，那叫所见即所得，只有在我看到一个细节的东西，它不可复制，或者说这个东西给了我很多感触的时候，我才会拍。当然这个感触不一定说是非要属于刚才我们说的有留存价值的、不可复制的，有的时候你只是对自己心情的一个表达，像我上大学的时候其实是很喜欢画画的，但现在工作这么忙，根本就不可能再有静下来的心思和雅兴去表达情绪了，我觉得摄影是一个特别好的、能表达我心情的东西。我可以把我想表达的东西用我理解的方式表达出来，这个理解可以是前期的一个取景，也可以是后期的一个处理。

我每年都会给即将毕业的很多硕士生拍一些照片，这是我第一届有学生毕业的时候我填的一个词（图 3.1.12 上左），以此表达我对他们未来的希望和我自己的心情，这几年填得很少，因为实在是很费时间，然后慢慢地这方面的书看得少。这个是我教的一个博士生（图 3.1.12 上右），毕业两年以后就拿到了基金，发展得很好。这是我第一个想要回来读博士的硕士（图 3.1.12 下左），因为大家都知道读计算机的工作都不错，真的要让他放弃高薪跑过来读书，这个事儿其实挺难的。这个过程中，我觉得这些人文的东西也是我一直牵挂的。因为我觉得像工科生，我们的口头表达能力是比较拘谨的，有的时候用这样的一些方式，它更能体现我们的愿望和心情。

（3）课题组的研究内容

因为我是做自然语言处理的，用计算机来处理，包括语义的理解，机器人的自动问答，自动地生成一些作文、文案、股市的研报，或者自动去生成一些评论，等等，就做对

图 3.1.12 彭敏老师在毕业季为学生填词及拍照

语言的理解和自动生成语言的过程这样的事情。

凭着兴趣，我们课题组做了一个自动写诗的系统，做了好些年了，应该是在神经网络刚刚开始热门的时候，也就是2014年的时候，我们就做这个工作了，这个就比原来传统方法显示系统做出的效果要好很多。当时也是凭着我自己的兴趣，我喜欢拍照片，我也看到很多喜欢拍照片的，喜欢给它题几首词、几首诗，然后说以后如果谁拍了照片，我们能不能就给他看图写诗，所以我就做了一个看图写诗系统，不仅能自动形成诗，而且它能够根据图去抽取一些元素，后来也把它做成了手机上的App。

昨天晚上我们开例会在一起讨论，我说你们先要做一个多功能跨媒体自动写作的东西，既可以生成诗，也可以生成歌曲，还能够根据图写诗，甚至我有一首歌，我听了这个歌，我马上能根据歌去写诗，然后我也可以根据歌，把它里面的关键的主题找出来以后生成图。所以我们最后的形式就是有曲有诗歌有图，而且都是由机器人自己实现。包括今年校友会在收集大家的诗的时候，我说你们需不需要机器人写一下？后来发现不行，因为我们的语料都是从以前的故事里找，它太悲伤了，或者说没有那种正能量的一些东西，而且它不可能理解"珞珈"等，一些平常的和武大元素有关的这方面的原料太少。但是我们这块现在可以通过跨媒体的一些元素加上你的想法，生成你自己想要的跨媒体的一个结果。昨天讨论时我说如果做出来就完全可以把我们现在课题组里面所有的工作包揽进去，当然它不仅仅是写那么简单，那里面可以融入更多的我们后面提到的一些相应的工作。这个（图3.1.13）是去年我们开发的机器人写的，前面那个是我很早的时候从电脑里面搜出来的一首我之前写的诗（图3.1.13）。那天我就拿给我的一个朋友，我说你看这个，是我写得好，还是我的机器人写得好？他说你写的这个酸一点，深情一点。

现在这个机器人写一首诗挺简单，但是你要把这个诗写好还是很难的。比方说像清华的九歌，他们负责这个项目的是原来清华计算机学院的书记，也是原来的院长，现在是他们 AI 研究院的常务院长。他们也和我一样写，但是我写完就扔在实验室里面，他们就一直在做这方面的工作，和腾讯结合去弄一些应景的活动，甚至还像搜狗的汪仔机器人一样，去作诗歌，参加人和机器人写诗大赛。

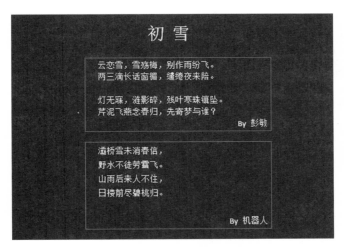

图 3.1.13　彭敏老师作的诗和机器人作的诗

这里要做的工作其实很多，比方说这里面到底你的情绪是悲伤？还是激扬？你让它怎么押韵，然后这个诗前两句是寄景的，后两句是寄情的，等等，就是如果想往下做其实有很多的事，但是我就准备把这个东西移植到文学院去看看谁有兴趣，然后跟我们结合，他去讲规则，我们接着做。

这两年我们做的和用户语言方面有关的内容马上就要在"小爱同学"里面上线，做什么呢？就是每当你点一首歌的时候，我会给你一句有关歌的评论，比方说，你说小爱同学给我放一首《成都》，那它就会说《成都》是一首有故事的歌，或者你说放一个周杰伦的《双截棍》，它会说《双截棍》可以测试中文八级、汉语八级，等等。当然我们每一首歌可能都会给它几百个评论，有的来自我们在网上找的上万评论里面的一些筛选，我们是用生成的方式去做改选，这里也是有无尽的可以做的工作，就包含了现在我们在推荐里面所做的普通的搜索推荐和生成推荐。生成推荐就是我自己自动地去生成一种语言，这个是非常难的一种工作。我们现在做的结果就是会有很多，差不多有几万首热歌，每首歌也下了几万条评论，然后根据几万条会生成 30 到 100 条这样的推荐。其实这可以延伸到很多领域，比方说产品的推荐，平台活动的推荐，都可以自动生成，甚至我们还做一些会自动收藏今天股票的推荐，或者对某些相应的时事的一个推荐，等等。

这个(图 3.1.14)是我们做的知识图谱，我们现在做了几个领域，主要在艺术领域做得时间长一点，把所有的知识图谱做好了。最近我们准备跟校友会合作，去做一个校友关系图。我们现在有许多精英校友，有更多的特别热心的校友们，你如果去参加了一次校友会活动，你就知道他们多么迫切地希望有这样一个关系网，他们不断地在会上去跟别人加微信，不停地介绍我自己干什么、做什么。如果有两个人给你介绍，你可以记得住，如果是 10 个人，100 个人，你可能一会就把他们都忘了，未来你也很难把这样一种关系用起来。我们现在就想通过精英校友的一个核心，然后慢慢拓展到一些不同的群体。

图 3.1.14　彭敏老师研究团队研究的知识图谱

我们在知识图谱里做得最关键的一点就是关系的推理，在这之间会自动地生成更多的边，而且这个边不是基于一个拓扑，而是基于多关系，也就是说你们俩之间会在不同的时空领域里面产生不同的关系这样一个推理。我想对我们校友会其实还是挺有用的，我自己去琢磨生成一个东西给他们用一下，用最初的精英校友的图，加上后来每个校友会的一个扩展，然后再加入计算机的知识图谱的推理，最后再到大家正常地完善这个图。

除此以外，我们也做一些纯粹的自然语言和语言有关的东西，比如我们在计算机里其实没有语音这样一个韵律，所以我们会切出各种各样的边界，然后这个边界就要对上下文作理解。基本的算法和我们在图像里面去找轮廓有点类似，这样做一些相应的逗号句号去分切那个线。理解了边界以后，对我们的好处是，未来可以在每一个切出来的一小块去找它的 Query，或者说它的主题。比如我觉得今天有点冷，把门关上。我们要不要去吃饭，或者踢球？其实这里面更典型的是今天气温到底多少度；我又想踢球，又想吃饭，哪里有好吃的，踢球距离远不远。实际上从语音转到文字是没有标点符号的，我们看到的标点符号其实是给你看的，但计算机不会自动地去处理这样的一个断句。所以在文档里面它是一整段的时候，我们就可以把它变成问天气预报，问你的地理位置，问你吃饭的餐馆所在的推荐，等等，把它分成各种各样的 Query。比方说在"小爱同学"后台里面各种各样的数据库和服务，这样才能把它分到不同的服务里面去，然后才能启动不同的知识库来回答你的问题。我们刚才做的这一点已经基本上达到了 90% 多的准确率，是可以直接产品化的一个。

现在我们做的是在我们整个计算机的领域里面、AI 里面、机器人自动对话里面最难的一个，就是多轮对话，这个也是我们现在一直进行的工作。比方说自动订机票，自动订餐馆，未来自动进行营销，甚至你去买一个手机产品的时候，自动跟你交流，其实这个过程都需要开发，目前在这块大家做得都很不好，这里面技术上都还有一个完全没有办法攻克的东西，就是现在的这种深度学习不准确。以往语义槽就是根据语义一个一个词填，就有点像我们在电话里面让你按"0"，让你按"9"，等等，它是一个规定好的动作。比如说订机票，一旦你在中间反悔，又想换一趟早一点的，就会让你从头来，那我们现在就希望让人能够随心所欲对话，现在我们，包括企业对此都还不能解决。

在这个过程中，现在我们在尝试做面向任务的公关。这个自动问答里面也有一个技术，实际上是我们现在整个机器人自动问答里面标识你的技术好不好的东西，就是阅读理解。阅读理解就是根据一些相应的已经有的语音语料提出一个问题，然后它给你回答问题。在我们现在的机器人自动问答领域里面，它已经不仅仅是一个阅读理解的技术，这个技术有很多的公测和评测，在评测中你的排名就已经基本上奠定了你在自动问答技术里面的江湖地位。我们在参加中文第一届的自动问答评测的时候表现比较好，拿了第四名，在高校里拿了第二名；到第二轮大家开始重视自动问答的时候，就开始阅读理解，中文热起来以后到现在可能已经有了很多阅读理解的排名，我们现在就跟不上，就是中下，为什么？因为阅读理解是特别"吃"计算机的性能的，它有点像机器翻译的原理，你的语料越多，你的 GPU 越多，计算出来的准确率就越高。我们现在都属于单系统，你要是集成系统有很多个这种系统，然后会把它们互相进行优化，效果就会提高很多，但是对我们高校来讲，实际上是做不到这么高的性能的。

其实从这件事上后来我也想通一件事，就是现在我们和企业的 AI 领域发展都非常快，那我们有什么优势呢？我们经常会感受到，今天 Google 放个东西出来，明天百度放一个东西，后天腾讯又弄了什么，然后是讯飞，我们完全被他们"扫"得眼花缭乱，现在新的技术、新的产品，加上它们的这种营销推广平台也非常活跃，那我们高校又在这里面处于什么地位？我觉得其实至少从自然语言这个角度来讲，有太多的问题不能解决，而不能解决的问题，这些企业又没有兴趣去帮我们解决。

大家都知道机器翻译现在效果做得很好，其实在我们整个自然语言领域，只有机器翻译可以做好。所以我们看到讯飞不断地在这个方面做各种各样的营销和表现，包括在中央开会的时候，现场去验收都没有什么大不了。还有一个比较成熟的就是语音到文字的转换，我们把它叫作"音文转换"，声音和文字的转换。那这个为什么能做得好？因为他们所需要的计算非常容易，只需要神经网络就可以计算。

而刚才前面提到的包括我们现在阅读理解要做的很多事情，它都不是你有了计算的语料以后就可以做到非常好，所以在这里面其实我们还是有很多的东西要攻克。因为我们知道语言和其他东西不一样，我们对语言的容忍度就算达到80%，90%甚至95%，都会感觉到很不好，因为5%对你来讲也很重要。我们现在还没有把技术推向更多领域，包括我们的阅读理解现在是82%左右，而且是有训练语料的情况，能达到80%以上，所以如果是一个直接拿来的、有很多噪音的语料的话，实际上准确率都达不到50%，所以我们还有很多语言类工作要做，在这里面我们不必去跟企业已经成熟的技术 PK，我们其实有更多的 50% 的事情要做，我们做的都是一些推动我们语言的事，而不是说像企业要去销售产品的事。

我经常跟我的学生说的就是做研究要气定神闲，既要看得远，不要只看现在什么东西火，同时也要坐得了冷板凳，熬得起这些年。像我的研究生，最开始做一个领域的时候，如果他是直博的话，可能到硕士二年级，还有博士一年级的时候发一篇文章，然后到博士二年级可能发一篇，今年他给我手里塞的稿子就有七篇，这很吓人了，就是说到了三年级他的积累就很吓人，为什么？因为在这个过程中他发现有太多想做的事。我说你怎么一下子弄这么多，你做精了没有，你实验结果怎么样？他给我看的效果都很好，他说有太多问题要解决。当你触类旁通的时候，你既知道方法，又知道现在都有什么问题的时候，要动起手来就快了。他自己一个人就有几台机器。现在我们课题组里面不仅有大型的服务器，甚至 32G 内存的 GPU 也有。当 GPU 达到 32G 或者大于 20G 时，很多的实验都是可以并行处理的。

当然这个情感分析就不用说，在我们前面说的所有的应用场景下，都要考虑这个词本身和属性之间的匹配，它不再是我们以前说的好或者坏，我们现在是想要找更细腻的东西，找某一个属性的情感。比方说就像我刚才说的，这个诗它是不是一个悲伤的诗？或者说这个诗有没有正能量？这个诗有没有代表武大的一种发展？其实你要把它都能够约束出来，语言的灵活性就不得了，这一步现在语言做得还是很差。

最后和大家分享一位武大校友的话（图 3.1.15）。现在每年武大会有一个日历，让那些校友摘抄一些话，我觉得这句话他说得很对。武大学子，尤其对于我们工科和理科做技术的人来讲，你既要有这样一个胸怀，能克服困难，坚毅地往下走下去，不怕各种挑战和困难，还有周边给你的压力，同时也要保持你灵动的品性和心性，因为这样你才能真正地放开眼界去看世界，然后了解社会需要什么，人需要什么。你才能让你的技术真正地和我们现在的需求结合起来。不能光关在实验室里面，每天就像我们这样敲代码。

今天我的分享就是这些，非常感谢大家，有什么问题大家可以向我提问。

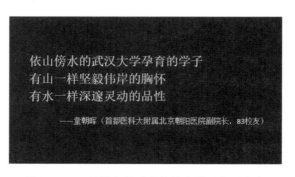

图 3.1.15　彭敏老师用武大校友寄语勉励大家

主持人：感谢彭老师的分享，原来彭老师除了是一名摄影爱好者、人工智能的研究者之外，还是一名诗词爱好者，并且将她的爱好融入工作，可以说是完美地诠释了科技与人文的结合！接下来将要分享的嘉宾是来自经济管理学院市场营销系的 2018 级硕士研究生姚佳鑫，姚佳鑫同学是北大新媒体原创作者，百度广告创意部实习生，武汉大学 ShARE 咨询团队联合创始人，武汉大学华为财经俱乐部执行主席。在北大新媒体担任作者的两年中，曾写出多篇 10 万以上阅读量的热文，最高阅读量 229 万，曾协助创业团队融资 100 万，获得"互联网+""创青春"等三项国家级创新创业赛事金奖，两项学科竞赛类国家级奖项，八项省级奖项与 30 余项校级奖项，全 A 通过华为百度的工作招聘，目前的研究方向为大数据营销，专注于结合市场营销与测绘遥感等专业特色的跨学科研究，同时担任武汉跃迁信息科技有限公司执行董事长兼 CEO，带领团队开发出一款高校精英学子知识共享的咨询平台"小咖轻询"。

姚佳鑫说，她是一名典型又不典型的商科学生，典型之处在于她过着商科学生惯有的紧张和忙碌的生活，两年作者五年运营四年三创。八点起床两点睡觉，五个项目三项金奖；非典型之处在于她虽然将以商科谋生，但日常关注和学习的却是天文学、地理科学、社会学和人类学，非常期待集多重身份于一身的姚佳鑫会有哪些不同寻常的经历与思考呢？学业与创业，她又是如何能够兼顾的，下面就让我们把时间交给姚佳鑫，大家掌声欢迎！

姚佳鑫：大家好！我是来自经济管理学院 2018 级市场营销系的硕士生姚佳鑫，今年刚刚硕一，所以在座的各位可能不少是师兄师姐或者学长学姐，在此非常荣幸地来到这里，谢谢。

3. 在科技与人文之间，一名商科学生的奇妙生活

今天我想分享的这个话题也是我自己这几年在科技和人文之间的一些感悟，叫"在科技与人文之间，一名商科学生的奇妙生活"，没错，我是一名商科学生，但其实我除了常去的经济管理学院之外，另外一个最熟悉的院其实就是测绘与遥感这边的院系，这跟我们的研究方向有关，因为我们做的大数据营销通常也会用到地理科学相关的一些数据和方法。现在竞争真的很激烈，我知道在测绘遥感信息工程国家重点实验室有一个新开的专业叫社会地理，李德仁院士亲自宣讲这样一个专业，就是把社会学科跟地理学科结合起来，去研究一些与社会感知、时空感知相关的问题。我们经管学院的学生也非常急切地想要往这个方向上来做，所以我们其实也在暗暗地学习这样一些比较先进的、前沿的方法，用来解决我们社会中所感知到的这种经济商业相关的问题。所以我们虽然是经管学生，但其实是很跨界的，跟我们所学的专业无关，恰好我所过的大学生活和研究生生活也是这样一个个斜杠，可能没有受到自己的学科专业的太多局限。

（1）学业安排和实习创业经历

我本科学的是会计学，硕士学的是市场营销，市场营销不仅仅是去做营销策划，更多的是去做我刚刚所讲的这样的研究。我在大三的时候上完了我们的专业课，去学了一年的传播学和社会学的课程，就是把他们的课选到我的课表上，在此也是非常感谢武大这种包

容并济的精神，我那时候能够以一个非科班出身的学生把他们所有的专业课都学一点。

　　曾经我做的一些实践（图 3.1.16）也比较不一样，首先是做跟税法相关的实习，是跟GE（通用电气集团）的原亚洲区的税务总监一块去做国际税法的研究，那时候我大二。然后大三的时候我加入百度广告创意部，是武大的学长吴静在那里担任副总裁，在他的团队里面我做的是管道创意相关的研究。其实从那时开始就已经开始跨专业，最开始做的是财会方面的，然后到大三做的是市场营销方面的。到大三，我学完社会学的课程之后，非常好奇很多关于学术和社会能够结合起来的一些现象，所以我加入了北大新媒体团队。我们这个团队是用学术的观点去解释社会的现实，每两周我们都要产出一篇原创的文章，在这个过程中非常好地锻炼了自己的逻辑思维和运用学术知识的能力。再到大四的时候我做的事情又跟以前不一样，大四的时候我是去做咨询。在华中地区没有很好的咨询公司，国际化的外企总部一般都放到了上海，我们就在武汉这个地区自己组建了一个跟全球像牛津、剑桥这样的知名高校合作的一个社团，然后我们就可以借助他们的一些培训方法和我们自己拓展的客户资源，来给一些跨国企业或者是初创公司，甚至是我们所服务过的世界500强做咨询。

典型/非典型商科学生

- 营销硕士，会计本科，自学传播学与社会学
- 曾与GE原亚洲区税务总监、原百度副总裁团队共同进退
- 担任两年北大新媒体原创作者，最高阅读量229万
- 国际化咨询团队联合创始人，服务过世界500强
- 3项"创青春""互联网+"金奖，现创办"小咖轻询"

图 3.1.16　姚佳鑫的学习和实习经历

　　除此之外，我也有四年三创的经历，非常幸运地在武汉大学的支持和培育下得了三项创新创业"互联网+"的金奖。其实每次都不好定义我的生活是怎样度过的，因为好像始终是没有边界地在探索。通常是完成一件事情之后，我往往都会不再重复性地去做自己已经学会的东西，而是每天都去学自己目前还不会的东西。所以这也是为什么我作为一名经管学生却想讲将科技和人文结合的话题，可能也是因为即使我们是学商科的学生，目前也想要不断地去挑战自己在科学这一块的底蕴，把我们这一块的能力给提升起来。

　　（2）决定创业的心路历程

　　其实在以前我跟现在很不一样，在三四年前，我并不是像今天这样能够去分享我上面所做的一些事情。在小的时候，我的生活大概是这样子的，就画画看书。左边是我小学二年级时画的一幅画（图 3.1.17），我特别喜欢，到现在一直还收藏在自己家里。因为小时候的生活状态很简单，在很小的时候每天画一画国画，然后看一看各种古典文学，没有太多其他的东西来干扰我自己。所以那个时候我根本想不到我现在会来学商科，还会去做不同领域的事情，那个时候我想象中美好的生活就是出世就好，不必入世。图 3.1.17 右是我小时候非常爱看的书，那时候爱看的书一般是中国的古典文学和外国的一些经典著作，比如像我小学四年级的时候看马尔克斯的魔幻现实主义小说《百年孤独》。那本书非常晦涩，它的祖孙三代又都是同一个人名，我当时看得也很头疼，但是看完之后却发现非常地沉浸于其中，然后从此对我开启了一个文学的世界。在那之前我一直都过着一种不可能像现在这样跨界的生活，包括在我的小学几年，差不多就是一年级做二年级的奥数题，二年级做三年级的奥数题，生活非常单纯，没有任何外面复杂纷繁的世界，就这样度过了我人生的前十几年，直到我来到大学。

图 3.1.17　姚佳鑫儿时的绘画作品和课余读物

最开始来到大学的时候我挺想证明自己，我如果想做一些别的事情我也可以做好，而不一定要像小时候一样循规蹈矩地去做。所以我在大学的时候才刚开始去尝试我所说的这些事，并且我为了想要证明自己能做好，就很认真地去做，最终结果通常也不错。但是到了大三，我学完社会学和一些传播学的课程之后，我发现"时空"这个词对我们的影响非常大，就像国家重点实验室这边也会有研究时空感知这类问题的学长、学姐或是老师、前辈。

我学完社会学的时候，我感受到了它的重要性，那就是我们每一个人的成长往往都是时空在影响着我们，无非是时间和空间。时间和空间在我们大脑里面就像一个虚拟的储物间，我们所有的记忆都储存在其中，我过往的一些关于童年的记忆束缚了我自己，因为它存储在我的时空中，使我一步一步可能循规蹈矩了很多年，然后在后面又渴望证明自己不再循规蹈矩，其实都是我有一个属于我自己的时空，使我成为今天的我。而各位也会有自己的一个时空，就像爱因斯坦他讲到每一个人都会有一个相对的时空一样，其实社会学也会去讲，那就是每个人所感觉到的时间和空间都是不一样的。

这是讲从我们这样一个学人文社科的同学眼中最开始是如何来看待时空这个问题的，当然在学理工科同学的眼中看待时空的方法可能会不一样，比如你们会用很多的方法去计算时空，包括我们现在也在学习交流方法，我们也想要从这样一种感性的认知将它转化为一种可量化的计算方式。但是像我们做的东西，跟我们所做的时空相关的一些想法，跟理工科不一样的是，我们非常关注的是"为什么"，而不是"是什么"。像国家重点实验室同学的很多文章，我们就会看到它非常注重一些很巧妙的新的算法优化，然后得出一个更加精确的结果，然后发现长三角、珠三角各自有什么样的特征，到这里就可以发一篇不错的文章，只要方法用得好，在前人的基础上有所优化就可以。但是我们看完之后通常就会想，为什么？为什么长三角和珠三角明明都是相似的国家政策在扶持它们，但是它们的发展结果会不一样，可能就是因为他们所处的区位不一样？他们所处的时空不一样？时空内生活的人不一样？时空内的社会记忆不一样？媒介记忆不一样？人们的认同感不一样？我们会去想究竟是上述的哪一个因素导致它们产生了各位同学所发现的长三角、珠三角在地理科学中这样一些有趣的现象。然后我们一些做人文社科的同学就会去思考，它究竟是为什么，我们就会顺着你们的思路进一步地去做我们的研究。

其实就是因为社会学这样一个启蒙，也加上接触到地理学科的一些启蒙，让我变得跟我之前所描述的十几年的生活不太一样，我更加敢去尝试新的东西，更加追求我接触的这么多领域，我最终究竟要以什么为生？我最终希望度过什么样的人生？可能看似我会有很多选择，但是我一直在寻找的是一个支点，那就是我可以选择好一个人生目标，然后为它做一辈子，但是我不会后悔。我上面所讲的咨询互联网广告创意等，它们可能是我现阶段人生的一个方向，但它不可能是我一生要为之奋斗的目标，因为我并不想一生只做一个广告人，一生只做一个创意人，可能我想一生应该追求一些更有意思的东西，所以我后面在跟同学接触到不同学科的知识之后，我发现我感兴趣的一点是我想去见识不同的人生，不同的思维方式，然后去塑造一个各种各样的自己，达到一种无我的状态。那就是我可以成为我想做的那一种人，但是我今天是这种人，或许下一个学期或明天我想要接触一个新的领域，那么我可以成为一个新的人，我的思维方式尽可能不被过往束缚。那么也就是在这个目标之下，我在现实中竟然找不到一份职业，可以让我去寄托我的这样一份情怀，因为无论你选择任何一个职业，都不可避免在资本的运作下，为社会贡献一个劳动力，很难去达到我刚刚所想的——"我可以成为我自己"这样一个状态。

所以即使我之前接触过三创的项目有好多年，但是到研究生的时候，我才觉得创业这件事是可以一直去做的事情，因为它可以让我接触到多元的人生，可能今天我是一个市场营销人，但是明天，公司出现了一点法律问题，我必须要马上去弄明白法律问题应该怎么解决，再到后天，我们的发展过程中可能会遇到技术问题也需要解决，我必须要明白需要找什么样的技术员可以去跟我们这个团队合作，能够把这个问题给攻克，所以创业是一件没有边界的事情，它可能更加符合我刚刚所设想的这样一个没有边界的人生状态。

（3）创业项目和创业过程中遇到的问题

我在读研究生的时候开始正经地去做了这样一个属于自己的创业项目，这个项目叫作

"小咖轻询"（图 3.1.18），可能有一部分同学之前接触过。

图 3.1.18 姚佳鑫的创业项目——小咖轻询

在我们的朋友圈里、空间里可能会有一些人物，一些武大的精英学子的访谈和他们的一些分享，其中可能有一部分是我们做的，我们把这些精英学子聚合起来，分享给全高校的所有的学生。可能像我们自己，因为比较活跃，会有很多很优秀的朋友，我一般有什么问题的时候直接在朋友圈里搜一搜就可以找到一个解决问题的人，但是我想现实生活中并不是所有人都是这样的，我们的生活中总是会有一堵无形的围墙，这堵围墙把我们从象牙塔和社会分隔开，这样的围墙无处不在，对于知识和经验也同样如此。所以在这样一个信念之下，我希望能够将我所拥有的所有东西，我所看到的一切，我所习以为常的那些资源分享给更多不同的学生，其中肯定会有一部分人平时跟这些圈子没有任何接触，是需要一些精英学子为他们服务的。

在这个过程中，我发现确实我最开始要考虑的事情太多了（图 3.1.19），比如说市场分析、营销创意、人脉资源、法律意识等。就以"AI 艺术珈"这一套作品为例，在我们2018 年毕业季刚把它创作出来并且宣传出去的时候，只花了七天时间，我们当时所署名的名称（落款）没办法再注册，他们提示我们说已经被注册为商标，我们就很诧异，因为一般注册一个商标需要一年的时间，怎么可能七天之内我们的东西就可以注册为商标？然后我们就托学法律的同学去查，查到"蚂蚁金服"在我们刚刚发完文章的第二天就去申请注册了，可能因为它是一个比较大的集团，所以只花了七天时间它就顺利地通过了注册，我们自己就没办法再使用这个落款，这是我在创业过程中踩的第一个坑，那就是法律意识太重要。我本身不是学法律的，但是从那之后我首先就找法学的博士加入我们的团队，因为意识到法律的重要性，到现在有任何法律问题，我不仅问他们这个问题怎么解决，我还会问一问这个问题为什么要这样解决，然后学一学法律人的思维。所以到现在像公司的一些合同，我基本上都能够比较规范地把它给理出来，或者进行修改，再拿去给法务看，基本上都没有什么问题。

其实就是因为踩过坑，所以才发现自己要去学习很多跨领域的知识，即使是以前已经有了复合学科的一些背景都还远远不够。再比如说我们的财务知识也非常重要。我自己还

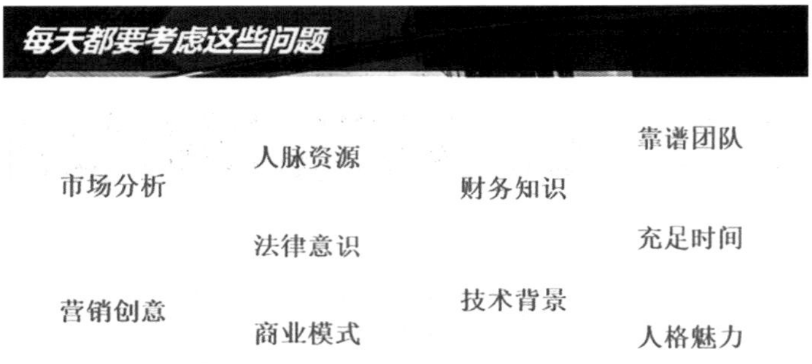

图 3.1.19　创业过程中需要考虑的问题

算幸运，因为我自己之前是学会计的，但是同样也会遇到一些坑。比如说我们要去拿财务融资的话，投资人第一句话就会问你计划："你认为这个项目值多少钱，计划之后要拿多少钱？"他这个简单的问题，在之前需要计算的是几千个数据，而且这几千个数据全部都是基于一些零星的线索预测出来的，但是这个预测过程能否去说服他呢？这都是我们在创业过程中不可避免会遇到的问题，所以创业还要懂财务。

除了这些，市场营销的专业知识也很必要，学商科的同学也不得不去了解技术，否则没有办法跟我们的开发人员沟通。所以创业这件事我觉得挺开心，也很新鲜，因为每一天我都能够去接触到一个新的学科，新的领域的知识，我不限于去接触到它，我更希望的是能够在创业的过程中学习到不同学科的思维方式，这样以后无论我选择做什么，至少我曾经对这些事情有所印象，原来我曾经在做某一件事情的时候就运用过它，那么上手就会快一些。比如说在创业过程中，股权应该怎么去分配？集中和分享会有什么样的问题？你的投资人会看你的哪一些方面？比如说他会在不同的阶段注重于看你的商业模式，财务情况。团队到每一个阶段都有自己不同的重心，这些是我们商科学生比较擅长的。

（4）不忘初心——心怀梦想，不忘人文

在这样一个创业的过程中，我发现自己在与商业打交道的过程中接触到了许多新鲜的事物，我也非常热爱这样的生活，但是我经常回想起我自己的初心，我还是会像当年那一个还在画画和看书的小女孩一样。图 3.1.20 是我在大一的时候，用便签写的这样一段话。我觉得到现在为止，即使已经做过了很多事情，看到很多并不天真，也并不单纯的事物，经历了一些无法出世，而是非常世俗的一些过程。我想即使是我现在选择创业，或者我选择去做一些有挑战性的科研，仍然是不忘初心，无非是希望能够在未来有一天过上我所写的这样的一种生活。比如说去一个幽静的森林和一个科学家、一个探险者为伴，去感受不同的精彩的人生，而至于它是美好，还是苦难，对于我而言都不太重要，它无非都是一种诗意的栖居。所以，其实生活改变了我，时空改变了我，但是只要不忘过去，我又觉得自己还没有被改变。虽然我是一个经历过商科，经历过学习理工科过程的人，但是回到最初应该是一个心中怀有梦想，不忘人文的学生，谢谢！

图 3.1.20 姚佳鑫大一时期写的一段话

主持人：感谢姚佳鑫为我们分享了她的奇妙生活，在武大兼容并包的土壤下，她一直以来都在做着自己想做的事，写作、运营、创业，并且都把它做得很好。今天最后一位嘉宾则是技术出身转战产品经理的赵望宇同学。赵望宇师从李必军教授，是测绘遥感国家重点实验室 2017 级研究生，参与无人驾驶环境感知研究，参加过多项国家自然科学基金项目与科研竞赛。现自主创业，领域为互联网咨询服务，负责产品设计与开发，曾获武汉大学"芙蓉学子""雷军奖学金""三好学生""优秀本科毕业生""优秀研究生新生"等荣誉，作为项目负责人开发出"小途测绘机器人"并获"互联网+"创新创业大赛全国银奖，全国大学生测绘学科竞赛等多项国家级一等奖。本期报告他将从他四年里三次参与全国创新创业大赛的实战经历出发，分享其在理工科上以商社科思维碰撞视野融合中的沉淀与成长，下面就让我们以热烈的掌声有请赵望宇。

赵望宇：大家好！很高兴今天能够过来这边做一个汇报，其实本来早就应该有机会过来，当时是 Café 那边联系到我们组，想让我们组过来分享一下我们做的无人车，我们老师说让我去讲，我说我连方向盘都捏不稳，还是讲不了，那次报告就是我们李老师过来做的分享。这次也是比较有幸在武大这样一个人文与科技并济的环境下，通过 *Science* 武大校庆特刊封面和大家相识，并且能够通过今天的分享成为朋友。

4. 在高压中前行，创业教给我的三个道理

（1）自我介绍

我就想通过自己的一些经历让大家了解我，然后我们一起成为朋友。首先简单地自我介绍一下，我叫赵望宇，同时给自己起了个英文名叫 AjackZhao，因为我的偶像是马云，他叫 Jack Ma，我就模仿一下，但是不能太像，就加了个 A。我们组是在做自动驾驶环境感知方面的事情，而我自己的研究方向是计算机视觉方面，所以才有机缘做了"AI 艺术珈"。

我本科也是武大的，从大二开始做三创的事情，也正是因为武大的这种三创的精神土

壤文化，让我一步步地走到了今天这样的状态。今天看到彭敏老师分享了很多她自己的非工科的经历，其实我也很有共鸣，因为我自己也是这样一个人。我从小学的时候开始学吉他，然后高中就有乐队，大学玩了四年乐队，这也是我一直非常引以为傲的一件事情。每次去分享我都要把那些图片带上，这是我们在学校的梅操，这是我们在光谷的 VOX 酒吧，这是我们的团队，我们的乐队（图 3.1.21）。不管是在追逐雷军还是窦校长这些大佬（图3.1.21）的过程中，我始终饱含着激情。

图 3.1.21 赵望宇的学习生活和乐队经历

其实小学的时候我不是自愿去学琴的，那时琴都比我高，我拿都拿不稳，我爸就跟我说，这个是爱情的冲锋枪，你要学好它，以后对你有用。其实我当时也不知道什么是爱情，我就记得冲锋枪，感觉很酷，所以就一直把这件事情坚持了下来。我发现我实际上也不是一个很典型的理工科生，因为我总是喜欢做一些很酷的事情。比如做点名画，用 AI 做一做摇滚乐，这都是我平时的一些小兴趣。

（2）关于创业的感悟

今天的话也比较接地气一点，和大家分享一下自己的一些创业的感悟，也是通过自己的一些经验，能够给各位之后创业提供一点帮助。我会从一些我个人在实际创业过程中遇到的困难讲起，然后把自己的一些见解带给大家，希望对大家有一些帮助。可能自己也做了四年的三创，觉得实践应该和实战差不了多少，亲自去接触这件事情，才发现其实不是那么回事。

首先第一件事情就是懂得踏实和坚持。其实这两个词我们从小学的时候就一直被灌输——我们做事要踏实，做事要坚持。其实真的不是这样子的，只有你确实是不得不去做的时候，你才会明白这两个词的含义。踏实就是不管是大事还是小事，不管是情愿还是不情愿，你都必须踏踏实实、认认真真地做完，这个就是踏实的解释。当时刚创业的时候公司没有注册，团队没有，技术没有，什么都没有，我自己一个人要每天坐地铁从这儿坐到螃蟹岬，去排队。去注册公司的时候，要跟社会上各种奇奇怪怪的人打交道。有时候你跟他讲道理也讲不通，他就是要拖你一下，你也没有办法。包括团队里面也是我自己敲代码，但是没有产品经理，我得去画原型，得去做界面，还要进行测试，有时候测到了凌晨四五点，当时产品刚上线的时候，我们基本上也是熬了几天夜，根本就睡不着。其实我不懂开发的，但是我的老板姚总她以为我们敲代码的应该都相通，你做开发应该就是敲代码，程序员都应该知道。其实我根本不知道，我只知道算法过程是什么样子，但是开发都是基于框架，基于一些现有的轮子来做的，但是我也不能说不，我说不了，她就看不起我，说你们理工科这都搞不定啊。所以从这点点滴滴我发现了确实要踏实，包括一开始选择创业也是，我开始的时候觉得很酷，可能有些人觉得应该是可以 make money（赚钱），可以迎娶白富美，走向人生巅峰，其实不是这样，它归根到底就是做生意。你要实际地去分析你的客户，去做市场分析，做市场调研，知道问题在哪里，你要解决什么需求，创造什么价值，帮助别人实现什么样子的期望。

坚持，其实我觉得我并不像姚总一样一直想去追求自己，想要去为这么一个终极目标奋斗下去的人。因为创业没有尽头，就是你一旦确定了你要做这件事情之后，就没有 deadline，按以前大家做比赛都是 12 月 30 日，我们把这个作品交了，后面就可以休息了是吧？但是创业没有，做完一件事情有下一件事情，我们离最终的目标越来越远，我们的速度越来越慢，随着团队越来越大，做的东西越来越多，很多东西都要精细化，每天在沟通，在各种执行上花了大量的时间，我有时候是能够体会以前革命先烈的，他们为了一个终极的目标，不管是什么样子，都义无反顾地奋斗下去，觉得他们还是很伟大的。包括前两天习近平总书记在我们的改革开放四十周年上说："在中国人民手中，不可能成为了可能。"我的民族自豪感一下子就爆发了，结合我这段时间的一些经历，觉得还是挺赞成这句话的。

第二点，拥抱不确定，脱离舒适区。实际上从这一点，我学到了一个非常好的东西，那就是商科思维。什么是商科思维？大家都觉得这是商科学生特有的，不是的。他们有一个观点，就是对于事情来说，他们是结合的，他们是先明确想要达到什么目的，然后来反推这个事情应该怎么去做到。我们理工科不是，我们会基于自己有什么技术，有什么东西，正向推导这个东西能达到什么境界，达到什么程度。这样其实不行，因为你联想的东西太有限了，人家都说办法总比困难多，而他们是直面困难，我们是想一个什么办法，所以他们的商科思维是自顶向下的，而我们就比较踏实，我们是自底向上的。其实在算法层面上来说，自顶向下应该也是比自底向上要好得多。

为什么要讲不确定和舒适区？不确定带来的是什么？是焦虑和不安。我每天没事情，就在操场上走路，我也不知道有时候到底多少圈，因为感到迷茫，不知道我的方向是什么？有很多种选择，但是我通过现有的手上的一些数据，通过我的这种产品上反映的数据，我没办法去决策，我接下来做哪一步是正确的，但我要对整个团队负责，并且这个事情又逼得你必须要去尽快地做一个决定，有时候人都会非常不安，为什么会不安？其实可以从两个层面上来讲，第一个是我们的遗传层面，我们的祖先以前面对大自然的那种恐惧，对于未知的事情都是非常恐惧的，已经遗传到我们现在对于一些不确定的事情恐惧感就非常得高；第二个基本上是基于我们中国学生的一个最大的弊端，我们从小就接受了标准化的教育。我们做任何事情都会有标准化的答案，最后会给我们极大的舒适，也就是说任何的事情，任何的过程，它总会有一个一定的结果，但创业不是，创业的结果有 N 的 N 次方种，所以在没有这种标准时，我就没有办法去很快适应这样的生活。所以我就非常焦虑，那怎么办呢？就像太极里面的概念，四两拨千斤，我需要转化，我就逼着自己变化，然后我发现了一个非常有意思的事情，为什么那些人说要脱离出去？因为我觉得通过改变自己，我发现我比我自己要更好。因为我不懂市场我就去学市场，然后我发现我用市场结合技术，我做数据分析。我不懂运营传播我就去学，我发现什么样子的标题，什么样的方式能够最不可能引起别人抱怨，所以我就找到了做很多东西的窍门。

这个就是我自己以前不敢突破的事，我自己觉得这个事情搞不定，后面我发现其实一个人真正的影响或者说那些伟人、领袖们真正的价值是什么，是他们的思想。为什么我们的邓小平书记是改革开放总设计师？因为他们敢于想象，敢于实践，并且有强大的内心去克服困难，所以他们成就了伟人，成就了一番伟大的事业。这是我从我的创业中，从这种不确定性中学到的第二点，那就是拥抱变化，去积极地改变你自己，挑战自己。其实没有什么搞不定的，只要你通过积累，通过去尝试，去修炼你自己的认知框架，很多事情都是触类旁通的，包括接手的不管是 Google 还是百度，马上你能 get 这个东西基于什么东西。

第三点，就是永远保持谦逊，持续学习。我最膨胀的时候是我大三的时候，那时候奖拿得特别多，"走在路上我都不知道我是谁"，就是这种感觉。因为当时我是我们学院第一批开始认真搞编程的人，也是每天学到晚上两三点，各种比赛就会围绕着你转，因为当时特别缺技术。老师也是给了我特别多的机会，现在就有第二届"互联网+"拿了国赛金奖的 Insta360，做全景相机的那个，是我大二就做过的项目。

自己当时还是很膨胀的，后来创业之后发现原来我还有这么多东西都不会，或者说是我跟资本去打交道的时候，发现自己这么稚嫩，以前我觉得这个模式很好，包括我现在做"小咖轻询"这样的事情，觉得很不错，但是别人问你三个问题，高频吗？刚需吗？普适吗？三连掌，我根本答不上来。因为其实商业创业可能就是简单地做生意，如何赚大钱，就是找到那些高频，那些普适，那些刚需的事情。

为什么大家疯狂地投钱，因为我们要打车，我们要出行，因为私家车越来越多了，如果通过这种互联网配置的方式，能够极大地便利这种公共出行的方式，淘宝为什么给 CV 那么多钱？这些东西投的什么？投的是赛道，电子商务在信息时代一定是趋势。贸易让我们的生活变得更好，应该精确一点说，这个肯定就是我们日常的事情，所以大家都疯狂地做这些事情，事情被做完了做啥呢？我们做一些小而美，或者是别人看不上，觉得不太可能的事情，有难度，但是也有希望，只要我们能够保持谦逊，我们站在巨人的肩膀上。我们只有站在别人的肩膀上成就一些好的事情，因为这样的话你就可以看得比他更远，或者说之前他的那些东西就会内化成你的东西。

人家说你要月薪百万，那你就跟月薪百万的人一起玩，你多学习，从他们身上你会学到很多思维方式，你就能够渐渐地学会学习，最终成为他们那样的人，"近朱者赤，近墨者黑"，其实中国的智慧很伟大，但是它没有把伟大之处讲出来，伟大之处就在这里，为什么和那群人在一起，我们就不断被内化；也就是说不要和打游戏，或者天天在宿舍睡懒觉的人在一起，你也会跟他们一样的。基本上就是以上三点，我从创业中学到的一些感悟，因为前面也讲得比较多了，就讲得简单一些。

现在跟大家介绍一下我做的这件事情，一个初衷就是我也是通过自己不断地听学长学姐们的这种分享，走到今天。但是有些同学可能不是武大的，他可能就不能很好地获得这种机会，或者有位教授今天分享你可能听不到了，怎么办呢？我就做一个平台，把这些人放到我们平台上，可以随时随地就你自己的时间方便去联系他们。这样的话，就极大化地给那些想要提高自己的人一些机会、一些平台和一些渠道。

最后要分享两句版本的话，这也是我前两天在朋友圈看到的：成功有五大要素，版本一是"高人指点、贵人相助、小人监督、个人努力、菩萨保佑"；版本二是"一命、二运、三风水、四积阴德、五读书"。既尴尬又现实，或者看了以后还会苦笑两声，确实很真实。其实没有必要去追寻成功是什么，成功可能就是成为更好的自己。我们只要能够尽自己的所能，能够为社会创造一点价值，我觉得这就够了，因为我会回想到那些老一辈的革命先烈，他们其实为我们现在的幸福铺垫了很多自己的血肉，但我们今天还非常浮躁，觉得我自己必须要成为千万亿万富翁才能够算是一个成功的人，其实真的不是，我觉得通过这种不断的努力一点一点沉淀自己就是平凡而伟大的。最后一句（图 3.1.22）是我很喜欢的一句歌词。我觉得人生有很多途径，不管哪一种方法，沿途的风景才是我们最大的收获。

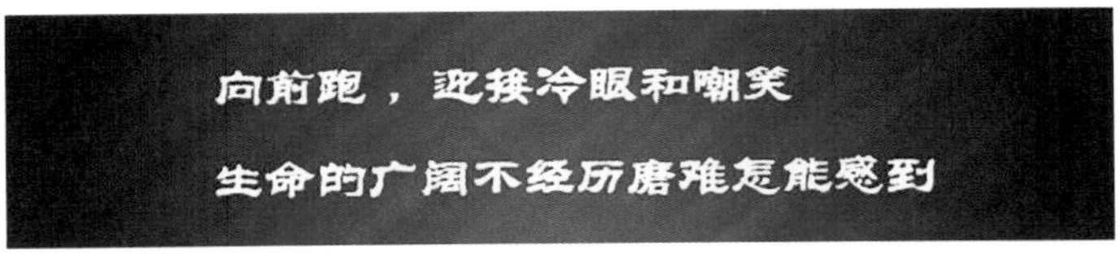

图 3.1.22 赵望宇最喜欢的一句歌词

【互动交流】

主持人：感谢赵望宇同学以交朋友为导向的一个分享。以上我们三位嘉宾的分享都已经结束了，那么下面就是自由交流提问的环节，大家对刚才嘉宾分享所涉及的一些内容，想要与他们交流的，欢迎大家提问。

提问人一：我想问一下彭教授关于您刚才提到的租用 GPU 问题。

彭敏：我们之前开发"小爱同学"产品用的是小米和人工智能语音平台上面的，但是发现又慢又贵，现在准备租用阿里云，价格虽然差不多，但是相应比较商业化，而且阿里云看内存，普通的 GPU 租个 8G 内存不算很贵，但是项目需要租 32G，租 4 个节点，3 整年需要 16 万。

提问人二：我也想问一下彭老师对于在切换兴趣和科研之间的状态有没有什么好的经验？因为我一般会有一个很长的过渡期无法静下心来。

彭敏：我觉得还是看个人的，但是也有一定的原则。时间是一个海绵，看你用在哪里，如果说朋友圈对你很重要，你可以花时间，但调整能力是作为武大学生必备的。换句话说就是你做每件事，尤其是在这么珍贵的三年的硕士期间要非常高效地分配你的时间。比如像我确实是花了很多时间在摄影上。但我希望我的生活是这两个东西都可以做得很好，而且我一定要是在工作上尽了全力的情况下，再去做自己特别爱做的事情。并且科研是我的职业，不是我的负担，基于这个原则，剩下时间我基本上都会留给摄影。所以说我们的时间还是要自己有目的地去控制。

提问人三：老师，刚刚提到您也是转的计算机，而我现在是大四，以后可能会转成做大数据。请问老师是在本科期间就已经涉及大量计算机基础课，还是说老师在当时刚开始读研做科研的时候会有强大的压力呢？

彭敏：转专业肯定会需要比科班出身的更努力，但是可以扬长避短，比如说在组里我的物理好，可以做较多的理论研究比如算法，对于纵向搞研究的，我很感兴趣，然而对于系统化的方面我会和别人合作，我们团队现在这个方面已经配合得很不错了，所以对于你的大数据方向，需要做理论的时候你可以发挥自己的强项，这样就不会感到有很大的压力了。

提问人四：我想请问一下赵望宇，你们对于产品价值的理解是什么？

赵望宇：我就借这个问题谈一下自己的价值观，我认为是感恩，因为当时我也是受到很多学长学姐的启发和经验，一步一步达到了现在这个状态，而现在很多学弟学妹没有办法享受到这样一个平台，所以我希望可以为他们搭建这样一个平台，让他们也可以在自己的成长过程中得到我曾经得到过的启发。

（主持：龚婧；摄影：卢祥晨、董佳丹、杨婧如；录音稿整理：董佳丹；校对：刘骁、修田雨）

3.2 信息革命的传播学解释

摘要：2018 年 1 月 12 日，武汉大学新闻与传播学院李小曼副教授做客 GeoScience Café 第 185 期学术交流活动，带领我们从传播学的角度重新认识了这个时代，这场信息革命。讲座内容既有深度又贴近生活，为我们今后在升学、就业等方面选择的决策提供了新的观点和思路。

【报告现场】

主持人：大家好，我是今天的主持人杨支羽，很高兴为大家主持 GeoScience Café 第 185 期。今天我们请到的嘉宾是武汉大学新闻传播学院副教授、武汉大学公共管理学科，社会保障专业博士后，中国儿童安全与发展保障研究所主任李小曼老师，她主持研发拥有自主知识产权的中国儿童成长安全体验教育系统，出版著作《中国十五大传媒集团产业报告》，承担参与国家省部级科研项目 21 项，发表相关论文与咨询报告 31 篇，下面就让我们以热烈的掌声有请李小曼老师给我们带来讲座。

李小曼：主持人和你们这个活动的组织者非常细心，今天之前就跟我联系了，但是我没有带来 PPT。因为今天跟各位是以讲座和分享的形式交流，所以我不主张用 PPT 来讲知识点。因为我们出身于不同的学科，所以借助这样一个宝贵的机会，我更想跟大家分享：对于这个不断变化的时代，我们有哪些方法去认知这样一个世界？我们怎样去抓住本质？我想跟大家谈一下我的体会，所以不用 PPT 的形式。

在今天的分享中，我想跟大家谈我的三个体会。首先，我给大家讲一个故事，通过这个故事我想跟大家讨论：如何面对这样一个根本变化的时代，因为每个人都有新的变化。在两年前，我的一个硕士去找工作，当时某互联网企业以非常高的薪资来聘请我的学生，我当时提示他：虽然今天它的薪水很高(当时该企业的薪水是胜于 BAT 的)，但是这个企业你不一定要去。我的学生因为很相信我，所以没有去。后来这家企业果真在商海中沉没，我的学生跑来问我，他说："老师你为什么当时会坚决反对我去？"我说原因很简单，所有企业的发展不是一天的事，它是一个持久的事情。企业需要可持续发展就是这个道理，也就是说一天闪亮没有意义，需要在时间的长河中数十年闪亮。

那么我们如何判断一个企业是否真正具有可持续发展的能力？唯有时间的长河。比如刚谈到的这个企业。这个企业的整个发展历程，从它呱呱坠地，从一个小宝宝开始成长成一个青年，它都没有经过一个经济周期。一个经济周期都没有经历过的话，那么我们是不足以去判断这个企业它到底是不是一个成功优秀的企业。并且从它在这几年的发展来说，其实这个企业基本上是没有发展规律的。比如说最早该企业在做视频领域的时候，它刚刚成立，那时候是非常棒的。原因很简单，就是在当时所有的视频网站中，它是唯一没有劣质广告的。视频的本质是传播有内容的东西。一开始它的基因很好，内容资源非常优质，所以说这个企业从成长性上来说不错。但是两年之后就可以看到，它以一种规模化速度扩张，在一年之内和多个广播电视产业集团达成了战略合作。当时我就觉得这个事搞不得，为什么？它自己都还没有搞出实力，怎么可以去做这种规模化扩张？最后一定会给企业带来诸多的问题。无论是从产品的生产路径来说，还是从它的原始要素的积累，以及它的价值的增值来说，这都是搞不得的。

但是过了一段时间，我又发现该企业似乎要比别的企业更早地拥有对于优质内容这一概念的关注，因为它请了当时传统媒体非常优秀的人去做它的总监。当时我就觉得，难道它会比别的企业更深刻地明白：其实这个时代，互联网技术所带来的根本的变化，从某种程度上来说不是技术革命，而是信息革命。它难道真的发现了这个秘密吗？但是事实上，我当时就已经产生了疑惑，为什么？从这家企业三个关键的发展举措就可以看到，其实它不太有规律，我们很难能梳理出它的规律，它到底是经验型还是创新型。后来一段时间又出现了四件事情，就是做无人汽车。做无人汽车这个事情，换句话说，基本上就是在做泡沫。为什么？因为无人驾驶技术作为未来的技术它一定是颠覆性的，但是目前就社会应用上来说它还只是实验室的研究成果。对于我们这一代学者或者对于我们这一代能够为社会作出贡献的建设者来说，我们的本质使命是要让那些闪耀着熠熠光彩的朴素的技术，朴素的科学精神能够更加广泛地实现社会应用。只有当它实现了社会应用，我们每个人可以享受到技术的价值的时候，这样的技术才真正具有社会意义。这一步，就无人驾驶来说，现在还没有实现。那么，在没有实现的时候，匆匆就打出了概念牌，只能意味着这个企业还是做泡沫！

所以两年前正好我的学生求职，我就跟他说你不要去，这个企业要不了多久就垮。该企业现在真的垮了。这个例子直接说明了一个问题：我们常常说这个时代是一个万物生长的时代，但是在今天，万物生长常常表现出万物乱长。在座的各位是年轻的一代，我常常会觉得你们这一代才是真正具有生命力的。因为你们脚踏的大地，它真的可以实现最本质的进化。我们永远只能够做增量的事情，但是你们可以改变世界。恰恰是因为在你们的身上所承担的责任是改变世界，那么我尤其认为，你们可能更应该具有一双慧眼。这个时代，万物乱长是什么？现象是什么？而现象背后那永恒不变的朴素的道理又是什么？我等会儿会给大家讲一个小故事，跟这里有一点关系，由这个故事跟大家分享我的体会：就是这个世界怎么变不重要，重要的是它那样的一个朴素的道理并没有变。我们的使命是什么？而我们的方法是什么？

我想跟大家分享的第二点是我的本行，也就是信息革命的传播学解释。主持人曾经跟我做了很深入的探讨，她问："您说的这个传播学解释是您的学科领域内的专门术语，我们可不可以把它理解成为某些东西?"我说都可以。我们所谈到的所有的现象都是关乎信息的。我刚才已经强调,这一次信息技术革命最本质的概念是什么?是技术。这样一个朴素科学精神的工具的价值表现是什么?它所直接带给这个世界的变化是什么?就是信息的变化。信息只是抽象概念,信息的结果是什么?就是我们每个人发生了改变。所以凡是跟人有关的改变,事实上都是这场技术变革所带来的结果。因此当主持人在谈到某些东西,比如说网红,比如说内容,比如说体验,这所有的一切都跟信息相关。

什么叫作信息?信息本质上指的是什么?最后一个猴子从树上跳到地上,变成了人。人和猴子最大的不同就在于人能够有意识、有规律地体验周围的环境。这个规律是什么?最初是用眼睛看,后来它会发出声音,跟心跳的速度是一样的。声音到今天最高级的形式是什么?就是艺术,就是音乐。再然后,光说不行,还要写字。字最早是什么?是图像。图像太过复杂,于是不同的部落又把它变成具有自己部落特征的图像,这就是最早的文字。这一切我们都会把它认为是作为一个跟猴子所不一样的人,对周围环境的认知和体验,这就是信息。也就是说,当一个人从不知道到知道,这就叫作信息。从不知道到知道是什么,就是我们作为每一个个体,作为人类,对周围环境的体验。

当我讲到这一点的时候,大家就会比较清楚地理解到,我们最喜欢说的:"噢,未来是一个体验的时代"中的"体验"这个词并不复杂,就是我们对世界的认知和表达。这个表达认知就是通过信息这个工具表现出来的,所以我说技术革命最本质的改变,我们每天都在经历的现象,首先是信息在发生变化。因此我对主持人说,当我们看到这场技术变革时,为什么首先我想从传播学来做一个解释?因为事实上这场技术变革产生的最根本的影响,首先发生的就是信息,而信息就是传播学研究的最本质的东西。前面提到过,我在这里跟在座各位不是做知识点的讲述。当我们作为技术大神,非常厉害,懂得技术的时候,我们可不可以更加厉害一点?更加厉害一点是什么?事实上就是跨越自己的领域。对于传播学来说也是这样。事实上我对于会做技术的人,是一定是要竖起大拇指的。人类作为一个群体来说,只有少数的人才是属于真正能够承担技术实力的,各位很了不起。可是当我发现,原来很了不起的老一辈,很了不起的年轻一代的技术大神们也同样有这个困惑的时候,我更想跟大家来分享,在我的学科领域我所体会到的技术到底是什么?这个技术真正的意义是什么?而这个复杂的意义背后最简单的一个社会事实是什么?

我想讲的第三个问题是,在讲完我对信息技术革命做传播学的解释之后,我想跟大家分享的是什么?所有的现象其实不重要,所有的方法其实也不重要。我们这个时代最本质的改变是什么?我们说它是关乎人类进化的改变,或者换句话来说,这个改变的本质意味着什么?几千年来,我们其实都是在一个经验时代不断往前走。社会的变迁可能只是在一个既有的逻辑框架下去寻找方法,从而更快地提高绩效。但在今天,我们每一个人都被装在其中的这个瓶子中,这个瓶子本身发生了改变。不是所有的技术革命都关乎进化,但是这一次革命关乎人类的本质,人类可能因为这场技术而变成完全不同的物种。

前段时间有一篇文章叫作《人们只知大势将至,人们不知未来》。这篇文章的主要核心是讨论人类和机器人的博弈,讨论人类会不会被机器人灭绝。首先,我也认为大势确实已经到来，未来也已经到来。但是我一点都不认同我们人类和机器人之间的博弈，我认为这样的讨论是没有意义的。为什么没有意义？因为从人类自身而言，对自身的探寻才20%而已，就是我们的神经元。我们对自身决定人类本质智慧的东西，我们都只有20%的了解，那么这20%所生出的结果——机器人，它意味着什么？它永远不可能使人类灭亡。倘若人类灭亡，一定是人类将自己灭亡，完成了对自己的自杀。机器人今天之所以变得非常厉害，根本上是因为，这个技术出现的第一天就伴随着商业应用。互联网信息技术革命是在 20 世纪 70 年代，首先在美国被作为一个重要的技术制度产生社会应用。作为一个全新的技术，它最早是出现在一个广播电视商业计划书中。为什么我非常强调它的出现？因为这个报告里面有两个词，第一个词叫作广播电视技术，第二个词叫作商业报告。它决定了这场技术还是个婴儿的时候，它是以什么样的面目所出现的。什么样的面目呢？它本质就是商品。恰恰是因为它与商业的耦合使得它所有的技术都更为快速地被制度所支持，在社会上产生了广泛的意义。这就是这场技术最本质的 DNA。这个 DNA 决定了什么？技术并不一定是商品。我们今天讨论的隐私问题，在我看来基本上是拔着自己的头发离开地面。为什么？毫无隐私可言。因为当隐私被用作技术，也就是我们所说的数据之后，它早就变成商品了。事实上技术未必会是商品。它可能是什么？前段时间某互联网企业的安全总监在朋友圈里发了一条消息，说通过它的人工智能技术解决了很大一部分失智老人的出行障碍问题。听到这个消息，我的内心特别激动。技术可以是商人，技术也同样可以有情有义。今天之所以存在着人类和机器人的博弈，不过就是因为机器人的技术从第一天开始就不可避免地走上商业的道路。那么我为什么对人类不会被机器人打败充满信心？因为人类的自身、人性的自身不全是商业。我们可能也会期待有新的救世主出来，也许当人类不可避免地走向灭亡的时候，会产生人类自身的反思！或者换句话说，在那一天也许突然会出现道德之剑高悬于人类之上！

当机器人出现，阿尔法战胜了围棋国手的时候，在那一瞬间我就在想，这般霹雳一样的照亮夜空的时代应该会出现。原因很简单，当阿尔法战胜人类的时候，当我们所有的人都在津津乐道到底是 AI 机器人厉害，还是人类厉害的时候，我常常会觉得讨论这个问题是在浪费时间。因为这是一个无解的问题。与其花时间讨论到底谁更厉害，不如来看一看机器人最厉害的是什么。就是各位所做的，就是学习！它有反复学习的能力。当它记住了一个棋谱，它就能够永久地记住。当它记住两个棋谱的时候，它就能够记住无限的棋谱。我们为什么不可以学习这一点？如果学习到这一点，与其喋喋不休，不如把阿尔法的技术用来解决那些尚未解决的问题。什么样的问题？阿尔法机器人最本质的技术，完全可以为一些社会的群体，比如说自闭儿童（自闭儿最缺乏的就是技术辅助的反复学习）作一点贡献。麻省理工学院（MIT）的媒介融合技术实验室，多年前就开始致力于做这些事情。当我们的技术能够真正帮助这些普通人解决那些在此前由于没有技术保障而无法解决的问题时，技术是有情有义的。所以当我看到这样一场争论的时候，我觉得没有任何意义。人类只知大势将至，人类只知道未来已来，这个未来已来，真正来到的是什么？就是我们的智能技术，就是各位所做的。因为这样的技术，我们真正能够实现万物融合。

万物融合并不仅仅是由于今天我们所在的学科非常局限。哪一个学科最喜欢看到万物融合？就是学传播的，学媒介的。我们常常会说一切皆为媒体，媒体皆为一切。事实上，作为一个传播学研究者来说，我从来不说这句话，为什么？万物融合远远不止所有万物，即人类所使用的所有的东西，都成了平台，不再有壁垒。这只是那口井里边很小的一点。真正的万物融合是什么？就是在半年前的一个黑科技：眼睛一眨，电视机就开，眼睛一眨，电视机又关。我常常跟我的学生说，你们不要再去开发手机了，未来不会有手机。为什么？因为手机就是遥控器，它是工具。当我们还必须通过遥控器去体验世界的时候，我们是受到了工具性的限制。互联网技术的本质就是不断地让我们拥有更方便的工具，不断地让我们打破工具性的限制，所以手机一定会消失。最后，当这种有形的工具消失的时候，我们只要一睁眼电视机就开，我们只要一瞪眼电视机就关，因为我们的身上有芯片，例如现在的可穿戴产品。这个芯片意味着什么？这才是我所说的真正的万物相融。即人类这一物种和其他的物种相融了，这才是我们所说的真正的万物互联和万物互融。我们的感知、情绪，我们的喜怒哀乐，可以被一个元器件精准地测量和反馈实时数据。冷冰冰的工具、冷冰冰的数据能够表达我们的体验。那么那个时候人类一定不是今天的人类，因为这从本质上克服了人类既有的生物性。所以我说在那一天我们才真正进入了万物互联。当我们来到这一天，也就是我今天所说的，今天的这场技术革命，它最本质改变的不是具体方法层面的问题，不是我们所说的工具技巧，甚至不是我们所津津乐道的产业。互联网信息技术革命从来不是为了红包，从来不是为了外卖平台这样的商业模式而生的。因为这些商业模式是在既有的经验框架下，也就是资源配置的方式下，将其中交易流通消费的某个环节优化，它并没有跳脱我们既有的市场规律。互联网技术是为明天而生的，是用来解决今天我们解决不了的问题。它一定不是为了共享单车，为了送外卖，为了红包。如我所说，我们每个人都被装在一个瓶子里，而这个瓶子本身发生了变化。未来我们是一片云。未来和今天最大的变化就是因为实时共享的技术，我们克服了时空这一人类最为本质的物种性。也就是说，我们一直受到时间和空间的约束。互联网技术和万物互融的本质就在于使得我们克服了时间和空间，所以人类会变成另外一个物种，这就是我说的人类技能。倘若我们人类进化的本质是物种本质属性的改变，那么我们当然不应该将我们的眼光仅仅囿于现实社会所存在的若干现象上。那么如何充满好奇心地知道我们真正能够前往的星辰大海是什么？这是我想跟各位所分享的第三个问题。

1. 万物乱长的时代

首先我跟各位分享第一个问题，我想跟大家讲一个故事。日本电通是全球最大的广告公司，存在了100年。一个存在了100年迄今依然是全球最大的单体广告公司，一定有诸多的奋斗建设的经验值得我们学习。当时这个企业参与教育部一个项目，他们到武大来交流，他们重点参观的实验室，就是我们国家重点实验室。我们就在这个地方做过一个茶话会。当时我的体会非常强烈。为什么非常强烈？2011年我在东京研修时去过电通。对于这样的一个先进的企业，学习它的先进性是我们作为学者的理性自觉。当我从电通离开的时候，电通的同事请我吃了一顿午餐。他当时跟我说了一段话，他说："小曼教授我要送你一件礼物"，后来他拿出了一支圆珠笔。他说："小曼教授，我想将我最宝贵的经验教给你"。他说："你可不要小看这支圆珠笔，这支圆珠笔是去年（2010 年）影响了全日本市场的产品。你是做产品设计、营销传播的。我想告诉你的是，做得更好的标杆是什么？就在这支圆珠笔上。"后来我就把这支圆珠笔拿过来。大家可以回想一下，小时候念书最早用的是铅笔，后来有钢笔，同时还有圆珠笔。铅笔字写错了，还有橡皮擦。钢笔字写错了，也有橡皮擦，擦圆珠笔的字，用什么橡皮擦？用钢笔的橡皮擦？这些圆珠笔成了产品设计的标杆，并且开拓了一个市场。市场的开拓其实是很难的，因为当我们不断地去挖掘市场的时候，消费者的需求其实常常不能够转化为消费品，它也不愿意转化为消费品，所以大部分市场最后都会变成一个激烈竞争的存量市场，启动一个新市场非常难。这么一支小小的圆珠笔，它跟以前所有的圆珠笔有什么不同？他告诉我："当我们用笔的时候，我们常常想到的是铅笔，有擦铅笔的橡皮，钢笔，有擦钢笔的橡皮。唯独没有人专门想过一个简单的问题，当我们用圆珠笔的时候，有没有专门用于擦圆珠笔印的橡皮？"他送给我的这支圆珠笔，头上就有一个专门用来擦圆珠笔字迹的橡皮。他就用这个例子告诉我，这个产品很简单，但是它就是一个根本的思维方式。他说："小曼教授，因为我觉得你可以做出科研，所以我很想把我数十年来的经验跟你分享。当我们要真正地使自己所做的事情有意义，要真正地能够不断地向着天空去生长的时候，我们只需要做一件事情，就是不断地去突破自己思维的局限。"这些朴素的道理其实也是今天我站在这里的原因。当我们夜以继日每天都习惯在一个场景中，在一个结构中生活的时候，我们常常会失去一种生命力，这时我们需要跳出这个结构，跳出这样的惯性思维。对于科学研究，尤其是对于如何从变化中发现规律，最有效的方法是什么？就是不断地否定自己，不断地反思，不断地突破自己思维的局限。

一个企业能够存在 10 年以上，这个企业一定有值得我们学习的地方。当时那个电通的高管跟我说，最本质的学习方法就在于不断突破自己思维的局限。从日本回来之后，我始终用这样的方法反思。我越来越体会到，对于这个变化的世界，我是有信心的。我常常会觉得自己可以充满好奇心地与这个世界津津乐道，兴高采烈地交手。原因在哪里？因为我慢慢琢磨出一个方法，每一天我都是初学者，每一天我都从零开始学，只有每一天都是从零开始学，你才可以学到无限。这个就是我所理解的从 0 到 1，从 0 到 1 的本质不是由 0 变成了 1，也不是某种计量的方法、某种标准，从 0 到 1 意味着从没有到无限。当我用这样的方法再来看这几年时代的变化和世界的变化的时候，我常常更加深刻地体会到，事实上，我们不需要花太多的时间浪费在那些今天有明天就消失的现象上。我们首先要做到的是越过这些不断变化的现象，去找到一个永恒不变的朴素的真理。这个真理是什么？就是我刚才所说的。

由于我在电通有几年的学习经历，所以我当时领着教育局和电通的人来遥感实验室参观。电通的人当时说："你们的遥感技术太厉害了，这个实验室太震撼，世界第一。"我说世界第一不是排名，排名一点都不重要，因为所有的排名都是主观的。怎么去认知排名？

我今天刚刚给我的硕士做了心理疏导，因为这个硕士英语没有考好，只考了 C，他可能评不了奖学金。我这么疏导他：如果你读到硕士还以奖学金作为衡量你够不够优秀的标准，认为拿不到奖学金就意味着不够优秀，那么我唾弃你，你最好不要进我的师门。因为奖学金只是应试教育的一个标准，有些事情 60 分就够了，但是有些事情是值得我们全力以赴的。所以当我参观遥感实验室时，尽管对敦煌壁画数字复原再造是一个非常朴素的技术，但是我觉得它的力量是无穷的。我觉得，你们今天真正要去做的技术是什么？不是怎么样做电商。这个时代是唯一的一次，全球所有的人都是在零起点上，那么你们本身已经站在了最高的技术平台，你们是有责任让这种最好的技术始终居于最强的位置。为什么？我刚才说我们这个时代最本质的变化是什么？当电通的人直接说中国人厉害的时候，那一瞬间我觉得无比骄傲。原因就是，我们每个人真正处在的这个真实的世界从来不是一个平等的世界。在第一次工业革命之后的几百年内，经济好意味着一切好，游戏规则就是由经济和利润决定的，发达国家永远是更发达，落后国家永远是更落后。当今时代的技术从本质上不仅改变了东方社会的基本社会结构，也从根本上改变了西方。这是唯一的一次，我们能够同西方发达国家站在同一起跑线上，唯一一次有可能重塑已经存在几百年的发达国家和发展中国家之间不平等的游戏规则的机会，就这么一次机会。我们已经是最好，我觉得我们以后也一定要最好。

我刚才说过，技术的本身一定是解决世界的根本问题和社会的根本问题。但是技术也不是一天的事情，我们不可能将希望寄托在我们今天是最厉害，明天我们也一定是最厉害的。所有的技术发展必须有持续的动力，而真正的持续动力是什么？如果一个国家够先进，那么用来支持技术研发的力量和平台就更先进。久而久之，如果既有的游戏规则不变，无论是哪一个社会现象，只能是后发者愈落后。既然你们的技术都令那些先进发达国家叹为观止，我觉得你们的使命是将这样的技术做到最好。在一个不平等的现实世界中，它从来不是空中楼阁。我们有理由为我们自己的这片土地作贡献，我认为这是做纯技术研究的人真正的使命。我觉得电商这些东西，后面我会用最简单的话告诉大家，它的本质其实很简单，它只是一个现象。但是对于各位来说，做纯技术研究的各位，你们的责任重大。我的学生经常在毕业的时候说一句话：当我们离开珞珈，山水一程，三生有幸，我们从此走向无比广阔的田野，走向天涯，我们向星辰大海而去。这时候，我总是坐在下面默默地想：这是学生的情怀，理想主义，什么叫作星辰大海？我每次都会讲这样的一个故事。因为在这个地球上人类是唯一的，能够在直立行走的时候仰望星空的物种，是唯一的因为直立行走而能够走向无限远的种族。当猴子变成人，都说最大的变化是直立行走，其实直立行走一点都不重要，直立行走的结果就是今天的高血压。直立行走真正的意义是，人类从它出现的第一天开始，就有可能通过不断地克服自己的物种属性而完成计划，就是他能够征服时间和空间。时间和空间就是星辰大海。所以我经常在台下默默地冷笑一下，这些孩子们，当你们怀着理想主义之光，可能一跳出校门，还没看到星辰就啪叽掉了。本来就是蝼蚁，怎么可以去征服星辰大海？没有船没有桨，你如何去克服？但是这两年我不说这个词了，因为在我看来，互联网技术，我们今天所面临的一切技术，就是我们手中的船，就是我们手中的桨，我们终于可以从今天开启一个人类史诗般的创世纪的征服星辰大海的旅途。

2. 时代变化的本质

对于以改变人类命运为使命的技术工作者和科学研究者，我们常常会囿于现实。换句话说，现实的诸多万物乱长的现象会成为我们难以辨识的套路。这大概就是为什么无论是我还是各位，从不同的学科领域，居然都会产生同样的困惑。它的根本原因就是，我们可能难以辨识这些泡沫，到底哪些是我们应该学习的，哪些代表的是远见，哪些是可能转瞬即逝却足够引诱我们的那些犬马声色？那些犬马声色是什么？这就是我想跟各位分享的第二个想法：这样的时代，它最本质的变化是什么？

我刚才说过，对于这场信息革命，20 世纪 70 年代，它第一次以"信息高速公路"这个词出现在美国广播电视商业计划书中。刚才我已经解释了，这个技术有两个关键词。第一个关键词是商业，这个技术的第一个性质就是商业性，所以它才会被迅速地应用于社会推广。第二个关键词是广播电视，也就是我今天谈到的一个重要的词。与其说它是一场技术革命，从它真正改变社会的工具理性和工具意义上来说，它其实是一场信息革命。什么信息革命？我们说互联网技术，无论是计算机科学，抑或是生物交互，甚至到今天的 VR，它都用来改变互动。互动可能只是一个行为。但是什么叫作互动？其实我跟各位现在就在互动，只不过我们互动的方式并不是我说你们也说，我们互动的方式是我说你们听。但是我说你们听也是一种互动方式。原因就是在这样的一个场景下，尽管是我一个人说话，但是信息的流动在各位头脑中同时传播，这叫 face to face，面对面。扎克伯格谈到 Facebook 的时候，他说他饶有兴趣地研究的就是我们面对面的这种新的人类体验方式。面对面早就有，当亚当活下来跟他的爱人夏娃说情话的时候，就是 face to face，我们把它叫作人际传播。我刚才已经说过，信息这个词在物理学上叫负熵，消除事物的不稳定性。它的本质就是人们从不知道到知道，所以信息是一种工具，一种用来表达、用来承载、用来传递人类对周围环境的体验的工具。那么人们对环境的体验是什么？其实就是两个词，时间和空间，时空构成环境。那么这一场技术，无论是生物交互技术还是数据技术，它的本质是什么？

第一，数据。我们将现在的数据叫作流，即数据传输像河流一样无限快。什么叫作流技术？像河流一样快的数据意味着什么？它可以快到哪个程度？在今天快的标准是什么？实时。也就是说当这个技术能够无限快，快到这个数据叫作实时数据的时候，其实我们就征服了时间。时间有长短、过去、现在和未来。这个技术解决的最本质的问题就是过去、现在和未来，解决了梦想和现实。第二，数据足够多。数据库还有一个翻译方法，叫海量信息。什么叫海量信息？对于老百姓来说很直观的理解就是像大海一样多的信息。像大海一样的信息意味着，我们每一个人，因为这场技术，我们对信息的占有其实是等量的。因为我们每个人都被放在同一片大海中，你不比我知道得多，我也不比你知道得多，当我们在同一片大海中，我们知道的是一样多，这就叫作无限多。无限多用传播学的名词来解释，就叫作共享。所以像河流一样快的信息和像大海一样多的数据，在不断地表达我们的体验。换句话说，信息这个抽象的词在今天其实就是数据，实时共享数据，它能够表达我们的体验。

举个例子：《阿甘正传》很好看，万达电影院的门票卖一百块。《阿甘正传》后来又拍了续集，在座的所有人都知道，《阿甘正传》的续集一定不好看，但是《阿甘正传》的续集倘若放到电影院，门票还是一百块。如果《阿甘正传》好看，《阿甘正传》的续集不好看，它的门票都是一百块。这充分说明，电影院不是因为《阿甘正传》和《阿甘正传》续集这个产品本身产生的变现，而是利用它的技术设备卖门票。在此之前，其实我们并没有真正地能够对体验做出交易，但是今天我们可以做到。因为当拍《阿甘正传》的时候，有了平台，就是我们说的技术的结果，有了技术平台的直接的量化指标叫流量。以前电影好不好看是由我们的制度评判的，现在电影好不好看是由流量来说明的。但是流量依然只是一个量化指标，它只能够说明《阿甘正传》好看，它并不能够说明《阿甘正传》比《阿甘正传》续集好看。因为这个好看是指，我们看到《阿甘正传》，我们会受到影响，甚至十年之后我们都不会忘记，看《阿甘正传》续集，我们就只会吐槽。流量是没有办法衡量这点的。但是未来互联网技术的数据（信息体验本身就是数据）意味着什么？我们身上有个芯片，就像亚马逊一样，当我们看《阿甘正传》我们会有心跳，我们会流泪，我们面部的表情肌肉会抽搐，我们看《阿甘正传》续集，我们只会吐槽。它会通过我们的行为识别的实时系统反映出来。当这个行为识别系统真正用于对体验本身进行衡量的时候，未来就一定不依靠门票来评判《阿甘正传》和《阿甘正传》续集的好坏了，这就是本质。

这一场技术从根本上改变的是什么？直接通过那个小小的鼠标就把我们每个人都推到了一片海里，再也不会有知道一些不知道一些。一定是我们原本就知道所有，我们在共享着大海，这就是这场技术带来的本质的改变。也就是我们由接受信息的人变成了使用信息的人，这就是真正的所谓的平台。这一场技术变革最本质的改变就是信息传播的方式，使我们每个人接受信息和传播信息的方式都发生了改变。我们再也不只是接受信息的人，我们每个人都是既可以传播信息，又可以接受信息的人，这就意味着信息的传播没有方向，也就是权力和资源的传播没有方向。互联网信息技术革命的结果，即与时间和空间相关的实时共享技术的结果，就是每天听到的一个词——平台。什么叫作平台？平的，没有方向；平的，没有壁垒；平的，万物互联。当然这里所说的平台，是这场实时共享技术的结果，是一个技术平台。当这个技术平台出现，我们把它叫作互动技术，互动技术的结果就是互动技术的平台。当有了这个平台之后，又过了一年，两年，三年，二十年之后，平台就产生了一个关乎人类进化的根本的社会现象，叫作互动传播，互动信息终于出现。

并不是技术出现第一天就有信息。举一个最简单的例子，2005 年互动技术进入了Web2.0 阶段，Web1.0 本质上来说还是个线性技术，因为它没有办法实现实时。实时的技术成熟在中国是 2005 年，也就是出现了一个全新的网络形态，就是开心网、人人网。开心网从技术的角度来说，就是一个实时互动的技术。但是这个时候它依然不是我们今天真正要讨论的命题。这个技术它不是真正的互动传播。在那个时候，有了互动技术，我们每个人在你"偷"我的"菜"的同时，我都可以把你的"菜""偷"回来，这是一个社群。但是这个社群并不是任何时候都发生。那个时候我们在"偷菜"，后来就有了小号，有了外挂，一不小心我好不容易半夜种的"菜"，第二天白天我去上班，回来就一片荒芜。我很愤怒，愤怒没有用。在 2005 年全国人民都津津乐道"偷菜"的同时，还有一个重要的表现，倘若你想在第一时间"偷菜"和"收菜"的话，全国人民都是黑着眼圈偷菜的，因为白天我们都要上班。我明明知道你在偷我的"菜"，但我现在正在讲座，我怎么可能"偷菜"，但现在是可以的，因为我身上有个手机，我可以在讲座的时候同时"偷菜"！2005 年是做不到这件事情的，因为当我在讲座的时候，如果要"偷菜"，只有电脑可以操作，我怎么可以在讲座的时候去操作电脑？那时候电脑多重，我也不可能一天到晚都把电脑背在身上，所以尽管那个时候我们的技术已经是实时共享，但是我们的行为并不是实时共享，因为没有一个实时带在我身边的简单的工具，所以互动技术只是技术而已，它的意义并没有在我们每个人身上体现。

2005 年出现了苹果，我们把它叫作移动互联。移动这个概念意味着我们有了一个工具，可以时时带在身上。当我做任何事情的时候，我都不需要受到固定终端的限制，我可以随时随地想做就做，这就是这个工具出现的意义。

同时，我刚才已经说过，倘若我们对原创性和创新只限于一个书本的理论，那么似是而非的标准是没有用的。迄今为止，我们对创新的理解始终体现在技术研发上。那么我想请教各位，各位所身处的土壤，相对于硅谷，相对于那些技术研发最先进的实验室，我们的土壤是贫瘠的，贫瘠的土壤意味着我们已经是后发，后发优势是愿景，今天可能只是相距 10 米，因为我们土壤本身的贫瘠，我们在明天很有可能就相距 100 米，我们怎么办？如果说创新只是基于技术本身的话，对于中国社会市场而言，它是无法衡量的。我为什么对雷军充满敬意？我们当然有原创，我们当然有创新，只不过是基于我们的现实的社会。我们的原创和创新不是单纯的技术，而是苹果都没有做到的，对中国市场最大人群的覆盖。在我们看到雷军潮起潮落的时候，大家知道吗？五年来每年的"双十一"，它的电商销量都居于第一名，苹果没有做到。苹果不断地创造神话，最后这个神话的变现是远远不如雷军的。雷军的原创性在于，他真正将大众市场的市场潜力不断地优化增值，从 0 到 1，这是中国市场真正的一种创新。我们本来就不具有平等地做技术原创的条件，这就是我说的排名一点都不重要。谁能够活下来，谁能够在生存的同时实现发展，谁能够去做更复杂的市场，谁才更有利。任何一个技术如果只是实验室的产物，它没有意义，它就是个研究报告，就跟我写的一篇心灵鸡汤的文章的价值差不多。那么在今天这个发生根本变革的时代，技术至少有比鸡汤更重要的意义。当你们站在拥有世界最先进技术的实验室里的时候，你们有使命为我们去打造新的规则，这在以前是不可能的，但是今天可以，因为我们至少在这么一个微小的角落，我们是世界第一。

技术的另一个意义是什么？只有当它被社会运用时，它才有意义。但它作为一个社会应用，比如说 Web2.0，只有有了手机，它才可能连接每个人，要不然它只是技术。因为这个手机，它由技术变成了"小伙伴"，我们每个人使用到了这个技术。从 2008 年互联网成为每个人的小伙伴，到那一天互动技术真正地变成了互动传播。我跟各位正在进行的就是一个实时共享、实时分享的过程。我们对世界的体验整个平台化，2008 年之后，当我们真正进入互动传播时代的时候，我们就会发现所有现象都在发生变化。比如说出现了网红，比如说出现了内容，比如说出现了社群，这每一个词都是具有根本意义的词。但是同时，这每一个词都不是像现在被我们玩坏的时尚的解释，所有词的背后其实就是一个朴素的道理，即互动传播的本质以平台的方式重构了世界万物。比如说 papi 酱。以前，任何一个企业如果想要 2000 万人知道它的产品，它必须做电视广告，现在技术改变了这一切，它只需要用一个手机，就可以实现很快地与两千万人见面，这就是改变。换句话说，互动技术所产生的平台，使互动传播能够形成，我和你见面，中间不需要任何别人，这就是本质。那么这个本质又意味着什么？就是我所说的，当我们能够没有壁垒没有障碍面对面地互相传播信息的时候，我们的体验就打通了。我们和世界的体验，我和你之间的态度反映，任何一个事物传播的效果，都在这个平台上不断地流动，这就叫生态圈。回过头来，今天因为有平台，《阿甘正传》比《阿甘正传》续集要好，我们有了评价指标！以前是没有的。我的课上得很好，我做了 20 年的老师，20 年来我的课上得很好，但是我从来都不知道我到底讲得有多好。现在我只要在朋友圈里面稍微发一下声，很有可能我明天就成了网红，因为流量可以证明。这就是我说的，互联网技术所带来的互动传播，本质上就使我们几千年来一个最根本的问题，即体验在以前没有办法量化，得以解决。今天我们每一个人的体验可以通过流量量化，未来就是实施行为的系统被量化，这就是今天所出现的一切商业模式的本质。

当我们能够被量化，其结果就是我们经常听到的最根本的一个词，叫作用户。也就是说，我们每一个人的体验在平台上流动的时候，再也没有什么东西能够决定我，大 V 网红就是这个道理。换句话来说，我会更加地听从于我的体验。以前只有馒头卖，所以我们就只能吃馒头，最后我们可能就只知道世界上只有一种好吃的东西叫馒头。但是现在我能够因为我的体验而有其他选择。也就是说，馒头如果硬了，我想吃到更软的东西或者想吃到面条，面条就在我面前，它使得我们所有的物质，所有有形的无形的东西之间形成了连接，也就是我们所说的万物互联，没有任何壁垒。更重要的是它实现了时空的连接。我不太懂量子，但是我觉得，当量子提出，也许时间只是我们人类自己给自己提出的一个标准，也许量子意味着我们有更多的空间。其实不叫更多的空间，它就是我所说的，人类克服了自己的物种属性。我们连接了时间和空间，平台的最本质就是连接了所有，连接我们和其他的物种。从另外一个角度来说，就是它克服了时空。

我们未来有一个叫作"云"的概念。云就意味着我们不必依赖有形的空间生活，而是依赖无形的空间。这也意味着今天大家所看到的一切现象，它的本质都是我们所讨论的体验，无论是用户、内容，或者是社群，本质上都是用来表达我作为用户的体验。因为各位是纯技术出身可能不太能够理解，但是未来你们在这个领域足够久就会知道世界的本质变化，你们做的技术本质上就是体验。什么叫作体验？世界上全是黑白照片的时候，突然第一张彩色照片出现，哇，好真实，这就叫体验。它是一个比较级。全部是彩色照片的时候，出现了一张黑白照片，哇，好怀旧，这就是体验。所以我们可以知道体验是不是无形的？体验是不是比较级？你们的技术，比如刚才提到的 VR 技术，VR 技术其实在多年前日本的空间实验室里面就已经出现，但是一直以来它没有民用，今天才得以民用化。我们国家是在 2015 年，首先是阿里做了一个会谈恋爱的机器人 AI，后来百度做了一个 VR 视频，此后，腾讯马上跟上做了当年最重大的战略投资，就放在 VR 领域。这时候，每一个老百姓才知道原来还有这样一种技术，能够将梦想变成现实，能够出现一个我摸不到但是跟我一模一样的人进行交互。VR 是一种技术，但是它的本质是什么？VR 技术出现了 26 年，迄今为止，它被应用的最广泛的领域是体感游戏和成人用品。这样的沉浸技术，为什么这么多年来的持续市场是这两个领域呢？体感游戏和成人用品，最本质的是浸入感，也就是沉浸体验。沉浸体验不是有 VR 才有的，沉浸体验早就有。电影和电视是不一样的，它们都是画面，真正不一样的地方在于，电影的屏幕足够大。人们在看电视的时候，可能会嗑瓜子花生。但在看电影的时候，旁边有人要嗑瓜子，你恨不得一巴掌扇过去。因为他打搅了你的体验。安东尼奥尼说，当我置身于黑暗中，看眼前的一切流光溢彩。当屏幕足够大时，所有的声光电会将每一个观看者包围，这种体验就叫沉浸。我们看电视时是不可能产生这种沉浸感的。而 VR 技术能让我们体会到更深的沉浸感。所以迪士尼在虚拟现实的领域，最终能做到，不需要工具，只要进一个山洞，山洞场景就能带来沉浸体验。这就是我和诸位所分享的。VR 是一个技术，但是这个技术它的意义在于，它有可能让我们打开一扇窗户。什么窗户？我们以前没有沉浸体验，现在我们有了更强烈的沉浸体验。

我刚才说过，所有的技术一定是为明天的。下一代必然会有一个重要的场景，作为一个不懂技术的人，当我真正地知道，这个时代最本质的变化是，所有的技术工具都是为了满足以前我们解决不了，但是今天可以解决的体验问题的时候，我就做了这样一件事情。那么对于各位来说，当我在跟大家分享我如何从传播学的角度理解这个技术的时候，这一场技术没有改变什么东西，它改变的东西不多，它只改变了一条，但是它改变的一条却是最根本的一条，这就是人类的物种属性本身。以前我们由于时间和空间结构都被限制而无法做到的事情，今天我们可以做到。

3. 我们的思维

当我们想通了这些逻辑的时候，我们就能慢慢地辨别出这个万物生长的时代，那些泡沫是什么，而那些泡沫背后朴素的道理是什么？技术是根本性的社会动力，它是为明天我们能够走向星辰大海，人类真正实现美好的人性而服务的。除此之外，一切皆不靠谱。

我今天跟诸位用非常快的语速分享我的心得，我想跟大家分享的第三点是什么？如果现在大多数现象都是万物乱长的话，我们丝毫不需要理会。我们依然可以保持恭敬之心，默默地学习学问。但是今天之所以和昨天不同，我们在学的学问和昨天不同的地方又在哪里？恰恰是因为我们知道这个最朴素的道理，就是这项技术的最本质是改变时空的，它应该为明天服务的时候，明天是什么样的一个明天？我们说这个技术是平台，平台的本质就是万物融合。万物融合的最本质就是平台。在前几年我一定不会到这里来，因为我是一个传播学的学者，我研究自己本专业的学问就够忙的了，我不会到这里来分享。但是今天我为什么要到这里来分享？平台决定一切，我们所有人的思维也应该最终体现出万物融合，体现出平台思维。这也就是我为什么要讲第一个故事。当我们突破自己思维的局限的时候，我们就有了一个结构化的思维，一个平台思维，就是我所说的万物融合。融合成为这几百年人类进化的特征的时候，我们所做事情的方法论，我们看到一个现象的认识论，以及我们所走的每一条建设之路都应该是融合。我们经常谈跨界人才，跨界人才是不是一个融合的概念？我们经常谈学科的平台，学科的平台是不是一个融合的概念？甚至我们做一件事情，以前是线性思维，看电影只知道卖门票，现在看电影能够把电影背后的流量做出来，这是不是平台思维？这就叫作融合。

所以最后我想跟各位分享的心得是，当我们再次站在这个时代进化的起点的时候，原来你所有的方法，传播学的也好，技术的也好，遥感也好，所有的学问本身当然重要，但是远远比这些学问知识点更重要的是我们的方法论和认识论，也就是我所说的思维。当我们在看一切事物的时候，一定是一个融合性的思维，一定是一个平台思维。当我们的平台思维能够真正地完成这种根本的颠覆（以前我们是难做到的，功利思想就是一个典型的线性思维，即付出就要得到）。真正的融合思想决定的是：只有观念不同，方向才会不同；只有思维不同，方法才会不同。而方向不同，就意味着未来在这个万般变化、万物生长的时代，什么样的观念决定什么样的道路，什么样的思维决定我们走向何方。

【互动交流】

主持人： 非常感谢小曼教授给我们带来的激情澎湃的演讲。我听完以后感触比较深的一点就是小曼教授提到的遥感的责任，可能现在我们专业上也出现了互联网热，大家在深造结束以后，无论是本科、硕士或者是博士，大家都选择进入互联网行业，也可能有一定趋利性的原因。我觉得小曼教授这次演讲可能会引发我们每个人比较深入的思考，会让我们去思考遥感技术真正可以带来什么，能为这个世界做什么，产生怎样的价值。接下来我们进入提问环节。

提问人一： 第一个问题是，您怎么看待智能算法推荐的信息分发平台？第二个问题是，您在演讲中提到老人、儿童这样的弱势群体，您怎么看待技术与社会公平的问题？

李小曼： 我先回答第一个问题。从它给用户所呈现的内容看，智能算法只是他们的一个噱头。互联网优先并不是意味着互联网决定一切，那些信息分发平台虽然流量很高，但是真正做内容的水准是很低的。我们闭着眼睛不看坏的只看好的那叫绝对主义。但是如果坏的东西成了标准，它就是个问题。因为我们做内容传播，所以我们非常清楚怎么样做流量。如果是真的要做，很容易就能做起来。20世纪60年代，当电视成了大众媒介的时候，几乎所有做画面的人都知道，所有做内容的都知道怎么做，提高流量有两个秘密：第一就是隐私。侵犯、暴露隐私，流量就会上去，收视率就会上去，阅读量就会上去，所以后来就会出现明星狗仔队（狗仔记者是我们在做报道中的中坚力量）；第二就是黄赌毒。

做黄赌毒流量噌地就上去了，是不是这个道理？但是迄今为止互联网一直没有解决的问题是流量不能变现。我的学生在之前做创业的时候经常来跟我说，他说我当然要去融资，我说你就是一个公司融个什么资？他说现在公司就可以融资，为什么呢？肯定要烧钱做流量嘛，BAT 就烧钱做流量，流量上不去，怎么去做我的产品？我说如果要烧钱做流量，那个钱我为什么要给你烧？烧钱做流量不是互联网的本质，BAT 烧钱，你看到它烧钱，它前 20 年没有烧钱。最本质的流量是什么？为什么我们说流量不能变现？因为这个流量本身就不是能变的流量。流量当然也有垃圾流量，取悦用户是很容易的，天天播黄片，流量一定上去，但是用户会不会买单？用户只会觉得有价值的东西他们才会买单。

如果这个流量本身不是能够打动用户的流量，它当然不能变现。年轻的创业者常常说，因为中国没有知识产权，中国人民只是习惯免费，甚至出现共享。我常常也会想为什么我会很努力地讲这些道理，作为学者的本质，作为老人或者说上一代人，我们有理由将这个世界的真实的价值告诉你。一旦为了流量舍弃质量成了标准意味着什么？虽然我不能够说田里面不可以有蒿草，但是如果全是蒿草就会出问题。

我说过内容是体验，体验的本质在于头脑。就好像是你说一个人上课上得好不好，这个是没办法复制的。换句话说，所有的机器新闻，所有的数据新闻，真正衡量的不是在于数据本身，而是在于编辑对于这些数据新闻的选择上，在内容的制作上要有敬畏心。

比如今天下午我接受一个采访，就是直播答题，因为现在直播很火，都搞融资了。我说直播答题的现象没什么了不起，最早就是电台。很早的时候，一档电台音乐节目，听众打电话进来，那就相当于是今天的直播答题的形式，它并不是一个新媒体传播形态。后来就是在电视屏幕上，现场的观众你问我答。只不过是因为这样的互动方式，到了一个实时共享的直播平台，它的互动的体验感更强。它不是一个新的形式，未来传统媒体所有带有互动性的传播方式都会逐一在直播平台上呈现，效果会更好。但是这个更好，只是内容的价值，它是不可以变现的，我从来不认为直播答题是一个商业模式。为什么它今天能够拿到这么多投资？因为经验的投资是看流量。正是因为在直播平台上的直播答题互动性更强，它的体验感更强，所以它很容易一下子形成流量规模。今天的投资是看流量的，所以会投，但是你明天可能就不会投了，可能只完成天使 A 轮 B 轮就不会继续了。因为明天所有的投资人都一定会投优质内容。因为直播平台今天只是刚刚在内容的领域开启，但明天就是真正的优质内容。流量一点都不能说明什么，未来真正拿投资的一定是有价值的流量，就是高质量的东西。所以，在那个时候直播答题的原始的情况就会出现，它不过就是一种用户互动的形式。

做传播的使命是什么？就是我要让各种价值观的内容百花齐放，但是它一定不可以是一亩田里全是蒿草。如果这些互联网传媒公司不能够在它发展壮大的过程中发力优质内容，这一定是一个艰难的不断蜕变的过程，但是如果它不做这件事情，未来其实是很可忧的。

我再回答你的第二个问题。当它们成了这种平台应该做什么？对于 BAT 来说，它们尤其应该这样。因为它们能够提供更多的资源，任何一个企业当它做到了平台阶段，它的一个使命是将商业改变为社会，将商业的价值改变为社会的价值。公平问题不是一个普遍的、每个人都会思考的问题，但是它是这个社会某些必须要担当责任者率先解决的问题。

提问人二：首先我感觉我被激励了，我被感动了，您这样的严谨治学的作风，我觉得是值得我们学习的。谢谢您。然后第二，我想向您请教一下，刚才在您的谈话中能归纳出几个关键词，第一是责任，第二是关心社会的弱势群体的需求，他们的需求在哪里？第三是我们的社会主导的媒体平台的责任在哪里？我听到这三块内容，觉得很有启发。第三是我想请教您的问题，我们学校主要是搞矿产、土地的，里面也有大数据融合，但是这个我也去问了，当事人都说很多东西肯定做不下去，这个规划和人的科学理念都会发生冲突，它不是由于技术不过关，而是利润。我的问题就是，信息革命它可能是一把剪刀，可以打破社会公平的空间和时间的差异，您觉得信息革命在国家未来的社会政治体制改革中的作用，它的位置、它的分量能够有多大？

李小曼：首先回答你最后一句话，就是国家对于互联网信息技术的架构。每个人都知道一个词，就是2012年出现的一个词，叫作风口。什么叫作风口？它肯定是非常规的，换句话说，它肯定是非常态的。风口意味着什么？在所有的重大的政府报告中第一次提出"互联网+"这个词它最本质意味着什么？就是我们的制度直接支持了技术的发展，用技术动力来作为未来社会变迁的动力，一个使结构产生变化，从而产生动力的动力。这就是风口。它一定是未来的布局。对于我们的国家，本质使命是使中华能够往前走，这是第一个回答。

第二个就是你说的大数据。我不做数据，我数学没考及格。但是我知道大数据，2008年我在美国的时候也听到这个词，但是这个和2012年中国兴起的大数据热是有区别的。在美国它只是数据技术之一，但是在中国它变成了概念。所有的工具，我们应该以一种朴素的精神去对待。对所有工具的使用应该是趋利避害的，尤其是属于明天的工具，我们应该是向善的，就是人性。我也很认同你所说的，技术本身一定是有科学的朴素之光，Web3.0其实在实验室里面早就有了，就是个人信息中心。我上课从来不给学生讲Web3.0，因为那基本上是个神话，Web3.0就意味着以后亚马逊、当当、淘宝都不需要账号密码，我一个人就可以通行无阻，当当怎么会同意这件事呢？这也就是我所说的，我们向往科学的美好的愿景和我们真正脚踩的现实的有良有莠的土地其实是不一样的。换句话来说，我们的精神的皈依之地应该永远高悬在前方，否则我们是无法完成自己人性的成长和升华的。

提问人三：您好，我对刚才您提到的思维方式比较感兴趣，可能因为您是做社会科学的，而我们大家都是做自然科学的。但是抛开这些东西，其实我们做科研的思维方式都不一样。因为我们在平常的科研过程中，总是会遇到这些问题，很多问题从一开始就想错了，或者是想了很久，忽略了某一个点导致后面全部做错，或者是一个问题做错了都不知道怎么去解释它到底错在哪里。我就希望您能不能给我们讲一讲，在社会科学类，真正科学的思维方式是怎么样的？

李小曼：关于这一点，我谈一谈我的体会吧。首先我不认为你做事情一定会做错，因为当你意识到错的时候，你的行为应该是矫正它。如果你走到最后你都能这样错着走到最后，那就不算错。那么真正的关键就是如何去认错。我觉得人类最伟大的思想在于，这个思想不是说很年轻的时候就能够拥有的。我刚才谈到了 AlphaGo，其实这个机器人很重要的一点就是，当它记住了一个棋谱的时候，它就不会忘记，当它记住两个棋谱的时候，它就能够提出更多，也就是它能进行反复学习。其实这个能力人类也是有的，对于人类来说就叫反思。

我自己的学习方法是这样，在我年轻的时候我常常知道，很典型的线性思维，甚至是功利性的思想，比如我一定要考好试，要当学霸，当学霸才会有更多的机会。等当了学霸之后，我每件事情都要做到最优秀。但是突然有一天，你会发现你评判事物的标准不再是要考 100 分。就像我刚才说的，有些事情 60 分就够了，有些事情是一定要 100 分的，考试没得 100 分，得奖没得奖都没关系，因为那个标准本来就是不公平的。我前天发了朋友圈，因为我自己在做我的项目的时候，是一个产学研的项目，整个项目经历两年。最艰难的时候，好像就我一个人坚持下去，后来我想可能是因为我这个人比较固执，我可能比较朴实，当我要做这些事情的时候，我不会去想很多，只是埋着头做，做到今天就迎来光明。当你走过了这个历程，你就会发现一个很重要的道理，就是慢慢地，生活中你走的每一步都会告诉你，其实你走的每一步本质只是走而已，本质是不会在走的时候衡量它的。我不知道这个概念我表达清楚没有。就是说，当你慢慢地在生活中真正地走过这一步之后，你对这件事情的判断就不再是得失、对错。事情本身其实是没有得失和对错的。当你慢慢地走久了之后，你就会发现你再遇到同样的事情，你一点都不怕，这就是生活会告诉你，你真正的思维，你真正去努力，你真正去做的每一件事情，只要你往下走，你就能够获得。这个获得不是 100 分，这个获得不是代表自己有了完善的思维，这些都是技巧。真正的获得就是当你经历了之后，你就会有力量。你经历了一件很辛苦的事情，再就没有什么苦的事了，你经历了一件很难的事情，再就没有什么难事了。所以你一开始错了，当你有了这样的力量，你想到的就不是"万一我做错了怎么办"，你会自然而然地去纠正你的错误。我觉得是这样的。

提问人四：现在的互联网企业，会用算法算懂用户的喜好，用标签来标记用户的喜好，然后实时地向用户推送用户喜欢的一类数据，可能会对用户的某些方面产生很大的影响。以前我们只有电视这种媒介，能看到各种各样的我们喜欢的或者不喜欢的报道。但是现在这种算法给我们推送的只是我们喜欢的报告。然后，目前随着数据信息越来越广泛，每个人面临的信息和数据选择也越来越多，这样用户也会面临选择上的迷茫，您怎么看？

李小曼：我大概知道你想表达的意思，就是说在技术实现人的自由的时候，可能也会限制人的自由。对于这个问题，我谈一下我的体会。两件事情，第一件事情就是数据就决定我们的体验。最开始我做我的这个项目的时候，我的学生给我打电话，他说怕我掉到了坑里，他说："老师，你搞不成的，你数学都没及格过，你不知道，算法真的很重要，你要懂数据，这个很重要，我给你举个例子。"他当时在一家互联网金融公司，曾经推出一些针对小众，也就是你们这些刚刚大学毕业的、没有什么经济实力的人群，做了一些小型的金融产品。他当时就把他做的产品给我看，他说："老师，我告诉你，你的判断跟数据是不一样的。"他做了两个 H5 页面，第一个 H5 的页面做得很好看，确实是做了设计的。我们经常会说，我们要实现用户的体验，技术上叫交互，有很重要的一点就是要符合用户的接受和审美，所以这个页面做得很好，用的是蓝色，通常我们一想到蓝色就是理性，就是金融。它的整体设计很好，字摆得都很漂亮，一看就有愉悦感，而且会让你觉得很权威很专业。另外一个就是阿里的淘宝的风格，每年"双十一"淘宝天猫竞价打折，它就用大幅的字，就跟我们用的红条幅一样的，一定是红色，很难看的一个 H5，字都没摆清楚的。他说："老师，你看，同样一个产品，我做这两个不同的营销，做这两个不同的 H5 页面，按照你的想法你一定觉得这个设计很好的流量大吧。老师我告诉你，你错了！数据能够证明，事实上后面这个很 low 的设计的 H5 页面流量数百倍于前一个。因为你以前是搞文科的，总是做感性的认知。你一定会觉得，这个体验感好强，这个审美很好，一定不会去做这种很 low 的条条幅幅的页面……"，我把他的话打断了，我说："你不也是我教出来的？不懂数据吗？这个事根本就不需要懂数据，你凭什么断定我一定会认为前一个好？我想都不用想，你都不用告诉我我就知道第二个好。因为这个产品的本身是不需要大家能够理解的，大家知道有这个打折，今天投一块钱明天就可以赚十块钱，用户不需要深度理解，搞那么好的设计干什么？你只需要让大家一眼就看到这个信息就够了。"你要想一想，为什么五年来，天猫"双十一"都用大红色？因为所有的色彩中，只有红色是第一眼让人能够产生最强烈的生理和心理体验的颜色，所以打折、甩卖、清仓，用红色就够了，不需要别的颜色，所有的颜色中用户一眼就看到红色。今天投一块钱明天就赚十块钱，这不是一个需要进行很严整的逻辑和深度理解的金融产品，就是打折的产品，你搞得那么复杂干什么？我用这个例子来告诉他，这就是经验，用你们时髦的话说就是常识。这是一个常识性问题，你不需要用数据分析来告诉我，那是多此一举。换句话来说，这就是我所说的数据的本身，这意味着，对数据的分析的能力远远要胜于数据本身。而对数据的分析能力来源于你们生活的体验。你如果不了解市场，你怎么可以去做市场？那么了解市场最重要的一点就是观念思维。你至少要在这个市场中摸爬滚打三年，摔无数的坑，跌无数的跤，之后你自然就知道。

（主持人：杨支羽；摄影：许殊、曾宇媚；录音稿整理：罗毅；校对：刘骁、于智伟、李涛）

3.3 亲密关系中的心理真相

(聂晗颖)

摘要：2018 年 5 月 4 日晚 7：30，聂晗颖老师做客 GeoScience Café 第 196 期学术交流活动。聂晗颖老师从亲密关系的含义及现代性别学说讲起，深入浅出地阐释了亲密关系与依恋人格的关系，以及亲密关系的平淡期及个人在亲密关系中的自我认知的实现。

【报告现场】

主持人：各位同学、各位老师，大家晚上好！我是本次活动的主持人云若岚，欢迎大家参加 GeoScience Café 第 196 期的活动。本期我们非常荣幸地邀请到了聂晗颖老师。聂晗颖老师是武汉大学大学生心理健康教育中心专职教师，北京大学临床心理学硕士，中国心理学会注册心理师，中美精神分析联盟（CAPA）成员，国家二级心理咨询师。有七年心理咨询专业训练背景和六年心理咨询从业经验。长期接受个体咨询与督导。想必大家已经了解了我们今天报告的主题——亲密关系中的心理真相。亲密关系的建立让我们看到属于灵魂深处的彼此懂得和陪伴。只有更加深刻地理解亲密关系，我们才能明白如何作为彼此的人生伴侣度过短暂的人生之旅。在听讲座过程中大家有任何问题都可以记录下来，报告结束之后我们会有互动环节用于给大家提问，接下来让我们掌声有请聂晗颖老师！

聂晗颖：今天跟大家分享的内容与亲密关系有关，不知这是否是大家前来听讲座的原因。我是学校心理健康教育中心的一名老师，目前主要的工作是为大家提供心理咨询。我学习心理学迄今已有 11 年，从 6 年前开始做心理咨询这个方向。

接下来我将简单介绍一下我们心理健康中心的情况。心理健康中心不仅可提供个体的咨询，还可提供很多非常有趣的活动，如做一些心理测评。大家可以访问登录我们的网站进行相关信息的了解（见图 3.3.1）。

图 3.3.1 心理健康中心介绍

1. 先澄清性别再来谈爱

接下来我们进入正题。我们今天的主题是关于亲密关系。为什么我没有讲恋爱心理学这个数年以前我们更加为人熟知的一个主题呢？那是因为亲密关系这件事情可能远远不只涵盖你和一个人的恋爱关系，事实上你和身边的人的关系都是一种亲密关系的呈现，不仅仅是恋人，还有家人、朋友。你很有可能发现有一些相似的模式总是在重复地上演，这是讲亲密关系的一个原因。

我想现场做一个小调查：请问在座的各位觉得自己正处在一段亲密关系中的请举手。（数秒后）寥寥无几。那么在座的各位觉得自己是单身的请举手。我们可以发现这两个问题举手的人加起来远远不及我们在座的人数。但我相信，一定有某些因素使你们来到这里。

在进入亲密关系这个主题之前，我们没有办法跨过的也是大家需要重视的就是性别。性别，可以看到它是一个二元论，但实际上，它可能比我们想象的要复杂得多。我们为什么叫亲密关系而不叫两性关系，即是因为亲密关系存在于各种各样的人之间。首先我们来看一个很早以前的报告——金赛性学报告①：大部分人并不认为自己是同性恋，而认为自己会受到异性的吸引，可是有一半以上的男性和30%以上的女性在一生中曾经有过同性的性行为经验。由此可知，20 世纪 40 年代的调查结果已经对我们的认知形成挑战了。

传统的性别理论是，我们有一个生理的性别，性别的基础在于身体，而我们的性取向也取决于生理，但这可能已经不太适合于现代了。我相信大家应该听说过"酷儿理论"②这个词，它认为我们的性别是一个连续的光谱，区别在于你落在这个光谱的哪个位置，你可能落在更接近于女性或男性的那一边。即性倾向是流动的，而不是有一个很明确的非男即女的划分，在不同的时候，我们对自己的性别的认识可能不太一样。如图 3.3.2 所示，我们可以观察到 emoji 表情的更新，它非常在意性别的平等，逐渐更新了同性家庭、单亲家庭，等等，这个变化显而易见。

接下来是一个关于性别认知的图谱，图 3.3.3 是性别认知 2.0 版本的图谱③。关于性别的认知有以下四个方面——identity（自我认知）、sex（生理性别）、attraction（你会被什么样的人吸引）、expression（展现出来的性别）。我们可以看到这四个指标都有两条线的维度，而 1.0 的版本是一条线。2.0 版本表示你可以同时非常男性化也可以非常女性化。由此，这与我们原来对性别的认知是非常不一样的。

下面还有一个更简单的版本（图 3.3.4），可以给自己做个标注，而这四个指标的程度很有可能是完全不一样的。由此，你可能会发现一个更广阔的、关于自己的世界。

就像当时《神探夏洛克》很火的时候提出过一个"智性恋"的概念：我们爱恋的不是你

---

① 瑞妮斯·琼，王瑞琪. 金赛性学报告：中文全译本 [M]. 明天出版社，1993.

② 葛尔·罗宾，罗宾，Rubin，等. 酷儿理论 [M]. 文化艺术出版社，2003.

③ Killermann S. The Genderbread person [J]. ESED 5234-Master List. 52. 2016.

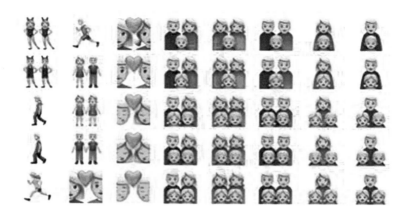

图 3.3.2　emoji 表情的更新

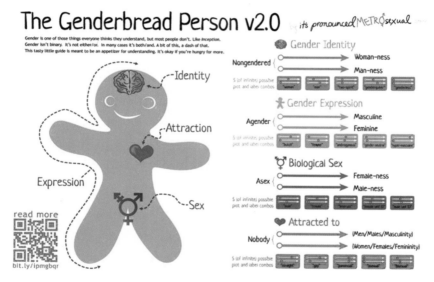

图 3.3.3　性别认知图谱 2.0

性取向的身份认同	同性恋————————异性恋
性幻想的对象	同性————————异性
人际吸引的对象（浪漫、亲密）	同性————————异性
性吸引的对象	同性————————异性

图 3.3.4　性别认知图谱简易版

展现出来的某种性别的倾向，而是你展现出来的个人的魅力，这个魅力跟所谓的性别毫无关系。我不在乎你是什么性别的人，我只在乎你是谁。澄清性别以后，就可以更好地开展接下来的话题。

2. 亲密与依恋

首先介绍一个关于亲密关系的模型，如图3.3.5所示。有一个学者叫斯腾伯格，他认为爱情是由三个维度构成的①，缺了哪一个都不算是完美的爱情。当然这三个维度在我们的一生中可能会有一些变化，例如，激情或许在某个时候到达峰值，而承诺会不断增长。

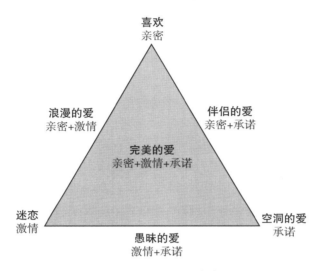

图3.3.5 斯腾伯格的爱情模型

接下来将是一个非常有趣而且引人深思的部分——亲密与依恋。可以根据图3.3.6做一个自测题，看一下自己的依恋类型。研究者发现依恋是来源于幼儿和照料者之间的情感纽带②，"二战"期间很多孤儿院的孤儿虽然可以得到很好的身体照顾，但是并没有人可以照料他们的情感纽带。依恋有四个决定性的特征：趋近行为、避风港、安全基地和分离痛苦。趋近行为很容易理解。避风港就是你会觉得很安全的地带，当你遇到一些难受的事情你就想要到那个人身边去。安全基地最初的意思是，一个小孩是没有办法离开妈妈太远去玩耍的，他必须要确定妈妈在他的某个范围之内，即使是今天我们已经长大了，你也会觉得你没有办法距离你的恋人太遥远，你需要不断地让他回你的信息，以确认他还在。依恋的第四个特征就是分离痛苦。

我们再来认识一下分离焦虑。当你可以认出照顾自己的人的时候，你会发现他没法每时每刻都陪在你身边。就像我们很多时候看到一个小孩，在妈妈离去的时候哭得要死要活的，这是很正常的。在只有7到9个月大的时候，一个人离去的时候我们是不知道他还会回来的，所以当我们小的时候，妈妈走了我们就认为她消失了，这是很可怕的一件事情。那为什么会有分离焦虑？这是因为当这个人离开你的时候，你没办法确认他是不是还爱自

---

① Sternberg R J. A triangular theory of love[J]. Psychological review, 1986, 93(2): 119.
② Bowlby J. Attachment and loss, vol. II: Separation[M]. New York: Basic Books, 1973.

依恋类型自测

A. 与别人亲密令我感到有些不舒服；我发现自己难以完全信任他们、难以让自己依赖他们。当别人与我太亲密时我会紧张，别人想让我更加亲密，这使我感到不舒服。

B. 我发现与别人亲密并不难，并能安心地依赖于别人和让别人依赖我。我不担心被别人抛弃，也不担心别人与我关系太亲密。

C. 我发现别人不乐意像我希望的那样与我亲密。我经常担心自己的伴侣并不真爱我或不想与我在一起。我想与伴侣关系非常亲密，而这有时会吓跑别人。

图 3.3.6　依恋类型自测题

己，你也不知道他会不会回来，会不会突然消失或者突然死掉了。分离焦虑的核心问题就是安全感，我们需要获得某种安全感，知道就算爱你的人可能有的时候不在你身边，或者他没有那么好地照顾到你的情绪，你仍然很确定他是爱你的。

有学者发现当妈妈离开又回来的时候，不同的小朋友呈现出的状态是非常不一样的。接下来我们来看一个实验(图 3.3.7)①，包括母婴同入、陌生人入场，母亲离开后生人与婴儿玩，母亲回来，生人离开，母亲再次离开，婴儿独自待着，生人入、母亲重新回来，母婴重现这六个场景。

图 3.3.7　母婴依恋实验

在测验中，对婴儿来说，压力是不断增大的。实验就是在这种压力不断增加的情况下观察记录婴儿的多种行为反应。在实验中我们可以看到有以下几种情况，如图 3.3.8 所示：

---

① Ainsworth M D S, Blehar M C, Waters E, et al. Patterns of attachment：A psychological study of the strange situation[M]. Psychology Press，2015.

安全型：婴儿一般比较快乐和自信。与身边重要人物的关系很亲密且从不担心被抛弃，有 65% 的婴儿属于这种情况。

焦虑型：很想与身边重要人物亲近但又害怕被抛弃而不敢投入感情，有 10% 的婴儿属于这种情况。

回避型：与身边重要人物很难建立亲密和信任关系，有 20% 的婴儿属于这种情况。

混乱型（梅因、所罗门）①：混杂着不同特点；表现出一些稀奇古怪的行为，如接近陌生人时转过头去，突然或怪异的举动，不规则的姿势，表情茫然，或者僵立不动等，有 5% 的婴儿属于这种情况。

图 3.3.8 依恋类型②

完全是安全型的人其实很少，他知道妈妈离开不是代表她消失，妈妈回来以后也会容易安抚，如果一个人很有幸有这样的依恋，那么他一定有一个敏感而温情的母亲，这是极难做到的，能够满足一个小孩通常情况下所有生活和精神上的需要。第二种是焦虑型，就是妈妈离开以后会非常非常焦虑，通常这样的母亲没有办法提供非常稳定的一种照顾。还有一种就是回避型，这其实是一种很悲伤的状态，在他心里妈妈已经不是一种可以期待的对象，她来或不来他都无所谓。但是他们虽然表面看起来十分淡定没有什么感觉，但当去测量他的心电频率和一些身体指标时，就会发现他和焦虑型一样都有非常大的波动，只不过展现出来的是一个非常淡定的状态。焦虑型的那一边会非常迫切地想要寻求亲近，需要不断确认她是爱我的。而另一方面，回避型的人则是不断地探索外界，因为他会认为我不在乎这些关系，也许会在外面做出很多成就。我们会发现很多事业上有很大成就的人，他可能在某种程度上会去回避跟人亲近的可能性。所以这也是一个维度，你可能有不同维度上的倾向。还有一个类型是无法去归类的一个状况，他们可能受到过情感伤害，受到的对

---

① Main M，Solomon J. Procedures for identifying infants as disorganized/disoriented during the Ainsworth Strange Situation［J］. Attachment in the preschool years：Theory，research，and intervention，1990，1：121-160.

② 图示来源：壹心理。

待使得他们无法形成一致的观念，也可能爸爸妈妈对待他们是完全不同的样子，他们很难进行整合。

研究者伟大的地方在于他把这个母婴依恋的实验一直做到了长大成人，做到了他们60岁，并且研究了他父母谈话的方式，然后发现，小孩1岁与6岁时的类型是一致的。这个访谈非常有趣，他不是去听你给出的答案，而是更多地去看你的表述。比如焦虑型依恋的人在回答过程中会不断地重复，会有很多前后矛盾和自我否定，他没办法逻辑清晰地讲述一件事情，大家可以自我反思一下。回避型的人就会非常清晰、简明地说一些事情。而且你父母的依恋类型，某种程度上决定了你的依恋类型。这也是一个悲伤的故事，有很多东西会在代与代之间，不管你多么强烈地希望它不要重演，但它还是一次一次地重演，这些非言语的东西在代与代之间不可抗拒地传递着。

但是告诉大家一个好消息，这个悲伤的故事是可解的，它的解决之道就在于代与代之间虽然会传递，可是如果你能意识到，你能做到把某些东西意识化，你知道是某种原因让你有这种依恋的倾向，也许你在养育后代的时候就会有一些变化。有这种意识以后你就可以去理解、去解释这些东西，而不是说像坐在一辆自动驾驶的车上一样。我们很多时候都像坐在一辆自动驾驶的车上，就是我们没有反思：我在做什么？我为什么会这样子？我为什么会经历一些不断经历的东西？你一旦有了反思，你就很难回去了，你就不会再是以前那个自己了。这是非常精妙的一个地方，也是可解的地方。

图3.3.9是成人依恋的类型，类型上没有什么区别，只是安全型的人显著减少而焦虑型的人会更加努力地寻求亲密，会非常渴望亲密无间，非常抗拒和恋人的分离。通常我们会说这个人很"作"，总在提分手或总在威胁。他们对于恋人的情绪和行为非常敏感。再有就是回避型的人，他们其实很需要亲密，可是展现出来很回避，外在表现很独立，情感隔离。他们即使在一段亲密关系中，也会表现得很冷漠，通常会被理解为很"高冷"。可是不要忘记他们的生理指标、情绪的起伏跟你们都是一样的，只是展现出来一张冷漠脸。

图3.3.9　成人依恋类型①

（图片来源：https：//www.xinliool.com/.）

所以你会发现我们早年的依赖模式跟我们如今的亲密关系模式、人际关系模式都是一致的，它像一个模型一样被不断重演，因为那就是你的底色。即使说你很有可能会有某些

---

①　图示来源：壹心理。

想法，比如我知道我的爸爸妈妈他们是怎么交往的以及他们是怎么对我的，我不想和他们一样，可是你总有一天会发现有些东西在不断地重复。所以婴儿时期我们跟我们的照料者(通常是妈妈)的关系可以被视作是所有关系的一个起点，也是我们今后关系的一个预兆。当然它一定不是完全一致的，不然为什么还要谈恋爱呢。

如图3.3.10所示，不同类型的人都渴望能遇到一个安全型的伴侣。焦虑型和焦虑型在一起的时候两个人都很"作"。还有焦虑型和回避型，这个组合具有致命的吸引力，但冲突难以调和，一个非常想要亲近，另一个非常想要推开。回避型和回避型就是"让我静静"，两个人都很回避。

图 3.3.10　不同类型的伴侣①

(图片来源：https：//www.xinliool.com/.)

我的观念是这样子的，我不是来教大家说你们应该怎样，而是回归到我们每一个人的个体上。我们每一个人都是非常复杂非常独特的，你很可能属于某一种类型，可是你身上的那些让你成为那个类型的东西都是不一样的。再回到我们的自测题，应该很容易知道自己是哪一个倾向了。

接下来我们就根据回避型和焦虑型来看，如果你或者你的伴侣是这样的类型，你的亲密关系可能是什么样子的。没有什么东西是决定性的，不是说你小的时候被怎样对待，你就一定会遇到一个什么样的关系。一个很鸡汤或者说很温情的说法，就是我们进入一个亲密关系里面，它很有可能是我们第二次被养育的过程，当我们进入青春期，那就是我们第二次成长的过程。确实是这样子的，一个人可能会在一段亲密关系中有很多的认识、很多的成长。

_____

① 图示来源：壹心理。

3. 亲密关系中的高依恋回避

这是关于回避型依恋的一个状态，如果你自己或者你的恋人是这个类型，或者你很容易被这样的人吸引，你就可以看一看。

依恋回避就是我刚刚提到的，妈妈走了或者回来都无所谓，因为我不认为她是爱我的，所以我会装作不在意她，因为我不再期望了，我不再期望有人会爱我、接受我，但其实内心里面我非常害怕被你抛弃，那我就不要有那个期望了。高依恋回避的人通常在面对亲密关系时感到很不舒服(Brennan, Clark, & Shaver, 1998)①，他们不愿意依赖他人，也不愿意表露感情。这通常与他们成长过程中受到的情感忽视有关，每个人天生都是需要被爱和关心的，如果在成长过程中经常被忽视，在需要的时候得不到关爱，人们就会逐渐形成"我不需要别人"的信念，以此当作自我保护，因为他们害怕表现出需要时会再次受到忽视和伤害。慢慢地，这种回避的模式成了他们人际关系中的常态，并且他们通常认为自己不需要改变，而他们身边的人却会为此苦恼。

其核心的问题是：不信任、不在乎、"高"自尊。不信任的意思就是说：别人不可能给我情感的满足，我只能靠自己。你很有可能听到他们这样的一种表述，就是"我不确定我们是不是要确立关系，我们还是再等等看吧""我不知道我们是不是要结婚，我们还是等等吧"他们为自己保留足够多的个人空间，并会在伴侣提出"想更多了解彼此"的需要时表现出慌乱不安，或者在伴侣表现出"黏人"时选择躲避。因为他们害怕与伴侣的亲密感会使他们再次对他人产生依赖，进而再次受伤。他们的回避是出于不信任，而不代表他们真的不需要爱。对于有的人来说这种不信任是根深蒂固的，他们不信任有人会爱自己。他们会表现出一副对什么都不在乎的样子，伤心难过时也不会轻易表露内心，因为他们认为需要让自己显得强大而冷漠，才可以免受情感的伤害。因此也常被认为是"花花公子"或"浪子"。

但是，有研究发现：高依恋回避的人内心深处对伴侣的忠诚非常看重，对伴侣的背叛行为会有激烈的情绪反应②。他们虽然表面不在意，但内心敏感。如果伴侣撒谎、隐瞒，或者有背叛的行为，他们会感觉到自尊心很受打击，觉得自己再次被忽视。他们并不是真的不在乎，而是怕自己的在乎得不到情感回报，因此努力使自己显得不在乎。

在这里我想澄清一个术语就是自尊心，我们经常会说："你自尊心好强"，就是你怎么那么在意这些东西，其实这些东西对于我是无所谓的，但你怎么这么在意。可是通常我们说一个人自尊心好强的时候，其实那个人的自尊心是很低的。因为他们没有办法确认自己是足够好的，他需要非常敏感地去觉察到很多对自己不够好的事情。这种高自尊同样也

---

① Brennan, K. A., Clark, C. L., & Shaver, P. R. Self-report measurement of adult romantic attachment: An integrative overview. In J. A. Simpson & W. S. Rholes (Eds.), Attachment theory and close relationships. New York: Guilford Press, 1998.

② Feeney, J. A. Hurt feelings in couple relationships: Towards integrative models of the negative effects of hurtful events. Journal of Social and Personal Relationships, 2004(21): 487-508.

是一种低自尊，可是我们通常会形容说这个人自尊心好强。他们会非常倾向于去探索这个世界而不是投入到一段亲密关系里，很可能会提供各种帮助，但都是理智层面的没有什么情感的交流，仅仅想让对方觉得自己很强大。

图 3.3.11 是电影《致青春》里的截图，电影里的陈孝正就是一个依恋回避型人格。一会儿我会推荐给大家一个 TED 的视频，就和这个电影有关。它说你不要老和你的伴侣去看一些爱情轻喜剧，多看一些什么恐怖片啊悲伤故事片啊，不要看爱情轻喜剧。喜欢看爱情轻喜剧的人离婚率比较高。解释也很简单，爱情轻喜剧都是很美好的，所有这些都是理想化的，你天天看就会觉得，为什么我这么惨，没有遇到一个那样的伴侣，所以不要看爱情轻喜剧，多和男朋友或女朋友看恐怖片。

图 3.3.11　《致青春》截图

如果你的伴侣是像陈孝正这样的依恋回避型的人，你往往需要主动出击，虽然他们好像也没有什么好结果，因为他们一个是焦虑型一个是回避型。如果你足够安全，你当然会主动出击，但是如果你是有一点焦虑型的，即你需要不断地确认他是爱我的，那你很有可能会受伤。因为一个回避型的人很难给你不断确认，所以重点是先了解自己，你要清楚你是值得被爱的，你可以找到一个足够爱你的人，他不会轻易地离开你。如果你的伴侣是个回避型的人，他很有可能没有办法给你足够多的情感回应，所以你可能会被对方的高冷打败。但是我希望你可以知道他的高冷只是某种假象而已，他也非常在意你们的这段关系，如果你可以不断地去促进你们的沟通，表达你对他的喜爱或者你对于你们这段关系的一些理解，在他需要的时候给予支持而不是问他为什么老是不说我爱你啊，为什么总是不回我信息啊。因此，理解是更好的方式。

和大家分享一段《暗恋桃花源》的台词，它所说的对于任意一段亲密关系都是通用的。一段亲密关系真的没有办法是完美无缺的，大家一定都听过这样的一句话，一段婚姻里有过几百次想掐死对方的冲动，有过几百次想离婚的念头，那是真的。不管你是否曾经把它当玩笑看，当你处在一段关系中，那是真的感受。一段关系就是会有起伏的，没有任何一段关系是永远美好的、甜蜜的，一定会有起伏，重点是我们可以从那个起伏中再回来，我们永远有修复那段关系的能力，就像台词所说的——

太多伴侣之间的问题缘于失望。

谁都认为对方就这样了，就那样了，不能改变，而我相信生命有无限变化的可能存在。

我们好奇于并热爱着变化中的对方与对方的变化，那才有桃花源的境界。

——《暗恋桃花源》

非常美、非常真实的一句话。你真的需要不断地去修复破裂，修复后又可能破裂，然后再修复，这是一个不断循环的过程。

4. 亲密关系中的焦虑型依恋

分手的威胁来了，我相信大家应该都不陌生，因为这真的很常见。我们可以将其理解为，因为不安全感而产生的对爱情的某种不正常的状态。很多人都会用分手作为威胁，有的人真的就分手了，分手后又很痛苦地说我真的不是想要分手，所以说一句"分手"，背后可能是千千万万句"别走"。我希望通过分手来放一个大招，来让你关注到我。这其实不是一个特别良好的方式，但是如果你能意识到，有些时候某些冲动可能是你隐藏了某些你真实的需求的表达，那就不一样了。

有的人总拿分手当威胁，可能就是小的时候没能被很好地照顾，一直在想妈妈是不是真的爱我，妈妈会不会有一天消失了。所以面对恋人也是一样的，他会不断地用分手做威胁来确认对方是爱自己的。威胁分手背后的原因往往不是对伴侣不满意，而是对自己的不自信。在他的内心里面不确定自己是不是值得被爱，所以通常会用很过激的举动。这也是一个悲伤的故事，有的时候明明没有那么痛苦，可是我就是要让自己感觉特别难受，这样的话，那个人才会过来，才会看到我，才会来爱我。高依恋焦虑个体在亲密关系中缺乏自信，认为自己不值得被爱，并极度缺乏安全感，他们如此地害怕分离，以至于所担心的事往往是自己想象出来的。用过激的情绪反应来获得伴侣的关注和爱。在感到压力时，他们除了依赖对方对自己的照顾，也依赖对方提出的承诺，并依赖这种承诺建立安全感。

如果你的男朋友或者女朋友每天都在问你爱不爱他，而你又在不断地做出一个肯定的回应，这可能不是一个终点，这也许是一个可怕的事情，可能是"我现在正服下的毒药"。因为这个确认是没有止境的，对于他而言，我永远都需要你确认，没有尽头，所以这不是一个很好的解决之道。当然这样也可以成为一个稳定的关系，也是一种相处模式，但是更好的是让那个人知道他为什么会不信任，为什么总是需要确认，为什么永远没有安全感。不要让这个毒药上瘾太深，因为大家都做不到 24 小时天天给他回信息。

只有自己才能解决自己的情绪，缓解依恋焦虑的最好时间绝不是闹矛盾时，而是在平凡的日常。我给大家推荐一个行为训练。假如原来每天要打 10 次电话给对方才能够有安全感，那么现在请定一个小目标，每天减少到 5 次，然后再减少到 2 次、1 次……有想找对方的冲动时，可以试着听歌、散步、看书，或者找其他伙伴去玩。行为训练不是终点，你永远可以训练你的行为，可是在我看来终点是你真正地理解了自己为什么就是放不下，为什么就是难受。你把自己训练得再好，你还是会难受，可是如果你知道了自己为什么会难受，下一次再难过的时候就不需要控制自己，而是自然而然地放下。

每一次只因心情不好、感到焦虑就想要黏住对方，其实也就牺牲掉了自我成长的机会。如果这些已经成了维持安全感的唯一方式，甚至是一种捆绑，那么则需要从这种捆绑中解脱出来，提醒自己："Ta 不是唯一能够解决我情绪的人，我自己才是。"

如果你们吵架不要立马说分手，这是最简单的一个建议。因为情绪过激的时候我们很容易有一个冲动的判断就是说分手，可是如果你在说那些话的时候能有第三只眼去看到你做的这些事情，你去问问自己你究竟想要什么，你问问自己真正想说的话是什么。就像你说"我们分手吧"，可是可能你真正想说的话是"你可不可以不要这样子，我真的很需要你关注我"，所有的一切我们说出来的太多太多的话都不是我们真实的想法。并不是说我们需要把自己的真实想法都说出来，但是你一定要知道自己的真实想法是什么，你不能永远在自动驾驶。

如果你的伴侣是焦虑型依恋，那么你要——

（1）在适当的时间给予支持和承诺

在平时的交往中肯定 Ta，帮助 Ta 建立自信，鼓励 Ta 独立完成个人目标。在对方情绪过激时，适当拒绝 Ta 的不合理依赖，而不是盲目接纳。

（2）真实表达自己的感受

当对方提出分手时，Ta 真实的想法并不是想分手，而是想获得你的爱和肯定。把你的真实感受告诉对方："我愿意挽留这段感情，并不代表我肯定你的做法，随意提分手我也会感到很受伤。"你的坦白或许会给对方造成一时的压力，但是从长期来看，可以帮助对方思考自己的行为模式，并作出合适的调整。每一个高依恋焦虑者终究要依靠自己的力量治愈自己。再给大家分享一段非常好的话：

> 我自己只有极少的勇气，比你少得多。
> 但我发现，每当我在长久的挣扎之后鼓起勇气做某事时，
> 总是在事后感到自由得多、快乐得多。
>
> ——《维特根斯坦传》

我的重点就是以上这些内容了，然后我会给大家做一些推荐。我希望每一个人都能看到自己身上独特的部分，每一个个体都是很不一样的，很复杂的，我们每一个人独特的成长经历使得我们现在跟人交往的每一个状态都是一段奇遇或者说一个宝藏。所以我没办法指导大家去谈恋爱，可是我希望我们可以去突破一些家庭或者说代与代之间的传递，然后这个部分可以在我们身上实现改变，这是最重要的。

还有一个观点，就是我们很容易认为爱是一个自发的行为。其实不是，爱是一种能力，是一门艺术，一种必须怀着奉献的精神和谦卑的态度来培养和练习的艺术；爱既需要知识，也需要努力。这句话出于《爱的艺术》，是一本很薄的小书，一本心理学科普读物，

非常推荐大家阅读。

最后我向大家做一些推荐，关于一些演讲和书。

TED：Jenna McCarthy：关于婚姻你不知道的事（引用了很多很有趣的研究）；

　　　Hannah Fry：爱情的数学（从数学的概率角度讲关于爱情的事情）。

阅读：《爱的艺术》；

　　　《男人来自火星，女人来自金星》。

【互动交流】

主持人：非常感谢聂晗颖老师为我们带来的生动精彩的报告。下面是我们的互动环节，有问题的同学可以向聂老师提问。

提问人一：聂老师好，可以简单讲一下刚才那个从亲密到平淡的问题吗？

聂晗颖：好的。我们不得不承认，真的会有平淡期的存在。为什么会有平淡期呢？因为你们是两个不一样的人。图 3.3.12 解释了异性恋的男女差异，我们可以看到男女的差异。你们可能会发现与期待的不太一致，发现彼此会相互干扰，发现会因为对方而和朋友不再那么亲密。

	♀	♂
在感情上的需求	关心、照顾、了解 尊重、专一、肯定、保证	信任、接纳、欣赏 羡慕、认可、鼓励
在爱的关系中	需要感到被珍爱，而不是生活 照顾、物质满足	需要感到能力被肯定而不是 不请自来的忠告
在情绪低落时	需要别人聆听她的感受，而不 是替她分析和建议	需要独自安静，而不是勉强 他细说因由
在寻找自己价值时	从人际关系中肯定自己	从成就中建立自我
在增进爱情时	需要感到被对方了解和重视	需要感到被对方欣赏和感激
在互相沟通时	总是以为男性的沉默代表对她 的不满和疏离	总是以为女性的宣泄代表向 他寻求解决问题的方法

图 3.3.12　男女差异

每一段关系都会有一个理想化的退却，就是你发现他没有你想象中的那么好。而我一直认为两个人之所以愿意成为一对情侣多多少少都是出现了某种理想化的幻觉，我们一开始会认为他很好，就是我要的。在面对过渡期时，我们不可避免地更爱计算付出和回报。更多的亲密感也意味着对方拥有了更多伤害你的武器，你们之间的秘密反过来变成了互相嘲笑和伤害的武器。这导致了我们对关系的不确定感增加。我们开始对自我、对伴侣、对这段关系都产生怀疑。

我们需要保持良好的沟通，因为一个好的沟通是非常重要的。我们很容易以自己的方式去错误地理解对方。通常一段良好的关系都需要不断地沟通，这个是没有终点的。还有在面临过渡期时，思考什么是关系的 deal breaker（一定会让你终止关系的因素），什么是你真的没有办法容忍的，而不是你每次遇到一个瓶颈就想那就算了吧。有些事情我们不能接受，但有些事情真的没有那么重要，因为没有任何一个人、一件事情会是完美的，你永远都需要放弃一些东西来获得另外一些东西，你只需要确定你获得的东西是你真正需要的。我们常常搞错了重点，会因为不是那么重要的东西而放弃一切。你要明白，如果你要谈一段恋爱，如果你要找一份工作，你真正需要的是什么，因为你要放弃一些其他的。

这里还有一个很温情的做法，算是某种相互的催眠吧：相信自己会因为对方变成更好的人。当你们在一起的时候，能够互相支持、共同进步、承担责任，当这段关系让你感觉到，你们是在支持着彼此成为更好的人时，你们之间会产生更加深厚的情感。童话里王子和公主过上幸福快乐的生活都是假的，你们的关系就是会不断遇到瓶颈，遇到破裂，然后你们要有能力去修复，这是最重要的。所以要清楚你们会遇到更多的问题，可是你们要有能力去面对、修复这些破裂。亲密关系的稳定，并不是静止、没有任何冲突的。那样的状态可能安全，却没有足够的亲密度。持久稳定的亲密关系，一定是一种动态的平衡：你们之间有不同、有矛盾、有互相干扰、有妥协，但是你们能够不断了解彼此、为差异进行"谈判"、你一步我一步地妥协，不断接受彼此，从而让两个人都有这样一种信心——我们相爱的路上，一定还会有更多的问题出现，但我们之间的关系是坚韧有力的，不会被那些问题击溃。我们一定能够找到解决那些问题的方法，而这个人就是我想要的一生的伴侣。

提问人二：聂老师好，我想问一个问题，母亲离开之后婴儿会大哭大闹，但母亲回来以后他会很快受到安抚而安静下来，但是图片上为什么说的是母亲离开以后也可以自己玩耍呢？

聂晗颖：分离焦虑是一个正常状态，但是如果小孩子过了比较小的年龄阶段以后，就可以在妈妈走了之后很好地和研究人员一起玩。

提问人三：老师你好，我想问一个问题，刚刚提到有一种回避型的爱，那么当别人表达对你的喜欢的时候，作为回避型的你要怎样判断你是否真心喜欢别人？

聂晗颖：其实不论你是什么型的人，你应该是能够知道你的内心是怎样的。

提问人四：如果我是一个回避型性格，我自己要怎么做才能稍微改变呢？

聂晗颖：如果你能意识到自己有这样一个倾向，你就已经开始改变了，因为你不再是自动驾驶了，你也许会尝试着去理解自己为什么会有这样一个倾向，当你尝试去问为什么的时候，这就是一个改变的开始，我相信你就不会再像原来一样。

提问人五：老师您好，我想问一下回避型和焦虑型可能同时存在吗？

聂晗颖：那就有可能是混合型的人，但我不是说你一定就是那一种。其实每个人都是一个很复杂的个体，不管你认为你是什么样的类型，你都可以对自己进行更多的探索。不过这种情况确实是存在的。

（主持人：云若岚；摄影：黄宏智；录音稿整理：云若岚；校对：赵雨慧、陈必武、杨婧如）

3.4 当前就业形势与求职应对

（朱　炜）

摘要： 测绘遥感行业就业形势怎么样？师兄师姐们都去哪工作了？如何知道自己适合做什么样的工作？开发、产品、运营、技术支持这些岗位到底是做什么的？求职的时候应该做哪些有针对性的准备？针对以上问题，嘉宾对此进行了介绍与分析，帮助同学们对自己进行准确定位，确定职业目标和发展方向，为将来的求职提前做好准备。

【报告现场】

主持人： 各位同学、老师们，大家晚上好，我是本次活动的主持人李涛，欢迎大家来到 GeoScience Café 团队第 215 期的活动，本期我们非常荣幸邀请到武汉大学就业指导办公室副主任朱炜老师作为我们的报告嘉宾。朱炜老师是生涯教练职业指导师，心理咨询师，美国国际生涯发展协会认证生涯咨询师，经济与管理学院人力资源管理专业博士研究生，清华大学心理学习进修教师，同时也是《大学生就业与创业》的副主编。本次报告主题是"当前就业形势与求职应对"，下面让我们用热烈的掌声欢迎朱老师为我们做报告！

朱炜： 谢谢大家！到场的同学很多，大家对这个话题这么关注，我感到很诧异。我刚刚和同学们交流了一下，获得了一些反馈，同学说不知道可以做什么。但是反过来想一想，正因为你不知道可以做什么，其实意味着你可以到任何一个行业里面去。因为现在信息学科在互联网这些新兴的领域发展得如火如荼，招不到人，每年像华为、BAT 这些互联网企业，8 月就开始进行空中宣讲会，9 月就进校招人，进校的时候一般就进入第一轮的笔试、面试环节。同时传统的制造行业、金融行业、服务行业也都面临着信息化部门的升级、转型，人才也非常紧缺。

在座的各位同学都不是纯粹的计算机或者软件工程的同学，大家仍然在社会地理信息遥感等这样一个专业性的行业背景内，也就是处于一个大的信息学科的范畴里。媒体上每年都会报道说今年是史上最难就业季，明年呢？明年是史上更难就业季，一年比一年难，到底难不难？确实今年有点难。以经管院为例，我们武汉大学的就业市场是一个开放的就业市场，大家知道武汉是全球大学生人数最多的城市，2017 年武汉市是全国大学生校园招聘市场人数最多、规模最大的地方，大家待会可以从很多数据看到，武汉大学每年前来招聘的企业原来有 4000 多家，现在达到了 5000 多家，华科也有 4000 多家，加起来八九千家企业，难道不够大家挑吗？大家已经挑花了眼，我们不知道该去往哪里，所以我今天讲的第一个问题是我们的就业形势到底如何。

第二个问题是我们到底该如何结合自己的特质，有哪些特质可以帮助我们做职业的定位。因为我们所在的是一个非常紧缺的应用型学科，所以我们去刚才说到的各个行业都有用武之地，除了传统的测绘局、勘测院这些地方以外，大家也可以看到我们的就业方案，师兄师姐们他们基本去了哪里，会看到我们跟测绘学院的同学还有点不同，测绘学院同学去这些传统行业的人数和比例还占有相当大的比重，但实际上我们国家重点实验室的同学去互联网、ICT 这些新兴的行业的比例超过了 50%，还包括一部分人去了银行，去银行能干什么，待会来看一看，我们猜测一下干什么。这是我们的第二个问题，如何去定位。

第三个问题，如果在座的同学有对简历、面试比较感兴趣的话，我们也可以简单地来模拟一下，因为简历、面试单个的主题就可以足够讲两个小时或者做一个四小时模拟面试，在场的同学主要是研一的，还有很多时间去弥补简历上的不足和空白。我很希望跟同学们去分享我们目前的就业形势和求职应对，这样大家在未来几年才有更多的时间去准备自己在求职时候的那一份简历。

简单进行一下个人介绍，其实我的职业选择经历也比较曲折，我是金融学学士，法学硕士，管理学博士，心理学进修教师，去年（2017）在清华待了半年，跟中国团体心理学会的主席樊富珉教授学习用团体咨询的方法来帮助同学们进行自我探索，帮助同学们找到心中有意义、有价值的工作，就是我工作的意义和价值，这是我的定位。

1. 当前大学生的就业形势

（1）就业不难，找心仪的工作难

那么按照惯常的惯例，既然讲就业市场，我会放几张照片（图 3.4.1）来"吓唬"一下大家。这就是我们的就业市场，每年在工学部体育馆会举办十几场大型的供需见面会。求职应聘真的就是这么残酷。

我想问大家一个问题，就是你准备研究生期间在实验室待三年以后，以怎样的状况把自己推销出去？这里有句话叫作"凭什么让 HR 在芸芸众生中多看你那么一两眼"，大家知道筛选简历可能 20 秒、10 秒、8 秒，就是扫了一眼，或者多看了一下，就决定给你一个面试的机会，不会直接给你 offer 的，在我们就业中心老师眼里，大学四年或者包括研究生的六年、七年时间，总的成绩单不是分数，你的简历上所有表现出来的内容才是你的分数。

然后来看看我们优秀的师兄师姐，他们的简历上有哪些内容帮助他们找到自己合适的岗位、合适的职业和企业。今天主持人收集的问题非常好，我看到其中有如何定位，如何知道不同的岗位是做什么，如何找到高薪的职业。

有时候招聘会人数特别多，因为武汉大学是一个开放的大学，我们也向兄弟院校的同学开放我们的就业市场。有的同学会疑惑为什么我们这么开放，大家要知道越是开放，越是有企业愿意到武汉大学来招聘，那么我们同学自己的机会就会越多。前几年有一个世界500 强企业，在化工行业排名第二，叫陶氏化学，他们觉得武汉大学学科门类很齐全，愿

图 3.4.1　招聘会现场图

意到武汉来招聘。这几年他们甚至只到武大，因为武大可以一站式地覆盖全部周边的院校。如果在招聘会人数很多的情况下，武大同学们可以凭校园一卡通提前一小时入场，大家可以在这个市场上先挑一个小时。

对于我们测绘遥感信息工程国家重点实验室的同学来讲，看不上大型供需见面会，那都是一些中型和小型企业。当然不是说小型企业就没有高成长性的创业企业，但是绝大多数的同学会从这些专场招聘会走出去，大家看到的是 2018 年秋季的一场专场招聘会，也就是单个企业到武大来举办这种大型的、中型的专场招聘会。

刚才是在我们武大（图 3.4.1 左上），这是第二天在华中科技大学机械学院（图 3.4.1 右上），现在华为太火爆了，从数据来看，武汉大学的最大雇主就是华为，每年全校去 200 多个同学，实验室的最大雇主也是华为；这是第三天在武汉理工大学（图 3.4.1 左下）。华为在武汉就招三个半大学或四个大学，就是在武大、华科、武汉理工招这种技术型的人才，在中南财大招财会专业人才。所以想找到你们心仪的最佳雇主的话，竞争是非常激烈的。对我们实验室的同学来讲不存在就业的问题，那是指我们都能找到工作，但是，是不是都能够找到自己满意的舞台呢？那又是另一回事。

（2）互联网企业 or 事业单位

在前期的提问中，有同学问：朱老师，我们到底是应该去 BAT 这样的互联网企业，还是应该去事业单位，这个问题非常有代表性，百度这两年在武大的招聘量和阿里一样都在缩减，而腾讯相对保持一个增长，可能游戏做得比较好。

我觉得虽然一直在变化，但是实际上每一年同学们都会面临这样的选择，为什么说对实验室同学来说更是这样一个情况，因为你想去互联网企业的话，不就是这些巨头吗？这也是我们的一些最佳雇主。但是如果我们仍然选择传统的就业领域，测绘院、地图院、勘测院、设计院等这样一些事业单位，事业单位如何考？进去了以后是一个怎么样的发展路径，可能跟互联网企业确确实实在各个方面有着千差万别，那么我们到底该如何去选择呢？

我们再从数据上看一看(表 3-4-1)，到底武汉大学就业难不难，这是 2017 届的情况。专场招聘会每年有 1300 多家；然后组团的一般是按地域性，比如说苏州、浙江某个地域来组团，或者行业性的组团有 1800 多家；大型的招聘会(150 家企业面对一两万大学生)总共加起来有 4500 家信息，有 16 万条岗位信息提供给我们，当然这里行业不同，专业需求也不同。

表 3-4-1　　　　　　　　　　**2017 年校园招聘会总体情况**

招聘会类型	场次			来校单位数		
	2017 届	2016 届	同比	2017 届	2016 届	同比
专场招聘会	1381	1187	增加	1381	1187	增加
组团招聘会	48	29	增加	1801	1130	增加
大型招聘会	8	12	降低	1331	1483	降低
合计	1437	1228	增加	4513	3800	增加

（3）择业时间分布

我们信息科学专业的就业信息是很多的，相对来讲人文社会科学同学的就业信息，尤其是人文学科的就业信息就非常非常少。所以对大家来讲，就业不是一个难题，我们顺利毕业更重要。从时间上来讲，为什么我放这张图(图 3.4.2)呢？因为前不久我接到一个理科研究生的电话，他刚把导师的实验做完，发了两篇 SCI，影响因子也不错，很高兴，但突然发现秋招期过完了，然后到 11 月投了几个公司，中了那么一两个让他去面试，但是又没有过，他找不到合适的工作感到很焦虑。因为一些理工科学生长期待在实验室，没有把眼光放在外面的职业世界，等回过头来突然发现该找工作的时候，时间就稍稍有点晚了。

对于我们在座的同学来讲，大家觉得什么时候找工作最合适？在八九月吗？可以再提前一点，其实在六月之前就可以签约。大家知道武汉有一个单位叫铁四院，我们测绘类学科同学应该比较了解。他们每年都是 6 月就来招聘。所以同学们如果不关注的话，就发现你在研二下学期不去参加他的招聘，到研三上学期秋招的时候他就不来了，他说，我招完了。

举个例子，秋招看起来是 10 月和 11 月，这里还有一个小高峰是来年的 3 月，但实际上这里面有很大的疑惑性，3 月和 4 月有很多都是招聘暑期实习生计划的企业，他招聘的是 2020 届的同学，也就是大三或者研二去企业实习，然后通过暑期实习生的实习和筛选，

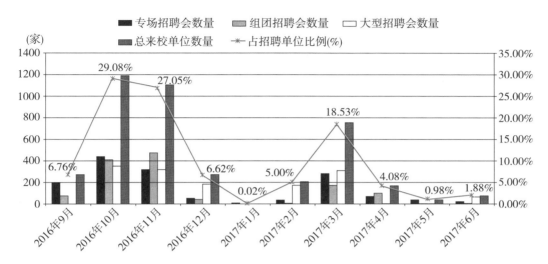

图 3.4.2　各类招聘会举办时间分布

把 40% 到 60% 的 offer 给这些暑期实习生的同学。还有就是一些对秋招进行补招的企业。

为什么会这样呢？举个例子，我看到某个男孩子好帅，对他心动，然后谈两天恋爱，两个人就在一起了，这是一种方式。还有一种方式，看到他很帅，我觉得要接触一下，所以每天在一起学习、上自习、泡图书馆，经过三个月的接触，发现确实很可靠，值得托付终身，大家觉得哪一种方式更可靠？肯定是第二种。同理，人力资源在人才甄选这个领域仅靠半个小时就能够把你分出来，但你的价值观跟我真的是吻合的吗？你是一只绵羊，你也装成一只狼说我有狼性文化？如果大家实习三个月以上，公司觉得同学确实不错，才会给他 offer。所以研二的同学过年回来如果实验室里面的任务可以完成，或者可以兼顾的情况下，就可以关注春招的暑期实习生计划。

如果是互联网企业，你会发现计算机和软件工程专业的同学，他们的社会化程度会相对高一些，他们的企业实际经历会比较丰富。还有一类像社科类的经管、信管的同学，特别是优秀的同学，实习经历非常丰富，但是他们跟我们不完全一样，我在这里并不是鼓动大家放弃专业学习，都跑到企业去实习，因为像人文社科同学他拼的是自己的职场软技能，不通过企业实习他无法进行锻炼和提升。我们的杀手锏最终还是在做研发，做算法，还有你的编程能力，你的数学逻辑能力和你的专业能力。

秋招是八九月就启动了，然后到 11 月就开始急剧地断崖式地下降。这就是时间分布。

2. 测绘遥感类专业的就业情况

这是学校整个市场的情况（表 3-4-2），你看那些排名靠后的学院实际上没有就业的同学也不多，就三五个。也就是说从数据上来看，我们并不存在就业问题。

表 3-4-2 　　　　　　　　　　　　　**2017 年毕业生就业统计**

序号	学院名称	毕业生数	就业人数	总就业率	序号	学院名称	毕业生数	就业人数	总就业率
1	计算机学院	357	357	100.00%	17	国家文化创新研究中心	9	9	100.00%
2	电气工程学院	332	332	100.00%	18	中国南极测绘研究中心	8	8	100.00%
3	资源与环境科学学院	298	298	100.00%	19	质量发展战略研究院	8	8	100.00%
4	土木建筑工程学院	257	257	100.00%	20	水利水电学院	209	208	99.52%
5	文学院	155	155	100.00%	21	政治与公共管理学院	183	182	99.45%
6	健康学院	123	123	100.00%	22	测绘学院	124	123	99.19%
7	药学院	88	88	100.00%	23	电子信息学院	174	172	98.85%
8	印刷与包装系	80	80	100.00%	24	新闻与传播学院	173	171	98.84%
9	口腔医学院	28	28	100.00%	25	哲学学院	74	73	98.65%
10	马克思主义学院	26	26	100.00%	26	经济与管理学院	561	553	98.57%
11	信息管理学院	226	225	99.56%	27	遥感信息工程学院	113	111	98.23%
12	新闻与传播学院	184	183	99.46%	28	信息管理学院	160	157	98.13%
13	外国语言文学学院	175	174	99.43%	29	数学与统计学院	101	99	98.02%
14	测绘学院	370	366	98.92%	30	第二临床学院	177	173	97.74%
15	城市设计学院	183	181	98.91%	31	测绘遥感信息工程国家重点实验室	113	110	97.35%
16	遥感信息工程学院	234	231	98.72%	32	外国语言文学学院	110	106	96.36%
					33	化学与分子科学学院	121	116	95.87%
					34	国际软件学院	68	65	95.59%

刚才谈的是就业率，我们来看一看就业单位。我想这个对大家可能更有参考性，师兄师姐他们的目标，在很大程度上也可能会成为我们的目标。虽然个人有很大的差异性，但是对于学院来讲，每年的就业趋势是相对比较稳定的。大家可以看到，就业单位是比较多的，有百度（这两年招聘计划在明显减少），高德（就职人数挺多），传统的地图院、勘测院、测量队、地理信息局、地质大队、勘测设计院，还有最大雇主华为（大概测绘遥感专业有 16 位）。

我问过华为的招聘经理，我说你招我们这么多测绘遥感专业的同学干嘛？大家知道去干嘛了吗？一部分去做了研发。考查的时候进行笔试、面试、专业面试，直接请各位同学用你熟悉的语言现场去编一段程序，所以就是考查大家的专业技术能力。如果你是想进这一类企业的话，根本的杀手锏还是你的专业技术能力。但对于计算机学院、软件学院同学和我们测绘遥感实验室的同学来讲，计算机专业更有优势。他们的语言学得多一些，编程的经验丰富一点。

之前我问腾讯的招聘经理，你们腾讯招我们这么多同学干嘛？他说其实跟华为情况一样，有一些跨领域的去做研发，去做算法，收入也很高，但腾讯也做地图，他说如果是地图部门的话，他们更愿意招测绘遥感专业背景的，同时又精通算法和编程的同学，他们认为这些同学比纯粹的计算机同学只懂语言，或者只懂测绘的同学更有优势，因为他有专业背景，有行业背景，更明白这套编程背后的逻辑是什么。所以对于想去这样一些所谓高薪行业的同学，其实首先是要有信心，其次在有信心的基础之上，学好本专业的这些专业背景知识，同时自己精通那么一两门编程语言，这就是一个很好的敲门砖。

刚才我说的那些促进大家去实习，等等，都是锦上添花的事情，关键还是自己的核心能力，毕竟我们跟社会科学同学去拼那种职能类的岗位是不太一样的。还有去了招行的同学，这就是我们一个新的趋势和新的思路。今年（2018）上半年我们带了三四十个同学去德勤，中国区总部，在上海，他们演示了一段机器人程序，就是自动地去对原始的会计凭证进行审核、做账，最后把它编辑成邮件，自动地发送出去。它需要在座的同学，用这样一个大类的学科来完成。所以现在越来越多的基金投行，像咨询公司、会计师事务所，招商银行这样的商业银行，也开始招我们这样的学生了，当然他也招经管专业的同学，但实际上比例越来越低了。那些职能类的岗位根本就不限专业，他限的专业就是计算机、数学、物理或者工科背景的同学，招过来做他们所谓的叫 Fin Tech(金融科技)，做这些金融技术、图像识别，这不就是我们的一些优势吗？所以以前想去经管院，想学金融的同学，没有去成的一点都不后悔，因为你想是商业银行的利润率高？还是互联网烧钱的速度快？肯定是互联网烧钱的速度快，所以给的薪酬也高。

有同学问我，朱老师我刚毕业是否适合去一个初创企业或者去一个创新型的小企业，我个人觉得你真的能够去这样一些创业创新型的高科技型的团队，拿到原始股，未来创富的概率也许很大，当然风险也很大。有一个企业是今日头条，连腾讯的招聘经理都说，我们也有点怕今日头条，给的薪酬太高了，随便就给 30 多万，当然我不是要大家纯粹看薪酬。实际上不管是计算机学院、软件工程学院，还是测绘遥感重点实验室的学生，我们希望大家能够关注一下国防军工，像中国电子科技集团、航天航空、兵器工业、上海双飞……这样的企业，这种航天航空科技越来越少了，因为确实他们给的薪酬不一定很高，我们还是要倡导大家能够有胸怀，去支持我们的国防工业。

还有一些同学读完硕士或者是博士，不太想从事纯工科的工作。清华有一个理念，就是把它的毕业生像宝贝一样输送到全国各个地方，有贫困县帽子的地方，去做选调生。就像布局一样，每个地方都有自己的学生，然后让他们在基层从选调生开始慢慢成长起来。我觉得这是一个好的做法、示范和传统。大家相信中国未来的领导人确确实实一定会有基层的工作经验，我们也希望同学们也有这种基层工作的经验和为国家奉献的担当。

我们再来看看博士，有同学提出"我们到底应该求职还是应该读博呢"？就结果而言，我们比较欣喜地发现，测绘学院博士的就业途径和测绘遥感重点实验室博士的就业途径，其实还是比较多元化的。有不少的理工科，包括人文社科的博士，基本上定向高校。当然不是说不好，但是如果高校层次不够高的情况下，并不是必须要走往高校，如果你去一个二本或者往下的学院，其实不是特别倡导，但是你看我们的同学去的一些学校，层次还是可以的，这可能跟我们学科排名第一有关。像重邮、中国地大、西南大学、南京信息工程大学这类高校，还有国家级的应用中心。去的公司主要是华为(作为实验室毕业生最大的雇主，基本上占到了 1/4)、四维图新、百度、淘宝、腾讯、吉奥、吉威，还有同学去了杭州朗和科技、河南省水利勘测、湖南省社科院、青岛勘察设计院、武汉智慧政通科技有限公司、电子科技集团等。

3. 职业选择

(1)人生选择和职业选择

接下来讲一下应对策略和最佳目标选择。很多人求职的时候就会说，朱老师，我参加了好多场招聘会，不知道该怎么选择，就算是那些很优秀的同学也都面临着选择的问题。

我想提前给研一研二的同学一个概念，就是：我们选择职业定位，无非三个就可以定位了，第一行业，第二企业，第三职业或者叫岗位。我们怎么去考虑？大家想去选择一个高薪的行业对不对？没有错，这是你个人的选择，没有绝对的对与错。影响薪酬最大的因素是什么呢？是学历能力吗？是形象吗？都有影响因素，但实际上从普遍规律来讲，选择一个行业对你薪酬的发展影响更大。同样去做 HR，假如你在互联网行业，像我们同学在腾讯做 HR，和你在传统制造行业去做 HR，你会发现收入慢慢就不一样了，行业的利润率相差很大，你虽然拿的是平均值，但是你平均值的均值比别人的均值要高很多。首先行业非常重要，大家愿意进入传统的测绘制图行业去，还是愿意去一些新的行业？现在对于地理信息专业，各个行业的需求越来越大，所以你进入哪个行业非常重要。第二去哪个企业，选择这个行业的标杆企业非常重要。第三做哪些职业。即便是同一个专业的同学，实际上未来求职的时候也不会是一样的。有一次，一个电信学院的女研究生，拿到两个 offer 给我们看，一个是华为的销售，一个是 vivo 的销售。我说："你为什么不做程序员呢？你做硬件也好，软件也好，其实都是可以的。"她说："朱老师，我不想做，我做到 35 岁做不动了怎么办？"我说："你做销售也可以，综合能力非常强，表达能力也很强，与人沟通能力更强。"我问她，你最后为什么去 vivo 做销售，而不去华为做销售。她说华为是 to B 的，vivo 是 to C 的，她认为她不想去做一个 to B 的，天天陪客户喝酒。所以你看我们对于具体的岗位其实也是有很多选择的。

（2）人群类型和职业定位

在职场里面，特别是在面试的时候，HR 经常用一个工具，叫作 DISC 职业测评，去分析人的不同的职业性格，不同的人适合做什么样的职业和岗位（图 3.4.3）。

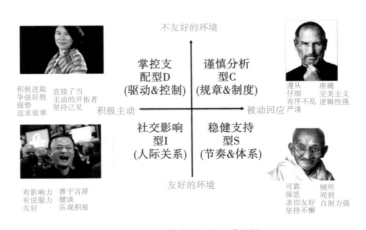

图 3.4.3　几种类型的人群性格

（图表来源：https：//www.hrforce.cn/.）

大家可以看到，不同类型的人有不同的性格，你是哪种类型？大家可以在百度里面找到测评的工具去测一测。

这跟我们定位岗位有什么样的关联呢？你会发现进到一家企业以后，有同学是做研发的，去做算法，考查的是他的数学逻辑能力，有同学去做测试，也有同学去做技术支持、去做销售。我们测绘遥感实验室的同学都有可能去做，但实际上它对人素质的要求、职业性的要求可能是很不同的（图3.4.4），做融资的可能少一些。我举两个例子，做研发的和做资源管理或者做测试的有什么样的区别呢？做研发的同学可能创新能力要很强，要创新的话肯定要会挑战规则、创新规则。但实际上做质量管理或者是做测试的同学，可能你就是去挑错，那么可能C型的人会更适合一些。

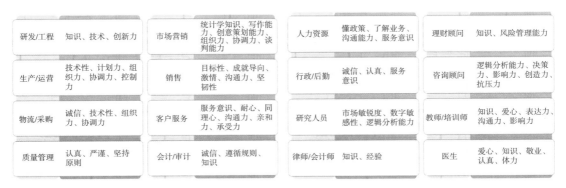

图 3.4.4　常见职位与人才选拔要素

（3）岗位特性与匹配

大家知道技术支持是做什么的吗？售后技术支持和培训类似，就是我们大家开发的这样一个系统，在交付给客户的时候，演示给客户，我该如何使用、操作。而售前技术支持更多的是去演讲、报告，介绍我的这套系统有多么好，同时把客户的需求记录下来，传递给研发部门或者技术研发人才，告诉他们我们的客户需求是什么，你如何在算法和编程上去实现它。所以技术支持是懂技术的销售人才。与人沟通、演讲、表达、概括，宜人性需要很强。所以就像刚才S型的这种人，他会更多关注到一些细节，去考虑客户需要什么，才能做好这样一个岗位。

再比如说市场和销售有什么样的区别呢？销售更多的是催款，把钱催回来，市场更多的是把这个公司的产品或者是服务，通过花钱让你的品牌能够在市场上为人所知。

我有一个姑父，是同济医科大学骨外科的副主任，是个专家。我很羡慕他，他说这有什么好羡慕的，我就是个木匠。什么意思呢？他说，你看，一个好的骨科医生应该具备敲、磨、锯、拉、钻等工匠技艺，所以每一个骨科医生上辈子都是一个好木匠。这句话其实揭示了我们在做职业定位的时候的一个规律，就是形形色色的职业，其实它背后都是有逻辑联系的。

霍兰德是美国的一个职业心理学家，他在帮助美国年轻人找工作的时候，通过统计学的方法认为，基于身份，职业可以分为这样的六种类型，分别叫实用型、研究型、艺术型、社会型、企业型和事务型（图3.4.5）。那么他的结论是什么？我们其实也有不同的使用自己能力的兴趣和倾向，假如你在求职的时候找到了一个工作环境、工作岗位跟自己的特征相吻合的情况下，那么可能你的职业满足感、成就感就会更高。

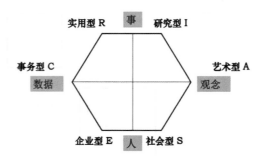

图 3.4.5 霍兰德职业人格类型

第一种外科医生或者是工程师需要我们有比较强的动手能力，你看木匠也好，外科医生也好，手的精巧程度和稳定性要求非常高。第二个就是你看我们的研发算法工程师，需要有很强的动手能力吗？不一定。他需要的是一个抽象的逻辑思维，也就是研究型。第三种是艺术型，我们的艺术学院，器乐表演。第四种是 S 型，叫社会型，亲人性很强，很愿意去与人沟通、交流、辅导、帮助人，所以我们很多的客服，包括行政也是这种类型。第五种类型在演讲的时候是非常有煽动性的，所以这种是企业型，他雄心勃勃，语速很快，很有煽动性，喜欢把自己的思想装在别人的脑袋里，这是企业型。第六种叫事务型，他会把自己的工作场所、工作对象安排得井井有条。

这六种类型大家看一看，你可能更喜欢或者更希望与哪些工作对象打交道？而且它跟专业其实也是高度相关的，像我们这样一个行业，其实更多的是在实用型和研究型这个领域。那么在座的同学想一想，你是动手能力更强还是抽象逻辑思维更强？当然从性别上来讲，社会型女同学会更多一些，就像我刚才举的例子，她给自己的定位是懂技术的销售人员，去做技术支持可能更好一些，不需要你有很强的逻辑抽象思维能力，所以大家在这个领域，很多学市场营销的同学，学经管的同学是没法跟你们 PK 的，因为他们不懂技术，无法理解这些参数和技术背景。

假如我们测绘遥感专业的同学，你们对于自己这种类型可能适合做哪些职业或者岗位，这是我自己的一些猜测（图 3.4.6），如果你是实用型的人，可能做工程师会比较多一些。如果你是研究型的人，那么做研究员算法可能会比较合适。艺术性的我没有找到，可能我们跟艺术相关性不大。如果你的宜人性很强，亲和力很强，那么可能做售前、售后、技术工程师比较合适。如果你是企业型，雄心勃勃，你可以去做销售，做管理。像我们好几个测绘类的企业会招一个叫作管理培训生的项目，它就是为企业将来的管理人员来做铺垫的，所以你可以往这个方向去发展，我们未来走到一个职业瓶颈的时候，很多同学会从技术岗位走到技术管理岗位，尤其是新学科。干到 35 岁，你还继续编程吗？如果你是事务型的，可能一些数据分析的岗位、数据挖掘的岗位会比较适合你，这是我今天表达的第二个意思，就是如何来进行职业定位。

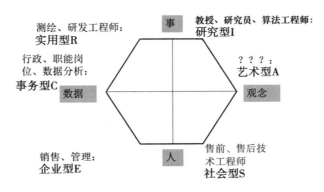

图 3.4.6 测绘类专业对应的职业类型

（4）简历

好，第三个部分，我想展示一下我们优秀同学的简历（涉及个人隐私，不予开放），大家可以想象一下，未来两年以后，求职的时候，你的简历上能有哪些内容可以吸引到这些雇主，找到一份高薪的工作。凭什么你会让 HR 多看你两眼。

我们来看这份简历，这位同学的项目经历很丰富，但是问题是他的求职目标不明确。你的这份简历能否告诉我，你做了这么多项目，你到底定位在哪个岗位上，你是想做算法、研发、技术支持、销售还是什么？这些都没有体现出来，所以他有经历，但是没有让岗位与他相匹配。同时，他也不会去包装自己，虽然在《测绘通报》上发表了两篇文章，但是到底有多牛也没有说。

再看另外一位优秀同学的简历。硕士期间他参与了很多的科研项目，并且发表了研究论文，同时有一个实习经历是在滴滴的地图事业部任数据产品经理，掌握了数据分析方法，有一些实习经历，有各种奖学金，还获得了一些荣誉。大家觉得应该还可以吧？但是他想干什么呢，也不知道，也没有突出出来。

所以有同学问：朱老师，到底是学历重要？社团工作重要？项目经历重要？科研论文重要？还是编程能力更重要？对于求职，求得高薪的职业来讲，这五样大家觉得哪一样更重要。其实是看岗位的要求，行业大家可能相差不会特别大，但是看岗位，技术类的岗位，研发类的岗位，就看你的技术背景，长远的也看你的专业和你的综合能力、职业技能，但是求职的时候就看你的专业技术。如果是一个职能类的岗位，那么社团活动、学生会经历、研究生会经历、实习经历、实践经历很重要，还有对于企业业务的理解，针对一些个人的技能特长也非常重要。

（5）面试

好，我们看两道我们测绘行业的面试真题。第一道题目是，假设你是一个项目小组的负责人，多年未见的老同学从外地赶来跟你约好晚上聚会，结果在下班前 10 分钟，上级领导给你布置一项非常重要的任务，并且强调必须要完成，而且你是主要责任人，请问你该怎么办？要求小组在 30 分钟之内达成一致意见，并且推选一位同学向考官汇报。

朱老师：这是一道无领导小组讨论的群面题，它考查的是什么呢？考官为什么出这道题呢？

同学一：我认为，一方面是它已经是下班前 10 分钟了，领导给你布置的任务不属于你工作时间范畴之内的，应该安排你第二天上班去开始工作，但是这又是一个非常紧急的任务，必须要赶紧布置下去，而且你是主要负责人。但是与此同时，老同学也是许久未见了，你跟他约好的时间确实是在你空闲的时间内。所以说这算是一个两难的任务，大概就看你是如何分配时间的，还有你在生活这方面是如何分配的。

朱老师：你会如何分配呢？或者说你如果在现场的话，你可能会怎么回答这道题？

同学一：我觉得这个任务至少先要布置下去，就是我们需要把这个任务的大致框架给分配下去，然后具体行程可以留到明天继续，你不可能在今天一晚上就把所有的东西干出来。但是你这个朋友可能只有今天晚上能跟你见面，你可能也就跟他见一见，一两个小时就结束了，不会耗费你太多时间。

朱老师：好，你是从布置这个任务开始着手的，但是不可能今天晚上一定完成，可能到明天，另外一方面，同学可以见一见，花一两个小时。但是如果这个任务领导跟你说，就在今天晚上要加班完成怎么办？必须要交出来，客户说了这是一个 3000 万的大单，办不完明天就不要来了。

同学一：那肯定还是要以公司为重了。

朱老师：好的，感谢这位同学。

这道题考查的是什么呢？考查的是你的价值观，跟企业文化是否吻合。这道题没有绝对的对与错，大家在进入职场之前，请看一本书叫作《高效能人士的七个习惯》，其中第一条就是，你想一想你的原则是什么，假如你是以亲情友情为你的原则和标准的话，你这样选择也没错；但是假如你是以工作为价值标准的话，那么可能你的选择就突出了你对生活方面有一个过多的考虑，所以对于一个加班文化比较盛行的企业来讲，他用这道题考查的第一点就是你的价值选择跟企业的加班文化是否吻合，那么这个地方你是不是要迎合他，我肯定要以工作为重，结果实习三个月你就顶不住了，所以对于我们有技术背景的同学来讲，这种题目它是一个双向的选择。在更多情况下你就实话实说也是可以的，因为你去了以后天天加班可能也受不了。所以面试该如何去综合地考虑？

只考虑价值观这个问题吗？其实也不是说只考虑价值观这一个问题。我们来看华为这道问题。新官上任头一天，新任某办公用品公司的经理，该公司在本地有十家分店，上任第一天许多问题需要做，六个任务同时扑面而来，请问你该如何处理上述问题？第一个是办公桌有划痕，第二个是各种费用没有支付，第三个是有一大堆箱子，第四个是欠款，第五个是员工精神困顿，第六个是一百张桌子送过来，结果堵塞了交通。请问你会如何处理？（简化版）

同学二：我来说一下第一个问题我的想法，我觉得首先要给顾客一个交代，然后先要问一下顾客，就是您现在需要急用吗？还是需要现在马上退货？如果您现在需要用，我可以把它留在这，然后给您发新的，我们再把旧的给收回来，这个是对顾客的交代。另一方面我们需要把这个事情处理掉，找到责任人是谁，要求他进行赔偿，就这么多了。

朱老师：好，谢谢这位女同学的分享，先回答第一个问题。但实际上它是一道题，它不是六道题，它需要我们一次性地回答这六个问题怎么解决。你看这就是公司情景的题，如果我们平常接触比较少的话，初次上战场就很容易被迷惑到。

同学三：我说一下我的看法。这里面最重要的问题，我觉得应该是第六个，因为它是实打实的正在发生的。一是在阻塞交通，二是它非常影响你们这个公司门店。司机非常愤怒，不停按喇叭，那么第一件事情就是去跟司机进行沟通，把这件事情解决掉。而与这个事情直接相关的是我们公司仓储的问题，那么想要解决这个问题就意味着要解决仓储的问题。解决仓储的问题，我觉得可以利用这个机会去鼓动一下我们公司的 50 名员工，接着大家一同去把仓储的箱子整理一下，大家一起干这样一件事，可以同时解决仓储和司机这两个问题。这两个问题解决之后，对于第三个、第五个、第六个也就有了一些解决，然后再去考虑关于客户经理常规的办公桌出现了很多划痕，那么跟刚才那个同学说的一样，我觉得他的想法是一致的，然后再考虑剩下的问题。剩下的问题里，第二个和第四个是直接相关的，一方面是没有钱，一方面是还有欠账。那么这意味着资金链出现了断裂的问题。我觉得首先既然拿不到钱，还是要先让会计去做一些应对的工作，跟商店进行一些沟通跟协调，先看能不能沟通协调欠款，缓和一段时间，直到上级能够把钱拨下来为止。谢谢。

朱老师：这位同学答得非常好。

这道题目的关键问题不是说从第一解决到第六道题。假如是太平洋上飞机失事那个问题，21 项题材里面挑出 7 项来，你从第 1 项推进到第 21 项的时候，时间早没了，所以解决这一类排序题的问题的关键核心是你的分析标准和思路是什么，一定要有系统性、框架性的解决思路。所以刚才这位同学首先谈到问题的主要矛盾或者说紧急性，或者重要性。但是我们通常会按照事情的紧急程度来进行排序，实际上主要矛盾更多体现在重要性上面，所以大家如果看一看这本书，叫作《时间管理四象限》，按照紧急性和重要性进行一个象限的划分，再来把这六个选项分到四个选项里面，再去思考如何处理，这是这一类题的一个关键的核心。你的解析标准是否清晰，这是考查的第一个层次。第二个层次我稍微点一下，在群面中真的只考你的解题思路吗？那笔试不就完了？直接拿出来笔试，写出来就完了，但实际上它考查的是更高的一个层次，它叫无领导小组讨论，考查的是我们这六个人到八个人在一个团队中，哪些同学在没有设置领导决策的情况下，更容易脱颖而出，表现出自己的领导能力、团队组织能力、协调能力、表达能力、沟通能力，分析问题、解决问题的能力、演讲能力，以及鼓舞队友、进行合作的能力等这些能力，在这样一个 PK 的过程中就看出来了。为什么结构化面试只是初面呢，你简历上就这些问题，行为面试基本上你准备了，拿个八十分九十分问题不大，但是你是什么样的一种行为模式的倾向，在群面里一 PK 就显示出来了，所以第一个层次是解题的框架性的思路，第二个层次是你在这一个群体中所扮演的角色，对于推动问题，结论最后得出有什么样的作用，这是无领导小组讨论所关键考查的两个核心要点。

最后，我就想跟大家分享一下，我们也有一个咨询师的团队，专门为学校同学提供职业生涯咨询，它不是心理健康咨询，心理健康咨询室为大家的快乐学习生活保驾护航，我们是职业生涯咨询师，每个同学可能在发展就业过程中会碰到一些困惑，可以来跟我们当面地、个别地交流一下。大家可以在我们这一信息网上直接查到他们的电话号码，可以来跟我们预约。这是我的联系方式(图 3.4.7)和我的一个观点：选择了一种职业，就是选择一种生活方式。其实对于我们 95 后、00 后的同学来讲，谋生都是很容易的，收入都是很高的，关键是你喜欢选择哪一种职业，哪种职业下的生活方式才是你想要追求的一种生活方式。那么大家如果在未来求职过程中有问题，欢迎同学们来跟我单独交流。今天讲课就说这些，谢谢大家！

TEL: (027)6877-0678
E-mail:85404028@qq.com

图 3.4.7　朱炜老师的联系方式

【互动交流】

主持人：非常感谢朱老师的精彩分享，这次机会非常难得，希望大家如果有就业和职业生涯规划方面的问题的话，可以向朱老师请教。

提问人一：老师您好，明年(2019 年)开始我就要找工作了，然后我有一个困惑，如果我现在从技术上开始准备，因为我个人还是比较喜欢技术的，我想去一个互联网公司。当然传统的就业方式就是去测绘院这样的事业单位，但我更想去互联网公司。虽然进去没问题，但我在技术上可能达不到 top 这个级别。那么在这种情况下，会不会存在一个问题，就是我长期处于技术尾端，反而会抑制我的发展，我想听一下您的意见。

朱炜老师：好，谢谢你。我先从就业的角度来分析这个问题。去了互联网企业以后，一般有两种选择，第一种就是利用自己的编程能力去做程序员。第二种是在地图的事业部部门下面去做一些专业应用的岗位，这是互联网企业。还有就是你刚才说的去传统的测绘院、勘测局工作。

你说在专业水平方面的发展会有什么样的不同，我可能无法给出非常权威的回答，可能你得问一下自己的专业老师和师兄师姐，或者向辅导员老师获得他们入职 3 到 5 年的师兄师姐的联系方式，来通过职业生涯人物访谈的形式去了解一下，收集一手的信息。你说绝对的哪一个领域内专业技术发展会更加扎实？或者未来更加前沿？我们从就业的数据是看不出来的。第二个建议就是实际地去实习一下，这两种单位的性质完全不一样，企业文化、机关文化也不一样，工作强度、绩效考核也不一样。实际情况一定是大家自己亲身去体验一下以后，才能有所感悟、有所收获，你觉得哪个适合你，可能就是最好的选择。

提问人二： 老师您好，我也想去互联网企业，想问一下，您看在增加自己的履历方面，我去参加实习，是参加大厂的像运营或者是其他的那些跟自己专业不是那么密切的实习，还是参加小厂的那些跟自己的专业技术比较贴切的实习，这两种哪种对自己求职的履历更有帮助？然后再就是想请老师给我们找互联网企业的同学提一点建议，做个研究生规划，谢谢您。

朱炜老师： 谢谢！这是很好的就业方面的问题，这个我也问过中兴通讯的招聘经理，你在招聘我们测绘类同学的时候考查的是什么？他说，如果你应聘我们研发岗位，那么你开发过一些应用类小程序没有？有没有一些特长？或者是在算法方面有比较高的表现吗？有竞赛的奖项吗？他说他比较喜欢这样有技术特长的同学。

至于是去大厂的运营类的职能部门实习，还是去小厂与专业技术更接近的岗位实习，我觉得要看你的求职目标是什么。如果你始终围绕着地理信息产业的开发人员、研发人员去做的话，你的专业相关的项目经历更重要，甚至你在实验室里的项目经历如果跟你未来的求职企业、求职目标吻合的情况下，也是一样的。因为他们考核的就是你的相关的专业技术能力，这是你的着重点。假如你完全放弃了地理信息行业，放弃了测绘行业的专业背景，就是想去大厂拿高薪，走程序开发、程序员的路子，那么可能大厂经历就比较重要。总而言之，就是看你的求职目标定位是准备跨专业、跨领域，还是就在我们地理信息行业里面去做一个研发人员，如果是第二个，那么相关性可能更重要。这只代表我们就业部门的观点，技术方面还要请教我们导师。

提问人三： 老师您好，我现在的专业方向跟我未来的求职目标不是那么贴切，比如说我现在是摄影测量与遥感方向，但是我未来想去银行的科技部门，那我应该如何去做，通过什么样的方式让自己入这个门。然后您说实习对找工作很重要，但是实习也会筛选简历，但是如果简历上并没有与之相关的履历，他也可能因此拒绝你，所以我想听下老师您的意见。

朱炜老师： 好的，因为我接触过很多想跨专业、跨领域就业的同学，甚至有个别同学读完七年研究生以后说："朱老师，我再也不想在实验室里面待了，我想跨领域去就业。"结果求职的时候 HR 问，你为什么要选我们职能部门？他说我感兴趣啊。人家会说，不好意思，感兴趣的同学太多了。所有跨专业的同学都会关注 HR 这个岗位，这是一个现状，那么该怎么连接呢？

刚才也提到实习是让自己的技术在具体的金融部门产生连接点和体验的一个关键的步骤，但是前提条件是你怎么去获得实习的机会呢？

首先，你要从专业背景知识上去构建你跟银行相关的知识结构，你有没有了解一下货币银行学，有没有知道我们货币发行的一些规律，有没有了解过我们银行是干什么的？商业银行是干什么的？这些基本的问题是需要自己去补充的。有人说，朱老师我现在到了研究生阶段，没有时间去听课。没有关系，我们有这么强的学习能力，就那几本教材自己把它们看一遍，其实基本的内容也能够掌握。理工科的同学去学习社会科学的知识是相对比较容易的，所以第一点建议是在知识结构上去补充你自己的知识体系。

第二个建议就是尽量从中小企业开始慢慢走向知名企业，去积累大家的实习经历，这一点对于我们跨专业领域的同学去求职是非常重要的。如果你简历上没有这一笔，那么就会面临这个问题，请问你为什么来投我这个岗位？你有什么样的能力、资质和技能能够证明你胜任我这个岗位，光有兴趣是没有用的，请你说说你的职业规划是什么，我要看到你很清晰的职业规划，看到你对你的专业背景和我这个岗位密切的联系，证明你能胜任，才会给你一个 offer。

主持人：感谢朱老师的分享，本次活动到此结束，让我们再次以热烈的掌声感谢朱老师。

（主持人：李涛；摄影：修田雨；录音稿整理：修田雨；校对：董佳丹、龚婧、修田雨）

3.5 就业专场：实习及秋招经验交流会

（袁鹏飞　杨　羚　贾天义　王若曦）

摘要： GeoScience Café 就业专场邀请到了在 2017 年秋招中脱颖而出的 4 位应届毕业生，和大家分享实习及求职的经验。他们从自身的就业方向出发，向大家详细地介绍了如何着手准备找工作以及如何应对面试、笔试直至拿到满意 offer 的经验。

【报告现场】

主持人： 欢迎大家来参加 GeoScience Café 第 182 期的活动！今天的主题是就业交流会，我们邀请到了 4 位非常优秀的师兄师姐来和我们分享他们在求职过程中的体会和经验。第一位嘉宾是袁鹏飞师兄，他是重点实验室 2015 级的学术型硕士，导师为杨必胜教授，拿到了滴滴、百度、腾讯、DeepMotion 等多家互联网公司的实习和校招 offer。此次报告他将向大家分享他在面试、实习等过程中的经历，希望对大家有所帮助。大家掌声欢迎袁鹏飞师兄。

1. 互联网实习与求职经验分享

袁鹏飞： 非常荣幸能够被邀请到 Café 给大家做分享，其实去年（2016 年）这个时候，我也和大家一样坐在下面听师兄师姐们的求职分享。我印象比较深刻的是杨龙龙师兄，他也是在做互联网相关的工作，只不过他是做前端，而我是做后端。当时我感觉和师兄之间的差距很大。我那时在做杨必胜老师组的一个大方向的点云处理，涉及 C++ 编程比较多，代码能力相对比较强，所以当时我的目标是做 C++ 软件研发。去年我来 Café 听过报告之后，感触比较深的就是觉得自己应该出去实习一下，看一下外面的公司都在做什么。因为去年我在这里听过报告，收获良多，所以今年 Café 邀请我来做报告的时候，我就答应了，希望可以通过分享自己的求职经验来帮助大家找到一份满意的工作。

首先，我先做一下自我介绍，主要偏向于找工作方面。我的研究方向是杨必胜老师组的主要研究方向——激光点云数据处理。找实习的高峰期是在 3—5 月，我拿到的实习 offer 比较少，主要原因是没有经验。当时我病急乱投医，只要哪家互联网公司的岗位和我的专业有一点点相似我就会去投简历。所以我前面投了很多次，也被拒了很多次，基本都是在面试环节被刷了。因为当时我是内推的，在笔试阶段没有做太多的准备，因此也被刷了很多次。我是在实验室的一个实习群里，看到滴滴招激光点云数据处理算法工程师的通知，最后有幸拿到了 offer。因为滴滴做这一块的团队是刚刚成立的，点云数据质量还没有提升上去，算法做到后面比较吃力。所以我在滴滴完成三个月的实习之后，又在北京投了 DeepMotion 和腾讯的实习。当时腾讯刚成立了一个无人驾驶实验室，在点云数据处理这一块需要很多人。由于我投的是 C++ 研发岗，他们就把我从简历池里面捞了出来，给我打电话让我去面试，面试之后就给我发了一个实习 offer。

但是，最后我还是选择了 DeepMotion。这个公司是个初创公司，我 7 月过去的时候刚成立不久，里面有三个微软亚洲研究院的研究员，主攻双目和视觉 SLAM，曾经为 Hololens、必应图片搜索、三维扫描和 3D 打印等微软重量级产品提供核心算法。当时我觉得他们非常厉害，也算是慕名前去。我选择去这个公司最主要的原因是因为他们让我做计算机视觉，我对这一方面很感兴趣，之后我在这个公司又实习了两个月。Momenta 也是一个创业公司，它的规模比较大，是个很厉害的公司。团队里有曹旭东、任少卿等一些很厉害的人物。Momenta 走的是社招和校招之间的一个流程，首先有一个两小时的笔试，这个笔试不需要全部做完，能做多少就做多少，可以提前交卷。上面涉及的知识点很多，有计算机视觉与深度学习，后面还有两道编程大题。最后拿到的正式 offer 有滴滴（实习转正 offer）、百度和 DeepMotion（实习转正 offer）。

（1）时间节点：打好基础，重在积累

今天主要分时间节点、岗位选择、简历与面试、感悟这四个方面来讲解。第一个方面是时间节点，如图 3.5.1 所示，我今天主要讲的是技术岗的时间节点。第一个阶段是研一一整年和研二上半年的知识积累，包括一些项目或者 paper（论文），这是必须要有的。我自己在这一方面的积累也是得益于研一研二时有大量写软件的项目，同时还有研一时我跟着一个师兄去做点云数据处理和道路提取的经历。我觉得参与项目对于个人代码编写能力的提升是很有帮助的。还有就是多读论文，做后台的同学可以多读一些技术博客、算法之类的论文。研一研二的积累是很有必要的，没有一家互联网公司会从零开始培养员工的编程能力，因此编程能力应该始终被放在首位。

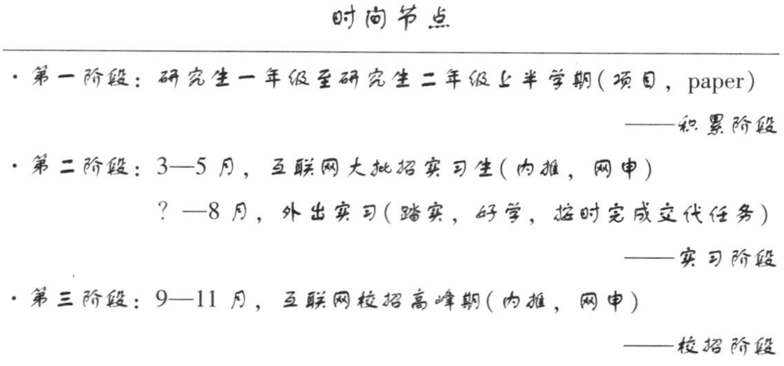

时间节点

· 第一阶段：研究生一年级至研究生二年级上半学期（项目，paper）
　　　　　　　　　　　　　　　　　　　　　——积累阶段
· 第二阶段：3—5 月，互联网大批招实习生（内推，网申）
　　　　　　？—8 月，外出实习（踏实，好学，按时完成交代任务）
　　　　　　　　　　　　　　　　　　　　　——实习阶段
· 第三阶段：9—11 月，互联网校招高峰期（内推，网申）
　　　　　　　　　　　　　　　　　　　　　——校招阶段

图 3.5.1　时间节点

第二个阶段是实习阶段，这是一个对我们找工作很有帮助但又不是必需的阶段。因为我们是学生，每个导师都有自己的安排，能够去实习的尽量去，不能去实习的就在组内多做一些东西。互联网公司大批招实习生的时间是 3—5 月，可以找师兄师姐去内推，也可以在网上申请，网上申请就需要准备笔试。从拿到实习 offer 一直到 8 月，你都可以到外面实习。在实习中的一个感受是要踏实和好学。其实在实习过程中，互联网公司看重的不是你现在是否拥有特别厉害的能力，而是看你的发展潜力。我实习的时候，对点云数据处理这方面比较熟悉，上手就比较快；但是对计算机视觉这一块不是很了解，就主动去请教了一下前辈们。要用心且积极地去做事情，不投机取巧或刻意表现。互联网公司还会有周报制度，实习时需要按时完成交代的任务。

第三个阶段是校招阶段，高峰期是在 9—11 月，也需要内推和网申，相比实习来说会更加严格，如果有实习经历的话就更容易进去。已经在职的师兄师姐都很乐意帮助大家进行内推，不过校招内推比实习内推更难一些，也还会有笔试。

（2）岗位选择：大公司 vs 初创公司

接下来是岗位选择，这算是我自己的岗位选择，去年我想进入互联网公司。互联网公司里面有人事、产品、销售和技术等各种岗位，我最后入职的是技术岗。下面是我对自己实习过的两个公司的一个对比，见表 3-5-1。

滴滴属于大公司，DeepMotion 属于初创公司。如果你去大公司的话，他们更看重的是基础——你的代码能力是否过得去，还有就是潜力——你将来的发展或可塑性怎么样；而创业公司，特别是初创公司就非常看重你的实践能力，把你拉过来就能够立刻干活。大公司的环境好，体系也相对健全，每个部门都有工作重心；而初创公司体系不健全，工作环境不是很好，工作地点基本上都是租的。大公司的发展比较稳定；而初创公司的变动会比较大，风险也较大，特别是北京搞无人车驾驶的创业公司非常多。大公司工资固定，也会按你的 PPI 来进行升职；在创业公司里面，如果你干活特别多同时能力特别强的话，薪资就会非常高，升职也很快。工作时间方面，两种公司都比较灵活，早上 10 点之前到就可以，晚上也可能下班比较晚。

表 3-5-1　　　　　　　　　　　　**岗位选择（大公司 vs 创业公司）**

大公司	创业公司
基础，潜力	实践能力
环境好，体系健全	工作环境不是很好，体系不会很健全
相对稳定	变动会比较大，风险较大
工资固定，升职按规定来	薪资高，升职较快
工作时间相对较稳定	工作时间灵活，压力相对较大

（3）简历与面试：不断学习与总结

简历中的项目经历和实习经历务必实事求是，而且要熟悉简历上的每一个细节，不要认为在技术岗与算法岗的面试中，面试官问不出来太多问题。在百度的面试中，仅技术面试我就面试了四轮。面对面的面试我花了一个下午（大概 3 个小时），把简历上的东西都全问了。简历的关键字一定要清晰，这一点特别重要，有些部门会根据关键词去简历池里面捞简历。即使你没有内推或者笔试没有过，但如果简历的关键字明确且符合要求，也有可能会进入面试。腾讯估计就是因为"输入点云数据处理"这些关键字，把我的简历从简历池中捞了出来。还有一个例子是关于京东的，当时我笔试题目都忘记了，但是最后京东工作人员告诉我笔试通过了，给了我一个初试机会，我觉得这也很有可能是因为我简历的关键字比较清晰。我发现大家都觉得做简历一定要精简，把重点突现出来。但我的简历写得特别多，有 4 页，别人看了都觉得我写的冗余。因为我写得特别详细，里面有很多细节。这有一个好处，面试官在面试的时候可以有很多的问题来问你，因为你的简历已经很详细了，他会根据简历把每一个点都往下挖，这样就会给他一个感受：你还是知道很多的。

下面我来讲如何准备。第一点，项目锻炼。在平时做项目的过程中，一定要提高自己的编程能力。第二点，算法理论。要多读文章，我在研一的时候基本上都是读中文文章，读英文文章还比较吃力，直到研二上学期跟着师兄做道路提取的时候才补读英文的文章。第三点，数据结构与算法。要快速系统地学习一遍，留下笔记。我之所以这么说，是因为我当时找实习时，腾讯内推了我"C++软件开发"岗位，第二天面试问了很多数据结构与算法的内容，我直接懵了。面试官说了一句："你看你的水平一问就问出来了"，那时起我就觉得自己要好好补一下数据结构与算法。然后我就去图书馆借了一本书，快速系统地过了一遍，里面一些十分基础的代码就没必要再看了，剩下一些有难度的还是需要好好看一下的，比如最短路径等一些比较复杂的算法，可以在电脑上敲一遍代码并运行一下，如此一来印象更为深刻。第四点，刷题。一个在百度工作的师兄推荐了《剑指 offer》，而 *leetcode* 的难度就深了一些，是我们组一个师兄推荐的。因为我听说百度面试的时候需要当场写代码，在实习前我把《剑指 offer》里面的 66 道题过了三遍，找工作前又过了一遍。最后一点，如果你有技术博客或者 github 的开源代码，并且下载量很多的话，这绝对会是一个加分项。你不仅仅能拿到 offer，而且能拿到 SP 或者 SSP。

下面是实习和校招的整体流程，如图 3.5.2 所示。首先，实习网申走的是"笔试—技术面—非技术面—offer—实习转正"的流程。技术面有可能是一轮或两轮；非技术面不会问技术问题，而是确定一下你收到 offer 后会去他们那里实习的可能性。如果是实习内推的话，就看你是否是师兄师姐内推了，如果是，那就不需要到简历池里捞简历了；如果不是，也会相比一般的简历优先选择。接下来的流程和实习网申是一样的。如果是校招网申的话，流程是"简历筛选—笔试—初试—复试—HR 面试—offer"，最开始也需要简历筛选，这个需要注意的还是关键字要清晰。如果是校招内推，就可以直接进入笔试，不需要简历筛选了。

初试和复试我是按难易度来分的。当时我初试过了，复试的时候刚好在火车上，对方打电话过来我也没接到，复试就直接挂了，所以面试的时候千万不要让面试官等你。其他途径的经验来自百度面试，百度今年没有走校招，走的是社招。当时我也投了社招，后来实验室群里一个师兄说可以内推，我就找了这个师兄，他觉得我的简历还行，就让我做了

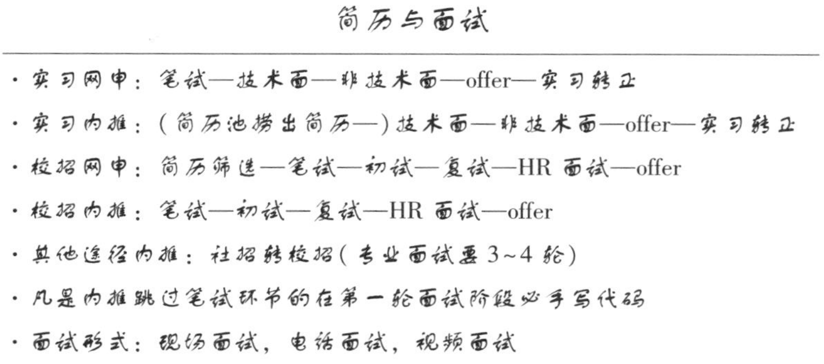

简历与面试

- 实习网申：笔试—技术面—非技术面—offer—实习转正
- 实习内推：（简历池捞出简历—）技术面—非技术面—offer—实习转正
- 校招网申：简历筛选—笔试—初试—复试—HR 面试—offer
- 校招内推：笔试—初试—复试—HR 面试—offer
- 其他途径内推：社招转校招（专业面试要 3~4 轮）
- 凡是内推跳过笔试环节的在第一轮面试阶段必手写代码
- 面试形式：现场面试，电话面试，视频面试

图 3.5.2　简历与面试

一个几页的 PPT 来简单介绍自己的项目与成果，到最后，社招就转成了校招内推。百度的专业面试有 3~4 轮，当时我刚回到武汉，对方说让我去北京面试，我就问他可不可以第一轮先进行电话面试。电话面试的时候，面试官把我的简历基本过了一遍，还让我直接说代码，过了电话面试之后我就去北京继续面试。面试前，HR 给我打了一个电话说，如果面试不顺可能一个小时就可以了，如果比较顺的话可能要一整个下午，提醒我一定要记得吃午饭。第一个面试官一开始就让我写一个 RANSAC 的代码，提取二维点云中的特征线。这和我之前做的提取特征点比较类似，算是个算法应用的迁移吧，还是比较简单的。我写出来之后，面试官拿着我的简历又过了一遍，之后给了我一道数据结构与算法的题："在一组有序的数中，提取满足相加等于一个固定值的两个数的所有组合。"我之前可能见过这道题，也做出来了。之后就到了第二轮面试，第二轮的面试官对我还是比较温和的，也是先自我介绍，然后过了一遍简历，之后给了我一个比较开放的面试题："现在有个激光扫描仪和一个楼层，需要我做一个路径的规划。"给了我比较长的做题时间，我当时给了一个还不错的方案吧，所以第二轮技术面试也过了。加上最开始的电话面试，技术面试一共就有三轮。一般技术岗都是三轮技术面，每轮一个小时左右。最后一轮面试是经理面，问一些家庭情况的问题，主要就是为了确定你拿到百度 offer 之后来工作的可能性。经过这些面试，我发现凡是在内推跳过笔试环节的人，在第一轮面试阶段一定会手写代码，这一点大家一定要做好准备。面试的形式有现场面试、电话面试和视频面试。百度面试基本都是现场面试，电话面试我面了十几个，视频面试是我找实习的时候对方希望我手写代码，所以开了个视频。

（4）感悟：不断学习与总结

下面是我的几点感悟：

①向优秀的人学习。我很感谢在进组之后师兄师姐们在点云数据处理这一方面对我的帮助，尤其是项目出差对我的提升有很大的帮助。

②面试的过程也是学习进步的过程，需要总结每次面试的不足。当时我面试完腾讯就发现了自己在数据结构与算法这方面的不足，之后就补了一下这方面的知识。还有一个例子是面试一个 App 的算法技术岗时，前面的面试我觉得自己表现得很好，有一个堆排序

我都写出来了，但是第二部分问的是 Linux 系统的一些命令操作，我就懵了，所以之后又补了一下这方面的知识。第三个例子也是腾讯的，当时面试是在 3 月，公司说在 4 月中旬会来学校现场面试计算机网络这一方面的知识。每一次面试我们都能找到自己的不足，如果我们不断地弥补自己的不足，那么面试表现一定会越来越好。

③发挥专业和研究方向的优势，这是我从应聘岗位的转变中体会到的。我最开始应聘的是 C++软件开发，感觉自己的编程能力很强，但是和计算机专业的同学比起来肯定不行。不过如果加上点云数据处理这一条专业信息，那就很有优势了，所以在之后的面试中我就相对于之前更得心应手一些。

④实事求是，不擅长的及时说 NO！当时在面试 DeepMotion 和百度时，在面试官问到计算机视觉这一块的内容之前，我就先主动说自己目前只是在看这一方面的论文，了解算法，但是没有做过项目。实际的项目中我只做过基于影像的重定位，之后面试官就会直接问这一块的内容了。不要一直在面试官面前回答不知道，要适当把面试官往你了解的那一方面引导，这样说明你还是擅长某些方面的。

⑤双向选择，如有疑问，要在面试后及时询问。一般在面试的最后，面试官都会问你有什么疑问，那个时候不要吝啬自己的问题，大胆地把自己的疑问说出来。答疑阶段基本上已经能够看出来你是否能留下来了，如果不能留下来，面试官就会答得比较敷衍。

⑥运气有时也很重要，珍惜面试机会，不要让面试官等你。运气确实很重要，我觉得自己能够在实习和校招中找到比较好的工作，很大部分得益于自己的研究方向。现在无人车很火，无人车上面的激光雷达获取的点云数据处理刚好需要我们这个研究方向的人。

谢谢大家，祝愿大家找到好工作！

主持人：下一个作报告的是杨羚师姐，她是遥感院 2015 级学术型硕士，导师为王树根教授，她将和大家分享她对产品经理的理解和今年秋招各场笔试面试题。大家欢迎！

2. 你真的适合做产品经理吗

杨羚：大家晚上好！今天就和大家分享一下我对产品经理的理解。我不会讲太多笔试面试，因为我希望大家通过这次讲座对互联网这个比较火的职位稍微有一些了解，尽早对自己有个职业规划。我之前因为没有什么职业规划而受到了很多挫折，所以不希望大家重蹈我的覆辙。

（1）你真的想成为产品经理吗

首先问自己是否真的想成为产品经理，如果你是硕士不准备读博或者本科生不准备读硕士，你就应该知道自己 9 月就要去找工作了。我们学校是没有相关的课程让你来了解产品经理岗位的，所以最好的方法就是去实习，实践出真知，实习了你才能对它有个很好的了解。最后拿到这些 offer 后，我去问面试官原因，他们说很大一部分是因为我有在滴滴实习的经历。所以说实习对找工作还是有很大的帮助的。

为什么要早做实习呢？图 3.5.3 是一个立志做产品经理的北邮学生的简介。他的第一句话就是"十年磨一剑，立志做最优秀的产品经理"。当时我看到这句话很触动，因为当时我们在实习的时候，我们领导就说："你们根本不适合做产品经理，你们完全没有准备，没有认识。"而北邮的学生是怎么做的呢？他们学校的职业规划氛围很好。北邮算是在互联网领域比较厉害的一个学校，学计算机同学的师兄师姐们就会和他们传授经验，所以如果他们不想做技术岗，而是想做产品之类的工作，从大一开始就要去下载一款 App，更新这款 App 的每个版本并做记录，两三年之后就培养了一个产品的 sense。大家如果想做这方面工作的话，从今天开始就可以准备了。

早做准备！命中靶心！

图 3.5.3　北邮某学生简介

（2）了解产品经理的职责

下面是我在实习的时候对产品经理职责的了解。知道为什么有人说产品经理可以改变世界吗？因为张小龙、雷军、马化腾他们都说自己是产品经理。还有人说，"我不想写代码就去做产品经理了"。但是产品经理就是这么潇洒的吗？在咖啡店准备着 PPT 就可以了吗？其实产品经理是个很苦逼的岗位。

图 3.5.4 是腾讯产品经理的进展和工作。硕士进去的时候是 1.2 级，本科进去是 1.1级，一般叫作产品助理，职责是写竞品分析报告、功能设计方案和需求文档等。这个时候其实不能算是产品经理，应该是产品设计人员。这个时候最主要的就是与开发人员沟通，因为在公司里面产品经理和开发的绩效考核是不一样的，每个人都会根据自己的绩效去考核。但是有的时候你要写的需求和开发那边的 KPI 不一样。这个时候你如何说服开发去完成你的需求就变得特别重要，这就是初级产品经理。产品经理的执行能力是非常重要的。

再往上大概是 3~5 年的时间，你会升到 P2.1—2.3 的阶段，这个时候就叫作初阶产品经理，会带一个小团队，带一带新人。因为在前面几年中你有了对产品的感知，你知道一款 App 的整个流程运营是怎么样的，就可以指导新人写报告写方案。这个时候依然需要和开发沟通，让开发人员完成你所要的需求。一个好的初级产品经理要有创造性，自己去设计一些比较好的 idea，或者领导给的 idea 需要你去细分给下面的人，这个时候一定要

图 3.5.4 产品经理进展与工作介绍

有很好的敏锐性。

再往上大概 2—3 年的时间，你会升到 P3.1—3.3 阶段，成为高级产品经理，会带一个大项目，带一个比较大的团队，更多的是做一些项目决策，这个时期比较重要的是权衡和变迁能力。当公司给你一个项目的时候，你需要考虑这个项目需要投入多少成本，时间进展是怎么样的，能够达到一个什么样的效果，这就是一个高级产品经理的职责了。在腾讯，产品经理熬到 P3.1 的时候，很多人会选择跳槽。因为升职空间小了，这是大公司的局限性。如果想要去带领一些更好的团队，可以跳槽去一些独角兽公司，带更多的人去做能够实现自己价值的事情。

最高阶的 P4 是非常难得的，叫作资深产品总监。这是很难达到的事情，到后面你会发现这确实需要天赋和机遇。我了解到的是整个腾讯 P4 级别的产品经理不到 40 人，像马化腾和张小龙这样的大神都是 P4 级的。我在滴滴实习的时候听闻他们招 P6/P7 级（大概对应腾讯产品经理的 P3.3 以上级别）的产品经理，薪酬是年薪 60 万左右，但是很难招到这样的人才。现在的产品经理非常多，但是优秀的产品经理很少，所以说产品经理是一个"天花板很低同时又很高"的职位。一般的产品经理在工作 2~3 年后，就会很无奈。我在滴滴见过一个不是特别有天分的产品经理，他的工作状态不佳，做的东西也不是特别好，每天就是画一些流程图和原型图。好的产品经理也有很多，但是厉害的产品经理很少。所以我一直说，选择做产品经理一定要慎重。我一直觉得开发是比产品经理更快乐的一个职位，因为你开发的时候会根据项目的进度学到很多知识，掌握不同的语言，个人积累是在不断提升的。但是产品经理没有一个特别好的衡量标准。就像工作两三年的产品经理，你会发现他们除了很好的执行力以外就没有一个很好的发展了。所以有句话是这样的："产品经理是一直在失败的，开发是一直在成功的。"你要做产品经理还是开发，取决于个人衡量的价值。当然凡事无绝对，很多没有好产品的产品经理也活得很开心。做人最重要的就是开心。

产品经理一般分成"to B"和"to C"。"to B"偏向于后台，会涉及后台任务流程的系统。

我在滴滴做的就是偏向于后台的产品经理，跟前端客户接触不是很多，主要是为企业服务。这个时候掌握数据库是非常重要的，产品经理如果懂代码的话会更好，我就是在滴滴学了一点 SQL。因为你需要去跟开发推需求，如果你完全不懂代码，开发就可以忽悠你，说这个做起来很难的，无法完成这个需求，这个需求是不合理的。如果你懂一些开发相关的知识，就会知道他在骗你。"to C"偏向于客户端，需要你有比较好的审美，你要善于在生活中发现美，要去了解用户。这种产品经理就会做一些比如产品界面、按钮设计的工作。

就我个人而言，我认为从事产品经理就是从事一个行业。我更喜欢把它按照地图类、游戏类、生活类、互金类、AI 类来区分。如果想跳槽到产品经理的话，就需要在相关领域有从业经历。如果你的职业要纵向发展，是比较容易出成绩的，也比较容易跳槽。地图类的产品经理，对有 GIS 和测绘类背景的人来说，是一个进入到 BAT 非常好的机会。每年百度地图和腾讯地图在我们学校都会有专场的招聘会；生活类就主要做一些 O2O、电影和电商等；互金类是我比较想说的，因为互金(互联网金融)会是下一个风口，现在的互金行业特别多。如果你做互金比较好并且想要稳定一点儿的话，跳槽到银行是比较容易的；AI 类的产品经理对技术要求蛮高，但 AI 类产品经理未来的发展方向和趋势如今还较难预测。

下面我和大家重点说一下地图类的产品经理会做什么。地图类的产品经理分为地图数据工艺工程师、地图设计和地图运营，等等。数据工艺工程师需要掌握地图数据的规格，像滴滴和腾讯都是用的四维数据，高德和百度用的是自己生产的数据。你会接触到很多数据库的东西，像数据的存储方案设计、数据质量控制等。地图设计产品经理做的一般是一些功能设计，比如按钮放在哪，热力图的颜色设计，等等。而地图的运营就包括地图的宣传和推广。其实这一块还是挺好的，因为无人车时代来临了，高精度地图一定会有一个极大的发展，像 BAT 和各种测绘院全部都在做高精度地图，这一块的发展是非常好的。

(3)产品经理的准备

经过上面的介绍，如果你觉得自己想要做产品经理了，你就需要进行"实习—简历—笔试—面试"的准备了。

我们在公司实习的时候需要做什么呢？第一，需要了解工作内容，做一个海绵，迅速学习，形成自己对一个岗位的理解。第二，多去听公司的报告，互联网公司会有很多这种学习交流的报告，要多去听，多和前辈们交流。充分利用公司资源快速学习，了解互联网，了解产品经理，形成一套完全的方法论去应对日后的面试。第三，结识小伙伴，多与同行业者交流，这样才会有更加全面的了解。

简历的准备如图 3.5.6 所示，这是我自己的一个很真实的例子。图 3.5.5 上面的图片是我实习时投的简历，这很像一个开发的简历，和产品经理没有丝毫关系。下面的图片是我校招时投的简历，把之前的改了一下。第一条讲述项目是做什么的，下面三点(用户调研与需求分析、产品设计、产品执行)是我在项目做了什么，描述的时候就尽量往产品经理那方面去靠。我先写到了用户需要，上面的简历中我也写了负责了解用户需求与目的，设计开发流程。但下面的简历中，我把它改成了用户调研与需求分析：与甲方单位沟通，倾听需求，确定需求功能；设计开发就写成了产品设计：分析需求优先级，确定每期需开发完成的功能，设计系统界面和功能组织架构。由于后面我也负责了开发和测试用例这一块，所以我就加上了产品执行：与开发人员沟通，跟进系统完成进度，确保按时与甲方交接。可以看出下面的简历比上面的简历更适合产品经理这个岗位。

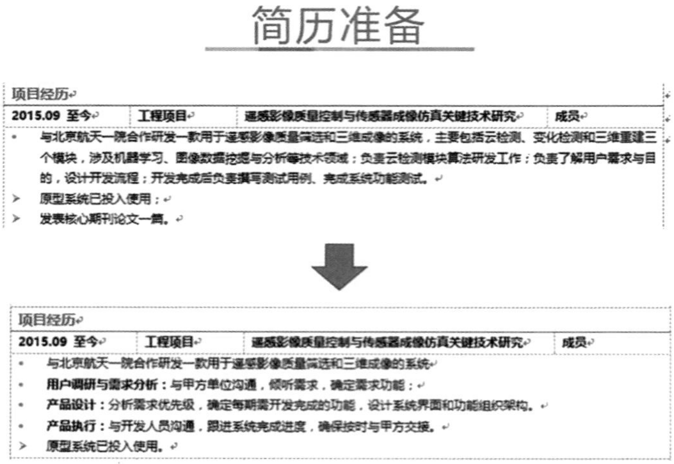

图 3.5.5　简历准备

接下来我和大家说一下秋招的群面题。秋招的产品经理笔试基本就考一些行测，再加上两道和产品有关的题目，和产品经理的群面题目也会有相似的地方。我觉得群面题，第一个会出现的就是排序题（图 3.5.6）。排序题一般会给一段材料，有大概 10 条选项，要求从中选出你认为最重要的几项并说明理由。今年京东和招行的管培生（管理培训生）招聘全部都是这样的题目。做这种类型的题目时，首先要将所有选项进行分类，然后确定出这几类中最重要的因素就可以了。

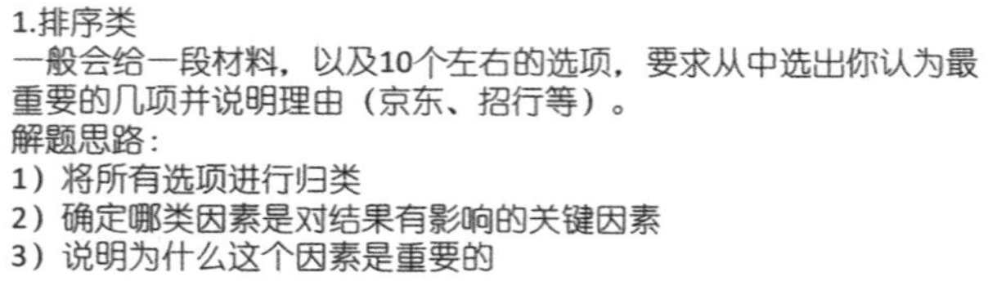

1.排序类
一般会给一段材料，以及10个左右的选项，要求从中选出你认为最
重要的几项并说明理由（京东、招行等）。
解题思路：
1）将所有选项进行归类
2）确定哪类因素是对结果有影响的关键因素
3）说明为什么这个因素是重要的

图 3.5.6　秋招群面——排序题

还有一类题目是产品设计类的，如图 3.5.7 所示。像今年美团考的就是为 90 后人群设计一款旅游产品。这种就要抓住几个关键词："90 后"和"旅游产品"。然后分析 90 后人群的特点是什么，再根据这些特点来设计功能。

2.产品设计类
为90后人群设计一款旅游产品（美团）。
解题思路：
1）用户画像
2）需求分析，抓住痛点
3）根据需求设计产品

图 3.5.7 秋招群面——产品设计题

第三类题目是竞品分析题，如图 3.5.8 所示。比如今年腾讯就考了传统门户媒体和自媒体的区别，哪种传播方式最适合自媒体的传播；目前市面上的共享单车有哪些，说说他们的区别。这种题目的解题思路就是要从战略层、范围层、结构层、框架层和表现层这五个层面来解题。战略层就是产品定位，目标用户和核心需求；范围层就是需求与功能；结构层就是产品流程结构，也是产品的功能结构图；框架层就是页面布局，比如按钮、表格、照片和文本位置等的排放；表现层就是交互体验。从这五个层面来答题，就不会有太大的错误。还有就是需要注意盈利模式、营销模式等方面的差别。

3.竞品分析类
传统门户媒体与自媒体的区别？哪种传播方式最适合自媒体的传播。
（腾讯）
目前市面上的共享单车有哪些？说说他们的区别。（腾讯）
解题思路：
1）战略层：产品定位，目标用户，核心需求
2）范围层：需求与功能
3）结构层：产品流程结构，也是产品的功能结构图
4）框架层：页面布局，按钮、表格、照片和文本位置
5）表现层：交互体验上的
其他还有如：盈利模式、营销模式等差别

图 3.5.8 秋招群面竞品分析题

群面大概是这样的：一般群面结束进入下一轮的时候，考官就会让我们问问题，我会问我为什么会过群面。他们说第一个原因是我有实习经历，第二个原因是我群面的时候表达比较清晰。其实我群面之前完全没有看面经，只要把自己的观点清晰地表达出来，不要特别紧张就行。实习经历是一个很重要的东西，希望大家早点规划职业。谢谢大家！

主持人：第三个作报告的是贾天义师兄，他是 2016 级的专业硕士，导师为钟燕飞教授，最终签约中国电子科技集团公司第十四研究所。他将为我们带来他的求职经历，大家掌声欢迎！

3. 秋招对我而言是一部"血泪史"

贾天义：大家晚上好！我为什么将今天的报告题目列为"我的秋招血泪史"呢？是因为我的整个求职过程不像前面两位师兄师姐那么顺利。我一开始给自己的定位不是找工作

而是读博，但由于自身的原因，临时决定找工作。我第一天关注找工作的信息是 2017 年 8 月 18 日，开始找工作是 9 月 10 日—9 月 30 日。我今天站在这里做交流、分享，其实并不是一个很好的正面例子。不过从我一开始决定要找工作，到最后拿到心仪 offer 的短暂过程中，结合自身情况总结了一些经验、教训可以与大家一起分享。今天，我是抱着这样的想法来和大家交流的。

（1）个人求职情况

我叫贾天义，是实验室 2016 级的专业硕士，去年才入学，今年就要开始找工作了。如果专硕的同学在秋招季找工作，就会发现这一年时间特别紧张。下面我会从个人情况分析、求职经历分享和求职心得体会这三个方面来进行分享。

首先是个人情况的分析。我是做遥感的，主要研究方向是热红外高光谱与可见光影像的融合，后期做了一些定量遥感的东西。从研究方向来看，无论是互联网还是其他行业，我的专业契合度都很低。但我最后签约中国电子科技集团公司第十四研究所管理岗，管理岗在全国大概招 15 个人吧。我最后在新员工群里看了一下，拟招录的只有 11 个人，只有我一个是武大的。我能拿到这份 offer，主要还是得益于我的科研项目经历和之前的学生工作经验。项目经历的话，在读研一年的时间里，我参加了一个国际项目——"基于无人机遥感的区域供暖管网热能泄漏监测"，负责实验数据采集与整理、项目总结文档撰写等，还有就是"基于高光谱遥感水质参数协同反演方法研究"的项目，负责资料收集与项目书编制等。学生工作主要包括实验室研会的相关事务（文案草拟、活动策划组织等）、本科学校的一些党校工作和一个兴趣社团的创建与管理运营。科研成果的话，我的论文正好赶在秋招之前出来了。但是我完全没有实习经历，这其实对于之后找工作是非常不利的。

（2）求职经验分享

接下来是求职经验的分享。我先来说一下我投过的所有公司（图 3.5.9），分为互联网类和双选会，以及之后我陆陆续续跑的招聘会。8 月 18 日，我开始关注找工作的事情，那一天也是"阿里"网申的最后一天，我匆匆忙忙地把自己的简历信息规整了一下，在网上填了简历表等信息。接下来几天，我在牛客网上浏览了较有名的互联网公司，并关注了一下它们的秋招截止日期是多少，择取了一些然后再到官网上去填信息。大家可以看到，我的很多面试都没过。

我参加的第一场面试是华为产品行销经理的群面，但我在群面就挂了。群面一共有 12 个人，每 6 人一组，出来后我向几个小伙伴了解了一下情况，和他们交流他们觉得我为什么会挂的原因，对面组的人说，我表现得很冷静，比面试官还要冷静。其次我所在的这组可能因为内部言语冲突，所以 6 个人淘汰了 4 个。华为挂了之后，我就辗转寻找和准备面试其他的互联网公司。

后来，我参加了阿里产品岗位的线上评测，考了两道产品的题，其中有一道大致问最近很火的不同茶饮品之间的比较。因为我当时没有看过产品经理相关的书，同时也对这个岗位了解得不是很透彻，基本瞎写一通，面试自然没过。

腾讯地图更惨，他们当时在武大搞了一个专场，在一教进行了现场笔试。当时我觉得这些公司招聘要用笔作答，笔试题特别烦，所以潦草地写完(题目中有问答题，写得不太耐烦，字迹较差)就走了。它是上午笔试，下午通知面试，我没有收到通知，但是我同学收到了，我问了面试地点准备去霸面。我拽着面试的小姐姐让她给我一个面试的机会，她把我的简历拿走说去安排一下，所以第二天我就收到了面试的通知。面试的过程中，面试官问了我很多项目里面的细节，而我的弱势在于在项目中确实没有做很多开发的工作，而且也没有面试官想要的产品 sense，所以一面就挂掉了。我找人内推了滴滴的地图工程师，也是赶着最后一天把自己的简历交上去了。

滴滴的系统一直不跟进面试信息，我以为就这么挂掉了。但之后有一个滴滴的 HR 打电话给我预约线上面试，面试官问了我一些项目经历，以及对百度地图、高德地图以及滴滴自身地图等之间的了解并对比它们之间的差异。我答得也不是太好，所以面完也挂了(我对电子地图的特点、基本要素和路径规划与分析的相关知识掌握得不好)。

这就是我的互联网类，在 9 月 30 日之前基本上全部都挂了。图 3.5.9 中深色加粗的公司都是我投了简历但是连笔试测评都没有收到的公司(很遗憾没有收到京东和小米的在线测评)，很尴尬。商汤科技是因为我自身的原因错过了笔试。像百度、腾讯、网易就是在线做完笔试就没有结果了。

图 3.5.9 offer 榜单

双选会我是下午去的，很多单位已经走光了，我就投了一些和我们行业相关的并且比较感兴趣的单位，我没有收到左边四个(上海数慧系统、数字政通、中工武大和吉威时代)的面试通知，右边这些都拿到了 offer。比如 MDPI 的英文助理编辑，去武汉公司面试、做题，基本都是英文的，但难度不是很大。链家是做房产的，我在现场见了一面。没有面试，打电话和我聊了两句后，就给了上海链家管培生的 offer(offer 来得太容易，内心很慌)。杭州新东方当时也在双选会，我觉得新东方不错，杭州这个城市也不错，就投了试试。现场给了我五道高中数学题，有五分钟的时间去准备然后选其中两道题讲给面试官。第二天我就收到了通知，把我们通过面试的人召集到一教的一个小教室，给我们谈了薪资和后期集训。集训之后会有考核，考核过了之后才会入职，最后我觉得我可能不会去，所以放弃了集训。我还拿到了国遥新天地的销售，因为我想去成都，但是面试官说成都的工资比较低，可能就只有五六千，其他就完全看绩效，做得好就拿的多，做得不好就拿的少。我觉得这个公司平台不是很好，做销售风险太大了，就没有考虑。

接下来，我和大家一起组团参加招聘会，最后拿到的 offer 是四维图新的产品经理、中电 14 所管理岗（最初投了技术岗，被面试官转岗了）、航天恒星科技有限公司（航天五院 503 所）。在面试航天恒星的时候，我觉得自己挺不负责任的。因为我当时去面试时拿的是投中电 10 所的简历（当时得知面试消息时很匆忙，面试地点在地质大学），意向岗位是计算机大类（航天恒星没有这个岗位），简历还是黑白的。我和面试官说我没有来得及改，他们说没关系。面试过后，他们问我想去哪个部门，我说都可以，然后他们将我安排至国际部，后来北京和成都办事处的 HR 都联系过我，让我去他们各自的办事处那边，但我思考再三后选择了放弃。超图也是现场笔试的，有正反四面的卷子，我觉得很烦就草草地写了一下，结果也没有收到面试通知。

我拿到的 offer 就是这些，大部分都和我的专业契合度较弱。从自身能力分析我觉得我做开发的能力不是很强。不过我很喜欢和人打交道，可以去做管理。所以我当时投的都是一些销售、产品和管理的岗位。我觉得做销售也不错，可能大家觉得硕士毕业去做销售会不太好，但是我觉得所有的工作都是靠兴趣与能力，只要你有能力就会把它做好。

找工作时，你其实是一个商品，公司是一个买家。买家到商店里挑选商品时，首先看到的就是你的"外包装"，也就是简历。所以我们要做一个好的自我包装，也就是要做一份较好的简历。我在刚开始找工作的时候，向一个学人力资源管理的同学要来了一份简历。我当时觉得他给我的简历版面很丑啊，就是一个表格而已。但是他告诉我这是一份中规中矩的简历，其中的实习经历很棒（描述方式贴合应聘岗位要求的能力），算得上是一份好简历。我在这份表格的基础上改装、重新排版了一下，生成了自己的简历。但我的第一版简历其实是个很失败的案例，有两页，废话很多。后来我找我师兄帮我修改，师兄从上到下给我改了一遍。将与意向工作所要求的能力没有很大相关性的内容进行了剔除。例如我做研会副主席的一个工作经历，最初列了很多条，但他觉得很多都没有很好地体现工作契合度，所以我就将它进行了精简。获奖这部分，他告诉我最好将获奖情况以百分比排名的形式写上去，用数字表示可以给别人一个视觉上的冲击感。论文这一块把一些自己是二作、四作的论文也写上去，表明自己科研及学术写作能力很强。专业技能也没有很亮眼的部分，基本上就是一些专业相关的软件操作及无人机操作，这一块后来我也改动了一些。自我评价部分很鸡肋，因为你在跟面试官介绍自己的时候已经包括了一部分自我评价的内容，没有必要再单独把这一部分列出来。但是如果你的简历连一页都撑不满的话，可以写一些自我评价。

我将改完后的简历投向了腾讯地图（武大专场招聘），但这次简历没有过。我去霸面，找引导小姐姐拿到了自己的试卷，也要到了我同学的试卷，我看我比我同学的卷面就差了3分，但是他进了面试我却没有。我问引导小姐姐为什么我没过？差3分也不至于很差吧。她说我的简历字体太丑了，现在大家都用微软雅黑，没有人用宋体了。于是我就回去改了两版简历，将所有字体都换成微软雅黑。一种是左右分栏，然后贴个圆形头像，偏商务风，在招聘现场很常见的简历；另一种是中规中矩的简历，依次将教育经历、项目经历、学生工作、学术成果和特长等内容铺开，最后也确定用这版简历去参加后面的面试。我最终拿到的所有 offer，无论是国企的还是其他单位的，都递交的是这份中规中矩的简历。

后面我还拿到了我同学的一份优秀简历，下面我们就项目经历这一块来说说我的简历和优秀简历间的不同。从我和杨羚师姐的简历上，大家也可以看到一个很明显的区别：她在滴滴实习之后，将自己的项目经历往产品经理那方面去包装。而我的项目经历主要写的是我利用什么做了些什么，是很空很概念的一些话。我同学的项目经历则梳理了他用到了什么数据，运用了哪些方法去解决了什么实际的问题，他负责的部分有哪些，用到的工具是什么。

找工作是一件很烦的事情，所以我真的很敬仰那些一直从 3 月持续到 10 月找工作的人，以及那些找工作持续到次年 3 月的人。在整个找工作的过程中，我觉得面试很烦，很耗人。当然在面试的过程中，我自身也存在很多问题。我在面试华为的时候，别人说什么我就记录什么，且全程表情很严肃，讨论的时候也很严肃，出来的时候就被通知挂了。我问别人，别人说我太冷静了，比面试官还要冷静，感觉我才是面试官。我回想我在面试时候的表现，是全程表情木讷，自我介绍的时候声音没有一点儿起伏变化。9 月中下旬，我意识到自己再不努力找工作就找不到了，所以在后来的面试中我会注意调节一下自己的情绪，让自己说话的时候抑扬顿挫，有高有低。也会从上一场面试中总结经验，吸取教训。之后的面试我觉得自己表现得都还不错。在线笔试方面，我只遇到过互联网相关的企业会有在线笔试。我一开始将职业意向定位为产品经理，但由于我没有刷产品经理的书，也没有去看相关的面经，更没有相关实习经历，在遇到产品相关的题目时，我都一脸懵。当然，这都怪自己没有提前做功课。也提醒大家，在线笔试一般会让面试者开摄像头，大家不要试图让同学帮自己搜答案然后抄上去，一旦被发现，你就进入这个公司的黑名单了。现场笔试的时候，我也觉得很烦。因为我不想写字，所以字迹就惨不忍睹，而且答题的逻辑感也不是太好。最后回馈的结果就是所有有现场笔试的企业我都没有拿到 offer，其实连面试通知都没有收到。在基于以上的条件下，我还对自己的期许和要求比较高，觉得自己是武大硕士毕业，所以薪水要高一些，而且我一心想去成都工作（离家近，房价可接受），这样的话也就把很多单位都拒之门外了，所以同时要衡量多方面的因素会很烦。

（3）心得体会

下面分享一些求职过程中的心得和体会吧（图 3.5.10）。首先建议大家早做准备，要多思考，想清楚自己适合干什么，未来想做什么，想要成为一个什么样的人。把这些想好之后，然后去做相应的准备，无论做开发还是产品经理，都要去了解行业情况，去刷题，有针对性地做准备，有条件的最好去实习。做完第一版简历之后，可以让别人作为面试官来提出一些建议。然后要利用好资源，比如师兄师姐的内推，找工作的网站和博客等。团队合作一起找工作的效果会更好一点，当时我找工作的时候，我们一起的小伙伴建了一个群，大家都会在群里分享自己知道的公司信息，比如哪个公司来了，在哪里做宣讲，等等。我的很多场面试信息都来源于这个群里分享的消息，我看到后拎着简历马上就过去了（一食堂楼上的就业中心），无形之中增加了很多就业机会。最后，一定要自信！自信！自信！身为武大的毕业生对自己要有信心！我们一定是可以找到适合自己的工作的！同时，有了自信才能在面试中发挥得更好。

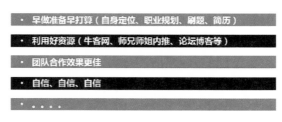

图 3.5.10　求职建议

找工作这件事情关乎未来的职业、发展和前途问题，所以大家一定要上心，如果这些东西都不准备的话，那就意味着你毕业马上要面对失业。最后，我想跟大家说声谢谢，今天是我今年第二次站到 Café 的这个讲台来和大家分享我的故事。预祝大家都能找到好的工作，谢谢大家！

主持人：最后一个作报告的是王若曦师姐，她是 2015 级的学术型硕士，导师为陈晓玲教授。她在秋招过程中拿到了腾讯游戏和网易游戏的 offer，最终签约腾讯游戏。下面师姐将为我们带来她找工作的心得体会，大家掌声欢迎！

4. 从游戏玩家到游戏运营者

王若曦：大家晚上好！我叫王若曦，这是我在武大待的第 7 年，今天我是第一次站在这个地方作报告。其实我本科的时候就听说过 Café，但是我一直觉得自己在学术这一块的天分和悟性都不是特别够，没想到自己会以分享秋招经验的方式站在这里和大家分享我找工作的心得。刚刚我听了其他三位同学的报告，感觉大家找工作就像去摘一个苹果，你知道那儿有一个苹果，过去跳一跳估计就够着了。但我根本不知道哪里有苹果，突然树倒了，苹果砸在我身上了。虽然我从小玩过很多游戏，像男生从小就开始玩的百战天虫、坦克宝贝，等等，我都玩过。但是我在秋招之前没有说一定要进游戏行业或互联网公司，那时更多的是怀着试一试的心态，可能这种得失心不是特别重的心态在面试的时候有更大的发挥余地吧。下面就和大家讲讲我整个秋招的过程。

（1）校招时间轴

第一个是校招的时间轴（图 3.5.11）。3 月的时候一些大企业会开始准备春招，包括暑期实习生的招聘。今年大企业的秋招在 8 月底开始，这时会有一些内推的招聘。我自己是在大概 3 月的时候准备秋招，当时听说网易的招聘开始了，我投了简历做了笔试之后就挂了，实习的事我就没有再管了。8 月底的时候阿里的秋招开始了，我就去做了一个简历开始投。刚开始的准备不是很足，所以我面试的时候都蛮惨的。9、10月正式校招开始，一般大企业的流程是走得比较快的。比如我签的腾讯游戏，从群面到最后录用也就四五天的时间，流程很快也比较密集，所以那段时间是对大家的心态和体力的考验。

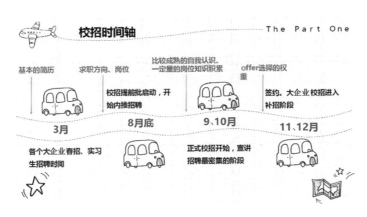

图 3.5.11 校招时间轴

今年腾讯的面试场地在光谷的一个酒店，很有可能你刚回到学校就接到通知让你又跑过去接受下一轮的面试，对大家的体力和精力是个很大的考验，所以请大家在9、10月的时候做好准备。如果你之前比较顺利的话，到11、12月就会有可以选择的 offer 了。在这几个阶段之前还是需要准备一些东西的。3月之前，你手里应该有一份简历来说明你的情况，因为这时候你要开始投春招或者实习的招聘了。8月之前，你对于找工作会有一个大概的方向。这时可以看一下往年的招聘条件与自己是不是匹配，能力比较强的同学就可以根据自己的条件去挑工作了，像我这种感觉自己什么都不太会的就只能从这个条件里面去筛，选择余地没有那么大，但还是会有一个方向。在9、10月正式秋招开始之前，对自己要有一个比较清晰的认识，哪些是自己的优势，做过的项目大概可以匹配什么样的岗位，对这些岗位要有一定的知识积累。因为可能马上就要开始参加笔试了，笔试时的行测题等都是比较基本的，但是一般也会考一些与岗位相关的知识和对行业的认识，所以这个时候你对这个行业要有一定的知识积累。"三方"协议到来之前，你手里有几个 offer 可以选择的时候，你对于 offer 会有一个选择的权重，我到底是要高薪，还是城市要离家近，或者想要舒适的工作环境，等等，这些都会有所考量。

下面是我的一些小建议：

①找实习不要嫌公司小，正式校招不要怕公司大。实习其实是很有必要的，一方面可以给秋招增加筹码，如果能拿到大企业的实习，在秋招的时候你相当于比别人提前迈了一大步；另一方面，如果你实习的时候直接留用就不用再参加秋招了。如果找不到大企业的实习，一些小公司包括初生团队都可以去试一试。因为去实习并不意味着一定要留在那个公司，而是让你对这个行业或者岗位有一定的认识。你可以尽早发现自己是不是适合，如果适合可以多做一些准备，如果不适合可以趁早抽身转向别的方向。实习是很有必要的，

不要一开始就想着一步到位去一些很好的平台。而正式校招的时候不要怕公司大，搞不好另外一棵大树倒了，刚好砸你身上呢。

②简历一定要多迭代，把它当作你的孩子一样多去培养它，还要针对不同岗位或者单位多做修改。我做了一个总的简历，大概有三四页，把我能够想到的都写上去，之后再针对不同的公司和岗位去里面挑选重点进行概述。如果我去事业单位的话，可能会把我在学校的科研项目经历拿出来着重地讲一讲；如果我去游戏行业的话，可能就会多讲一些我玩游戏的经历。

③利用好内推资源。因为无论是简历关还是笔试关都可能会有意外的情况发生，如果你比别人提早过这两关又和面试官比较投缘的话，那么面试往下走的可能性就会很大。

④对自己要有信心。我在正式秋招之前不会写代码，没有实习、没有做与互联网相关的项目，但是最后我也拿到了一份自己还蛮满意的工作。所以说大家要对自己有信心，如果尽早做准备的话，一定不会比我秋招之前的状态更差。

（2）做适合自己的简历

刚刚有讲过，自我包装是比较重要的（图 3.5.12）。自我包装，是需要很精准和适度的。精准是说要匹配它的岗位要求，大家可以把今年秋招的一些公司的要求拿来看，它的要求会列得很详细，你有没有与之匹配的项目或者能力呢？最好每一项要求大家都能拿出可以与之匹配的东西，如果没有的话，现在就可以开始准备去补一补了。但是包装也是需要适度的，不能把这个牛皮吹得太大了，自己圆不回来，因为面试官都是阅人无数的，他们很容易识破你有没有真的做过这些工作。大家对简历里的每个项目、经历或者能力，提前演练一下。在面对面试官时，把它们当作故事一样讲出来，这个故事有起因，有你在里面做很实在的东西，最后达到了怎么样的结果。你可以通过这样的练习，来判断它是不是一个合乎逻辑的、很完整的故事。如果你没有相关的经历或者能力，你可以展示和岗位相关的潜力，可以提炼一些职位共性的能力，比如说与人交往的能力、团队合作的能力等。只要是和人打交道的公司，都需要这些基本的能力，所以你可以着重展现这些能力。

自我定位。我今天要说的是不要沉迷于他人的经验，包括我们今天讲的一些做简历、面试的经验，不一定适合每一个人、每一个公司。我的第一版简历是参考了网上一个人的面经，她用一个产品员的工具做了一份简历，拿到了腾讯产品经理 offer。她说就是因为这份简历得到了面试官的青睐，初面的面试官就为她一路保驾护航，把她送到了这个岗位上。当时我看到这个故事就很兴奋，马上就去学这个软件了。现在我看这份简历就会觉得花里胡哨、毫无重点，从里面找不到想要的东西。布局是乱的，字也是满的，现在来看就会觉得特别的失败。我秋招时放简历的文件夹里面有 24 个版本的简历，这里面的每一个版本都是我重新做过修改的。最后去面试的时候我拿的是一份有针对性的简历。因为我去面试游戏岗位，所以一定要讲我玩的是什么游戏。游戏经历里面我写了两段，第一段是我从小玩到大的 RPG 游戏，这个所想表达的是我玩游戏是段体验很长的过程；第二段是我一直在玩的"大话西游"，我玩得比较精，着重讲了我在里面玩了什么角色、打到什么战绩，这个是想说明我玩游戏比较用心，这两段分别有一个侧重。下面是三段经历，讲了我

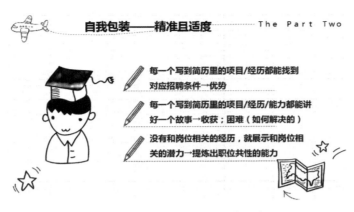

图 3.5.12 精准且适度的自我包装

在摄影协会的经历，想表达我有一些运营能力和宣传组织能力，因为一些岗位是需要去运营的；参加公益活动的沟通能力和执行力；在排球队当队长的合作能力。写经历是有的放矢的，不是无用的堆积，是要和你将来的岗位能够匹配的。项目也是挑了三个重点的来讲，运营还是需要一些数据分析能力，你能不能从每天后台收到的用户行为判断出这个游戏进行到哪一步了呢？所以我着重讲了一些自己的数据分析能力；因为我的专业与游戏行业不相关，我还讲述了知识迁移能力；而学术能力是想表示自己在学生时代知道自己应该做什么事情。这大概就是我做简历的思路，大家可以做个参考，但是不一定适合每一个人的情况。如果去面试事业单位，我一定会把自己玩游戏的经历删除掉，让它永远不要出现在面试官的面前。所以大家要根据自己的行业和岗位来修改自己的简历，把与岗位相关的经历重点放在前面去讲。

（3）面试流程与技巧

我投了网易游戏策划和滴滴城市运营管培，这两个都是内推的，但是简历都挂了。腾讯产培生是我参加的第一场群面，对我的打击蛮大的。如果说去面腾讯的产品经理是"千军万马过独木桥"，那么去面腾讯的产培生就是"千军万马过头发丝"，腾讯产培生真的是很难的一个面试。之后我面试了京东的管培生，不仅我没有过第一场的群面，我的所有队友也全部都挂了。当时我特别怀疑人生，觉得自己就是给队员加的一个负面 bug。这些经历都结束之后，我觉得自己的秋招很灰暗，就发了一条朋友圈："挂简历……挂笔试……挂完笔试挂群面……挂完群面接着挂简历……挂笔试……"。这是 9 月 9 日发的状态，但是两个星期之后，我就拿到了腾讯游戏的 offer。我想告诉大家，你可以把失败当作攒人品吃经验的感觉，慢慢地你就能升级了，升级之后你的感觉就完全不一样了，但是你需要去总结你的这些失败经验。我的两个内推简历挂了之后，我就不再用第一版简历，放弃花哨自我感动式的简历。我之前觉得自己特别用心，每投一个公司就会把该公司的图标加上去，感觉自己很细心很用心，其实是在做一些无用功。面试完京东管培生和腾讯产培生的群面之后，我就发现了一些问题。我们在面试之前会去搜很多"面经"，"面经"就是一些面试过了的人写的面试回顾。很多人就会去学习这些"面经"，但是你碰到的面试官的面试风格可能是完全不一样的。所以说与其完全相信"面经"，不如不看"面经"，让自己去临场发挥。还有一个问题就是，"面经"会告诉大家在群面的时候 leader 和 reporter 这两个职位比较容易过，timer 是计时员不容易犯错，还有在什么时候要提出一个不同的意见。我参加完群面之后，就发现"面经"里面说的不一定对，有人刻意去模仿面试反而会出现反效果。给大家举一个例子，我去面试腾讯产培生的时候，题目是设计一款智能音箱的产品，给出三条功能。我们的过程虽然磕磕绊绊，但是最后的方案也拿出来了。到补充环节的时候，面试官问有没有什么可以补充的，我们组的 timer 可能觉得到了自己表现的时候了，他就跳出来补充了一条功能。我觉得这是一个非常无效的发言，反而会让面试官觉得我们组没有拿出一个统一的方案，这是给我们组非常减分的一项。在这位同学发言之后，他的名字就被面试官给划掉了。所以说，"面经"和前人的经验不一定是完全有效的，大家要根据场上的形式和面试主题来灵活调整。群面一定不要脱离题目，一定要配合团队，无效发言还不如不发言。

互联网的招聘流程大概分成以下四个：

①简历筛选和笔试。如果你有很靠谱的内推，这一关可能你就直接过了。

②群面（无领导小组讨论）。它的形式有很多样，比如方案设计、辩论、排序等。我遇到过辩论的形式，每组四个人，分别负责一辩、二辩、三辩和四辩。

③专业面试（2~3 轮）。我在腾讯游戏遇到的是两轮专业面试，在网易的时候遇到的是 4 轮专业面试，这个视公司而定。

④HR 面。一般专业面试之后就是 HR 面，走到 HR 面，你的希望就比较大了。

下面讲一下我的感受吧。首先，是简历和笔试（图 3.5.13）。

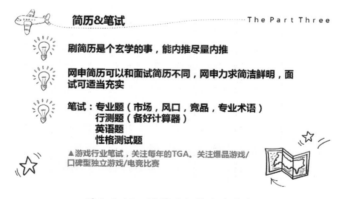

图 3.5.13　写简历与笔试的感受

①刷简历是个玄学的事，你可能和你同学的经历、资质、项目经历和奖学金都差不多，但是刷简历的时候她过了你却没过，这个还看一点运气。所以大家能内推的就尽量内推，可以找师兄师姐，也可以到秋招的论坛上去找一找。

②网申简历和面试简历可以不同，网申要力求简洁鲜明，关键词要清晰，让人能够一眼看到你有什么样的资质，但是去面试时拿的简历可以写得充实一些。我去面腾讯地图和网易的时候，都被面试官问过除了简历之外有没有带其他的材料，他们希望我们多拿一些能够证明自己的材料。比如，你去面产品经理，就可以拿一些自己设计的产品原型图。我们可以准备多元性的材料，不一定要局限于简历这一种。

③笔试题一般分为专业题、行测题、英语题和性格测试题。专业题要求你对面试岗位的市场情况、行业最红火的产品、竞品怎么样以及专业术语都要有所了解。一般笔试都是线上进行的，所以写行测题的时候可以准备一个计算器，因为有可能会遇到材料分析题，需要计算利率之类的。英语题也会有一些考查，一般是填空和阅读理解。性格测试题也是比较看运气的，这部分一般是一些情景题，比如你和你的同事起了冲突怎么办之类的。因为我拿到的两个 offer 都是游戏行业的，所以今天我会和大家着重讲一些游戏方面的经验。游戏行业的笔试要重点关注每年的 TGA(The Game Awards)，号称游戏界的奥斯卡，它每年会颁发年度最佳游戏。笔试题基本都出现在了颁奖的目录里面。还有计算题，比如一个武器上可以镶嵌一个一级宝石，一级宝石升级二级宝石的概率是 20%，问它升级到五级大概需要多少个宝石。国外比较流行的三种游戏车抢球，有什么代表作。还有一些主机游戏，像任天堂出了一款什么样的主机，一款什么样的大作？这需要你对任天堂、索尼等知名厂商的代表作、掌机都要有所了解。有志于加入游戏行业的同学，可以关注这方面的信息。

然后，我讲一下群面(图 3.5.14)。

①群面的偶然性很大，大家心态要放平。努力记住他人的贡献就是礼貌。我想提醒大家一点，群面的时候不管你是不是最后的 reporter(大家默认去记录发言并且提炼总结的人)，最好都要做一些记录。一方面表示礼貌，你很认真地在听别人发言；另一方面就是面试官可能会在发言结束之后突然点到你问刚才某位同学发言说了什么，这个时候你记的笔记就会起作用了。我记得我去面腾讯游戏时，在我们组的 reporter 发言过后，面试官就点到我问我们组刚刚的总结怎么样，刚刚 3 号和 7 号同学分别说了哪一款游戏你还记不记得？所以记录是很重要的。

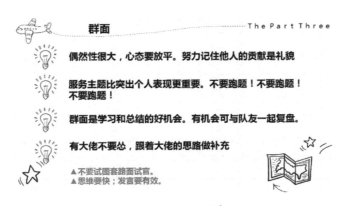

图 3.5.14　群面注意事项

②服务主题比突出个人表现更重要！群面一般会给一个主旨，一定要紧扣主题，不要跑题。我去面京东的时候，群面形式是 4V4 的辩论，主题是"共享单车对社会是利大于弊还是弊大于利"。当时我们都太在意辩论这个形式了，问题都被我们扯远到了环保、就业岗位数等问题上了。其实我们去面试的产培生还是要服务于产品这个主题的，所有的人都跑偏了，所以最后团灭。

③群面是学习和总结的好机会，有机会可与队友一起复盘。一般群面结束后，大家都会拉一个小的微信群，在群面之后互相通知一下有没有谁过了群面进入下一轮面试。如果有条件，可以和队友做一下复盘，就是你们在刚刚的群面中有哪些表现好的地方和不好的地方，几号表现得好，有没有可以学习的地方，这对于大家往下走是个很好的学习机会。

④有大佬不要怂，跟着大佬的思路做补充。我就是那个跟在大佬后面的人，我觉得自己应该是群面里面第五个通过的。要跟着大佬的思路走，因为他们的思路会很清晰，你只要跟着大佬的思路去补充，并且补充的内容是大家认可的点，面试官也是能够看到你的贡献的。群面时你的队友比较强的话，对你来说不一定是件坏事。因为你们组讨论的节奏和思路都会很清晰，至少不会出现团灭的情况，你要做的就是跟着自己认为正确的思路去做一些有效的补充。

⑤不要试图套路面试官，这也是面经里面建议大家群面时需要表现出来的素质。我在面试腾讯产培生的时候，我们组的 leader 就试图套路面试官，当时轮到我左边的一个女生发言，而我们组有一个男生自始至终都没有发言只是在默默地听大家说。这个时候我们组的 leader 可能是为了表现他比较照顾队友，突然跳出来说让没有发言的同学先发言吧，明显就打断了正在发言的同学。这种试图讨好面试官的行为是不可取的，往往会弄巧成拙。

⑥思维要快，要跟得上你的队友，而且发言要有效。

接下来，是专业面（图 3.5.15）。如果你能走到专业面这一步的话，个人的发挥余地就会比较大了。我遇到的面试官都是比较愿意听你说话的，他们就怕你不说话，所以你可以做一些话题上的指引和把控。我个人介绍的习惯是先介绍姓名学校，然后就开始说故事了，为什么觉得自己适合运营这个岗位。我说刚开始玩大话西游时玩的是一个老账户，系统经常会给我发一些高价钱的物品，让我觉得这个游戏挺好的，所以我要充钱。但是在上线时间和我对游戏的花费稳定之后，得到的奖励就变得很差了，这就是一个运营的行为。用户玩游戏变得很稳定之后，其实不需要用奖励等方式来激励用户。因为即使它不给你高价物品，你也会选择很稳定的时间去玩，很稳定地往里面投钱，这就是一个运营行为。等我发现这个事情之后，我就觉得游戏设计和运营是一件很有意思的事情，要和用户的心理去做博弈，这是我选择这个行业的初衷。我大概会说这么一个故事，来很合理地解释我不是这个专业的人为什么会选择这个行业。

还有一点，你要对自己的简历非常熟悉。初次面试时，面试官对你不是很了解，所以一定会从简历入手来问问题的。如果你有非常亮眼的东西，觉得是自己的加分项，但是面试官没有注意到的话，他问问题的时候，你可以用简历里面的东西来举例。比如面试官问了你一个问题，你回答你有什么方面的潜质，可以说你简历里面提到的你曾经做过什么，

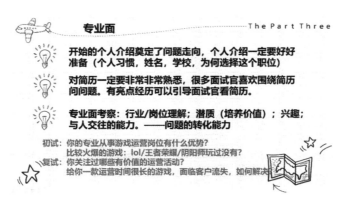

图 3.5.15　专业面注意事项

引导面试官去看简历里面亮眼的地方。专业面会考你对行业和岗位的理解，有没有进入这个行业的潜质和培养的价值，还有就是你对这个岗位是不是真的有兴趣。最后一点，我觉得与人交往的能力不一定只有 HR 面才会考，我初面的时候就被面试官问到了："你有没有一个非常挫折的经历。"我当时没有什么准备，就如实回答说我挺顺利的还没有遇到什么挫折，这样回答是非常不好的。面试官将来很有可能就是你的同事或者直接上司。他们在面试的时候，其实就已经在选择自己未来的同事了。他们肯定会选择一些跟自己脾性比较对口、能够沟通的人。所以在专业面的时候，也要非常注意面试官对情商的考查。回答面试官的问题，其实就是把你不熟悉的问题转化成熟悉的去解答，这就要靠自己的话术。把面试官的话茬接下来之后往自己熟悉的方面去转，这可能需要很多场失败的面试才能熟练地掌握这一点。

我自己总结了一下在专业面回答得比较有价值的问题，如图 3.5.16 所示。

①把所学的知识转化为岗位优势，比如"作为一个学地理的人，你来做游戏有什么优势？"我会跟他讲，地理提取的是地理信息，游戏提取的是用户信息，这两个并没有本质的差异，都是一个数据分析的工程。这就表现出来了知识迁移应用的能力。

②大家可能比较好奇，一个玩游戏玩得很多的人是不是真正适合做游戏呢？我觉得玩游戏和做游戏并不能完全画等号。因为你玩游戏的时候更多的是作为一个玩家，只会考虑游戏好不好玩。而作为游戏设计者和运营者，更多地会考虑游戏能不能持续地盈利，这中间会有一个思维的转换，如果你能跳出玩家的思维，从一个比较有高度的游戏设计者的角度去考虑的话，那我觉得你就能胜任游戏岗位了。

③留心游戏中和岗位相关的信息，这就考查了你的职业敏感度。比如你喜欢玩游戏，那么你常玩的游戏里面有哪些运营活动？达到了什么样的效果？这个运营是不是真正有效？

一般面试完专业面走到 HR 面的时候，拿到 offer 的把握就非常大了。但是，我想专门说一下 HR 面，这里面有很多套路。我在面腾讯游戏的时候，觉得面得最不好的就是

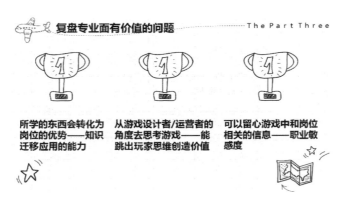

图 3.5.16　复盘专业面

HR 面。一般 HR 面会问一些家庭的情况、将来工作的城市、加班情况是否能接受等。如果 HR 问我，工作的地方在深圳，你能不能接受，我肯定会回答说我能接受。但是 HR 是这样问我的："你家是河南的，你为什么会选择来湖北上学？"我和她说河南那边没有很好的学校，而且湖北离家比较近。这一下就暴露了其实我还是希望离家近的。招聘 HR 的时候都会要求面试者懂一些心理学，所以说不要把对 HR 面的警惕性放得那么低，他们很善于从你的语言里面挖掘出你的真实想法。

　　如果你要从事游戏行业，下面是你需要准备的一些工作。

　　①基本的礼节、察言观色能力。察言观色是让你判断面试官的性格。我初面的面试官是一个非常严肃的人，我讲了很好笑的事情他也不笑的那种。而我复试的面试官就是一个性格很开朗的人，我随便讲一句话他都会笑。所以我复试的时候心态就非常轻松，走到门口了还想起来跟面试官挥手告别。要根据面试官的性格去调整你说话的风格，如果面试官真的是一个很严肃冷漠、你怎么讲他都不会笑的那种人，你干脆就不要继续抖包袱了。

　　②在面试之前要准备的、一定不会失误的就是自我评价。现在面试官喜欢问负面的，他不问你最大的优点，而是问最大的缺点。这个缺点该怎么说是需要考量的，它肯定不能影响你以后的工作。比如说让你去做运营，就不能说自己的缺点是粗心、没耐心。你要去互联网公司，就千万不能说自己不愿意熬夜。这个缺点一定是可以改变，并且不影响将来工作的。

　　③准备一些合理、真实、有力的好故事。比如面试官会问你最有成就感的一件事，或者做的最有挫败感的事情。在挫败感的事情里，你做了什么改进，你有什么收获？这些是你在面任何岗位之前都可以准备的东西。

　　以上三点就是在向面试官表达你是一个什么样的人。

　　④再有一个是针对游戏行业说的，就是对游戏的基本专业知识要有一定的了解。比如游戏行业当下最火的游戏类型和爆品。今年被问得最多的可能就是王者荣耀，明年去面试很有可能问得就是"吃鸡"。腾讯可能会做六款吃鸡类的游戏，网易现在已经做了两款，

这些竞品之间的分析也要做准备。游戏的收费类型，像道具收费、时间收费这两种类型可能会有不同的策略。还有一个很核心的东西，就是游戏的生命周期。如果你想从事运营工作，无论是产品运营还是游戏运营，生命周期都是一个蛮重要的事情。最开始的雏形期可能是拉用户，不计成本地往里面砸奖励来激励用户，游戏发展到中期还有用户的留存、付费转化率等，这些一定是和周期相结合的。我去腾讯游戏面试比别人多了一点优势，就是我玩了一款比较老的游戏。"大话西游"已经开服 13 年了，每一天都面临着用户的离开。所以我对游戏运营到中后期的理解会比别人多一些，这对于腾讯游戏起飞状态之后的用户精细运营有一定的帮助。还有 DAU、MAU 和 ARPU，腾讯大佬用户，就是我们平时说的"土豪玩家""大人民币用户"等。这些专业名词你都要有一些了解，面试官提到时你要能听懂，或者你回答问题时可以用到这些专业用语，这起码说明你对这方面是做过一些准备的。

⑤表现出对岗位的兴趣、理解和优势。这些都是进入面试之前你可以做准备的东西。面试官问的这些问题，如果你有准备的话，都不会答得太差。后面这两点就表现出来了你有没有达到岗位的准入门槛。

⑥无法控制的事情就是运气，这个有时候是决定性的。我刚刚有提到，我去面腾讯游戏的时候，跟我一组的有三个都是之前在腾讯游戏实习过的。而且他们实习的是一个很好的项目，火影忍者的手游，他们的经验比我要丰富得多。我之后跟其中一个加微信聊之后的复试，他就是一个运气非常不好的人。我去复试的时候是在上午，面试官没有面多少个人，所以会觉得我说的东西会有新鲜感。而他面试是在下午，而且去面这个岗位的都是"王者荣耀"的玩家。他一进门，面试官就让他聊一下最近在玩的一款游戏，他就说那就MOBA 吧，面试官直接就说不要 MOBA，我听了一天的 MOBA 了，你换一个游戏讲吧。那他之前准备的东西可能都没有用了，这是一个没有办法顾及的事情，所以他只好换了一个相对不熟悉的游戏去讲。我在这方面的运气就比较好，因为我玩的游戏是比较冷门的，大家都玩得比较少了，我讲的是"大话西游"，面试官就说这个还挺有意思，我就讲了讲玩大话西游的经历。所以说，有时候运气是没法控制的事情，如果真的有这样的事情，那就尽量让自己去接受吧，机会还有很多。

（4）资源分享

下面是我在整个秋招过程中准备的资源，可能会比较偏重游戏行业。在信息收集的阶段准备的资源有：

①最好关注各大企业的校园招聘网站，从现在开始就可以去关注，因为每年的招聘条件不会变化太大。

②两个网站：牛客网和脉脉。基本每一个应聘互联网职业的人都会上牛客网去查看一些技术类的岗位、面经和心得体会等，非技术类的信息相对少一些。脉脉的用户基本上都是已经从业的，他们会分享公司的真实福利、工资和工作环境等，这是一个你拿到 offer去比较时可以看的网站。

③公众号有白熊事务所、刺猬实习校招和柠檬 offer。这三个是我找实习和校招时会去

看的公众号，尤其是实习时候。因为没有很大很专业的实习网站，我一般都是从公众号里面去找哪里缺人了、需要什么样的条件。

④如果你要踏足互联网方面的话，你需要了解互联网最新发生的事情，包括一些行业的信息。这些你可以从这两个公众号去了解，36kr 和爱范儿。它们会发布一些科技界、互联网圈的大新闻。

游戏行业的话，准备的资源有以下几类：

①腾讯游戏开发者平台（http：//gad. qq. com/）。这比较像一个大论坛，上面已经做好了版块，比如引擎开发、游戏运营、项目管理、游戏策划、美术、组成等。它会给你分好版块，你可以根据版块去看别人写的一些心得，是游戏圈内的人会去分享的一个网站。

②小白学数据博客。我在这上面找到了有关游戏周期的一个图，有点像框架的那种。它会把游戏分阶段，每一个阶段要做什么样的事情、关注什么样的指标。这是他自己的个人博客，我觉得他写的东西还是蛮有道理的。如果大家对游戏或者数据处理方面感兴趣，可以去关注一下。

③公众号有：鸟哥笔记、姑婆那些事儿和游戏陀螺。前两个是与产品运营相关的，后面一个是游戏信息的公众号，里面有关于今年的 TCA、得到比较大型奖的游戏分析信息。

今天我分享的主要就是这些信息，谢谢大家！

主持人：谢谢师兄师姐们的经验分享，今天实验室负责学生就业工作的郭波老师也来到了现场，下面我们有请郭老师给我们讲几句。

郭波：大家晚上好！我是负责实验室就业工作的。从我负责就业工作到现在大概有大半年的时间了，今年暑假我们对 2017 年毕业学生的就业情况做了一个大数据的分析，包括男女比例、就业去向、去向最多的城市、去向较多的公司等。通过对 2017 届毕业生的数据分析，我想给大家树立一个信心：实验室学生在就业这方面还是非常好的。在就业过程中，大家可以用的资源有很多，第一个是实验室每年会提前一年半左右建立毕业生的就业群。在招聘季，我们平均每天会在群里面发布 5 条左右的就业信息。因为我们实验室的博士去向最多的是做博士后，接下来就是去高校。所以针对博士的就业特点，我们也建立了专门的就业群。还有一个是信息学部的招聘群，信息学部所有学院的辅导员和负责就业的老师都在这个群里面。凡是各个学院进行的面试，我们都会在这个群里转发面试消息。这个是大家可以用到的第一个资源，就是实验室可以提供的资源。第二个的话，要用到师兄师姐的资源。从今年签约的情况来看，有些师门的师兄师姐师弟师妹去的是同一个单位。还有就是读研期间参与过某些单位的项目并且表现突出的学生，在该公司的招聘过程中是具有优先权的。所以大家要珍惜在读研或者读博期间做项目的经历。我手上有最全的近两年实验室就业去向的信息，如果你们想去某个单位，想了解这个单位，可以来问我实验室往届有没有去了这个单位的同学。如果有，我会尽量向你们提供他们的联系方式。我是今年 7 月来到实验室的，总共参加过两次学校举办的就业老师培训，我们发现同学们找工作最大的问题在于准备不足，信心是很足的，但是其他方面就不行了。所以大家一定要早做准备，尤其是想要去互联网公司的同学，一定要尽量有实习经历。最后，不要怕失败，在失败中总结经验，最后一定能找到适合自己的好工作。

【互动交流】

主持人：非常感谢袁师兄给我们带来了这么精彩的报告，下面是提问环节，大家有两个提问的机会，对每一个提问的同学，我们会送上精美的礼品。请问大家有什么问题吗？

提问人一：袁鹏飞师兄好，我感觉算法岗和机器学习岗应该是差不多的性质，大家现在都在做机器学习或者深度学习，但每个人只是做其中很小的一个点，我们做到什么程度才能去投算法岗？

袁鹏飞：算法岗其实分很多种，比如激光点云、深度学习、计算机视觉、数据挖掘等，但是激光点云方向很少有校招。当时我投实习的时候正在学习深度学习课程，但是到了公司，很多做深度学习的人也只是在跑深度学习的开源代码，调一些参数。很多人只熟悉开源代码，但是真正懂算法理论的人并不是很多。

提问人二：袁鹏飞师兄好，我们现在基本用的都是 Windows 系统，你刚刚说需要掌握一些 Linux 系统知识吗？

袁鹏飞：我实习面试百度 C++软件开发时，他们说百度公司基本上都是在 Linux 系统上进行开发，建议我去看一下这方面的东西。当然现在也有很多人用 Windows 进行开发，这个主要看公司岗位的需求。

主持人：针对杨羚师姐刚刚有关产品经理的介绍，有没有同学有疑问想问师姐的？我们也是只有两个提问的机会。

提问人三：我想问一下杨羚师姐，怎样来衡量一个产品做得好不好？

杨羚：其实一款产品能够被放在 App 商城供大家下载就已经非常成功了，评价一款产品也有其指标，比如做社区类产品，它会计算用户的留存量、日活量，这是在公司里面对一个产品的考核指标。

提问人四：请问杨羚师姐，如果做产品经理，最重要的能力包括哪些呢？

杨羚：如果从面试来讲，更看重的是逻辑能力。最开始招聘一个产品助理，你需要把需求的主次弄清楚，这是比较难的一件事情。到了二面三面，面试官会问你用过哪些产品，对这些产品有什么想法。比如会问你现在的地图还有哪些功能可以做，有没有做得不好的地方？这需要你在平时多去体验 App，每次的产品更新你都要去记录有哪些变化，这样慢慢地就把产品感培养了出来。

主持人：感谢贾天义师兄的精彩分享，有疑问的同学可以向师兄请教。

提问人五：贾天义师兄你好，你投了很多的岗位，算是范围极广、领域极宽、类型极丰富。我想问一下，你投了这么多岗位，到最后是如何找到自己的定位的？如果再给你一次找工作的经历，你会有什么样的准备？着重点在哪里？

贾天义：因为我一开始是要读博的，所以就没有刻意地去锻炼自己的一些能力（较强的编程能力等）。读博对编程的要求没有企业级那么高（针对我的研究方向），只要能实现需要的算法就可以，况且大部分时候我都用 MATLAB，很多企业都要求 C++ 和 Java 之类的。因为意识到自己在这方面比较欠缺，所以一开始我就没有去投技术岗或者开发岗。我很喜欢跟人打交道，喜欢跟人分享我自己的想法，所以我认为我更适合与人沟通、与人交涉的岗位。如果把现在的我放回当时的就业大潮里面，我肯定会让自己很早就做相关准备，不让自己懒惰。从前期的刷题、面试到去各个地方（跑不同的省份、学校）参加面试，这些过程都不偷懒，不放过每一个机会。另外，我建议 2017 级专硕的同学如果打算毕业找工作的话，现在就可以开始着手准备了。

提问人六：我想问师兄一个问题，你找到一份工作后，是怎么判断自己是否能够胜任这个工作的？

贾天义：我找到这个工作，有一部分的原因是因为运气吧。因为我在投中电十四所时，没想着要投管理岗。我本身不是学管理出身的，而且武大有专门学管理的同学，我没有优势去跟科班的竞争。中电十四所的技术岗位招聘测绘工程和地理信息系统这两个大类，我觉得自己是有这个专业背景的，所以在网申的时候就填了这个大类，我认为我是能胜任这份工作的（专业匹配）。但是在面试时，我跟面试官自我介绍完了之后，他问我考不考虑转岗（可能是因为我从事过一些学生工作），我说可以。之后，管理岗的一个领导给我打电话，问了我一些保研、本科成绩、项目经历和管理社团经验等的情况，问完之后让我去面试。面试时候又做了一次自我介绍，问了一下我的学生工作经历，我就从写文档、组织活动、组建社团等方面大致地罗列了一下。接着问我如果现在让我来负责一件事，如何安排整个流程？我就根据自己的理解讲了一下。再经过第三轮的 HR 面，我隐隐觉得我通过了面试。我判断自己适合这个岗位，是因为我觉得自己之前做的学生工作和这个岗位的要求还是很契合的。我所在的管理岗大体就是项目生产管理和项目进度管理，项目来了，怎么把项目分发给各个部门，把握项目进度、汇总汇报等这些。我觉得我虽不是专业学管理的，但我是可以胜任这份工作的，而且我平时也比较喜欢做这方面的工作，所以我觉得自己是可以接受的。

主持人：感谢王若曦师姐给我们提供那么多干货，大家有没有什么问题想问师姐？

提问人七： 因为我对游戏行业并不是很了解，所以我想请王若曦师姐介绍一下游戏行业都有哪些岗位，这些岗位的具体工作是什么？

王若曦： 有几个大的类别，一是游戏策划，负责设计游戏的世界观和游戏的角色、玩法。游戏策划又分文案策划、数值策划等。如果是做文案策划，就需要你对古典文学、奇幻文学比较有 sense。第二个岗位是游戏运营，在游戏做出来之后，针对游戏周期的不同阶段设计策略来吸引玩家，延长游戏寿命。运营可能要负责游戏社区、游戏用户、游戏分发渠道，等等，工作也会与策划、美术等有一些交互。还有游戏开发和游戏美术，游戏开发很容易理解，要写引擎代码，涉及整个游戏如何落地实现。游戏美术岗位有做场景渲染的，有做角色设计和动作设计的。项目管理这一职位负责对一款游戏从诞生到落地的整个生命周期进行监管和推进，协调各个部门的工作，对项目进程进行把控。

贾天义： 我想向王若曦师姐提一个问题，根据我的了解，我发现拿到产品经理 offer 的大多数是女生，这个有没有一定的规律性？是不是因为产品经理要和开发去打交道，女生更适合做这方面的沟通工作，所以公司招聘的时候也偏向于招女生做产品经理？

王若曦： 从结果来看，确实是拿到产品经理 offer 中女生占大多数。我去面腾讯的时候，大概 10 个里面只有 2 个是男生。投技术岗的时候，技术本身就是一道门槛。其实你在投简历时，它本身就给你设好了一道门槛。而产品经理就招聘条件上来看，确实是一个不限专业的岗位，对技术要求不高，所以女生可能会多一些。这一方面可能杨羚会更了解一些。

杨羚： 其实男生要有信心，虽然女生很多，但就我了解的情况，优秀的产品经理里面男生偏多。

贾天义： 我最后还想说一下，我找工作的经历不具有太强的正面代表性，更像一个反面例子。根据身边同学们的评价，认为我找到这个工作完全是综合了学历优势、性别优势和单身优势。有些单位虽然在招聘条件上没有明确规定需要什么学校、什么专业，甚至明确性别要求之类的。但是在筛简历的时候，还是会有一定的筛选手段（比如双 985，优先男性等）。如果你们找师兄师姐提前了解了要去应聘单位的"潜规则"，避开雷区，可以少做很多无用功。谢谢！

（主持人：于智伟；摄影：黄雨斯；摄像：韦安娜；录音稿整理：黄雨斯；校对：赵雨慧、李韫辉）

3.6 浙江校友就业交流分享会

（校友代表）

摘要：本次活动 GeoScience Café 首次走出校园，邀请了 10 位武大校友在美丽的浙江大学为同学们带来一场就业分享会，他们分别在阿里集团、网易、浙江省第二测绘院和中国移动研发中心工作，在这场交流会上，他们从自身的角度以及行业的角度出发，与老师和同学们分享了求职经验、工作经历和心得体会，对于现场许多即将面临实习和就业的同学来说，收获满满，受益良多。

【报告现场】

主持人：各位校友、老师、同学，大家下午好！欢迎大家来到我们 GeoScience Café 杭州专场的校友交流会，我是今天的主持人龚婧，是实验室 2017 级的硕士生，同时也是 GeoScience Café 社团的一名成员。今天是 Café 第一场的校外活动，GeoScience Café 是实验室研究生自发组织成立的学术交流社团，到现在我们已经成功举办了 200 多期的活动。在本次调研活动之前，我们通过 QQ 群、海报和微信公众号的方式进行了广泛的宣传。今天这场活动我们很荣幸地邀请到了在杭州工作的 11 位校友来到现场，我谨代表实验室向各位校友表示问候和感谢！

今天是我们调研活动的第 5 天，在前 4 天的时间里面，我们先后去参观了德清地理信息小镇的许多企业，与企业的人员进行了深入的交流。前天我们去了阿里巴巴，与高德地图、菜鸟裹裹和阿里云的技术团队进行了交流和学习，大家都收获满满。这次来到杭州开展的调研活动除了对企业进行调研之外，还有一个很重要的目的就是想来听一听来自各位校友的声音，校友们在进入行业之后对还在校的同学们有什么样的建议。

首先请允许我为大家介绍今天到场的几位校友。第一位是魏虎师兄，现在在阿里巴巴工作，同时他也是浙江省校友会互联网分会的会长；刘宵婧师姐，2017 年毕业于实验室，目前在网易工作；杨龙龙师兄，张帆师兄，王德浩师兄三位都是 2017 年毕业，并且都去了阿里。胡月瑶师姐今年（2018 年）刚毕业，现在在中国移动研发中心工作。武赟赟师姐，2015 年毕业，现在在浙江省第二测绘院工作；刘晓典师姐和凌宇师兄是 2014 年的毕业生，现在都就职于阿里；后面一位是唐伟师兄，2011 年遥感学院本科毕业，目前在浙江省测绘二院工作；最后一位是王源师兄，今年刚来杭州实习，是即将于明年（2019 年）毕业的一位预备校友。以上就是今天到场的 11 位校友，下面就有请他们来为大家讲述求职就业经历、分享工作中的心得与体会，首先有请魏虎师兄。

魏虎（图 3.6.1）：本来星期五要去北京出差，差点错过这次交流的机会。今天正好周末，有空过来跟这么年轻的师弟师妹们交流下还挺开心的。简单介绍下自己，除了在场的老师外，我应该算是这里比较老的人了。我 1996 年进入武测，2000 年毕业后在重点实验室继续学习，是王伟老师的学生，2003 年毕业。当时做的方向是 GIS，我论文写的是空间数据挖掘，大概十几年前数据挖掘的环境很差，没有像现在的大数据这么火，那个时候的方向也定位了现在我做的一些事情。毕业后我其实就在两家公司工作过，一家是在东方通信，工作了三年。那时候手机有波导手机、东信手机还有小灵通，大家都听说过吧，它们比较火，我当时在做地图导航软件，定位是用 GPS 基站定位，所以非常不准，那时候做的很难用。我们还跟 114 去推广我们的软件，但是推不起来，因为当时硬件的技术受限，其实整个都没有做起来。2003 年到 2006 年做的事情跟咱们遥感、测绘还有关系，2006 年我离开这家公司去了阿里，进入阿里也差不多快 12 年了，那时起就再没有做过与测绘、遥感、GIS 相关的行业，进入了互联网公司。

大家知道阿里有师兄制，当时我的师兄是阿里集团现任的 CTO。当时面试，我正在答题，师兄一看我简历说："你不用答题了，问你几道题。"把我叫进隔壁面试间去进行了几轮面试，我当时想了想为什么这么快呢？2006 年、2007 年那会阿里挺缺人的，那时候阿里的名气不算特别大，就像马老师说的，只要是个人，不是残废的就能进阿里。我就是在那个时候进去的，这是开玩笑哈。

现在我在阿里天猫事业部负责大数据这一块，如果大家在网上搜我的花名，应该能搜到我。我在天猫现在主要做的是面向数据，就是给品牌商做数据产品，比如我们做数字银行、CRM。实际上前几年我还做了阿里的个性化推荐，阿里个性化推荐的平台就是我打造的，大概花了 4 年的时间做了这么一个全集团统一的推荐平台，在这之前我还做过一些架构上的事情。像我们今天在场的校友，在阿里工作的最长有 4 年的。其实最早 2006 年来阿里的时候，当时的淘宝 300 多个人，但不包括 B2B，做淘宝的技术也就大概 60 个人。当时我是做整个架构的演进，比较偏工程。后来从 2010 年开始，就做大数据这一块，那时候大数据刚刚开始，大家都知道百度，大家觉得百度好像做搜索、做人工智能是最早的，后来我发现百度也是后来慢慢才起来的，各大互联网公司大概都是在 2010 年开始做人工智能。阿里的推荐也是在 2010 年开始的，以前都是简单的规则，逐渐演变成用模型和算法来做推荐。最早大家都觉得阿里不是一家做技术的公司，后来发现其实大数据这块，大家都是在差不多的时间开始的，百度这些公司都是差不多在 2010 年左右开始的。阿里在这么七八年的时间里也是发展得非常快。阿里最大的价值在于数据，跟腾讯、百度比起来，阿里最有价值的数据就是消费者的购买数据。其实阿里在这方面做了很多事情，包括我做了一些推荐算法，现在我们会给品牌商做一些产品，帮他们来做人群的洞察、细分，做竞品分析、舆情监控等这些事情，这几年大概都是这么发展的。

2013 年阿里有个大战役叫作 All in 无线。我跟大家分享这个是因为无线仅仅花了两年的时间就把整个 PC 颠覆掉了，所以在互联网公司，技术和相关行业的发展都是非常迅速的。就包括现在阿里的新零售，今年是新零售的元年，我相信新零售也会在未来两三年内就能替换移动互联网。如果我们的同学投身到互联网行业，移动互联网和现在的新零售，它们的技术发展是非常快的，你要是不学习、不跟上的话，基本上会很快落伍。在阿里不是有层级吗，很简单，为什么大家加班这么严重？而且是自觉地加班？因为阿里的机制就在这里，阿里有一套标准的晋升体系，我在阿里时，在 Java 委员会和算法委员会做过，说实话每个人都是渴求进步的，因为你不进步，别人就进步了。在阿里人比人，气死人嘛，你发现你的同学从 P6 升到 P7、P8 了，你还在原层级慢慢地干，你自己都不好意思继续干下去的，就是这么一种机制。包括阿里的末位淘汰制，我认为能够让阿里健康地存活到现在，这也是很重要的一件事情。

大概我就简单地分享了以上这些。

为什么参加这个武大校友会？其实也是个机缘巧合，两年前我们班有个同学得了肝癌，开始我们还不相信，其中一个同学打电话过来说有个同学得了肝癌，能不能帮忙筹点钱，开始我们还以为是骗子，后来发现确实是真的。当然就需要换肝，怎么办呢？我们又没有关系，但是两年前武大浙江校友会换届，我刚好参加了一下，加了个群，我就把这位同学的信息发在群里了。后来没想到还真得到了非常重要的帮助，不仅仅是赞助，关键是得到了宝贵的肝源！咱们武大的浙江校友会的影响力还是蛮大的，肝源一般是很难拿到的，因为要排队，但是我们校友会的人还是比较强的，这位同学就顺利地做了换肝手术，现在还挺好的，不过记忆力有些受损，现在也在慢慢恢复，已经认得我们了。他也是毕业后做互联网游戏创业这一块的，武大校友会还是蛮让人感动的。

当时武大还只有武大校友总会和法学分会、测绘分会、水电分会，因为我正好在阿里嘛，那我想是不是要建一个互联网分会。当时上海有叫 IT 分会的，以前 IT 很火，但是现在就觉得名字很土。后来我们就成立了互联网分会，大概是在前年（2016 年）7 月成立的，成立时我们浙江校友会的会长都到了，各个周边省市的一些校友会成员都参加了，然后就建了浙江校友会互联网分会，现在群里有 300 多人，包括阿里、网易，还有整个浙江省的一些搞互联网的、搞创业的校友，互联网和创业是放在一起的，武大也有创业分会。

我们今年搞了两三次活动，都是一些前沿技术的分享，也是为了增加大家的交流。另外我也是珞珈基金浙江的代理，珞珈基金是陶闯校友办的，大家如果有什么创业想要拿投资、基金的，其实也可以跟我讲一讲。我觉得武大校友会在各个学校的校友会里面做的是非常不错的，前几周在北京举行了换届，我们的杰出校友雷军就参与了，我觉得整个武大校友的氛围是非常浓的，从我同学的救助经历中就非常能感受到校友圈子的活力，所以现在我也一直在干校友会相关的一些事情，也会组织校友会的活动。我们的这个互联网分会主要是分享前沿技术，互联网加上创业这两大结合点。

以上就是我的一些简单的介绍吧。

再分享下关于工作的方面，在座的绝大部分都是还在学校读书的同学们，大家对未来都有很多的期待。说实话，我自己刚毕业时，我们那一届的同学很少像我这样是在互联网工作的，主要都在测绘局、国土局这样一些事业单位。我算是属于阴差阳错进了互联网行业，因为我是学 GIS 的，会一些编程，多少有些兴趣。我想说的一点是工作和学习未必是相关的，现在工作的事情和我以前学的摄影测量遥感、大地测量，一点关系都没有。我觉得在学校时最关键的受益点是学习的氛围，在学校里无非就是你对学习的这种渴望，所以现在在阿里工作也一样，要不断地充实自己。

在那个时候学数据挖掘不像现在这么火，我当时做毕业论文时讲空间数据挖掘，觉得数据这么有价值，我们有这么多数据，总有一点有意思的东西吧，就学了空间数据挖掘。其实当时研究生学这个方向的没有几个，自己对这个感兴趣，也是这个兴趣促使自己不断地学习，在工作中也一样。不要说毕业后就是终结点，就不需要学习了，完全不是这样。你在工作中想要成长的话相当于又是从零开始，是在一个社会的大学，你要重新开始去学，甚至你之前学的一些专业课跟你的工作完全没有关系，我觉得这个都不要紧，关键的是你要有一颗不断学习和充实自己的心，这在哪里都是万能的，都是通用的。就像在这里在阿里工作三四年的，马上就五年，你要坚持下去就需要不断地挑战自己，不断学习，否则在阿里很难发展。

我留在学校的同学张过，就比较优秀，他们团队刚刚研制和发射了"珞珈一号"卫星。所以我觉得每个人都会有自己的方向，不管你是哪个方向，只要你去专注，不停地学习，不停地创新，都是有机会的。前段时间在跟张过聊，阿里跟测绘、遥感到底有没有关系，实际上关系是很明显的，现在我们的遥感、道路检测、识别都跟大数据相关，阿里在这方面其实不缺算法工程师，不缺模型工程师，但对于遥感这块不太理解。我们当时在学校就是用经纬仪测一下道路，现在的无人车、航拍，等等，再加上无人机，能够快速地生成地图，我们那时候测完还需要计算，搞半天，这就是技术的进步，其实咱们遥感也是一样，技术在不断地迭代。

图 3.6.1　魏虎做分享

最近也比较欣慰，咱们武大遥感专业是全球第一，没想到我一不小心还是在全球第一的系里面学习，咱们遥感系有非常多不错的老师学者在不断地积淀，在座的同学都是身在福中。我觉得大家要珍惜这个机会，重要的是学习"学习的过程"，就像机器学习一样，不同的分类模型比的是学习能力。以前我们叫大数据，不管什么烂的模型放进去，只要数据量大，自然就能学得好。现在不讲这个，现在讲学习效率，在少量的数据下就能学出非常准确的模型，大家不仅要不断学习，还要提高学习效率，在有限的时间下你比别人学得好，自然你的机会就比别人多。

我要分享的就是这么多，一个是武大校友圈，大家毕业后可以多加入各地的校友圈子，有利于大家去工作、交流。整个浙江校友会除了刚才说的按院系来分，还有足球校友会，情感类的，还有汉服啊，挺有意思的，他们以前是武大本部那一块的，包括英语角，等等。大家毕业后加入这种社区，对自己来说，可以认识很多校友，也是扩展自己学习的领域，是一个很不错的地方。今天就跟大家分享这些吧，很开心我们的实验室领导都过来了，也非常高兴跟我们还在学校的同学们见面，每个人都洋溢着青春的气息，都是一张白纸，期待你们在未来画出非常绚丽的图案！谢谢大家！

主持人：非常感谢魏虎师兄同我们的分享，师兄是一位在阿里工作了 12 年的、非常有经验的前辈，我相信聆听过师兄的分享后，同学们都会有自己的体会和疑问，可以留到之后的交流环节来进行提问。下面就先有请去年毕业然后进入网易工作的刘宵婧师姐来跟大家分享一下她的经验。

刘宵婧(图 3.6.2)：各位老师、师兄师姐、师弟师妹大家好，我先做个自我介绍，我叫刘宵婧，是 2017 年毕业的，导师是吴华意老师。其实作为一个刚毕业一年的师姐，工作上我也没有特别多的经验分享给大家，自己也是处于一个摸索的阶段，刚进入工作对自己的工作领域和同事间的关系等都需要学习。特别感谢实验室和 GeoScience Café 给我们提供了这样一个机会，跟师兄师姐们交流，听取他们职场上的经验，同时也和师弟师妹们分享一下我求职的经验。

我在实验室主要研究网络地理信息服务质量这个方向，带我的小老师是桂志鹏老师，是一位十分严谨认真的老师，他带我主要做的研究课题就是"WMS 时空响应时间的预测模型"。在此之外，我也做过一些小的项目，比如地理服务资源的搜索网站，从这些小项目里也接触到了前端、Web 开发的一些技术，主要是自学加项目的锻炼，也为各大互联网公司的面试做了一定的准备。我之前实习时参加了百度上海研发中心的面试，我觉得各大互联网公司的面试还是比较看重基础的，尤其是对应届毕业生的面试而言，他们一般有三到四轮的面试，一、二轮主要是考核一些基础知识的掌握，第三轮会涉及你的项目，面试官会根据项目的点问下去，用到了哪些技术，会遇到什么样的问题，是怎么解决的。他们主要想在面试中来考核一下你的学习能力，遇到问题的解决方法，还有一些思维的灵活度。其实应届毕业生被面试时，并不会特别看重项目经历有多少，但他会深入一个点去问，遇到了一个问题看你会不会深入去看里面的原理，所以基础一定要打牢。第三、第四轮面试就会问到你的职业发展规划。HR 面试时会问到自己对于专业的看法，未来的方向，等等。在百度我面了有四轮，实习了两个月，之后参加了网易的校招。网易在 8 月的时候有一个统一的校招内推，拿到网易员工的内推码后可以申请内推，免去简历筛选，直接进笔试，面试是在一天内完成的，大概会安排三个技术面，再到 HR 面。其他的我就没有再找了，因为网易出结果比较早。我的求职经验不是很多，但是我感觉都是一个套路，应届毕业生都会更加考验基础，如果你是工作之后再跳槽的话，对你的项目经验、工作上的成绩会比较看重。

接下来讲一下工作一年后的感想吧，在网易工作其实不是特别累的。像我们部门差不多晚上 9 点到 10 点左右就走了，其他的部门比如网易云音乐、网易考拉、网易严选这些比较赚钱的电商部门，加班到 10 点以后是比较正常的。之后会有校友分享他们在阿里的工作，很多都是在阿里太累了受不了了，然后来网易的。如果有师弟师妹对网易的这个部门感兴趣或者想内推的，都可以找我。

图 3.6.2 刘宵婧做分享

主持人：非常感谢刘宵婧师姐的分享，师姐刚才说 9 点到 10 点下班算比较早了，这确实出乎我的意料了，那么在阿里工作的杨龙龙师兄关于工作、关于加班又有哪些想与大家分享的呢？我们掌声欢迎杨龙龙师兄。

杨龙龙(图 3.6.3)：我在蚂蚁金服工作，我和刚刚那位师姐昨天领了证，我俩是一个班的，我是班长，她是学习委员。我们入学就在一起了，在武大度过了浪漫的三年，工作不在一个地方。她刚才说网易比较轻松，确实是挺轻松的，基本上八点多就到家了。我在支付宝工作，加班比较多，一周见一次。

我先分享一下我在学校的一些情况，我的导师是朱欣焰老师和呙维老师，我们项目组主要做 GIS 方面的一些工作，比如室内导航。我的研究方向是 WebGIS，写一些跟地图有关的网页，我毕业就找了前端方面的一些工作。我毕业设计做的是跟深度学习相关的停车场内的车位预测，实习是和刘宵婧一起去的，后来觉得杭州很漂亮，很适合我们一起生活。来这边就加入了浙江校友会和互联网分会。

接下来我分享一些工作后的感悟吧。因为我是做前端的，不同部门的前端之间差距比较大，我们是做 C 端的，也是做无线方面的工作，我们国际事业部会做一些印尼版的支付宝、菲律宾版的支付宝等国外的一些站点，目前主要在东南亚这边，日本也有，做一些国际方面的业务，经常会跟外国的同学打交道，英语口语也得到了锻炼。开发的项目并发的比较多一点，多个站点一块做，加班的情况是有一些的。我们部门让我做一面，一开始面的是支付宝外包，后来做校招的一面。我说一下面试要注意的一些点吧，我们是很注重技术基础的，也比较注重思考和解决问题的方式。不会直接问你技术的基础，而是去问怎么解决一个问题，有什么好的解决方案。我也是刚工作一年，目前也是要多向师兄师姐学习的，后面大家有面试的相关问题可以找我交流一下。

我的分享就到这里，下面把时间交给王德浩。

图 3.6.3　杨龙龙做分享

王德浩（图 3.6.4）：大家好！来到这里我感觉很熟悉，也很开心。我也刚工作一年，只能说一点小小的经验分享给大家。我在实验室的导师是龚健雅老师和向隆刚老师，主要做轨迹数据的管理、索引、挖掘相关的事情。现在的工作是在阿里做数据库研发，用 C++，数据库属于基础技术，我们招人也比较难招，大家找这方面工作的也比较少，现在做 AI 和机器学习这一类的比较多，做 Java 的也比较多。

我也来分享一下面试的经验吧。如果想找互联网或者计算机相关的工作，一定要自己把计算机基础打好。现在网上找学习资源也很方便，虽然我们很多同学不是计算机出身的，但也没有关系，你想去学那些东西其实很方便，实验室的老师也有很多经验，可以去请教他们。一定要把自己的基础夯实，多做做题，多去学习计算机知识。一定要在学校里把自己的项目认真地做，做完之后还要思考我在这里面做了什么事情，为什么要这样做，然后在项目里有哪些贡献，学到了什么，遇到难题怎么解决，以及怎么把这些东西清晰地表达出来，这对面试都是非常有帮助的。

我再分享一点工作后的感悟，主要是确实挺累的，肯定是要比学校里面累的，魏虎师兄也说了嘛，一定要不断地学习，不学习的话很有可能就被淘汰了。在未来的工作中一定不要给自己设限制，你看到什么事情，即使它不属于你，你觉得你能做，你也应该去做，通过这个做的过程，不仅能对团队产生更多的贡献，而且也是对自己的提升和锻炼，即使从一个功利的角度来讲，你的老板看到你主动做了这么多事情，将来算绩效肯定是有倾斜的嘛。不管是谁都喜欢积极的同学，积极的下属。这是我的一个主要的感悟。

现在我们国家在基础技术这方面还是相当薄弱的，比如之前与美国的贸易战、中兴事件，所以这几年我国也是在大力发展基础技术，像 BAT 这样的大型互联网企业肯定要率先做好模范带头作用，这两年都在基础技术上有很大的投入，所以我认为这是一个很好的机会，大家不光可以专注在 AI、机器学习这些领域，在基础技术包括硬件、操作系统、数据库这些领域，现在也是特别地缺人。如果大家对这些东西感兴趣的话，我觉得你不必担心它们会过时，不存在这样的问题的。因为这些行业这两年发展得也很快，如果大家对这些底层的技术感兴趣，可以放心大胆地投进去，不必说非要追 AI 这些热点，行行出状元，每个行业做得好的话肯定是能出很好的成绩的。我就简单分享这些，谢谢大家！

图 3.6.4 王德浩做分享

主持人：感谢两位师兄的经验分享，关于面试找工作，两位师兄都谈到了一点就是要把自己的基础夯实，同时要有意识地去提高解决问题的能力，养成勤思考多总结的习惯，无论是学习还是工作都是大有裨益的。接下来让我们有请目前在中国移动研发中心工作的胡月瑶师姐跟大家做交流分享。

胡月瑶(图 3.6.5)：各位老师、校友、师兄师姐、师弟师妹们好！我是今年刚毕业的硕士生胡月瑶。我觉得非常巧，因为我在上个月的 22 号刚拿了毕业证，这个月的 22 号又能和大家见面，觉得特别熟悉。我的分享也是围绕这几方面的，但是经验可能不是很足，今天也是抱着学习的心态，向各位校友、师兄师姐多多学习。

我现在是在中国移动杭州研发中心，刚才的几位师兄师姐都在互联网行业，是非常优秀的。中国移动杭州研发中心是目前国企想向互联网转型，而产生出来的一个企业，现在主要运行的业务是关于数字家庭的。这个行业我也是刚刚入手，在入职的这两周对这个行业做了一些调研，对业务背景做了一些了解。首先，我是学摄影测量与遥感的，向这个行业转型其实是从零开始学习，当然我觉得在就业刚开始的时候，都是抱着一个学习的心态慢慢去接触和学习一些，再到慢慢入手的状态。

图 3.6.5 胡月瑶做分享

我现在的岗位是数据分析，对数据分析这个岗位的看法逐渐形成于我的几个实习过程中，虽然现在的工作与摄影测量和遥感的关系并不大，但是不能说完全没有联系。因为之前做遥感的时候对影像的处理用的是 MATLAB 软件，其实也是一些对数据的建模和分析，在找工作的过程中我发现我做的事情比较偏向纯遥感和影像处理，计算机的基本功并不是那么扎实，对于一些纯产品经理和运营这样的岗位并没有了解得那么深入。然后我就给自己定位在了数据分析这个岗位，数据分析其实是一个涉及面比较广，但入门起来相对比较容易的岗位，它所应用到的知识可以偏算法一点，也可以偏业务一点，你可以多做结合。虽然说这个岗位入门起来容易，但我知道想要把它做好是非常难的，你想把所有的面都涉及，学好学深入，有很长的一段路要走，目前工作两个星期以来的感受就是，和学校的生活有非常大的差异，但其实也没有那么大的反差感。因为现在很多公司都有导师制，会在你入职以后给你安排一个工作上的导师去指导你，给你计划帮你过渡这一段时期。大家踏上职业的道路也不用慌张，因为也会有一个引路人，在你一开始迷茫的时候给你一些指导。之后我会继续做数据分析这个岗位，把数字家庭这一块学扎实。数据分析对于业务背景的理解和要求是非常高的，之后会多向师兄师姐学习，多学习一些前沿知识，保持不断学习的态度。谢谢大家！

主持人：感谢师姐的分享，我从师姐的分享中也感受到了自己的一个困惑，就是所学专业与以后的工作没有那么大的关系时该怎么应对。师姐给我们的一个建议就是找准自己的定位，从产品、数据分析、开发这些不同的岗位中找准最适合自己的。接下来有请张帆师兄，一起听下师兄有哪些想与大家分享的呢？

张帆(图 3.6.6)：大家下午好，我也是刚刚工作了一年。我先自我介绍一下，我之前在实验室做一些偏算法的工作，去了阿里之后我是在做算法工程师，我工作一年最大的感悟就是阿里的一句老话——拥抱变化。在实验室我做的是与图像处理相关的事情，在我入职之前，公司跟我说的也是做和图像相关的，但是在我入职第一天就跟我说要改行做自然语言处理。大家也是要接受这种变化，在入职培训的时候大家也会发现，互联网公司的变化是非常迅速的，有可能第二天你的部门组织架构就调整了，或者过一个星期你的领导也会变。大家工作以后进入互联网企业的话，首先就是要接受现在这种快速的变化，在这种变化面前，你要用自己之前所学的一些东西来拥抱和接受这种变化，来提升自己。这就是我最近受到的感悟。

图 3.6.6　张帆做分享

我入职以后主要在人工智能实验室做一些比较火的人工智能算法，总的来说，虽然拥抱了变化，但也要根据自己之前所学的东西，把自己基础的快速学习的技能放在身上，到了公司以后也要快速地学习一些相关的算法。如果是工程实现的话，也要快速地进行学习，来适应快节奏的变化。在互联网公司的压力还是挺大的，九点下班也成了一件比较好的事情，你要应对各种项目给的压力，有了压力的时候大家也不用害怕，同时也要拥抱压力，让压力变成一种动力。现在每天九点下班，偶尔六点下班还挺高兴的，这就是我的一些简单的分享。如果大家以后想加入阿里的话，我也给我们部门打个广告，欢迎加入人工智能实验室，我们这里有自然语言处理业务，无人车、各种做算法相关的或者与实际业务相关的，谢谢大家！

主持人：谢谢师兄的分享。在校园做科研的我们可能对行业或技术的快速发展与变化感受不那么明显，但我们总有走出校园的一天，如果将来真的身处其中又该如何更好地应对呢？我想师兄的分享中有好几次都提到的"快速学习""拥抱变化"这两点或许才是我们进入职场前要做好的准备，如何准备呢？我觉得最好的方法就是亲自去经历，我们这次来到杭州做企业调研的活动，就是一次更近距离接触企业、接触行业的经历。

下面要做分享的这位师姐现在在浙江省第二测绘院工作，作为在场少数几位没有进入互联网行业的毕业生之一，我们来听一听她有什么想要与我们分享的经验吧。

武赟赟(图3.6.7)：各位老师、师兄师姐，大家好！我先做下自我介绍，我叫武赟赟，名字特别难写，上面一个文武的斌，下面一个贝。这次也是特别巧，前几天的时候关琳老师在QQ上联系我说，我们国家重点实验室来浙江杭州做行业调研了，要不你来跟我们分享一下你的学习工作经历吧，当时感觉真的蛮激动的，因为我毕业有3年了，只有在2016年的时候趁着出差的机会回了一趟武汉，匆匆地看了一眼学校又回来了，甚至在校园里面都没有时间去走一走逛一逛，这次也是特别荣幸能做这个交流。

我先简单介绍我在学校的学习情况，我是2012年进入实验室的，导师是钟燕飞老师，我们钟老师也是一位要求非常严格的老师，在学校的时候其实学习方面的压力也是有一些的，我当时的研究方向是高光谱遥感影像的亚像元定位，其实现在毕业了之后都不太做这方面的东西了。现在发现让我再去想我在学校里面都做了什么东西的话，我好像发了两篇论文，别的还有什么呢？好像不太记得了。

图3.6.7 武赟赟做分享

因为时间有点久远了，毕业了之后就来浙江省第二测绘院这边工作了，最初工作的时候也没有想到后面会做ArcGIS二次开发这方面的工作，就发现工作了之后其实跟学校里面学的东西关联得不是那么深、那么大。工作之后可能还是需要去学习一些新的东西，比如说我现在做二次开发的话，其实我在学校里面是没有怎么做过的，大家都知道，平时在学校研究个算法，用 MATLAB 搞搞就可以了，工作了之后发现这样不行了，所以还是要从头开始去学习。

工作经验方面我也没有太多的可以分享，我觉得工作上要有主动性，能踏实肯干的话是挺好的事情，在工作上也可以做出一些成就。我当时不太熟悉 ArcGIS 二次开发，也会利用下班之后的时间去学习这方面的知识，其实跟在学校里面差别也不是特别大，在学校里面我们也会在遇到问题之后想着怎么解决，在工作当中也是这样子的，你可能会说我需要网络的资源，或者说我需要跟前辈们去交流去沟通，跟同行业的同学、学长学姐去交流和沟通，我觉得大家都是这样一步一步过来的。

我主要说一说我的生活方面吧，其实我来了浙江之后对校友会的感悟比较深。来了之后不久就跟浙江校友会有了一些交集，我们校友会的一些工作我也参加得比较多，比如魏虎师兄曾经在浙江校友会的迎新活动上做了讲座，我也有幸去听了。校友会有专职的秘书在供职，活动也组织得比较多，比如魏虎师兄刚刚提到的有单身群，就是为了解决广大同学们的单身问题。还有篮球群、足球群、羽毛球群各种活动方面的，有时也会组织交谊舞这种活动。还有读书会，就是魏虎师兄提到的 Maggi 组织的汉服、辩论赛这样的活动，活动的形式很多也很精彩，还有法学分会、互联网分会、测绘分会，不太记得有没有金融分会了，各个分会的活动也是蛮丰富多彩的。我当时为什么来杭州也没有特别大的执念，这边事业单位考上了就过来了，来了杭州之后我发现杭州这边的人文、生活和工作环境我都蛮喜欢的。如果大家对杭州这边的吃喝玩乐有什么问题的话可以跟我交流，关于工作方面刚刚几位都说得很好了，我就不多做分享了，谢谢大家！

主持人：感谢师姐的分享！刚刚师姐也说了，大家要是对杭州的吃喝玩乐有什么问题可以和师姐多多交流。下面我们有请同样是在浙江省第二测绘院工作的唐伟师兄来为大家带来他毕业之后的工作感悟。

唐伟（图 3.6.8）：大家好！今天来也是跟大家比较有缘，本来中午凌宇学长叫我吃饭，我不知道下午有这么个活动。这说明我跟大家很有缘，我们在美丽的浙大结下了不解之缘。

自我介绍一下，我叫唐伟，是遥感学院本科毕业的，毕业的时间比大家稍微早一点，2011 年毕业的，之后就到浙江省测绘局工作了，现在在浙江省第二测绘院航测三分院。我们这个机构比较绕口，首先是局，下面有六个单位，有一院、二院、院下面又有分院，我是在三分院。我们做的事情和各位在互联网做的不一样，是偏生产型的，做工程，说白了就是干国家的活，干地方的活，要讲生产、讲投入、讲产出。

我先跟大家分享一下当时找工作的经历，可能大家也比较关心，我们学测绘、学遥感，出来了不是做这件事情，或者说做的工作和这个可能完全没有关系。我当时其实也很矛盾，遥感学了之后出来做什么，自己到底要不要再继续学下去，我最后是没有选择学下去，当时找了几个工作，一个是川局，是国家直属局；一个是浙江局；然后是宁波的一个测绘院；还有一个企业，叫南方数码，找了四个工作。那么浙江省测绘局是有编制的，宁波是没有的，大家现在也知道，各个测绘部门都在改制，编制越来越紧张。川局是有编制的，最后还是选择来了杭州，最吸引我的地方还是杭州这个城市的潜力。

来了之后进入岗位第一天，领导问我，你会做什么，我就把我在学校学的东西跟领导说了，领导想了一下说你马上要做的事情不太用得上你学的东西，他就先让我去外业看看，然后我就跟着我们的老师傅带上行李去田间地头拿着图纸调绘，开始做的事情不是太复杂。那时候每次也会想在武汉大学学了四年，怎么刚开始有种做的事情都比较索然无味、弃之可惜的感觉，后来就慢慢调整了自己的心态。

说到这里我想跟大家分享一下，咱们在学校里不管学什么，出来工作了之后都要有社会责任感，不管做什么事情，虽然我们在学校里有机会去学习，但是工作后都是从社会上去汲取。那么我们既然工作了，来到了社会，就应该承担起自己的一份责任，不是每天都想着自己能赚多少钱，而要想要在自己的岗位上做出自己的成果，抱着这样一个心态去慢慢调整自己。毕业 7 年虽然钱赚得不多，但是收获了很多其他的东西。

图 3.6.8　唐伟做分享

第一，我们加班没有互联网公司多；第二，我们整个的氛围还是比较和谐的，有家庭感和归属感；第三，咱们测绘做的一些事情是实实在在的，是人家用得上用得起来的。虽然我承认我们在野外测绘，画的图看上去比较简单一点，像农民工一样，但是国家建设的的确确需要这些东西，它们是能够用得上的东西，这时候我们就会产生一份自豪感。

2015 年的时候我去舟山挂职一年，也是亲眼看到了建设部门、规划部门在用我们做的这些东西。但他们的确也有新的需求，他们的需要我们暂时还跟不上，那么就需要大家在未来把更加高大上的东西用到我们生产一线，这样对我们整个行业就有了提高和升华。前年我被浙江省测绘局基础处借用了两年，也接触到了形形色色的东西。今年国家测绘局撤销了，我们院机构改革，就发生在自己身上，借用一句话，就是拥抱变化，要做第一个吃奶酪的人，就要尽早改变自己的心态。我觉得我们行业的潜力还是非常巨大的，希望在座各位未来在踏上工作岗位之后，能够继续坚持心中的一份信念，把我们这个行业做好，谢谢大家!

主持人：感谢师兄为我们从另一个角度带来了关于工作选择的分享，师兄说的有一点触动到了我：在学校我们作为学生是在汲取知识，到了社会我们还有一个转变就是需要去承担起我们的社会责任感，去做一些实实在在的事情，去为我们整个国家的建设出一份力。

再次感谢师兄，接下来的这两位嘉宾是实验室 2014 年的毕业生刘晓典师姐和凌宇师兄，两位现在都在阿里巴巴工作，大家掌声欢迎。

刘晓典（图 3.6.9）：大家好，我是刘晓典。我先跟大家分享一下我的经历吧，我是 2011 年在武汉大学数学与统计学院的统计系毕业的，当时还对武测（武大信息学部）这边的情况不是很了解，联系导师时，在男朋友的推荐下给龚健雅院士写了一封邮件，没想到龚院士很痛快地就答应我了，所以我当时还不是很清楚这个行业是做什么的，在这个情况下就过来读研了。

因为我在统计院没怎么学过编程，所以在实验室期间我基本上还是做的空间数据分析，是偏地理信息数据的方向。研二的时候我们有了第一届 ESPACE 项目——武大和慕尼黑工业大学联合培养项目，我就去了德国慕尼黑，研三回来后在两所学校老师的指导下完成了毕业论文。总的来说我研究生三年发了 SCI，论文做的也还可以，但是我可能没有像很多同学那样有丰富的工程经验，因为我确实没怎么写过代码，所以我毕业的时候没有想过去互联网公司，而更加偏向于做数据分析，投的岗位是比较偏数据分析的，但是这些岗位与我的研究生专业不是很匹配，基本上简历都不会过，我有段时间挺郁闷的，这是小插曲啦。

后来我的第一份工作是在上海市测绘院的地理信息中心，在信息中心大家背景不一样，都是从零开始学习编程和开发，在那工作了一年，后来因为个人原因来到了杭州，当时也有想过要不要去这边的测绘局，或者去阿里看看，也是抱着试试看的心态投了阿里的岗位。可能是因为我在德国待过，当时菜鸟有一个技术支持的岗位，因为菜鸟跟很多海外的物流商 CP 是有合作的，对接菜鸟系统的过程中需要有一个英语还可以、有一定技术背景但是要求不高的同学，正好我还合适，我就过来了。来了菜鸟之后也比较曲折，当时面试时跟我说，有可能要出差，有时差的问题，主管问我接不接受，我就了解了一下出差的频率有多高。后来发现两年间就出了一次差，而且就在杭州周边，所以在阿里拥抱变化这件事情我的感受很深。

我在菜鸟两年多，先是做技术支持，过了一年变成测试开发工程师，对我的技术要求肯定更高了，那我肯定得自学各种东西，年初的时候我又变成了开发工程师，我的同事们可能 Title 一直都在直线上升，就我一直在平级。从 2014 年毕业到现在，我不算是一个好的例子。如果你开始找工作时就想得比较清楚，比如去互联网公司要能承受压力、拥抱各种各样的变化，如果你能承受，那你就比较能适应像阿里这样的公司；如果对你来讲，这种压力太难承受了，也不希望人生只有工作，因为我自己最近在思考这个问题，如果你是想更加享受一下人生，觉得工作上的挑战占据了生活太多的部分的话，那就可以选择去其他的地方。希望大家在每做一个选择之前都想想，当时看起来很小的一个选择确实会影响你后面的人生道路。谢谢大家！

图 3.6.9　刘晓典做分享

凌宇（图 3.6.10）：大家好！我是凌宇。我先来谈一下感谢，前天的时候郑杰联系我说有这样一个活动，我以前在实验室当过学生会干部，跟杨书记、史书记打交道比较多，在遥感院和实验室的 6 年是我非常感恩的 6 年。

我毕业 5 年来面临了很多选择，也有很多经历，可以跟大家分享一下我的一些感受和想法，希望能够帮到大家一点，使大家能有点收获。说到 GeoScience Café，我在 2012 年时参加了在四楼休闲厅举办的就业场讲座，当时请了两位去了腾讯、一位去了华为的学长学姐。找工作的时候我就建了一个群，刚开始只有几十个人，后来有一百多个人，资环院和遥感院的同学也进来了，作为群主我开始就定了一个规则——进来的每一个人都要排班负责收集当天所有的招聘信息。因为当时我想到一点，如何让大家能够最快最完全地拿到所有的招聘信息，所以就建了这个群，每个人负责一天，有几位负责人，这样的话这个群里面的所有人在每一天都能够拿到相对最全的信息。

说到我的工作规划，当年我进入遥感专业是一个亲戚推荐的，说遥感这个专业非常好，这样读了 6 年。一开始对自己的定位，是做我们这个行业还是其他行业还不清晰，我面试面了很多，offer 也拿了很多，拿过华为、腾讯，拿过通讯公司的、互联网公司的、地理信息公司的、事业单位的，还有南京的十一所、十三所，我考虑了很多关于我未来往哪个方向走。当时我选择了德邦物流，连续那几年整个物流行业有非常迅猛的发展，德邦物流每年有60%的增长，它当时定点招聘GIS工程师，在武汉是猎头直招的。那条信息是发在群里面的，其实招聘的时候会有很多信息需要你做选择，要不要去，听还是不听，我的心态是去了不会损失什么，所以我基本上能去的都去面试了。那次我也是抱着试试看的心态去聊，面试是一个相互了解的过程，更多是了解公司，当时我听到德邦每年有60%的增长，并且GIS和物流也是非常好结合的方式，薪资开得也不错，不比互联网公司开得低。

我在大三的时候参与了一个互联网创业大赛，拿了高德ALPS大奖，我其实是想往产品这条路上走。那时候刚好腾讯发展起来了，2012年时我有很多同学去了腾讯，其实产品经理这个岗位很大程度上是由腾讯来定义的，它有2C的一些产品。在这我想插一点，在阿里做技术是非常幸福的，而在腾讯做产品经理是非常幸福的。

再回到当时我的选择，面对这样一个岗位，我觉得有非常大的契合度，所以我就选择了去那边。在那里待了不到一年的时间，我感觉跟我之前的预期有点落差，因为这毕竟是一个偏传统的行业，比如我的很多执行leader是业务出身的，不是做技术的。我当时考虑的是希望自己在技术这条路上能走得更远。如果能走得更远的话，至少我觉得头5年或者10年应该是一个成长和吸收的过程，而不是说一毕业就是一个释放的过程，当我发现自己在那个团队里是一个需要去输出的角色时，我就有点慌。所以就投了一些简历，投到了菜鸟网络这边，在2014年的4、5月就决定来杭州了，到现在有4年多了，非常幸运经历了菜鸟网络从300人发展到3000人，也是一个迅猛发展的过程。菜鸟网络2013年5月在深圳开了一个新闻发布会，但是没有大面积地去铺开，一直到2013年底才开始。这个过程我个人也是成长很多、收获也很多。

我在这里分享几点，大家在找工作时要找准自己的定位，要提前去思考你未来的方向是什么，你要走怎样的一条路，就是需要提前往这些方向去思考，如何去定位你的人生。最近我又做了一个选择，我现在是在蚂蚁金服国际事业部做海外的支付宝，比如我们会做印度、马来西亚、印度尼西亚当地人用的支付宝。这里我想谈几点感受，我个人觉得在阿里这样一个大的平台让我开拓了很多的视野，也接触到了很多人。刚进阿里的时候，我的主管就跟我讲了一下初入职场，在阿里这样一个大环境里面应该如何快速地吸收和成长，也给了我很多的建议。比如他提到一点，你去在你周围的人里面找到一个榜样，比如我的一位同事，也是遥感院毕业的，现在是做OceanBase，整个蚂蚁金服的数据库是他创建的，因为阿里提出的概念是去IOE（IBM、Oracle、EMC），整个互联网公司用自己的数据库。我在周围还是能找到很多这样的榜样和动力，然后找到自己的方向。

今天准备的不多，说得有点散。我还想提几点，我希望在座的同学可以想一点，虽然说我们遥感这个专业是排名第一，我觉得大家可以把这个东西抛开来看，这个排名对我自身意味着什么，抛去光环，我在遥感学院或者实验室读4年、6年或2年，这几年对我自身意味着什么。很大程度上这个排名第一的称号其实意味着李院士、龚院士等这些前辈们作出的贡献，抛开这些，我们的成长、我们的价值体现在什么地方。我个人感觉我当时就往这个方面考虑了，虽然我们的遥感排名第一，可能是因为我们发了很多 paper，有很多高科技的科研，那么对我们本科生、研究生意味着什么，对我们未来的工作、未来的成长意味着什么，大家可以从这个角度问一下自己，考虑一下。另外就是要能保持一个不断学习、不断更新自己的心态吧，我觉得在阿里大家都是这样一个心态。

再一个我觉得比较幸运的一点是我有幸赶上了这样几个风口，一个是最近 10 年中国国运的上升，再一个是互联网的风口，还有移动互联网的风口，现在还包括国际化的风口，在这里面会有很多的机会。我觉得大家要尽量去拓宽自己的视野，多去看外面的世界，我是在这样的一个心态中走过这几年的。

图 3.6.10　凌宇做分享

主持人：感谢凌宇师兄的分享，凌宇师兄讲到了一点是要给自己树立榜样，从这些榜样身上去寻找前进的动力。今天在场的师兄师姐都是我们的榜样，他们的经验、阅历都比我们丰富，今天的交流就是一次向榜样学习的机会。

下面让我们有请正在阿里巴巴进行暑期实习的王源师兄来跟大家也做一下分享吧。

王源（图 3.6.11）：大家下午好，今天本来是想当个小透明过来聆听各位前辈们的人生经验，没想到还有这样的分享机会。先做一下自我介绍，我叫王源，2012 年进入遥感院读本科，2016 年进入实验室读硕士，我从本科毕业设计期间开始跟随现在的导师做海量 POI 可视化分析平台，在硕士阶段主要做空间大数据可视化分析和并行计算方面的工作，涉及的项目大部分与数据相关，比如针对点数据字段的缺失做修补，还有常用空间分析算法的并行化工作。为什么要说这个呢，因为在准备实习面试时，这些在校的项目经历对个人能力是很重要的佐证。大家在写实习简历的时候可能会不知道写什么，比如说在写项目经历时，感觉自己之前也没有做过什么项目，但其实想一想你之前在导师的指导下做过什么工作，想想为什么要做这些工作，你在其中发现了什么问题，得到了什么样的结果，这些经历也是可以去当作一个项目来进行描述的。我当时在找实习的时候是想找数据开发方面的工作，因为我个人比较喜欢 handle 大数据的感觉。之后各种机缘巧合，现在我在菜鸟国际物流里面的出口团队做后台开发。在找实习的时候我大部分投的是数据开发岗，当时我对这个岗位的职责要求主要理解为离线计算或者实时计算框架开发，后来发现不同公司对数据开发岗位的分工是不一样的。对于应届生，数据开发岗很多是去做 BI（Business Intelligence）方面的工作，导出数据，定制视图，给业务方提供数据支撑。至于大数据底层框架，目前在工业界已经发展得较为成熟了，并且一般很少有面向应届生的底层框架开发岗位。所以大家在计划实习的时候，一方面需要思考自己过去的经历怎样做总结，另一方面也需要对工业界的实际情况多调研多了解，才更容易找到与自己预期相符的实习。

关于实习面试准备，我认为时间规划是最重要的。今天在座的大部分是 2017 级的同学，明年春招很多人都要去找实习，我的建议是现在就可以想一想以后想去找什么样的方向，做开发是想做开发里的前端、后台还是数据，也可能是算法，或者是非技术岗。因为如果说春招开始了再去准备的话还是比较被动的。我是差不多今年 2 月开始准备的，做自己的简历，回顾之前做过的一些项目，刷题，看一些面经。后来经过一些整理之后，我发现技术岗在求职方面，其实也是有很多共性的。比较重要的一方面是计算机基础，包括数据结构、计算机网络、数据库、编译原理、操作系统，等等，这其中有部分我们本科也学过，相对于计算机专业没有那么深入，但是面试的时候这一块一般也不会问得太深，因为更多的是问你具体的岗位涉及的编程语言，后台 Java 岗的话就会侧重于考查 Java 虚拟机或者垃圾回收、框架这些方面。当然如果基础扎实会更容易拿到 SP offer。还有一个比较重要的就是算法题，算法题的准备就是 LeetCode，大家现在开始准备的话，之后的压力就会小很多。特别是在春招高峰期，每天会有很多笔试、面试，而算法的内容相对固定，如果提前准备充分，就有更多时间准备其他内容，调整状态。

简单说一下我的实习，我是 6 月中旬过来菜鸟实习，到现在有一个多月。实习以来其实大部分时间是在熟悉业务，学习阿里这边中间件的原理和应用。我就分享三点体会吧。

第一点就是在做任何一件事情或者去完成主管给你的需求之前，你一定要想清楚你为什么要做这个需求，而不是说他给这个需求你就去做，或者为了做需求而去做需求。我这段时间主要是做国际物流里面自提服务的二次物流问题，如果你只是把它当作一个普通的需求去做，那可能也就是做一些简单的增删改查的操作。但是为什么要做自提服务呢？一是因为任何一个海外的买家去下单的时候他可能会去选择一个自己家附近的自提点，之后去收货，这样的好处就是隐私，大家的宅配地址不会在运输的过程中去暴露，因为最后送到的是自提的位置。二是买家的取货时间会更自由，比如快递员到你了但你不在家，这样就不太方便。理想很美好，但是很多时候你会发现包裹和自提柜长宽高的要求不一样，或者快递员投递的时候自提柜已经满了，这种时候就需要二次物流。为什么会出现二次物流？这是因为在一次物流的时候不准确，没有做好容量管理和包裹检验，所以我现在做的事情更多的是去反馈前面不准确的行为，最终的目的是通过二次物流的反馈，使以后不再需要二次物流。在认识到这一点之后，我才会思考，做完那些增删改查的工作后，怎样找到关键信息，设计规则或模型来分析原因以及关联关系，这样前面所做的开发工作才能真正解决需求背后的问题。

第二点是动手之前要想好怎么做，其实要真正实现这个功能对我们大部分同学来说不是很难的事情，但很多时候你做的一些工作不是从零开始的，而是在团队以前已经上线过一段时间的一个工程里面去写一些新的代码，这时你要想清楚现在新增的代码会不会对以前的代码产生影响，以及你的代码如何更好地在未来交给其他人接手和维护。想清楚这些，你做的工作才能产生更大的价值，而不是在以后业务产生变化的时候推倒重来。

图 3.6.11　王源做分享

第三点就是与他人的沟通合作，我来这边的一段时间里参与了几次 PR 评审，也就是产品设计文档的评审，里面除了开发还有产品、业务、运营不同的角色，大家在一起商讨怎样把这个项目更好地推进，有些时候大家在某些点未必能达成共识，也需要在讨论里面决定，这些不确定的东西又可能会影响你开发的实施。这时你就要从需求里面找共性，找出不变的东西，先去实现这些不变的东西，不要让自己成为别人的瓶颈，不能在别人已经确定了需求而且要求能够尽快上线的时候，还没有开发那就非常被动了。以上就是我的几点实习体会，如果大家有一些实习相关的问题，也可以多多交流，谢谢大家！

主持人：感谢王源师兄，也感谢各位师兄师姐从各自的经历和身处不同行业和岗位分享的感悟和经验，我们前天刚去了阿里西溪园区听了几位技术大咖的报告，现在我们也有两位同学想就这次机会来对前几天的活动以及今天的分享做一个总结，首先有请于天星同学。

于天星：首先非常感谢各位师兄师姐以及我的同门"源神"，很忙碌还能来到这里给我们做这么宝贵的讲座，其实前几天我们从最开始到德清小镇去参观千寻、极飞地理，到第二天的浙江测绘院以及在阿里的一天听到了干货满满的报告。

我有一个最大的感想，就是近年来技术发展得非常快，我们实验室包括我们团队也都在追求很高大上的技术，但是我们和企业有一个最大的区别就是，我们的高大上让我们的眼光越来越高大上，更像一种学术交流、更像一种自嗨，我们的高大上让那些没有技术基础、没有这些知识的人是不太明白我们在做什么的。但是像极飞他们做农业和阿里巴巴菜鸟网络，都会让我们觉得他们把高大上的技术用在了接地气的生活中。这曾经是我最大的疑惑，好像我们学的高大上的技术和企业不能完全地对口，但是今天首先听魏虎师兄以及后面刘宵婧师姐、杨龙龙师兄的分享的时候就有一个很大的感受，可能我们在学校学技术很重要，但是更重要的是我们学习过程中的能力。如果把我们每个人比作一辆汽车的话，就像师兄说的那样，能力就好像是发动机，它决定我们这辆车能够走多快，而兴趣就像油，它决定我们能走多远。

我之前也听过刘宵婧师姐和杨龙龙师兄的报告，印象比较深刻，他们都向我们强调技术很重要，但还要注重自身的基础价值，特别是对我们应届生而言。从他们的分享中我感受到基础技术更像是一辆车的基础构造，它决定了每个人的这辆车能走得有多稳，在我们去构建这辆车的过程中，我们就必须找准自己的定位，我们到底是要造成一辆什么样的车，是去造越野车还是很舒适的轿车，还是有快感和速度的跑车，就像你不可能把跑车那么低的底盘放到越野车上，一上路就会产生问题，不是说它们不好，而是不适合。虽然技术很多，但可能更要做到的是我们追求技术而不盲目，我们去拥抱改变但我们却不迷失。

最后，有一个特别的感觉就是以前我们在学校，熟悉的人都是师兄师姐以及同门，但是当我们这次来到浙江这么一个不是很熟悉的地方的时候，突然有一群师兄师姐们坐在这，我们听报告和前几天的感受是非常不一样的。前几天我们会端着、会很紧张，像今天看见刘宵婧师姐的时候会感到很温暖，所以实在是谢谢各位师兄师姐向实验室的师生们不仅分享了宝贵的经验，更给我们带来了无价的温暖，谢谢大家！

安康： 各位师兄师姐大家下午好，我叫安康，我的导师是柳景斌老师，目前在做一些激光 SLAM 相关的研究。首先非常感谢各位师兄师姐在百忙之中为我们分享了精彩的求职经验。下面我想跟大家汇报一下我们这几天的调研。

第一天和第二天我们参观了德清地理信息小镇，给我们的感受就是测绘遥感的企业正在迅速地改革创新，来应对现在互联网时代的变化，仅仅依靠传统的测绘已经不能再适应这个市场的需求了，每家企业都会抓住市场的一个亮点去努力地把它们做好做精。比如千寻就抓住了一个比较好的时机，针对无人机胡乱飞而导致飞机延误和军事基地泄露的问题，他们千寻就做了一个无人机监控系统，这给我的印象很深刻，他们抓住了需求就去做。第二个是极飞地理，专注于做农业，包括农业喷洒、植保，带给我最大的感触就是测绘地理信息企业的分工越来越细了，极飞地理专注于农业，并且基本不涉及其他行业，虽然只做农业但他们做到了极致，极飞地理也让我们见识到了测绘地理、人工智能和互联网在农业方面的应用前景，我相信通过未来几年的发展，测绘行业在农业方面会有更大的应用。后面参观的两家企业浙江国遥和中海达，他们在侧重三维建模以及三维可视化的时候，让我感受到目前国内的一些二维制图已经做得非常好了，大家越来越向三维制图和三维可视化方面发展，这是人们在实现了基本的需求后对服务的要求越来越高了，目前的三维建模以及三维可视化地图也正是我们未来发展的一个热点方向。第二天我们还听了武汉大学技术转移中心主任李总的报告，他向我们传达了未来经营创业基地的计划，他们提出了非常好的想法——设备共享平台，我们应该从中去挖掘如何创新，如何利用社会的需求去创新。

以上就是我的汇报，谢谢大家！

【互动交流】

主持人：感谢于天星和安康两位同学的发言，下面是提问环节，大家可以根据刚才师兄师姐们的发言向他们进行提问。

提问人一：我想请教一下在中国移动研发中心的师姐，我的专业和你之前所学的专业是一致的，我也是摄影测量与遥感专业。但是我了解到如果从事本专业，工作内容是比较单调乏味的。您现在从事的是数据分析，您是怎样看待这份工作以及您当时是如何入门这份工作的呢？

胡月瑶：那我就简单介绍一下，其实最开始的时候特别是在研二开始找实习的时候，我也是非常迷茫的。自己本专业与现在热门的互联网行业很多岗位的要求是不匹配的，你会觉得自己 Java 也不会，相关的代码写得也不好，对一些业务的理解也不是很成熟，毕竟行业不一样，很多东西都没有涉及。但是我觉得在找实习的时候，很多岗位列出来的要求大部分时候只满足其中的一两点，或者是你在面试的过程中他看到了他们所需要的闪光点，就是有机会进入的。我入门数据分析主要就是从实习中去入门的，当然在实习的过程中也要靠自己的学习，包括实习后找工作的阶段也要靠自己的摸索和积累去达到数据分析这个岗位的要求。

我找到数据分析这个岗位是一个比较偶然的机会，我投了华为算法工程师的岗位，但是去了以后做的其实是跟数据分析相关的算法，所以就接触到数据分析的一些流程，了解到它大概在企业当中的定位和主要的工作内容，这个岗位最吸引我的一点就是，我发现平时在做科研的过程中做了很多分类的模型、算法，会去想它们到底在实际的工作中会产生什么样的效应，对结果会觉得很模糊不确定。但是在数据分析这个岗位的时候，因为它是把算法包括数据和实际的业务相联系起来的一个岗位，当我用数据去做分析、可视化、建模，输出分析报告后，我发现它对于实际业务的一些决策是有很实际的辅助作用的，当我看到这一点的时候，就觉得这个岗位可以给我带来成就感，就决定从事这个岗位。

提问人二：非常感谢师兄师姐给我们带来的分享，我想问一下魏虎师兄，阿里巴巴有没有内推？内推具体是怎样的情况，内推是仅限于相同岗位吗？

魏虎：阿里肯定是有内推的，在座的师兄师姐都可以帮你们内推，交完简历就可以内推。阿里的岗位很多，除了研发，算法、分析、工程都有，像我们团队数据算法工程师主要是用 Java。还有技术支持岗位的，技术支持转工程，这都是有可能的。

主持人：最后我们邀请实验室的杨旭书记对我们今天的活动做总结发言，大家欢迎。

杨旭：非常感谢我们以魏虎师兄为代表的校友莅临我们今天的交流会，应该说他们都非常忙，周末这么宝贵的时间，但是在百忙之中抽出时间跟大家交流，让我们觉得非常温暖，确实意义非凡。为什么要组织这么一个活动，刚才凌宇同学讲到，我们的学科说是国际全球第一，我们每一个人跟这个第一是什么关系，实际上我们这个活动就是来回答这个问题的。我们要培养一流的人才，我们怎么样为在校的同学分享我们这个行业最新最好的资源，帮助大家更好地确立学习的目标、更好地添足学习的动力，这个是在建设一流学科的高度上，我们在推动行业调研这项工作。大家都知道要做到良好是相对容易的，但是要做到优秀必须在每一个方面都要做到最好，行业调研也是用这么一个标准在落实这个目标。我相信回去之后我们把在调研活动中所看到的、听到的、领悟到的，把这些好的东西都应该融入我们后面的学习、研究工作当中去，打造我们核心的竞争力。

今天听了这么多校友的分享，我觉得有两点很有意义。第一个是变和不变，我们在前面几天实际上都涉及这么一个最高的论题，变，是绝对的；不变，那么我相信也是存在的。我们用不变的核心竞争力去应对变化的需求，我觉得这个要统一起来。在学校里我也跟同学们分享过一个观点，我们的创新人才、创新能力是怎么培养出来的，是我们扎实的基本功加创新的思维，在解决实际问题中自然就形成了创新的能力，这里面扎实的基本功就不说了，创新思维是三个层次的，核心是批判的精神。

批判精神在我们思想层面上的体现叫自由的思想，落到实际行动中来是学习的态度，为什么说学习的态度是批判精神在实际层面的体现呢？批判无外乎是我批判客体，第二个是我批判自己，学习的态度是自我的批判，批判别人是容易的，但是批判自己是很难的，恰恰"变"是要从自己变起，我们核心能力的培养是我们应对所有变化最不变的条件。

第二个就是要积极地面对，当我们碰到这样那样的问题时，大家的积极性怎么样，主动性怎么样，对结果非常关键，前面几位师兄师姐都讲到了他们对工作的态度，很有余味。由于时间关系，我就不多说，在这里我代表我们在座的、在校的同学，向我们已经毕业的校友表示感谢，你们是我们现在在座同学的未来，我们在座的同学若干年后也会成为校友，这样一个交流和会话，今天是历史和现实的交汇。希望我们今后在校友的支持下，包括我们同学若干年之后成为校友，都能继续支持我们实验室开展的类似的活动，我们一起为我们学科的进步贡献一份力，在学校的老师也尽到自己的责任，谢谢大家！

（主持人：龚婧；录音稿整理：龚婧；校对：许杨、董佳丹、龚婧）

3.7 我的科研心路——2018级新老生交流会

（张　翔　姜良存　徐永浩　王少宇　张　敏　刘晓林）

摘要： 本次交流会旨在帮助同学们实现从本科生到研究生的过渡。6名优秀的研究生代表结合自身经历及体会为大家指点迷津，让同学们能够迅速地转换学习方式，适应科研氛围，解决就业疑惑。

【报告现场】

主持人： 欢迎来到由 LIESMARS 研究生会主办，GeoScience Café 协办的"我的科研心路"新老生交流会的现场，我是主持人韩承熙。本次的活动分为上、下半场，上半场主要介绍和学习相关的经验，下半场主要介绍与找工作有关的经验，6位嘉宾介绍完之后是提问环节。首先，我来介绍第一位嘉宾——张翔师兄。张翔是2017级博士后，博士导师为陈能成教授和 Dev Niyogi 教授，博士后合作导师为李德仁院士，研究方向包括传感网、干旱灾害和城市生态。已发表 SCI 论文14篇，包括 RSE、IEEE TGRS 以及武汉大学第一篇 ESR，授权国家发明专利3项。获得武汉大学研究生学术创新奖一等奖、博士研究生国家奖学金以及 RSE 杰出审稿人等20余项荣誉。看到张翔师兄精彩的简历，想必大家都对如何做科研有所期待，接下来我们就把时间交给张翔师兄，掌声有请！

张翔： 大家好，我叫张翔（图3.7.1），实验室大师云集，人才辈出，我今天就抛砖引玉，给大家分享一下我自己的体会和理解，如果对大家有所启发或者产生共鸣，那我的目的就达到了。

首先给大家自我介绍一下，2012年我从华中农业大学毕业，考进实验室，"1+4"硕博连读，然后在美国普渡大学完成联合培养博士项目。我的研究方向从一开始的地理信息服务，转向传感网研究，再到近两年做的干旱灾害应用。研究期间做了一些有趣的工作，发表了一些代表性论文，包括武汉大学第一篇地球科学综述论文，也获得了一些奖励，包括研究生学术创新奖一等奖，两次博士研究生国家奖学金以及 RSE 杰出审稿人等。

在讲我个人的感悟之前，先和大家重温一下实验室杰出的科学家和优秀的前辈们，他们对科研的一些感悟。李德仁院士说："读书、思维、创新、实践，成功在于坚持不懈的努力。"李德仁院士对他的弟子——当时武测（现武汉大学）的一个插班生，28年后的中国科学院院士龚健雅老师的评价是："很老实、很踏实、很刻苦、很勤奋"；龚老师对自我的评价也是"我做事比较认真"；实验室的杨书记用漫画表达了他对科学研究、做人做事的一个理解："勤奋，不难得到勤奋的舞台；偷懒，总能找到偷懒的角落。生活给予人同

图 3.7.1 张翔作精彩报告

样一个世界，人给予自己不一样的选择。"；Café 当时的创始人之一，毛飞跃老师，他用这么一段话来形容科学研究，"你有病，病很重，别人治不好，我有药，能治好"。这些前人的智慧是无穷的。

我自己也总结了一些经验，一条卓有成效的科研之路由以下 5 个部分组成，分别是：①清晰的自身定位；②准确的研究方向；③系统的科研训练；④务实的科研之路；⑤健康的身心状态。

1. 清晰的自身定位

首先要面临的问题是攻读博士还是硕士毕业就去工作。博士和硕士的区别，不仅是时间年限的区别、毕业要求的区别，更是学习研究层次上的区别：硕士研究主要解决从理论到应用的问题，博士研究主要解决概念、理论和方法问题，两者层次不一样，所要求的时间和精力也不一样。更多时候，读博不是自己想不想读的问题，而是能不能读的问题。读博必须满足一些前提条件，比如自身的素质和兴趣、导师的水平、平台的条件等，当这些条件都满足的时候，再选择去读博。

读硕士、读博士的问题最终归结为去高校、去企业、去政府的选择，而这三者之间有很大的差距，比如薪酬待遇、工作氛围等。对于工作氛围可能很多人都体会不到，我身边一些同学毕业以后去参加工作，工作了两三个月或者一年两年的，都回来重新读博士。因为公司是以营利为目的，约束会比较多，压力比较大；而在学校，更多的是自然科学的探索，兴趣驱动比较多，相比就比较自由。但是无论走哪条路，都希望在座的各位新生尽早考虑这个问题。

当我们努力过一段时间后，发现我们成不了当时想要成为的人，理想和现实的差距还是比较大时，难免会产生一些不良的情绪。这时我们要少和他人做对比，因为一山更比一山高，天外有天，人外有人。所以我们要跟昨天的自己比，这样每一天都是元气满满的一天，都会有新的进步。

2. 准确的研究方向

当我们做好决定之后，就要确定一个准确的研究方向。那么第一个问题就是要问自己，我要做什么？这里有三条路：科学前沿、国家亟需、自己的兴趣等。第二，要考虑怎么做？这里有三个点：定位焦点、解决痛点、建立支点。第三，做不出来怎么办？这里有两条路：多处掘井、死磕到底（图 3.7.2）。

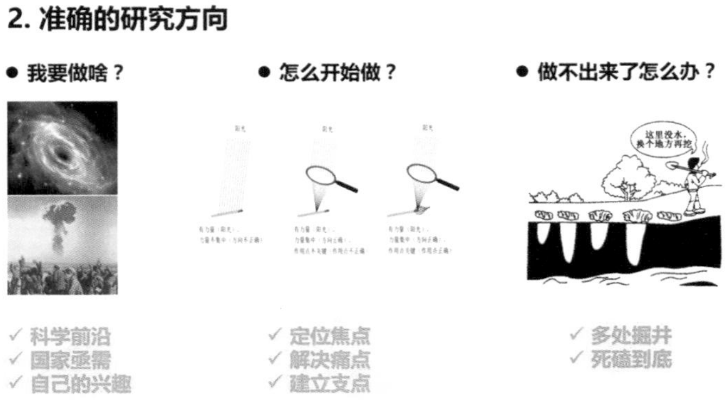

图 3.7.2　如何确定准确的研究方向

3. 系统的科研训练

开始了一项研究后，我们就要进行系统的科研训练。首先，我们会陷入文献的海洋，这里我们要做四项工作：文献检索、文献阅读、文献总结和文献管理。当我们看了一段时间的论文后，我们又会问自己另一个问题，如何才算入门了？这里我们需要问自己三个问题：这个学科的历史沿革、当前成果、未来发展。随后我们还要训练自己制作图表的能力，一般审稿人和读者第一眼会比较关注图表，所以我们要使自己成为一个艺术家，要让所画图表有自己的灵魂。最后想跟大家说的是，系统的科学训练，不仅是发表论文。虽然论文是科学研究中的硬通货，但是我们还需要培养团队协作、沟通交流、项目申请和预算经费等能力。所以我们在研究生阶段要综合地培养自己。

4. 务实的科研之路

走科研这条路，我们要务实一点。第一，如何迈开第一步的问题。我建议大家从模仿学习开始，先跟跑、再并跑、最后才能领跑。第二，我们做科学研究，绕不开的一个问题就是创新，科研的灵魂就是创新。我们需要了解不同的创新程度以及创新的类型。第三，很多人可能会问有没有捷径，可以说很多案例中，大部分捷径最后都成了弯路。所以科学研究要经得住同行的检验，避免一稿多投。第四，就是我们该怎么分配时间呢？我们要舍得投入时间，避免形式主义，同时也要与生活平衡。

5. 健康的身心状态

要有健康的身心状态，你若安好，便是晴天。这里涉及三个问题：第一，大部分人认为自己的身体挺好的，但其实很多人都处于亚健康状态。我建议大家多运动、按时体检、购买保险。第二，就是自己的心理够强大吗？我觉得我们要特别重视自己的心理健康问题，避免出现抑郁症的问题。第三，当我孤单时，我会想起谁？我建议大家找到一些适当的减压手段和倾诉对象，发展一些兴趣爱好缓解压力。

以上是我给大家分享的经验，最后祝大家有所梦、有所为、有所成！

主持人：接下来让我们有请第二位嘉宾——姜良存师兄。姜良存是 2015 级博士生，导师为乐鹏教授，研究方向是地理空间语义网、空间数据溯源等。姜良存师兄将结合自身申请留学基金委资助，前往美国加州大学圣巴巴拉分校联合培养的经历，分享如何申请公派留学的相关问题，让我们拭目以待！

姜良存(图 3.7.3)：很荣幸有机会和大家分享我联合培养的一些经历和经验。在国重实验室，有较大比例的博士生都有留学经历，实验室一个博士班级 50 人，而每年参与联合培养的学生超过了 10 人。粗略统计，超过 20% 的实验室博士生都有联合培养的经历。

大家在选择出国的时候可能会遇到一些问题：我要去哪里留学？什么时候申请？什么时候出去？怎么去联系外导？如何申请留基委的资助？针对这些问题我总结了以下几点来和大家分享。

1. Why(为什么出国)

出国前首先要清楚自己以什么样的身份出去：是出去拿博士学位，还是以联合培养博士生或联合培养硕士生的身份留学。

2. When(什么时候出国)

第二个问题是什么时间出国留学最合适。我个人的建议是在能够开题之后或者说达到了毕业条件——譬如说写了一篇 SCI，第二篇在沉淀的时候就可以出去。这样能够最大限度地减小延期毕业的可能性。

3. Where(去哪里留学)

第三个问题就是你要去哪里留学。首先你要决定去哪个国家留学，然后才是决定去哪个学校留学。在这里我和大家分享一下个人调研的美国的一些高校情况。在 GIS 领域，排名靠前的高校有加州大学圣巴巴拉分校、俄亥俄州立大学、宾夕法尼亚州立大学、亚历山大州立大学、密歇根州立大学、纽约州立大学水牛城分校、威斯康星大学麦迪逊分校、伊利诺伊大学、南卡罗来纳大学、克拉克大学。在遥感领域比较强的高校有马里兰大学、波士顿大学以及佐治亚大学。实验室有不少博士都去过马里兰大学留学，该大学的遥感学科

图 3.7.3　姜良存作精彩报告

非常强，在上海软科和 CWUR 世界大学学科排名中，马里兰的遥感学科仅次于武汉大学。人文地理专业比较好的学校有加州大学伯克利分校、加州大学洛杉矶分校、雪城大学、华盛顿大学。在自然地理领域，波士顿大学、马里兰大学以及俄勒冈州立大学比较强。在空间分析和并行计算方面比较好的大学有得克萨斯大学达拉斯分校，每年实验室会邀请该校的 Daniel Griffth 教授来讲授空间统计的专业课程。还有一个学校是乔治梅森大学，在地理信息科学领域也是比较出众的。此外，在地球可视化领域排名靠前的学校有威斯康星大学、俄勒冈大学、宾州州立大学(宾州州立大学有一个单独的可视化研究实验室，专门研究地理信息可视化)。

　　大家也可以自己在网上查询一些相关的信息，比如像豆瓣上的一篇博客(https：// www. douban. com/group/topic/45128000/)，介绍了美国一些高校、各个高校开设的专业及其特色专业，大家可以自行去浏览(图 3.7.4)。

Top Graduate Geography Programs in the U.S.

GIS Programs
1. UC Santa Barbara
2. Ohio State
3. Penn State
4. Arizona State
5. Michigan State
6. Buffalo
7. Wisconsin
8. Illinois
9. Clark
10. South Carolina

Remote Sensing
· Maryland
· Boston
· Georgia

Human Geography
· Berkeley
· UCLA
· Syracuse
· Washington

Physical Geography
· Boston
· Maryland
· Oregon State

By Justin Holman

图 3.7.4　美国地理相关顶级高校

　　我再介绍一下 GIS 领域几所比较有特色的学校。1988 年，美国建立国家地理信息分析中心(NCGIA)，当时资助了三所高校分别建立研究中心，由此衍生出三个学派。从 NCGIA 走出了 GIS 领域的许多大牛：比如像大家熟悉的 Michael F. Goodchild，是地信领域非常著名的一位学者；又比如地理学第一定律的提出者 Waldo R. Tobler。不幸的是，他今年2月去世了；Werner Kuhn 是我联系的外导，他继 Goodchild 之后担任了空间研究中心主任；Werner 的学生 Krzysztof Janowicz，是一位做语义网非常厉害的年轻学者，现在是副教授。在缅因派，灵魂人物是 Andrew U. Frank，主要方向为空间推理，后转到维也纳技术大学；Michael Worboys 是时空数据模型方面著名的学者，Frank 的学生 Max J. Egenhofer，是九交模型的提出者。纽约州立大学水牛城分校主要以 David M. Mark、Michael Batty 和 A. Stewart Fotheringham 三位人物为代表(图3.7.5)。

图 3.7.5　美国国家地理信息与分析中心著名学者

4. Who(外导)

第四个问题是确定留学后如何联系外导，跟谁做研究。最好的方式是找来实验室交流的专家或是和所在研究小组有合作基础的作外导，然后让自己的导师推荐，这是最方便且最合适的方式，因为他做的研究方向可能和自己小组的方向比较契合。如果没这个条件，可以在平时的学术报告、国际会议当中留意一些和自己的方向比较相近的学者。如果这些学者过来做报告，可以在会议期间与其交流，提前熟悉。如果以上这些都比较少的话，可以在平时看文献的过程中，留意比较熟悉的领域做得比较好的学者。在联系前确定一个名单，综合考虑与个人研究方向是否契合、知名度是否高等因素，拟定排序。在谷歌学术上也可以搜索相关信息，但这个方式有个缺点，很多大牛没有建立谷歌学术的 profile，比如 Goodchild。

联系外导一般通过邮件联系，表达你想去留学的愿望。在写 cover letter 的时候，最好附上你的简历以及研究计划，联系过程中要注意以下几点：①尽量使用正规邮箱，非正规邮箱投递的邮件很有可能被放入垃圾箱；②简历中尽量少放置获奖证书，如需获奖经历的证明则提供；③充分了解外导最近的研究工作，最好能够契合自己的研究方向。

5. What（需备材料）

出国要准备的东西有很多，但主要有三个材料：①邀请信，在联系好外导后，让他开具邀请去留学的信件；②语言证明材料，满足图 3.7.6 中 6 个条件之一即可，通常选择的是第 5 或第 6 个条件，去考雅思托福或让留学单位开具语言证明(图 3.7.6)；③研究计划。

博士研究生、联合培养博士研究生、硕士研究生及联合培养硕士研究生类别申请人，外语水平需达到以下条件之一：

（一）申请时：

1. 外语专业本科（含）以上毕业（专业语种应与留学目的国使用语种一致）。
2. 近十年内曾在同一语种国家留学一学年（8~12个月）或连续工作一年（含）以上。
3. 参加"全国外语水平考试"（WSK）并达到合格标准，合格标准同上。
4. 曾在教育部指定出国留学培训部参加相关语种培训并获得结业证书（英语为高级班，其他语种为中级班）。
5. 参加雅思（学术类）、托福、德、法、意、西、日、韩语水平考试，成绩达到以下标准：雅思6.5分，托福95分，德、法、意、西语达到欧洲统一语言参考框架（CECRL）的B2级，日语达到二级（N2），韩语达到TOPIK4级。
6. 通过国外拟留学单位组织的面试、考试等方式达到其语言要求（应在外方邀请信中注明或单独出具证明，内容须明确具体面试、考试形式及主要内容）。

图 3.7.6 语言证明材料准备

6. How（如何申请）

最后一个问题是怎么去申请留学基金委的项目。申请方式是个人申请，学校一般是在 11 月左右发一些相关的通知，在这时期甚至更早一点联系外导；学校要求 3 月 20 日前提交材料，3 月 20 日到 4 月 5 日正式网上提交申请过程。专家评审遵从三个"一流"原则，即"选拔一流的学生，前往一流的高校，师从一流的导师"。申请阶段大家可以关注留学基金委员会的一些平台或网站通知(图 3.7.7)。我的汇报到此结束，谢谢大家！

主持人：接下来让我们有请第三位嘉宾——徐永浩师兄。徐永浩是 2018 级博士生，导师为张良培教授与杜博教授，研究方向为高光谱遥感影像处理。在 IEEE TGRS 等期刊上发表 SCI 论文两篇，获得 2018 年 IEEE 数据融合大赛冠军。

徐永浩：我和大家分享的是今年(2018 年)参加 IEEE 数据融合大赛的经历。我觉得比赛和科研是相互促进的关系。在比赛中，我们可能会发现一些和平时写论文不一样的问题。例如，写论文时用到的标准数据集、数据量通常比较小，这和实际应用中遇到的大规模数据的处理，还会有一些区别。下面我就来详细介绍一下，今年参加 IEEE 数据融合大赛的过程和方法。

1. 背景

首先介绍一下前两年比赛的情况：2016 年比赛的数据是拍摄自国际空间站的卫星视

http://oir.whu.edu.cn/

http://muchong.com/

国家公派留学管理信息平台:
apply.csc.edu.cn/

国家留学基金管理委员会:
https://www.csc.edu.cn/

图 3.7.7 申请留学相关链接

图 3.7.8 徐永浩作精彩报告

频数据,需要做的工作是对一个港口的船舶进行目标跟踪(图 3.7.9)。

2017 年比赛的数据是多光谱卫星数据和地理信息矢量数据,需要做的工作是对大规模的多源遥感影像进行分类,测试区域包含不同地区的多个城市。由于这些区域的地形地貌有很大区别,使得分类变得十分困难(图 3.7.10)。

这几年的趋势就是对不同数据源的遥感数据进行融合,实现共同解译。比如我们常使用的高光谱数据、高分辨率数据、LiDAR 数据,这三种数据有各自的特点:高光谱数据拥有丰富的光谱信息,在区分不同的植被时有很大的优势;高分辨率数据的空间分辨率可以达到亚米级,可提供丰富的空间信息;LiDAR 数据,可以从激光回波中得到地物的高程信息。如果能获得同一地区的以上三种数据,我们就可以利用一定的数据融合算法,将三种数据同时进行处理,实现更高精度的遥感地物解译。

图 3.7.9　2016 IEEE GRSS 数据融合大赛

（图片来源：http：//www. grss-ieee. org/community/technical-committees/data-fusion/2016-ieee-grss-data-fusion-contest/.）

图 3.7.10　2017 IEEE GRSS 数据融合大赛

（图片来源：http：//www. grss-ieee. org/community/technical-committees/data-fusion/2017-ieee-grss-data-fusion-contest-2/.）

　　今年比赛提供的数据是美国休斯敦市的高光谱数据、高分数据和 LiDAR 数据，地物非常复杂，难点在于将一些大类进一步细分为了许多小类，地物种类达到了 20 种。如果只使用单一的数据源，是很难区分的（图 3.7.11）。

> **Data**(数据)：
>
> · **Multispectral LiDAR --** <u>intensity rasters</u> (1550/ 1064/ 532nm), <u>digital</u>
>   <u>elevation models (DEMs)</u> and <u>digital surface models (DSMs)</u> at a 0.5-m ground
>   sampling distance (GSD)
>   (多光谱LiDAR数据：包括LiDAR强度栅格数据、数字高程模型
>   (DEMs)以及数字表面模型(DSMs)，分辨率均为0.5米)
> · <u>**Hyperspectral Data**</u> (380-1050nm, 48 channels) at an 1-m GSD
>   (1米分辨率的48通道高光谱数据)
> · <u>**Very High-Resolution Imagery**</u> (RGB) at a 5-cm GSD
>   (5cm分辨率的RGB三通道高分数据)

图 3.7.11　数据情况

　　评委会对图 3.7.12 中红框以外的区域进行标定，对分类效果进行评价。

图 3.7.12　训练区域和分类区域对比

（图片来源：http://www.grss-ieee.org/community/technical-committees/data-fusion/2018-ieee-grss-data-fusion-contest/.）

在训练过程中，我们发现在训练区域大类和小类的样本量非常不均衡，使得训练的难度增加（图 3.7.13）。

Unbalanced data	Samples		Samples
1 – Healthy grass	39196	11 – Sidewalks	136035
2 – Stressed grass	130008	12 – Crosswalks	6059
3 – Artificial turf	2736	13 – Major thoroughfares	185438
4 – Evergreen trees	54322	14 – Highways	39438
5 – Deciduous trees	20172	15 – Railways	27748
6 – Bare earth	18064	16 – Paved parking lots	45932
7 – Water	1064	17 – Unpaved parking lots	587
8 – Residential buildings	158995	18 – Cars	26289
9 – Non-residential buildings	894769	19 – Trains	21479
10 – Roads	183283	20 – Stadium seats	27296

图 3.7.13　训练区各类样本数

2. 方法

基于块的 CNN 法对影像上的每一个像素都取一个相同大小的邻域块，用块来构建神经网络，将分类标签赋予块的中心像素，但是这样做的后果需要很大的内存开销。为了保持特征组的空间关系，有学者提出用全卷积（FCN）结构来代替全连接层（图 3.7.14）。

在遥感图像处理中，很多学者也会使用 FCN，但是存在几个问题：

①在经过了图像的下采样之后，会丢失大量的空间信息。在遥感图像上，一些地物是比较细小的，下采样之后对分类效果有很大的影响；

②遥感图像的训练样本高度稀疏，使用原始的 FCN 训练，背景像素会干扰网络训练。

针对这两个问题，对 FCN 进行了改进，提出了一种空-谱联合的全卷积网络（SSFCN），分别从空间维度和光谱维度处理（图 3.7.15）。针对第一点问题，为了避免信息丢失，提出了一种带 Padding 的 Pooling 方式，使得每一个特征族都保持和原始图像一样大的空间尺寸。针对第二点问题，提出了一个 Mask matrix，对训练样本进行引导，仅计算有标记区域的 loss。

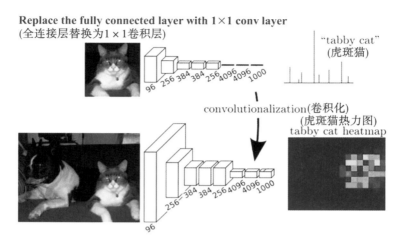

图 3.7.14　全卷积结构

（图片来源：Long, Jonathan, Evan Shelhamer, and Trevor Darrell. "Fully convolutional networks for semantic segmentation." Proceedings of the IEEE CVPR. 2015.）

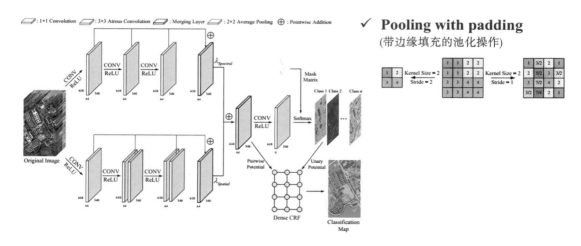

图 3.7.15　空-谱联合的全卷积网络

在比赛中，首先对"脏"数据进行了预处理：
①重采样图像至 0.5m，实现端到端的处理；
②对 LiDAR 数据剔除异常点；
③归一化 DSM；
④数据归一化到[0，1]；
⑤影像分块。
对上述前期工作进行拓展，分为三个分支进行训练，第一个分支对应高分影像和

LiDAR 回波数据，学习层次化的空间特征；第二个分支，通过数字表面模型学习高程信息；第三个分支是学习高光谱影像的光谱信息。最后综合三种信息进行识别(图 3.7.16)。

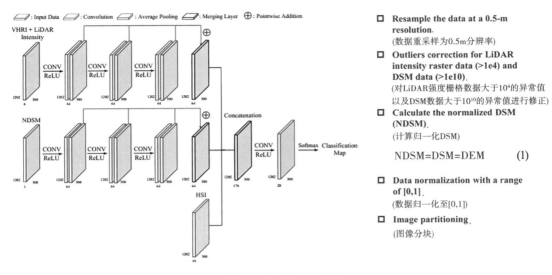

图 3.7.16　Fusion-FCN

接下来，进行分类后处理操作。我们应用到了形态学(膨胀、开闭)、几何关系(面积、周长、曲率)、物理特性(NDVI/NDWI)、Hough 变换等知识。

以一个高速公路的校正为例：首先利用形态学的操作对一些小路进行打断，接着利用 Hough 变换进行直线检测，提取主干道，并设置道路宽度阈值，最后对分类结果上的高速公路类进行修正(图 3.7.17)。

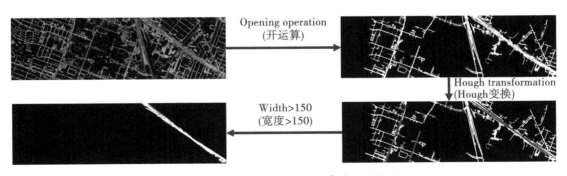

图 3.7.17　分类后处理——以高速公路为例

3. 结果

由最后的结果可以看到，经过后处理改进之后，精度得到明显提升(图 3.7.18)。

目前，神经网络在对图像分类识别的几何特性上还存在改进的空间，如何把几何特性

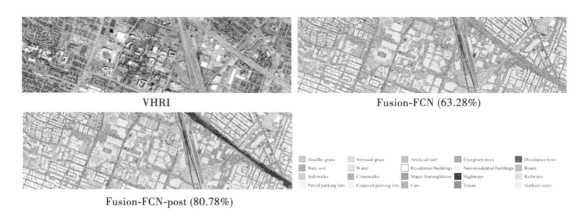

VHRI

Fusion-FCN (63.28%)

Fusion-FCN-post (80.78%)

图 3.7.18　分类结果

加入网络的学习中，值得我们进一步思考。

主持人：接下来让我们有请第四位嘉宾——王少宇师兄。王少宇是 2017 级"1+4"硕博连读生，导师为钟燕飞教授，研究方向为高光谱目标探测，实验室第十六届研究生会办公室部长，获得实验室 2017 级优秀硕士新生奖励，已发表 IEEE GRSM 无人机高光谱综述论文 1 篇（四作），IEEE TGRS 在投 1 篇（一作）。王少宇师兄将结合自身经历，和大家聊一聊学生工作、抗压能力，还有学术道德与规范的问题。

王少宇（图 3.7.19）：各位同学大家晚上好，接下来我就从学习工作、抗压能力、学术道德这三个方面给大家分享一下。

1. 个人简介

我本科毕业于武汉大学遥感学院，现在是在实验室攻读"1+4"的硕博连读，目前研二。最近和我的发小聊天时，她说她吃了文化的亏，迄今为止的人生非常曲折。她羡慕我学习好，但是实际上我是很羡慕她的，因为她得到的东西实际上都是经过了很有现实感的奋斗得到的，她对于未来的目标也非常明确。她主要从事室内设计与环境设计方面的行业，她热爱自己的专业，而且她专业素养很高，她会珍惜和把握每次机会来提升自己，具有丰富的实习和工作经历。

相比而言，我个人感觉自己比较不成熟，对于未来自己的研究方向没有一个明确的把握。可能是因为整个人生走得太顺利，导致我对待很多事情时会认为是理所当然的：我的导师前一段时间让我参加一个会议，但没有给我安排报告，我就想如果没有报告的话不参加也可以，我就只听了一个上午的报告。当天导师给我打电话说："少宇，组里只派了你一个人去参加这个会议，而你却没有珍惜，如果这个事情发生在企业里的话，公司给了你这样一个机会你不珍惜，那么下次他就不会再考虑你了。"同样的道理，假如组里给了你一个这样的机会你不珍惜，那么下次再有同样的会议，你在导师心中的优先级就会降低很多。

图 3.7.19　王少宇作精彩报告

　　以上这些，目的是想说希望大家能在研究生入学一开始，就给自己一个明确的定位：在毕业之后，你是继续从事科研还是进入企业工作？自己的优点是什么？对于你今后要从事的行业，哪些方面的内容是你还缺失并需要自我补充的？你性格上的缺点是什么？这些缺点可能会导致哪些问题？如何避免这些问题，等等。

2. 学生工作

　　去年一年，我担任了研会办公室的部长，经过这一年的学生工作，我认为针对学生会的工作需要考虑三点问题：①我参加学生工作的目的是什么；②我该以什么样的态度面对学生工作；③我希望能在学生工作中收获什么。

　　就个人而言，我参加学生工作的目的就是结交更多的朋友，同时让我的日常科研生活更加丰富。过去一年我也参与了很多工作，比如每年例行举办的迎新晚会、元旦晚会、毕业舞会，还有去年的第一、二届博士论坛。总的来说，这一年的学生工作收获的东西与我一开始加入研会的初衷达到了一致。具体来讲，学生工作一定要保证做到以下三点：

　　①尽职尽责，从一而终。不要到最后成了边缘成员，什么都不管。这样的现象是存在的，但也不能去怪谁，因为每个人的选择都不一样，大家都有更重要的事情要做。

　　②要控制自己的情绪。大家都是凭着热情来参加学生工作，不要相互为难，有问题就要及时进行沟通，在沟通的过程中，最重要的是沟通的方式。

　　③及时回复小伙伴发来的消息，及时完成分担的工作。再忙也不要晾着小伙伴，我们应该都经历过等别人回消息的无奈，既然这样，我们为什么要让别人等我们回复他的消息呢？其次要按时完成分担的工作，不要在时间节点到了的时候，才告诉小伙伴这个工作没有完成。

3. 抗压能力

对于抗压能力，我在过去的工作和科研中有很深的感触。抗压能力实际上是研究生应该具有的一个非常宝贵的品质，不管是现在攻读研究生还是将来参加工作。

我感觉自己压力比较大的是开展第一届博士生论坛的时候，实验室的老师完全放任我们研会和实验室其他组织的同学自己去做一些学生工作，大家对于这些工作都很生疏，时间也很紧，有太多紧急且繁杂的事情要处理。我每天都在想自己还有哪些工作没有完成，有哪些工作与预期不同需要补救，确定每件事情的优先程度。那一星期，我每天都在想工作的事情，那一周的科研工作基本上都是荒废的。

还有一次是第一次负责组内的重大项目的时候，当天中午接到导师的电话，第二天要去北京讨论一个项目，但当天下午还要负责一个报账的工作，到了晚上，我开始调研，给老师发了一个文档，10 点半开始做 PPT，直到凌晨 3 点半。第二天 5 点钟又要起床去赶武汉站 7 点钟的高铁，中午 11 点半到北京西站，再坐车到中关村，下午开始讨论。讨论完之后，花了一周的时间准备一个项目建议书，这个项目我们组之前没有接触过，是个从无到有的过程，最后写了 52 页的项目建议书。在此期间，老师又让我参与写一个项目申请书，这一星期的压力非常大。写完项目书的第二天，我又赶着 7 点钟的高铁去北京参加讨论，回去的第二天又要撰写项目申请书。中间差不多一个月的时间，项目方那边暂时没有消息，准备好下一次的项目材料后，中间还要准备课程的结课考试，并参与了之前一个项目的答辩 PPT 的制作。后来项目方直接和我联系，又是连续两周的处理数据和撰写实验文档，直到春节前我都一直在和项目方联系，处理相关事宜。那段时间压力特别大，过完那段时间之后，感觉习惯了就好了。

要提高自己的抗压能力，首先就要端正自己的心态，乐观地去面对压力，把它看作是自己必须要经历的一个过程，抗拒反而是和自己过不去；其次，事情太多的时候就要划分一下事情的优先顺序，逐步完成。在经历了从感觉非常难受到慢慢适应再到慢慢习惯的过程后，再有类似的情况出现，应对起来也会容易得多。

4. 学术道德与规范

最后，要讲一下学术道德与规范，这是每一个研究生都要面对的事情。你们在本科的时候，写毕业论文，学校会要求你去查重，但到了研究生期间，没有人会提醒你这件事情。导师会在论文写完之后帮你修改，但并不能把握你的文章是否跟别人的文章有太多的重复，或疑似抄袭的问题。这个问题要自己把握，必须要引起我们高度的重视，综合各期刊要求，国际上拒稿主要原因包括以下三点：

①与自己之前的论文，包括发表的会议论文，必须要有 30% 提升方可投稿期刊，如果相似度太高，就会被判为疑似抄袭；

②就是与他人发表的论文（包括句式、词语等）类似，也会被判定为疑似抄袭；

③英文语法问题太多，也会被判定为疑似抄袭。我自己理解的是，审稿人觉得你把自己的语言直接运用翻译软件翻译后放到了论文当中，可能觉得这就是一种抄袭。

对于这个问题，首先需要明确的是，没人会刻意去抄袭，但问题往往就会出现在自己意识松懈的时候，要十分警惕以下几种情况：

①第一次撰写学术论文，没有经验，英语写作知识匮乏，直接套用了其他论文中的句式结构。针对这一问题需要注意日常积累，不要到写的时候临时找；

②为了赶进度，直接套用了其他论文中和自己要表达意思一致的一两句话。在论文中必须要用自己的话表达，即使加了引用也不能直接套用别人的话；

③英文语法问题太多。对于学习英文写作，每个组应该都会有一个论文润色的编辑，但是英文润色的编辑一般只会给你改一些冠词或者单词上的错误，可能会帮你更换一下句式，更多的还是需要自己打扎实的基本功。

5. 总结

研究生是人生中进行系统学习的最后一个阶段了，希望大家一定要珍惜这样一个宝贵的时间。说一些矫情的话就是，三年的时间很短，短到你还没有交到几个知心朋友，短到你还没准备好就要步入社会这个大泥潭；三年的时间也很长，长到可以做很多想做的事情，长到可以拉开人与人之间的层次。希望同学们都可以把握好时间，让自己成为出色的人。最后衷心地希望，大家可以走过一个多彩的研究生生活，毕竟你们还青春，谢谢大家！

主持人：接下来，就到了我们下半场的时间了。我们今天的第五位嘉宾是张敏师姐，2016级硕士生，地图学与地理信息系统专业，师从吴华意教授，曾担任第十五届实验室研究生会主席。在2018年秋季招聘中，求职岗位为前端开发工程师，斩获腾讯、百度、美团、网易、京东、招商银行信用卡中心多个offer，张敏师姐将结合自身实战经历，分享春季实习生招聘和秋季校园招聘的点滴经验，掌声有请！

张敏(图3.7.20)：大家好，我是张敏，之前在实验室组织过很多活动，但是作为演讲者参加活动这还是第一次，讲得不好，还请大家多多包涵。

我的分享分为四个部分，首先要做一个简单的自我介绍。我的导师是吴华意教授，具体研究方向是WebGIS。其实我在本科的时候就接触了一些简单的前端开发工作，发现了自己在这方面的浓烈兴趣，所以在读研期间继续了这个方向。今年暑假去了京东在深圳的微信手Q业务部实习，承担了H5版京东商城中购物车和订单的部分业务需求，今年秋招后选择了腾讯微信事业群。我想大家会对实习生和秋季招聘的细节比较感兴趣，所以接下来我会着重介绍我体验到的整个招聘流程和个人经验总结。

1. 招聘流程

招聘的整个流程可以概括为三四月开始的实习生招聘和七八月开始的秋季招聘两部分(图3.7.21)。就现在的形势而言，互联网公司对实习生招聘越来越重视了，对公司来说，最后录用的正式员工很大一部分来自实习生转正，而对于求职者来说，如果能找到一个心

图 3.7.20 张敏作精彩报告

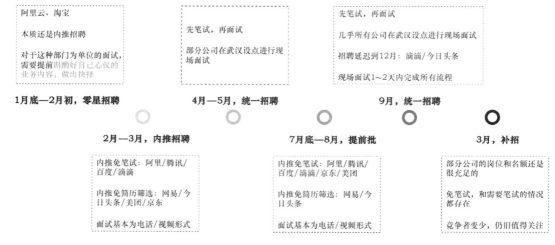

图 3.7.21 招聘流程

仪的公司、心仪的部门去实习，最后顺利拿到转正 offer，甚至都不用去参加秋季招聘，或者说拿到了一份保底的 offer 可以让我们更加有底气，所以不论从哪个角度看，实习生招聘都是需要重视的。实习生招聘从一月底到二月初就会开始，会有阿里云、淘宝这样的一些部门开始零星地招聘暑期实习生。这里需要注意，很多公司都只能投递一次简历，内推一个部门，比如说像阿里这样的大集团，它里面有蚂蚁金服、天猫、淘宝，还有菜鸟网络等事业群，每一个事业群都会有单独的招聘，但是对于阿里，简历只能内推到一个事业群，所以需要明确心仪的业务方向和事业群，对应地投递简历。2月到3月大部分公司开始内推，4月到5月会有统一的实习生招聘，在7月底到8月的时候会开始秋季招聘的提前批，9月是秋季招聘的统一招聘，招聘一般会在10月初截止，但也有部分公司会把招聘流程延迟到12月，比如今日头条和滴滴。在次年3月，有一部分公司一些部门会开始补招一些岗位，很多人都放弃了这个时候的补招，但如果秋招没有找到一个心仪的岗位，其实这个时候也是一个非常好的机会。

还需要了解的一点是，不论是实习生招聘还是秋招都有内推和统一招聘两种方式。有的公司内推可以免掉笔试，直接进入面试，比如阿里、腾讯、百度、滴滴，而有的公司内推只能免掉简历筛选，比如网易、今日头条，即使通过内推的方式投递了简历，最后还是要通过笔试才能获得面试机会。统一招聘的流程相对一致，都需要通过笔试才能进入面试环节。但不论是实习生招聘还是秋招，面试官最后在内推环节捞起来的简历一定是让他非常感兴趣的，所以一份优秀的简历很重要。

2. 简历

接下来我就以我的简历为例，给大家讲一下我对招聘中所需要的简历的认识。因为我面试的是前端开发岗，对审美会有一点点要求，所以我的简历比较花哨，但是基本内容是一致的。

首先需要基本信息，包含投递的岗位、联系方式、出生地、博客和 GitHub。出生地是面试官比较关心的一个点，HR 会根据你的出生地判定你是否会接受这个 offer，因为很多同学对于工作地点非常在意，工作地和出生地离得太远，HR 就可能会认为你接受这份 offer 的概率比较小。对于技术岗来说，尤其是在实习生招聘的时候，如果你的 GitHub 有丰富的代码资源，博客里又有平时整理的技术分享、读书笔记，这会给你的面试大大加分。

其次是教育背景，对滴滴、高德地图、腾讯地图、百度地图这样的地图类互联网公司来说，教育背景可以放在一个比较显眼的地方，因为我们的专业背景在这些公司的招聘中是占据优势的。

再次项目经验是整个简历的核心，我们需要把和岗位高度相关的项目一一陈列出来，把最新最重要的放在前面，其实很多面试官拿到你的简历，从面试开始到面试结束可能问得最多的就是你简历上面的第一个项目。针对具体的项目，我们需要把与岗位高度相关的着重技术点和工作事实一一陈列出来；对于算法和数据挖掘的同学可以列出自己在解决某一个问题所采用的具体算法、所解决的问题以及算法对于结果的改进程度，如果有具体的数据会更有说服力；对于前端或者后台来说，采用什么样的技术，什么样的框架方面的内容会比较重要。但一定要注意没故事的大事不如踏实地做一件小事，因为很多面试官会从简历内容入手开始一一挖掘其中涉及的技能点，你需要从你的项目经验展开进行陈述，凸显出来你具备这个岗位所需的关键技能。

然后是自己的技能树，我采用的是一个技能条的方式，其他岗位的话也可以采用文字描述的形式，比如精通 C、Java、Python 等编程语言，熟练使用决策树、神经网络等算法这样的文字描述。

对于秋季招聘来说实习经历是非常重要的，它和项目经验的陈述方式是一致的，要罗列出你所做的具体工作内容、涉及的技术点，对于算法或者是数据挖掘的同学来说优秀的论文经历或者是比赛经历也可以放在简历里面。

最后就是奖学金等荣誉奖项、学生工作，对于技术岗位来说，学生工作的经历可以放在简历最角落的位置，甚至都可以不写，因为很多面试官会因为你的这些经历质疑你的业务能力。

3. 笔试、面试

用一份优秀的简历敲开了公司大门之后，即将面临的问题就是笔试和面试（图3.7.22）。我总结的笔试主要分为三类：一类是像今日头条这样的公司，笔试内容就是 5 道编程题，这些编程题考查的都是动态规划、背包或者一些数据算法；第二类公司所有的开发岗位都是统一的题目，里面会包含一些选择问答题、算法编程题等，比如招商银行信用卡中心；第三类公司所考查的题目和你的岗位会非常相关，我在实习生招聘的时候做了百度的题目，他们的选择、问答、编程题都是和前端高度相关的。针对这样的考查内容我们所能做的准备一是刷 *LeetCode* 和《剑指 offer》中的一些算法编程题目，去训练自己的解题思维，二是需要阅读书籍储备计算机网络、数据结构、计算机系统的基础知识，以及岗位所对应的专业基础知识。

笔试通过之后就会进入面试，面试官通常会在最开始让你做一个简单的自我介绍，然后让你谈谈你印象最深的一个项目，所遇到的难点，你的解决思路，这里面就会谈到你自己的知识体系，你所用到的一些库、框架等，面试官会进一步问你这些库、框架的原理。问完这一系列的问题之后，他会接着问你岗位需要具备的一些基础知识，甚至计算机网络、数据结构的基础。还有一些面试官会在面试中让你手写一些代码，在前端方面的话是一些页面布局、ES6 语法的原生实现、简单算法的代码，算法方面最常遇到的就是手推SVM；然后还有一些业务场景的题目，比如两个海量的文件中找到相同的条目，海量数据中的 top K 问题等。

笔试考查内容

1. 字节跳动：5道算法编程
2. 招商银行信用卡中心、美团等公司：选择问答题（计算机基础、数据结构、计算机网络、C/Java基本语法）+ 3道算法编程
3. 百度、阿里等公司：选择问答题（岗位对应的基础知识、计算机基础、数据结构、计算机网络基础）+ 岗位对应的编程题

笔试准备内容

1. *LeetCode*、《剑指offer》刷算法编程题
2. 谢希仁《计算机网络》、数据结构
3. 牛客网专项模块训练
4. 面试岗位对应的专业书籍

面试考查内容

1. 请你介绍印象最深刻的项目，所遇到的难点和解决思路
2. 从你简历中写的/谈到的技术点入手，考查使用框架、库等的原理
3. 考查岗位对应的基础知识、计算机网络基础、数据结构基础
4. 手写代码（岗位对应的代码、算法类的基础编程题目）、业务场景题

面试准备内容

1. 准备思路清晰的自我介绍，难点描述及解决方案
2. 牛客网/思否/百度/知乎浏览面经
3. 所使用的类库/框架的源码阅读
4. 整理总结面试内容，做好读书笔记

图 3.7.22　笔试、面试准备

针对这样的面试首先需要准备常见问题的陈述，比如回答项目中遇到的难点和解决方

案的时候，可以说难点所涉及本质科学问题的剖析、业内解决此类问题的通用方法、我的解决方案、该方案的优劣势，以及未来可能的改进措施，回答问题都应该有这样一个由浅入深、层层递进的过程，这会让面试官感觉到你具备解决问题、深入挖掘问题本质的能力。然后可以在一些网站刷面经做针对性的准备。在开发过程中所使用的库、框架、工具包的原理，甚至于源代码是非常有必要去阅读或者深入研究的。最后在面试结束后可以进行问题总结，查漏补缺，这样对于下一次面试会有一定的指导作用。

一般的技术岗位会有 2~3 轮技术面试以及 1 轮 HR 面试，第 1 轮技术面试的面试官一般是部门技术大佬，考查的是相应岗位的基础知识；第 2 轮技术面试的面试官是部门总监，考查的是全栈、计算机基础等综合能力。值得一提的是 HR 面试，虽然 HR 可能会一脸真诚地和你聊人生，谈理想，但是你很可能会被他绕进去，特别是当问到"你意向的工作地点"以及"你是否愿意接受 offer"的时候，一定要谨慎对待，有的时候 HR 甚至可以一票否决让你拿不到 offer。每一个面试官在面试结束的时候都会问你一个问题——"你还有什么要问的吗？"个人认为这个环节是需要把握住的，可以询问面试的部门、具体业务内容、开发技术栈、团队规模，以及如果你通过面试可能从事的业务内容、对毕业生的培养方案等，这些内容对于后期 offer 的选择非常重要。

4. 自我培养

自我培养可以从三个方面进行：首先是明确自己的岗位目标，我们专业可以从事互联网公司中的很多技术岗和非技术岗，大家可以从已经就业的师兄师姐那里了解感兴趣岗位的具体工作内容、发展前景，同时自己利用一些项目判断自己感兴趣的方向，进而确定最终的求职岗位；其次就是积累项目经验，在老师团队中参与对应的项目（项目中可以锻炼到岗位对应的技能即可），没有项目可以自己设计思路、爬取数据实现项目，参加岗位技术匹配的比赛等；最后就是要早做招聘准备，熟读岗位面试所需要的书籍，在项目中遇到问题时需要刨根究底探寻原理，给自己失败的机会，去尝试面试，摸清套路，养成总结记录的习惯。

最后是一些前端开发的资料和我的博客（图 3.7.23），上面会有一些技术总结，等等。

以上就是我今天的报告，希望我的报告可以给大家带来一定的帮助，同时也希望在来年的时候大家都可以收到一个满意的工作！谢谢大家！

主持人：接下来有请今天的最后一位重量级嘉宾，他又"收割"了哪些 special offer 呢？先让我来介绍一下我们的刘晓林师兄。刘晓林，2016 级硕士，地图学与地理信息系统专业，师从龚健雅、陈能成教授，研究方向为传感网与智慧城市，读研期间主要负责传感网相关系统的研发工作。平时爱钻研技术，掌握 C++ 和 Java 两大技术栈，已成功拿到腾讯、阿里巴巴、美团、华为等一线大厂的校招 offer。刘晓林师兄将结合自己的学习经历和面试经历与大家分析一些跨专业求职互联网公司的经验和技巧，让我们拭目以待！

刘晓林（图 3.7.24）：前面的同学分享了许多好东西，作为最后一个，我就讲讲我自

图 3.7.23　前端开发资料

图 3.7.24　刘晓林作精彩报告

己的经历吧。

1. 个人情况

我本科学的是测绘工程专业，研究生学的是地理信息系统专业，在面试的时候面试官可能会问道："你不是学计算机的为什么要来面试计算机专业岗位？"说明在专业方面我们面试这类工作确实会更加困难，我一般的回答是"因为兴趣爱好，我喜欢钻研计算机"。

我曾担任过班长、党支部书记、研会文艺部副部长、党建研究会理事等学生干部，虽然一般来讲我不会把这些写在简历里，但是我认为这些学生工作对自己还是有一定的帮助，一定程度上表现了自己具备责任心和系统分析思考的能力。

在技能方面，我本科学的是 C++，研究生阶段由于项目需要和导师的建议，我学习了 Java 和前端，GIS 是我的专业，当然也是要掌握的。

我之所以能够成为大家口中所谓的"offer 收割机"，我觉得主要是以下几个原因：一是责任心，这在实习的时候对我的帮助特别大，如果在大公司实习的话，存在类似"接单"的情况，产品提出一个需求，项目经理会派发需求，你不是必须做这个事情，但如果你觉得自己能做这件事，就主动承担一下；二是好奇心，学习的时候我们应该对一个东西的底层比较了解，如一个框架你不仅需要知道怎么用它，还需要知道它适合干什么，它底层的原理是什么，你是否能想到这个框架下所体现的思想、方法，或者你是否有更好的方式去实现这个框架，这些也是面试官经常会问到的问题，这就需要我们平时有好奇心来研究这些东西；最后是勇于挑战，做的事情有一定难度才能突出自己的技能水平。

我的 offer 基本都是 sp 和 ssp，sp 和 ssp 相对于普通 offer 更高一级，分别占所有 offer 的 20% 和 10%，拿到这种 offer 表示公司对你的认可，自己也会更加有自信心，所以大家尽力去展示自己，去拿 sp 和 ssp 吧。

2. 个人经历——确立目标

刚进校的时候我处于迷茫期，在这一时期需要确立自己的目标，我刚开始想读博，但是导师没名额了，所以选择读硕士。来到学校发现真正的科研和我想的不太一样，科研不仅仅是我想不想去做，而是我能不能去做，一切要综合自身具备的条件考虑，有什么米，才能做什么饭。

在明确将来不继续读博的情况下，我分析了未来就业的三个方向：选调生/公务员，事业单位以及互联网企业，由于我是做 GIS 的，去事业单位工作没有优势，GIS 避不开开发，于是我选择了互联网。

我的一面很早，面试的是滴滴的产品经理，面试完后我发现自己并不适合做产品经理，我比较喜欢做技术，所以我转而面试技术类岗位。做技术就要面对做前端还是做后台的选择，我本科学习的是 C++，没有 Web 开发基础，可以说一点不懂 HTTP 之类的，在师兄们的帮助下我开始自己学习，渐渐学完了前端 HTML、CSS、JavaScript 技术，后来我发现我还是更喜欢做后端。我的经验就是，一是我们做一件事要边想边尝试，而不是一味坐着空想，多去尝试自己能做什么，适合做什么；二是听从自己的内心，结合自己的性格、目标，只有自己才知道自己真正喜欢做的是什么，我喜欢做 GIS，我就去做了；三是要考虑现实环境，现实很多情况不是你想做什么，而是你能做什么，我们需要从想做和能做之间做一个权衡。

3. 基础入门——尽量全面，实用为主

GIS 专业去互联网的话，大概需要以下基础：前端知识（HTML，CSS，JavaScript），网络（TCP/IP、HTTP、Servlet、XML），语言基础（C++、Java、Python），数据库（MySQL），工具（Git、Maven、CMake、Make、IDE），其他（博客、GitHub、Linux）。我们

去互联网公司，在语言方面学 . net 很难找工作，Java 在编程语言中处于霸主地位，在面试的时候基本都有岗位有 Java 需求，而 Python 在做爬虫和脚本上很好用，所以也值得掌握，C++能够让你对底层具有进一步了解，MySQL 需要结合别人的博客，对着源码看一些关键的部分。工具方面各个语言各不相同，Java 是 Maven，C++是 CMake、Make。另外是 IDE，IDE 是一种开发工具，很多人以为高手都是打开记事本写，然而不是，大公司对 IDE 的使用十分重视，因为它能提升自己的工作效率，在大公司里面工作效率是十分重要的。

此外我们最好要有个博客，最好深入一点，有些人喜欢刷题然后往博客上写，我认为这样会让人觉得你缺少思考的深度，把真正重要的东西淹没下去。看源码虽然很难，如果你能有耐心把源码看懂并且解释通，放到博客上，然后把博客的二维码放到简历上，这样你的简历就成功一半了。另外，需要掌握一些 Linux 知识，多使用命令行。学习的时候，我们尽量先对内容有一个大致的了解，书籍我推荐《Java 核心编程卷一》《C++ primer》以及各个工具的官方文档。

4. 做项目——实战经验，参与科研

做项目一方面能够增加自己的实战经验，另一方面也能分担老师的科研任务。我承担了我们项目组的开发工作，科研项目中有开发经历或者算法经历最好，如果没有的话，做一些数据处理工作也可以锻炼能力，如做一些爬虫。如果前面两个都没有，那么可以在网上做一些开源项目，搭建博客，我这里说的搭建博客不是去写博客，而是从底层去建立一个博客系统，把它放到阿里云上面，重点是要经历这样一个完整的项目，网上也有很多开源的项目。

因为我们不是计算机专业，需要花很多时间去学这些基础的东西，所以和学术研究肯定会有冲突，我们要处理好二者之间的关系。另外尽早发论文、写专利，尽早地把论文写好发出去，就不会在找工作的过程中想着发论文和毕业的问题，有专利的尽量早点发，有了专利后，方便我们这些非计算机专业的学生在上海市落户，如果你决定在上海工作，户口真的是第一位的，如果你错过了毕业这次机会，后面就更难了。

5. 系统学习——注重深度

图 3.7.25 是我看过的书，基本每一本我都看完了，没看完的也看了 80%，看得比较多，但是大家一旦投入进去，很快就看完了。另外建议大家尽早去面试，因为面试前和面试后的状态是完全不一样的，如果你抱着面试前的空想状态去看书，可能一个月才能看完一本，但是面试后，你会保持一种非常紧张的状态，可能一个多星期就能看完一本。下面我来介绍一下这些书：

《TCP/IP 详解》是关于网络协议这块的。

做 Java 可以看看《深入理解 Java 虚拟机》这本书，看完后去面试的感觉会完全不一样，除了阿里的问题一般问得很深，对付一般公司的话，虚拟机基础这本书就足够了。

第三本《写给大忙人看的 Java 核心技术》，在系统性学习的冲刺阶段，看这本书就够

图 3.7.25 系统学习参考书籍

了，因为在写了很多项目后，需要的是进行一个系统的梳理。

《剑指 Offer》是面试的"圣经"，如果这本书都没刷完的话，会彻底失利，因为这本书是基础。

数据库推荐书籍是《MySQL 技术内幕 InnoDB 存储引擎》，这本书看完后再去看 MySQL 源码中的一些关键点，在数据库上你基本就能超过很多面试官了。

《数据结构与算法分析》是学习数据结构算法的，这个是必需的。有些公司像阿里它可能不是特别看重算法，它比较看重"高并发"，以及对 Java 工程的理解，所以《Java 并发编程实践》基本上必看。

《Spring 实战》是讲框架的，另外一本我比较喜欢的书叫《图解 HTTP》，我推荐大家没事都可以看下。

《Linux 就是这个范儿》不用全部看完，把前几章看了，了解 Linux 和 Windows 的区别，看完后你就知道为什么 Linux 不需要分成 C 盘、D 盘，Linux 为什么要单独安装图形界面等问题。

《C++程序设计语言》这本书是 C++之父写的，讲得非常详细，看完这本书后，基本上能在一定的思考后写出一个智能指针。

《UNIX 环境高级编程》在腾讯使用 C++的人中几乎人手一本，所以你看完这本书后去面腾讯基本就没问题了。

《程序员的自我修养》这本书我强烈推荐，你看了之后就能够知道为什么一行代码能够从文本变成一个可运行的程序，并且放在内存里面，CPU 怎么去执行它，什么是动态库和静态库，它们是怎么链接在一起的。

最后《深入理解计算机系统》能让你知道一个黑不溜秋的电脑为什么能够运行起来。

我推荐这么多书也是没有办法的办法，因为我们不是计算机专业，没有系统的学习，所以我们需要这么一点点的积累基础，积累到一定深度，才能和计算机专业的同学竞争

BAT 的 offer。

6. 面试准备——冲刺

最后是面试的冲刺阶段，就是说你要凝练你的项目，突出重点。在写自己的一个项目时，不要把做的所有事情都往上贴，尤其是第一个项目，你要突出你的项目重点和难点而不是你做了什么事情。假设我做的是一个传感器管理平台项目，如果我说它是能实现传感器的注册管理和传感器数据的分发，面试官可能就会觉得这个无非就是很简单的增删改查工作，如果你能说我是怎么把一个传感器归类起来放到数据库里面去，以及我们的传感器是研究对象的实体，如何解决高并发的，突出了重点，面试官就会很有兴趣，可能全程都在问你这个重点问题。

另外，技术栈要有深度，不精通的不要往简历上写，要确保你有足够的把握超过50%~60%的人，你才往上面写，写在简历上的必须是你熟悉的东西。

多看面经，适量刷题，最好的方式就是看你要面试的公司的面经。科学地刷题，刷题有时会浪费时间，笔试不值得花太多时间。然后就是要抓住内推机会，一旦有内推消息放出，你一定要把你的简历拿过去，你不要想着自己还没有准备好，因为你要尽早开始你的第一次面试，进入状态，即使面试挂了，还是要比不投简历要好得多的，对于面试，你永远都不可能完全准备好的。

如果有可能，一定要抓住暑期实习的机会，因为去实习之后再去面秋招，你会有更多内容可以和面试官聊，这就避免了面试官可能因为听不懂学校里的项目，认为你不适合他们的工作内容，转而把你推荐到其他岗位的情况，无法引起面试官的共鸣。但这也不是说你没有实习就找不到好工作，很多人没有实习同样拿到了顶级 offer。

最后，需要自信自信再自信，不要认为你不是计算机专业就比计算机专业的差，你要坚信自己能超过他们。我在腾讯实习的时候，在和计算机专业的小伙伴们交流时，涉及工具链的使用、内部框架的理解，我并不认为我比他们弱，甚至还可以给他们做讲解，所以我们要有自信。

把握好时间节点，互联网春招在 3~5 月，秋招一般在 8~9 月迎来爆发，大家要尽早抓住内推的机会。面试公司互联网最顶尖的是外企 FLAG(Facebook，LinkedIn，Amazon，Google)，微软，NVIDIA；国内 BAT(百度，腾讯，阿里)，TMDJ(头条，美团，滴滴，京东)；独角兽科技公司(商汤科技，旷视科技，大疆等)；银行(招行系，银联等)，以及其他非互联网公司(如华为)，等等。

在实习期间，我们要主动看内部框架源码，主动找活干，增加竞争力。另外要勇于吐槽，进入大公司后，不要以为大公司什么都好，你觉得不合理的地方都可以和老师提。要勇于承担，在实习期间，有一次有一个紧急任务，我在老师不在的情况下勇于承担工作，虽然我不管这件事也无所谓，但最后我的责任心得到了老师在大组群里的表扬，为我的实习表现加了分。最后要兼顾学校项目和别家的面试，在面试公司中选择最好的那家作为最后的去处。

上面讲的就是我的一些经历，谢谢大家！

【互动交流】

主持人：非常感谢 6 位学长学姐的分享，接下来就是激动人心的提问环节，为方便大家交流，有问题的同学们可以举手示意，说明疑问并说明需要哪位师兄师姐帮忙解答。

提问人一：张敏师姐，您好。我目前做的也是和 WebGIS 相关的工作，听到您面试的是前端岗位，想问一下为什么做 WebGIS 要去做前端？

张敏：我只是做 WebGIS 里的前端部分，简单来说就是做一个前端网站的开发实现，不涉及底层的地图服务。比如我做的第一个项目是地理加权回归的在线计算平台开发，还有一个是网络地图服务数据的可视化和搜索查询。

提问人一：WMS 吗？

张敏：对，其实我对于 WMS 的发布或者生成部署这样的服务并没有太多的研究，只是针对能力文档数据做一个可视化和搜索查询的平台。

提问人一：如果我们去从事地图方面的工作的话，以后是不是就会被限制在这个岗位上。

张敏：这主要取决于你自己的选择，因为你如果去像京东、天猫这样的购物类公司或者是美团这样的公司，你的背景和你的业务内容完全没有关联，但是如果是去滴滴、高德这样的地图类公司，你的背景会是你求职的竞争优势，但是可能在地图类的前端开发中能够锻炼到的前端技能有限，出于我个人的考虑会对以后的发展有限制，当然这只存在于前端开发这一个岗位。你需要自己去权衡，综合考虑后去选择。我觉得主要是看你的兴趣，你自己感兴趣的业务方向到底是更偏近于互联网一些，还是更想发挥自己的优势去做地理方面相关的一些工作。

提问人二：徐永浩师兄，您好。现在高光谱这块开源出来的数据集一般都是比较小量的，但用深度学习做的话需要大量的数据，有这种开源数据集吗？

徐永浩：现在遥感确实是有这个问题，我们使用的标准数据集通常数据量比较小，特别是高光谱数据。

提问人二：你觉得接下来的改进方向会是怎样的？

徐永浩：可以分为两块：一是从计算机视觉的角度，改进传统的深度网络结构；二是针对遥感影像的特点，提出更适合遥感影像处理的网络结构。

提问人三：刘晓林师兄，你好。你一开始是学 C++ 的，为什么改做 Java 了呢？

刘晓林：确实我一开始是用 C++ 的，后来学了 C#，刚进小组汇报的时候老师就让我学 Java，我就听了导师的话就去做 Java，我其实很感谢我的导师，因为如果是做 C#，就没那么容易找工作。所以我从 C++ 转到 Java 主要取决于我的学习内容能为老师的科研服务，这是结合实际的情况。

提问人三：那找工作的时候，没想过找其他方向的吗？比如 C++ 开发。

刘晓林：想过。但是面试的时候你需要有一个突破口，虽说大公司比较看重你的潜力，不太看重你具体做什么，但是你怎么样去体现你的潜力？通过你做过的项目以及相关的经历，才能体现你的潜力，才能挖掘你的深度，公司才好决定可以给你什么重任。而我在学校里做的项目都是和 Java 相关的。

提问人四：刘晓林师兄，您好。我想请教一下您个人时间安排上的一些规划。你自己列出了许多大部头的书，要花很长时间去看，平时我也刷题，但有时候一个题目可能会写一两个小时，这些都是比较耗费时间的。师兄你还提到他们对技术栈的要求是比较广的，比如我做前端的，让我做后端的应用，做移动端的，又问我一些前端的例子。在有这么多事情要做的同时还要兼顾日常的科研，应该怎样安排时间呢？

刘晓林：首先最好能够结合科研任务去学习。比如说我在我们组就是做开发的工作，如果导师想让你做一个系统，如果你连 GIS 一点都不了解的话，是不可能做出这个系统的。其实不是导师不允许你去学习新东西并花费大量时间在上面，你要让导师知道你去学习新事物是为科研项目服务的，这一步非常关键。比如说你某段时间在学 Java，老师问你学 Java 的用处何在，你和老师说我们后期要做一个基于 Java 大数据的平台，老师就会支持你的学习。

关于如何看完这么多的书，其实需要花的时间并没有想象中那么多，周末、晚上、任务没那么紧的时候，你都可以去看这些书。在这里我特别想强调一点，看书的时候不要花太多的时间去比较是这本书好还是那本书好，我觉得你看完的那本书就是最好的书。

总结一下就是两点：一是要结合你的科研，保证你学习这方面是为了科研服务的，二是你要带着问题去看书。

（主持人：韩承熙；摄影：陆超然；录音稿整理：李宏杰、王顺利、何欣、马超、赵建、柴朝阳、汪楚涯、陆超然；校对：韩承熙、李涛）

附录一 薪火相传：
GeoScience Café 历史沿革

编者按：GeoScience Café 自 2009 年成立以来，已走过了 10 个春秋。她已成长为以武汉大学为中心，辐射全国的地学科研交流活动品牌。本附录记录了 GeoScience Café 在 2018—2019 年的点滴故事，并邀请了 14 位 Café 人共同分享"他/她与 GeoScience Café 的故事"，串联出 GeoScience Café 文化的传承。

材料一：《我的科研故事(第三卷)》新书发布会

GeoScience Café 于 2018 年 10 月 19 日晚，在武汉大学测绘遥感信息工程国家重点实验室 4 楼休闲厅举办了《我的科研故事(第三卷)》的新书发布会，邀请了实验室众多老师与我们分享 GeoScience Café 的点点滴滴。本次发布会吸引了实验室以及其他院系的众多学生，现场互动频繁，学术氛围浓厚，并赠出多本第三卷新书。

主持人(附图 1)：今天是一个特别的日子，因为是我们 GeoScience Café 团队，《我的科研故事(第三卷)》的新书发布会，大家看这里有一个二维码，是我们给大家准备的一个小惊喜。扫描二维码，在发布会结尾的时候，我们会有一个抽奖，幸运观众可以获得新鲜出炉的《我的科研故事(第三卷)》。大家都扫一下吧！接下来，我们的新书发布会就正式开始了，首先我想为大家介绍一下我们的到场嘉宾，他们分别是实验室研究生工作办公室主任关琳老师，实验室学生辅导员郭波老师，GeoScience Café 第一届创始人、负责人、遥感院的副教授毛飞跃老师。好的，相信大家也都很期待这本书讲了些什么，有什么不一样的地方，那么接下来，就让我们有请现在 GeoScience Café 的负责人龚婧学姐为我们介绍一下这本新书的内容。掌声欢迎一下，谢谢。

附图 1　主持人进行介绍

龚婧学姐(附图 2)：很高兴今天在这里见到这么多的老师还有同学，我也很高兴能够在这里为大家介绍我们新出版的《我的科研故事(第三卷)》，GeoScience Café 从 2009 年成立到现在，我们一共举办了 208 期的报告。我们第三卷一共收录了从 2016 年 9 月到 2018 年 1 月的报告中精选的 23 期。

附图 2 龚婧学姐进行新书介绍

　　大家可以看到我们这 23 期的报告一共分为两个部分——智者箴言和精英分享。智者箴言里面的嘉宾是我们的特邀嘉宾，主要是老师；精英分享里面是我们邀请的博士生。以前三篇的报告为例，第一篇是学术嘉年华，我们邀请到了李德仁院士、龚健雅院士、杨元喜院士三位院士同台为大家分享他们的科研故事；第二篇是在第 179 期，我们邀请到了张祖勋院士，报告的题目是《VirtuoZo 背后的故事》；第三篇，我们邀请到了香港理工大学的李志林教授为大家分享博士研究生学习从智能到智慧的全面提升。因为时间有限我就不一一介绍了。因为第二卷我们的报告是收录了 15 期，第三卷我们增加了 8 期，所以大家也会发现这本书比第一卷和第二卷要厚许多。然后除了报告的数量增加之外，我们还丰富了附录的部分，我们邀请了从 GeoScience Café 成立之初到现在一共十多位 GeoScience Café 的成员，用文字的方式记录下他们与 Café 的故事，构成了我们新增的材料三——GeoScience Café 文化传承。

　　以上就是第三卷的一个简单的介绍，最后我想说的就是非常感谢大家一直以来对 GeoScience Café 的支持，其实每一期的报告都是由三个部分组成的，我们的报告嘉宾，在座的观众，还有 Café 的成员，因为嘉宾在这里无私的分享与交流，观众能够在这里有所收获，我们的工作也才能够一直持续下去，也因此备受鼓舞。所以说其实 Café 一卷又一卷书籍的出版是在座的各位和我们每周五晚在这里的相会才促成了的，所以在这里我再次感谢大家，然后感谢大家一直以来对 Café 的支持，谢谢大家！我们一起成为了《我的科研故事（第三卷）》出版的见证者。

　　主持人：随着又一本新书开花结果，我想在其中感慨最多的，祝福最多的，应该就是我们的老师们。其中实验室书记杨旭老师，他虽然不能到场，但是他特地邀请了 GeoScience Café 曾经的负责人孙嘉学姐为我们念一段话，接下来就有请我们的到场嘉宾和孙嘉学姐为我们讲一些对这本书的祝福。

孙嘉学姐（附图3）：各位老师，各位同学，大家晚上好！今天 GeoScience Café 团队再次举行《我的科研故事（第三卷）》新书发布会，这是 GeoScience Café 的一件喜事，值得祝贺！从2016年出版第一卷开始，2017年、2018年《我的科研故事》以一种不变的执着，按照每年一卷的速度，将老师和同学们科技创新的思想和方法、成绩和进展，进行记录整理和传播，让成果沉淀，让价值分享，值得称道！这本书凝结了师生报告人潜心研究的收获，承载着 Café 团队和相关同学的默默付出，也是一年来参与 Café 交流的台下各位同学积极支持和鼓励的结果，在此对大家的付出表示衷心的感谢！

附图3　孙嘉学姐带来杨书记的祝福

《我的科研故事（第三卷）》的整理编辑和出版十分顺利，我们知道要把一件事情做到完美一定是不容易的，在此我很愿意与大家分享工作中的一个细节和故事。2017级硕士许杨同学是本书的主要编者之一，为了不出差错，在7月初她特地将两篇院士报告的录音整理稿发给我，希望我能看一看，我因为比较忙，就问她院士报告的录音整理稿是否给院士本人看过？如果看过了我就不看了。她经过核实，发短信告知，两篇稿子已经由院士团队审核过了，也修改过了。我说那好，此事就这样办结了。谁知7月13日我收到短信：杨书记好！我是许杨，关于《我的科研故事（第三卷）》有工作失误要向您汇报一下，因为不放心，前两天我又重新确认了，关于第三卷中两篇院士稿有没有被院士们的团队审核的事情，重新确认了之后张院士报告的录音稿可以确定是已经审核过的，但李院士、龚院士、杨院士三位院士155期学术嘉年华的报告录音稿还没有发给院士团队审核过，当时审核的是新闻稿而不是录音稿。实在很抱歉，这是我们的工作失误，可能会耽误出版进度，我们准备进行以下的补救……我回复说，同学们已经非常尽心尽力了，不存在失误，老师要谢谢同学们！过了几天许杨发来短信告知，三位院士的修改意见都已经拿到了，今天下午将汇总后的修改意见发给了编辑，《我的科研故事（第三卷）》的出版将按照原定进度继续进行，多谢老师的提醒，我们才去反复确认了院士团队们有没有审核过录音稿，才发现这一漏洞得以在出版前完成补救。这几天收到他们的反馈后发现院士团队确实提出了好多处的修改意见。

其实应该感谢的是同学们自己，第一次许杨同学已按要求进行了审核，按理就没有什么问题了。是她自己不放心才进行了反复核实发现了其中的问题。同学们严谨求实的精神和认真负责的态度，使这本书能够以更高的质量呈现在读者面前！许杨同学是 Café 团队和主要编者团队思想作风和精神风貌的缩影，大家在此项工作中有付出和奉献，让你更有锻炼和收获！祝愿同学们通过交流促进学习，通过互鉴共同提高，祝愿我们的 GeoScience Café 活动越办越好，成为同学们青春岁月最真的一份付出，最实的一段成长，最美的一种展现，谢谢大家！

关琳老师（附图 4）：同学们，大家好！非常高兴能够参与今天 GeoScience Café 的新书发布会。GeoScience Café 成长到现在，我觉得她是一个越来越具有强大正能量的社团。提到能量，我们这里不谈她团队的人数，或者她举办活动的数量，我想谈一谈她的影响力和她的价值。中文 GeoScience Café 她在文化中的定位，还有工作的策略和经验方面，其实给许许多多其他的社团提供了很好的借鉴经验。

附图 4　关琳老师的祝福

其中一个很好的例子就是实验室的英文 GeoScience Café，英文 GeoScience Café 的开展是因为实验室开始大规模招收留学生以后，我们面向留学生的需求而开设的一个学术交流的社团。当时基本上可以说是复制了中文 GeoScience Café 的各种模式到英文 GeoScience Café 里来。在不断发展的过程当中，我们进行了一些创新和调整。慢慢地英文 GeoScience Café 成长到现在，她也成了一个很稳定，而且在武汉大学留学生环境里面非常知名的一个学生社团了。可以说中文 GeoScience Café 带动了英文 GeoScience Café，带动了摄影协会，还有许许多多实验室其他的社团协会的成长。

那么在社团的世界里中文 GeoScience Café 像什么一样？其实它就像一个学霸一样的存在，两年还是三年时间，我们出了三本书，就好像你的一个学长，两年里面发了三篇 SCI。你看到这个的时候对自己是一种激励，于是我们英文 GeoScience Café 的同学也在成立一年多的时间里面开始筹备他们的合集。十多个国家的留学生克服语言障碍，这个你们懂，因为有各种口音；克服文化观念的障碍，他们共同协作完成了这样一本英文 GeoScience Café 的设计。今天我们也带来了一些供大家浏览和取阅。在这个过程当中有许许多多的困难，但是英文 GeoScience Café 的同学同样在受到以前的学长们的这种激励之下，克服困难然后成功。所以说这里我特别要感谢中文 GeoScience Café 的这样一个引领的作用。

第二点，我想谈一谈价值的意义。今年的第三本中文 GeoScience Café 的书里面有一个特别的章节，它分享了我们中文 GeoScience Café 的一个活动流程，还有学长们的，以前历届负责人的心路历程，意义何在？可能大家现在感受不到。

不久前解放军信息工程大学的一批老师来实验室交流，在听取了我们众多具有特色的人才培养的工作之后，他们提出了唯一的问题，就是你们的学生社团是怎么坚持到现在的？我们也办过，可是没有继续下去。所以说，一件事情它如何坚持，那么答案，我觉得可以在这样的一个部分当中去找一找。就好像学姐把她的学习笔记写下来，交给你，所以这份材料它的意义是非常大的。最后我回忆起来，我在去年同样的时候，在第二次的新书发布会上讲到了，我的一个期望就是 GeoScience Café 它是一棵大树，希望每一个同学在离开实验室的时候，带一颗种子到你的公司，或者到你的城市里面去，让这样一种学术交流的氛围发展下去。

今年（2018 年）的夏天我们在策划实验室的暑期行业调研的时候，做到了一件事情，就是把 GeoScience Café 开到了浙江大学。我们在浙江大学邀请到了实验室的校友，他们来自阿里巴巴、网易，还有浙江省测绘院等这些知名单位，20 多个学长学姐一起和同学们做了一期校友的分享会。那么，将来我们还会继续举办这样的活动，希望能够把 GeoScience Café 这样非常优秀的价值，还有它的好的这种文化传承影响出去，影响到更多的人，谢谢大家！

毛飞跃老师（附图 5）：非常感谢杨书记，还有关琳老师的精心准备，然后我自己是没有怎么准备就上台了。GeoScience Café 从 2009 年走到现在差不多有 10 年的时间了，看看它的成长，我就觉得自己和朋友们的付出获得了这么大的收获，每次想起来都非常感动！我觉得 GeoScience Café 它来自我们实验室的一种精神，一种凝聚力和传承。李院士、龚院士还有杨书记他们都是我们的精神大师，对我们有一个指导和指引作用，在和李院士、龚院士、杨书记他们交流的过程中，我就觉得他们除了有博大的胸怀，还有非常深厚的思想沉淀，开放包容，能跟我们走到一块，不但能够交流到喜爱的事情，还能够包容所谓的缺点，然后我就觉得这种精神慢慢地就传递给我们 GeoScience Café，我们 GeoScience Café 也产生了这样一种开放包容的精神，大家之间互相分享。

其实我自己分享了很多的东西，我觉得分享就像是杨书记在记录本上面写的，说你有一个苹果，我有一个苹果，我们互相交换还是一人一个苹果；但是你有一个思想，我有一个思想，我们互相交换，我们每个人都有两个思想。所以我就觉得在思想上的交流永远都是做乘法，它没有减法，也不是加法，跟大家在一块分享都是这样。因为比如说你有一种思想，我有一种思想，一换两种，两种再互相一换，它可以做个排列组合，可能就四种了，是吧？所以我就觉得思想的交流是呈指数增长的，它对我们的影响也是呈指数增长的。我觉得大家应该去促进它。

附图 5　毛飞跃老师的祝福

　　还有我就觉得特别像科研上的东西，虽然我们看到过一些新闻，都互相有这种产权的争议什么的，但我觉得我在做学术当中，好像从来没有碰到过，就比如说我提出这种想法，然后被别人给抄袭了的情况，因为我觉得大家想好好交流还是非常困难的。你跟别人说了，可能本来想的是另外一回事，他不会跟你想到一块去。就一般来说，只是交流的话别人也不会抄袭的，所以我觉得，这种分享应该是一种几乎没有边界的一个东西。所以，当我现在有好的想法，或者不好的想法，我也会跟别人交流。然后我就觉得，假如你看到我有一点点东西，你会觉得它还可以算作一个闪光点，我觉得它的闪光来自所有人的打磨，你把一个想法说出去了，然后让人给你反馈，再说，再反馈，不断地反馈，才能有一点点收获，所以我就觉得交流的作用是无限大的。没有交流，我们的科研也无法前进，我们的生活也无法前进，我们自己也无法前进。所以我就觉得在 GeoScience Café 的话，它带给我们的东西，我觉得对学生来说应该是无限大的一种思想的成本。

　　因为我觉得在 GeoScience Café 里面，包括我们新进来的同学，其实他们做 GeoScience Café 管理人员的时候，可能跟别人都一样，但他们毕业的时候我就觉得特别优秀。我每次都看到他们成长，然后我自己带的学生我也鼓励他们来 GeoScience Café，我们小组来的人数是最多的，包括我们孙嘉啊，必武啊，还有刚才看到的拍照的同学都来自我们小组，我觉得像孙嘉，我们实验室非常优秀的同学，她们以前来的时候，可能也很优秀，但没有现在这么优秀，是吧？我觉得现在很多在 GeoScience Café 的同学，他具有这种管理能力，然后做事情的话思路具有连续性。因为我觉得接触了很多同学，包括没有来参加 GeoScience Café 的同学，比如说我今天又收到一个同学写给我的邮件，他上一次写给我，叫我帮他改论文，他就没有称呼，直接写了，这是我的论文，请，也没有说请，老师看一下。然后这次我给他一些反馈意见，他改了之后又发给我，没有写一个字，就附了他的修改稿。我就觉得他肯定没有来过 GeoScience Café。所以我想请大家都来一下，是吧？

　　我觉得人的话，做科研它对我们的局限，并不是一个智商的问题或者能力的问题，它应该是来自一种个人的性格或者也可以说是情商，我不知道该怎么描述，就是它训练你，渐渐你自己会找到一种感觉，知道怎么跟别人交流，怎么样包容别人的缺点，减少摩擦，怎么样更好地把自己的思路、把自己的想法进行一个简化，然后传递给别人，然后让别人又反馈给你，这样大家都很愉快，非常精准地去完成你要做的工作，我觉得我们 GeoScience Café 就产生了这么一种精神，各位同学也可以都来 GeoScience Café 分享，都参加 GeoScience Café 的管理团队，或者都来作为听众，为我们 GeoScience Café 出谋划策，提供给我们考虑。你们也是我们大家服务的对象，大家都来参加，然后感谢大家，感谢大家的工作！

郭波老师(附图6)：很高兴能够参加 GeoScience Café 的《我的科研故事(第三卷)》的新书发布会，因为我从去年的时候到实验室工作，到现在应该来说也只有一年半的时间。我看到 GeoScience Café 第三卷书里面有一个板块是文化传承，我只是想谈一下我对 GeoScience Café 文化的认识。以我一年半的工作经历，我分享两个关键词：第一个关键词是专业。我觉得有两点，就是第一个专业的话，是因为我们 GeoScience Café 分享专业的知识，不仅是我们学科内的知识，也包括学科外的知识，因为 GeoScience Café 现在做的，包括很多我们就业的经验分享以及其他的心理方面的讲座，还包括一些人文社科方面的讲座，做得都很好。我觉得分享专业是我想说的第一个点；另外一个点的话，大家可以看到每一册新出来的书里面，嘉宾的每一句话，包括发言人，包括提问人的每一句话都经过了 GeoScience Café 团队的每一次非常细致的审稿和校对，我觉得它就像产出一篇论文的过程，这是很专业的一个事情，这是我分享的第一个关键词——专业。

附图6 郭波老师的祝福

第二个关键词是成长，因为 GeoScience Café 的历史也很久了，这个成长我觉得也有两个方面，第一个方面是 GeoScience Café 从最开始创办之初一直到现在，一步一步地走过来，包括我们现在的书已经出到了第三卷，我们已经有了英文 GeoScience Café，我们英文 GeoScience Café 第一册的书已经出来了，我觉得这是 Café 的成长。另外一点，我觉得成长里面的第二点就是参与其中的每一个人的成长，参与其中的每一个人，不仅包括我们 GeoScience Café 团队负责每一期的讲座前后的准备，包括现场的布置，甚至于说我们的录像，我们的直播，我们的主持人，每一个人都尽心尽力。

这个就是我们参与其中的，我们团队的人的成长。另外一点的话就是我们的听众，我们现在的听众有很多都是其他学院的同学听众参与到其中，我觉得这也是一个成长。刚才毛老师说，我们 GeoScience Café 团队里面的很多人从最开始入校之初，一直到他毕业以后，确实是通过 GeoScience Café 的平台锻炼，能力得到很大提升。所以我觉得 GeoScience Café 是一个专业的地方，是一个能够让每一个人成长的地方。这是我对于 GeoScience Café 文化的见解，然后衷心地祝愿 GeoScience Café 能够越来越好。谢谢！

主持人：谢谢各位老师刚刚为我们带来的精彩发言，其实我自己也是来这里工作不久，但是整个 GeoScience Café 的氛围都让我感觉到很温暖。刚刚老师们的发言也让我觉得很感动，相信大家对这本新书的内容应该都很期待了，那么让我们进入今天发布会最后一个环节——抽奖环节，接下来就让我们老师们在师生的协助之下，抽出我们今天可以获得这本新书的幸运观众。

关琳老师：刚刚临时加码，给奖品里面又增加了一份，是英文 GeoScience Café 的书。今天除了给中文 GeoScience Café 捧场以外，我也要为英文 GeoScience Café 打 call。所以说大家也关注一下我们英文 GeoScience Café，它也是一个非常好的社团，帮助留学生们尽快进行学习适应和生活适应，也帮助我们中国学生和外国学生做更多的文化交流。

新书发布会的最后，现场抽取了 20 名幸运观众，他们获得了中文 GeoScience Café 出版的《我的科研故事（第三卷）》以及英文 GeoScience Café 出版的 *Knowledge and Inspiration in Motion* 两本书籍，获奖同学同老师和 GeoScience Café 成员们留影合照（附图 7）。

附图 7　获奖同学同老师和 GeoScience Café 成员们留影合照

材料二：2019 年更新 GeoScience Café 活动流程和注意事项

GeoScience Café 活动流程和注意事项

活动流程	时间节点	经办人	需要完成任务和注意的事项
联系报告人	至少提前两周，尤其是小长假附近	当期负责人	1. 确定报告主题和报告时间； 2. 和嘉宾确定邀请关系后，建立 QQ 讨论组，包含本次负责人和两位辅助，以及宣传部的联系人、Café 负责人； 3. 可以预先查看 PPT，如有必要则给予修改意见，并询问 PPT 是否可以转 PDF 后公开，如果可以，讲座之后，加上 GeoScience Café 水印后上传 QQ 群； 4. 邀请嘉宾协助填写嘉宾信息表； 5. 周四再次提醒嘉宾报告时间和地点
确定报告厅	在确定报告人之后立马执行	当期负责人	1. 四楼休闲厅（主要）：当天布置会场时要摆放桌椅，活动结束后要恢复原位； 2. 二楼报告厅（次要）； 3. 在实验室网站上预订会议室
海报制作及发布	务必在周二晚上前完成	当期负责人	1. 务必按时完成，并发到团队群里面给大家检查错误，并立即改（很重要）。之后再在各个 QQ 群里面发布（GeoScience Café Ⅰ，Ⅱ，Ⅲ群，各学院各年级群）； 2. 周二晚海报 PDF 发给龙腾快印，打印 7 张，A1 大小，周三中午取于龙腾快印，务必在周三晚上之前贴海报； 3. 在实验室网站、实验室走廊电子屏幕、二楼报告厅上面的小电视机、微信公众号中发布报告电子海报； 4. 和嘉宾确定海报内容与报告内容相符
张贴海报及宣传	周三	当期所有参与人员	1. 在各个学院张贴海报（资环院、遥感院、测绘院、实验大楼、南极中心、二教、实验室（如果允许张贴纸质海报））； 2. 编辑 QQ 宣传语，发动其他学院的同学帮忙转发； 3. 由官方 QQ 号或者不同年级院系的同学转发宣传到各年级群
人员安排	周四之前	当期负责人	每期报告至少有四人在场，分别负责主持、拍照、摄像和直播，GeoScience Café 负责人至少有一人到场
借设备	周五下午	当期负责人安排	1. 联系摄影协会的同学借单反； 2. 取设备，确保 GeoScience Café 的单反、录音笔、摄像机、麦克风充电电池都有电
准备酬劳和礼物等	周五下午	当期负责人安排	1. 报告嘉宾如果是学生则给以现金酬劳，嘉宾是老师需要准备礼物； 2. 准备书籍，一本写好赠语送给嘉宾，剩下的作为提问奖励，每本书都要盖章

续表

活动流程	时间节点	经办人	需要完成任务和注意的事项
买水果	活动开始前一小时	当期负责人安排	1. 根据预计的报告场面买水果，一般为 9 盘，如果在二楼报告厅可以增加到 20 盘； 2. 给每位嘉宾准备一瓶水
布置会场	活动开始前一小时	当期所有参与人员	1. 摆放桌椅和水果； 2. 调试投影、电脑、麦克风(换上我们的充电电池)、录音笔、激光笔； 3. 播放宣传 PPT(需要根据当期报告做修改)； 4. 提前和负责开实验室门的师傅沟通，让门常开；如果师傅不在，留一个人提前半小时开门
与嘉宾见面	活动开始前半小时	当期负责人安排	1. 给嘉宾送上水、激光笔； 2. 告诉嘉宾话筒产生杂音的消除方法，不要站得太靠后
开始报告	活动中	当期负责人安排	1. 打开录音笔(只有当录音笔红灯闪烁时才表示正在录音。录音笔录音的同时 USB 连接电脑避免没电，同时采用手机同步录音)； 2. 开始拍照、摄像； 3. 主持人开场白，介绍当期嘉宾的简历； 4. 嘉宾开讲； 5. 主持人致谢，并稍微总结其报告内容； 6. 引导现场观众提问、交流； 7. 引导现场观众填写反馈问卷； 8. 主持人谢幕
整理会场	活动结束后	当期负责人安排	1. 全体人员合影(要有 GeoScience Café 的背景)； 2. 给嘉宾送上纪念品，劳务表签字； 3. 整理桌椅； 4. 关掉投影仪(合影完成之后再关掉投影仪和电脑)； 5. 拿出麦克风的充电电池，换上原来的普通电池； 6. 清理果盘和垃圾
资料整理	活动结束后	当期负责人	1. 讲座负责人联系设备管理人把当期所有资料的录音、录像上传到网盘，并询问嘉宾意见后决定是否把视频上传到 B 站；录像需要从内存卡里剪切，确保内存卡下次使用有足够内存；讲座负责人把海报、PPT、新闻稿、活动信息表、照片收集整理好，上传到网盘； 2. 对本次报告进行总结，根据讲座问卷反馈的结果填写《讲座工作总结本》； 3. 确定写新闻稿的人，如果当期没有人可以写，则另外询问 GeoScience Café 的同学来负责写新闻，注意在照片上加上 GeoScience Café 水印

续表

活动流程	时间节点	经办人	需要完成任务和注意的事项
发布活动资料	活动结束后	当期负责人	征询嘉宾意见，请嘉宾提供可以共享的资料版本，首页加上 GeoScience Café logo，转成 PDF 版本，在三个 QQ 大群中发布
写新闻稿	下周一之前	当期负责人	1. 第一次初稿仿照之前的新闻稿写，多看几期新闻稿，注意一定要概略；新闻稿分为科普型（常规）和通讯稿，两种类型需要根据讲座具体内容和嘉宾意愿决定，科普型新闻稿字数在 5000 字左右，通讯稿在 600 字左右； 2. 写完初稿之后给新闻小组同学修改； 3. 发给报告人审核； 4. 在实验室网站（给 GeoScience Café 宣传负责人）和公众号（给新媒体）中发布
整理录音稿（若讨论后决定选入文集）	最好在一个月之内		1. 负责人安排人员整理录音稿； 2. 整理完之后给报告人修改； 3. 最后交给审稿人； 4. 删掉录音文件的拷贝，保证录音文件的唯一性

备注：拍照片一是为了纪念，最重要的是为了保证新闻稿的照片使用。新闻稿一般使用 4~5 张照片，拍摄过程中随时检查这几张照片的质量，如果不行要马上在现场补照。

第 1 张：开场抓拍，报告人和 PPT 同时出现的照片，看到正面脸，PPT 上是讲座标题。

第 2 张：报告人作报告的照片，一定要清晰，看到正面脸。

第 3 张：观众听报告的现场照片，最好在人最多的时候照相，尽量体现坐得很满，活动火爆。

第 4 张：观众提问环节的照片。

第 5 张：观众和嘉宾在底下交流的照片（如果有就拍，放在新闻稿中，没有就算了）。

第 6 张：最后团队和嘉宾合影的照片。

（2013 年 4 月李洪利统制，2017 年 3 月陈必武、孙嘉等修订，2018 年 4 月龚婧等修订，2019 年 6 月董佳丹等修订）

材料三：GeoScience Café 成员感悟

我和 GeoScience Café 的故事
董佳丹

大三那年，在我还不太懂科研的时候，是通过《我的科研故事（第二卷）》与 GeoScience Café（以下简称 Café）初识的。当时已经在 Café 的学长马宏亮送给我一本装帧精良的书，米黄色封面，下边角印着一片黄色的枫叶，文艺清新的风格让我非常喜欢。轻轻翻开封面后，收获了更多惊喜：优美的排版，使得每一个报告模块都清晰可见；插图精美，表意清晰；内容翔实生动，仿佛让人身处报告现场。这一切都让我感受到了科研的严谨以及这本书创作团体的用心。虽然我还不太能够看懂专业性的研究内容，但书中一些通用的科研方法，如阅读外文文献、科研论文写作、出国经验分享等，让我受益匪浅，感谢这些宝贵的分享内容！

研一进入实验室学习后，听到 Café 在招新，我迫不及待地阅读报名信息，认真填写报名表，并积极去现场帮忙。当第一次作为报告分享会筹备者的身份为这个我心心念念的集体服务时，我感到光荣而幸福！在面试的时候学长学姐也非常亲切随和，以聊天的形式帮助我们深入了解协会内部构造以及每个部门、职位的工作职能，我感受到了我所向往的协会的运转是如此团结紧密。面试通过后，我终于成为 Café 运营中心的一员啦，终于能够真正参与一场讲座从始至终的筹备啦！有一天我的名字也会有机会印在《我的科研故事》里啦！想到这里真的有种心花怒放的感觉。

进入 Café 后我先是在运营中心工作，在这里工作的几个月中，我负责的主要是设备的管理，也因此有机会和 Café 的学长学姐有了几次交流的机会，他们对讲座筹备一丝不苟的工作态度让我很钦佩，也促使着我更加认真对待自己的工作。后来很荣幸我当上了 Café 的第一负责人，这也是对于我来说的一次不小的挑战，在此之前我自我怀疑过一段时间：我有些优柔寡断的性格能够胜任负责人的职务吗？我的能力能够协调好工作和科研吗？我能够和 Café 的团队成员们一起让 Café 稳定运行，甚至努力让它更上一层楼吗？这些自我怀疑在实际的工作执行中确实也出现过一些麻烦，但是很庆幸我有一群智慧亲切的指导老师以及善良真诚的小伙伴。他们愿意包容我偶尔的过错，帮助我解决棘手的问题，最终战胜了一个个让我焦虑的困难，收获了自身成长，也保持了 Café 的茁壮成长！同时，我也明白了当困难来临时，团结身边的力量行动起来，才是摆脱焦虑的最佳方法。

在遇到棘手问题的时候与指导老师和师兄师姐们的聊天也让我受益匪浅，一些智慧的话语早已化为永恒的力量，让我可以更加用心地投入 Café 的日常工作以及我自己的科研生活中，比如说，杨书记告诉我们"综合素质"是一个人成长的"底色"，Café 是一个很好锻炼我们"读、写、说"能力的平台；孙嘉师姐告诉我为了避免提问环节时无人提问的尴尬，自己便会带着提问的目的去听每一场讲座，不知不觉也收获了很多科研知识和方法；蔡主任在 Café 十周年发表感想时说道："看到大家为 Café 的付出很感动，自己也在不断向同学们、书记学习时"，我感到了谦逊、成长型思维的重要性。回顾这些长辈对自己的开导和启迪，我真的很感动，比起 Café 带给我的一切，我对 Café 的付出真的微不足道。

在和小伙伴齐心协力工作的过程中，他们每个人身上独特的、闪闪发光的品质也深深打动了我。比如说，婧如的默默无闻、田雨的坚决果断、李涛的缜密思考、舒涵的认真负责、晨哥的积极主动、童童的细心耐心、骁哥的吃苦耐劳、俊杰的可爱儒雅，等等，在和他们开心舒服的相处过程中，我也一直自省，希望多向他们学习，弥补自己的性格缺陷。同时，我也意识到身为负责人，了解到每个人身上独特的亮点后，也会逐渐懂得如何分配任务，不仅让事情妥当办好，也给予了成员们很好的锻炼机会。

在 Café 工作的一年里，我收获了真挚的友谊，指导老师们给予的智慧与力量，也让我的逻辑更加严密，办事更加果断，写作更加细心，面对大众时能够更加淡定从容。我感觉我更加了解自己，更加坚定了以后适合自己的路，可以开开心心看着自己已经拥有的东西，慢慢向梦想的生活靠近。谢谢 Café 带给我的一切，我也在努力地回报你，我希望你可以越来越好！

Café 给予我的精神滋养

杨婧如

一个社团的生存和长久发展，必然有其独特的文化内核和精神作支撑，Café 即是如此。作为局外人时，Café 给我的印象是轻松、愉快、开放而又专业、严谨的，这是 Café 一直以来倡导的，也是实验室一直崇尚的，其实也是学术应该具有和达到的。学术所应有的就是这种开放而又严谨的交流及其中由思想碰撞产生的火花，而绝非单打独斗、闭门造车。此外，开放还体现在讲座内容的丰富和涉及学科的广泛，虽然主要是基于地理、遥感、测量、信息学科，但涵盖的方向极广，且会间以人文学科的分享交流。这并非无用之功，而是让有些单调枯燥的学术生活添些情趣的同时，也为大家提供截然不同的知识和思维方式，其实对于科研是大有裨益的。作为科研人也应该有开放的精神，不能局限于自身的专业和研究方向，而应该开拓自己的眼界和知识面，去接触更多新的知识、技术和思想，或许会寻求到更为有效便捷的解决方法。

之后，加入 Café，于个人品性而言，我也是深受启发。首先即是包容，不仅讲座交流涉及学科众多，范围极广，讲座过程和之后的提问交流也是包含了诸多思想的碰撞与交融。这是学术思维的包容，也是交流沟通对相异，甚至是相对的思想的包容。初入 Café，并未因能力不足或者不甚积极而受到斥责或嫌弃，相反，社团内的前辈们仍是一团和气地对待，并倾尽全力相助，对于出现的过失也并无申斥，而是积极鼓励，耐心引导，这是待人的包容。此外，担任负责人后，每个人的工作总会出现疏漏，一同商议时也会有意见不一，而包容他人的过错并积极协助改正，认真考虑他人的意见和建议，虚心接受批评并积极改正，无论是对于社团还是个人的发展，都是必需而大有益处的。

再者，Café 最突出的特点，除了开放自由、兼收并蓄，还有就是志愿奉献。Café 建立的初衷，即是为广大师生提供学术交流的平台，不求名，不为利，一切都是自愿奉献。当然，这也要感谢实验室的全力支持和鼓励。Café 的成员，都是本着为大家奉献的精神忙碌操劳的，不求回报，但是，总会在工作过程中有所收获，无论是写作技能的提升、动手能力的培养，还是交流技能的开发、处事能力的加强，还有学术知识和技巧的获取。而在工作过程中，只有更加认真地对待每一个细节，才会取得更好的最终结果，也会收获更多技能和精神回馈。这都启示我们，要有为人奉献的精神，奉献不是一种牺牲和愚蠢，而是在精神甚至物质层面更大的收获。在做事时也应该更加关注过程，而少计较后果。

Café 作为为大家奉献服务的平台，工作的成功与否可以以受众的数量来衡量，有更多人受益证明工作更加成功。而这，除了之前的思想、文化基础，还需要使得讲座更加有趣。兴趣才是最好的驱动力，对其他事如此，对于学术更是如此。而 Café 也一直在为讲座的趣味性和更有意义做着不懈的努力，这从人文社科讲座的加入、讲座现场的布置以及讲座的宣传等方面都可见一斑。此外，作为负责人，提升成员对于工作的兴趣，提高工作的意义和价值也是极为重要而必要的。

作为负责人，从 Café 吸取到的便更多了。不只是处理日常事务的能力，还有与成员的沟通、对成员积极性的调动、对危机情况的处理以及对成员归属感的增强都是要考虑的问题。虽然成员们的加入是奉献精神、学习精神、好奇心等各方的驱使，但是成员们对于社团和工作持久的热情却需要负责人来维持，这也是我们有所缺失的地方。在之后的工作中也会继续注意并加强。此外，杨书记曾经的教导我也一直铭记于心，"放低姿态，踏实做事"，这也是在学习和生活中都需要努力践行的。

与 Café 一起的一年，感受了 Café 的文化和魅力，也经历着与它和朋友们一同成长的艰辛和感动，在自己收获了成长的同时，也希望自己和伙伴们的努力能为 Café 的成长注入更多的活力，增添更多的精彩。

遇见 Café

许　杨

初识 GeoScience Café，是信息学部各处宣传板上张贴的海报。在统一制式的蓝底海报上，展示着每场报告的主题，或聚焦知识传递或关注学生需求，想来这应该是一个既有深度又有温度的平台。在确定将在国重读研后，一张报名表和一场面试后，有幸加入了Café，转眼已经两年多了。

回想在 Café 的日子，让人印象深刻的有很多。Café 里每一位师兄师姐亲切温暖的引导和鼓励，小伙伴们在台前幕后不断推陈出新的策划和尽善尽美的工作，杨书记和国重各位老师让人如沐春风的指导与支持，都让人深受感动和感染，让参与其中的我们不自觉地跟随他们的脚步、尽心完成工作，受益匪浅！

两年来，有幸见证了 Café 的诸多变化，讲座直播、公众号专栏、导师信息分享、星湖咖啡屋相继推出。每周五晚讲座后的总结会上，师兄师姐们会带着大家在第一时间回顾当晚活动的细节，高亮精彩之处、及时思考待改进的地方，很多新鲜的想法应运而生。大家往往一拍即合，这些奇思妙想的实施很快被提上日程、不断磨合、付诸实践，而这样的讨论会每周都如期而至，我想这正是 Café 不断创新和进步的一个缩影。在常态化的工作中，思维活跃的同学总能不断提出新的改进想法，在他们的经验分享中，其他成员也能学到要多多调研、积累经验、不断思考，才能看到不同的维度和前进的方向。

不论是在专注于精益求精的讨论会上，还是轻松愉快的月会上，新加入 Café 时最直观的感受就是亲和包容的氛围，后来才意识到这就是 Café 的另一张名片。成员们朋友式的相处能让新人快速融入，师兄师姐们及时的鼓励和帮助，也让大家快快成长、协力合作。老师们亲切的关怀和支持信任，筑起了温暖的港湾，为 Café 保驾护航，也让大家如沐春风、饱受鼓舞。自然亲切的气氛中大家能各抒己见，为 Café 注入更多活力。这些都使得 Café 既聚焦于办好每场讲座、传递科学思考和人文情怀，又不断思考如何用报告内外的信息更好地为老师和学生们而服务。

我在 Café 参与最多的还是《我的科研故事（第三卷）》的准备，在收集整理录音稿的过程中，让我逐渐领悟和学习到了 Café 小伙伴们身上认真负责的特质。当打开一份二三十页的文档，每一页的修改痕迹几乎都占满了审阅栏时，映入眼帘的不仅仅是繁琐庞杂的文字工作，更感动于大家认真负责对待每一个字句的态度。这样逐字逐句的斟酌润色和零碎细节的反复推敲，会让你看到 Café 小伙伴们工作时的常态，对待一份文档的耐心和考究尚且如此，面对要求更高的讲座组织和复杂多变的其他任务时更是精益求精。在这样的耳濡目染下，每一个 Café 人都会从身边的小伙伴们身上吸取力量，带着认真负责的态度，尽善尽美地完成手边的工作。

2018 年恰逢 Café 即将迎来十周岁的生日，在杨书记的建议下，第三卷新增了"文化传承"这一版块。在收集前辈们写下的对于 Café 的感悟和期待，最先读到一些分享时，最直接的感受就是感动和欣喜。感动于师兄师姐们文字间对回忆的纪实，一份份细节化的回忆，其间自然流露的情感与思索最是打动人心。录音稿是 Café 报告的搬运工，而大家写下的与 Café 的故事也正是十年来 Café 步步成长和文化传承的见证者。相信 Café 的深度和温度将会一直延伸！祝 Café 十周岁生日快乐！薪火相传，蒸蒸日上！

和 GeoScience Café 在一起的春夏秋冬

张　洁

认真盘算下来，我竟然也在 Café 待了将近三年了。

刚进 Café 的时候，我还是一个大二的学生；时至今日，我已经完成了大学的学业。时光匆匆，和 Café 在一起的春夏秋冬格外让人记忆深刻。

在 Café 的日子里，我做过新媒体宣传、负责过讲座的举办，也骑着自行车在武大里和师兄一起张贴过海报，但是记忆最深刻的还是和许杨师姐一起负责《我的科研故事（第三卷）》出版的那段时光。

实话说，最初刚接下来这份工作时，我正准备考研。所以在被问及愿不愿意接手出版工作时，我除了受宠若惊之外，更多的还是惶恐不安。时间充分与否、我能否很好地完成、是否会影响考研……一系列未知的因素都让我感到不安。

但最后还是接下了这份工作，很大一部分原因是受到师兄师姐们对 Café 那份热爱的感染吧。尤其是很多博士师兄师姐们，在忙碌的科研生活里还要抽出时间来认真做 Café 的相关工作。我以前不太懂为什么这个社团里的成员会有如此浓烈的责任感，直到后来明白了一种叫"归属感"的东西。

这种"归属感"，表现在很多时候。

比如大家一起开月会给成员庆生的时候，比如跟师兄师姐们聚餐玩游戏的时候，比如和许杨师姐一起开会讨论出版细节的时候……

林林总总。

出版的工作其实是比较单调枯燥的。每周和许杨师姐交替负责分发录音稿整理、收回稿子、联系负责人、整理嘉宾信息……工作强度倒也不大，可都十分琐碎，很容易就会忘掉一些细节工作。因为个人能力的不足，在负责出版工作时也出过不少的差错。许杨师姐并没有责怪我，而是很认真地和我一起补救这些错误、努力把每个地方做到完美。

初稿完成交给编辑审查时，我稍稍松了一口气。没想到这口气松得有点早，在完成初审之后，又是一遍一遍地修改。幸好编辑很负责，找出来了很多错误，不然我可能就要引咎"自挂东南枝"了。

……

过程的万种艰辛，在拿到《我的科研故事（第三卷）》的实体书时，都显得微不足道了。

和孙嘉师姐、许杨师姐以及 Café 的一众小伙伴们一起完成了一本书的出版，这想想就是一件无比值得欢呼的事情！

而现在，《我的科研故事（第四卷）》就要出版了。时光荏苒，改变了很多很多，可是也传承积淀了很多很多。改变了许多细节，比如有了英文 Café，比如讲座有了直播，比如工作更加精细了……可不变的是一代又一代 Café 人对它的感情。

细细想来，如果要用几个词来形容 Café，我觉得莫过于"开放"和"交流"了。

"开放"是因为这个社团，它的理念是完全开放自由的，不限院校，不限平台，更不限年龄。我最初进 Café 的时候是大二，在 Café 中是年龄最小的一个，可社团的师兄师姐们并没有因为我年龄小便轻视我，相反，他们仍旧很放心地把一些事情交给我去做。我很喜欢这种开放自由。

"交流"则是 Café 创办时的一个很重要的理念。我在 Café 这两年来，听过、整理过不少的学术报告，有各个不同学科、不同研究层次的学者来交流。我第一次去听 Café 的讲座，因为自己的能力问题，真的听得一头雾水。可之后再把那次的报告整理成录音稿时，我竟然发现自己逐渐理解了不少。我很喜欢 Café 的很多人文报告，准确来说，我大四会跨学科考研，很大程度上就是受这些人文学科报告的影响。

很庆幸我能在大学期间遇到 Café，它教会了我许许多多的事情。挫折固然有，快乐却更多，克服挫折后的快乐也更快乐。说起 Café 真的有万语千言，可是真的要写出来的时候又不知道自己要怎么表现心里的感情。它是一个超级好的社团，更是一个超级好的家，我永远喜欢 Café。

祝 Café、也相信 Café 会越来越好！

GeoScience Café，感谢相遇

杨舒涵

与 Café 相遇、相知，可以说是我大学期间最幸运、收获最大的事情之一。

Café 的大门向所有热爱 GeoScience 和志愿活动的同学敞开大门：Café 虽隶属于国重，但 Café 成员不仅有国重的研究生，还有遥感院、资环院甚至其他学校的研究生和本科生。成员如此多样的社团是十分少见的，我想这也是 Café 能够一直保持活力的重要原因之一。也因此，我作为本科生加入 Café，得到了很多在其他社团中难得的收获：和优秀的学长学姐们为办好学术交流活动和其他讲座活动而共同努力，在这个过程中不仅接触到了很多前沿的研究进展，也结识了很多"同道中人"。

自由、活跃的 Café 为成员们的成长提供了很好的平台：Café 以"谈笑间成就梦想"为初心，吸引了越来越多的同学、老师和相关从业人员关注 Café，这给成员们带来工作动力的同时，也形成了不小的责任。我作为新媒体的一员，在工作中体会最深的是 Café 对我的信任与交予我的责任同重。从刚刚接触微信推送工作时的担心，到有一点点经验后成为新媒体部门的负责人，Café 这个平台带给我的不仅仅是锻炼自己的机会，更多的是鼓励我积极走出舒适圈并保持思考。每一次看到自己做的推送发送给了几千人，这种成就感和与之伴随的责任感是 Café 给我的一份重要礼物。

Café 探索和创新的精神为 Café 不断注入活力：在内容上，Café 不仅关注 GeoScience 领域，也着眼其他行业领域和学生未来发展——230 期讲座，涵盖测绘遥感行业动态、学科前沿、人文社科、就业升学经验分享等多方面内容，希望给所有同学提供有价值的分享；在形式上，Café 提供的讲座直播为更多人提供了聆听讲座的机会、"工程案例"等精品课程的辅助筹办和"导师信息分享"活动切实为学生们提供了难得的学习机会和便捷的信息渠道。所有有价值的活动都是 Café 在践行"谈笑间成就梦想"的努力。

转眼进入 Café 已一年半，我也成了 Café 中年龄最小的"老人"。Café 内部氛围的温暖和对外活动的严谨负责是 Café 留给我最深的印象，也是我想要继续传承给未来 Café "接班人"的 Café 文化。因此，唯有好好利用最后在校的时间，身体力行地推动 Café 前进，才能不辜负 Café 带给我的所有收获和感动。

最后，我想特别感谢所有在 Café 帮助过我的人：感谢龚婧师姐在寒冬的夜晚抽空面试我，给了我加入 Café 大家庭的机会以及对我所有工作的支持；感谢史祎琳师姐在新媒体工作上的指导和帮助，是她让我明白细致工作和负责态度的重要性；感谢于智伟师兄精心准备每一次月会；感谢董佳丹师姐、杨婧如师姐对我这个新媒体部门负责人的支持和包容；感谢李涛师兄、修田雨师姐等其他师兄师姐，谢谢你们在各种工作上的配合和指导，认识你们真的很高兴！

希望 Café 越来越好，预祝 Café 未来一切顺利，我永远是 Café 的一分子！

GeoScience Café 医途有你　万分荣幸

龚　瑜

2017 年的炎炎夏日，那是我第一次踏入国家重点实验室四楼休闲厅，参加 GeoScience Café 的招新面试。如今依然可以清晰地回忆起当时的心情，面试前的忐忑不安、面试时师兄师姐们的热情友善、面试后拿着印有 Café 印章的《我的科研故事》时的欣喜，这一幕幕都清晰地印刻在脑海里，仿佛才刚刚发生。

隔着东湖，武汉大学医学部与本部遥遥相望，受限于地理位置，医学部的各种活动和讲座远不如本部丰富。作为一名医学部学生，仅仅掌握本专业的知识已不能满足当下的需求。医工结合是目前的热门研究方向，学科交叉常能推陈出新。我非常希望能有机会多与其他专业的同学交流，帮助自己建立一个更加全面的知识体系。当我正在为自己的研究方向而苦恼时，GeoScience Café 的招新通知闯入我的视线。因导师与国家重点实验室之间有所交流，我了解到这里是一个科研实力强劲的地方，于是抱着试一试的想法，填写了申请表。

在 Café 的这段时光，我协助组织和参加了多场讲座，包括专利、科研、心理、社会热点、旅行、学习心得等多种内容。每一次讲座都让我获益匪浅，不仅可以了解不同的研究领域，拓宽自己的科研思路，还可以学习嘉宾们身上的优点，弥补自身的不足。我也因此顺利找到了研究方向并发表了自己的第一篇文章。

西南联大校长梅贻琦曾说"所谓大学，非有'大楼'之谓也，乃有'大师'之谓也"，而能听到这些大师们的教诲，实乃幸事。Café 也曾邀请过多位大师来为大家传道授业解惑，例如李德仁院士，龚健雅院士及杨元喜院士等。Café 的存在为同学们与大师们之间的交流提供了桥梁，这是一件意义深远的事情，我为自己是这个集体的一分子而感到自豪。

我个人很喜欢听 Café 的讲座，很多同学会问，医学部那么远，你每次过来听讲座会不会觉得很辛苦？我认为，距离不应该成为阻碍自己学习的理由，一场精彩的讲座带给我的思考足以抵消所有的疲惫。而且从医学部到国家重点实验室的这一路上，可以惬意地吹着湖风，欣赏武大的夜景，何尝不是一种享受呢？所以，于我而言，听讲座并不是辛苦地跋山涉水，而是开心愉悦的校园时光。

2019 年，Café 成立十周年，不知不觉，我也已经在这个社团里度过了两年的美好时光，今年我就要毕业了。这两年不仅帮助我拓宽了眼界，完善了知识体系，更重要的是让我结识了很多优秀的同学，留下了许多值得珍藏的美好记忆。最后，祝更多的同学在 Café 收获成长！

Café 寄语

纪艳华

Café 已经走过 10 个年头，Café 的不断壮大是因为每一位成员的认可和坚持，而我与 Café 的相遇是在师兄的极力推荐下促成的。Café 作为一个学术交流平台，我很幸运能够成为 Café 的一分子。在这里可以认识有趣的小伙伴，也许性格不同，研究方向不同，来自的学院不同，但每个人都很包容他人；在这里可以负责举办学术报告，请来一直敬仰的科研大牛来做学术报告，和科研大牛面对面学习交流，开阔眼界；在这里可以遇到一个好的团队，有着共同的理念——"自由和开放，服务和分享"，鼓励勇敢表达想法，让自己从中收获成长。

我想，Café 会成为我在武大很美好的一份记忆。希望 Café 能够坚持初心，将 Café 的精神不断传承下去，有更广泛更深刻更积极的影响力。

GeoScience Café，感谢有你

陈博文

GeoScience Café，生活因有你，人生更精彩！

"你是从什么渠道知道 GeoScience Café 这个团队，你对它了解多少呢？为什么要加入这个团队呢？"回想起当初 Café 学姐面试时询问我的几个问题，我还记忆犹新。"为什么要加入 Café 这个大家庭呢？"因为它代表着青春、自由、严谨、成长。

GeoScience Café 是实验室研究生们自发组织的定期的开放式学术交流活动，活动口号为"谈笑间成就梦想"，目前已举办 200 余期。除了邀请学术大牛之外，还可以邀请身边的同学、师兄师姐等给大家探讨科研生活中的趣事。自己曾有幸协助过几期报告，每一次讲座的内容我还言犹在耳。通过 Café 报告，我不仅可以了解到当前的遥感学术前沿，怎么进行专利撰写，竟然还知晓哪里的茶叶最好，全球哪里的风景最美。在 Café 团队的两年时间内，我不仅在科研方面充实了自己，还学到了很多人文知识。除了科研，我们应该还有诗和远方。

想起第一次负责报告组织时的手忙脚乱，不知所措；想起第一次主持时的坐立不安，语无伦次；想起第一次直播时的一脸茫然；想起第一次做攻略时的不知所措……毫无经验的我为什么要主动做这一部分呢？因为 Café 团队都是由学生组成，每个人都可以主动申请每次报告所负责的内容，可以主动尝试不同的工作。在每次不敢尝试发怵打退堂鼓时，各位亲爱的师兄师姐都会在背后毫不保留地鼓励和支持我。"没事，加油，我相信你能行！"就这样，我一次又一次地突破自我，这也让我形成不怕苦难，勇往直前的勇气。从那以后，"相信自己能行！"就是我面对生活和科研的态度。你经历过的所有苦难，终将成就你日后的辉煌。

感谢 Café 这个大家庭，让我结识这么多可亲可爱又可敬的师兄师姐和同学们，既让我真切感受到了科研的魅力，又更加意识到了自己的不足之处。感谢 Café 团队，更感谢自己能够进入这么优秀的团队。

GeoScience Café，感谢有你！

责任·传承

张彩丽

想想自己在 Café 已经待了一年了，当初加入时由于有事没有直接和大家一起面试，龚婧师妹直接面试的我，问我为什么加入 Café，对 Café 有什么认识。我说我不想成为历

史的见证者，我想成为历史的参与者。我的初心可能更多的是想挑战自己，做自己以前不敢尝试，但其实很想做的事。我想她应该并不满意我的回答，她说 Café 实际是为大家提供一个交流的平台，更多地强调责任，并且要有在激情退后依旧还愿意继续为他人服务的精神。在之后的相处中她不止一次说到责任。我觉得 Café 定位很准确，它有自己的精神传承、文化传承，所以才会汇聚这么多优秀的人，有这么多优秀的成果。

Café 领导班子称为负责人而不是其他，更是充分体现了 Café 为他人服务的理念。我在 Café 负责、辅助过几期，经历了新旧负责人工作的无缝交接，上届负责人会带新的负责人几期，让他们迅速熟悉工作，许多好的经验也都会规整为文档传承下来。除了负责人之间的交流、传承，每一位 Café 成员也都会新带旧，让大家很容易加入这个大家庭，更为有效地为大家服务。当然 Café 的报告并不是每期都顺利，但 Café 人不会畏惧，每期大家都会在报告后总结并给出相应的解决方案，以免其他期的成员重蹈覆辙。正是这些优秀的传承，我也因此从最初的懵懂不知、畏首畏尾，成长为无所畏惧的 Café 人。

虽然这些年 Café 内容越来越丰富，但我们的报告主题达到让所有人都感兴趣也不太现实，有些期可能只会有少量人参加。杨书记说不论来 Café 听报告的人是多还是少，即使只有一个，交流也是有意义的。不管是前面提到的可解决的问题还是像这个看似不可调节的问题，在认真对待交流为他人服务这件事上，Café 人永远都会死磕，永远都不会含糊应对。非常幸运能加入这样一个有责任、有传承、有脾气的团队，让我遇见更好的自己，希望 Café 越办越好。

比喝咖啡更爱 GeoCafé
卢祥晨

Café 给我的感觉是传承与成长并存，真诚和品牌结合的力量。

与其他同学很早就知道或者听到过、参与过 Café 不同，我是来到国重实验室以后才知道它的。记得第一次听到这个名字是在硕士复试后，Café 举行了一场师生交流会。单纯的我以为去那里就是去喝咖啡。因为我喜欢喝咖啡，所以我就去了。但是自从加入它、熟知它后，我就比爱喝咖啡更爱 Café 了。可谓是"起于缘浅，忠于情深"。

很有幸在融入 Café 的第一年就陪 Café 度过了它的 10 岁生日，在它成长的 10 年里，虽然没有目睹它的"学步走"，但是已经亲身感受到它成长传承至此的成果和结晶。踩在前人的肩膀上，避过一个个坑，让我这个一窍不通的小白，迅速掌握各种设备的使用方法，能够从头到尾操办一场讲座。同时，讲座对应的新闻稿、录音稿也非常磨砺人，尤其是整理不是自己研究方向的内容时，会因为听不懂或不理解而烦恼，可能需要查一些资料，与相应专业的同学交流，甚至与嘉宾线上交流，在这个机会下学习到其他研究方向的知识，这是多么令人开心的事情。若要说把时间投入在 Café 获得了什么，其他的暂且不说，单就各领域的学习机会来说，就不是其他学校能提供的。另外，在 Café 组织的人际交往中，给我直观感受最深的是 Café 负责人的奉献与分享，从上一任到这一任，她们都是报以最大的宽容协助每一个当期讲座的负责人，可以在有条不紊的情况下完成讲座的所有内容，也正是在他们的感染下，使得整个 Café 团队的气氛友善和谐，自带一种归属感与亲切感。在每场讲座成功举办后也不会沾沾自喜，而是及时进行总结，寻求更大的改进与突破，希望可以在方方面面把讲座做得更好。因此 Café 现在越做越好，大家的凝聚力也越来越强。

这一切不关乎名权利益，能走到这一步，其实靠的是大家秉持着一份对学术的热爱与赤诚，从最初为了成员个人学识素养的培养，到为所有热爱学术与热爱分享的人提供平台，说起来很简单，但是能始终如一地做到却不是一件容易的事。这让我想起我采访北斗星通的联合创始人之一李建辉老师，他曾分享过"武测品牌"的力量在他入行初期直至现在带给他的影响。Café 品牌的建立，也在朝着这个方向发展。我也问过李建辉老师，怎样的毕业生能进入他们公司，他用他们公司恪守的核心价值观作为回答"诚实人（诚信，务实，坚忍）"，虽说两者不是一个类型的，但是就这三个品质的角度，Café 中的人无一不是秉持着这样的品质去对待 Café 的，这也是 Café 能够一直前进的原因之一。这就是 Café，怀揣真诚，树立品牌，在成长中传承，也在传承中继续成长。

多少文字都无法诠释我全部的感受，唯有亲身经历过才会明白。希望自己能陪伴 Café 走过每一个十年，见证《我的科研故事》第四卷、五卷到百卷。

我与 GeoScience Café 共同成长的日子

杜卓童

提笔时距离我正式加入 Café 已经整整十个月了，但是距我与 Café 相识已经整整两年了。2017 年 7 月，我参加了国重的夏令营，就是那时，认真负责、热情细心的师姐师兄给我留下了非常深刻的印象，回了学校之后，我翻阅了 Café 的每一篇推文，字里行间洋溢的自信和乐观让我对硕士生涯又多了一份期待。但那时的我还没有那么大的自信和主动性，只是一直默默关注着 Café、参加 Café 组织的讲座和宣讲会，等等。

终于，在 2018 年 9 月，我正式成了国家重点实验室的一员、成了 Café 的一员。面试的过程很顺利，我还记得，我和婧如去得很早，还没有其他师兄师姐和同学，都有点"瑟瑟发抖"和"相依为命"的感觉，哈哈哈，现在想起来，都是深深的缘分！进入 Café 的第 10 天，我就接到了一项大任务——担任程涛教授讲座的主持人。讲座前一字一句准备修改主持稿的斟酌、讲座时面对坐在台下满满当当的老师和同学们的紧张与激动、讲座后和龚婧姐、郑镇奇师兄、张彩丽师姐、卢祥晨共同总结学习的庆幸与欣喜……打字的同时，回放似地又体验了一次这些感动。

在后来的日子里，我经常选择的是担任"辅助"岗位，每次都选择不同岗位，从主持到摄影到新闻稿撰写，等等，一点一点地，我对举办讲座的流程有了更深刻的认知。第一个学期在 Café 的日子让我在国重的生活丰富充实了起来，她给了我很多接触新事物的机会，不仅帮助我提高了我的综合能力，还手把手教会了我许多新的技能，还让我认识了很多值得珍惜的朋友们，惹人爱的董佳丹同学，细心负责的李涛同学，认真可爱的杨婧如同学，等等，是 Café 让我慢慢变得自信和强大。后来就到了我研一的下半学期，这个学期我连轴转了三场讲座，负责人和打辅助连着来，虽然那个月过得不轻松，但是格外地开心和幸福。这个学期我第一次正式作为负责人的时候才发现要操心的事情还有很多，远不止我在每一个辅助岗位学习到的那些。也是在那时，我再一次感叹每一位 Café 负责人肩上的重担和对这个组织的付出，特别感谢所有支持我们的老师们和每一位付出的师兄师姐们！

除了日常的讲座方面的工作，我在 Café 的运营中心参与了 Café 的内部工作。我和佳丹一起制作了可爱又特别的寿星生日祝福 PPT，和大家一起参加了 Café 为寿星们举办的生日趴，在当时当刻，我的心怦怦地跳着，感动溢满了心脏，明明我们来自不同的年级，不同的专业，不同的方向，不同的机房，平常可能一面都见不上，但是，只要是 Café 的活动、Café 有需要，大家都齐聚一堂，献出我们的一份力量。谢谢每一位并肩作战的 Café 战友，每个部门齐心协力才能建设出这么优秀的 Café！

最后，我还想说，这一年我特别幸运还参加到了 Café 十周年的庆典，实验室可爱的老师们、一届一届优秀的师兄师姐、热情的同学们，老师们的谆谆教诲和师兄师姐们的成长感悟都给了我莫大的前进动力和不一样角度的提点，我要做一个两头抓的优秀国重人，不求完美无缺，但求奋进和无愧于心。

不知不觉写了这么多，这一年过得又是慢的，又是快的，只希望我能为 Café 做得更多，传承优秀！

和 Café 一起成长

薛婧雅

很幸运，我在武大遇到了 Café。这个由师兄师姐努力培养起来的 Café，它是众多专家学者相聚分享智慧的平台，在校园里小有名气，举办的活动座无虚席。

在 Café，从无到有，从有到精，是我们孜孜不倦的追求；"谈笑间成就梦想"，是我们秉持的信念。有时候我在想是什么支撑了 Café 发展十年，我觉得是责任心和温暖，Café 这个大家庭给予她的成员满满的温暖，让我们在学校里有归属感，有一群能玩乐深交的朋友，自然我们会想把 Café 平台建设得更好，让它去带给更多的人温暖。我们每一届成员身上都有这样的责任与使命，Café 十年是每个 Café 人筚路蓝缕的"创业之路"，我们有一群乐于奉献的小伙伴，有重点实验室资源的大力支持，我相信 Café 明天会更美好。

成为研究生后，随着科研压力的增大，我的社交范围非常局限，有时候也苦于缺乏交流的平台。当我第一次看见 Café 的消息，不由得发出类似于"这个妹妹我好像见过"的感慨，我心想："嘿，就是她了。"于是我立刻递交了报名表。Café 里的小伙伴都非常友好，大家在一起举办活动，在一起吃喝玩乐，在一起谈天说地。随着对 Café 了解的深入，我愈发觉得这是一个开放、自由的平台，通过同学间的交流合作，让学术信息快捷流动。这里有相关专业不同方向的最新研究进展，有创业者筚路蓝缕的心路历程，有求职升学的亲身经历，有如何在科研中勇往直前的独家秘笈，也有独一无二的人生体验，作为 Café 团队的一员，我希望能为 Café 的成长贡献出自己的力量，也希望在这个过程中结识更多朋友，为研究生生活增添一些经历和回忆。

与 Café 共同进步
李 皓

1. 始于专业，敬于才华

初见 Café 时，我还是一名大三的本科生，Café 就像一位出众的教授，对于他的欣赏，始于专业。慢慢了解 Café，他又像一位博学的大师，不仅仅在学科专业相关的领域，还包括了如何快速记忆、人文领域甚至是创业领域的知识分享。Café 的讲座越来越多元化，与 Café 的交流，敬于才华。而这也更加坚定了我要成为 Café 一员的想法。

2. 在 Café 中的收获和感悟

我是在 2019 年上半年的时候加入到了 Café 的大家庭，有幸参与的第一个活动是 GeoScience Café 的十周年庆典，并且负责拍摄的任务。活动开始，杨书记告诉了我们 Café 文化的一部分，是一种"以奉献为价值，以参与为乐趣，因纯粹而轻松、而自在、而自由"的态度。作为一名刚刚加入 Café 的成员，这给予了我特别大的启发，也被这种开放性的理念所深深吸引。活动中 Café 的上上届负责人陈必武师兄讲述了 Café 成长的故事，从最开始的普通的笔记本加一个网络摄像头，再到在实验室的支持下，购买了高清的摄像机，从线下到线上。也正是有了 Café 前辈们的创新、积累和探索之后，Café 从 0 到 1，再到现在，形成了现在比较正规、完善的活动流程。

目前我是 Café 新媒体组的一员，往届的前辈们留存有详细的"推送工作说明"、"GeoScience Café 活动流程和注意事项"给予了我很大的帮助，我觉得这既是我收获新技能的宝贵财富，也是 Café 的一种传承。每一届的小伙伴都会把工作的流程、经验、注意事项整理下来，方便下一届的同学学习使用，也使得工作高效和规范化。到了我们这一届也会将这些宝贵经验传递下去，让这件有意义的事情继续做下去。

3. 薪火相承

GeoScience Café 的平台已有 10 年，发展至今离不开往届的师兄师姐们的悉心建设，对于他们的努力，我心中充满了敬佩。如今 Café 工作的火炬已经转交到我们手上，犹如师兄师姐们说的对于 Café"多元"和"责任"的定位，随着 Café 平台的影响力不断扩大，这也意味着我们肩上的责任也越来越大。从线下到线上，从专家分享到自主提问，对于每一个环节都要熟悉地把握，将学术交流的源泉传递给每一个热爱交流和倾听的人。

我加入 Café 大家庭不久，但是在书记、老师以及 Café 的师兄师姐们的感染下，我更加坚定了在 Café 工作的意义和责任，也将更加努力与 Café 共同进步。

最后祝愿 GeoScience Café 的下一个 10 年越来越好。

GeoScience Café 永远的一分子

李　敏

2019 年 3 月 13 日，我来到武汉大学参加研究生复试，在复试期间，我就一直在向一个比我早一年来武汉大学的师兄请教经验。

"研究生还会不会参加社团啊？"

"我们国家重点实验室都有什么社团？我不知道该报哪个社团，你报的哪一个啊？"

师兄回答我说国家重点实验室共有三个社团，看自己的意向选择了，他参加了摄影协会，如果想锻炼自己的工作能力，推荐我去参加 GeoScience Café，所以当时我就记下了这个社团的名字。后来确定录取结果回到本科学校，我就在官网上搜 GeoScience Café，发现这个社团成立了将近十年，举办了多次会议、讲座等，对学生在学习、就业和生活上的帮助非常大。

2019 年 4 月，我在新生群里面看到 GeoScience Café 要开始纳新了，那段时间我正被毕业设计选题折磨，看到这则消息已经是一个星期之后了，我非常开心地做简历、报名参加。我又担心会不会已经招满了人，会不会师兄、师姐觉得我的简历做得不好，可是总得尝试一下才能知道结果啊。

后来，师兄、师姐认可了我，我能够参加这个社团了。

正式成为社团里的一员后，由于还在本科学校忙着毕业，我没有机会参加社团举行的活动。直到后来，李涛师兄让我校对稿子，这是我第一次帮我们社团做东西，其间我在写开题报告，还担心时间不够用。第一次参与校对，校对过程中有很多问题，师兄不厌其烦给我解答，很感激师兄帮助我，尽管过程坎坎坷坷，但最终也算是完成了任务，最大的收获就是懂得了如何进行校对。

GeoScience Café，服务于武汉大学的学生，面向武汉大学很多学员纳新，不同系的人可以在这个大家庭里结识新的朋友，收获一份新的友情。我想加入这个社团之后我能感受到充实，而不是像在本科时期除了学习就剩下玩乐，以至于毕业季来临，却发现自己大学四年收获的东西很少。

我希望在今后的新生活中，我能够在这个社团里贡献自己的一份力量，积极参与和举办各种活动。如果我有其他的建议，我将会踊跃发言。参与 GeoScience Café 就是 GeoScience Café 的一分子，我想为 GeoScience Café 的发展作出一份贡献。

GeoScience Café 经历过了第一个十年，它还有下个、下下个……十年。

祝 GeoScience Café 越办越好！

材料四：GeoScience Café 的日新月异

GeoScience Café 新媒体

微信公众号"GeoScienceCafe"和 bilibili 主页"GeoCafé"是目前 GeoScience Café 的主要新媒体平台。

作为 GeoScience Café 的主要新媒体之一，微信公众号"GeoScienceCafe"以"小咖"的形象为用户及时推送每期讲座预告、讲座内容速递以及 Café 相关活动动向。自 2014 年 10 月 1 日建立以来，公众号不断在功能和内容上进行完善，努力为一直关注 GeoScience Café 的朋友们提供更为便捷的线上服务。2017 年、2018 年年底公众号举行了留言送书活动，也受到了朋友们的广泛支持。公众号用户量呈逐年上升趋势，从 2015 年 1 月 1 日时的 61 人，2016 年 1 月 1 日时的 305 人，2017 年 1 月 1 日时的 1282 人，到 2018 年 1 月 1 日时的 2570 人，截至统计时间 2019 年 4 月 23 日，订阅用户量已达 4710 人。

2016 年至今累计发出图文 412 篇，其中，15 篇图文的阅读量达到 600 余次。最高的阅读量来自张祖勋院士报告的讲座预热"【张祖勋院士】传承的力量"，达 3092 次。图文"【新闻稿】张祖勋：从 VirtuoZo 谈摄影测量时代的变迁"的阅读量也达 2516 次。Café 2018 年 5 月新推出的栏目"星湖咖啡屋"第一期阅读量达 1242 人次，2019 年 3 月"工程案例第一讲——孙玉国：四维图新创新创业之路"阅读量达 1062 人次（截至统计时间 2019 年 4 月 23 日）。

bilibili 主页"GeoCafe"作为 GeoScience Café 的另一个新媒体，为大家提供了观看往期精彩视频的平台。GeoScience Café 活动的每期视频经嘉宾允许后，会上传至 bilibili 主页"GeoCafe"（https：//space. bilibili. com/323070303/）。2018 年 Cafe 视频平台由优酷（http：//i. youku. com/geosciencecafe）转到 bilibili，截至目前已上传 27 个视频，累计播放量达 4180 次（2016 年 04 月 26 日，Café 的第一期视频上传至优酷主页，共上传 50 个视频），两个视频平台累计播放量达 12341 次，播放量达 200 次以上的有 20 期，单期播放量最高为 678 次，为"【GeoScience Café】第 136 期 学术报告：'深度学习'在遥感数据分析中的应用"。此外，"【GeoScience Café】第 133 期 卢宾宾：地理加权模型——展现空间的'别'样之美"和"【Geoscience Café】第 148 期 就业专场——经验交流会"的播放量也分别达到 531 次和 422 次。

此外，Café 还提供了 bilibili 直播，致力于让更多的受众通过更便捷的方式来认识 GeoScience Café，了解武汉大学在测绘遥感领域的研究工作，并参与到相关主题的讨论与交流中。随着工作流程的逐渐成熟，目前已基本解决画面与音频质量问题，观众对直播质量的负面反馈相较初期已有所下降。同时，直播内容不仅限于 Café 讲座，也扩展到了实验室举办的各类会议活动，取得了较好反响。

（2017 年 4 月史祎琳、王源撰写，2019 年 4 月杨舒涵修改）

导师信息分享的发展变化

截止到 2019 年 5 月，GeoScience Café"导师信息分享"活动已经举办了三届，本着更好地为老师同学们服务的目标，我们希望能为大家提供更加有效准确的信息和更加便捷的途径来了解信息学部各个优秀研究团队。从第一期"导师信息分享"系列讲座，到第二期夏令营师生见面会，再到第三期线上的"导师信息分享与课题科普"微信推送，我们进行了诸多形式上的尝试。

在第一期中，首先是 Café 招新时以导师信息分享为宣传重点，希望更多的本科生关注这个活动并加入我们。我们利用课间五分钟进班宣传，在这一环节中，有多位老师表示了参加这个活动的意愿。此外，宣传部还进行了海报制作培训，专门为导师信息分享活动设计了有别于传统讲座海报的版式。经过三周的努力和各方协商，最终定在考研复试最后一天晚上举办活动。当天共有 12 位老师及其团队参加导师信息分享活动，同学们坐满了实验室四楼休闲厅，活动期间师生积极交流，场面热烈。第一期成功举办后，导师信息分享活动成了师生相互了解和联系的新渠道。我们收集了参与老师和团队的资料，并将第一期活动中老师们的宣讲内容整理成稿，在 Café 公众号上持续宣传，实现面向导师和学生的"双向服务"。

在老师们的大力支持下，第二期导师信息分享活动于 2018 年 7 月 15 日顺利开展。此次活动主题为"国重夏令营师生见面会"，主要面向的对象为参加 2018 年实验室夏令营的学生和有招生需求的老师们。共计 30 位老师或团队参与此次活动，涉及遥感、摄影测量、GIS、3S 和导航定位等研究方向，因此活动按研究方向分组分专题进行，营员针对自己的情况选择专题参加宣讲活动。在导师们的积极配合和营员们的认真参与中，我们向着"做出覆盖面广、针对性强、服务性好的品牌活动"这个目标又迈进了一步。

2019 年 3 月，2019 届新生复试刚刚结束的时候，我们考虑到对于参加夏令营的同学，已经参与了一期导师信息分享活动，可能有了心仪导师；而对于那些考研的同学，可能依旧对老师的情况以及自己未来的选择有所迷茫，因此我们举行了第三期导师信息分享活动。我们同老师协调沟通后，并综合了现有情况，决定将此次活动全部挪到线上进行，利用微信公众号推送的形式进行信息分享。我们询问了十余位不同年级的同学对于老师的需求和期待，制作了导师信息分享模板，同时，为了能更好地满足同学们对导师项目以及未来学习的深入了解，我们增加了课题科普的环节，老师所研究的课题仅利用题目描述有一定的局限性，而细致的、精准的科普有助于同学更好地理解研究的方向。共计 20 余位老师或团队参与了微信公众号推送活动，并为同学们做了精彩的项目科普。注重线上宣传，使得同学们能够更加自主浏览老师信息，而不会因为时间和场地的限制错失机会。同时，在微信公众号上，我们为导师信息分享活动设置专栏，将老师团队介绍和联系方式共享出来，方便同学们随时查看下载，帮助老师们进行长期宣传和招生。

活动中我们发现了一些亟待解决的问题，接下来仍有很长的一段路需要我们摸索前行，我们会继续努力将导师信息分享办大办好，使其成为 GeoScience Café 的"特色招牌"，也希望能通过此次活动为实验室打造一个更加便利的师生交流平台，使师生关系更加融洽，创造更好的学习和生活环境。

（2019 年 6 月幺爽、修田雨撰写）

导师信息分享模板

【**导师信息分享**】×××老师团队(必填：老师姓名、照片；选填：团队合照)。

【**教师简介**】老师个人信息简要介绍，最好以研究方向为主，获奖奖项为辅(同学们可能更关注老师研究方向是否符合个人研究兴趣，老师可以附上相关网站链接供同学们查看相关内容)。

【**团队介绍**】团队的研究内容简介，最好有成员、奖项和论文等信息(同学们更关注在团队里能够收获什么，以及能够达到什么样的高度。例如，如果团队成员较多，高年级师兄师姐较多，对自己前期的学习可能会有很大的促进作用)。

【**当前项目**】目前老师所着手的项目简介(正在进行或即将要进行的项目，这可能是同学们进入团队后所要学习和研究的项目)。

【**项目科普**】此部分选填。

我们希望把团队的研究内容以文章的形式呈现给同学们，主要介绍研究的目的和意义，有哪些应用价值，或者学习心得感悟，实用技巧(如果老师研究的领域比较高深，光看名字无法了解其研究内容，可以简单介绍其基础和原理)。文章最好图文并茂，语言尽量通俗易懂，字数在 3000 字左右。

如：某团队研究 SAR 影像的应用，该文章就可以对 SAR 影像成像机理，所需要使用的软件，所要了解的卫星数据进行一定的科普。

再如：某团队以算法编程为主进行开发调试，该文章就可以对团队中所使用的语言进行介绍，如简单的编程技巧、心得感悟、学习方法。

再如：老师所接项目较少，偏向学科研究，论文产出较多，该文章就可以围绕论文开展，从论文选题、数据准备与处理、论文撰写与修改、审稿投稿等方面进行。

【**招生需求**】招生指标(全日制或非全日制的剩余指标)，学生所需要具有的能力(老师对于编程能力或其他方面有需求的，可以在这里提出。同学们了解了老师的期望与要求后，可以提前进行自主学习，或对未来学习有所规划)。

【**学生培养**】招生待遇(可略，但非全日制的同学可能会关注导师是否会出学费的问题。此外，如果感觉此点为招生优势也可添加上)，培养方向，国际合作项目，出国交流，国外博士申请，毕业后学生去向等。

【**联系方式**】老师的联系方式(如果方便的话可以再留一个助教老师或者学生的联系方式)。

材料五：GeoScience Café 十周年庆

GeoScience Café 举行十周年生日庆典

文：董佳丹　杨婧如　审核：修田雨　摄影：李皓　摄像：杨婧如

在 4 月 27 日这个凉爽舒适的春日里，GeoScience Café 迎来了她十周岁的生日，Café 的新老成员以及实验室一直支持 Café 工作的老师们欢聚一堂，在实验室四楼休闲厅举行了一场庆祝 GeoScience Café 成立十周年的生日庆典。庆典中由几位代表诉说了他们与 Café 之间的故事，并对 Café 给予了衷心的祝福。庆典结束后大家一起移步到五洲餐厅举行了聚餐活动。

本次庆典到场的老师有：杨旭书记、汪志良副书记、蔡列飞老师。关琳老师、郭波老师以及 Café 创始人毛飞跃老师因为有事没能来到现场，但他们都为 Café 成立十周年感到由衷的欣喜并送上了真挚的祝福。

张翔师兄——听见，看见，承担，走进

首先发言的是 Café 第六届负责人张翔师兄，大家都亲切地称他为"翔哥"，他用"一见倾心，二见钟情，三生不弃"总结了与 Café 的相识过程。本科阶段还在华中农业大学的他就慕名来 Café 听报告并收获良多。之后进入武大攻读研究生时，看到 Café 组织的精彩报告很受大家欢迎，他也在报告厅门口瞄了几眼，"偷偷"学习了一下，同时也深深感受到了 Café 的魅力，最后在室友的鼓励下加入 Café 大家庭。张翔师兄和大家分享了他心中 Café 的三大精神内核，分别是快乐、奉献和成长。同时张翔师兄也提到 Café 的三个坚持：坚持原创、坚持开放和坚持培养，得到了大家的掌声支持和一致赞同。对于 2016 年在国外学习无法参加 Café 第一本报告文集《我的科研故事（第一卷）》的出版，张翔师兄表示感到深深的遗憾。最后，张翔师兄对 Café 的其他成员和实验室各位领导一直以来对 Café 的支持表示感谢，同时表示自己也非常感恩在 Café 这个大家庭度过的十年时光。会场响起了热烈的掌声。

董佳丹——GeoScience Café 十年工作成果和未来展望

第二个发言的是 GeoScience Café 现任负责人董佳丹同学，她分享了 Café 十年工作成果、现在工作的总结以及对未来工作的展望。首先，她通过为大家展示一组数字来说明这十年 Café 的工作成果，分别是出版了 3 本报告文集——《我的科研故事》（第一卷）、《我的科研故事》（第二卷）、《我的科研故事》（第三卷），QQ 学术交流群成员达到 5000 人，视频平台 bilibili 订阅人数达到 400 人，微信公众号关注人数达到 4400 人，平均阅读量为

300 以及峰值阅读量高达 900。然后董佳丹同学总结了这十年来 Café 工作的进步，她用"从无到有，从有到精"对工作进展进行了概括。在讲座工作方面，她罗列出 4 个关键部分：详细的讲座准备表，录音录像直播设备，新媒体宣传平台以及报告文集《我的科研故事》；此外还向大家说明，在文稿工作上，通过引入音频转写软件"讯飞听见"较大提升了文稿整理者的工作效率。同时她表示负责人团队目前正在着手制定一套更加科学细致的录音稿酬劳标准，以鼓励大家更加认真、积极地整理报告文稿，实现"一分付出，一分收获"。接着董佳丹同学分享了对现任工作群体的思考，及 Café 成员在内部总结自省环节做的较以前的一些欠缺。对此，她提出了通过"讲座工作总结本"记录观众问卷反馈结果、讲座工作参与者的总结等内容来解决这个问题的方法。最后，董佳丹同学也献上了对 Café 的寄语：这只是第一个十年，希望我们下一个十年，下下个十年，我们的每一个工作者都可以非常积极主动，持续努力把我们的 Café 打造成一个更加优秀的品牌！

杨旭书记——Café 文化中的纯粹化和开放性精神

杨旭书记表示非常高兴地看到 Café 在一届届传承。Café 在成立之初就是想要为同学们的学习交流搭建平台、做好服务，同时让参与相关工作的同学获得锻炼、提高和成长，这两点都是 Café 的重要价值和目标。杨书记认为做好 Café 工作，团队精神至关重要，Café 所坚持的开放、包容和高标准、严要求的精神也是凝聚团队力量的关键所在。Café 当初的定义就是一个开放性的交流平台，其开放性理念贯穿在 Café 工作的方方面面，体现在讲座主题的多元性与多样化，体现在团队成员的跨学科和跨单位，体现在其内部运行的平等与互助等各方面。杨书记举了两个例子来进一步说明开放性。首先是曾宇媚同学，她是实验室上届研究生会主席，当时也是 Café 里面一名普通的成员，她并没有纠结于自己身为研究生主席仍要来 Café 做一名普通志愿者的身份感问题，而是一心想着为同学们服务。杨书记认为这种态度是 Café 文化当中非常可贵的方面，就是要坚持求真的科学精神，不计较个人得失，以奉献为价值，以参与为乐趣，因纯粹而轻松、而自在、而自由；第二个例子是英文 Café，英文咖啡是在中文 Café 的基础上发展起来的，成立英文 Café 之后很长一段时间两边同学都相互支持，但后来英文 Café 由于自身特点的发挥开始独立，但是中文 Café 和英文 Café 的关系永远是兄弟关系。两者既有各自的个性，相互之间又包容支持，共同形成实验室的交流学习平台。在这样一种好的理念和精神引领之下，真正做到了纯粹化，做到了开放，做到了包容。最后的结果一定是有利于双方进一步发展的。最后杨书记认为自己作为老师能够陪伴 Café 十年是一件非常幸运、幸福和快乐的事情，也希望今后能够与同学们继续一路走下去，从无到有，从有到好，从好到精，我们一直在路上！

蔡列飞老师——Café 带给自己的感动和成长

"谢谢同学们"，蔡列飞老师首先深情地向同学们表达了感谢，并赞扬了刚才"翔哥"所说的奉献、成长和创新精神。蔡老师表示她自己也是一直在学习，向同学们学习，向书记学习。蔡老师说道，今天看到很多熟悉的面孔，就有感于这十年充满感动的过程，她感谢大家让自己不断成长。通过 Café 每一次的活动，蔡老师都能从大家身上汲取到很多养分，了解很多有趣的事情，并发现每个人身上像金子般的闪光点。Café 成长历程中的很多细节她都历历在目，而这也慢慢成为她自己的一些积累。

汪志良副书记——通过奉献收获快乐的情况下去感受、传承、坚持

汪志良副书记发言时感慨自己已伴随 Café 将近三年了。Café 是学生们自发组建的一个自由活跃的交流平台。借用"翔哥"的一句话：听见，看见，承担，走进。从远处听见，到近处看见，再到如今参与其中。今天是 Café 十周年的庆典，下一个十年，下下个十年，在座的各位一定已经成为各行各业的骨干，相信那时大家会怀念今天这个时刻，正像 Café 的创始人一样，大家所得到的是一种精神的安慰。汪书记赞扬了"翔哥"对 Café 传承影响的总结。来到这个团队，首先就是快乐和向往，这样才有可能奉献。汪书记希望各位同学在享受快乐、作出奉献的同时能够感受到重点实验室对于 Café 平台建设的重视和支持。这么长时间以来，在同学们的努力和杨书记的带领下，把 Café 逐步打造成今天这个平台，这是重点实验室"双一流"建设的重要体现之一。最后汪书记祝同学们能够继续努力，把这个平台越办越好！

关琳老师——Café 的团队文化值得其他社团学习借鉴

实验室研究生社团的一大特点就是每一届团队的任期短，由于研究生学制的限制，成员们往往只能在一年时间里互相认识、熟悉工作、磨合协作。在实验室这样的平台下社团的工作强度和要求往往较高，如何顺利运转并完成工作其实是一个难题。

刚刚进入 Café 社团的成员们遵循着既定的规则和前辈们的嘱托可能认为这一切都是顺其自然，但我认为这样的团队本身恰恰是 GeoScience Café 在学术分享之外的重要价值，因为你们已经形成了自己的团队文化。

文化是一个团队的灵魂。一个人的价值观决定了他的处事原则，优秀的团队文化则会指导团队在困难时正确应对。没有文化的社团，有时更像是一个任务驱动的团体，没活的时候就容易散掉。反观有文化的团队，成员心里认可这个集体、愿意投入；新人来了能够被迅速感染，进入状态；团队负责人积极组织团建活动，让大家有归属感。团队文化是无形的，但却是直抵人心的，它影响着每一个人，决定了团队的发展方向。

团队文化并不是坐在桌前空想出来的，当一个团队还没有文化时，仔细分析成长过程中的成功案例，文化其实就孕育其中。GeoScience Café 在创立之初将口号设置为"谈笑间成就梦想"，交流和梦想确定了社团的定位；定期举办的月会和团建活动将成员们紧紧地团结在一起，大家共同成长，彼此走得更近，默契度加深；换届后，卸任负责人继续担任顾问，给新人好的建议，传承的力量尤为重要；一期期报道，一册册《我的科研故事》，则更是将成果沉淀下来，让团队文化更加具象。这些好的经验都非常值得其他社团学习借鉴。

GeoScience Café 还在不断成长，希望你们能够继续发扬你们的社团文化，期待你们为大家带来更多精彩的报告和活动，也祝福每一位成员能够不断从社团中汲取养分，成为更

优秀的自己。

郭波老师——Café 十年的坚持与创新

GeoScience Café 十年的蓬勃发展，印证了坚持与创新对一个学生社团的重要性。十年的坚持，Café 在学科内外产生了深远的影响力。十年的创新，Café 平台凝聚、培养了众多优秀的学生，Café 优秀的文化基因已注入每一个 Café 人的心里。未来的很多年，Café 优秀的文化基因将滋润 Café 发展得越来越好。

毛飞跃老师——Café 已成为一个不可替代的学术交流平台

科研是探索未知的复杂过程，涉及基础、技术和创新等各个方面，但是通过交流可以学习到新的知识，产生技术合作，碰撞出新的火花，使得科研变得简单。2009 年，我们一起创建了 Café 这个有利于促进科研问题简单化的创新平台。更加难得的是，经过老师和同学们 10 年的努力，Café 的组织工作已经形成了规范和系统，大家不仅成功地将复杂的问题简单化，而且成功地完成了程序化。现在，报告、视频和图书的推出井然有序，可圈可点之处层出不穷，使得 Café 已经成为一个不可替代的学术交流平台，我们都感到非常的自豪。

陈必武师兄——讲述少有人知的 Café 成长阶段的故事

陈必武师兄是 Café 上上届的负责人，他表示自己今天像是回家了，看到很多熟悉的面孔，一群老朋友一起祝 Café Happy Birthday！有一种强烈的归属感。Café 对他来说就像一个自己的孩子。当时他加入的时候 Café 是个 8 岁的孩子。然后 Café 就像一个小孩在不断地健康成长和进步，到现在成长为一个非常活泼可爱的 10 岁孩子。陈师兄表示 Café 从 0 到 1，然后从 1 到现在，各位成员做了很多的工作来促使 Café 成长。第一个便是视频的工作。目前 Café 每一期的视频都有录制，然后上传到 B 站，已经形成了一套比较正规、完善的流程，但这些在陈师兄那个时候其实是没有的。为了做出良好的视频，他们探索了很多，花了很多精力。从最开始的普通的笔记本到一两百块的网络摄像头，最后在实验室的支持下，购买了高清的摄像机，之后又有了 Café 在优酷和 B 站上大量的粉丝，以及现在高质量的直播。这个过程中不仅存在硬件的问题，还有软件的问题，这些都是当时的王源师兄和许殊师兄攻坚克难，慢慢克服的；第二个是英文 Café，英文 Café 是 2016 年至 2017 年的时候建立起来的。那个时候，中文 Café 已经具备一定规模和组织形式，应留学生对像社团一样有归属感的组织的需求，因此搭建了一个和中文 Café 平台类似的英语 Café 平台，尝试着给留学生更多的活动空间，然后慢慢地就有了现在的规模。陈师兄表示中英文 Café 永远是兄弟关系，是互帮互助一起成长加油的，就像一个哥哥带着弟弟一样，一起健康成长。最后陈师兄感谢大家在 Café 的付出，也希望大家在 Café 里收获更多，并祝 Café 十周年生日快乐，表示希望有二十周年、三十周年及更长时间的生日庆典！大家都用热烈的掌声表达了对以陈师兄为代表的 Café 团队迎难而上、克服困难的感谢！

韩承熙——中文 Café 和英文 Café 永远互帮互助、共同成长

最后一个发言的是英文 Café 的负责人韩承熙同学，首先通过结合英文 Café 的发展和他自身的成长，韩承熙同学谈了自己作为中文 Café 的一个参与者的故事。他说，英文 Café 自 2017 年成立以来，积极向中文 Café 学习，在实验室的全力支持和 Café 成员的共同努力下，取得了丰硕的成果。去年英文 Café 出版了第一本全英文合集——《Knowledge and Inspiration in Motion》，预计第二本合集也将于六月底和大家见面。英文 Café 和中文 Café 通力合作，共同承办了 2018 年的圣诞晚会，今天他也带来了当时的圣诞礼物——两个组织一起设计的一个台历。谈及中文 Café，韩承熙讲了自己第一次参与中文 Café 活动的经历。2018 年，他作为研究生会的成员，以主持人的身份邀请到"翔哥"以及其他五位嘉宾进行经验分享。整个活动过程（包括文稿的撰写整理），都是研究生会的同学负责的，从这个过程中他亲自体验到了中文 Café 在工作过程中诸如文字整理方面的一些困难。最后韩承熙表示 Café 十周年的生日庆典让他深受感动。中英文 Café 的成长让在座的各位贡献者、见证者有一个很好的契机去完成自身的成长，在这样一个开放包容的环境下，就像陈必武师兄讲到的，英文 Café 其实也真的需要中文 Café 同学的帮助来与中文 Café 共同地成长。不管是中文 Café，还是英文 Café，都是 Café，都是实验室领导下的为同学们成长服务的学习交流平台。为增进彼此交流，他给大家展示了英文 Café 最近建立的公众号：English GeoScience Café。他希望，中文 Café 的同学能够给英文 Café 提供一些建议，让英文 Café 成长得更快。英文 Café 的成长建设也会一直在路上，希望两个组织能够一直互帮互助，在未来的路上能够共同成长！

最后，GeoScience Café 十周年生日庆典在大家的热烈掌声和爽朗的笑声中圆满结束，老师和同学们合影留念。

十周年庆合影留念

材料六：后记

"呦呦鹿鸣，食野之苹，我有嘉宾，鼓瑟吹笙。"GeoScience Café 已经陪伴大家度过了十个年头，200 多个难忘的周五傍晚。从业界泰斗到"千人"计划、长江学者，再到科研牛人、就/创业达人，他们慷慨地和我们分享他们成功路上的经验与汗水。这些精彩不应该仅仅留存在当晚的回忆里，如何让这些经验得到更好地传播，能够在更大的时间和空间范围中使更多的人获益？这就是《我的科研故事》系列丛书的意义所在。

《我的科研故事(第一卷)》出版于 2016 年 10 月，内容覆盖范围为 GeoScience Café 第 1～100 期的学术交流活动，包括了 5 期特邀报告和 24 期精选报告，时间跨度为 2009 年到 2015 年 5 月。《我的科研故事(第二卷)》内容覆盖范围为 GeoScience Café 第 101～136 期学术交流活动，包括了 6 期特邀报告和 9 期精选报告，时间跨度为 2015 年 6 月到 2016 年 7 月。《我的科研故事(第三卷)》内容覆盖范围为 GeoScience Café 第 137～186 期学术交流活动，包括了 10 期特邀报告和 13 期精选报告，时间跨度为 2016 年 8 月到 2018 年 1 月。《我的科研故事(第四卷)》内容覆盖范围为 GeoScience Café 第 187～219 期学术交流活动，包括了 9 期特邀报告、8 期精选科研报告和 7 期精选人文报告，时间跨度为 2018 年 2 月到 2019 年 1 月。

年轻的 GeoScience Café 十年间也从未停止成长的脚步，团队规模不断地扩大，目前设立了两个部门：运营中心和新媒体中心。运营中心的职能是增强团队内部的凝聚力，具体负责团队建设与活动组织，例如月会和素质拓展。新媒体中心的职能是扩大宣传面，提升品牌形象，主要负责 Café 的微信公众号及 QQ 群的维护。

回首过去的一年，GeoScience Café 的成长可能小，但坚定执着。

2018 年 9 月，GeoScience Café 迎来了新加入的 16 名小伙伴。

10 月，GeoScience Café 举办了《我的科研故事(第三卷)》发布会，现场迎来了很多 Café 的粉丝们。

2019 年 3 月，GeoScience Café 大力协助实验室精品课程"工程案例"的建设：课前宣传推送，课后发布新闻稿，课程结束后整理讲课内容成书稿。并在此月陆续推送【国重导师信息分享】信息。

4 月，GeoScience Café 迎来了新加入的 8 名小伙伴，并于 4 月 27 日举办了一场 GeoScience Café 十周年庆典活动，Café 的新老朋友们欢聚一堂，回顾过去，展望未来。

6 月，GeoScience Café 助力实验室 30 周年纪念活动，将那些为实验室奉献很多心力的老前辈们的采访音频整理成文稿。

"谈笑间成就梦想"，平淡的语言，将学术用直白的话语表述出来，希望可以帮助读者们更好地理解相关的研究领域，早日实现自己的科研梦想。

(2017 年 3 月孙嘉、郝蔚琳撰写，2019 年 7 月董佳丹、龚婧修订)

附录二 中流砥柱：
GeoScience Café 团队成员

编者按： 在 GeoScience Café 品牌成长的背后，站着一批又一批的 GeoScience Café 团队成员。没有团队的合作和付出，必然没有今天 GeoScience Café 学术交流活动的欣欣向荣。本附录尽可能准确地记录了 2018—2019 学年在 GeoScience Café 工作过的成员名字和部分合影照片。

● **指导教师**

陈锐志　杨　旭　吴华意　龚　威　汪志良　蔡列飞　关　琳

● **负责人**

2009.03—2010.09：熊　彪　毛飞跃

2010.09—2011.08：毛飞跃　陈胜华　瞿丽娜

2011.09—2012.08：毛飞跃　李洪利

2012.09—2013.08：李洪利　李　娜

2013.09—2014.02：李洪利　李　娜

2014.03—2015.02：张　翔　刘梦云

2015.03—2016.01：肖长江　刘梦云

2016.01—2016.12：孙　嘉　陈必武

2017.01—2017.11：陈必武　许　殊　孙　嘉

2017.12—2018.10：龚　婧　郑镇奇　么　爽

2018.11 至今：董佳丹　杨婧如　李　涛　修田雨

● **其他成员**

2009.9—2010.8：袁强强　于　杰　刘　斌　郭　凯　陈胜华

2010.9—2011.8：焦洪赞　李　娜　张　俊　李会杰　李洪利

2011.9—2012.8：李　娜　张　俊　李会杰　刘金红　唐　涛　张　飞
李凤玲　王诚龙

2012.9—2013.8：毛飞跃　刘金红　唐　涛　张　飞　李凤玲　付琬洁
宋志娜　章玲玲　赵存洁　程　锋　刘文明

2013.9—2014.8：毛飞跃　李凤玲　付琬洁　宋志娜　章玲玲　赵存洁
董　亮　程　锋　张　翔　刘梦云　李文卓

2014.9—2015.8：毛飞跃　李洪利　李　娜　董　亮　程　锋　李文卓
郭　丹　熊绍龙　韩会鹏　孙　嘉　张闺臣　钟　昭
肖长江

2015.9—2016.8：毛飞跃　李洪利　李　娜　董　亮　李文卓　郭　丹
熊绍龙　韩会鹏　孙　嘉　张闺臣　钟　昭　肖长江
张少彬　李韫辉　张宇尧　简志春　徐　强　王彦坤
王　银　张　玲　杨　超

2016.9—2017.11：毛飞跃　李洪利　李文卓　张　翔　郭　丹　韩会鹏　肖长江
张少彬　李韫辉　张宇尧　简志春　徐　强　王　银　张　玲
杨　超　幸晨杰　刘梦云　阚子涵　黄雨斯　徐　浩　杨立扬
沈高云　陈清祥　戴佩玉　刘　璐　马宏亮　赵颖怡　雷璟晗

<table>
<tr><td></td><td>李传勇</td><td>王　源</td><td>许慧琳</td><td>赵雨慧</td><td>袁静文</td><td>李　茹</td><td>赵　欣</td></tr>
<tr><td></td><td>顾芷宁</td><td>张　洁</td><td>霍海荣</td><td>许　杨</td><td>金泰宇</td><td>张晓萌</td><td></td></tr>
<tr><td>2017.12—2018.8：</td><td>毛飞跃</td><td>李洪利</td><td>张　翔</td><td>肖长江</td><td>孙　嘉</td><td>陈必武</td><td>许　殊</td></tr>
<tr><td></td><td>李韫辉</td><td>张　玲</td><td>幸晨杰</td><td>刘梦云</td><td>黄雨斯</td><td>徐　浩</td><td>沈高云</td></tr>
<tr><td></td><td>陈清祥</td><td>戴佩玉</td><td>刘　璐</td><td>马宏亮</td><td>赵颖怡</td><td>雷璟晗</td><td>李传勇</td></tr>
<tr><td></td><td>王　源</td><td>许慧琳</td><td>赵雨慧</td><td>袁静文</td><td>李　茹</td><td>赵　欣</td><td>顾芷宁</td></tr>
<tr><td></td><td>张　洁</td><td>许　杨</td><td>史祎琳</td><td>于智伟</td><td>纪艳华</td><td>王宇蝶</td><td>顾子琪</td></tr>
<tr><td></td><td>赵书珩</td><td>韦安娜</td><td>曾宇媚</td><td>杨支羽</td><td>龚　瑜</td><td>彭宏睿</td><td>黄宏智</td></tr>
<tr><td></td><td>云若岚</td><td>陈博文</td><td>崔　松</td><td>邓　玉</td><td>唐安淇</td><td>胡中华</td><td>王璟琦</td></tr>
<tr><td></td><td>邓　拓</td><td>刘梓荆</td><td>杨舒涵</td><td></td><td></td><td></td><td></td></tr>
<tr><td>2018.9 至今：</td><td>毛飞跃</td><td>张　翔</td><td>孙　嘉</td><td>陈必武</td><td>许　殊</td><td>龚　婧</td><td>郑镇奇</td></tr>
<tr><td></td><td>么　爽</td><td>杨舒涵</td><td>于智伟</td><td>许慧琳</td><td>戴佩玉</td><td>许　杨</td><td>张　洁</td></tr>
<tr><td></td><td>史祎琳</td><td>马宏亮</td><td>黄雨斯</td><td>龚　瑜</td><td>王宇蝶</td><td>韦安娜</td><td>彭宏睿</td></tr>
<tr><td></td><td>赵书珩</td><td>陈博文</td><td>崔　松</td><td>唐安琪</td><td>邓　拓</td><td>云若岚</td><td>陈菲菲</td></tr>
<tr><td></td><td>米晓新</td><td>夏幸会</td><td>张彩丽</td><td>张逸然</td><td>崔宸溶</td><td>李俊杰</td><td>刘　骁</td></tr>
<tr><td></td><td>卢祥晨</td><td>王雅梦</td><td>杜卓童</td><td>李雪尘</td><td>王　琦</td><td>李　皓</td><td>薛婧雅</td></tr>
<tr><td></td><td>陈佑淋</td><td>程露翎</td><td>王葭泐</td><td>李　敏</td><td>王浩男</td><td>赵　康</td><td>陈　敏</td></tr>
</table>

董佳丹，女，测绘遥感信息工程国家重点实验室 2018 级硕士研究生，地图制图学与地理信息工程专业。师从陈晓玲教授，研究方向是大气遥感。于 2018 年 9 月加入 GeoScience Café。参与并监督了自 215 期起至今各期讲座的筹备和开展。联系方式：847458675@qq.com。

修田雨，女，遥感信息工程学院 2018 级硕士研究生，摄影测量与遥感专业。师从贾永红教授，研究方向是湿地信息提取与变化检测。于 2018 年 9 月加入 GeoScience Café。参与了 GeoScience Café 第 208 期、215 期、222 期、228 期的学术交流活动的组织，并负责了导师信息分享活动与书稿整理工作。联系方式：389431901@qq.com。

杨婧如，女，遥感信息工程学院 2018 级硕士研究生，摄影测量与遥感专业。师从赖旭东教授，研究方向为 LiDAR 数据的处理和应用。于 2018 年 9 月加入 GeoScience Café。参与并监督了自 215 期起至今各期讲座的筹备和开展。联系方式：2899668984@qq.com。

李涛，男，测绘遥感信息工程国家重点实验室 2018 级硕士研究生，大地测量学与测量工程专业。师从陈锐志教授，研究方向是卫星导航定位。于 2018 年 9 月加入 GeoScience Café。参与了 GeoScience Café 第 208 期、215 期、218 期的学术交流活动的组织，并负责了书稿整理工作。联系方式：355532972@qq.com。

杨舒涵，女，遥感信息工程学院 2016 级本科生，遥感专业 GIS 方向。于 2018 年 3 月加入 GeoScience Café。负责 GeoScience Café 官方公众号"GeoScienceCafe"的运营并参与组织了第 207 期、219 期的学术交流活动的组织。联系方式：1297499095@qq.com。

于智伟，男，测绘遥感信息工程国家重点实验室 2017 级硕士研究生，地图学与地理信息系统专业，师从唐炉亮教授，研究方向为时空轨迹数据挖掘。于 2017 年 9 月加入 GeoScience Café。参与了 GeoScience Café 第 181 期、182 期、188 期学术交流活动的组织。联系方式：siriusyoung@ whu. edu. cn。

陈必武，男，测绘遥感信息工程国家重点实验室 2018 级博士研究生。师从龚威教授，研究方向为高光谱激光雷达，以第一作者发表 SCI 论文 1 篇，EI 论文 2 篇，国家新型实用专利 1 件。于 2015 年 12 月加入 GeoScience Café。参与了 GeoScience Café 20 余期学术交流活动的组织。联系方式：cbw_think@ whu. edu. cn。

许殊，男，遥感信息工程学院 2016 级硕士研究生。研究兴趣为密集匹配。于 2016 年 6 月加入 GeoScience Cafe。多次组织参与 GeoScience Café 学术交流活动。联系方式：xs13339987476@ 163. com。

龚婧，女，测绘遥感信息工程国家重点实验室 2017 级硕士研究生，地图学与地理信息系统专业。师从邓跃进副教授，研究方向为视觉定位，于 2017 年 9 月加入 GeoScience Café。联系方式：gongjing1126 @ 126. com。

郑镇奇，男，遥感信息工程学院 2017 级硕士研究生，测绘专业。师从付仲良教授。于 2017 年 10 月加入 GeoScience Café。参与并协助 GeoScience Café 第 178 期至第 215 期的学术交流活动的组织工作。2018 年 10 月至今负责部分讲座的协助工作。联系方式：909840341 @ qq. com。

么爽，女，测绘遥感信息工程国家重点实验室 2017 级硕士研究生，地图学与地理信息系统专业，师从陈能成教授。于 2017 年 9 月加入 GeoScience Café。参与了 GeoScience Café 第 184 期、186 期、213 期、218 期学术交流活动的组织。联系方式：yaoshuang@ whu. edu. cn。

许慧琳，女，测绘遥感信息工程国家重点实验室 2018 级博士研究生，摄影测量与遥感专业，研究方向为机器学习和模式识别。于 2016 年 9 月加入 GeoScience Café。参与了 GeoScience Café 第 138 期、162 期和第 175 期学术交流活动的组织。联系方式：499135958@ qq. com。

戴佩玉，女，遥感信息工程学院 2018 级博士研究生，摄影测量与遥感专业，研究方向为基因深度学习的目标检测和语义分割。于 2016 年 9 月加入 GeoScience Café。参与了 GeoScience Cafe 第 143 期、148 期、160 期和 174 期学术交流活动的组织。联系方式：15720623577 @ 163. com

黄雨斯，女，测绘遥感信息工程国家重点实验室 2018 级博士研究生，摄影测量与遥感专业。师从龚威教授，研究方向为大气应用遥感。于 2016 年 9 月加入 GeoScience Café。参与了 GeoScience Café 第 146 期、166 期、171 期、182 期学术交流活动的组织。联系方式：mavis_huang@ whu. edu. cn。

许杨，女，测绘遥感信息工程国家重点实验室 2017 级硕士研究生，摄影测量与遥感专业。师从冯炼老师，研究方向为水环境遥感。于 2017 年 3 月加入 GeoScience Café。参与了 GeoScience Café 第 170 期学术交流活动的组织。联系方式：1120058861@ qq. com。

张洁，女，遥感信息工程学院 2015 级本科生，地理国情监测专业。于 2017 年 3 月加入 GeoScience Café。参与了 GeoScience Café 第 163 期、169 期学术交流活动的组织。联系方式：rszhangjie @ whu. edu. cn。

史祎琳，女，遥感信息工程学院 2017 级硕士研究生，测绘工程专业。师从卢宾宾老师，研究方向为空间统计分析。于 2017 年 9 月加入 GeoScience Café。参与了 GeoScience Café 第 183 期、187 期学术交流活动的组织。联系方式：shiyilin@ whu. edu. cn。

龚瑜，女，第二临床学院 2016 级硕士研究生，康复医学与理疗学专业。师从廖维靖教授，研究方向为神经康复。于 2017 年 9 月加入 GeoScience Café。参与了 GeoScience Café 第 174 期、175 期、185 期、221 期、223 期等学术交流活动的组织。联系方式：gongyu @ whu. edu. cn。

王宇蝶，女，测绘遥感信息工程国家重点实验室 2017 级硕士研究生，摄影测量与遥感专业。师从沈焕锋教授，研究方向为遥感应用方向。于 2017 年 9 月加入 GeoScience Café。参与了 Geoscience Café 第 179 期、180 期学术交流活动的组织。联系方式：ydiewang@ 163. com。

韦安娜，女，测绘遥感信息工程国家重点实验室 2017 级硕士研究生，地图学与地理信息系统专业。师从陈晓玲教授，研究方向为水环境定量遥感。于 2017 年 9 月加入 GeoScience Café。参与了 GeoScience Café 第 172 期、182 期学术交流活动的组织。联系方式：waingonnaa@ 163. com。

彭宏睿，男，测绘学院 2017 级本科生，地球物理专业。于 2017 年 9 月加入 GeoScience Café。参与了导师信息分享会等学术交流活动的组织及部分讲座的协办。联系方式：hrPeng@ whu. edu. cn。

赵书珩，女，测绘遥感信息工程国家重点实验室 2018 级硕士研究生，摄影测量与遥感专业。师从张良培老师，研究方向为行星遥感。于 2017 年 9 月加入 GeoScience Café。参与了 GeoScience Café 第 184 期、192 期学术交流活动的组织。联系方式：619393203@ qq. com。

陈博文，男，测绘遥感信息工程国家重点实验室 2017 级硕士研究生，测绘工程专业。师从龚威教授，研究方向为对地观测激光雷达。于 2017 年 3 月加入 GeoScience Café。联系方式：876837677 @ qq. com。

崔松，男，测绘遥感信息工程国家重点实验室 2017 级博士研究生，摄影测量与遥感专业。师从钟燕飞教授，研究方向为多源遥感影像配准。于 2018 年 3 月加入 GeoScience Café。联系方式：15171412545（cuisong0809@ 163. com）。

唐安淇，女，遥感信息工程学院 2015 级本科生，地理国情监测专业。于 2018 年 3 月加入 GeoScience Café。联系方式：1040850806@ qq. com。

邓拓，女，测绘遥感信息工程国家重点实验室 2017 级硕士研究生，地图学与地理信息系统专业。师从唐炉亮教授，研究方向为时空大数据挖掘与车道信息提取。于 2018 年 3 月加入 GeoScience Café。参与了 GeoScience Café 第 188 期学术交流活动的组织。联系方式：dengtuo@ whu. edu. cn。

云若岚，女，资源与环境科学学院 2017 级本科生，地理科学类专业。于 2018 年 3 月加入 GeoScience Café。联系方式：1259887664@ qq. com。

陈菲菲，女，测绘遥感信息工程国家重点实验室 2018 级硕士研究生，测绘工程专业，师从陈亮教授。于 2018 年 9 月加入 GeoScience Café，参与了 GeoScience Café 第 229 期的学术交流活动，以及部分讲座的协助工作。联系方式：986897118@ qq. com。

杜卓童，女，测绘遥感信息工程国家重点实验室 2018 级硕士研究生，摄影测量与遥感专业，师从眭海刚教授，研究方向是城市建筑物提取与语义识别。于 2018 年 9 月加入 GeoScience Café，参与了 GeoScience Café 第 205 期、217 期、224 期、225 期的学术交流活动的组织工作，主要负责 Café 仪器设备的管理。联系方式：1047833787@ qq. com。

张彩丽，女，测绘遥感信息工程国家重点实验室 2018 级博士研究生，地图制图学与地理信息工程专业，师从向隆刚教授，研究方向为基于低频 GPS 轨迹进行道路网提取。于 2018 年 9 月加入 GeoScience Café。组织了第 218 期、227 期的学术交流活动并参与了第 213 期、216 的辅助工作。联系方式：329507449@ qq. com。

卢祥晨，男，测绘遥感信息工程国家重点实验室 2018 级硕士研究生，测绘工程专业。师从陈亮教授，研究方向是卫星信号处理。于 2018 年 9 月加入 GeoScience Café。参与了 GeoScience Café 第 219 期、226 期学术交流活动的组织，以及部分讲座的协助工作。联系方式：809724048@ qq. com。

李俊杰，男，遥感信息工程学院 2018 级硕士研究生，地图学与地理信息系统专业。师从孟令奎教授。于 2018 年 10 月加入 GeoScience Café。参与了 GeoScience Café 第 218 期的活动组织以及我校教师学术沙龙活动的摄像等工作，并参与 GeoScience Café 官方公众号 "GeoScienceCafe" 的运营。联系方式：junjieli1996@ foxmail. com。

刘骁，男，测绘遥感信息工程国家重点实验室 2018 级硕士研究生，测绘工程专业。师从廖明生教授，研究方向是雷达干涉测量。于 2018 年 9 月加入 GeoScience Café，参与部分讲座的协助工作。联系方式：1564140298@ qq. com。

王雅梦，女，遥感信息工程学院 2018 级硕士研究生，摄影测量与遥感专业。师从季顺平教授，研究方向是遥感图像检索。于 2018 年 9 月加入 GeoScience Café。参与 GeoScience Café 官方公众号 "GeoScienceCafe" 的运营。组织了第 230 期的学术交流活动并参与第 227 期、228 期的辅助工作。联系方式：648323137@ qq. com。

米晓新，女，测绘遥感信息工程国家重点实验室 2016 级硕士研究生，摄影测量与遥感专业。师从杨必胜教授，研究方向为点云分割、分类等。于 2018 年 9 月加入 GeoScience Café。参与了 GeoScience Café 第 184 期、220 期学术交流活动的组织。联系方式：mixiaoxin@ whu. edu. cn。

王琦，男，测绘学院 2018 级博士研究生，大地测量学与测量工程专业。师从李建成教授，于 2018 年 9 月加入 GeoScience Café。联系方式：qwangchoice@ whu. edu. cn。

崔宸溶，女，测绘遥感信息工程国家重点实验室 2017 级硕士研究生，测绘工程专业。师从张彤老师，研究方向为大数据可视分析，于 2018 年 9 月 加入 GeoScience Café。联系方式：450901137 @ qq. com。

李皓，男，遥感信息工程学院 2018 级硕士研究生，地图学与地理信息系统专业。师从乐鹏教授，研究方向是智慧城市与区块链技术。于 2019 年 4 月加入 GeoScience Café。参与了 GeoScience Café 第 226 期、230 期学术交流活动的组织，并参与 GeoScience Café 官方公众号"GeoScienceCafe"的运营。联系方式：leehomm@ foxmail. com。

王葭泓，男，测绘遥感信息工程国家重点实验室 2019 级硕士研究生，地图学与地理信息系统专业，师从陈碧宇教授。于 2019 年 4 月加入 GeoScience Café。参与并协助 GeoScience Café 第 227 期学术交流活动工作，主要负责 B 站等新媒体的运营。联系方式：884641618@ qq. com。

薛婧雅，女，遥感信息工程学院 2018 级硕士研究生，模式识别与智能系统专业。师从姚剑教授，研究方向是点云数据处理。于 2019 年 4 月加入 GeoScience Café。参与 GeoScience Café 官方公众号"GeoScienceCafe"的运营。联系方式：1397445994@ qq. com。

王浩男，男，中国地质大学(武汉)地理与信息工程学院 2016 级本科生，测绘工程专业。于 2019 年 4 月加入 GeoScience Café。参与了 GeoScience Café 第 224 期、225 期学术交流活动的组织，参与 GeoScience Café 官方公众号"GeoScienceCafe"的运营。联系方式：2429853510@ qq. com。

李敏，女，测绘遥感信息工程国家重点实验室 2019 级硕士研究生，测绘工程专业。师从陈晓玲教授。于 2019 年 5 月加入 GeoScience Café。联系方式：1487028744@ qq. com。

● **团队合照精选**

第一排左起分别是：王雅梦、黄雨斯、韦安娜、张彩丽、修田雨、龚瑜、杨婧如、邓拓、么爽、龚婧；第二排左起分别是：马宏亮、李涛、郑镇奇、于智伟、崔松、王琦、李俊杰、董佳丹、杜卓童、陈必武。

第一排左起分别是 Timo 老师、关琳老师、田礼乔老师、陈能成老师、杨旭老师、吴华意老师、修田雨、张彩丽、龚婧；第二排左起分别是崔宸溶、邓拓、杨婧如、刘骁、董佳丹、李涛、卢祥晨、陈菲菲、Steve 老师、史祎琳；第三排左起分别是王雅梦、李俊杰、么爽、马宏亮、许殊、郭波老师、陈必武。

附录三　往昔峥嵘：
GeoScience Café 历届嘉宾

编者按：十年来，在 GeoScience Café 的舞台上，无数嘉宾指点江山、激扬文字，他们是 GeoScience Café 的核心吸引力。本附录完整收录了第 1 期到第 230 期 GeoScience Café 的所有嘉宾信息。

GeoScience Café 第 1 期（2009 年 4 月 24 日）	
演讲嘉宾：谢俊峰	演讲题目：基于星敏感器的卫星姿态测量
演讲嘉宾：胡晓光	演讲题目：计算机软件水平考试经验谈
演讲嘉宾：张云生	演讲题目：基于近景影像的建筑物立面三维自动重建方法
GeoScience Café 第 2 期（2009 年 5 月 8 日）	
演讲嘉宾：李乐林	演讲题目：基于等高线族分析的 LiDAR 建筑物提取方法研究
演讲嘉宾：程晓光	演讲题目：一种从离散点云中准确追踪建筑物边界的方法
演讲嘉宾：张帆	演讲题目：当文化遗产遭遇激光扫描——数字敦煌初探
GeoScience Café 第 3 期（2009 年 5 月 15 日）	
演讲嘉宾：邱志伟	演讲题目：顾及相干性的星载 SAR 成像算法研究
演讲嘉宾：赵珊珊	演讲题目：星载 InSAR 图像级仿真
演讲嘉宾：彭芳媛	演讲题目：基于特征提取的光学影像与 SAR 影像配准
GeoScience Café 第 4 期（2009 年 5 月 22 日）	
演讲嘉宾：袁名欢	演讲题目：基于自适应推进的建筑物检测
演讲嘉宾：付东杰	演讲题目：基于粒子群优化算法的遥感最适合运行尺度的研究
GeoScience Café 第 5 期（2009 年 6 月 5 日）	
演讲嘉宾：栾学晨	演讲题目：3S 技术与智能交通——交通中心研究工作概述
演讲嘉宾：马盈盈	演讲题目：基于层次分类与数据融合的星载激光雷达数据反演
GeoScience Café 第 6 期（2009 年 6 月 12 日）	
演讲嘉宾：钟成	演讲题目：LiDAR 辅助高质量真正射影像制作
演讲嘉宾：高志宏	演讲题目：基于多源遥感数据的城市不透水面分布估算方法研究
GeoScience Café 第 7 期（2009 年 6 月 19 日）	
演讲嘉宾：黑迪	演讲题目：毕业生专题之飞跃重洋
演讲嘉宾：朱春皓	演讲题目：毕业生专题之飞跃重洋
演讲嘉宾：胡君	演讲题目：毕业生专题之飞跃重洋
演讲嘉宾：欧阳怡强	演讲题目：毕业生专题之飞跃重洋

GeoScience Café 第 8 期（2009 年 9 月 25 日）	
演讲嘉宾：陆建忠	演讲题目：Coupling Remote Sensing Retrieval with Numerical Simulation for SPM Study
GeoScience Café 第 9 期（2009 年 11 月 6 日）	
演讲嘉宾：钟燕飞	演讲题目：关于科研和写作的几点体会
GeoScience Café 第 10 期（2009 年 11 月 13 日）	
演讲嘉宾：胡晓光	演讲题目：摄影选材与思路
GeoScience Café 第 11 期（2009 年 11 月 27 日）	
演讲嘉宾：Marcin Uradzinski	演讲题目：The Usefulness of Internet-based（NTrip）RTK for Precise Navigation and Intelligent Transportation Systems
演讲嘉宾：于杰	演讲题目：在读研究生因私出国手续办理
GeoScience Café 第 12 期（2009 年 12 月 4 日）	
演讲嘉宾：黄亮	演讲题目：分布式空间数据标记语言
GeoScience Café 第 13 期（2009 年 12 月 11 日）	
演讲嘉宾：曾兴国	演讲题目：空间认知在中华文化区划分中的应用模型探究
演讲嘉宾：张翔	演讲题目：居民地综合中的模式识别与应用
GeoScience Café 第 14 期（2009 年 12 月 18 日）	
演讲嘉宾：麦晓明	演讲题目：科技创新与专利入门
GeoScience Café 第 15 期（2010 年 1 月 8 日）	
演讲嘉宾：李妍辉	演讲题目：专利的法律保护
演讲嘉宾：刘敏	演讲题目：测绘遥感科学与环境法学的关系
GeoScience Café 第 16 期（2010 年 3 月 12 日）	
演讲嘉宾：黄昕	演讲题目：高分辨率遥感影像处理与应用
GeoScience Café 第 17 期（2010 年 3 月 19 日）	
演讲嘉宾：杜全叶	演讲题目：新一代航空航天数字摄影测量处理平台——数字摄影测量网格（DPGrid）
GeoScience Café 第 18 期（2010 年 4 月 1 日）	
演讲嘉宾：王腾	演讲题目：合成孔径雷达干涉数据分析技术及其在三峡地区的应用

GeoScience Café 第 19 期（2010 年 4 月 23 日）	
演讲嘉宾：曹晶	演讲题目：交通时空数据获取、处理、应用
GeoScience Café 第 20 期（2010 年 5 月 21 日）	
演讲嘉宾：杜博	演讲题目：高光谱遥感影像亚像元目标探测
GeoScience Café 第 21 期（2010 年 6 月 3 日）	
演讲嘉宾：罗安	演讲题目：基于语义的空间信息服务组合及发现技术
GeoScience Café 第 22 期（2010 年 6 月 11 日）	
演讲嘉宾：林立文	演讲题目：出国留学的利弊分析和申请过程介绍
演讲嘉宾：李凡	演讲题目：出国留学的利弊分析和申请过程介绍
演讲嘉宾：程晓光	演讲题目：出国留学的利弊分析和申请过程介绍
GeoScience Café 第 23 期（2010 年 6 月 22 日）	
演讲嘉宾：瞿莉	演讲题目：基于动态交通流分配系数的网络交通状态建模与分析
GeoScience Café 第 24 期（2010 年 10 月 15 日）	
演讲嘉宾：张洪艳	演讲题目：高光谱影像的超分辨率重建
GeoScience Café 第 25 期（2010 年 10 月 22 日）	
演讲嘉宾：马盈盈	演讲题目：基于多平台卫星观测的大气参数反演方法研究
GeoScience Café 第 26 期（2010 年 10 月 29 日）	
演讲嘉宾：陈龙	演讲题目："中国智能车未来挑战赛"亚军团队解读"智能驾驶无人车 SmartVII 系统"
演讲嘉宾：麦晓明	演讲题目："中国智能车未来挑战赛"亚军团队解读"智能驾驶无人车 SmartVII 系统"
演讲嘉宾：张亮	演讲题目："中国智能车未来挑战赛"亚军团队解读"智能驾驶无人车 SmartVII 系统"
演讲嘉宾：方彦军	演讲题目："中国智能车未来挑战赛"亚军团队解读"智能驾驶无人车 SmartVII 系统"
GeoScience Café 第 27 期（2010 年 11 月 5 日）	
演讲嘉宾：于之锋	演讲题目：基于 HJ-1A/B CCD 影像的中国近岸和内陆湖泊水环境监测研究——以南黄海和鄱阳湖为例

GeoScience Café 第 28 期（2010 年 11 月 12 日）	
演讲嘉宾：陆建忠	演讲题目：遥感与 GIS 应用：从流域到湖泊——以鄱阳湖为例
GeoScience Café 第 29 期（2010 年 11 月 19 日）	
演讲嘉宾：蒋波涛	演讲题目：GIS 技术人员的自我成长
演讲嘉宾：王东亮	演讲题目：矢量道路辅助的航空影像快速镶嵌
GeoScience Café 第 30 期（2010 年 11 月 26 日）	
演讲嘉宾：救护之翼组织	演讲题目：一切"救"在身边
GeoScience Café 第 31 期（2010 年 12 月 10 日）	
演讲嘉宾：胡晓光	演讲题目：赴美参加 ASPRS 2010 会议见闻
GeoScience Café 第 32 期（2010 年 12 月 14 日）	
演讲嘉宾：史振华	演讲题目：新西伯利亚交流报告会
演讲嘉宾：沈盛彧	演讲题目：新西伯利亚交流报告会
演讲嘉宾：陈喆	演讲题目：新西伯利亚交流报告会
演讲嘉宾：史磊	演讲题目：新西伯利亚交流报告会
演讲嘉宾：顾鑫	演讲题目：新西伯利亚交流报告会
GeoScience Café 第 33 期（2011 年 3 月 11 日）	
演讲嘉宾：毛飞跃	演讲题目：分享科研与写作的网络资源
GeoScience Café 第 34 期（2011 年 3 月 25 日）	
演讲嘉宾：周宝定	演讲题目："车联网"应用之"公路列车"
GeoScience Café 第 35 期（2011 年 4 月 15 日）	
演讲嘉宾：孙婧	演讲题目：可视媒体内容安全研究
GeoScience Café 第 36 期（2011 年 4 月 22 日）	
演讲嘉宾：万雪	演讲题目：SIFT 算子改进及应用
GeoScience Café 第 37 期（2011 年 5 月 6 日）	
演讲嘉宾：呙维	演讲题目：四位青年教师畅谈学习和科研方法
演讲嘉宾：陆建忠	演讲题目：四位青年教师畅谈学习和科研方法
演讲嘉宾：马盈盈	演讲题目：四位青年教师畅谈学习和科研方法
演讲嘉宾：张洪艳	演讲题目：四位青年教师畅谈学习和科研方法

GeoScience Café 第 38 期（2011 年 5 月 27 日）	
演讲嘉宾：袁强强	演讲题目：基于总变分模型的影像复原及超分辨率重建

GeoScience Café 第 39 期（2011 年 6 月 24 日）	
演讲嘉宾：李晓明	演讲题目：大规模三维 GIS 数据高效管理的关键技术
演讲嘉宾：张云生	演讲题目：香港交流访问经历

GeoScience Café 第 40 期（2011 年 9 月 16 日）	
演讲嘉宾：刘大炜	演讲题目：全脑奇像记忆法基础——数字信息记忆以及英语单词记忆
演讲嘉宾：李凤玲	演讲题目：全脑奇像记忆法基础——数字信息记忆以及英语单词记忆

GeoScience Café 第 41 期（2011 年 10 月 21 日）	
演讲嘉宾：Steve McClure	演讲题目：Social Network Analysis，Social Theory and Convergence with Graph Theory

GeoScience Café 第 42 期（2011 年 11 月 12 日）	
演讲嘉宾：曹晶	演讲题目：武汉大学第六届学术科技文化节之"博士生学术沙龙"走进"GeoScience Café"
演讲嘉宾：邹勤	演讲题目：武汉大学第六届学术科技文化节之"博士生学术沙龙"走进"GeoScience Café"
演讲嘉宾：常晓猛	演讲题目：武汉大学第六届学术科技文化节之"博士生学术沙龙"走进"GeoScience Café"

GeoScience Café 第 43 期（2011 年 12 月 2 日）	
演讲嘉宾：田馨	演讲题目：走进"GeoScience Café"——Summary of FRINGE 2011 and International Exchange Experiences

GeoScience Café 第 44 期（2011 年 12 月 2 日）	
演讲嘉宾：邵远征	演讲题目：走进"GeoScience Café"——网络环境下对地观测数据的发现与标准化处理

GeoScience Café 第 45 期（2012 年 1 月 6 日）	
演讲嘉宾：屈孝志	演讲题目：三个签约腾讯同学的经验分享
演讲嘉宾：陈克武	演讲题目：三个签约腾讯同学的经验分享
演讲嘉宾：李超	演讲题目：三个签约腾讯同学的经验分享

GeoScience Café 第 46 期（2012 年 2 月 17 日）	
演讲嘉宾：毛飞跃	演讲题目：大气激光雷达算法研究和科研经验分享
GeoScience Café 第 47 期（2012 年 2 月 24 日）	
演讲嘉宾：黄昕	演讲题目：高分辨率遥感影像处理与应用
GeoScience Café 第 48 期（2012 年 3 月 23 日）	
演讲嘉宾：魏征	演讲题目：2012 年武汉大学地理信息科学技术文化节博士沙龙系列活动"LiDAR 之夜"
演讲嘉宾：方莉娜	演讲题目：2012 年武汉大学地理信息科学技术文化节博士沙龙系列活动"LiDAR 之夜"
演讲嘉宾：陈驰	演讲题目：2012 年武汉大学地理信息科学技术文化节博士沙龙系列活动"LiDAR 之夜"
GeoScience Café 第 49 期（2012 年 4 月 13 日）	
演讲嘉宾：张乐飞	演讲题目：遥感影像模式识别研究暨第一篇 SCI 背后的故事
GeoScience Café 第 50 期（2012 年 5 月 4 日）	
演讲嘉宾：栾学晨	演讲题目：第一篇 SCI 背后的故事——城市道路网模式识别研究
GeoScience Café 第 51 期（2012 年 5 月 21 日）	
演讲嘉宾：陈泽强	演讲题目："第一篇 SCI 背后的故事"之传感器整合关键技术研究
GeoScience Café 第 52 期（2012 年 6 月 1 日）	
演讲嘉宾：胡腾	演讲题目：无人机影像的稠密立体匹配技术研究
GeoScience Café 第 53 期（2012 年 6 月 8 日）	
演讲嘉宾：李华丽	演讲题目："第一篇 SCI 背后的故事"之高光谱遥感影像处理研究
GeoScience Café 第 54 期（2012 年 6 月 21 日）	
演讲嘉宾：李家艺	演讲题目：第四届 Whispers 会议感受与体会
GeoScience Café 第 55 期（2012 年 9 月 14 日）	
演讲嘉宾：栾学晨	演讲题目：参加第 21 届 ISPRS 大会和出国交流的感受与体会
演讲嘉宾：张乐飞	演讲题目：参加第 21 届 ISPRS 大会和出国交流的感受与体会

GeoScience Café 第 56 期（2012 年 9 月 21 日）	
演讲嘉宾：史磊	演讲题目："第一篇 SCI 背后的故事"之极化合成孔径雷达（PolSAR）图像处理研究
GeoScience Café 第 57 期（2012 年 10 月 12 日）	
演讲嘉宾：谢潇	演讲题目：赴俄罗斯参加 GeoMIR 2012 学术交流的感受与体会
演讲嘉宾：曹茜	演讲题目：赴俄罗斯参加 GeoMIR 2012 学术交流的感受与体会
演讲嘉宾：黎旻懿	演讲题目：赴俄罗斯参加 GeoMIR 2012 学术交流的感受与体会
GeoScience Café 第 58 期（2012 年 10 月 19 日）	
演讲嘉宾：徐川	演讲题目：这些年，我们一起走过的日子："水平集理论用于 SAR 图像分割及水体提取"
GeoScience Café 第 59 期（2012 年 10 月 26 日）	
演讲嘉宾：冯炼	演讲题目：水环境遥感研究——以鄱阳湖为例
GeoScience Café 第 60 期（2012 年 11 月 02 日）	
演讲嘉宾：吴华意	演讲题目：从地理数据的共享到地理信息和知识——兼谈学术过程中的有效沟通技巧
GeoScience Café 第 61 期（2012 年 11 月 23 日）	
演讲嘉宾：张乐飞	演讲题目：高光谱数据的线性、非线性与多维线性判别分析方法
GeoScience Café 第 62 期（2012 年 12 月 7 日）	
演讲嘉宾：李慧芳	演讲题目：多成因遥感影像亮度不均匀性的变分校正方法研究
GeoScience Café 第 63 期（2013 年 3 月 8 日）	
演讲嘉宾：袁伟	演讲题目：不做沉默的人
GeoScience Café 第 64 期（2013 年 3 月 15 日）	
演讲嘉宾：张志	演讲题目：缔造最完美的 PPT 演示
GeoScience Café 第 65 期（2013 年 3 月 29 日）	
演讲嘉宾：凌宇	演讲题目：2013 求职分享报告
演讲嘉宾：欧晓玲	演讲题目：2013 求职分享报告

演讲嘉宾：孙忠芳	演讲题目：2013 求职分享报告
GeoScience Café 第 66 期（2013 年 5 月 17 日）	
演讲嘉宾：胡楚丽	演讲题目：对地观测网传感器资源共享管理模型与方法研究
GeoScience Café 第 67 期（2013 年 6 月 14 日）	
演讲嘉宾：石茜	演讲题目："第一篇 SCI 背后的故事"之高光谱影像分类研究
GeoScience Café 第 68 期（2013 年 9 月 13 日）	
演讲嘉宾：焦洪赞	演讲题目："第一篇 SCI 背后的故事"之科研心得体会
GeoScience Café 第 69 期（2013 年 10 月 25 日）	
演讲嘉宾：李洪利	演讲题目：新西伯利亚国际学生夏季研讨会交流体会
演讲嘉宾：李娜	演讲题目：新西伯利亚国际学生夏季研讨会交流体会
GeoScience Café 第 70 期（2013 年 11 月 22 日）	
演讲嘉宾：张云菲	演讲题目：多源矢量空间数据的匹配与集成
GeoScience Café 第 71 期（2013 年 11 月 29 日）	
演讲嘉宾：李星星	演讲题目：实时 GNSS 精密单点定位及非差模糊度快速确定方法研究
GeoScience Café 第 72 期（2013 年 12 月 13 日）	
演讲嘉宾：王晓蕾	演讲题目：地理空间传感网语义注册服务
GeoScience Café 第 73 期（2014 年 1 月 3 日）	
演讲嘉宾：刘立坤	演讲题目：美国北得克萨斯大学访学经历分享
GeoScience Café 第 74 期（2014 年 2 月 28 日）	
演讲嘉宾：毛飞跃	演讲题目：大气激光雷达数据反演和论文写作经验谈
GeoScience Café 第 75 期（2014 年 3 月 28 日）	
演讲嘉宾：陈敏	演讲题目：遥感影像线特征匹配研究
GeoScience Café 第 76 期（2014 年 4 月 25 日）	
演讲嘉宾：郑杰	演讲题目：地理空间数据可视化之美
GeoScience Café 第 77 期（2014 年 5 月 9 日）	
演讲嘉宾：程晓光	演讲题目：一种非监督的 PolSAR 散射机制分类法
GeoScience Café 第 78 期（2014 年 5 月 16 日）	
演讲嘉宾：熊彪	演讲题目：机载激光雷达三维房屋重建算法与读博经验谈

GeoScience Café 第 79 期（2014 年 5 月 23 日）	
演讲嘉宾：王挺	演讲题目：高光谱遥感影像目标探测的困难与挑战

GeoScience Café 第 80 期（2014 年 6 月 19 日）	
演讲嘉宾：刘湘泉	演讲题目：2014 求职/考博经验分享报告
演讲嘉宾：李鹏鹏	演讲题目：2014 求职/考博经验分享报告
演讲嘉宾：颜士威	演讲题目：2014 求职/考博经验分享报告
演讲嘉宾：朱婷婷	演讲题目：2014 求职/考博经验分享报告

GeoScience Café 第 81 期（2014 年 9 月 19 日）	
演讲嘉宾：李昊	演讲题目：空间信息智能服务组合及其在社交媒体空间数据挖掘中的应用

GeoScience Café 第 82 期（2014 年 9 月 26 日）	
演讲嘉宾：曾玲琳	演讲题目：基于 MODIS 的农业遥感应用研究

GeoScience Café 第 83 期（2014 年 10 月 10 日）	
演讲嘉宾：冯如意	演讲题目：高光谱遥感影像混合像元稀疏分解方法研究

GeoScience Café 第 84 期（2014 年 10 月 17 日）	
演讲嘉宾：黄荣永	演讲题目：由最近点迭代算法到激光点云与影像配准

GeoScience Café 第 85 期（2014 年 10 月 31 日）	
演讲嘉宾：李家艺	演讲题目：高光谱遥感影像分类研究

GeoScience Café 第 86 期（2014 年 11 月 5 日）	
演讲嘉宾：武辰	演讲题目：遥感影像火星地表 CO_2 冰层消融监测研究及法国留学经历
演讲嘉宾：郭贤	演讲题目：遥感影像火星地表 CO_2 冰层消融监测研究及法国留学经历

GeoScience Café 第 87 期（2014 年 11 月 21 日）	
演讲嘉宾：曾超	演讲题目：时空谱互补观测数据的融合重建方法研究

GeoScience Café 第 88 期（2014 年 11 月 27 日）	
演讲嘉宾：吴华意	演讲题目：大牛的 GIS 人生
演讲嘉宾：孙玉国	演讲题目：大牛的 GIS 人生

GeoScience Café 第 89 期（2014 年 12 月 5 日）	
演讲嘉宾：朱映	演讲题目：高分辨率光学遥感卫星平台震颤研究

GeoScience Café 第 90 期（2014 年 12 月 12 日）	
演讲嘉宾：刘冲	演讲题目：城市化遥感监测
GeoScience Café 第 91 期（2014 年 12 月 19 日）	
演讲嘉宾：方伟	演讲题目：TLS 强度应用
GeoScience Café 第 92 期（2014 年 12 月 26 日）	
演讲嘉宾：幸晨杰	演讲题目：中德双硕士生活一瞥
演讲嘉宾：喻静敏	演讲题目：中德双硕士生活一瞥
GeoScience Café 第 93 期（2015 年 3 月 13 日）	
演讲嘉宾：袁乐先	演讲题目：我眼中的南极
GeoScience Café 第 94 期（2015 年 3 月 20 日）	
演讲嘉宾：李建	演讲题目：多源多尺度水环境遥感应用研究与野外观测经历分享
GeoScience Café 第 95 期（2015 年 3 月 27 日）	
演讲嘉宾：马昕	演讲题目：地基差分吸收 CO_2 激光雷达的软硬件基础
GeoScience Café 第 96 期（2015 年 4 月 3 日）	
演讲嘉宾：Michael Jendryke	演讲题目：Urban dynamics in China
GeoScience Café 第 97 期（2015 年 4 月 17 日）	
演讲嘉宾：冷伟	演讲题目：珈和遥感创业经验分享
GeoScience Café 第 98 期（2015 年 4 月 24 日）	
演讲嘉宾：史绪国	演讲题目：雷达影像形变监测方法与应用研究
GeoScience Café 第 99 期（2015 年 5 月 8 日）	
演讲嘉宾：张文婷	演讲题目：好工作是怎样炼成的？
演讲嘉宾：罗俊沣	演讲题目：好工作是怎样炼成的？
演讲嘉宾：王帆	演讲题目：好工作是怎样炼成的？
演讲嘉宾：张学全	演讲题目：好工作是怎样炼成的？
GeoScience Café 第 100 期（2015 年 5 月 13 日）	
演讲嘉宾：李德仁	演讲题目：李德仁院士讲"成功"
GeoScience Café 第 101 期（2015 年 5 月 15 日）	
演讲嘉宾：王晓蕾	演讲题目：答辩 PPT 早知道

GeoScience Café 第 102 期（2015 年 5 月 22 日）	
演讲嘉宾：李英	演讲题目：美国留学感悟

GeoScience Café 第 103 期（2015 年 6 月 3 日）	
演讲嘉宾：王乐	演讲题目：从武大学生到美国教授一路走来的经历

GeoScience Café 第 104 期（2015 年 6 月 5 日）	
演讲嘉宾：向涛	演讲题目：来，我们谈点正事儿——遥感商业应用（创业）

GeoScience Café 第 105 期（2009 年 6 月 25 日）	
演讲嘉宾：陶灿	演讲题目：为爱而活：音乐伴我一路前行

GeoScience Café 第 106 期（2015 年 9 月 18 日）	
演讲嘉宾：叶茂	演讲题目：月球重力场解算系统初步研制结果

GeoScience Café 第 107 期（2015 年 9 月 24 日）	
演讲嘉宾：秦雨	演讲题目：地图之美：纸上的大千世界

GeoScience Café 第 108 期（2015 年 10 月 16 日）	
演讲嘉宾：罗庆	演讲题目：留学达拉斯——UTD 学习生活经验分享

GeoScience Café 第 109 期（2015 年 10 月 23 日）	
演讲嘉宾：赵伶俐	演讲题目：极化 SAR 典型地物解译研究

GeoScience Café 第 110 期（2015 年 10 月 13 日）	
演讲嘉宾：许明明	演讲题目：高光谱遥感影像端元提取方法研究

GeoScience Café 第 111 期（2015 年 11 月 6 日）	
演讲嘉宾：Pedro	演讲题目：西班牙人眼中的中德求学之路

GeoScience Café 第 112 期（2015 年 11 月 13 日）	
演讲嘉宾：韩舸	演讲题目：CO_2 探测激光雷达技术应用与发展及论文写作经验分享

GeoScience Café 第 113 期（2015 年 11 月 20 日）	
演讲嘉宾：熊礼治	演讲题目：遥感影像共享时代的安全性挑战

GeoScience Café 第 114 期（2015 年 11 月 27 日）	
演讲嘉宾：臧玉府	演讲题目：多源激光点云数据的高精度融合与自适应尺度表达

GeoScience Café 第 115 期（2015 年 12 月 4 日）	
演讲嘉宾：王珂	演讲题目：水文观测传感网资源建模与优化布局方法研究

GeoScience Café 第 116 期（2015 年 12 月 11 日）	
演讲嘉宾：任晓东	演讲题目：GNSS 高精度电离层建模方法及其相关应用
GeoScience Café 第 117 期（2015 年 12 月 18 日）	
演讲嘉宾：樊珈珮	演讲题目：基于时空相关性的群体用户访问模式挖掘与建模
GeoScience Café 第 118 期（2016 年 1 月 8 日）	
演讲嘉宾：严锐	演讲题目：数据挖掘：数据就是财富
GeoScience Café 第 119 期（2016 年 1 月 15 日）	
演讲嘉宾：桂志鹏	演讲题目：第四范式下的 GIS——一个武大人的 GIS 情怀
GeoScience Café 第 120 期（2016 年 3 月 4 日）	
演讲嘉宾：贺威	演讲题目：基于低秩表示的高光谱遥感影像质量改善方法研究
GeoScience Café 第 121 期（2016 年 3 月 11 日）	
演讲嘉宾：张觅	演讲题目：计算机视觉优化在遥感领域的应用——以鱼眼相机标定和人工地物显著性检测为例
GeoScience Café 第 122 期（2016 年 3 月 18 日）	
演讲嘉宾：康朝贵	演讲题目：城市出租车活动子区探测与分析
GeoScience Café 第 123 期（2016 年 3 月 25 日）	
演讲嘉宾：申力	演讲题目：学习科研经历分享
GeoScience Café 第 124 期（2016 年 3 月 31 日）	
演讲嘉宾：汪韬阳	演讲题目：太空之眼：高分辨率对地观测
GeoScience Café 第 125 期（2016 年 4 月 8 日）	
演讲嘉宾：屈猛	演讲题目：我在武大玩户外
GeoScience Café 第 126 期（2016 年 4 月 15 日）	
演讲嘉宾：袁梦	演讲题目："最强大脑"圆梦之旅
GeoScience Café 第 127 期（2016 年 4 月 22 日）	
演讲嘉宾：郑先伟	演讲题目：面向 3D GIS 的高精度 TIN 建模与可视化
GeoScience Café 第 128 期（2016 年 5 月 6 日）	
演讲嘉宾：王梦秋	演讲题目：基于 MODIS 观测的大西洋马尾藻时空分布研究
GeoScience Café 第 129 期（2016 年 5 月 13 日）	
演讲嘉宾：颜会间	演讲题目：人文筑境：珞珈山下的古建筑

GeoScience Café 第 130 期（2016 年 5 月 20 日）	
演讲嘉宾：佘冰	演讲题目：网络约束下的时空数据
GeoScience Café 第 131 期（2016 年 5 月 27 日）	
演讲嘉宾：陈锐志	演讲题目：移动地理空间计算——从感知走向智能
GeoScience Café 第 132 期（2016 年 6 月 3 日）	
演讲嘉宾：杨曦	演讲题目：武大吉奥云技术心路历程——三年走向高级研发经理
GeoScience Café 第 133 期（2016 年 6 月 17 日）	
演讲嘉宾：卢宾宾	演讲题目：地理加权模型——展现空间的"别"样之美
GeoScience Café 第 134 期（2016 年 6 月 23 日）	
演讲嘉宾：苏小元	演讲题目：从计算机博士到电台台长——旅美华人学者的人文情怀
GeoScience Café 第 135 期（2016 年 6 月 24 日）	
演讲嘉宾：冯明翔	演讲题目：考博 & 就业专场——经历交流会
演讲嘉宾：刘文轩	演讲题目：考博 & 就业专场——经历交流会
演讲嘉宾：马志豪	演讲题目：考博 & 就业专场——经历交流会
GeoScienceCafé 第 136 期（2016 年 7 月 1 日）	
演讲嘉宾：张帆	演讲题目：Deep Learning for Remote Sensing Data Analysis
GeoScience Café 第 137 期（2016 年 9 月 23 日）	
演讲嘉宾：班伟	演讲题目：GNSS 遥感的研究与进展
GeoScience Café 第 138 期（2016 年 10 月 14 日）	
演讲嘉宾：郭靖	演讲题目：导航和低轨卫星精密定轨研究
GeoScience Café 第 139 期（2016 年 10 月 21 日）	
演讲嘉宾：李礼	演讲题目：全景及正射影像拼接研究
GeoScience Café 第 140 期（2016 年 10 月 28 日）	
演讲嘉宾：勾佳琛	演讲题目：行走的力量
GeoScience Café 第 141 期（2016 年 11 月 4 日）	
演讲嘉宾：宋晓鹏	演讲题目：基于卫星遥感的区域及全球尺度土地覆盖监测
GeoScience Café 第 142 期（2016 年 11 月 11 日）	

演讲嘉宾：雷芳妮	演讲题目：土壤湿度反演与水文数据同化
GeoScience Café 第 143 期（2016 年 11 月 18 日）	
演讲嘉宾：张豹	演讲题目：联合 GPS 和 GRACE 数据探测冰川质量的异常变化
GeoScience Café 第 144 期（2016 年 11 月 25 日）	
演讲嘉宾：柳景斌	演讲题目：智能手机室内定位与智能位置服务
GeoScience Café 第 145 期（2016 年 12 月 2 日）	
演讲嘉宾：季青	演讲题目：北极海冰遥感研究进展及"七北"海冰现场观测
GeoScience Café 第 146 期（2016 年 12 月 8 日）	
演讲嘉宾：Sarah Yang, R. P. L. S.	演讲题目：The Life of a Surveyor in Texas
GeoScience Café 第 147 期（2016 年 12 月 16 日）	
演讲嘉宾：李杰	演讲题目：遥感影像的空-谱联合先验模型研究
GeoScience Café 第 148 期（2016 年 12 月 23 日）	
演讲嘉宾：杨龙龙	演讲题目：直击就业——经验交流会：互联网实习与面试，轻松应对
演讲嘉宾：高露妹	演讲题目：直击就业——经验交流会：个人 Job Hunting 经验分享
演讲嘉宾：李琰	演讲题目：直击就业——经验交流会：腾讯对产品经理的要求与标准
演讲嘉宾：刘飞	演讲题目：直击就业——经验交流会：求职经验在这里
GeoScience Café 第 149 期（2016 年 12 月 29 日）	
演讲嘉宾：彭漪	演讲题目：基于遥感光谱数据的植被生长监测
GeoScience Café 第 150 期（2017 年 1 月 6 日）	
演讲嘉宾：张磊	演讲题目：美国联合培养留学感悟
GeoScience Café 第 151 期（2017 年 3 月 3 日）	
演讲嘉宾：鲁小虎	演讲题目：聚类分析和灭点提取研究
GeoScience Café 第 152 期（2017 年 3 月 10 日）	
演讲嘉宾：唐伟	演讲题目：InSAR 对流层延迟校正及大气水汽含量反演
GeoScience Café 第 153 期（2017 年 3 月 17 日）	

演讲嘉宾：张翔	演讲题目：面向干旱监测的多传感器协同方法研究
GeoScience Café 第 154 期(2017 年 3 月 24 日)	
演讲嘉宾：桂祎明	演讲题目：一个中国背包客眼中的伊斯兰世界
GeoScience Café 第 155 期(2017 年 3 月 31 日)	
演讲嘉宾：王锴华	演讲题目："学科嘉年华-博士学术沙龙"——热膨胀对 GNSS 坐标时间序列的影响研究
演讲嘉宾：旷俭	演讲题目："学科嘉年华-博士学术沙龙"——基于智能手机端的稳健 PDR 方案
特邀嘉宾：李德仁院士、杨元喜院士、龚健雅院士	
GeoScience Café 第 156 期(2017 年 4 月 7 日)	
演讲嘉宾：王美玉	演讲题目：独爱那一抹绿
GeoScience Café 第 157 期(2017 年 4 月 14 日)	
演讲嘉宾：赵辛阳	演讲题目：美国宪法的诞生
GeoScience Café 第 158 期(2017 年 4 月 20 日)	
演讲嘉宾：凌云光技术集团	演讲题目：科学成像技术研讨会
GeoScienceCafé 第 159 期(2017 年 4 月 28 日)	
演讲嘉宾：范云飞	演讲题目：旧体诗词的音乐性漫谈
GeoScience Café 第 160 期(2017 年 5 月 5 日)	
演讲嘉宾：王德浩	演讲题目：从 RocksDB 到 NewSQL——商业数据库的发展趋势
GeoScience Café 第 161 期(2017 年 5 月 12 日)	
演讲嘉宾：陈维扬	演讲题目：心理学与生活
GeoScience Café 第 162 期(2017 年 5 月 19 日)	
演讲嘉宾：董燕妮	演讲题目：高光谱遥感影像的测度学习方法研究
GeoScience Café 第 163 期(2017 年 6 月 10 日)	
演讲嘉宾：傅鹏	演讲题目：时序遥感分析——算法和应用
GeoScience Café 第 164 期(2016 年 6 月 2 日)	
演讲嘉宾：沈焕锋	演讲题目：资源环境时空连续遥感监测方法与应用
GeoScience Café 第 165 期(2017 年 6 月 2 日)	
演讲嘉宾：李志林	演讲题目：研究生学习是从技能到智慧的全面提升

GeoScience Café 第 166 期（2017 年 6 月 9 日）	
演讲嘉宾：杜文英	演讲题目：洪涝事件信息建模与主动探测方法研究
GeoScience Café 第 167 期（2017 年 6 月 10 日）	
演讲嘉宾：范子英	演讲题目：经济学研究方法兼谈夜光遥感数据在经济学中的应用
GeoScience Café 第 168 期（2017 年 6 月 16 日）	
演讲嘉宾：王心宇	演讲题目：基于无人机遥感的区域供暖管网热能泄漏检测
演讲嘉宾：卢云成	演讲题目：基于无人机遥感的区域供暖管网热能泄漏检测
演讲嘉宾：贾天义	演讲题目：基于无人机遥感的区域供暖管网热能泄漏检测
演讲嘉宾：徐瑶	演讲题目：基于无人机遥感的区域供暖管网热能泄漏检测
演讲嘉宾：向天烛	演讲题目：基于无人机遥感的区域供暖管网热能泄漏检测
GeoScience Café 第 169 期（2017 年 6 月 23 日）	
演讲嘉宾：杨健	演讲题目：荧光激光雷达及其对农作物氮胁迫定量监测的研究
GeoScience Café 第 170 期（2017 年 9 月 19 日）	
演讲嘉宾：史硕	演讲题目：LiDAR Team Research Report
演讲嘉宾：毛飞跃	演讲题目：LiDAR Team Research Report
GeoScience Café 第 171 期（2017 年 9 月 23 日）	
演讲嘉宾：Christopher Small	演讲题目：基于遥感的地表过程时空动态研究
GeoScience Café 第 172 期（2017 年 9 月 28 日）	
演讲嘉宾：Prof. Jean Brodeur	演讲题目：ISO/TC 211 Standardization initiative on geographic information ontology
演讲嘉宾：C. Douglas O'Brien	演讲题目：ISO/TC 211 WG6 Imagery
GeoScience Café 第 173 期（2017 年 9 月 29 日）	
演讲嘉宾：钟燕飞	演讲题目：RSIDEA 研究组导师信息分享会
GeoScience Café 第 174 期（2017 年 10 月 9 日）	
演讲嘉宾：翟晗	演讲题目：高光谱遥感影像稀疏子空间聚类研究
GeoScience Café 第 175 期（2017 年 10 月 20 日）	
演讲嘉宾：袁伟	演讲题目：如何高效学习演讲
GeoScience Café 第 176 期（2017 年 10 月 23 日）	

演讲嘉宾：苏铭彻	演讲题目：创客苏铭彻："硅谷精神"中的教育理念人工智能工程师求学新概念
GeoScience Café 第 177 期（2017 年 11 月 3 日）	
演讲嘉宾：祁昆仑	演讲题目：基于关联基元特征的高分辨率遥感影像场景分类
GeoScience Café 第 178 期（2017 年 11 月 17 日）	
演讲嘉宾：李加元	演讲题目：多模态影像特征匹配及误匹配剔除
GeoScience Café 第 179 期（2017 年 11 月 24 日）	
演讲嘉宾：张祖勋	演讲题目：背后的故事——我国首套数字摄影测量系统
GeoScience Café 第 180 期（2017 年 12 月 1 日）	
演讲嘉宾：汪志良	演讲题目：新西伯利亚"3S"见闻与"一带一路"
演讲嘉宾：康一飞	演讲题目：新西伯利亚"3S"见闻与"一带一路"
演讲嘉宾：安凯强	演讲题目：新西伯利亚"3S"见闻与"一带一路"
GeoScience Café 第 181 期（2017 年 12 月 8 日）	
演讲嘉宾：肖雄武	演讲题目：无人机影像实时处理与结构感知三维重建
GeoScience Café 第 182 期（2017 年 12 月 15 日）	
演讲嘉宾：袁鹏飞	演讲题目：直击就业——就业经验分享
演讲嘉宾：杨羚	演讲题目：直击就业——就业经验分享
演讲嘉宾：贾天义	演讲题目：直击就业——就业经验分享
演讲嘉宾：王若曦	演讲题目：直击就业——就业经验分享
GeoScience Café 第 183 期（2017 年 12 月 29 日）	
演讲嘉宾：胡凯	演讲题目：使用科学计量学探索科研之路
GeoScience Café 第 184 期（2018 年 1 月 5 日）	
演讲嘉宾：秦雨	演讲题目：CorelDRAW 竟有这种操作——学长的地图设计学习笔记
GeoScienceCafé 第 185 期（2018 年 1 月 12 日）	
演讲嘉宾：李小曼	演讲题目：信息革命的传播学解释
GeoScience Café 第 186 期（2018 年 1 月 14 日）	
演讲嘉宾：卢萌	演讲题目：空间数据挖掘与空间大数据探索与思考

GeoScience Café 第 187 期(2018 年 1 月 19 日)

演讲题目：光荣属于希腊 伟大属于罗马	
演讲嘉宾：潘迎春，武汉大学历史学院世界史系教授。曾获国家级优秀教学成果奖一等奖、武汉大学教学名师、杰出教学贡献校长奖等多项奖励。讲授国家级精品视频公开课"西方历史的源头"，国家精品在线开放课程"简明世界史"等。联系方式：ycpan@ whu. edu. cn。	

GeoScience Café 第 188 期(2018 年 3 月 16 日)

演讲题目：基于众源时空轨迹数据的城市精细路网获取研究	
演讲嘉宾：杨雪，武汉大学测绘遥感信息工程国家重点实验室 2014 级博士研究生，以第一或通讯作者发表论文共 11 篇（SCI 论文 5 篇，EI 论文 3 篇，中文核心 1 篇，会议论文 2 篇）；已授权国家发明专利 4 项；获得 2017 年测绘科技进步一等奖；是 GIS 领域 TOP 期刊 IJGIS 及智能交通领域 TOP 期刊 IEEE ITS 等的审稿人。研究兴趣为时空轨迹数据挖掘与变化检测。联系方式：yangxue@ cug. edu. cn。	

GeoScience Café 第 189 期(2018 年 3 月 30 日)

演讲题目：高德地图数据生产前沿技术分享	
演讲嘉宾：李艳霞，高德地图数据中心总经理、资深专家，数据中心生产总负责人，2001 年毕业于武汉大学。	

演讲题目：高德地图数据生产前沿技术分享	
演讲嘉宾：王拯，高德地图数据工艺专家，负责数据中心 POI 生产自动化项目，2012 年毕业于武汉大学遥感信息工程学院。	

演讲题目：高德地图数据生产前沿技术分享	
演讲嘉宾：刘章，高德地图资深数据产品经理，负责数据中心道路生产自动化项目，2016 年毕业于武汉大学测绘遥感信息工程国家重点实验室。联系方式：liuzhangzhang. lz@ alibaba-linc. com。	

GeoScience Café 第 190 期(2018 年 3 月 31 日)

演讲题目：How to write SCI research papers and how to find a job after graduation

演讲嘉宾：**John Lodewijk van Genderen**，he was the president of ISPRS Technical Commission VII from 2004 to 2008；the executive committee member，and co-founder of International Society of Digital Earth；he is the founder and editorial board member of many international earth observation journals. Prof. Genderen has over 400 scientific and technical publications，with more than 50 in SCI journals. He is honorary/visiting professor of remote sensing at many universities in developing countries and has carried out teaching，research and consultancy projects in more than 140 countries all over the world. 联系方式：genderen@alumni. itc. nl。

GeoScience Café 第 191 期(2018 年 4 月 4 日)

演讲题目：海冰遥感的不确定性与局限

演讲嘉宾：**赵羲**，2012 年获得荷兰 University of Twente(ITC 学院）的博士学位，入职武汉大学中国南极测绘研究中心。主持/参与了多个国家自然科学基金、南北极环境综合考察与评估专项、国家重点研发专项等方面的科研项目，围绕极地海冰特征参数提取、空间变化模式分析等方向做了细致的基础工作。已发表相关论文 43 篇，其中 SCI 论文 21 篇，担任 SCI 期刊 Spatial Statistics 的专刊特邀编辑，担任 6 个遥感、极地领域 SCI 期刊的专业评审，获得国际空间精度研究协会(International Spatial Accuracy Research Association(ISARA))颁发的 James L. Smith 青年科学家奖章。获得楚天学子、珞珈青年学者称号。联系方式：xi. zhao@ whu. edu. cn。

GeoScience Café 第 192 期(2018 年 4 月 13 日)

演讲题目：大规模遥感影像智能检索系统

演讲嘉宾：**龙洋**，硕士研究生，师从肖志峰老师。研究方向：遥感影像检索、目标检测、机器学习等。硕士研究生期间以第一作者或通讯作者(导师一作）在 IEEE TGRS、Remote Sensing 期刊发表 SCI 论文两篇，会议论文一篇。获得硕士研究生国家奖学金，测绘遥感信息工程国家重点实验室研究生创新奖等。联系方式：longyang@ whu. edu. cn。

GeoScience Café 第 193 期(2018 年 4 月 20 日)

演讲题目：气候变化背景下中国干旱的变化趋势

演讲嘉宾：佘敦先，武汉大学水利水电学院副教授，中国自然资源学会水资源专业委员会副秘书长。2013 年毕业于中国科学院地理科学与资源研究所自然地理学专业，获理学博士学位。近期的主要研究方向为：全球变化对水文水资源影响，极端水文事件的诊断、形成机理以及变化规律研究。已在 *Journal of Hydrology*、*Journal of Geophysical Research：Atmosphere* 等杂志发表 SCI 论文 20 余篇。联系方式：shedunxian@ whu. edu. cn。

GeoScience Café 第 194 期(2018 年 4 月 26 日)

演讲题目：基于机会信号的室内外无缝定位与导航研究

演讲嘉宾：陈亮，武汉大学测绘遥感信息工程国家重点实验室教授、博士生导师，入选第十四批国家"千人计划"青年项目，主要从事"室内外无缝定位与导航"领域的研究，曾主持和参与了欧盟框架、芬兰科学院、科技部重大研发计划 10 余个科研项目，研究成果获美国导航年会、欧洲导航年会、欧盟工业联盟委员会项目峰会等奖项。发表论文 70 余篇，SCI 收录 20 余篇，撰写新体制导航定位专著 1 本。担任多个 SCI 期刊专刊编委和 10 余个 SCI 期刊审稿人，IEEE 泛在定位室内导航与位置服务(UPINLBS)大会技术主席，受英国、法国、意大利、西班牙等多所导航领域知名大学课题组邀请进行客座研究，并保持长期密切合作。联系方式：l. chen@ whu. edu. cn。

GeoScience Café 第 195 期(2018 年 4 月 27 日)

演讲题目：季节尺度的降雨及干旱预测方法

演讲嘉宾：许磊，武汉大学测绘遥感信息工程国家重点实验室 2016 级硕博连读生，在 *Journal of Hydrology* 等期刊上已发表 SCI 论文 4 篇。研究方向为干旱预测、生态环境评价、统计和机器学习。联系方式：1036883178@ qq. com。

演讲题目：土壤水分及叶面积指数在作物生长数据同化模拟中的应用

演讲嘉宾：胡顺，武汉大学水利水电学院水资源与水电工程科学国家重点实验室 2017 级博士研究生，在 *Journal of Hydrology* 发表论文 1 篇(一作)，IGRASS 会议论文 1 篇，中文核心论文 1 篇。研究兴趣为土壤水分运动和作物生长数据同化模拟。联系方式：1584925714@ qq. com。

点评嘉宾：陈莉琼，武汉大学测绘遥感信息工程国家重点实验室高级实验师，科研管理办公室主任。主要研究方向为水环境遥感监测、水体光学辐射传输模型等。公开发表论文 20 余篇，获授权国家发明专利 2 项。联系方式：9009557@ qq. com。

点评嘉宾：张晓春，武汉大学水利水电学院副教授，硕士生导师。主要研究方向为遥感和地理信息系统在水利学科中的应用。目前主要从事农业遥感蒸散发模型、农业区域作物种植结构和土地利用分类研究。联系方式：xczhang@ whu. edu. cn。

GeoScience Café 第 196 期(2018 年 5 月 4 日)

演讲题目：亲密关系中的心理真相

演讲嘉宾：聂晗颖，武汉大学大学生心理健康教育中心专职教师，北京大学临床心理学硕士，中国心理学会注册心理师，中美精神分析联盟(CAPA)成员，国家二级心理咨询师。七年心理咨询专业训练背景，六年心理咨询从业经验，积累个案小时数 1000+小时。长期接受个体分析与督导。联系方式：hynie@ whu. edu. cn。

GeoScience Café 第 197 期(2018 年 5 月 11 日)

演讲题目：基于深度卷积网络的遥感影像语义分割层次认知方法

演讲嘉宾：张觅，武汉大学遥感信息工程学院摄影测量与遥感专业博士三年级学生，以第一作者身份发表学术论文 4 篇，其中计算机视觉与模式识别顶级会议(CVPR)论文 1 篇、SCI 论文 2 篇，获发明专利 1 项、在审专利 1 项。曾荣获博士研究生国家奖学金、地球空间协同创新中心奖学金、夏坚白测绘事业创业与科技创新奖之优秀学生一等奖等。联系方式：mizhang@ whu. edu. cn。

GeoScience Café 第 198 期(2018 年 5 月 18 日)

演讲题目：亿级产品背后，都有一个产品经理

演讲嘉宾：陈仕坤，2014 级武汉大学信息管理学院本科生，有 2/3 BAT(百度-移动搜索事业群、腾讯-MIG) + 2/3 TMD(滴滴-快车事业部、头条-IES)的产品类相关岗位实习经历，收获多家产品类校招offer。联系方式：chenshikun1103@ gmail. com。

GeoScience Café 第 199 期(2018 年 5 月 25 日)

演讲题目：从导航与位置服务到无人驾驶

演讲嘉宾：李必军，教授、博士生导师，中国智能交通协会理事、中国人工智能学会会员、智能交通专委会会员、国家测绘地理信息局标准化委员会委员。主要负责完成的 LD 激光扫描测量系统、参与研究完成的道路检测系统都在行业内有实际应用，并处于国际领先水平。先后获得国家科技进步二等奖，国家科技发明二等奖，湖北省科技进步一等奖、二等奖，教育部科技进步一等奖，中国测绘科技进步奖，中国地理信息产业协会科技进步奖等。联系方式：lee@whu.edu.cn。

GeoScience Café 第 200 期(2018 年 6 月 6 日)

演讲题目：就业经验交流分享会

演讲嘉宾：石蒙蒙，测绘遥感信息工程国家重点实验室 2015 级学术型硕士研究生，导师为杨必胜教授。秋招拿到腾讯、携程、滴滴产品 offer 及华为产品行销经理 offer。联系方式：847154017@qq.com。

演讲题目：就业经验交流分享会

演讲嘉宾：简志春，测绘遥感信息工程国家重点实验室 2015 级学术型硕士研究生，导师为李清泉教授。研究方向为时空数据分析挖掘。秋招期间拿到互联网(滴滴、京东、顺丰等)、金融、国企行业(招行、中电科)的多家 offer。联系方式：310678704@qq.com。

演讲题目：就业经验交流分享会

演讲嘉宾：梁艾琳，测绘遥感信息工程国家重点实验室 2015 级博士研究生，导师为龚威教授。研究方向是大气遥感。目前已发表 12 篇学术论文，其中第一作者 6 篇。发表在 *Photonics Research*，*Remote Sensing*，JSTARS，IGARSS 等期刊或会议上。曾担任研究生会主席，硕士党支部书记和博士班班长职务，毕业后的任职单位是南京信息工程大学。联系方式：364419186@qq.com。

GeoScience Café 第 201 期（2018 年 6 月 8 日）

演讲题目：地基多平台激光点云协同处理与应用

演讲嘉宾：董震，武汉大学测绘遥感信息工程国家重点实验室博士研究生、美国卡内基梅隆大学机器人研究所联合培养博士研究生，2018 年博士后创新人才支持计划获得者。博士期间共发表 SCI 论文14 篇（其中以第一或通讯作者发表一区 Top SCI 论文 7 篇）、EI 论文5 篇，谷歌学术引用其论文 300 余次。已授权国家发明专利 7 项，软件著作权 3 项。先后获得湖北省科技进步一等奖、武汉大学研究生学术创新奖一等奖、博士研究生国家奖学金、王之卓创新人才奖一等奖等。担任 ISPRS、IEEE ITS、*Information Sciences*、JSTARS、*Sensors* 等 SCI 期刊审稿人，2017 年国际学术会议 Laser Scanning 学术委员会委员。研究兴趣为点云数据处理、计算机视觉与三维模型重建。联系方式：dongzhenwhu@ whu. edu. cn。

GeoScience Café 第 202 期（2018 年 6 月 15 日）

演讲题目：应用特征向量空间过滤方法降低遥感数据回归模型的不确定性

演讲嘉宾：李斌，美国中密歇根大学科学与工程学院教授，地理与环境系主任（2005—2012，2018 至今）。华南师范大学学士、美国内布拉斯加大学硕士、雪城大学博士。曾任中密歇根大学地理信息科学中心主任、国际华人地理信息科学协会主席、武汉大学讲座教授、地学计算国际联合中心副主任。从事地理信息科学的研究和教学工作。在高性能地学计算、地理信息服务、可视化和空间统计等方面卓有建树。联系方式：li1b@ cmich. edu。

GeoScience Café 第 203 期（2018 年 6 月 29 日）

演讲题目：被动微波土壤水分反演——原理、观测、算法与产品

演讲嘉宾：曾江源，中科院遥感地球所遥感科学国家重点实验室助理研究员，中科院青年创新促进会会员。2010 年毕业于武汉大学，获学士学位；2015 年毕业于中科院遥感与数字地球研究所，获博士学位。以第一/通讯作者在 RSE、IEEE TGRS、JGR 等期刊发表 SCI 论文 11篇，其中 RSE 论文入选 ESI 前 1%高被引论文，授权专利 3 项。在IGARSS、EGU、PIERS 等国际会议上作口头报告 10 余次，担任IGARSS 2017 "Soil Moisture Remote Sensing"分会场主席。获得国际无线电联盟青年科学家奖、中科院优秀博士论文、中科院院长优秀奖及北京市优秀毕业生等多项奖励。联系方式：zengjy@ radi. ac. cn。

GeoScience Café 第 204 期(2018 年 9 月 10 日)

演讲题目：立足中国，面向量产——禾多科技自动驾驶解决方案

演讲嘉宾：**倪凯**，禾多科技创始人兼 CEO，毕业于清华大学自动化系本科，清华大学计算机系硕士，其间参与清华无人车 THMR-V 的研发；后在佐治亚理工学院计算机系获博士学位。曾任职于百度深度学习研究院，担任高级科学家。在此期间，他创建了百度的无人驾驶团队，负责百度无人车的研发和部分高精度地图的工作，并于 2015 年底实现百度无人车在北京公共道路的路测和展示。倪凯还曾在微软的美国西雅图总部工作，参与三维地图和 HoloLens 增强现实眼镜的研发项目。

演讲题目：立足中国，面向量产——禾多科技自动驾驶解决方案

演讲嘉宾：**骆沛**，禾多科技研发总监，毕业于北京航空航天大学，获得计算机应用博士学位。骆沛目前担任禾多科技研发总监，主要负责高精度定位研发工作。加入禾多科技之前，他曾就职于百度深度学习研究院，作为百度无人车项目核心成员负责高精地图以及 3D 视觉研发工作，并在 2015 年参与完成了百度无人车的路测展示。

演讲题目：立足中国，面向量产——禾多科技自动驾驶解决方案

演讲嘉宾：**戴震**，禾多科技高精度地图及模拟器负责人，毕业于德国锡根大学，获硕士和博士学位，主要研究方向为卫星定位和导航。他拥有丰富的基于多传感器的组合导航系统研发经验以及车辆内置地图导航引擎算法研发经验。在德国航空航天中心任职期间，戴震博士曾协助国际航海组织(IMO)研发出针对组合导航系统的质量检测算法，并参与讨论 IMO 国际新标准的制定。戴震博士加入禾多科技后，负责高精地图及模拟器方面的研发和技术管理工作。

GeoScience Café 第 205 期(2018 年 9 月 19 日)

演讲题目：智慧城市与时空智能

演讲嘉宾：**程涛**，全球著名的 GIS 专家，伦敦大学学院(UCL)时空数据实验室(SpaceTime Lab)的创立人和主任。她在时空大数据分析、建模、模拟和可视化方面均有很深的造诣，已发表学术论文 250 余篇。她多次承担欧盟、英国及中国的 973 和 863 项目。近十年来获取科研经费逾千万英镑，与伦敦大警察局(London Metropolitan Police)，伦敦交通管理局(TfL)，英国公众健康局(Public Health England)，Arup 和 Bosch 等政府和企业界有深入的合作。她于 2012 年在 UCL 创建时空实验室，开创了时空一体化分析的理念，将其实践于"时空大数据"的预测、模拟、分类、画像和可视化中，为政府和企事业提供洞察时空现象的理论基础和计算平台，目前已服务于城市治安、交通出行、公共健康、零售商务及减灾防灾等智慧城市领域。联系方式：tao. cheng@ ucl. ac. uk。

GeoScience Café 第 206 期(2018 年 9 月 21 日)

演讲题目： 智能摄影测量时代

演讲嘉宾： 季顺平，武汉大学教授，珞珈青年学者，2002 年本科、2007 年博士毕业于武汉大学。在日本东京大学、澳大利亚国立大学等著名学府长期学习和进行学术交流。研究方向涉及数字摄影测量、计算机视觉、机器学习与遥感应用等。发表论文 50 余篇，代表作有《智能摄影测量学导论》。担任多个国际核心期刊和顶级国际学术会议的审稿人。主持和参与多项国家自然科学基金、国家 973 计划、863 计划等科研项目，并与日本国际航业、各省市测绘院等相关企事业单位开展合作研发。联系方式：jishunping@ whu. edu. cn。

GeoScienceCafé 第 207 期(2018 年 10 月 12 日)

演讲题目： GIS 工程建设中相关问题的探讨

演讲嘉宾： 孟庆祥，武汉大学遥感信息工程学院讲师，主持过多个大型 GIS 系统的设计与开发，主要研究海量时空数据组织与管理、空间信息服务、机器学习及数据挖掘。联系方式：mqx @ whu. edu. cn。

GeoScience Café 第 208 期(2018 年 10 月 19 日)

演讲题目： 面向高分辨率遥感影像场景语义理解的概率主题模型研究

演讲嘉宾： 朱祺琪，中国地质大学(武汉)信息工程学院特任副教授，硕士生导师。2018 年 6 月毕业于武汉大学测绘遥感信息工程国家重点实验室，博士期间共发表 SCI 论文 8 篇(其中第一作者/导师第一作者 6 篇，遥感领域 top 期刊 IEEE TGRS 刊物论文 4 篇(1 篇为 ESI 高被引论文)，EI 检索论文 3 篇。先后获得武汉大学 2018 届优秀研究毕业生、博士研究生国家奖学金、王之卓创新人才奖学金、夏坚白测绘事业创业与科技创新奖学金、地球空间信息技术协同创新奖学金等。担任 IEEE TGRS、IEEE JSTARS、IEEE GRSL、IEEE ACCESS、IJRS 国际 SCI 期刊的审稿人，2018 年遥感国际前沿研讨会分会场主席。主要从事高分辨率遥感影像理解及其地学应用，研究兴趣包括概率图模型、深度学习等机器学习方法；场景分类、变化检测以及在城市功能区等领域的应用等。联系方式：zhuqq @ cug. edu. cn。

GeoScience Café 第 209 期(2018 年 10 月 26 日)

演讲题目：遥感应用的产业环境

演讲嘉宾：冷伟，武汉珈和科技有限公司创始人及 CEO，毕业于武汉大学测绘遥感信息工程国家重点实验室。主要荣誉有武汉市 2015 年度"大学生创业先锋"、武汉市东湖高新区第九批"3551 光谷人才计划"人才、首届中国"互联网+"大学生创新创业大赛总决赛金奖、2016 年"创青春"中航工业全国大学生创业大赛创业实践挑战赛总决赛金奖、首届高校创新创业创造教育精品成果展三等奖，入选福布斯中国"30 位 30 岁以下精英"榜单等。联系方式：lengwei@ datall. cn。

GeoScience Café 第 210 期(2018 年 11 月 2 日)

演讲题目：华中地区大气边界层与污染传输的研究

演讲嘉宾：刘博铭，武汉大学测绘遥感信息工程国家重点实验室 2016 级博士研究生。在 AE、AMT、JQSRT 等期刊上发表论文 10 篇，均为第一或通讯作者。先后获得硕士研究生国家奖学金、博士研究生国家奖学金和协同创新中心奖学金。研究兴趣为大气边界层演化，大气污染物传输，米散射激光雷达应用。联系方式：525667632@ qq. com。

GeoScience Café 第 211 期(2018 年 11 月 16 日)

演讲题目：基于三维模型与图像的智能手机视觉定位技术

演讲嘉宾：李明，武汉大学助理研究员、重点资助博士后，直博导师为李德仁、郭丙轩教授，重点资助博士后合作导师为陈锐志教授。已在国际 SCI 期刊发表学术论文 7 篇(其中 5 篇为第一或通讯作者)，EI 检索论文 8 篇，其他核心论文 12 篇，其中，2 篇论文获得全国高分遥感与灾害管理等学术年会优秀论文奖，1 篇论文获得领跑者 5000——中国精品科技期刊顶尖学术论文奖，并作为主要作者出版学术专著 1 本。曾荣获国家奖学金、武大优秀研究生和微软航测等奖学金与荣誉。主要研究方向为机器视觉与摄影测量及其应用。联系方式：lisouming@ whu. edu. cn。

GeoScience Café 第 212 期(2018 年 11 月 23 日)

演讲题目：遥感定量化监测地表特征参量-算法研究、全球产品生产和气候环境应用

演讲嘉宾：何涛，2012 年获得美国马里兰大学地理学博士学位，现任武汉大学遥感信息工程学院教授。主要从事卫星定量遥感信息提取的基础理论研究及其在气候、环境、生态等领域的应用。主持、参与了多项 NASA、NOAA、USDA 以及国家自然科学基金等项目。主要研究成果包括 NOAA 新一代静止卫星 GOES-R 的反射率产品官方算法，NASA 的 MODIS、VIIRS 传感器太阳辐射和地表反照率产品官方算法。在 *Remote Sensing of Environment*、*Journal of Geophysical Research* 等定量遥感领域期刊发表 SCI 论文 38 篇，撰写英文专著 6 章节。主要研究方向为卫星定量遥感信息提取的基础理论研究及其在气候、环境、生态等领域的应用。联系方式：taohers@ whu. edu. cn。

GeoScience Café 第 213 期(2018 年 11 月 29 日)

演讲题目：复杂地理网络的结构分析与时空演化

演讲嘉宾：贾涛，博士，副教授，2012 年获得瑞典皇家理工学院(KTH)哲学博士学位，2013 年起在武汉大学遥感信息工程学院工作。主要从事地理信息科学及系统、时空大数据挖掘分析与建模技术的研究及其在城市可持续性发展及智慧城市领域的研究应用。2014 年获得武汉大学珞珈青年学者资助，2016 年获得香江学者计划资助，2016 年获得地理信息科技进步奖，2018 年获得中国测绘地理信息学会优秀论文奖。目前已发表专业论文 30 余篇，合作专著 1 本。联系方式：Tao. jia@ whu. edu. cn。

GeoScience Café 第 214 期(2018 年 12 月 7 日)

演讲题目：室内定位大赛参赛经验分享

演讲嘉宾：郑星雨，2017 级博士研究生，师从陈锐志教授。研究方向/研究兴趣为室内定位，泛在定位。2018 年 5 月获得美国国家标准与技术研究院(NIST)举办的基于智能手机端室内定位比赛的冠军；2018 年 8 月获得第四届中国"互联网+"大学生创新创业大赛湖北省铜奖；2018 年 9 月获得法国第九届国际室内定位与室内导航大会(IPIN)室内定位比赛冠军；2018 年 11 月获得北京室内导航定位比赛冠军。发表专业论文 4 篇(EI 2 篇)。联系方式：xingyu. zheng @ whu. edu. cn。

GeoScience Café 第 215 期(2018 年 12 月 13 日)

演讲题目：当前就业形势与求职应对

演讲嘉宾：朱炜，武汉大学就业指导办公室副主任，生涯教练（UCC）、职业指导师、心理咨询师，美国国际生涯发展协会（NCDA）认证生涯咨询师，经济与管理学院人力资源管理专业博士研究生，清华大学心理学习进修教师，《大学生就业与创业》副主编。研究内容为人力、社会、心理资本与大学生就业绩效的关系。联系方式：zhuwei@ whu. edu. cn。

GeoScience Café 第 216 期(2018 年 12 月 20 日)

演讲题目：融人文情怀于科技工作

演讲嘉宾：李霄鹍，现任武汉大学宣传部副部长、新闻发言人。

演讲题目：融人文情怀于科技工作

演讲嘉宾：彭敏，武汉大学计算机学院教授、博导，人工智能研究所副所长，武汉大学语言与智能信息处理研究中心主任，中国中文信息学会计算语言学专委会委员，中文信息学会社会媒体处理委员会委员、智能金融组负责人。中国计算机协会和 ACM 协会会员。武汉"3551 光谷人才"。中国摄影著作权协会会员，湖北省摄影协会会员，湖北省高校摄影学会理事，武汉大学摄影协会副会长，国家一级摄影师。主要研究方向为人工智能、自然语言处理、社会计算等。发表学术论文 100 余篇，主编和参编 Springer 英文学术著作 2 部、中文学术著作 1 部，专利 8 项，软件著作权登记 7 项。获得湖北省科技进步奖一等奖和湖北省自然科学奖二等奖各一项。联系方式：pengm@ whu. edu. cn。

演讲题目：融人文情怀于科技工作

演讲嘉宾：姚佳鑫，武汉大学经济与管理学院会计系 2014 级本科生，市场营销系 2018 级硕士研究生。北大新媒体原创作者，百度广告创意部（原副总裁团队）实习生，武汉大学 ShARE 咨询团队联合创始人，武汉大学华为财经俱乐部执行主席。目前研究方向为大数据营销，专注于结合市场营销与测绘遥感等专业特色的跨学科研究；同时担任武汉跃迁信息科技有限公司执行董事兼 CEO，带领团队开发出一款高校精英学子知识共享的轻咨询平台——小咖轻询，聚集百位校园精英，解决同学们在求学过程中无人指导和帮助的问题。联系方式：yaojiaxinzaomeng@ 163. com。

演讲题目：融人文情怀于科技工作
演讲嘉宾：赵望宇，武汉大学测绘遥感信息工程国家重点实验室 2017 级硕士研究生，师从李必军教授，参与无人驾驶环境感知研究。参加过多项国家自然科学基金项目与科研竞赛，熟悉机器学习与数据挖掘相关技术，现自主创业，领域为互联网咨询服务，负责产品设计与开发。曾获武汉大学"芙蓉学子"、"雷军"奖学金、三好学生、优秀本科毕业生、优秀研究生新生等荣誉，作为项目负责人开发出小途测绘机器人并获"互联网+"创新创业大赛全国银奖，全国大学生测绘学科竞赛等多项国家级一等奖。联系方式：ajackzhao@ foxmail. com。

GeoScience Café 第 217 期(2018 年 12 月 21 日)

演讲题目：求职面试经验分享
演讲嘉宾：彭旭，测绘遥感信息工程国家重点实验室 2016 级硕士研究生，导师为呙维、朱欣焰教授，研究方向为时空大数据计算。联系方式：p. chancellor94@ gmail. com。

演讲题目：求职面试经验分享
演讲嘉宾：刘晓林，地图学与地理信息系统专业 2016 级硕士研究生，师从龚健雅、陈能成教授，研究方向为传感网与智慧城市，读研期间主要负责传感网相关系统的研发工作。平时爱专研技术，掌握 C++和 Java 两大技术栈，已成功拿到腾讯、阿里巴巴、美团、华为等一线大厂的校招 offer。联系方式：xiaolinliu@ whu. edu. cn。

演讲题目：求职面试经验分享
演讲嘉宾：朱华晨，测绘遥感信息工程国家重点实验室 2016 级硕士研究生，导师为熊汉江教授。研究方向为图像特征提取、图像匹配。秋招中获得顺丰科技、高德地图、平安科技产品经理 offer，暑期实习招聘中获得高德地图、腾讯地图 offer。联系方式：982421260@ qq. com。

演讲题目：求职面试经验分享
演讲嘉宾：宋易恒，测绘遥感信息工程国家重点实验室 2017 级硕士研究生，导师为杨必胜教授，研究方向为激光点云三维可视化。获得 Shopee、拼多多、携程、京东、滴滴的 offer，岗位均为产品经理。联系方式：cying_syh@ qq. com。

GeoScience Café 第 218 期(2018 年 12 月 28 日)

演讲题目： OpenStreetMap 参与体验及利用

演讲嘉宾：任畅，测绘遥感信息工程国家重点实验室 2016 级硕博连读生，导师为唐炉亮教授。研究方向为轨迹数据分析与处理。以通讯作者身份在 *International Journal of Geographical Information Science*、*Transactions in GIS* 发表学术论文各 1 篇，曾获 2015 年 CPGIS 会议学生优秀论文第二名。联系方式：imrc@whu.edu.cn；ren.chang@outlook.com。

GeoScience Café 第 219 期(2019 年 1 月 4 日)

演讲题目： 跨入低轨卫星导航增强时代——珞珈一号卫星导航增强系统研究进展

演讲嘉宾：王磊，测绘遥感信息工程国家重点实验室博士后，导师为陈锐志教授。担任珞珈一号卫星 01 星、02 星导航增强分系统副总师。目前研究方向为低轨卫星导航增强，GNSS 精密定位与低轨卫星精密定轨。发表论文 30 余篇，申请专利 9 项，曾获中国卫星导航年会优秀青年论文奖，卫星导航定位科技进步奖，担任 JITS，*Measurements Sensors*，*Journal of Navigation* 等杂志的审稿人。联系方式：lei.wang@whu.edu.cn。

GeoScience Café 第 220 期(2019 年 1 月 11 日)

演讲题目： 中国茶叶的全球化与帝国兴衰

演讲嘉宾：宋时磊，文学博士，现为武汉大学文学院讲师，武汉大学茶文化研究中心副主任，武汉大学中国非物质文化遗产研究院研究员，中国国际茶文化研究会学术委员等。主要研究方向为唐代茶文化史、近代茶叶外贸史等。在《历史研究》等学术核心期刊发表茶史论文、译作 30 余篇，论文被《中国社会科学文摘》《人大报刊复印资料》等文摘转载。出版《唐代茶史研究》(中国社会科学出版社，2017 年版)等专著 2 部。主持国家社会科学基金青年项目"近代中日应对西方茶叶贸易质量规制的路径比较"等研究。联系方式：154559921@qq.com。

GeoScience Café 第 221 期(2019 年 3 月 15 日)

演讲题目： 通过色彩更好地了解自己

演讲嘉宾：琳雅，上海玛蔻文化传播有限公司创始人，中国工艺美术师/中国色彩搭配师，日本色彩数字色彩中国最高级别获得者(日本数字色彩协会认定)。联系方式：250510301@qq.com。

GeoScience Café 第 222 期(2019 年 3 月 22 日)

演讲题目：博士生跨学科学术沙龙
基于多源数据的全球气候响应研究：大气热力学视角

演讲嘉宾：尹家波，武汉大学水利水电学院 2016 级博士生，以第一作者在 *Nature Communications*，*Journal of Hydrology*，水利学报等国内外期刊发表学术论文 9 篇，授权国家专利 21 项。研究方向为全球气候变化与水文响应。联系方式：Lei. Cheng@ whu. edu. cn。

演讲题目：博士生跨学科学术沙龙
多时相极化 SAR 影像变化监测研究：以城市内涝和湿地监测为例

演讲嘉宾：赵金奇，测绘遥感信息工程国家重点实验室 2015 级博士研究生，博士期间在美国 Southern Methodist University 访学一年，现为武汉大学重点资助博士后，美国运动协会(American Council on Exercise，ACE)认证私人健身教练。已发表论文 17 篇，其中 SCI 7 篇，EI 10 篇，国家专利 1 项。研究方向为极化/干涉合成孔径雷达数据处理和时间序列分析与变化监测等。联系方式：masurq @ whu. edu. cn。

点评嘉宾：程磊，武汉大学水利水电学院教授、博士生导师。主要研究方向：植被对水循环的调控作用；水碳耦合关系及其对气候变化的响应；二氧化碳升高的生态水文效应及其对未来水资源管理的影响；区域水文循环的分析及模拟。曾在多个国际权威期刊发表 SCI 论文 30 篇。担任 *Global Change Biology*、*Water Resources Research*、*Journal of Hydrology* 等多个国际期刊审稿人，与研究领域内的澳大利亚、美国和欧洲的多所高校的知名学者有广泛的合作关系。联系方式：Lei. Cheng@ whu. edu. cn。

点评嘉宾：陆建忠，理学博士，武汉大学测绘遥感信息工程国家重点实验室副教授，硕士生导师。主要研究方向有环境遥感、气候变化与环境响应、水环境遥感资料同化模拟、水文深度学习与预报等，承担各类科研项目 20 余项，获省部级科技奖 3 项。中国测绘地理信息学会地理国情监测工作委员会第一届委员，湖北省第二次全国污染源普查专家与培训师资，担任 20 多个国际期刊审稿人，公开发表学术论文 50 余篇，获授权国家发明专利 5 项，计算机软件著作权 4 项。联系方式：lujzhong@ whu. edu. cn。

GeoScience Café 第 223 期(2019 年 3 月 29 日)

演讲题目：就业数据分析与经验分享

演讲嘉宾：郭波，测绘遥感信息工程国家重点实验室研究生辅导员。毕业于华中师范大学法学院，获法律硕士学位。自 2017 年 7 月起，正式入职任测绘遥感信息工程国家重点实验室研究生辅导员，负责研究生日常事务管理与服务、学生心理、学生就业等工作，全程参与实验室 2017、2018 届毕业生就业、派遣工作。联系方式：1004971329@ qq. com。

演讲题目：就业数据分析与经验分享

演讲嘉宾：熊畅，测绘遥感信息工程国家重点实验室 2017 级硕士研究生，导师陈能成教授，求职方向为大数据开发和后端研发，目前拿到腾讯实习 offer 和今日头条实习 offer。联系方式：592234651@ qq. com。

GeoScience Café 第 224 期(2019 年 4 月 12 日)

演讲题目：专利基本知识及专利申请流程

演讲嘉宾：胡艳，专利代理人，工学硕士，曾有 3 年的半导体行业研发工作经验。2009 年加入知识产权代理行业，现任武汉华强专利代理事务所合伙人。从业至今，代理专利近 1000 件，授权率约 90%。对如何撰写申请材料、如何争取专利授权以及申请前的授权前景分析，具有丰富的经验。联系方式：12155516@ qq. com。

GeoScience Café 第 225 期(2019 年 4 月 19 日)

演讲题目：一只熊的行迹

演讲嘉宾：熊朝晖，测绘学院 2016 级硕士研究生，师从姚宜斌教授。研究方向/研究兴趣为 GNSS 空间气象学。联系方式：cehui_xiong@ whu. edu. cn。

GeoScience Café 第 226 期(2019 年 4 月 26 日)

演讲题目：深度学习下的遥感应用新可能

演讲嘉宾：李聪，商汤科技研究院高级研究员。2014 年硕士毕业于清华大学土木系，摄影测量与遥感专业。负责基于深度学习的遥感数据处理算法研究，涉及分割、检测、变化检测、序列影像三维重建等方向。带领团队积累 20 余项发明专利，落地地表覆盖、典型地物提取、变化检测、小目标检测等多项产品级成果。联系方式：licong@ sensetime. com。

GeoScience Café 第 227 期(2019 年 5 月 10 日)

演讲题目：香港的奇妙"旅行"—— 香港访学见闻与感悟汇报

演讲嘉宾：高华，测绘遥感信息工程国家重点实验室 2018 级博士研究生。研究方向为 InSAR 地震反演。硕士期间以第一作者或通讯作者发表 SCI 论文 2 篇，合作发表 SCI 和 EI 论文 4 篇；曾获得国家奖学金、优秀毕业生、优秀毕业论文等荣誉。硕士期间曾在香港理工大学土地测量与地理资讯学系担任科研助理 9 个月。联系方式：599018466@ qq. com。

演讲题目：访学大溪地

演讲嘉宾：冯鹏，测绘遥感信息工程国家重点实验室 2018 级博士研究生，主要研究方向为深空探测中的介质改正。2017 年和 2018 年，跟随实验室外专千人 BARRIOT 教授赴法属波利尼西亚大溪地大地测量实验室访问学习。大溪地为法国海外领土，位于南太平洋，美丽又遥远，是旅游胜地，也是一个有趣的地球科学实验室。联系方式：2270880319@ qq. com。

GeoScience Café 第 228 期(2019 年 5 月 17 日)

演讲题目：如何撰写和发表高影响力期刊论文

演讲嘉宾：时芳琳，2019 级博士研究生，师从巫兆聪教授，研究方向为全球气候问题、森林碳循环、大气水汽等。2018 年由国家重点研发计划(2016YFC0202001)等项目资助，中国科学院大气物理研究所辛金元研究员、河南理工大学杨磊库副教授、中国科学院青藏高原研究所丛志远研究员和国家卫星气象中心刘瑞霞研究员等多名研究者联合在 *Remote Sensing of Environment*（IF = 6. 26）发表论文 *The first validation of the precipitable water vapor of multisensory satellites over the typical regions in China*。联系方式：Shifanglin@ dq. cern. ac. cn。

GeoScience Café 第 229 期(2019 年 5 月 24 日)

演讲题目：基于大地测量观测研究青藏高原质量迁移与全球气候变化响应

演讲嘉宾：**潘元进**，师从陈锐志教授，博士后。主要研究方向为：青藏高原质量迁移；GNSS 和 GRACE 卫星重力联合反演；GNSS 时间序列非线性信号分析；全球气候变化等。共发表 SCI 论文 15 篇，一作 SCI 期刊论文 5 篇，一区 TOP1 篇，二区 1 篇。联系方式：yjpan@ whu. edu. cn。

GeoScience Café 第 230 期(2019 年 5 月 31 日)

演讲题目：香港中文大学博士申请经验分享

演讲嘉宾：**蔡家骏**，测绘遥感信息工程国家重点实验室 2016 级硕士研究生，主要研究方向为遥感图像融合。以通讯作者或第一作者发表 SCI 文章 2 篇，EI 论文 1 篇。联系方式：Cai_jiajun@ foxmail. com。

演讲题目：考博心路历程

演讲嘉宾：**陈雨璇**，测绘遥感信息工程国家重点实验室 2017 级硕士研究生，主要研究方向为三维 GIS。被评为武汉大学 2019 届优秀毕业研究生。联系方式：390805897@ qq. com。

演讲题目：拥抱金融科技的未来

演讲嘉宾：**王超**，测绘遥感信息工程国家重点实验室 2017 级硕士研究生，主要研究方向为基于深度学习的目标检测与识别。研究生在读期间申请两项专利。联系方式：2011301610082@ whu. edu. cn。

演讲题目：选调生经验分享

演讲嘉宾：**王振林**，测绘遥感信息工程国家重点实验室 2016 级硕士研究生，主要研究方向为时序 InSAR 技术在山区滑坡形变监测中的应用。联系方式：whuwzl@ 163. com。